高等教育“十三五”规划教材

PLC 电气控制技术

主　编　张宏伟　王新环

中国矿业大学出版社

内 容 提 要

“PLC电气控制技术”集传统的继电控制技术、可编程序控制器(PLC)、电机驱动控制、传感器与信号检测、工业网络技术、组态监控等技术为一体,涉及专业知识多,具有实践性、综合性强的特点。

本书从教学和工程实际应用出发,系统介绍了电气控制基础知识、常用低压电器、继电器控制电路分析与设计、AutoCAD电气制图、西门子S7-300 PLC、组态监控软件、PLC控制系统设计等知识。将电气控制系统工程设计思想和方法介绍给读者,内容由浅入深、循序渐进,贴近工程,实用性强,使读者能通过本书内容的学习,掌握和理解电气控制基础知识和电气控制系统设计方法。

本书可作为高等院校自动化、电气工程及其自动化、测控技术与仪器、机械设计制造及其自动化、机电一体化等相关专业课程的教材,也可作为控制工程、电气工程专业硕士研究生的教材,同时也可供电气控制工程技术人员参考使用。

图书在版编目(CIP)数据

PLC电气控制技术/张宏伟,王新环主编.—徐州:中国矿业大学出版社,2018.9

ISBN 978-7-5646-3889-4

Ⅰ.①现… Ⅱ.①张…②王… Ⅲ.①电气控制—研究生—教材②PLC技术—研究生—教材 Ⅳ.①TM571.2②TM571.6

中国版本图书馆CIP数据核字(2018)第020513号

书　　名　PLC电气控制技术
主　　编　张宏伟　王新环
责任编辑　仓小金　何晓惠
出版发行　中国矿业大学出版社有限责任公司
(江苏省徐州市解放南路　邮编221008)
营销热线　(0516)83885307　83884995
出版服务　(0516)83885767　83884920
网　　址　http://www.cumtp.com　**E-mail**:cumtpvip@cumtp.com
印　　刷　徐州中矿大印发科技有限公司
开　　本　787×1092　1/16　**印张** 24.5　**字数** 612千字
版次印次　2018年9月第1版　2018年9月第1次印刷
定　　价　39.00元
(图书出现印装质量问题,本社负责调换)

前 言

随着计算机技术的发展,以可编程序控制器(PLC)、变频调速、组态监控、网络通信等技术为主体的新型电气控制系统已逐渐取代传统的继电器控制系统,在各行业的应用越来越广泛。

“PLC电气控制技术”是一门理论和实践紧密结合的课程,在编写过程中从培养高级工程应用型技术人才这一目标出发,以突出实际应用,培养技能为教学重点,由浅入深、循序渐进地介绍有关现代电气控制技术及可编程序控制器方面的基础知识,着眼于学生在应用能力方面的培养,突出重点、分散难点。

本书主要内容有电气控制系统常用器件,电气制图和识图,AutoCAD电气绘图,电动机典型控制线路,可编程序控制器组成和工作原理,西门子S7-300硬件系统,STEP7编程软件的使用,S7-300PLC编程基础,S7-300 PLC指令系统及编程,上位机组态监控,PLC控制系统设计及工程应用实例。每章都配有学习目标及适量的习题。

和其他同类的教材相比,本教材主要有以下特点:

(1) 注重知识的系统性,从电气控制系统设计实施的角度重构教学内容,增加了接近开关、传感器/变送器、电磁阀、软启动器、变频器、AutoCAD Electrical电气制图、组态监控等知识。

(2) 面向工程应用,注重技能的培养。教材中增加了很多案例,突出课程的应用性、实践性。以典型工程案例作为教学内容,详细说明设计思想及实现方案,并提供了相关图纸及程序。通过大量的案例教学,使理论和实践融会贯通,引导学生发现问题、分析问题、解决问题,不断强化学生的实践能力。

本书由河南理工大学张宏伟、王新环副教授担任主编,编写分工为:王新环编写第1章、第9章,张宏伟编写第4章、第6章,高庆华编写第3章,荆鹏辉编写第 7 章，刘巍编写第 8 章，余琼霞编写第 11 章，李学娟编写第 12 章；太原科技大学郭燕飞编写第 2 章、第 5 章；中原工学院信息商务学院张文泰编写第 10 章。

本书的编写及出版工作得到了“教育部-智联友道产学合作协同育人项目产学合作协同育人项目(201701025017)”、“三电基础课程国家级教学团队”、“河南理工大学专业学位研究生课程教学案例库建设项目(2015YAL05)”的资助，在此表示感谢。

本书在编写过程中参考了一些相关文献，在此一并表示衷心的谢意。

由于编者的能力和学术水平有限，书中可能存在不妥和错误之处，恳请各位读者批评指正。

编　者

2018 年 3 月

目　录

第1章　电气控制系统常用器件

教学提示：

本章主要讲述电器的定义与分类，电磁式电器的结构及工作原理，断路器、熔断器、接触器、继电器、主令电器、信号电器、执行电器等低压电器的基本结构、工作原理、图形符号和文字符号、主要技术参数、用途、选型等内容。

学习要求：

(1) 了解低压电器的定义与分类。

(2) 了解常用低压电器的基本结构，理解其工作原理。

(3) 掌握常用低压电器的用途、图形文字符号和主要技术参数，能够选用常用低压电器。

低压电器在低压配电系统、电力拖动系统和自动控制系统中起着极其重要的作用，是电气系统中最为基础的、必不可少的组成部分。本章主要介绍常用低压电器的分类、结构、工作原理、主要技术参数及选型原则等。

1.1　电器的基本知识

1.1.1　电器的定义与分类

电器泛指所有用电的器具。从专业角度上来讲，电器主要指用于对电路进行接通、分断，对电路参数进行变换，以实现对电路或用电设备的控制、调节、切换、检测和保护等作用的电工装置、设备和元件。电器的用途广泛，功能多样，种类繁多，结构各异。

1.1.1.1　按照电源性质分类

(1) 直流电器。

(2) 交流电器。

1.1.1.2　按照工作电压等级分类

(1) 高压电器

高压电器用于交流电压1 200 V、直流电压1 500 V及以上电路中的电器。例如，高压断路器、高压隔离开关、高压熔断器等。

(2) 低压电器

低压电器用于交流电压为1 200 V以下、直流电压1 500 V及以下的电路中的电器。

例如按钮、接触器、继电器等。

1.1.1.3　按照使用环境分类

（1）一般工业用电器；

（2）特殊工业电器（如矿用防爆电器）；

（3）船用电器。

1.1.1.4　按照工作原理分类

（1）电磁式电器

电磁式电器依据电磁感应原理来工作，如接触器、各种类型的电磁式继电器等。

（2）非电量控制电器

非电量控制电器依靠外力或某种非电物理量的变化而动作的电器，如按钮、行程开关等。

1.1.1.5　按用途分类

（1）配电电器

配电电器用于电能的输送和分配的电器，如刀开关、断路器、隔离开关、自动空气开关等。对配电电器的主要技术要求是断流能力强，限流效果好，热稳定性和动稳定性能好，工作可靠。

（2）控制电器

控制电器用于各种控制电路的电器，如接触器、电动机启动器和各种控制继电器等。

（3）主令电器

主令电器用于自动控制系统中发送动作指令的电器，例如按钮、行程开关、万能转换开关等。

（4）保护电器

保护电器用于保护电源、电路及用电设备，使它们不会在短路、过载状态下运行，免遭损坏，如熔断器、热继电器、各种保护继电器等。

（5）执行电器

执行电器是指用于完成某种动作或传递功率的电器，如电磁铁、电磁阀等。

电气控制系统中常用低压电器如图1-1所示。

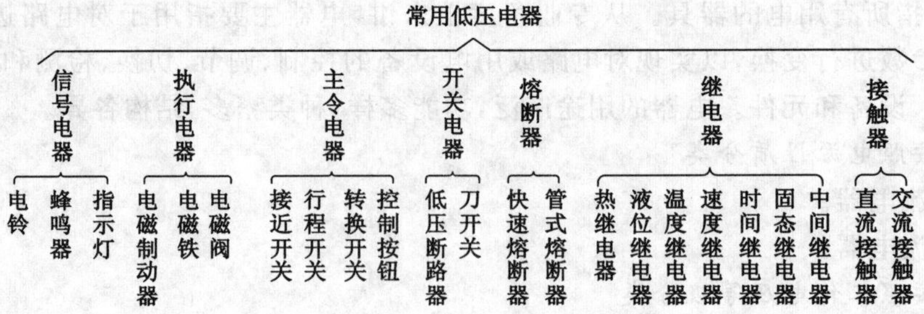

图1-1　电气控制系统中常用低压电器

1.1.2　电磁式低压电器

电磁式低压电器在电气控制线路中使用量最大，其类型很多、结构原理基本相同。常用的接触器、中间继电器都属于电磁式的低压电器。电磁式低压电器一般由三部分组成:电磁机构、触头系统、灭弧系统。

1.1.2.1 电磁机构

1.1.2.1.1 电磁机构的组成及分类

电磁机构是电磁式低压电器元件的动力部件,由线圈、静铁芯(铁芯)和动铁芯(衔铁)组成,其作用是通过电磁感应原理将电磁能转换成机械能,带动触点动作,完成接通或断开电路。根据衔铁相对铁芯的运动方式可以将电磁机构分为直动式、拍合式,如图1-2所示。

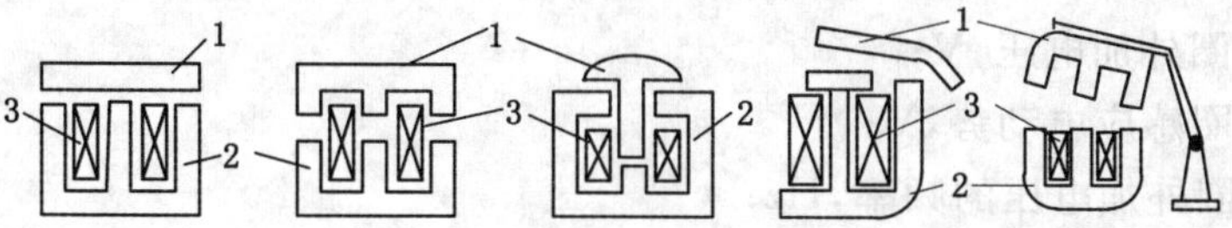

图1-2 电磁机构结构

(a) 直动式电磁机构;(b) 拍合式电磁机构

1——衔铁;2——铁芯;3——吸引线圈

按通入电流种类不同可以将线圈分为直流线圈和交流线圈。

(1) 直流线圈

通入直流电的线圈称为直流线圈,直流线圈无骨架,线圈与铁芯直接接触,以便散热。

(2) 交流线圈

通入交流电的线圈称为交流线圈。交流线圈中由于铁芯存在涡流和磁滞损耗,会发热,为改善散热条件,线圈中设有骨架,使铁芯与线圈隔离。

按线圈在电路中的连接形式可以分为串联接入线圈和并联接入线圈。

(1) 串联接入线圈主要用于电流检测类电磁式电器中,为减少对电路的分压作用,串联线圈采用粗导线制造,匝数少,线圈的阻抗较小。

(2) 并联接入线圈主要用于电压检测类电磁式电器中,为了减少电路的分流作用,需要较大的阻抗,一般线圈的导线细、匝数多。

例如,断路器过电流脱扣器的线圈和热脱扣器的热元件与主电路串联,欠电压脱扣器的线圈和电源并联。

1.1.2.1.2 电磁机构的工作原理

线圈通过电流后产生磁场,磁通经铁芯、衔铁和工作气隙形成闭合回路,产生的电磁吸力克服复位弹簧的反作用力,将衔铁吸向铁芯,线圈断电后,衔铁在复位弹簧的反作用力下恢复原始状态。电磁系统的电磁吸力可近似地按下式计算:

$$F=\frac{10^7}{8\pi}B^2S \tag{1-1}$$

式中 F——电磁吸力,N;

B——气隙中的磁感应强度,T;

S——磁极截面积,m^2。

当截面积 S 为常数时，吸力 F 与气隙中的磁感应强 B 成正比，也可以认为 F 与磁通 Φ 成正比。电磁系统的吸力特性反映了电磁吸力与气隙的关系。因为励磁电流的种类对吸力特性的影响很大，故对交、直流电磁系统的吸力特性分别进行讨论。

(1) 交流电磁机构的吸力特性

交流电磁系统激励线圈的阻抗主要取决于线圈的电抗(电阻值相对较小)，故有

$$U \approx E = 4.44 fN\Phi \tag{1-2}$$

根据式(1-2)可得

$$\Phi = \frac{U}{4.44 fN} \tag{1-3}$$

式中 U——线圈外加电压，V；

E——线圈感应电动势，V；

f——线圈外加电压的频率，Hz；

Φ——气隙磁通，Wb；

N——线圈匝数。

当频率 f、匝数 N 和外加电压 U 都为常数时，由式(1-3)可知磁通 Φ 亦为常数。

由式(1-1)又可知，此时电磁吸力 F 为常数(因为交流励磁时，电压、磁通都随时间作周期性变化，其电磁吸力也作周期变化。此处 F 为常数，是指电磁吸力的幅值不变)。

由于线圈外加电压 U 与气隙 δ 无关，所以其吸力 F 亦与气隙 δ 的大小无关。实际上，考虑到漏磁通的影响，吸力 F 随气隙 δ 的减小略有增加。

虽然交流电磁系统的气隙磁通 Φ 近似不变，但气隙磁阻随气隙 δ 大小而变化。根据磁路定律式(1-4)可知，交流励磁线圈的电流 I 与气隙 δ 成正比。

$$\Phi = \frac{IN}{R_m} = \frac{IN \cdot \mu_0 S}{\delta} \tag{1-4}$$

电磁系统吸力特性如图 1-3 所示。

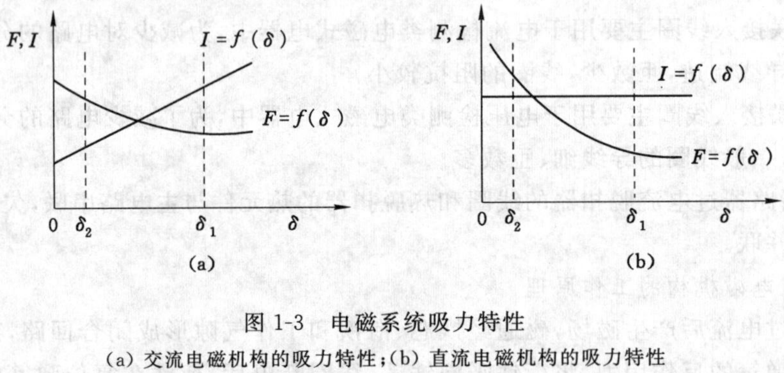

图 1-3 电磁系统吸力特性

(a) 交流电磁机构的吸力特性；(b) 直流电磁机构的吸力特性

一般情况下，E 形交流电磁机构的励磁线圈通电而衔铁尚未动作时，其电流达到吸合后额定电流的 5～6 倍。如果衔铁卡住不能吸合或者频繁动作，交流激励线圈很可能被烧毁。所以在可靠性要求高或操作频繁的场合，一般不采用交流电磁系统。

(2) 直流电磁机构的吸力特性

直流电磁机构由直流电流励磁。稳态时，磁路对电路无影响，所以可认为其励磁电流不

受气隙变化的影响，即其磁势 NI 不受气隙变化的影响。由磁路定律可知

$$\Phi = \frac{NI}{R_m} = \frac{NI \cdot \mu_0 S}{\delta} \tag{1-5}$$

式中　μ_0——真空磁导率，H/m；

R_m——气隙磁阻。

根据式(1-1)和式(1-5)可知，直流电磁系统的吸力 F 与气隙 δ 的平方成反比，其吸力特性如图 1-3(b)所示，吸力特性曲线比较陡，表明衔铁闭合前后吸力变化很大，气隙越小，吸力越大。由于衔铁闭合前后励磁线圈的电流不变，所以直流电磁机构适合于动作频繁的场合，且吸合后电磁吸力大，工作可靠性高。

(3) 反力特性

电磁吸力由电磁机构产生，当电磁线圈断电时使触点恢复常态的力称为反力，电磁式电器中反力由复位弹簧产生。

弹簧力 F_k 与其变形 δ 成正比(变形 δ 一般与磁路中气隙有关)，其大小为

$$F_k = k \cdot \delta \tag{1-6}$$

式中　k——弹簧的刚度。

反作用力和气隙 δ 的关系曲线称为反力特性。反力特性如图 1-4 中曲线 3 所示。

图 1-4 中，δ_1 为电磁机构气隙的初始值，δ_2 为动、静触点开始接触时的气隙长度。在 $\delta_1 \sim \delta_2$ 区间内，反作用力随着气隙减小而略有增大，到达 δ_2 时，动、静触点刚接触，此时，触点上的压力作用到衔铁上，反作用力曲线发生突变。在 $\delta_2 \sim 0$ 区间内，气隙小，触点压的越紧，反作用力也越大，其曲线比 $\delta_1 \sim \delta_2$ 区间陡。

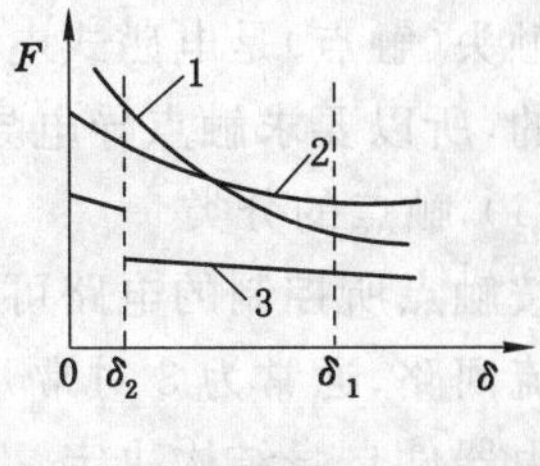

图 1-4　吸力特性与反力特性

1——直流电磁机构吸力特性；

2——交流电磁机构吸力特性；

3——反力特性

(4) 反力特性与吸力特性的配合

为保证电磁机构的衔铁可靠的动作，在整个吸合过程中，吸力都必须大于反力，但也不能过大或过小。但若吸力过大，衔铁吸合时运动速度过大，接触时冲击力大，加大机械磨损，影响触点的使用寿命。因此，只有吸力特性与反力特性配合得当，才能有助于提升电器性能。

1.1.2.1.3　交流电磁机构短路环的作用

对于单相交流电磁机构，其磁感应强度按正弦规律变化，即

$$B = B_m \sin \omega t \tag{1-7}$$

根据式(1-1)可知

$$F = \frac{10^7}{8\pi}(B_m \sin \omega t)^2 S$$

电磁吸力是一个两倍于电源频率的周期变量，其值在 0 与最大值之间变化，如图 1-5 所示。

电磁机构在工作时，衔铁始终受到反作用力。当反作用力大于吸力 F 时，衔铁被拉开；反之，当反作用力小于吸力 F 时，衔铁被吸合。这样，在交流电每周期内衔铁将吸合、释放两次，产生剧烈的振动和噪声，使其不能正常工作。

为避免衔铁振动，可在铁芯端面上装一个铜制分磁环(或称短路环)，如图 1-6 所示。

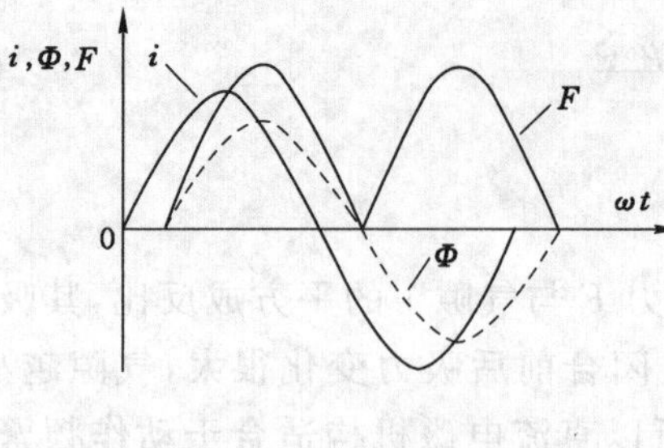

图 1-5　单相交流电磁机构电磁吸力

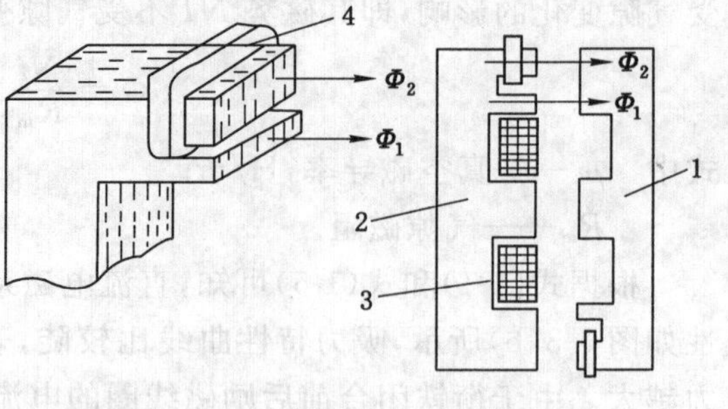

图 1-6　交流电磁机构的短路环

1——衔铁；2——铁芯；3——线圈；4——短路环

加上短路环之后，磁通分成两部分，即穿过短路环的 Φ_2 和不穿过短路环的 Φ_1。Φ_2 为原磁通与短路环中感应电流产生磁通的叠加，相位上 Φ_2 滞后于 Φ_1，吸力 F 为 F_1 与 F_2 的合力，如图 1-7 所示。如果短路环的设计比较合理，使 Φ_2 滞后 Φ_1 约 90°，并且 F_1 与 F_2 近似相等，则两相磁通时间上不会同时为零，且合力变化较为平坦，使通电期间的电磁吸力始终大于弹簧反力，将衔铁牢牢吸合，消除了振动与噪声。

1.1.2.2　触头系统

触头(触点)是电磁式电器的执行机构。电器就是通过触点的动作来接通或断开被控制电路的，所以要求触点导电导热性能要好。

(1) 触点的分类

按触点所控制的电路可以将触点分为主触点、辅助触点。主触点主要用于通断负载工作电流回路，通常为 3 对常开触点。辅助触点主要用于电路的控制与连锁，又称连锁触点，数量由器件自身结构决定。按触点的原始状态可以将触点分为常开触点、常闭触点。

(2) 触点的接触形式

触点的接触形式有三种：点接触、线接触和面接触，如图 1-8 所示。

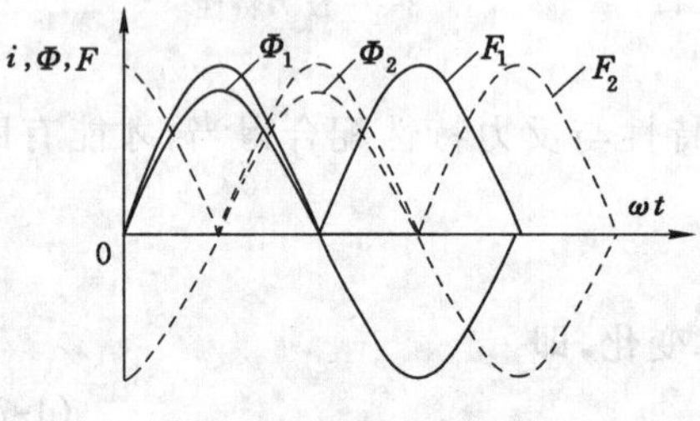

图 1-7　加短路环后的电磁吸力

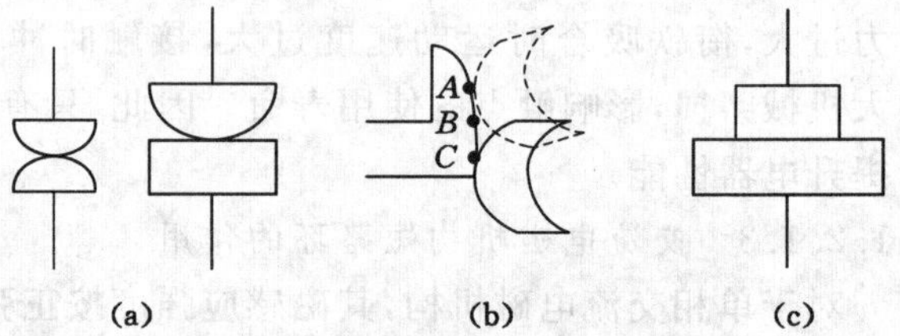

图 1-8　触点的接触形式

(a) 点接触；(b) 线接触；(c) 面接触

点接触由两个半球形触点或一个半球形触点与一个平面形触点构成。点接触适用于电流不大、触点压力小的场合，如接触器的辅助触点及继电器的触点等。

线接触是两个带弧面的触点相接触，如圆柱对平面或圆柱对圆柱，其接触曲线是一条直线，器触点在接触过程中有滚动动作，如图 1-8(b)所示。开始接触时，动静触点在 A 点接触，然后经 B 点滚动到 C 点，断开时的运动过程相反，这样可以清除触点表面的氧化膜，同时由于长期工作的位置是在 C 点而不是易烧灼的 A 点，保证了触点的良好接触。线接触适用于接通次数多、电流大的场合，如接触器的主触点。

面接触是指两个平面触点的接触，这种触点一般在接触表面镶有合金，以减少触点接触电阻和提高耐磨性。面接触适用于大电流的场合，如较大容量接触器的主触点。

(3) 触点的结构形式

触点的结构形式有桥式触点和指形触点两种，如图 1-9 所示。

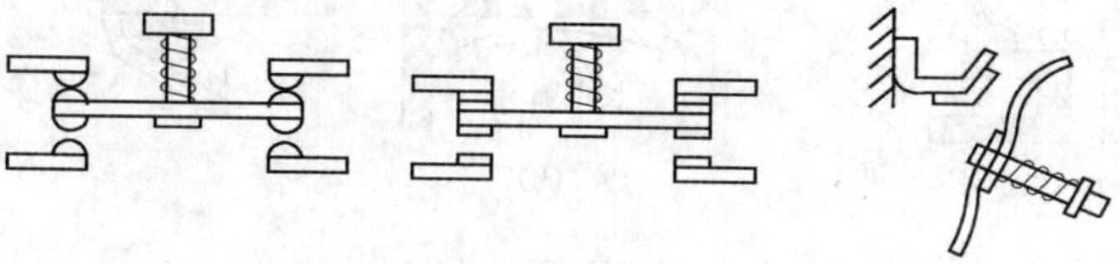

(a)　　(b)

图 1-9　触点的结构形式

(a) 桥式触点；(b) 指形触点

桥式触头中，电路的通断由两个触头同时完成，如图 1-9(a)所示。桥式触点又分为点接触型和面接触型两种。其中点接触性适用于电流不大且触点压力小的场合，面接触型适用于大电流的场合，常用于大容量电器。

指形触头为线接触，如图 1-9(b)所示。触头接通或分断时产生的滚动，产生摩擦消除触头表面的氧化膜；又可缓冲触头闭合时的撞击能量，改善触头的电器性能，适用于接电次数多、电流大的场合。

1.1.2.3　灭弧系统

1.1.2.3.1　电弧及其危害

动、静触点在通电状态脱离接触的瞬间，动、静触点的间隙很小，电场强度很大，使触点表面的自由电子大量溢出，在强电场的作用下，这些自由电子在电场中运动时撞击中性气体分子，使其电离，产生大量正离子和电子，气体由绝缘状态变为导电状态，形成炽热的电子流，产生弧光放电现象，即电弧。

电弧产生高温并发出强光，将触点烧损，并使电路的切断时间延长，严重时会引起火灾或其他事故，因此必须采取灭弧措施。

1.1.2.3.2　常用的灭弧方法

(1) 常用灭弧措施

① 降低电弧区的电场强度。在触点断开时，迅速增大电弧长度拉长电弧，使触头间隙增加，电场强度降低，同时又使散热面积增大，降低电弧温度，使自由电子和空穴复合的运动加强，因而电弧容易熄灭。

② 降低电弧区的温度。将电弧与冷却介质接触，可以带走电弧热量，使电弧熄灭。

③ 分割电弧使得触头间的电压达不到电弧的燃烧电压。

(2) 常用灭弧装置工作原理

① 电动力吹弧。其原理如图 1-10(a)所示，它利用桥式结构双断口触点系统进行灭弧，双断口就是在一个回路中有两个产生和断开电弧的间隙。一般用于小容量的交流接触器等交流电器。当触点打开时，在断口中产生电弧。静触点和动触点在弧区内产生图中所示的磁场，根据左手定则，电弧电流受到一个指向外侧的力 F 的作用而向外运动，迅速离开触点

而熄灭。电弧的这种运动,一是会使电弧本身被拉长,二是电弧穿越冷却介质时要受到较强的冷却作用,这都有助于熄灭电弧。

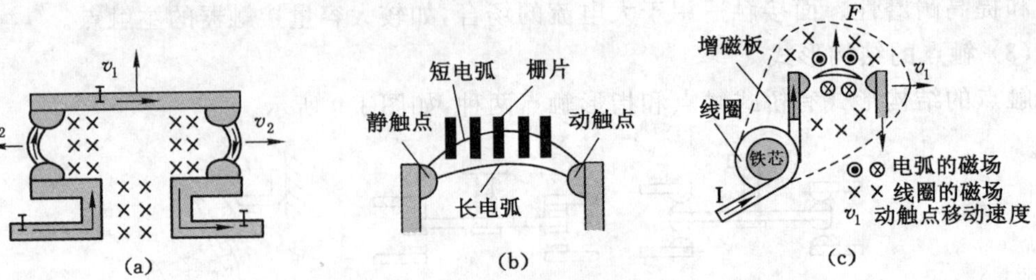

图 1-10　常用灭弧装置工作原理

(a) 电动力吹弧;(b) 栅片灭弧;(c) 磁吹灭弧

② 栅片灭弧。其原理如图 1-10(b)所示。触点切断时产生的电弧在磁吹力和电动力作用下被拉长后,推向一组静止的金属片(栅片),它们彼此间是互相绝缘的,电弧进入栅片后,被分割成许多串联的电弧,每一栅片又相当于一个电极,使每段短电弧的电压达不到燃弧电压。同时栅片还具有冷却作用,使电弧迅速熄灭。

③ 磁吹灭弧。其原理如图 1-10(c)所示。灭弧装置设有与触点串联的磁吹线圈,电弧在吹弧线圈的作用下受力拉长,逐渐吹离触点,从而加速冷却而熄灭。

为了强化灭弧效果,一般要同时采取几种灭弧装置。

1.2　断　路　器

低压断路器又称自动开关、空气开关,是低压配电网络和电力拖动系统中非常重要的开关电器和保护电器,除了能完成接通和分断电路外,还能对电路或电器设备发生短路、严重过载或欠电压等故障进行保护,自动切断电路。

1.2.1　断路器的结构与工作原理

断路器主要由触头系统、灭弧系统、脱扣机构和操作机构等组成,如图 1-11 所示,脱扣机构包括过电流脱扣器、失压(欠电压)脱扣器、热脱扣器、分励脱扣器。

低压断路器的主触点是靠手动操作或电动合闸。主触点闭合后,自由脱扣机构将主触点锁在合闸位置上。过电流脱扣器的线圈和热脱扣器的热元件与主电路串联,欠电压脱扣器的线圈和电源并联。

当电路发生短路或严重过载时,过电流脱扣器线圈中的电流急剧增加,将杠杆 4 上的衔铁吸合,使自由脱扣机构 2、3 动作,主触点 1 在弹簧作用下分开,从而切断电路。热脱扣器的热元件 11 在电路过载时使双金属片向上弯曲,推动自由脱扣机构 2、3 动作。当电路发生失压或欠压故障时,电压线圈 8 中的磁通下降,使电磁吸力下降或消失,衔铁 10 在弹簧 9 作用下向上移动,推动自由脱扣机构 2、3 动作。分励脱扣器用于远方遥控跳闸,在正常工作时,其线圈是断电的,在需要距离控制时,按下遥控按钮,使线圈通电,分励脱扣器 7 得电产生电磁力,将杠杆 4 上的衔铁吸合,使其脱扣跳闸。

断路器图形符号如图 1-11(b)所示,其文字符号为 QF。不同断路器的保护是不同的,

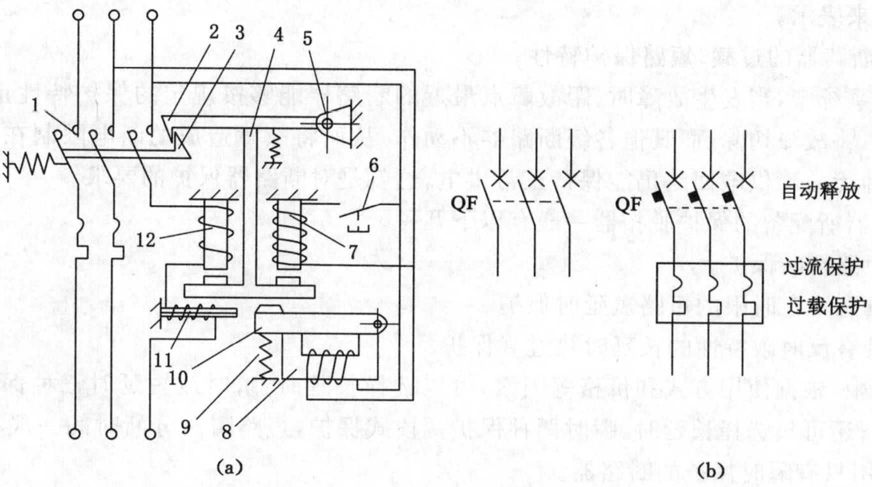

图 1-11　断路器的结构原理与图形符号

1——触点；2——搭钩；3——锁键；4——杠杆；5——转轴；6——遥控按钮；7——分励脱扣器；8——欠电压脱扣器；9——弹簧；10——衔铁；11——热脱扣器；12——过电流脱扣器

使用时应根据需要选用。在图形符号中也可以标注其保护方式，图 1-11(b)中的断路器图形符号中标注了过载、过电流 2 种保护方式。

1.2.2　断路器的主要技术参数

低压断路器的技术参数包括额定电压、额定电流、分断能力、保护特性和分断时间等。

(1) 额定电压(U_e)：断路器在电路中长期工作中的允许电压。

(2) 额定电流(I_n)：额定电流，也称运行电流，是指在规定的环境及温度条件下承载的最大连续且无异常发热并能保证断路器正常工作的电流。

(3) 壳架电流：表示断路器的最大额定电流以及断路器外形大小的等级。

(4) 额定短路分断能力：在制造厂规定的条件下断路器的短路分断能力值。

I_{cu}：额定极限短路分断能力。I_{cu}是破坏性测试，它代表断路器能实现的最大分断能力。

I_{cs}：额定运行短路分断能力。I_{cs}是可重复性测试，它代表断路器可重复的短路电流分断能力。

无论是哪种断路器，虽然都具备 I_{cu} 和 I_{cs} 这两个重要的技术指标，但是，作为支线上使用的断路器，可以仅满足额定极限短路分断能力，支线上的断路器没有必要追求它的运行短路分断能力指标(同类型断路器，其高分断型比普通型的价格要高 1.3 倍～1.8 倍)。而对于在干线上使用的断路器，不仅要满足额定极限短路分断能力的要求，同时也应该满足额定运行短路分断能力的要求，如果仅以额定极限短路分断能力 I_{cu} 来衡量其分断能力合格与否，将会给用户带来不安全的隐患。重要回路切除故障电流后要求能够继续供电，承载一段时间的额定电流，在适当的时间进行更换。而普通回路，经过极限短路电流的分断和再次的分、合后，已完成其任务，可以停电更换新的。

(5) 额定短时耐受电流(I_{cw})：在试验条件下，断路器能够短时承受而不发生任何损坏的电流值，通电持续时间一般为 1 s。

(6) 额定短路接通能力(I_{cm})：在规定的条件下，断路器能够接通的电流值，用最大预期电流峰值来表示。

(7) 断路器的过载、短路保护特性。

配电系统中,当发生故障时,距故障点最近的断路器能够按规定的保护特性正确、有选择地动作,将故障切除,而其他各级断路器不动作,从而将故障造成的断电限制在最小范围内,使其他无故障供电回路仍能保持正常供电,这就是对断路器保护的要求。

断路器所配备的保护脱扣器一般有以下几种。

① 短路瞬时保护。

② 具有一定时限的短路短延时保护。

③ 具有反时限特性的长延时热过载保护。

使用中,根据使用方式和价格等因素,可以选择长延时、瞬时或短延时三种保护组成三段式保护;还可只选择长延时、瞬时两种保护两段式保护,短路瞬时分断时间一般在 20～30 ms;或选用只有瞬时保护的断路器。

一般来说,具有过载长延时、短路短延时和短路瞬动三段保护功能的断路器,能实现选择性保护,大多数主干线(包括变压器的出线端)都采用它作主保护开关。不具备短路短延时功能的断路器(仅有过载长延时和短路瞬动二段保护),不能作选择性保护,只能使用于支路。

1.2.3 断路器的分类与选型

断路器的种类很多,以下是常用的分类方法。

(1) 按用途分:配电保护型、电动机保护型。

(2) 按操作方式分:手柄直接操作、外部转动手柄操作、电动操作。

(3) 按脱扣器形式分:瞬时动作脱扣器(电磁脱扣器)、热动＋电磁脱扣器(热磁脱扣器)、电子脱扣器。

(4) 按极数分:一极、二极、三极、四极。

(5) 按安装方式分:固定式、插入式、抽出式。

(6) 按使用类别分:A 类(非选择性)和 B 类(选择性)。

A 类断路器(指仅有过载长延时、短路瞬动保护的断路器),一般作为分配电柜的进线或终端断路器,有短路故障要求速断,没有承载短路电流的要求,所以没有 Icw 的参数。

B 类断路器(有过载长延时、短路短延时、短路瞬动三段保护的断路器),主要用作低压进线总开关,和下级短路器配合做电流选择性包含,这样它就需要 Icw,因为它需要承载一定时间的短路电流。

(7) 按结构形式分:框架式断路器(ACB)、塑壳式断路器(MCCB)、小型断路器(MCB)、漏电断路器(RCD),如图 1-12 所示。

框架式断路器也称为万能式断路器,如图 1-12(a)所示,这种断路器一般有一个钢制的框架,所有的零部件均安装在框架内,其额定电压可至 1 140 V,额定电流大,一般在 200～6 300 A,且分断能力强,主要用作配电网络的保护开关,适用于大容量线路。

塑壳式断路器,如图 1-12(b)所示,一般为 63 A 以上,1 250 A 以下,额定绝缘电压 800 V,额定工作电压 690 V,采用热固性塑料作为外壳,具有短路及过载保护功能的断路器。主要用于电力拖动或自动控制线路的保护开关,也可用于小容量配电网络的保护开关。

小型断路器,如图 1-12(c)所示,一般为 1～63 A,额定电压 230/400 V,采用热塑性塑料

(a)　　(b)　　(c)　　(d)

图 1-12　常见断路器

(a) 框架式断路器;(b) 塑壳式断路器;(c) 小型断路器;(d) 漏电断路器

为外壳,一般为家用或者类似场合使用的断路器,主要用于照明线路的保护开关。

漏电断路器,如图 1-12(d)所示,一般分为两种形式,一种为一体式的,这种形式的漏电部分不可拆卸;另外一种则是拼装式的,这种形式漏电部分是以附件形式分离于空开主体,可拆卸。

Compact NSX 塑壳断路器的型号含义如图 1-13 所示。

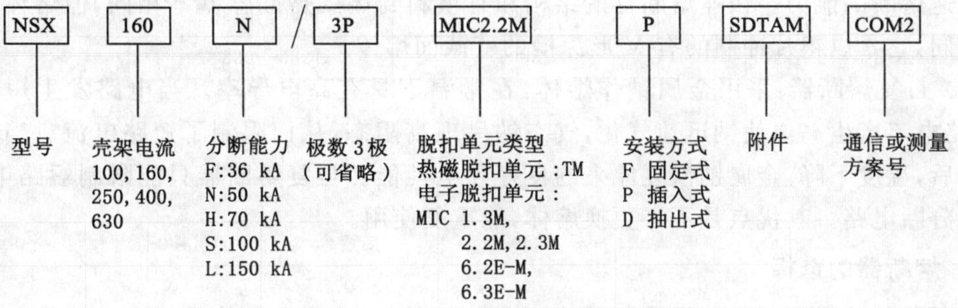

图 1-13　Compact NSX 塑壳断路器的型号含义

1.3　熔　断　器

1.3.1　熔断器的结构及分类

熔断器是电流超过规定值一段时间后,其自身产生的热量使熔体熔化,从而使电路断开的一种电流保护器。熔断器广泛应用于高低压配电系统和控制系统以及用电设备中,作为短路保护器,是应用最普遍的保护电器之一。

熔断器外形结构和图形符号如图 1-14 所示,其文字符号是 FU。熔断器的类型很多,按外观可分为螺旋式、管式、插入式等,按结构可分为开启式、半封闭式和封闭式。

(1) 插入式熔断器:常用于 380 V 及以下电压等级的线路末端,作为配电支线或电气设备的短路保护。

(2) 螺旋式熔断器:熔体上的上端盖有一熔断指示器,一旦熔体熔断,指示器马上弹出,可透过瓷帽上的玻璃孔观察到,常用于机床电气控制设备中。螺旋式熔断器分断电流较大,可用于电压等级 500 V 及其以下、电流等级 200 A 以下的电路中,作短路保护。

(3) 封闭式熔断器:封闭式熔断器分有填料熔断器和无填料熔断器两种。有填料熔断

(a)　　(b)　　(c)

图 1-14　熔断器的外形结构和图形符号

(a) 螺旋式熔断器；(b) 圆筒形帽熔断器；(c) 图形符号

器一般用方形瓷管，内装石英砂及熔体，分断能力强，用于电压等级 500 V 以下、电流等级 1 kA以下的电路中。无填料密闭式熔断器将熔体装入密闭式圆筒中，分断能力稍小，用于 500 V 以下，600 A 以下电力网或配电设备中。

(4) 快速熔断器：快速熔断器主要用于半导体整流元件或整流装置的短路保护。由于半导体元件的过载能力很低。只能在极短时间内承受较大的过载电流，因此要求短路保护具有快速熔断的能力。快速熔断器的结构和有填料封闭式熔断器基本相同，但熔体材料和形状不同，它是以银片冲制的有 V 形深槽的变截面熔体。

(5) 自复熔断器：采用金属钠作熔体，在常温下具有高电导率。当电路发生短路故障时，短路电流产生高温使钠迅速气化，气态钠呈现高阻态，从而限制了短路电流。当短路电流消失后，温度下降，金属钠恢复原来的良好导电性能。自复熔断器只能限制短路电流，不能真正分断电路。其优点是不必更换熔体，能重复使用。

1.3.2　熔断器的选择

熔断器的选择主要是选择熔断器的额定电压、额定电流和熔体的额定电流等。熔体额定电流不等于熔断器额定电流，熔体额定电流按被保护设备的负荷电流选择，熔断器额定电流应大于熔体额定电流，与主电器配合确定。

熔断器的动作是靠熔体的熔断来实现的，熔断器有个非常明显的特性，就是安秒特性，如图 1-15 所示。对熔体来说，其动作电流和动作时间特性即熔断器的安秒特性，也称反时延特性，即过载电流小时，熔断时间长；过载电流大时，熔断时间短。

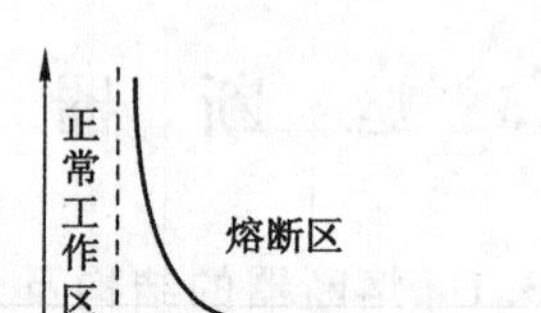

图 1-15　安秒特性

对安特性的理解，我们从焦耳定律 $Q=I^2Rt$ 上可以看到，熔断器的 R 值基本不变，发热量与电流 I 的平方成正比，与发热时间 t 成正比。也就是说，当电流较大时，熔体熔断所需的时间就较短。而电流较小时，熔体熔断所需用的时间就较长，如果热量积累的速度小于热扩散的速度，熔断器温度就不会上升到熔点，熔断器就不会熔断。所以，在一定过载电流范围内，当电流恢复正常时，熔断器不会熔断，可继续使用。

因此，每一熔体都有一最小熔化电流(或临界电流)I_R。相应于不同的温度，最小熔化电流也不同。虽然该电流受外界环境的影响，但在实际应用中可不加考虑。一般定义熔体的最小熔断电流与熔体的额定电流之比为熔化系数：

$$K_R=\frac{I_R}{I_N}$$

常用熔体的熔化系数取 1.25～1.5，也就是说额定电流为 10 A 的熔体在电流 12.5 A 以下时不会熔断。熔断器的选择主要依据负载的保护特性和短路电流的大小选择熔断器的类型。熔体的额定电流可按以下方法选择。

(1) 保护无启动过程的平稳负载如照明线路、电阻、电炉等时，熔体额定电流略大于或等于负荷电路中的额定电流。

(2) 保护单台长期工作的电机，熔体电流可按最大启动电流选取，也可按下式选取：

$$I_R \geqslant (1.5 \sim 2.5) I_N$$

式中　I_R——熔体额定电流；

I_N——电动机额定电流。

如果电动机频繁启动，式中系数可适当加大至 3～3.5，具体应根据实际情况而定。

(3) 保护多台长期工作的电机(供电干线)

$$I_R \geqslant (1.5 \sim 2.5) I_{Nmax} + \sum I_N$$

式中　I_{Nmax}——容量最大的一台电动机的额定电流；

$\sum I_N$——其余电动机额定电流的总和。

1.4　接　触　器

接触器是一种根据外来输入信号利用电磁铁操作，频繁地接通或断开主电路及大容量电路的自动切换电器，主要用于控制电动机、电焊机、电热设备、电容器组等。接触器不仅能实现远距离集中控制，而且操作频率高、控制容量大、工作可靠、使用寿命长、体积小，是控制系统中最重要和最常用的元件之一。接触器实物图如图 1-16 所示。

图 1-16　接触器实物图

接触器的图形和文字符号如图 1-17 所示，其文字符号为 KM。

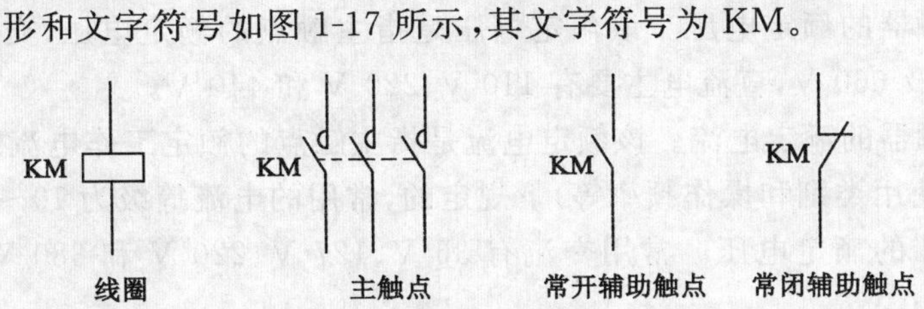

图 1-17　接触器的图形和文字符号

1.4.1　接触器的结构

接触器的结构如图 1-18 所示。

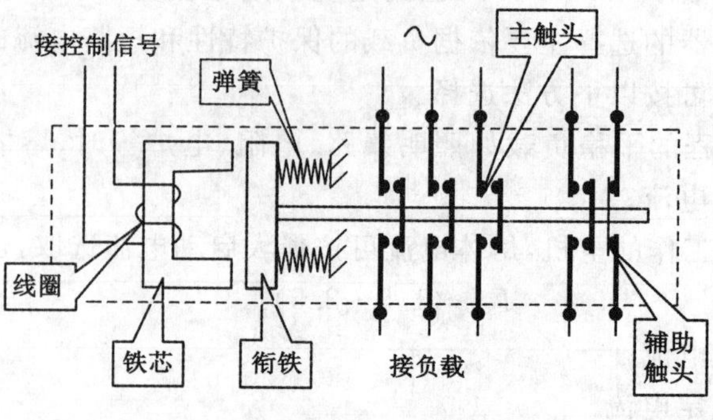

图 1-18　交流接触器工作原理示意图

(1) 电磁机构。电磁机构由电磁线圈、动铁芯(衔铁)和静铁芯组成,其作用是将电磁能转换成机械能,产生电磁吸力带动触点动作。

(2) 触点系统。包括主触点和辅助触点。主触点用于接通或断开主电路,通常为三对常开触点。辅助触点用于控制电路,起电气连锁作用,故又称连锁触点,一般有常开触点和常闭触点各两对。

(3) 灭弧装置。电流容量在 10 A 以上的接触器在主触点处都设有灭弧装置,对于小容量的接触器,常采用双断口触点灭弧、电动力灭弧及陶土灭弧罩灭弧。对于大容量的接触器,采用纵缝灭弧罩及栅片灭弧。

(4) 其他部件。包括反作用弹簧、缓冲弹簧、触点压力弹簧、传动机构及外壳等。

1.4.2　接触器的工作原理

当交流接触器线圈通电后,在铁芯中产生磁通。由此在衔铁气隙处产生吸力,使衔铁产生闭合动作,主触点在衔铁的带动下也闭合,于是接通了主电路。同时衔铁还带动辅助触点动作,使原来打开的辅助触点闭合,并使原来闭合的辅助触点打开。当线圈断电或电压显著降低时,吸力消失或减弱,衔铁在释放弹簧的作用下打开,触点又恢复到原来状态。

1.4.3　接触器的主要技术参数和类型

电磁接触器的主要参数有:主触点的额定电流、电压、数量,辅助触点的额定电流、电压、数量、类型,线圈的电源种类,使用寿命、操作频率、外形尺寸、安装方式等。

(1) 电磁接触器的额定电压。该额定电压是指主触点的额定电压,交流电主要有 220 V、380 V、500 V 及 660 V,直流电主要有 110 V、220 V 和 440 V。

(2) 电磁接触器的额定电流。该额定电流是指主触点的额定工作电流。它是在一定的条件(额定电压、使用类别和操作频率等)下规定的,常用的电流等级为 10～800 A。

(3) 吸引线圈的额定电压。常用交流有 36 V、127 V、220 V 和 380 V,直流有 24 V、48 V、220 V 和 440 V。

(4) 额定操作频率。接触器的额定操作频率是指每小时的接通次数,通常交流接触器的额定操作频率为 600 次/h,直流接触器为 1 200 次/h。操作频率直接影响到接触器的寿命,对交流接触器还影响到线圈的温升。

(5) 接通分断能力。接触器的接通分断能力是指主触点在规定的条件下能可靠接通和分断的电流值。电路中超过此电流值的分断由熔断器、低压断路器等保护器件承担。

(6) 使用类别。接触器用于不同负载时，其对主触点的接通和分断能力要求不同，按不同的条件来选择相应使用类别的接触器便能满足其要求。

在电力拖动控制系统中，常见接触器使用类别及典型用途见表 1-1。

表 1-1　　常见接触器使用类别及典型用途

负载类型	含义	通断条件 I/I_e	
		接通	分断
交流			
AC-1	无感或微感负载、电阻炉，如加热、配电	1	1
AC-2	绕线式感应电动机：启动，分断	2.5	2.5
AC-3	鼠笼型感应电动机：启动，运转中分断	6	1
AC-4	鼠笼型感应电动机：启动，反接制动或反向运转，点动	6	6
直流			
DC-1	无感或微感负载、电阻炉	1	1
DC-3	并励电动机：启动，反接制动或反向运转，点动	2.5	2.5
DC-5	串励电动机：启动，反接制动或反向运转，点动	2.5	2.5

1.4.4　接触器的选择

接触器型号众多，应该根据被控对象的类型和参数合理选用，保证接触器可靠运行，接触器选用依据主要有以下几个方面。

(1) 选择接触器的类型。通常根据接触器所控制负载回路的电流种类来确定接触器的类型，即交流负载应选用交流接触器，直流负载应选用直流接触器。

(2) 选择接触器的使用类别。根据控制负载的工作任务来选择相应使用类别的接触器。

(3) 选择接触器的额定电压。通常接触器主触点的额定电压应大于或等于负载回路的额定电压。

(4) 选择接触器的额定电流。接触器主触点的额定电流应大于或等于负载回路的电流。

(5) 选择接触器线圈的电源类型及电压等级。接触器的线圈电源类型及电压等级应与接入此线圈的控制回路的电源性质及电压等级相一致。

(6) 选择接触器触点数量及触点类型。接触器触点数量和种类应满足主电路和控制电路的需要。

施耐德 LC1-D 系列接触器主要用于 AC-3 使用类别下，交流 50 Hz 或 60 Hz，交流电压至 660 V，电流范围 9～620 A 的一般工业应用场合。在额定工作电压为 380 V 时，可用于额定工作电流至 170 A 的电路中，供远距离接通和分断电路，并可与相应规格的热继电器组合成磁力启动器以保护可能发生过负荷的电路。

LC1-D 系列接触器有多种配件、辅件，用以扩展、延伸控制功能。采用模块化设计，所有辅助模块均可方便地拆装，无需工具。LC1-D系列接触器附件主要有上装模块（抗干扰模块、各种扩展功能输入模块）、正装模块（辅助触头、延时触头、机械锁扣）、侧装模块（辅助触头、机械连锁）、下装模块（过载保护）。

施耐德LC1-D系列接触器的型号含义如图1-19所示。

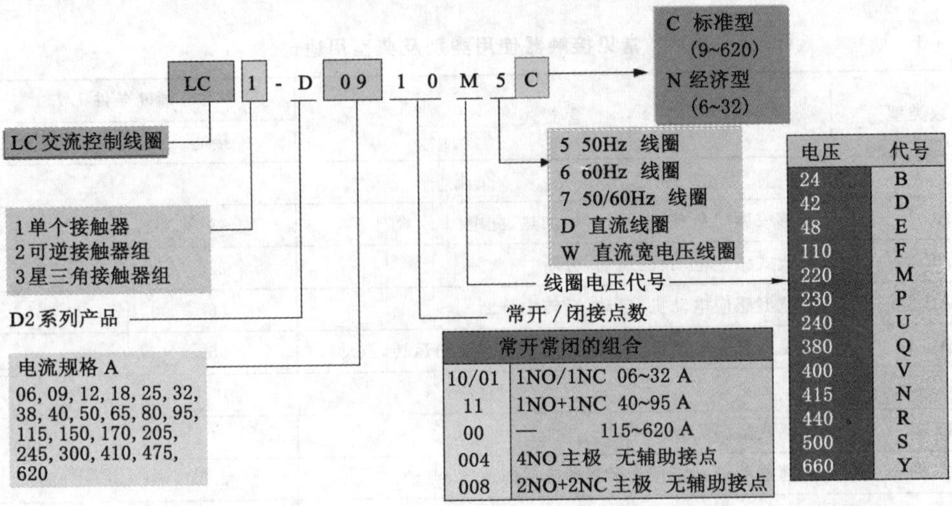

图1-19 LC1-D系列接触器型号含义

1.5 继电器

继电器是一种根据电量（电流、电压）或非电量（时间、速度、温度、压力）等参数的变化，自动接通和断开控制电路，以完成控制或保护任务的自动控制电器。主要用在控制（小电流）电路中，实现控制、放大、连锁、保护和调节等功能。

(1) 按用途分：控制继电器、保护继电器和中间继电器；

(2) 按动作原理分：电磁式、感应式、电动式、电子式、机械式、热力式继电器等；

(3) 按输入参数分：电流、电压、时间、速度、压力继电器等；

(4) 按输出形式：有触点、无触点继电器。

(5) 按动作时间分：瞬时、延时继电器。

1.5.1 中间继电器

1.5.1.1 中间继电器的结构及工作原理

中间继电器本质上是电压继电器，在控制电路中起逻辑变换和状态记忆的功能，当其他继电器的触点数或触点容量不够时，可借助中间继电器来扩大它们的触点数或触点容量，从而起到中间转换的作用。中间继电器的结构和原理与交流接触器基本相同，图1-20是电磁式中间继电器的原理结构、图形和文字符号，中间继电器的文字符号为KA。

中间继电器的电磁线圈属于电压线圈，但它触点数量较多（一般有4对常开触点，4对常闭触点），触点容量较大（额定电流为5～10 A），动作灵敏。

从图1-20(a)可知，中间继电器的线圈8断电时，在反力弹簧10的作用下，衔铁4通过

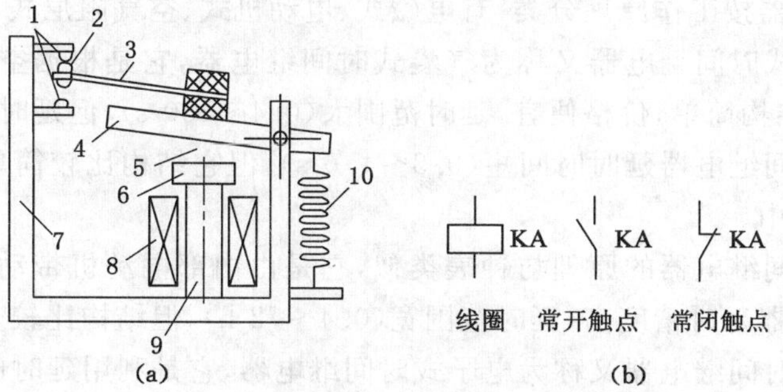

图1-20 电磁式中间继电器的原理结构、图形和文字符号

1——静触点；2——动触点；3——簧片；4——衔铁；5——工作气隙；6——极靴；7——铁轭；8——线圈；9——铁芯；10——反力弹簧

簧片3带动动触点2压在静触点1的上触点上，保持常闭触点处于闭合状态。当线圈8通电产生电磁吸力且达到能够克服反力弹簧10的作用力(使衔铁4动作所需的力)值时，衔铁4被吸引下移到极靴6的上端面处，动触点2通过簧片3被带动压在静触点1的下触点上，只要线圈8中的电流维持在某给定值上，即可使中间继电器的常开触点保持闭合状态。一般情况下，静触点1的上下触点不相通且串接于不同的线路中，因而改变中间继电器常开触点与常闭触点的状态，就可实现对不同线路的控制。

1.5.1.2 中间继电器的主要技术参数

中间继电器的主要技术参数包括触点的额定电流、电压、数量、类型，线圈的电源种类、直流电阻、吸合电流、释放电流，使用寿命、外形尺寸、安装方式等。吸引线圈的额定电压有直流12 V、24 V，交流220 V等多种。中间继电器实物如图1-21所示。

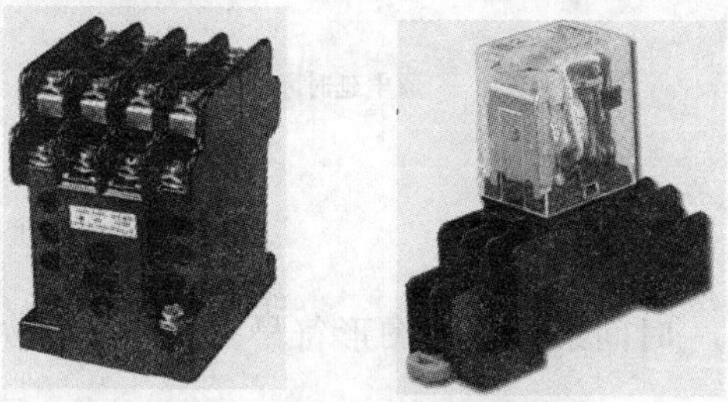

图1-21 中间继电器实物图

1.5.1.3 中间继电器的选择

根据中间继电器在控制线路中的作用，选用中间继电器时应遵循以下原则：

(1) 触点的额定电压及额定电流应大于或等于控制线路的额定电压及工作电流。

(2) 触点的种类和数量应满足控制线路的需要。

(3) 电磁线圈的电压等级应与控制线路电源电压相同。

(4) 使用过程中的操作频率不超过继电器许用操作频率。

一般情况下，可根据中间继电器的触点数量、种类及吸引线圈的额定电压来确定型号。

1.5.2 时间继电器

在实际工程中，经常需要按一定时间间隔来对设备进行控制。例如，电动机的减压启动需要一定的时间，然后才能加上额定电压。这类控制称为时间控制，传统的继电器-接触器控制系统中，时间控制通常是由时间继电器来实现的。

1.5.2.1 时间继电器的分类

时间继电器是一种在感测到外界信号变化后，经过一段时间(延时)才接通或断开的切换电器。时间继电器按工作原理分类，有电磁式、电动机式、空气阻尼式、电子式等。

(1) 空气阻尼式时间继电器又称为气囊式时间继电器，它是根据空气压缩产生的阻力来进行延时的，其结构简单，价格便宜，延时范围大(0.4～180 s)，但延时精确度低。

(2) 电磁式时间继电器延时时间短(0.3～1.6 s)，但它结构比较简单，通常用在断电延时场合和直流电路中。

(3) 电动式时间继电器的原理与钟表类似，它是由内部电动机带动减速齿轮转动而获得延时。这种继电器延时精度高，延时范围宽(0.4～72 h)，但结构比较复杂，价格很贵。

(4) 晶体管式时间继电器又称为电子式时间继电器，它是利用延时电路来进行延时的。这种继电器精度高，体积小。

时间继电器按延时方式有通电延时型和断电延时型两种。通电延时型时间继电器接受输入信号后延迟一定的时间，输出信号才发生变化；当输入信号消失后，输出瞬时复原。断电延时型时间继电器接受输入信号时，瞬时产生相应的输出信号；当输入信号消失后，延迟一定的时间，输出才复原。时间继电器的延时时序图如图 1-22 所示。

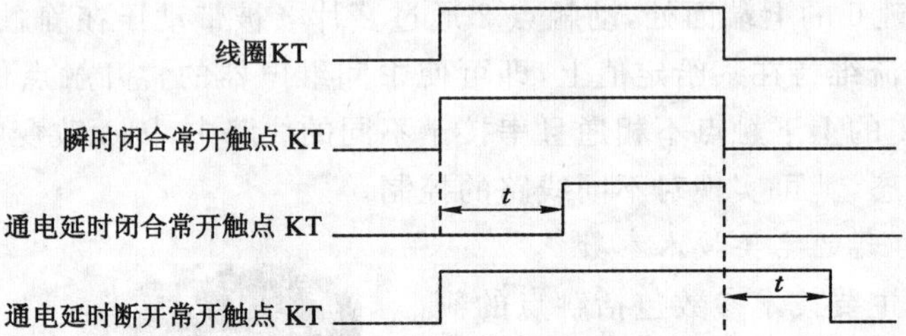

图 1-22　时间继电器延时时序图

时间继电器的图形符号及文字符号如图 1-23 所示。

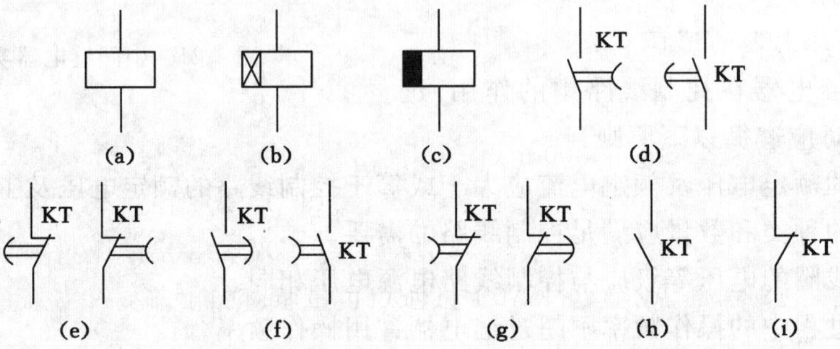

图 1-23　时间继电器的图形符号及文字符号

(a) 线圈一般符号；(b) 通电延时线圈；(c) 断电延时线圈；(d) 通电延时闭合常开触点；
(e) 通电延时断开常闭触点；(f) 断电延时断开常开触点；
(g) 断电延时闭合常闭触点；(h) 瞬时常开触点；(i) 瞬时常闭触点

注意：圆弧开口方向，即为触点延时后的动作方向。

JS14A 系列时间继电器适用于交流 50 Hz，额定控制电源电压 380 V 及以下或直流 24

V 及以下的控制电路中作延时元件，按预定的时间接通或分断电路。JS14A 晶体管时间继电器实物图片如图 1-24(a)所示，接线图如图 1-24(b)所示。

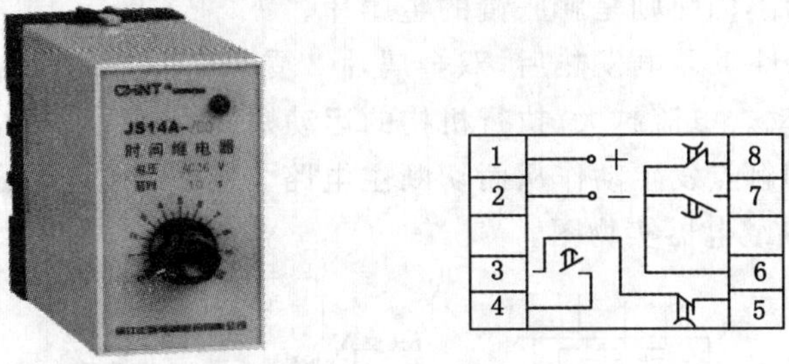

图 1-24　JS14A 晶体管时间继电器

(a) 实物图片；(b) 接线图

1.5.2.2　时间继电器的技术参数及选用

时间继电器技术参数有线圈的额定电压、延时范围、触点的额定电压、电流、触点的种类和数量、外形尺寸等。

常用的时间继电器有电磁式、空气阻尼式、电动式和电子式等类型，应根据不同使用条件和要求选择不同类型的时间继电器。在要求延时范围大、延时准确度高的场合，应选用电动式或电子式时间继电器。在延时精度要求不高、电源电压波动较大的场合，可选用价格较低的电磁式或气囊式时间继电器。

时间继电器的选型方法如下。

(1) 确定继电器的线圈是用在直流回路还是交流回路中，并确定额定电压等级，常用为 220 V、110 VDC/AC。

(2) 确定安装方式，如导轨式，凸出式，嵌入式等(是柜内安装还是面板开孔安装，抽屉柜一般选用导轨式)。

(3) 确定所需延时种类(通电延时或断电延时)、触点数量以及延时时间范围等。

1.5.3　热继电器

1.5.3.1　热继电器结构及工作原理

热继电器是用于电动机或其他电气设备的过载保护的保护电器。电动机在实际运行中，如拖动生产机械进行工作时，若机械出现不正常的情况或电路异常使电动机遇到过载，则绕组中的电流将增大，电动机的绕组温度升高。如果过载时间长，过载电流大，电动机绕组的温升就会超过允许值，使电动机绕组老化，缩短电动机的使用寿命，严重时甚至会使电动机绕组烧毁。所以，这种过载是电动机不能承受的。热继电器就是利用电流的热效应原理，在出现电动机不能承受的过载时切断电动机电路，为电动机提供过载保护的保护电器。热继电器工作原理如图 1-25所示。

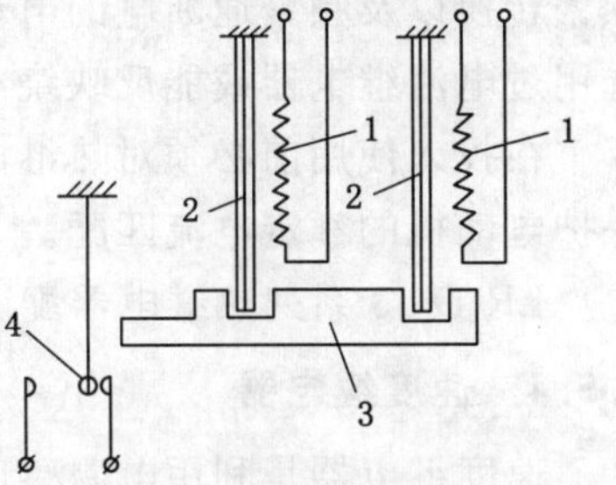

图 1-25　热继电器工作原理

1——发热元件；2——双金属片；3——导板；4——触点

热继电器中的关键零件是热元件，热元件是由两种热膨胀系数不同的金属片铆接在一起制成，又称双金属片（铁镍合金）。它受热后，两片金属均膨胀，但一片膨胀快，另一片膨胀慢，当双金属片受热时，会出现弯曲变形，形成一个弧线，外弧是膨胀快的金属片，内弧则是膨胀慢的金属片。

图 1-25 中发热元件 1 通电发热后，双金属片 2 受热向左弯曲，推动导板 3 向左推动执行机构发生一定的运动。电流越大，执行机构的运动幅度也越大。当电流大到一定程度时，执行机构发生跃变，即触点发生动作从而切断主电路。图 1-26(a)是热继电器的图形、文字符号。图 1-26(b)是热继电器实物图。

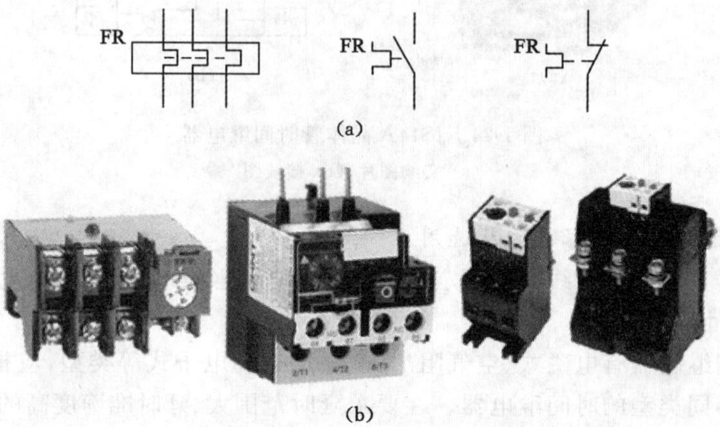

图 1-26 热继电器图形、文字符号及实物图

(a) 热继电器图形、文字符号；(b) 热继电器实物图

1.5.3.2 热继电器的主要技术参数及选用

热继电器的主要技术参数有：额定电压、额定电流、相数、热元件整定电流及电流调节范围等。热继电器的保护对象是电动机，故选用时应了解电动机的技术参数、启动情况、负载性质以及电动机允许过载能力等。选用时遵循下列原则。

(1) 长期稳定工作的电动机，可按电动机的额定电流选用热继电器。取热继电器整定电流的 0.95～1.05 倍或中间值等于电动机额定电流。使用时要将热继电器的整定电流调至电动机的额定电流值。

(2) 热继电器只适用于对启动不频繁、轻载启动的电动机进行过载保护。对于正、反转频繁转换以及频繁通断电的电动机，如起重用电动机则不宜采用热继电器作过载保护，而应选用过电流继电器或能反映绕组实际温度的温度继电器来进行保护。

在投入使用前必须对热继电器的整定电流进行调整，以保证热继电器的整定电流与被保护电动机的额定电流匹配。

LR-D 33 系列热继电器配 D40～D95 接触器，其型号含义如图 1-27 所示。

1.5.4 速度继电器

速度继电器是利用电磁感应原理工作的感应式继电器，当转速达到规定值时触头动作。主要用于三相鼠笼式电动机的反接制动电路中，也可用在异步电动机能耗制动电路中，当反接制动的转速下降到接近零时能自动地及时切断电源。广泛用于生产机械运动部件的速度控制和反接制动快速停车，如车床主轴、铣床主轴等。

LR-D33 22C

代号	整定电流范围内 (A)
22	17-25
53	23-32
55	30-40
57	37-50
59	48-65
61	55-70
63	63-80
65	80-104

图 1-27　LR-D 33 系列热继电器型号含义

速度继电器结构和工作原理如图 1-28 所示，转子是一块固定在轴上的永久磁铁。浮动的定子与转子同心，而且能独自偏摆，定子由硅钢片叠成，并装有笼型绕组。

速度继电器的轴与电动机轴相连，电动机旋转时，转子随之一起转动，形成旋转磁场。笼型绕组切割磁力线产生感应电流，该电流与旋转磁场作用产生电磁转矩，使定子随转子向转子的转动方向偏摆，定子柄在推动相应触头动作。定子柄在推动触头的同时，也压缩反力弹簧，其反作用阻止定子继续转动。当转子的转速下降到一定数值时，电磁转矩小于反力弹簧的反作用力矩，定子返回原来位置，对应的触头恢复原始状态。调整反力弹簧的拉力即可改变触头动作的转速。速度继电器实物图及图形文字符号如图 1-29 所示。

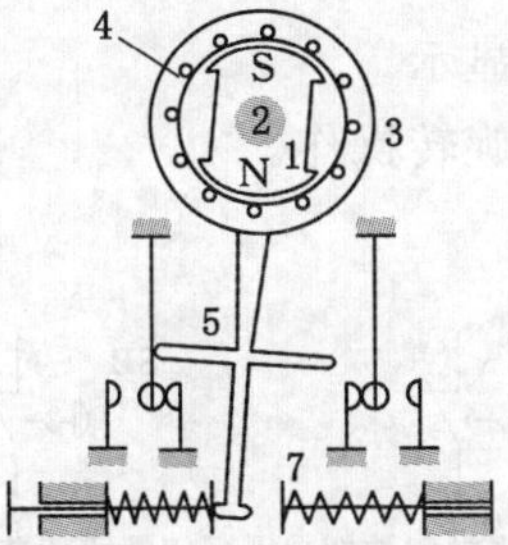

图 1-28　速度继电器结构原理图

1——转子；2——电动机轴；3——定子；4——笼型绕组；5——定子柄；6——动触头；7——反力弹簧

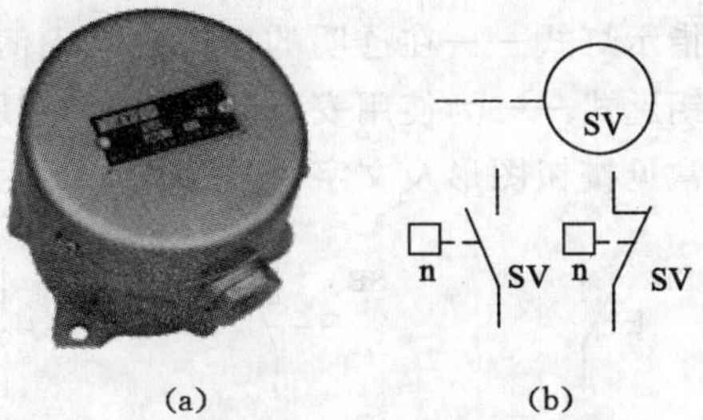

(a)　(b)

图 1-29　速度继电器实物图片及图形文字符号

(a) 实物图；(b) 图形文字符号

JY-1 速度控制继电器在继电器轴转速为 150 r/min 左右时即能动作。100 r/min 以下触点恢复正常位置。触头电流小于或等于 2 A，电压小于或等于 500 V。

1.6　主令电器

1.6.1　按钮

按钮是一种短时接通或断开小电流电路的手动电器，常用于控制电路中发出启动或停止等指令，以控制接触器、继电器等电器的线圈电流的接通或断开。

按钮由按钮帽、复位弹簧、桥式动触头、静触头和外壳等组成，触点又分常开触点（动合触点）和常闭触点（动断触点）两种，通常制成具有常开触点和常闭触点的复合式结构。按钮实物图及结构示意图如图 1-30 所示。

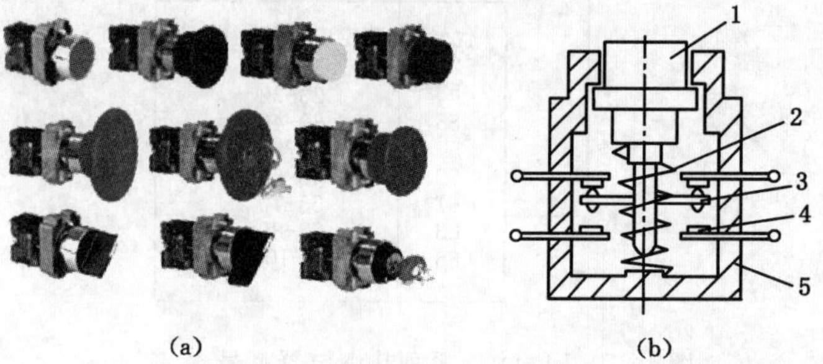

图 1-30　按钮外形和结构

(a) 实物图;(b) 结构

1——按钮帽;2——复位弹簧;3——桥式动触头;4——静触头;5——外壳

开关按钮的工作原理较简单。当按下按钮时,常闭触点先断开,常开触点后闭合。当按钮释放后,在复位弹簧作用下按钮复原,复原过程中常开触点先恢复断开,常闭触点后恢复闭合。按照能否自锁将按钮分为瞬动式按钮和自锁式按钮。

按钮的结构形式有多种,适用于多种场合。

紧急式——装有突出的蘑菇形按帽,以便于紧急操作,也称为蘑菇头式按钮(急停按钮)。

旋钮式——用于旋转操作,也称为旋钮。

指示灯式——在透明的按钮内装入信号灯,以作信号显示。

钥匙式——为使用安全起见,须用钥匙插入方可进行旋转操作。

常见按钮图形及文字符号如图 1-31 所示。

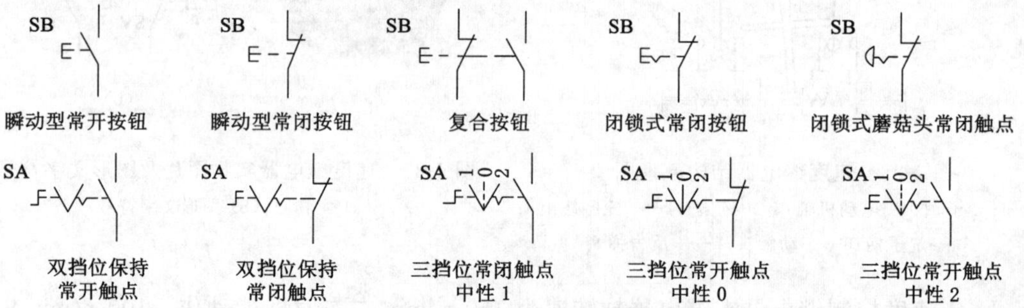

图 1-31　常见按钮图形及文字符号

为了表明各个按钮的作用,避免误操作,通常将按钮帽做成不同的颜色以示区别,其颜色有红、绿、黑、黄、蓝、白等。

(1)“停止”和“急停”按钮必须是红色。

(2)“启动”按钮的颜色是绿色。

(3)“点动”按钮必须是黑色。

(4)“复位”按钮必须是蓝色。当复位按钮还有停止的作用时,则必须是红色。

按钮的主要技术参数有额定电压、额定电流、结构形式、触点的数量和种类、按钮的颜色等。施耐德 XB2B 按钮型号说明如图 1-32 所示。

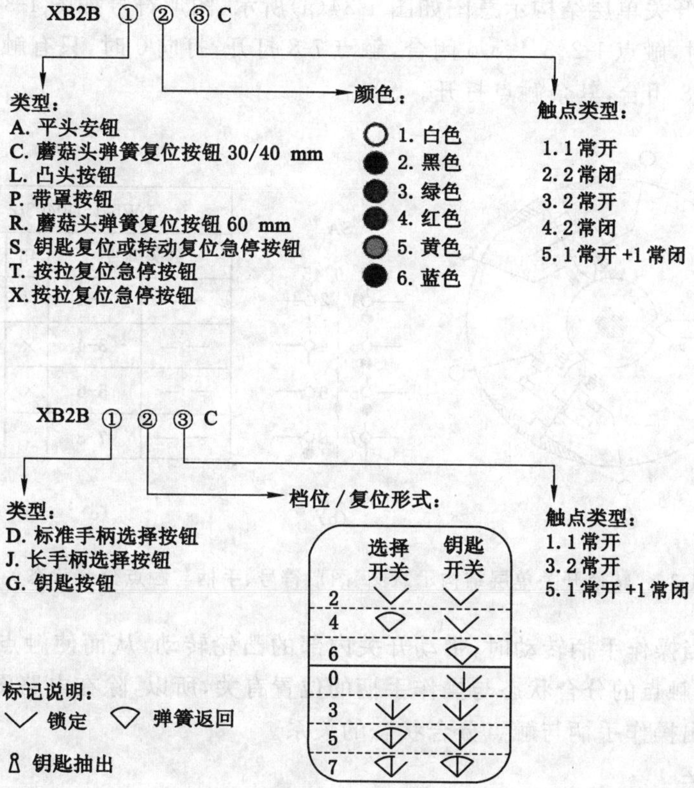

图 1-32　施耐德 XB2B 型号说明

(a) 按钮类；(b) 开关类

1.6.2　万能转换开关

万能转换开关是一种多挡式、控制多回路的主令电器，主要用于各种控制线路的转换、电压表、电流表的换相测量控制、配电装置线路的转换和遥控等。万能转换开关还可以用于直接控制小容量电动机的启动、调速和换向。

LW6 系列万能转换开关主要适用于交流 50～60 Hz，电压至 380 V，直流电压至 220 V 的机床控制电路中，起控制和转换线路作用；也可用于其他场合控制线路的转换，例如电磁线圈，电气测量仪表等。LW6 系列转换开关外形图、型号及含义如图 1-33 所示。

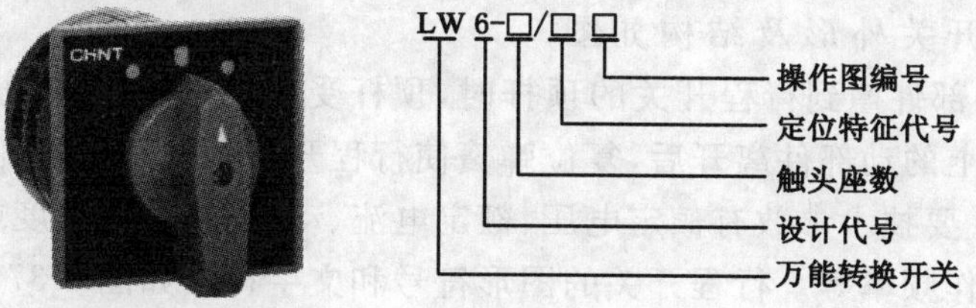

图 1-33　LW6 系列转换开关

万能转换开关是由多组相同结构的触点“叠装”而成，它由操作机构、定位装置和触点等部分组成。转换开关单层结构示意图如图 1-34(a)所示，图形符号如图 1-34(b)所示。

打向左 45°时，触点 1-2、3-4、5-6 闭合，触点 7-8 打开；打向 0 时，只有触点 5-6 闭合；打向右 45°时，触点 7-8 闭合，其余触点打开。

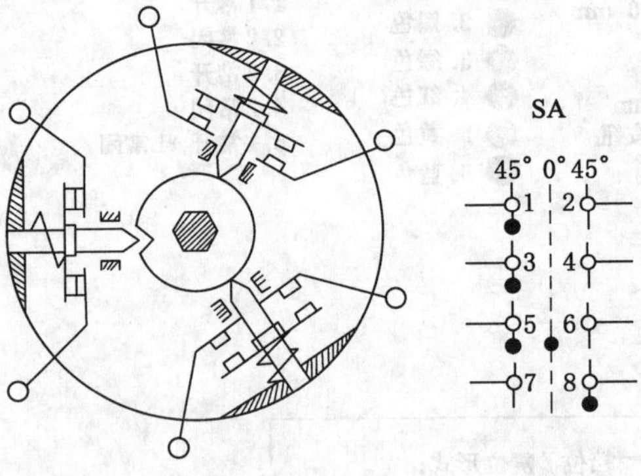

(a)　　(b)

LW5-15D0403/2				
触头编号		45°	0°	45°
—/—	1-2	×		
—/—	3-4	×		
—/—	5-6	×	×	
—/—	7-8			×

(c)

图 1-34　转换开关单层结构示意图、图形符号、手柄与触点分合状态关系表

操作原理：当操作手柄转动时，带动开关内部的凸轮转动，从而使触点按规定顺序闭合或断开。由于其触点的分合状态与操作手柄的位置有关，所以，除在电路图中画出触点图形符号外，还应画出操作手柄与触点分合状态的关系。

1.6.3　行程开关

行程开关又称位置开关，其工作原理和按钮相同，只是其触点的动作不是靠手动操作，而是利用生产机械某些运动部件上的挡铁碰撞其滚轮，从而使触头动作来实现接通或分断电路。它可将机械信号转换为电信号，用于控制生产机械的运动方向、行程大小或位置等。行程开关常安装在工作机械行程的终点处，以限制其行程，所以又称为限位开关或终端开关。它不仅是控制电器，也是实现终端保护的保护电器。

通用行程开关的结构分为操作机构、触头系统和外壳三个部分，其操作机构根据其感知物体位置的动作方式可分为滚珠摆杆型、可调式滚珠摆杆型、可调式摆杆型、密封柱塞型、盘簧型等各种类型和样式。行程开关实物图如图 1-35 所示。

图 1-35　行程开关实物图

直动式行程开关外形及结构如图 1-36所示。当运动部件撞到行程开关的顶杆时，顶杆受压触动，使常闭触头先断开，常开触头后闭合，当顶杆上的动部件离开后，复位弹簧使行程开关各触点恢复到原始通断状态。

行程开关的主要技术参数有额定电压、额定电流、动作力、动作角度或工作行程、触头数量、结构形式和操作频率等。行程开关的图形符号和文字符号如图 1-37 所示。

选用行程开关时，先根据不同的使用场合、机械位置对开关形式、复位方式等的要求来选择类型，再根据控制线路对触点的数量要求以及电流、电压等级来确定其型号。

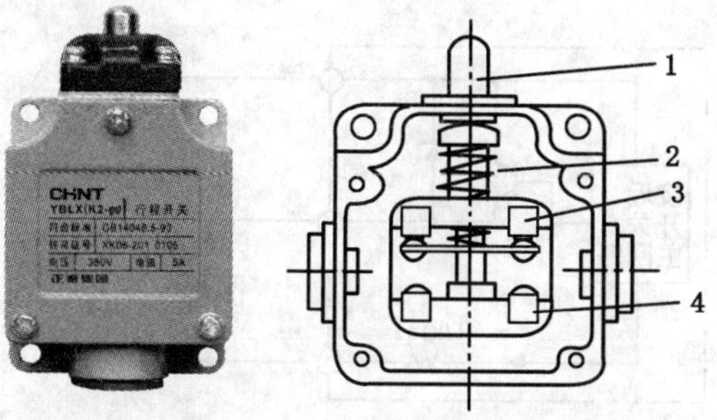

图 1-36　直动式行程开关外形及结构

1——顶杆；2——复位弹簧；

3——常闭触点；4——常开触点

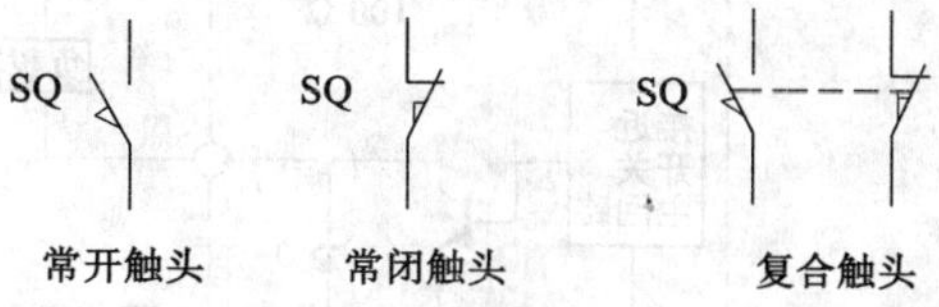

图 1-37　行程开关的图形符号

和文字符号

1.6.4　接近开关

接近开关，又称接近传感器，是一种不需要与运动部件进行机械接触就可以动作的位置开关，当物体处于接近开关的有效检测范围时，不需要机械接触及施加任何压力即可使开关动作，从而驱动交/直流电器或给计算机装置提供控制指令。

接近开关是一种非接触、无触点检测装置，不仅用于行程控制和限位保护，还用于高速计数、测速、液面控制、检测金属体的存在、零件尺寸等。其定位精度、操作频率、使用寿命和对恶劣环境的适应能力也优于一般机械式行程开关。

接近开关按照检测原理分为电感型和电容型。电感型接近传感器(如 E2E)只能检测金属，不能检测非金属；电容型接近传感器(如 E2K)可以检测金属和非金属。

接近开关常用的输出形式有 NPN 三线制、PNP 三线制、交流两线制、直流两线制等。不同的输出形式，其外部接线是不同的。电感式接近开关输出回路原理如图 1-38 所示。

接近开关的输出状态主要有常开型(NO)、常闭型(NC)两种。对于常开型接近开关而言，当未检测到物体时，由于接近开关内部的输出三极管截止，所接的负载不工作(失电)；当检测区域中有检测物体时，内部的输出三极管导通所接的负载得电工作。对于常闭型接近开关而言，当未检测到物体时，接近开关内部三极管处于导通状态，负载得电工作；反之，则负载失电。

简言之：

NO 型接近开关是常开，没有检测到物体时接点断开，检测到物体时接点闭合。

NC 型接近开关是常闭，没有检测到物体时接点闭合，检测到物体时接点断开。

直流两线制接近开关动作时序图如图 1-39 所示。

电感式接近开关实物图、图形符号及文字符号如图 1-40 所示。

接近开关接线注意事项：

(1) 两线制接近开关的接线比较简单，接近开关与负载串联后接到电源即可。

(2) 三线制接近开关的接线：红(茶或棕)线接电源正端；蓝线接电源 0 V 端；黑线为信号，应接负载。而负载另一端的接线：对于 NPN 型接近开关，应接到电源正端；对于 PNP 型接近开关，则应接到电源 0 V 端。

(3) 接近开关的负载可以是信号灯、继电器线圈或 PLC 的数字量输入模块。

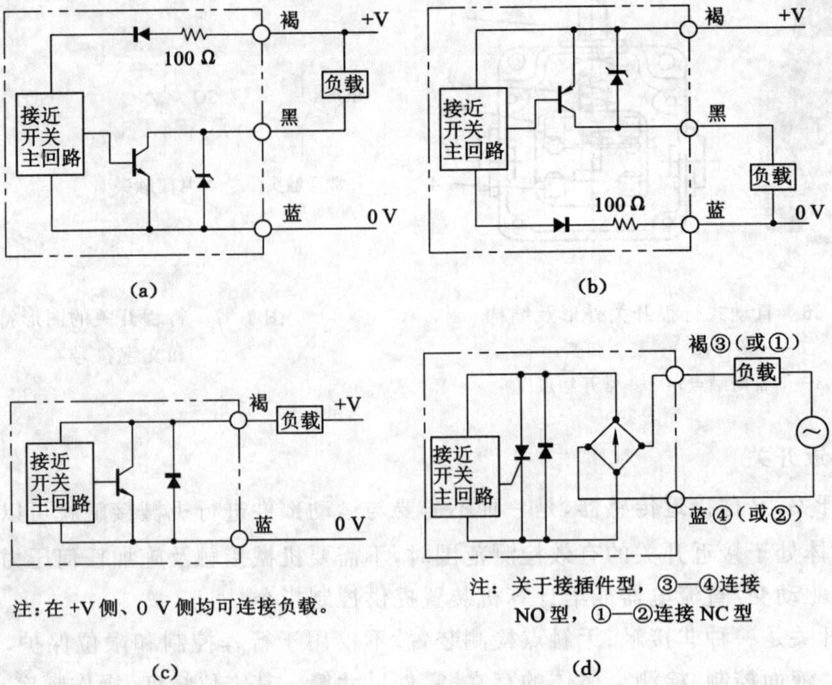

图 1-38　电感式接近开关输出回路原理

(a) 直流三线制 NPN 输出型；(b) 直流三线制 PNP 输出型；

(c) 直流两线制(有极性)；(d) 交流两线制

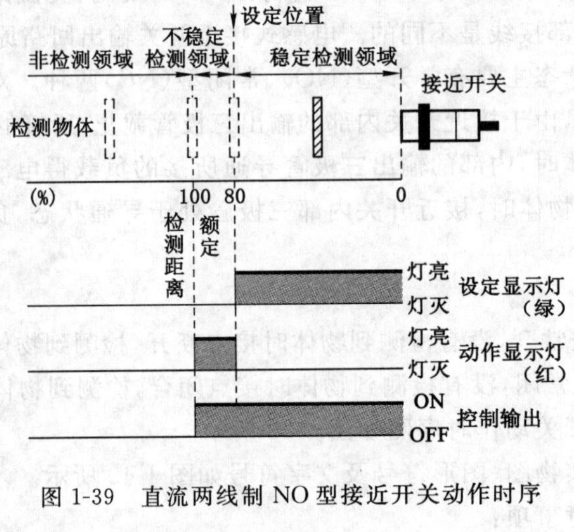

图 1-39　直流两线制 NO 型接近开关动作时序

(4) 需要特别注意接到 PLC 数字输入模块的三线制接近开关的形式选择。PLC 数字量输入模块一般可分为两类:一类是公共输入端为电源 0 V,电流从公共端流出,即“源型输入”(源型),此时,一定要选用 PNP 型接近开关。另一类的公共输入端为电源正端,电流流入公共端,即“漏型输入”,此时,一定要选用 NPN 型接近开关,千万不要选错。

(5) 两线制接近开关受工作条件的限制,导通时开关本身产生一定压降,截止时又有一

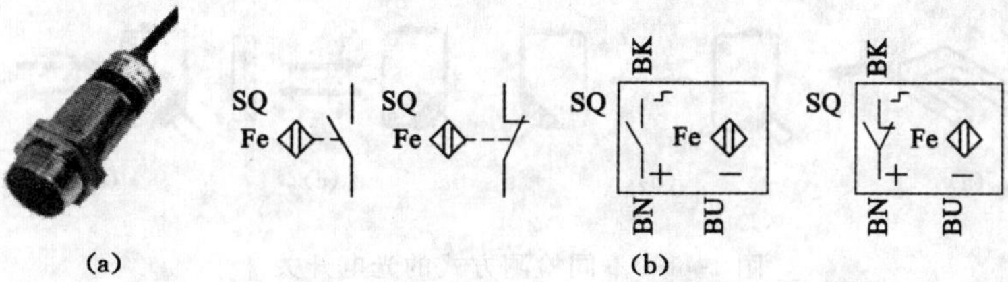

图 1-40　电感式接近开关结构实物图片、图形符号及文字符号

(a) 实物图；(b) 图形符号及文字符号

定的剩余电流流过，选用时应考虑此情况。三线制接近开关虽多了一根线，但不受剩余电流之类不利因素的困扰，工作更为可靠。

(6) 有的厂商将接近开关的“常开”和“常闭”信号同时引出，或增加其他功能，此种情况下，请按产品说明书具体接线。

接近开关选型需要考虑的参数如下。

(1) 检测物体：磁性金属（如铁、镍等），非磁性金属（如黄铜、铝等）和非金属（如塑料、玻璃、水等）。

(2) 检测距离：以 mm 为单位。

(3) 电源和输出规格：直流三线制 PNP、直流三线制 NPN、直流两线制（有极性/无极性）、交流两线制

(4) 输出开关元件的形态：常开(NO)、常闭(NC)。

(5) 屏蔽的有无：屏蔽、非屏蔽。

(6) 连接方式及接插件规格：导线引出型、接插件式、接插件中继式。

(7) 其他参数，如：工作环境、开关容量、外壳材质、附件等。

1.6.5　光电开关

光电开关，也称为光电传感器，是利用被检测物对光束的遮挡或反射，由同步回路选通电路，从而检测物体的有无。物体不限于金属，所有能反射光线的物体均可被检测。光电开关将输入电流在发射器上转换为光信号射出，接收器再根据接收到的光线的强弱或有无对目标物体进行探测。

光电开关是一种小型、低成本检测物体有无的光电传感器，具有感应距离远、反应速度快、安全可靠、使用寿命长等特点，已被广泛应用于物位检测、液位控制、产品计数、宽度判别、速度检测、定长剪切、孔洞识别、信号延时、自动门传感、色标检出、冲床和剪切机以及安全防护等诸多领域。

常见光电开关类型有凹槽型、对射型、回归反射型、漫反射型、限定反射型，如图 1-41 所示所示。

(1) 凹槽型

凹槽型光电开关其实也是对射式光电开关的一种，集红外线发射器和红外线接收器于一体，其发射器和接收器分别位于 U 型槽的两边，并形成一光轴，当被检测物体经过 U 型槽，并且阻断光轴时，光电开关就产生了检测到的开关信号。槽型光电开关比较安全可靠，适合检测高速变化，分辨透明与半透明物体，并且可以调节灵敏度。

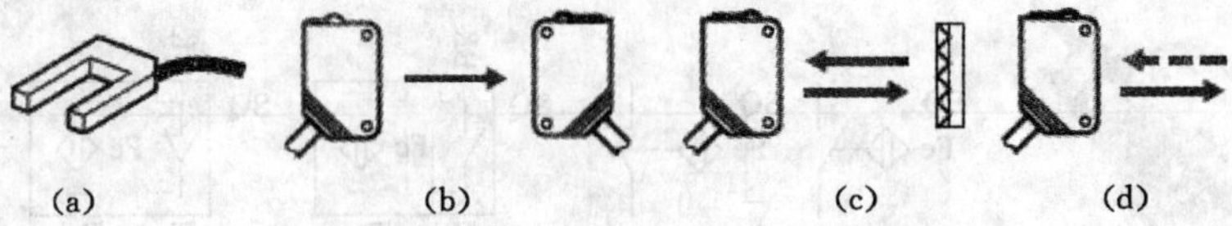

图 1-41　不同检测方式的光电开关

(a) 凹槽型；(b) 对射型；(c) 回归反射型；(d) 漫反射型

光电开关的输出形式有 NPN 三线制、PNP 三线制。欧姆龙 E3Z 系列光电开关 NPN 三线制输出电路(对射型的受光器、回归反射型、慢反射型)如图 1-42(a)所示，PNP 三线制输出电路如图 1-42(b)所示，对射型的投光器电路如图 1-42(c)所示。

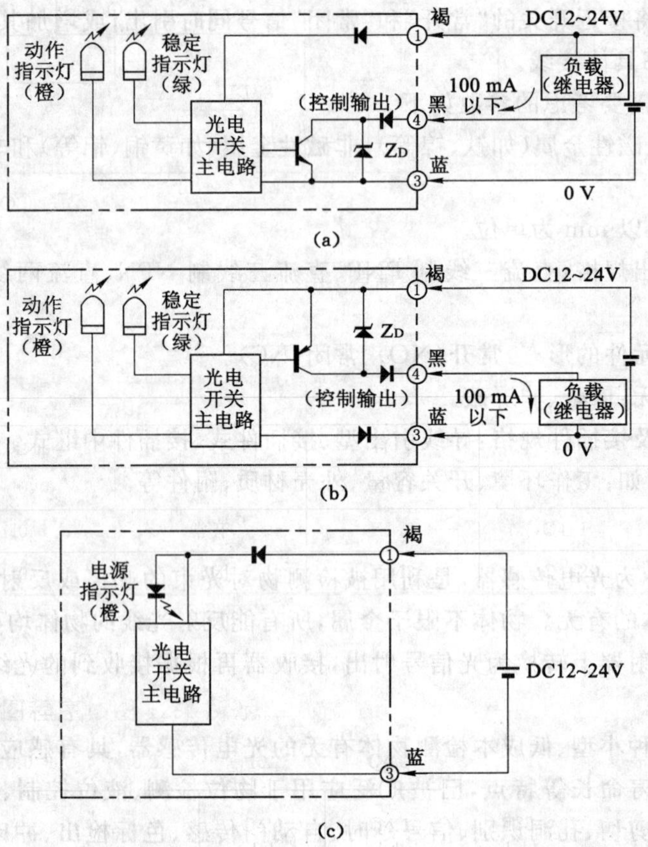

图 1-42　E3Z 系列光电开关接线原理图

(a) 对射型的受光器、回归反射型、慢反射型 NPN 三线制输出电路；

(b) 对射型的受光器、回归反射型、慢反射型 PNP 三线制输出电路；(c) 对射型的投光器电路

(2) 对射型

对射型光电开关由一个投光器(发射器)和一个受光器(接收器)配合使用。检测距离最长(十几米)，但必须在两侧安装且都需要供电，需要光轴对准，成本高。

(3) 回归反射型

回归反射型光电开关必需和反射板配合使用。检测距离比对射型近(几米),必须在两侧安装,需要光轴对准,成本较对射型低。

检测透明物体推荐使用,如检测物体是反光量强的镜面物体,建议使用带 M. S. R 功能的回归反射型,带 M. S. R 功能的光电开关在投光和入光灯前装有偏光镜,可以避免检查透明体时引起的反射光误动作。

(4) 扩散反射型

扩散反射型光电开关可以单个使用,即单侧安装。检测物体要求要大、物体颜色要浅、检测面要平整、物体要不透明。扩散反射型检测距离最短(几十厘米)。不需要对准光轴,成本低。

1.7 信号电器

信号电器主要用来对电气控制系统中的某些信号的状态、报警信息等进行指示。典型产品主要有:信号灯(指示灯)、灯柱、电铃和蜂鸣器等,如图 1-43 所示。

图 1-43　常用信号电器实物图

信号灯也称指示灯,主要在各种电气设备及线路中用做电源指示、设备的工作状态指示以及操作警示等。信号灯发光体主要有白炽灯、氖灯和发光二极管等。信号灯图形及文字符号如图 1-44 所示。如果需要在图形符号上标注信号灯的颜色,可在靠近图形处标出对应颜色的简写字母,例如:红色——RD,黄色——YE,绿色——GN。

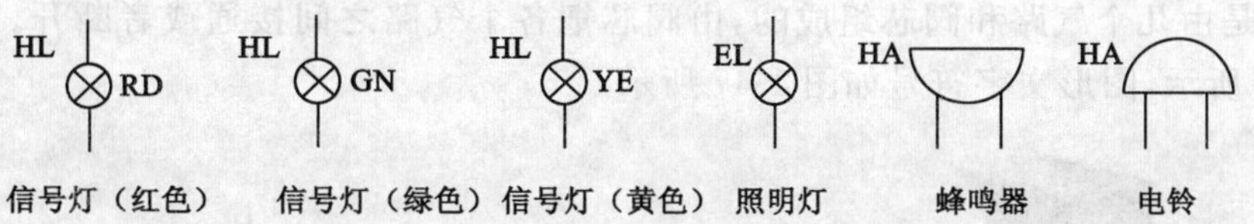

图 1-44　信号灯图形及文字符号

信号灯的主要参数有工作电压、安装尺寸及颜色等。指示灯的颜色及其含义见表 1-2。

表 1-2　指示灯的颜色及其含义

颜色	含义	说明	典型应用
红色	危险 告急	可能出现危险和需要立即处理	温度超过规定(或安全)限制 有触及带电或运动部件的危险
黄色	注意	情况有变化或即将发生变化	温度(或压力)异常 当仅能承受允许的短时过载

续表 1-2

颜色	含义	说明	典型应用
绿色	安全	正常或允许进行	自动控制系统运行正常 机器准备启动
蓝色	按需要指定用意	除红、黄、绿三色外的任何指定用意	遥控指示 选择开关在设定位置
白色	无特定用意	任何用意。不能确切地用红、黄、绿时，以及用作执行时	

施耐德 XB2BV 系列指示灯型号及含义如图 1-45 所示。

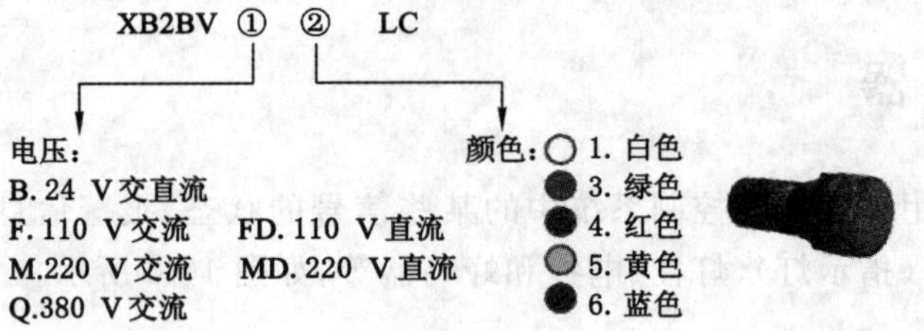

图 1-45　XB2BV 系列指示灯型号及含义

1.8　电　磁　阀

执行电器是能够根据控制系统的输出逻辑要求执行动作指令的器件。常见的执行电器主要有电磁执行器和各类电动机，电磁执行器主要有电磁铁、电磁阀、电磁制动器，电动机主要包括三相异步电动机、伺服电机、步进电机等。

1.8.1　电磁阀的分类

电磁阀是用来控制流体的自动化基础元件，属于执行电器。用在工业控制系统中调整介质（液压油、水、空气等）的方向、流量、速度和其他参数。

电磁阀是由几个气路和阀芯组成的，由阀芯把各个气路之间接通或者断开。电磁阀实物如图 1-46 所示，图形文字符号如图 1-47 所示。

图 1-46　电磁阀实物图

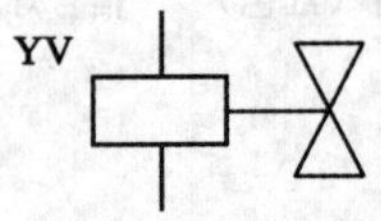

图 1-47　电磁阀图形文字符号

电磁阀作用原理：得电时利用电磁线圈产生的电磁力的作用，推动阀芯移动，实现各个气路的通断，单电控的失电时在弹簧力的作用下回复原位。

电磁阀总体上可分为直动式电磁阀、先导式电磁阀、分步直动式电磁阀三类。

直动式电磁阀直接利用电磁力推动电磁阀阀芯实现气路之间的通断；先导式电磁阀则

是在电磁力的作用下先打开先导阀，使气体进入电磁阀阀芯气室，利用气压来推动电磁阀阀芯，实现气路之间的通断；分步直动式电磁阀为直动式与先导式电磁阀相结合。

按电磁阀线圈数量分类，电磁阀有单电控和双电控。按线圈控制电压分类，电磁阀有交流 220 V、110 V 和直流 24 V。

从气路或油路上来说，常用的电磁阀有二位三通、二位四通、二位五通等。电磁阀二位是指电磁阀的阀芯有两个不同的工作位置（开、关）。而多少通指电磁阀的阀体上有多少个通道口；二位二通电磁阀是一进一出（2 个通道，最常见）；二位三通电磁阀控制液体是一进二出（两出分别是一个常开一个常闭）。气动换向电磁阀是一进一出一排气；液压一进一出一回油。

1.8.2　二位三通电磁阀结构及工作原理

电磁阀是在气动回路中控制气路通道的通、断或改变压缩空气的流动方向；电磁阀只是气动调节阀的一个附件，是控制气动阀门的气源气路的。在气路（液路）上来说，二位三通电磁阀具有 1 个进气孔（接进气气源）、1 个出气孔（提供给目标设备气源）、1 个排气孔（一般安装一个消声器，如果不介意噪声的话也可以不装）。

两位三通电磁阀一般为单电控（即单线圈）。两位三通电磁阀分为常闭型和常开型两种。常闭型指线圈没通电时气路是断的，常开型指线圈没通电时气路是通的。

二位三通电磁阀结构（单电控、直动式）结构如图 1-48 所示。

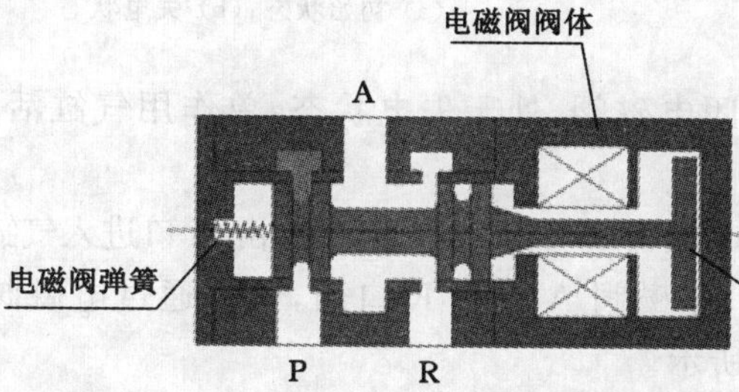

图 1-48　二位三通电磁阀结构

电磁阀阀芯有 2 个位置，有 3 个气路接口，P 口为气源接口，A 为通往气动执行器接口，R 为排气口。

（1）工作（得电）状态：二位三角电磁阀工作（得电状态）如图 1-49 所示，此时电磁阀得电，阀芯被电磁力吸到左侧，P 口与 A 口相通，气源由 A 口通往气缸，R 口是封闭的。

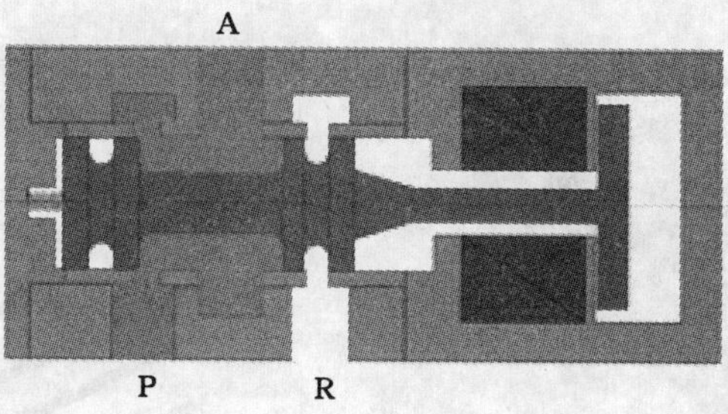

图 1-49　二位三通电磁阀工作（得电状态）

（2）失电状态：如果失电，阀芯在弹簧的作用下回到图 1-48 的初始状态。

1.8.2.1 图形符号

二位三通单电控电磁阀图形符号如图 1-50 所示。

左侧的方框是指得电状态，右侧的方框是指失电状态，左侧小长方形是指电磁线圈，右侧折线是指弹簧，所以靠近弹簧侧的方框是失电状态，靠近线圈侧的方框是得电状态。

1.8.2.2 二位三通电磁阀应用(控制单作用气缸)

二位三通电磁阀控制单作用气缸原理如图 1-51 所示。

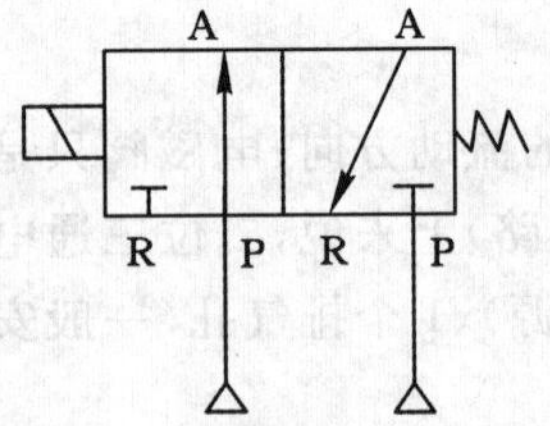

图 1-50 二位三通单电控电磁阀图形符号

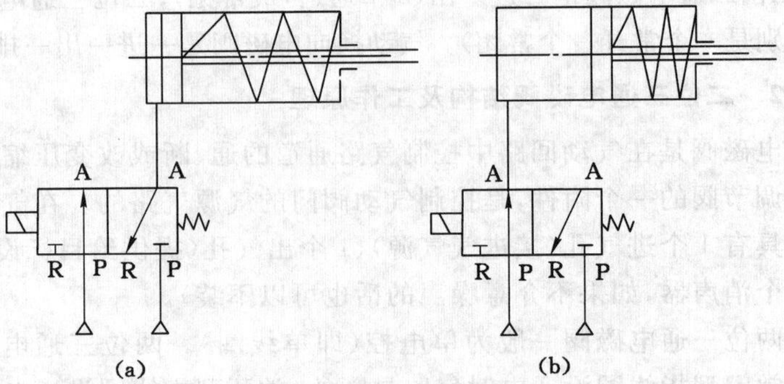

图 1-51 二位三通电磁阀控制单作用气缸原理图

(a) 初始状态;(b) 失电状态

(1) 初始状态:电磁阀为常闭电磁阀，处于失电状态，单作用气缸活塞由弹簧作用在气缸左侧，如图 1-51(a)所示。

(2) 工作状态:电磁阀得电，电磁阀 P 口与 A 口通，气源由 A 口进入气缸，气缸活塞右移。

(3) 失电状态:电磁阀失电，电磁阀 A 口与 R 口通，气缸通过电磁阀放气，活塞在弹簧作用下回到左侧，如图 1-51(b)所示。

1.9 常用电器安装附件

(1) 线槽

线槽又称走线槽、配线槽，由锯齿形的塑料槽和盖组成，用来将电源线、数据线等线材规范整理，可以使柜内走线美观、整洁，实物图如图 1-52 所示。

(2) 扎线带盘

尼龙扎带可以把一束导线扎紧在一起。扎线带和固定盘实物如图 1-53 所示。

图 1-52 走线槽实物图

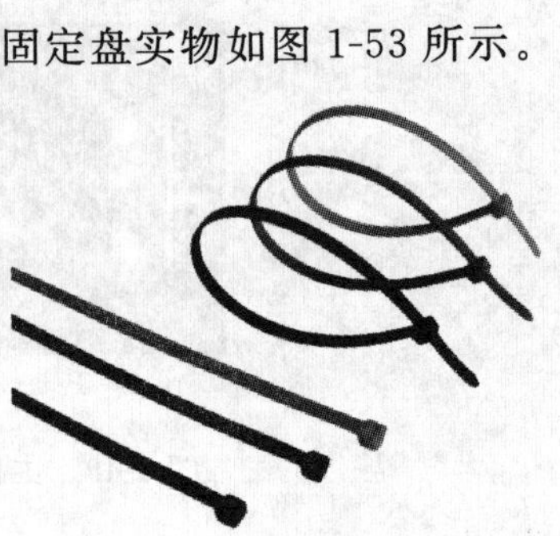

图 1-53 扎线带和固定盘实物图

(3) 缠绕管、波纹管

缠绕管用于控制柜中裸露(未进线槽)导线的缠绕,作为电线电缆的保护外套。缠绕管实物图如图 1-54 所示。

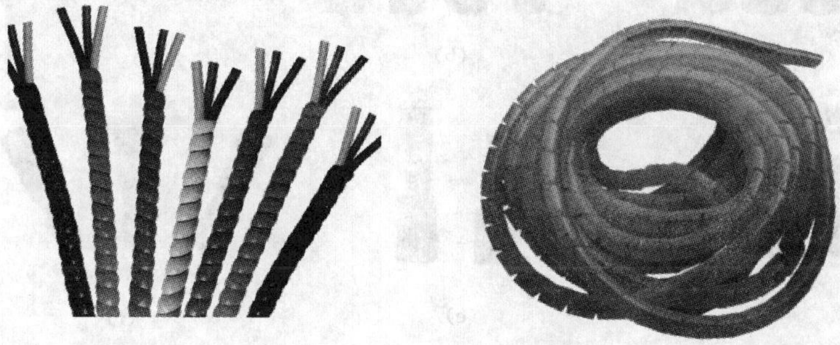

图 1-54　缠绕管实物图

波纹管也称电线护套管、穿线波纹管、线束波纹管、蛇皮管,主要应用于机床机械、电力工程、汽车、自动化设备,保护电缆电线不受外力磨损及绝缘,将电线电缆插入管内,再配上 PG 系列软管接头对应的型号即可。波纹管实物图如图 1-55 所示。

图 1-55　波纹管实物图

(4) 号码管、配线标志管

号码管套在导线的接头端,用于标记导线。空白号码管由 PVC 软质塑料管制成,可用专门的打号机打印。号码管实物图如图 1-56 所示。

配线标志管已经把各种数字或字母印在塑料管上面,并分割成小段,使用时可随意组合。配线标志管实物图如图 1-57 所示。

图 1-56　号码管实物图

图 1-57　配线标志管实物图

(5) 接线插、接线端子

接线插俗称线鼻子,用来连接导线,并使导线方便可靠地连接到端子排或接线座上。端头有针形、片形、叉形、圆形等多种,应根据导线所连接电器元件接线端子结构形式进行选用,端头压接时使用专用压线钳压接。接线插实物如图 1-58 所示。

接线端子为两段分断的导线提供连接。接线端子实物图如图 1-59 所示。

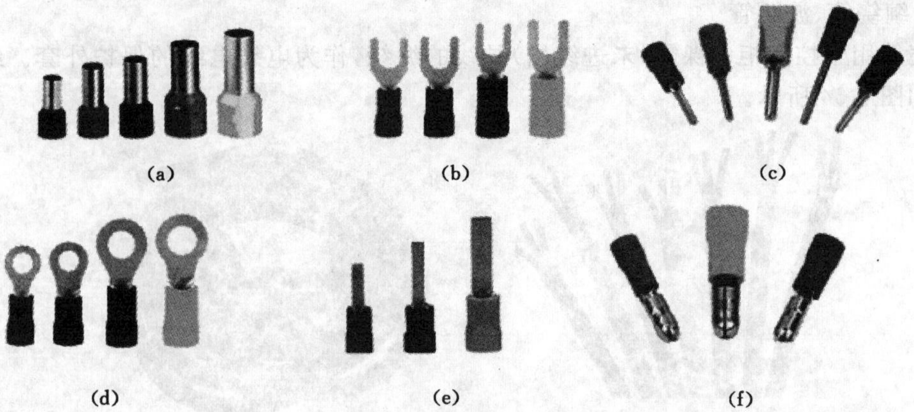

图 1-58　接线插实物图

(a) 管形绝缘端头;(b) 叉形绝缘端头;(c) 针形绝缘端头;(d) 圆形绝缘端头;
(e) 片形绝缘端头;(f) 子弹形绝缘端头

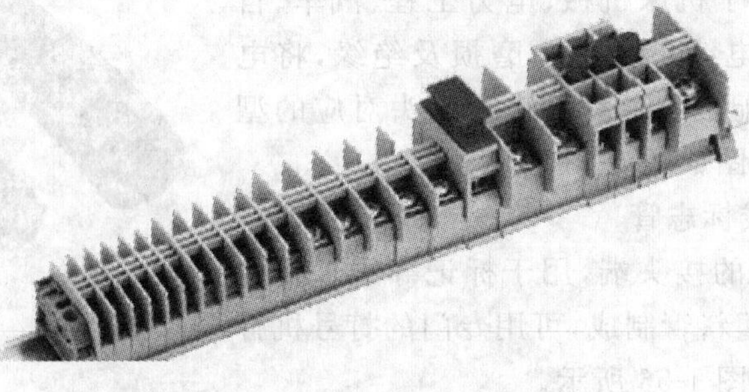

图 1-59　接线端子实物图

(6) 安装导轨

安装导轨:用来安装各种有标准卡槽的元器件,用铝合金或铝材制成。工业上最常用的是 35 mm 的 U 形导轨,如图 1-60 所示。

(7) 热缩套管

热缩套管是一种特制的聚烯烃材质热收缩套管,具有高温收缩、柔软阻燃、绝缘防蚀等特点。用来包裹导线或导体的裸露部分,起绝缘保护作用,有各种颜色和粗细的品种。图 1-61 为热缩套管实物图。

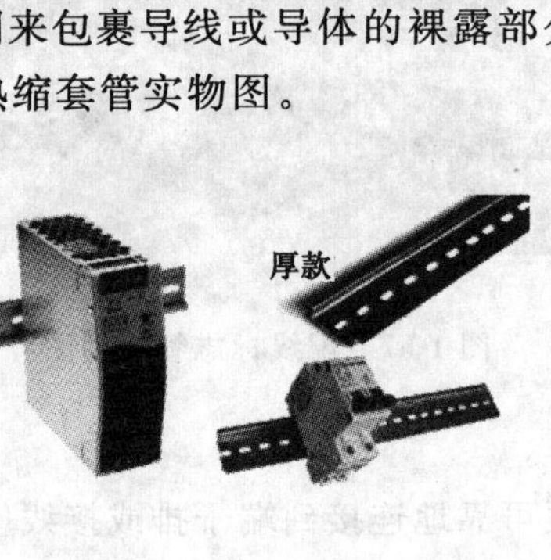

图 1-60　安装导轨实物图片

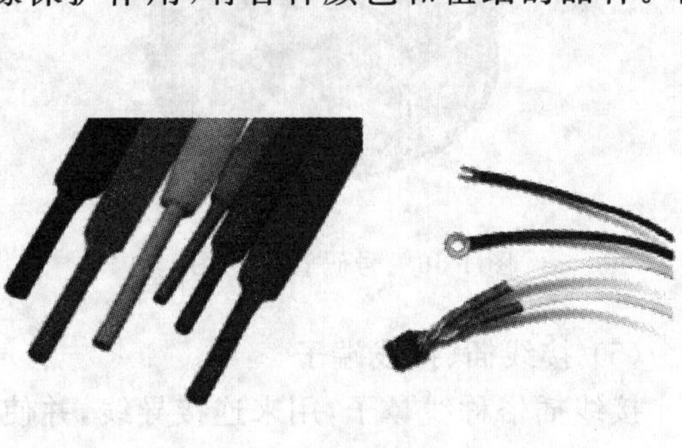

图 1-61　热缩套管实物图

习题与思考题

一、选择题

1. 在由 4.5 kW、5 kW、7 kW 3 台三相笼型感应电动机组成的电气设备中，总熔断器选择额定电流(　　)的熔体。

A. 30 A　　B. 50 A　　C. 70 A　　D. 15 A

2. 常用低压保护电器为(　　)。

A. 刀开关　　B. 熔断器　　C. 接触器　　D. 热继电器

3. 按下复合按钮时，(　　)。

A. 动合触点先闭合　　B. 动断触点先断开

C. 动合、动断触点同时动作　　D. 无法确定

4. 按钮帽上的颜色用于(　　)。

A. 注意安全　　B. 引起警惕　　C. 区分功能　　D. 无意义

5. 熔体的熔断时间与(　　)。

A. 电流成正比　　B. 电流成反比

C. 电流的平方成正比　　D. 电流的平方成反比

6. 热继电器金属片弯曲是由于(　　)造成的。

A. 机械强度不同　　B. 热膨胀系数不同

C. 温度变化　　D. 温差效应

7. 热继电器用作电动机的过载保护，适用于(　　)。

A. 重载间断工作的电动机　　B. 频繁启动与停止的电动机

C. 连续工作的电动机　　D. 任何工作制的电动机

8. 速度继电器的作用是(　　)。

A. 限制运行速度用　　B. 测量运行速度用

C. 电动机反接制动用　　D. 控制电动机转向用

9. 热继电器在电动机控制电路中不能作(　　)。

A. 短路保护　　B. 过载保护

C. 缺相保护　　D. 过载保护和缺相保护

10. 所有断路器都具有(　　)。

A. 过载保护和漏电保护　　B. 短路保护和限位保护

C. 过载保护和短路保护　　D. 失压保护和断相保护

二、问答题

1. 什么是低压电器？常用低压电器有哪些？

2. 电弧是怎样产生的？灭弧的主要途径有哪些？

3. 低压断路器在电路中可以起到哪些保护作用？

4. 两个线圈为 AC110 V 的交流接触器同时动作时，能否将两个接触器的线圈串联到 AC220 V 的控制回路中？

5. 接触器的主触头、辅助触头和线圈各接在什么电路中？如何连接？

6. 试述交流接触器与中间继电器的相同及不同之处。

7. 接触器的线圈额定电流和额定电压与接触器的额定电流和额定电压有何区别?

8. 电动机的启动电流很大,当电动机启动时,热继电器会不会动作?为什么?

9. 熔断器为什么一般不用作过载保护?

10. 热继电器在电路中起什么作用?其工作原理是什么?热继电器触点动作后,能否自动复位?

11. 三线式 NPN 型接近开关怎样接线?

12. 画出下列电器元件的图形符号,并标出其文字符号。

熔断器,热继电器,按钮,时间继电器,接触器,中间继电器,行程开关,速度继电器,断路器

13. 一台长期工作的三相交流异步电动机的额定功率 13 kW,额定电压 380 V,额定电流 25.5 A,试按电动机需要选择接触器和热继电器的型号、规格。

第2章　电气制图和识图

教学提示：

本章主要讲述电气工程图的组成，电气工程图的设计规范，电气图中的图形符号、文字符号，电气控制原理图、电气设备布置图、安装接线图的设计方法及绘图原则，电气设备配线及安装工艺。

学习要求：

(1)了解电气工程图设计规范。

(2)掌握电气控制系统图的设计方法。

电气工程图用来阐述电气工程的构成和功能，描述电气装置的工作原理，提供安装和维护使用信息。一项装订成册的电气工程图通常包含：目录与前言、电气平面图、电气系统图和框图、电气原理图、电器设备布置图、安装接线图、产品使用说明书用电气图、设备元件和材料表等。电气控制系统图中的电气原理图、电器设备布置图和安装接线图是以不同的表达方式反映同一工程问题的不同侧面，其间又有一定的对应关系。

2.1　电气工程图设计规范

一张完整图纸由边框线(外框线)、图框线(内框线)、标题栏等组成。

(1) 图幅尺寸

由边框线围成的幅面为图纸幅面，分 5 类：A0～A4。具体尺寸见表 2-1。

表 2-1　　**图纸的基本幅面及图框尺寸**　　mm

幅面代号	A0	A1	A2	A3	A4
B×L	841×1 189	594×841	420×594	297×420	210×297
A	25				
C	10			5	
E	20		10		

(2) 图框

图框是指图纸上限定绘图区域范围的线框。在图纸上必须用粗实线画出图框;图框线内画图样及标题栏、技术要求等;图框线外为边宽及装订侧边宽。图框格式分留装订边和不留装订边两种,如图 2-1 所示,但同一工程项目或同一产品的图样只能采用同一种格式。

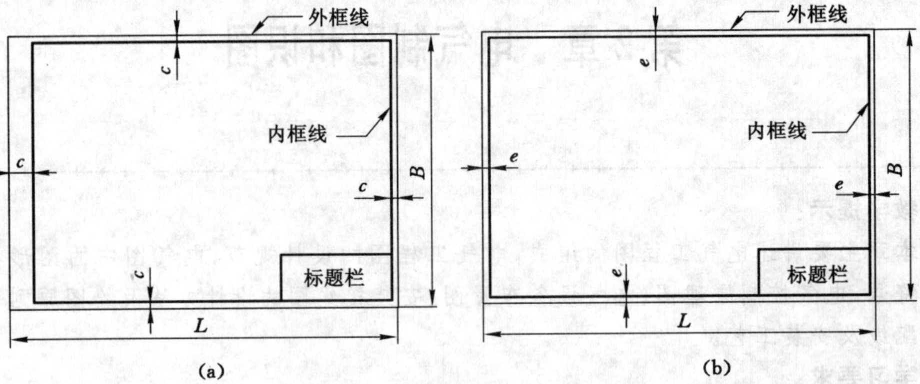

图 2-1　图幅尺寸

(a) 留装订边的图框格式(横向);(b) 不留装订边的图框格式(横向)

(3) 标题栏

标题栏用来确定图纸的名称、图号、张次和签署等内容,如图 2-2 所示,一般位于图纸的下方或右下方,通常标题栏格式包含内容有设计单位、工程名称、项目名称、图名等。

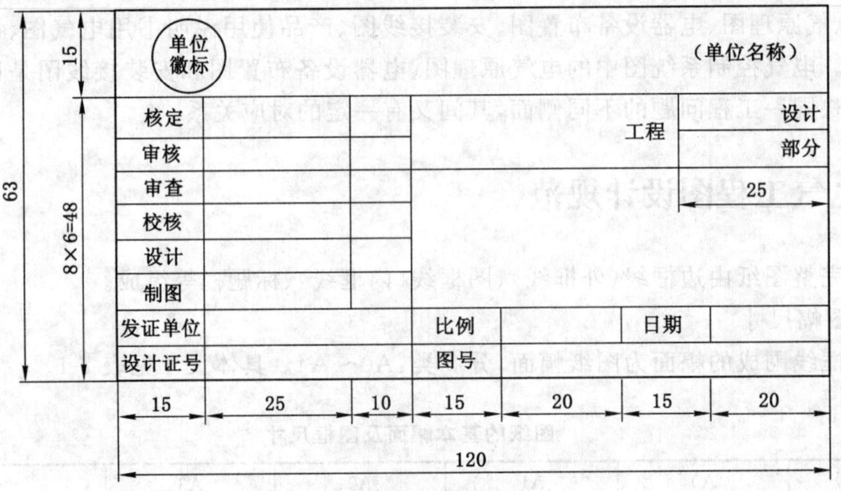

图 2-2　标题栏

(4) 图幅分区及位置索引

为了便于确定图上内容的位置,通常将图幅分区。等分图纸相互垂直的两边,分区数目视图的复杂程度而定,但要求每边必须为偶数。每一分区长度为 25～27 mm。分区线用细实线,分区代号竖向用大写英文字母从上往下编号,横向用阿拉伯数字从左往右编号。如图 2-3 所示,分区代号用字母和数字组合表示,数字在前,字母在后,如 3B、3-B 等。

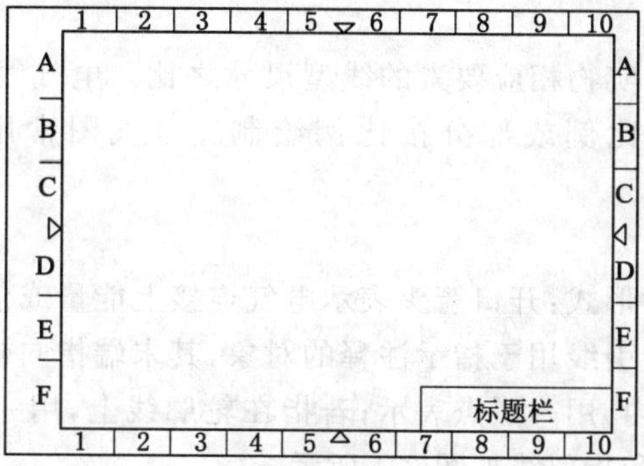

图 2-3　图幅分区

当一个控制系统有多页图纸时，索引非常有用，索引代号的组成：

图号 ／ 页次 · 图区号

图号：每册的编号，一般用数字表示，只有一册图纸时，可省略。

页次：图纸所在的页号。

图区号：图纸的分区号。

如“4.3－B”表示第 4 页图纸 3－B 区。

(5) 线型

图线形式应采用表 2-2 所列的图线型式。图线宽度一般从以下系列中选取：0.25，0.35，0.5，0.7，1.0，1.4，单位 mm，一般通常只选两种宽度的图线，粗线的宽度为细线的两倍。

表 2-2　　　　　　　　　　**线型**

图线名称	图线型式	一般应用
实线	————————	基本线、简图主要内容线、可见轮廓线、可见导线
虚线	- - - - - - - - - - - - - -	辅助线、屏蔽线、机械联络线、不可见轮廓线、不可见导线、计划扩展内容用线
点划线	—·—·—·—·—·—·	分界线、结构围框线、功能围框线、分组围框线
双点划线	—··—··—··—··—	辅助围框线

(6) 字体

汉字：图样上的汉字应写成仿宋体，采用国家正式公布的简化字。高度 h 不小于 3.5 mm，宽度一般为 $h/2$。数字和字母：可写成斜体或直体。最小文字高度见表 2-3。

表 2-3　　　　　　　　　　**最小文字高度**

幅面代号	A0	A1	A2	A3	A4
汉字	5	5	3.5	3.5	3.5
数字、字母	3.5	3.5	3.5	2.5	2.5

(7) 比例

比例是指图中图形与实物相应要素的线型尺寸之比。电气线路图一般不按比例绘制，但是位置平面图等须按比例或部分按比例绘制。电气图常用比例有1∶10，1∶20，1∶50等。

(8) 箭头和指引线

电气图中箭头有两种形式：开口箭头表示电气连接上能量或信号的流向；实心箭头表示力、运动、可变性方向。指引线用于指示注释的对象，其末端指向被注释处，并在其末端加注以下标记：若指在轮廓线内，用一黑点表示；若指在轮廓线上，用一箭头表示；若指在电气线上，用一短线表示。箭头和指引线如图2-4所示。

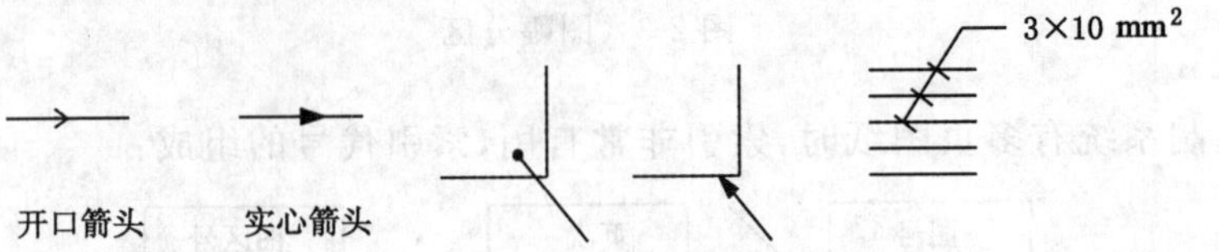

图2-4 箭头和指引线

(9) 尺寸标注

电气图标注尺寸是电气工程施工和构件加工的重要依据。尺寸标注由尺寸线、尺寸界线、尺寸起点(实心箭头和45°斜短划线)、尺寸数字4个要素组成。图纸上尺寸通常单位为mm，除特殊情况外，图上一般不另注标注单位。

(10) 注释、详图

在图形符号表达不清楚的地方或不便表达的地方可以加上注释。注释有两种形式：一是直接放在所要说明的对象附近；二是加标记，将注释放在另外的位置或另一页。当图中有多个注释时，应把这项注释按编号顺序放在图纸边框附近。注释方法可采用文字、图形、表格等形式，其目的是把对象表达清楚。

2.2 电气控制系统图

2.2.1 电气图中的图形符号、文字符号

2.2.1.1 电器的文字符号

电器的文字符号目前执行《电气技术中的项目代号》(GB/T 5094—1985)和《电气技术中的文字符号制定通则》(GB/T 7159—1987)。这两个标准都是根据IEC国际标准而制定的。

《电气技术中的文字符号制定通则》中将所有的电气设备、装置和元件分成23个大类，每个大类用一个大写字母表示。文字符号分为基本文字符号和辅助文字符号。

基本文字符号分为单字母符号和双字母符号两种。单字母符号应优先采用，每个单字母符号表示一个电器大类。如C表示电容器类，R表示电阻器类等。

双字母符号由一个表示种类的单字母符号和另一个字母组成，第一个字母表示电器的大类，第二个字母表示对某电器大类的进一步划分。例如G表示电源大类，GB表示蓄电池，S表示控制电路开关，SB表示按钮。

文字符号用于标明电器的名称、功能、状态和特征。同一电器功能不同，其文字符号也不同，例如，照明灯的文字符号为 EL，信号灯的文字符号为 HL。

辅助文字符号表示电气设备、装置和元件的功能、状态和特征，由 1～3 位英文名称缩写的大写字母表示，例如，辅助文字符号 BW(Backward 的缩写)表示向后，P(Pressure 的缩写)表示压力。辅助文字符号可以和单字母符号组合成双字母符号，例如单字母符号 K(表示继电器大类)和辅助文字符号 AC(交流)组合成双字母符号 KA，表示交流继电器。

2.2.1.2　电器的图形符号

电器的图形符号目前执行《电气简图用图形符号》(GB/T 4728—2008)，根据 IEC 国际标准制定。图形符号是用于表示电气图中电气设备、装置、元器件的图形和符号。常用电器分类及图形符号、文字符号举例见表 2-4。

表 2-4　　常用电器分类及图形符号、文字符号举例

序号	符号	说　明	序号	符号	说　明
1	N	中性(中性线)	9	CC ▽	等电位
2	M	中间线	10	L1 L2 L3 U V W	相序 交流系统电源第一相 交流系统电源第二相 交流系统电源第三相 交流系统设备端第一相 交流系统设备端第二相 交流系统设备端第三相
3	+	正极			
4	−	负极			
5	L+	直流系统电压正极			
6	L−	直流系统电压正极			
7	E ⏚	接地一般符号			
8	PE ⏚	保护线，保护接地			

《电气简图用图形符号》一个显著特点就是图形符号可以根据需要进行组合，在该标准中除提供了大量的一般符号之外，还提供了大量的限定符号和符号要素。

(1) 一般符号

一般符号是用来表示某一类产品及其特征的一种通用符号。如开关、继电器、电动机、电阻等。而热敏电阻、低压断路器、接触器、隔离开关则不是一般符号。一般符号可以单独使用，并可以在一般符号上附加其他符号要素和限定符号，派生出新的符号。

(2) 符号要素

符号要素是具有确定意义的简单图形，用于与其他图形符号组合构成一个设备或概念的完整符号。符号要素不能单独使用。

(3) 限定符号

限定符号是加在其他图形符号上用以提供附加信息的图形符号。限定符号一般不代表独立的设备、器件和元件，用来说明某些特征、功能和作用等。限定符号通常不能单独使用。

如在开关的一般符号上加不同的限定符号可构成隔离开关、按钮开关、转换开关等。

限定符号和符号要素不能单独使用，它相当于一般符号的配件。将某些限定符号或符号要素与一般符号进行组合就可组成各种电气图形符号，图 2-5 所示的断路器的图形符号就是由多种限定符号、符号要素和一般符号组合而成的。

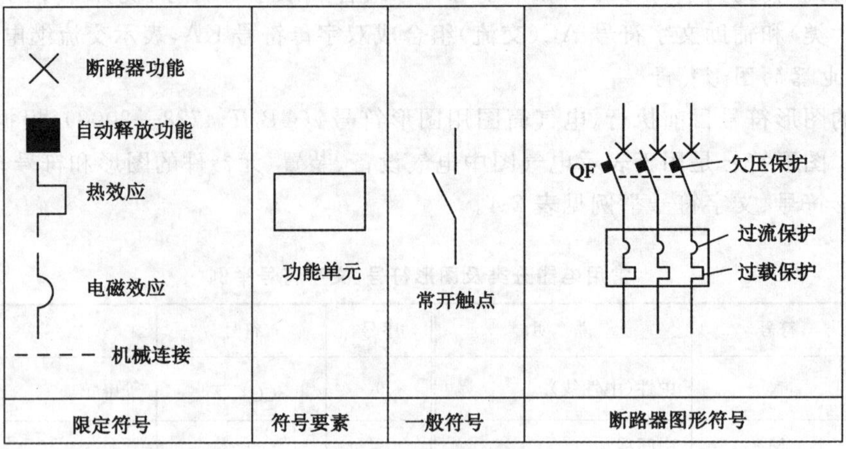

图 2-5 断路器图形符号的组成

对于一些组合电器，不必考虑其内部细节时可用方框符号表示，如表 2-5 中的整流器、逆变器、滤波器等。

常用电器分类及图形符号、文字符号举例见表 2-5。

2.2.2 电气原理图

电气原理图也称为电气控制原理图或电路图，是电气控制系统图中最重要的工程图，国家标准规定，在绘制电气控制系统的电路图时，必须按其工作顺序排列，用图形和文字符号详细表示控制装置、电路的基本构成和连接关系，并不反映电气元件的实际尺寸和安装位置。

电气控制系统的电气原理图一般分为主电路和辅助电路两部分。

主电路是电气控制电路中强电流通过的部分，是由电动机以及与它相连接的电气元件(如组合开关、接触器的主触点、热继电器的热元件、熔断器等)所组成的电路图。

辅助电路包括控制电路、照明电路、信号电路及保护电路。辅助电路中通过的电流较小。控制电路由按钮、接触器、继电器的电磁线圈和辅助触点以及热继电器的触点等组成。某机床电气控制系统电气原理如图 2-6 所示。

电气原理图的绘制原则如下。

(1) 在电气控制系统的电路图中，主电路和辅助电路应分开绘制。电路图可水平或垂直布置。

① 水平布置：电源线垂直画，其他电路水平画，控制电路中的耗能元件(如线圈、电磁铁、信号灯等)画在电路最右端。

表 2-5　　常用电器分类及图形符号、文字符号举例

分类	名称	图形符号 文字符号
A 组件 部件	启动装置	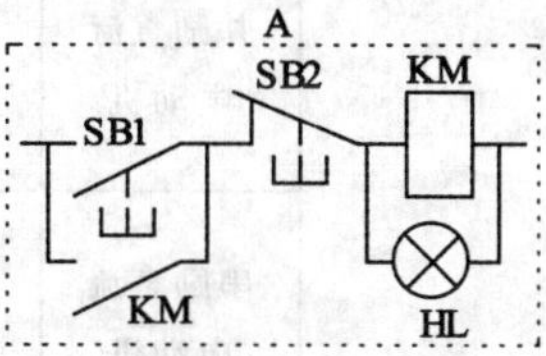
B 将电量变换成非电量，将非电量变换成电量	扬声器	 （将电量变换成非电量）
	传声器	 （将非电量变换成电量）
C 电容器	一般电容器	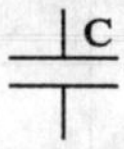
	极性电容器	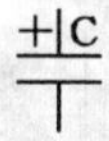
	可变电容器	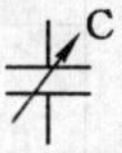
D 二进制元件	与门	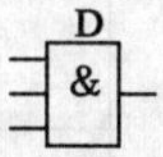
	或门	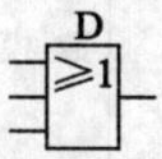
	非门	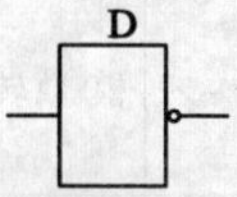
E 其他	照明灯	
F 保护器件	欠电流继电器	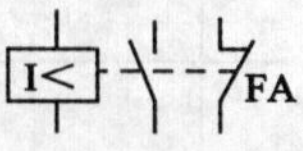
	过电流继电器	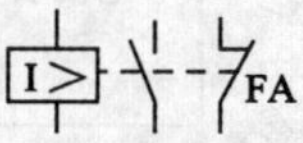

分类	名称	图形符号 文字符号
F 保护器件	欠电压继电器	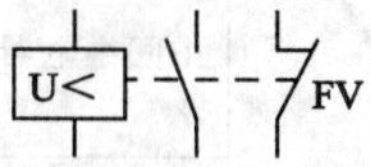
	过电压继电器	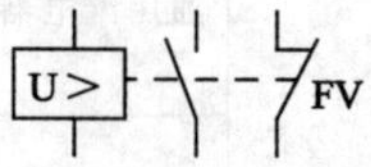
	热继电器	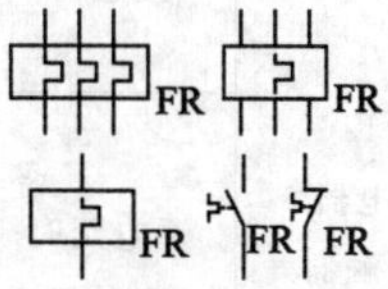
	熔断器	
G 发生器，发电机，电源	交流发电机	
	直流发电机	
	电池	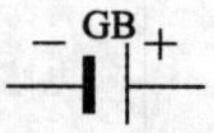
H 信号器件	电喇叭	
	蜂鸣器	
	信号灯	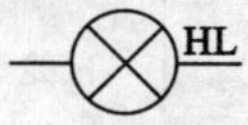
I		（不使用）
J		（不使用）

续表 2-5

分类	名称	图形符号 文字符号
K 继电器，接触器	中间继电器	 KA KA
	通用继电器	 KA KA
	接触器	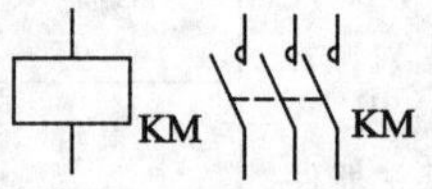 KM KM
	通电延时型时间继电器	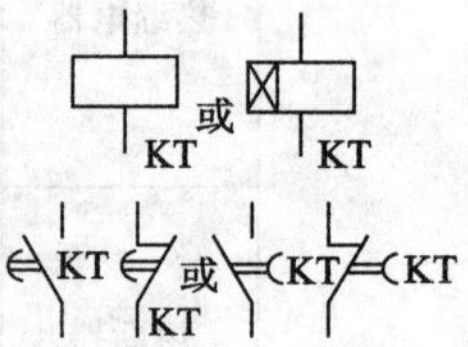 或 KT KT；KT KT 或 KT KT
	断电延时型时间继电器	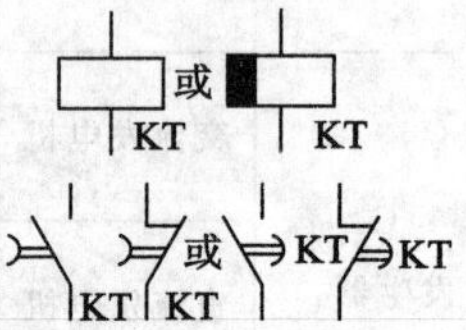 或 KT KT；KT KT 或 KT KT
L 电感器，电抗器	电感器	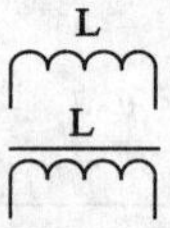 L (一般符号) L (带磁芯符号)
	可变电感器	 L
	电抗器	 L
M 电动机	鼠笼型电动机	 U V W M 3~
	绕线型电动机	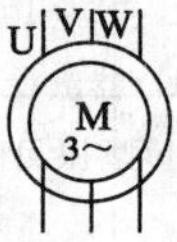 U V W M 3~
	他励直流电动机	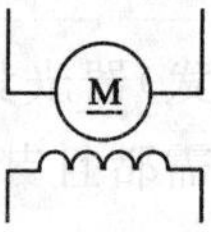 M

分类	名称	图形符号 文字符号
M 电动机	并励直流电动机	 M
	串励直流电动机	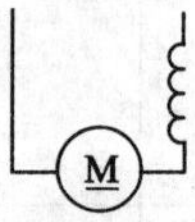 M
	三相步进电动机	 M
	永磁直流电动机	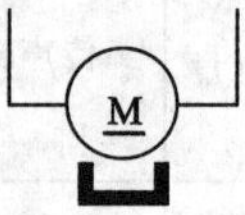 M
N 模拟元件	运算放大器	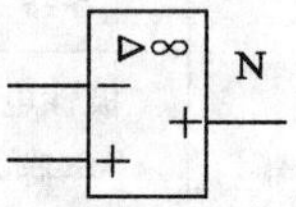 ▷∞ N
	反相放大器	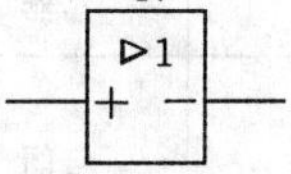 N ▷1
N	数-模转换器	 #/U N
	模-数转换器	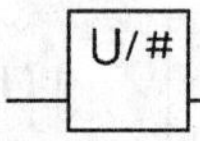 U/# N
O		(不使用)
P 测量设备，试验设备	电流表	 PA A
	电压表	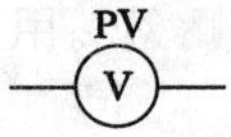 PV V

续表 2-5

分类	名称	图形符号 文字符号	分类	名称	图形符号 文字符号
P 测量设备， 试验设备	有功 功率表	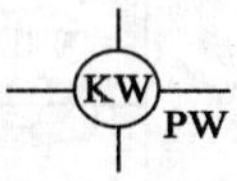	S 控制、记忆、 信号电路 开关器件 选择器	按钮	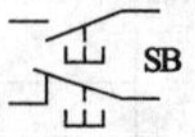
	有功 电度表	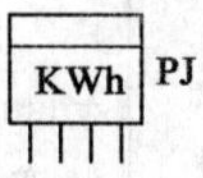		急停按钮	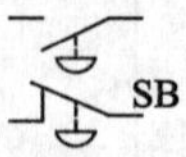
Q 电力电路 的开关 器件	断路器	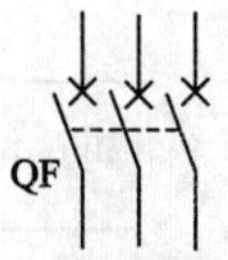		行程开关	
	隔离开关	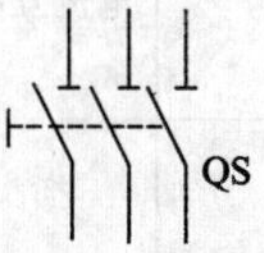		压力继电器	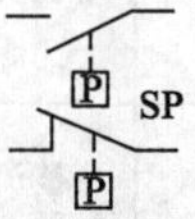
	刀熔开关	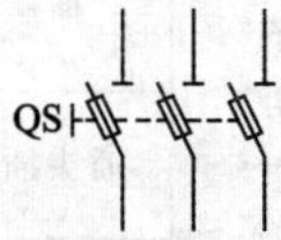		液位继电器	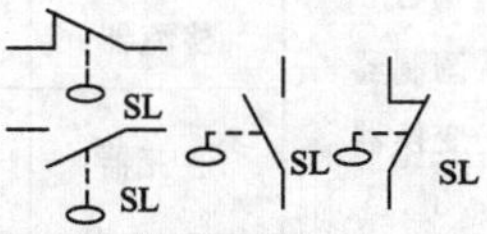
	手动开关	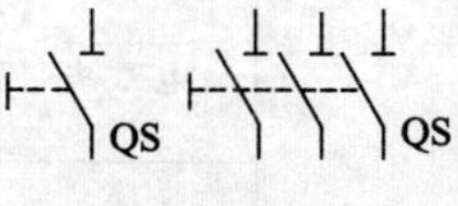		速度继电器	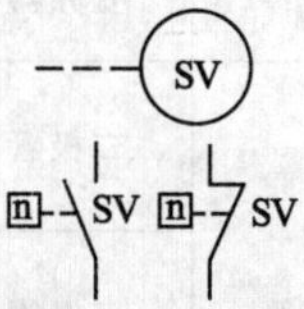
	双投刀开关	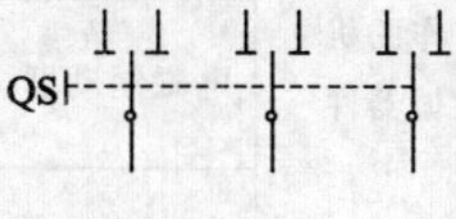		选择开关	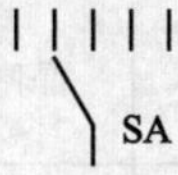
	组合开关 旋转开关	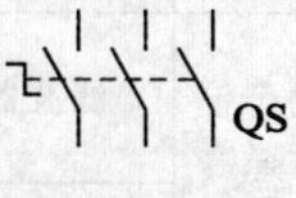		接近开关	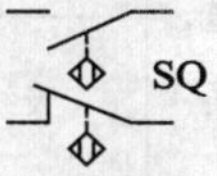
	负荷开关	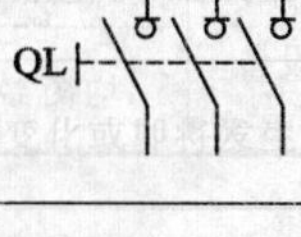		万能转换 开关，凸轮 控制器	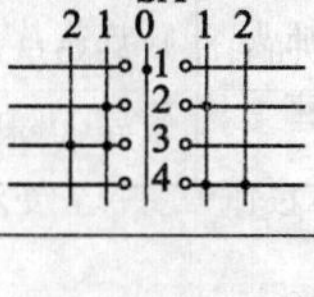

续表 2-5

分类	名称	图形符号 文字符号
R 电阻器	电阻	R
	固定抽头电阻	R
	可变电阻	R
	电位器	RP
	频敏变阻器	RF
U 调制器 变换器	整流器	U
	桥式全波整流器	U
	逆变器	U
	变频器	f1 f2 U
V 电子管 晶体管	二极管	V
	三极管	V V PNP型 NPN型
	晶闸管	V V 阳极侧受控 阴极侧受控
W 传输通道，波导，天线	导线，电缆，母线	W
	天线	W
X 端子插头插座	连接片	断开时 XB 接通时

分类	名称	图形符号 文字符号
T 变压器 互感器	单相变压器	T
	自耦变压器	T 形式1 形式2
	三相变压器（星形/三角形接线）	T 形式1 形式2
	电压互感器	电压互感器与变压器图形符号相同，文字符号为TV
	电流互感器	TA 形式1 形式2
X 端子 插头 插座	插头	XP 优选型 其他型
	插座	XS 优选型 其他型
	插头插座	X 优选型 其他型
	端子	○
Y 电器操作的机械器件	电磁铁	或 YA
	电磁吸盘	或 YH
	电磁制动器	YB M
	电磁阀	或 或 YV
Z 滤波器、限幅器、均衡器、终端设备	滤波器	Z
	限幅器	Z
	均衡器	Z

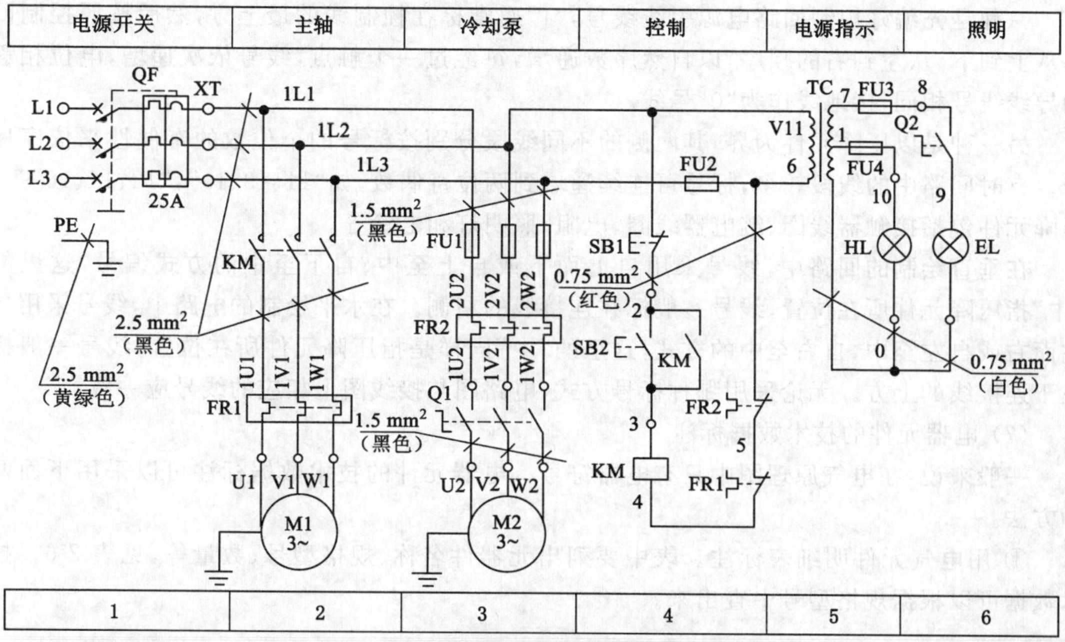

图 2-6　某机床电气控制系统电气原理图

② 垂直布置：电源线水平面，其他电路垂直画，控制电路中的耗能元件画在电路最下端。

（2）电路图常涉及大量的电气元件（如接触器、继电器开关等），为了表达控制系统的设计意图，便于分析系统工作原理，在绘制电气控制电路图时所有电气元件不画出实际外形，而采用统一的图形符号和文字符号来表示。同一电气元件的不同部分（如线圈、触点）分散在图中，如接触器主触点画在主电路中，接触器线圈和辅助触点画在控制电路中，为了表示是同一电气元件，要在电器的不同部分使用同一文字符号来标明。对于几个同类电气元件，在表示名称的文字符号一个数字序号，以示区别。如：按钮 SB1 和 SB2 等。

（3）在电路图中，所有电器的可动部分均按原始状态画出。对于继电器、接触器的触点，应按其线圈不通电时的状态画出；对于手动电器，应按其手柄处于零位时的状态画出；对于按钮、行程开关等主令电器，应按其未受外力作用时的状态画出。

（4）应尽量减少线条数量和避免线条交叉。各导线之间有电联系时，应在导线交叉处画实心圆点。根据图面布置需要，可以将图形符号旋转绘制，一般按逆时针方向旋转，但其文字符号不可倒置。根据电路图的简易或复杂程度，既可完整地画在一起，也可按功能分块绘制，但整个电路的连接端子应统一用字母或数字标志，这样可方便地查找和分析其相互关系。

（5）在电气控制系统的主电路中，线号由文字符号和数字标号构成。

三相交流电源的引入线采用 L1、L2、L3 来标记，1、2、3 分别代表三相电源的相别，中性线用 N 表示。

三相交流电源主电路中电器设备的接线端子分别按 U、V、W 顺序标志，分支电路各接点标记采用三相文字代号加数字来表示。

（6）控制回路线号标注一般采用数字或数字和文字的组合的方式。

一种是先编好控制回路电源引线线号,“1”通常标在控制线的最上方,然后按照控制回路从上到下、从左到右的顺序,以自然序数递增,每经过一个触点,线号依次递增,电位相等的导线线号相同,接地线作为“0”号线。

另一种是以压降元件为界,其两侧的不同线段分别按标号的个位数的奇偶性来依序标号。有时回路中的线段较多,标号可连续递增到两位奇偶数,如“11、13、15”,“12、14、16”等。压降元件包括接触器线圈、继电器线圈、电阻、照明灯和电铃等。

在垂直绘制的回路中,线号采用自上而下或自上至中、自下至中的方式编号,这里的“中”指压降元件所在位置,线号一般标在连接线的右侧。在水平绘制的电路中,线号采用自左而右或自左至中、自右至中的方式,这里的“中”同样是指压降元件所在位置,线号一般标注于连接线的上方。无论采用哪种标号方式,电路图与接线图上相应的线号应一致。

(7) 电器元件的技术数据标注

一般来说,在电气原理图中只有电器符号。电器元件的技术数据标注可以采用下面两种方法。

① 用电气元件明细表标注。表中要列出元器件名称、规格型号、数量等,见表 2-6。技术数据可以根据规格型号中查出来。

表 2-6　电气元件明细表

电气代号	名称及用途	规格型号	数量	备注
M1	主轴电机	ZJY208-5.5BH	1	
A1	主轴伺服驱动单元	DAP03-055	1	
SQ1	X 向限位开关	JW2-11Z/3	1	
KM1	总启动接触器	3TB40	1	
TC1	控制变压器	JBK3-400	1	
FU1/FU2	24V 开关电源熔断器	RT/8-32X	2	

② 用小号字体注在其电气原理图中的图形符号旁边。

2.2.3　电器元件布置图

电器元件布置图(位置图)规定各电器元件的实际安装位置,电器设备布置图的设计依据是电路原理图,是按电气元件的实际安装位置绘制的,根据电气元件布置最合理、连接导线最经济等原则来安排。它为电气设备、电气元件之间的配线及检修电气故障等提供必要的依据。按照复杂程度可集中绘制在一张图上,也可分别绘制。但图中各电气元件的文字符号应与电路图和电气元件清单上的文字符号相同,电器布置如图 2-7 所示。

电器元件布置原则如下。

(1) 体积大和较重的电气元件应安装在电器板的下面,发热元件应安装在电器板的上面。

(2) 强电弱电分开并注意弱电信号的屏蔽,防止干扰。

(3) 需要经常维护、检修、调整的电气元件的安装位置不宜过高或过低,要保证日常维护的方便性。

(4) 电气元件的布置应考虑整齐、美观、对称。外形尺寸与结构类似的电器安放在一

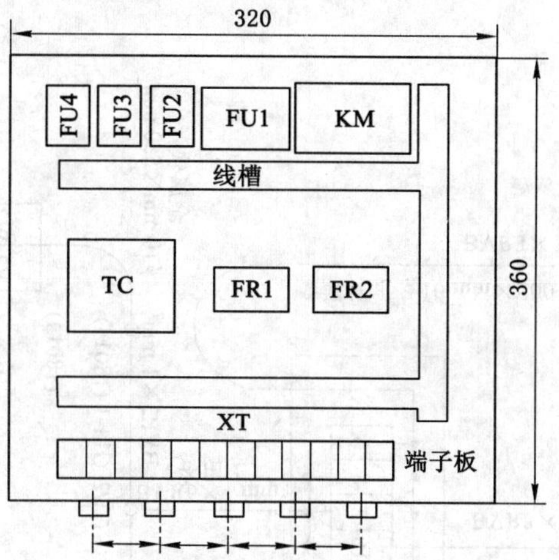

图 2-7　电器布置图

起，以利加工、安装和配线。

(5) 电气元件布置不宜过密，要留有一定的间距，若采用板前走线槽配线方式，应适当加大各排电器间距，以利布线和维护。

2.2.4　安装接线图

电气安装接线图是按照电气元件的实际位置和实际接线绘制的，是表示电气元件、部件、组件或成套装置之间连接关系的图纸，是电气安装接线、线路检查及维修的依据。如图 2-8 所示。

为表明电气设备各单元之间的接线关系，要标出所需的数据，如接线端子号，连接导线参数等，以便于安装接线、线路检查、线路维修和故障处理。

安装接线图与电路原理图的区别：

电气控制电路图以表明电气设备、装置和控制元件之间的相互控制关系为出发点，以能明确分析出电路工作过程为目标。电气安装接线图以表明电气设备、装置和控制元件的具体接线为出发点，以接线方便、布线合理为目标。

安装接线图的编制规则：

(1) 各电器元器件的位置、文字符号必须和电气原理图中的标注一致，同一个电器元件的各部件(如同一个接触器的触点、线圈等)必须画在一起，各电器元件的位置应与实际安装位置一致。

(2) 同一控制盘上的电气元件可直接连接，而盘内元器件与外部元器件连接时必须绕接线端子板进行。

(3) 接线图中各电气元件图形符号与文字符号均应以原理图为准，并保持一致。

(4) 安装接线图中的互连关系可用连续线、中断线或线束表示，连接导线应注明导线根数、导线截面积等。一般不表示导线实际走线途径，施工时应根据实际情况选择最佳走线方式。

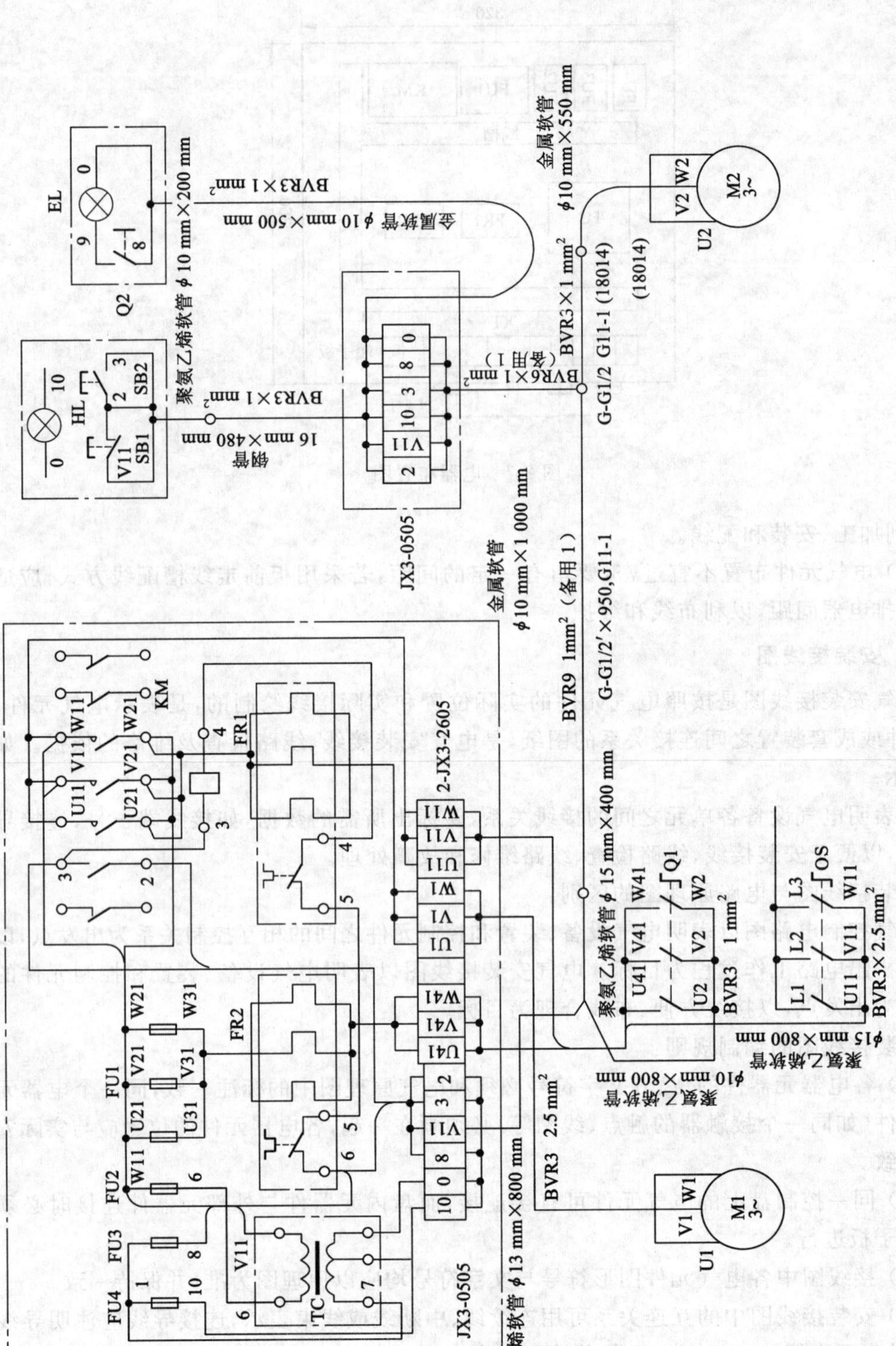
EL
0
9
8
Q2
HL
10
SB1
SB2
V11
2
3
聚氨乙烯软管 φ10 mm×200 mm
BVR3×1 mm²
金属软管 φ10 mm×500 mm
钢管 16 mm×480 mm
BVR3×1 mm²
JX3-0505
BVR6×1 mm²（备用1）
金属软管 φ10 mm×550 mm
BVR3×1 mm²
G-G1/2 G11-1 (18014)
(18014)
M2 3~
U2
V2
W2
KM
U11
V11
W11
U21
V21
W21
FR1
FR2
2-JX3-2605
U41
V41
W41
U1
V1
W1
金属软管 φ10 mm×1 000 mm（备用1）
BVR9 1mm² G-G1/2′×950,G11-1
聚氨乙烯软管 φ15 mm×400 mm
Q1
BVR3 1 mm²
QS
L1
L2
L3
BVR3×2.5 mm²
聚氨乙烯软管 φ15 mm×800 mm
聚氨乙烯软管 φ10 mm×800 mm
BVR3 2.5 mm²
FU1
FU2
FU3
FU4
U31
V31
W31
TC
JX3-0505
聚氨乙烯软管 φ13 mm×800 mm
M1 3~
U1
V1
W1

图 2-8　安装接线图

2.3　电气识图与分析

电气识图，是电气技术人员分析控制原理、排查设备故障、改创电路的基本技能。识读电气原理图时首先要弄清电气控制的基本要求和运行条件。在此基础上先读主电路，然后识读控制电路。在阅读电气原理图时，要掌握以下几点。

(1) 必须熟悉图中各电器元件的图形符号和作用。

(2) 阅读主电路。应该了解主电路有哪些用电设备(如曳引电机、制动器等)，以及这些设备的用途和工作特点。并根据工艺过程，了解各用电设备之间的相互联系，采用的保护方式等。在完全了解主电路的这些工作特点后，就可以根据这些特点再去阅读控制控制电路。

(3) 阅读控制电路。控制电路由各种电器组成，主要用来控制主电路工作。

在阅读控制电路时，一般先根据主电路接触器主触点的文字符号，到控制电路中去找与之相应的驱动线圈，进一步弄清楚电机的控制方式。这样可将整个电气原理图划分为若干部分，每一部分控制一个功能。

另外控制电路按照控制功能的要求，按动作的先后顺序，自上而下、从左到右、并联排列。因此读图时也应当自上而下、从左到右，一个环节、一个环节地进行分析，分析各环节之间的联系。

(4) 对于机、电、液配合比较紧密的生产机械，必须进一步了解有关机械传动和液压传动的情况，有时还要借助于工作循环图和动作顺序表，配合电器动作来分析电路中的各种连锁关系，以便掌握其全部控制过程。

(5) 阅读照明、信号指示、监测、保护等各辅助电路环节。

对于比较复杂的控制电路，可按照先简后繁、先易后难的原则逐步解决。无论怎样复杂的控制线路，总是由许多简单的基本环节组成的。阅读时可将它们分解开来，先逐个分析各个基本环节，然后再综合起来全面加以理解。

阅读的方法可以归纳为：从机到电、先“主”后“控”、化整为零、连成系统。

习题与思考题

一、填空题

1. 绘制电气图使用的四种图线________、________、________、________。

2. 电气图用图形符号通常由________、________、________等组成。

3. 电气图图线的布置方法主要有________、________。

4. 表示元器件的工作状态时，元器件和设备的可动部分通常应表示在________________。

5. 电气图中两种形状箭头的用途为① 开口箭头：________________。② 实心箭头：________________。

6. 双字母代码是由一个表示主类的单字母代码与一个表示子类的字母代码组成，QF表示________。

7. 一张完整图纸一般由边框线、__________、__________等组成。

二、问答题

1. 电气系统图主要有哪些？各有什么作用和特点？
2. 简述电气原理图的绘制原则。
3. 什么是安装接线图？安装接线图与电路原理图有何区别？
4. 电气原理图中QS、FU、KM、KA、KT、FR、SB、SQ分别是什么电器元件的文字符号？
5. 如何识读电气原理图？

第3章　电气控制基础

教学提示：

本章主要讲述掌握控制电路的基本环节，典型电路的工作原理，三相异步电动机的启动控制、制动控制、速度控制方法及原理，电动机的保护电路，电气控制线路的一般设计法。

学习要求：

(1) 掌握电气控制中的典型线路。了解三相异步电动机降压启动、变频调速的原理。

(2) 了解软启动器、变频器的结构及工作原理，掌握常用的三相异步电动机的软启动控制、变频调速控制线路，理解星形-三角形降压启动控制和制动控制原理及电路设计。

(3) 掌握电气控制系统设计方法，能够利用所学知识设计典型电气控制系统。

交流异步电动机是工农业生产中应用最广的一种动力机械，它具有结构简单、制造容易、运行可靠、价格低廉、维护方便等一系列优点。与同容量的直流电动机相比，异步电动机的重量约为直流电动机的1/3。三相鼠笼式异步电动机由于结构简单、坚固、成本低，在工矿企业中占电力拖动设备总数的80%以上。

根据一定的控制方式用导线把断路器、接触器、继电器、按钮、行程开关等器件连接起来组成的自动控制电路，通常称为电气控制电路，其作用是对被控对象实现自动控制，以满足生产工艺要求和实现生产过程自动化。生产工艺和过程不同，对控制电路的要求也不同。但是，无论哪一种控制电路都是由基本的控制环节组成的。因此，只要掌握控制电路的基本环节和典型电路的工作原理、分析方法和设计方法，就比较容易掌握复杂的电气控制电路。

3.1　电气控制中的典型线路

3.1.1　点动控制

所谓点动正转控制是指按下按钮，电动机运行；松开按钮，电动机停止转动。典型的三相异步电动机点动控制电气原理如图3-1所示。

点动正转控制线路是由断路器QF1、熔断器FU1、FU2、启动按钮SB、接触器KM及电动机M1组成。其中以断路器QF1作电源隔离开关，熔断器作短路保护，按钮SB控制接触器KM的线圈通、断电，接触器KM的主触头控制电动机M1的启动与停止。

点动控制原理：当电动机需要点动时，先合上断路器QF1，此时电动机M1尚未接通电源。按下启动按钮SB，接触器KM的线圈得电，带动接触器KM的三对主触头闭合，电动

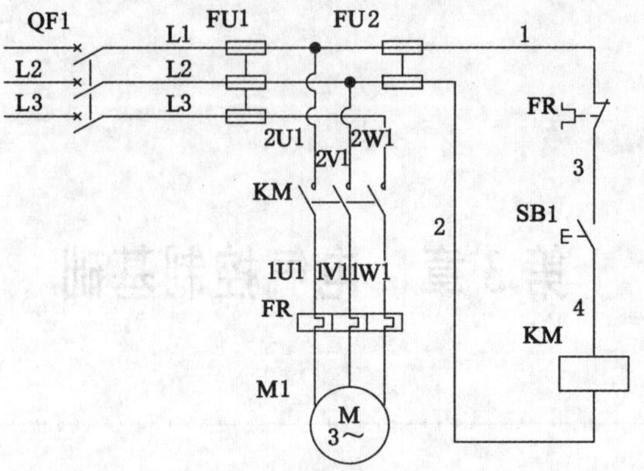

图 3-1　三相异步电动机点动控制电气原理

机 M1 便接通电源启动运转。当松开启动按钮 SB 时，接触器 KM 的线圈失电，接触器 KM 的三对主触头恢复断开，电动机 M1 失电停转。

在生产过程中，电动机的点动控制使用非常广泛，把启动按钮 SB 换成压力接点、限位节点、水位接点等，就可以实现各种自动控制电路，控制小型电动机的自动运行。点动正转控制线路是用按钮、接触器来控制电动机运转的最简单的控制线路。

3.1.2　自锁控制

在《电工术语 低压电器》(GB/T 2900.18—2008)中给出了自锁定义：自锁电器动作后能自行锁住防止误动作。

三相异步电动机的自锁正转控制线路电气原理如图 3-2 所示。

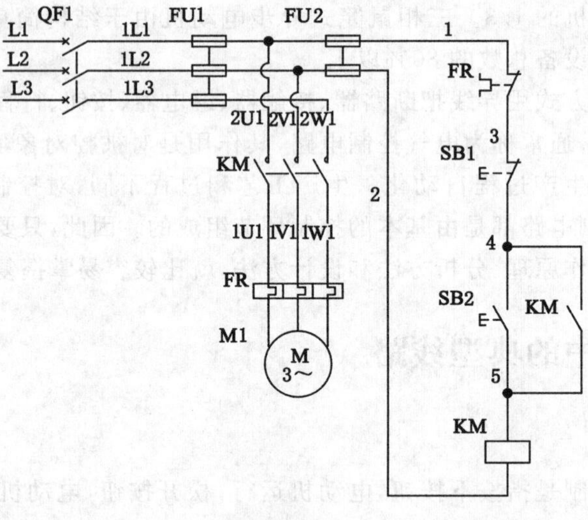

图 3-2　三相异步电动机的自锁正转控制线路电气原理

自锁控制线路的主电路和点动控制大致相同，但在控制电路中又串接了一个停止按钮 SB1，在启动按钮 SB2 的两端并接了接触器 KM 的一对常开辅助触头。

工作原理：合上断路器 QF1，按下启动按钮 SB2，SB2 常开触点闭合。电源 L1 相通过热继电器 FR 常闭触点、SB1 常闭接点、SB2 常开接点及交流接触器 KM 线圈接通电源 L2 相，交流接触器线圈通电，其主触头闭合，电动机运行。同时，交流接触器 KM 的常开辅助触头短接了 SB2 的常开触点，接触器 KM 的线圈始终处于带电状态，这就是所谓的自锁（自保）。与启动按钮 SB2 并联起自锁作用的常开辅助触头称为自锁触头（或自保触头）。按下停止按钮 SB1，KM 的线圈断点，KM 主触点断开，电动机停止运行。

3.1.3　点动与连续控制

在生产实践中，有的生产机械既要求能连续工作，又要求能点动控制。图 3-3 给出了几种能实现点动与连续控制线路原理。

图 3-3(a)为主电路。工作时，合上断路器 QF1，三相交流电经过 QF1，熔断器 FU1，接触器 KM 主触点，热继电器 FR 至三相交流电动机。

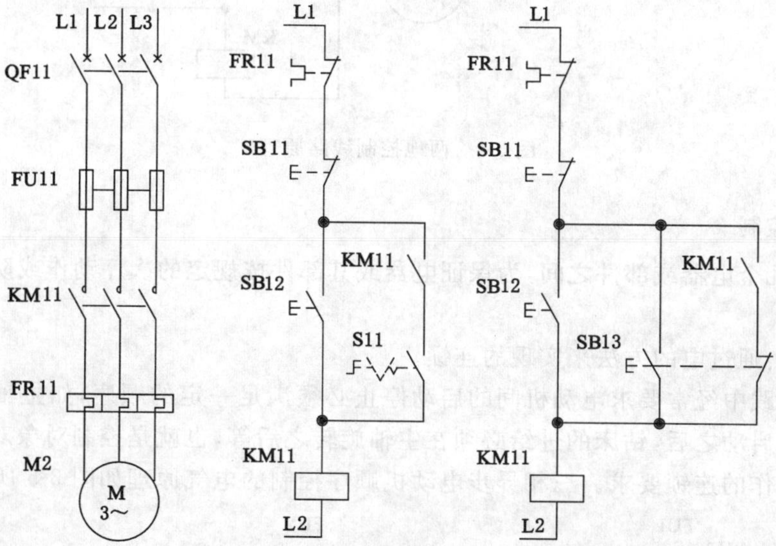

图 3-3　点动与连续控制线路原理

(a) 主电路；(b) 控制电路(1)；(c) 控制电路(2)

图 3-3(b)是带旋钮开关 SA 的点动连续控制线路。当需要点动控制时，只要把开关 SA 断开，由按钮 SB2 来进行点动控制。当需要正常连续运行时，只要把开关 SA 合上，将 KM 的自锁触点接入，即可实现连续控制。

图 3-3(c)中增加了一个复合按钮 SB3 来实现点动控制。需要点动运行时，按下 SB3 点动按钮，其常闭触点先断开自锁电路，常开触点接通 KM 接触器线圈，主触点闭合电动机启动运转。当松开 SB3 时，KM 线圈失电，KM 主触点断开，电动机停止运转。电动机连续的连续运行由 SB1、SB2 控制，接触器 KM 的辅助触点起自锁作用。

3.1.4　多地控制

有些机械和生产设备需要在两个或两个以上的地方进行操作。能在两地或多地控制同一台电动机的控制方式称电动机的多地控制。图 3-4 所示为两地控制电路原理。

SB1、SB2 为装在甲地的停止和启动按钮，SB3、SB4 为装在乙地的停止和启动按钮。电路的特点是启动按钮并联在一起，停止按钮串联在一起。这样就可以分别在甲、乙两地控制同一台电动机。

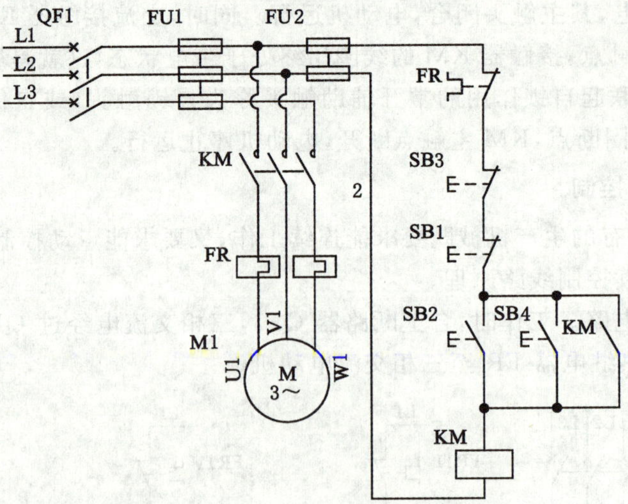

图 3-4　两地控制线路原理

3.1.5　连锁控制

连锁：在几个电器或部件之间，为保证电器或其部件按规定的次序动作或防止误动作而设的连接。

电气连锁：通过电的方法来实现的连锁。

在生产实践中经常要求电动机间的启动停止必须满足一定的顺序，如主轴电动机的启动必须在油泵启动之后，钻床的进给必须在主轴旋转之后等，也就是控制对象对控制电路提出了按顺序工作的连锁要求。三相异步电动机顺序控制的电气原理如图 3-5 所示。

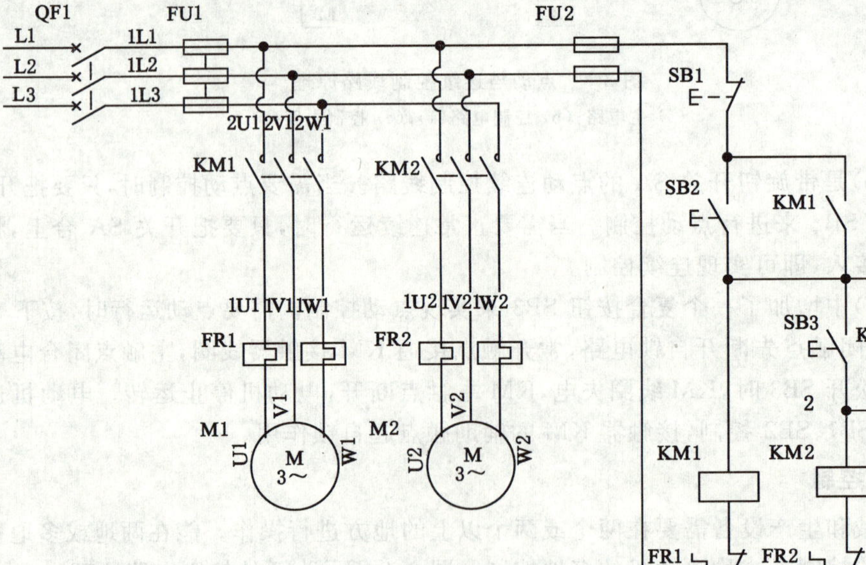

图 3-5　三相异步电动机顺序控制原理

图 3-5 中，按下 SB2 电机 M1 启动。电动机 M1 启动后，若再按下 SB3，则电机 M2 启动。若需要启动 M2 电机，必须先启动 M1 电机。SB1 为停止按钮。

3.1.6　互锁控制

电气互锁是电气连锁的一种，也可以说是相对于自锁而言的一个概念。互锁就是在两个或几个电器或部件之间，当一个电器或部件动作后能同时锁定其他电器或部件以防止误动作或动作冲突。

互锁控制的典型应用之一就是三相异步电动机正反转控制，电气原理如图 3-6 所示。线路中采用了两个接触器，即正转接触器 KM1、反转接触器 KM2，这两个接触器的主触头所接通的电源相序不同，KM1 按 L1—L2—L3 相序接线，KM2 则按 L3—L2—L1 接线，对调了两相的相序。KM1、KM2 分别由正转按钮 SB2 和反转按钮 SB3 控制，控制回路有两条，一条由 SB2 和 KM1 线圈等组成的正转控制电路；另一条由 SB3 和 KM2 线圈等组成的反转控制电路。

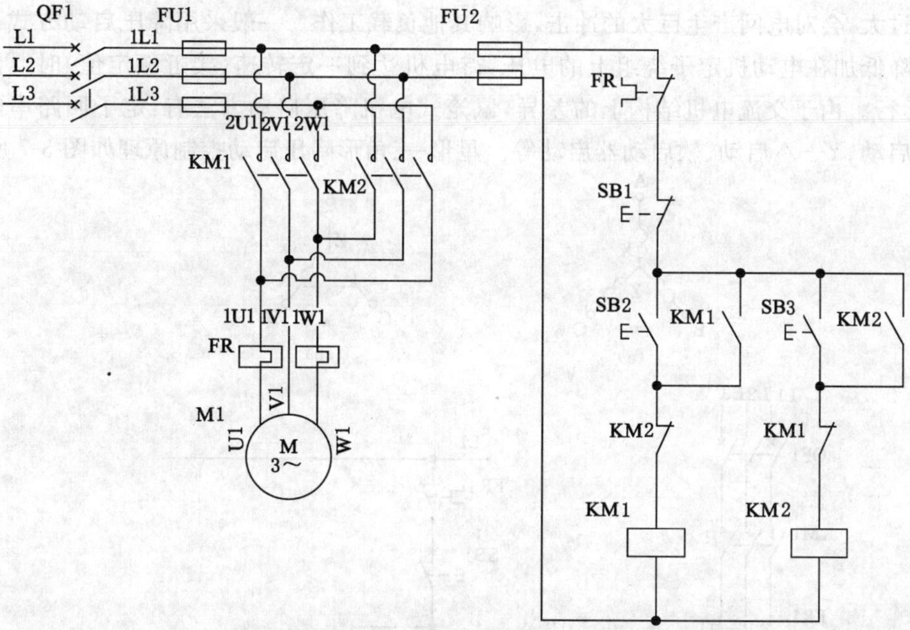

图 3-6　接触器互锁的正反转控制电路

工作原理：当合上断路器 QF1，按下正转启动按钮 SB2 后，电源 L1 相通过 FU1、FU2、FR 常闭触点、SB1 常闭触点、SB2 常开触点（闭合）、KM2 常闭辅助触点、KM1 线圈，接通电源 L2 相，KM1 线圈通电，其主触点闭合，电动机正向运行。同时 KM1 常开辅助触头闭合，SB2 常开点实现自锁，电机保持运行；KM1 常闭辅助触头断开，防止 KM2 接触器线圈通电造成电源短路。

接触器 KM1 和 KM2 的主触头不允许同时闭合，否则将造成两相电源短路事故。为了保证两个接触器不能同时动作，在正转控制电路中串接了反转接触器 KM2 的常闭辅助触头，而在反转控制电路中串接了正转接触器 KM1 的常闭辅助触头。当 KM1 得电动作时，串在反转控制电路中的 KM1 的常闭触头断开，切断了反转控制电路，保证了 KM1 主触头闭合时，KM2 的主触头不能闭合。这种在一个接触器得电动作时，通过其常闭辅助触头使另一个接触器不能得电动作的作用叫互锁（连锁）。实现连锁作用的常闭触头称为互锁触头（连锁触头）。

反转启动过程与上面相似，只是接触器 KM2 线圈得电动作，调换了电源线 L1、L3 的相序，从而达到反转目的。

3.2 三相异步电动机的启动控制

3.2.1 全压直接启动控制

在电网容量和负载两方面都允许全压直接启动的情况下，可以考虑采用全压直接启动。优点是控制方便，维护简单。直接启动一般用于容量小于 10 kW 的小功率电动机。

三相笼式异步电机直接全压启动时的启动电流为额定电流的 4～8 倍，当电机容量较大时，电流过大，会对电网产生巨大的冲击，影响其他负载工作。一般采用降压启动方式，在电机启动时，降低加在电动机定子绕组上的电压，待电机达到一定转速（接近额定值）时，再切换到全压下运行。由于交流电机结构上的差异，鼠笼式电机降压启动方法有：定子回路串电阻（或串电抗）启动、Y—△启动、软启动器启动等。星形-三角形降压启动控制原理如图 3-7 所示。

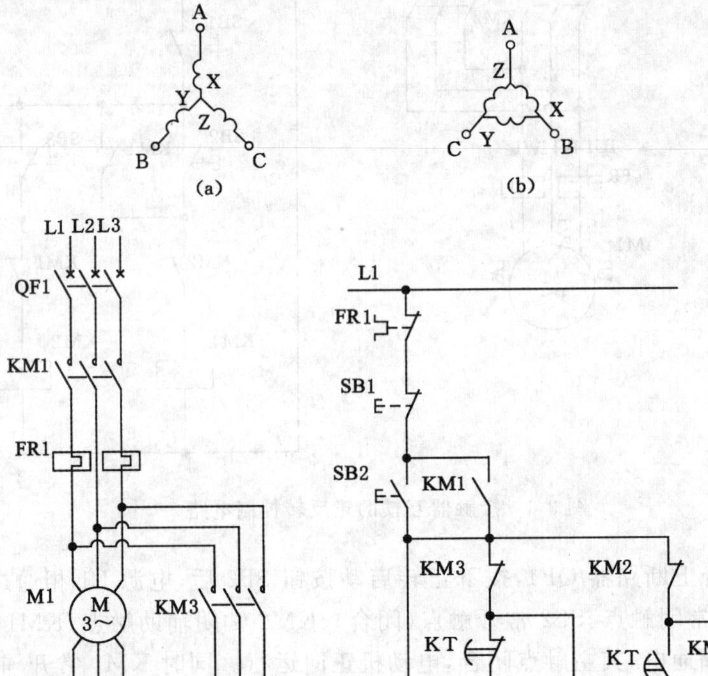

图 3-7　星形-三角形降压启动控制原理

(a) 星形接线原理图；(b) 三角形接线原理图；(c) 控制原理图

3.2.2　星形-三角形降压启动控制

对于正常运行为三角形接法的笼式异步电机来说，如果在启动时将定子绕组接成星形，待启动完毕后再接成三角形，就可以降低启动电流，减轻它对电网的冲击。这样的启动方式称为星形-三角减压启动，或简称为星三角启动（Y-△启动）。

当启动电动机时，闭合 QF1，按下启动按钮 SB2，接触器 KM1、KM2 与时间继电器 KT 的线圈同时得电，接触器 KM2 的主触点将电动机接成星形，并通过 KM1 的主触点连接电源，电动机降压启动。当 KT 的延时时间到，KT 的常闭触点断开、常开触点闭合，KM2 线圈失电，KM3 线圈得电，电动机主电路接成三角形，电动机投入正常运行。

采用 Y-△启动时，启动电流只是原来三角形直接启动的 1/3。这种启动方式的优点是结构简单，价格便宜。缺点是启动转矩也降为原来按三角形接法直接启动时的 1/3，适用于空载或轻载启动的场合。

3.2.3　软启动器控制

软启动器是利用晶闸管的移相控制原理，通过控制晶闸管的导通角改变其输出电压，达到通过调压方式来控制启动电流和启动转矩的目的，是一种集电机软启动、软停车、轻载节能和多种保护功能于一体的电机控制装置。不仅能有效地限制启动电流，还能通过设置起始电压、启动时间进行平滑启动，并将逐步取代传统的降压启动方式。软启动器实物如图 3-8 所示。

软启动器是通过控制晶闸管导通角的大小，使电动机的启动电流根据工作要求所设定的规律进行变化。这样，电动机启动电流大小、启动方式均可任意调整，使电动机处于最佳启动过程，软启动器转矩曲线、速度曲线如图 3-9 所示。

图 3-8　软启动器实物

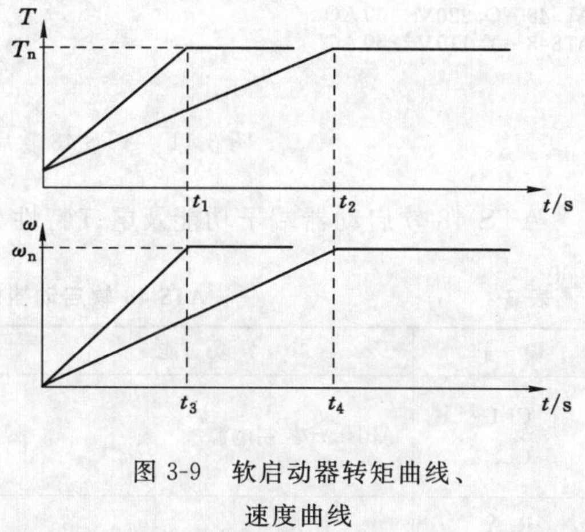

图 3-9　软启动器转矩曲线、速度曲线

软启动过程结束，旁路接触器闭合，软启动器退出运行，直至停车时再次投入，这样既延长了软启动器的寿命，又避免了谐波污染，还可减少软启动器中的晶闸管发热损耗。原则上，笼型异步电动机在凡不需要调速的各种应用场合都可适用。

ATS 48 软启动器是施耐德生产的一款软启动器，有 230 V、400 V 两种电压规格，支持电机功率 5.5～500 kW(400 V)。ATS 48 软启动器电力部件框图如图 3-10 所示。

ATS 48 软启动器控制回路端子功能如图 3-11 所示。

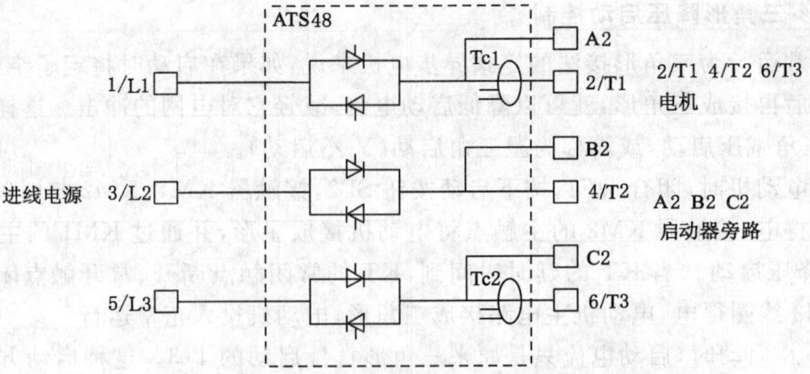

图 3-10　ATS 48 软启动器电力部件框图

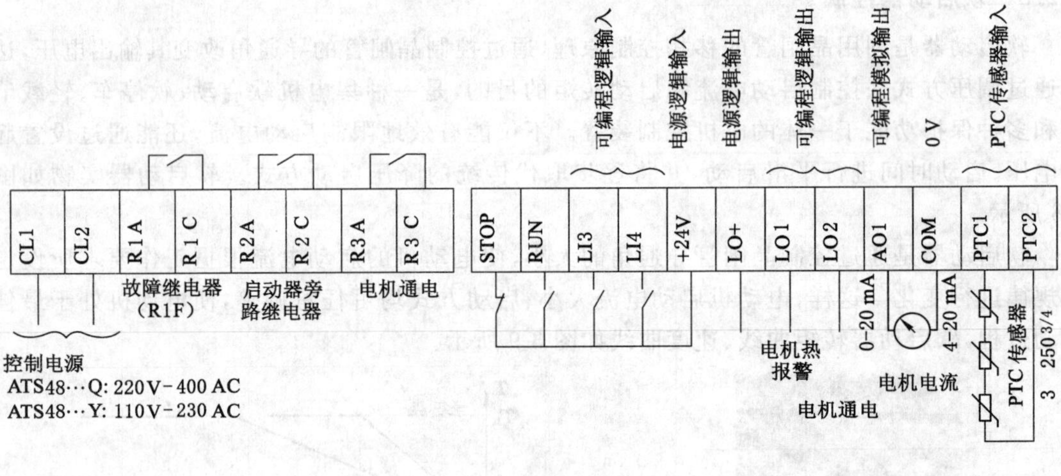

图 3-11　ATS 48 软启动器控制回路端子功能

ATS 48 软启动器端子功能及电气特性见表 3-1。

表 3-1　ATS 48 软启动器端子功能及电气特性

端　子	功　能	特　性
CL1 CL2	Altistart 控制电源	ATS 48…Q：220～415 V+10%－15%，50/60 Hz ATS 48…Y：110～230 V+10%－15%，50/60 Hz
R1A R1C	可编程继电器 R1 的常开(N/O)触点	最小开关能力 • 直流 6 V 时为 10 mA 对感性负载的最大开关能力 (cos φ=0.5，L/R=20 ms) • 对交流 230 V 和直流 30 V 为 1.8 A，最大电压 400 V
R2A R2C	启动结束继电器 R2 的常开（N/O）触点	
R3A R3C	可编程继电器 R3 的常开(N/O)触点	

续表 3-1

端　子	功　能	特　性
STOP RUN LI3 LI4	启动器停机（状态 0 为停机） 启动器运行（状态 1 为运行） 可编程输入 可编程输入	4×24 V 逻辑输入，阻抗为 4.3k3/4 U_{max}＝30 V，I_{max}＝8 mA 状态 1：U＞11 V－I＞5 mA 状态 0：U＜5 V－I＜2 mA
24 V	电源逻辑输入	＋24V±25％隔离并保护以防短路和过载，最大电流：200 mA
LO＋	电源逻辑输出	连接至 24 V 或外部电源
LO1 LO2	可编程逻辑输出	2 个集电极开路输出端，与 1 级 PLC 兼容，符合 IEC 65A-68 标准。 • 电源＋24 V（最低 12 V，最高 30 V） • 带有外接电源的每个输出端最大电流 200 mA
AO1	可编程模拟输出	输出可配置为 0～20 mA 或 4～20 mA • 精度为最大值的±5％，最大阻抗 500 Ω
COM	I/O 公共端	0 V
PTC1 PTC2	PTC 传感器输入	25 ℃时传感器回路的总电阻为 750 Ω （例如，3×250 Ω 传感器串联）
（RJ 45）	接头用于远程操作盘通信总线	RS 485 Modbus

Altistart 48 出厂设定值如下。

• 限制电流（ILt）：电机额定电流的 400％；
• 加速斜坡（ACC）：15 s；
• 启动力矩（tq0）：额定力矩的 20％；
• 停机（StY）：自由停车（－F－）；
• 电机热保护（tHP）：10 级保护曲线；
• 显示：rdY（启动器待机），有电源电压和控制电压。
• 逻辑输入：
　LI1：STOP（停机）；
　LI2：RUN（运行）；
　LI3：强制自由停车（LIA）；
　LI4：强制本地模式（LIL）。
• 逻辑输出：
　LO1：电机热报警（tA1）；
　LO2：电机已通电（ml）。
• 继电器输出：
　R1：故障继电器（rlI）；
　R2：启动结束旁路继电器；

R3:电机已通电(ml)。

如果上述值均符合实际应用,则启动器无须改变设定值即可使用。ATS 48 软启动器按键及显示屏的功能如图 3-12 所示。

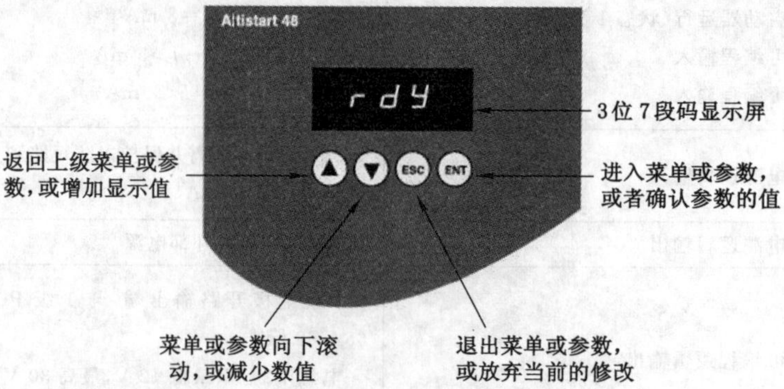

图 3-12　ATS 48 软启动器按键及显示屏的功能

图 3-13 为 AST 48 软启动器菜单操作流程。

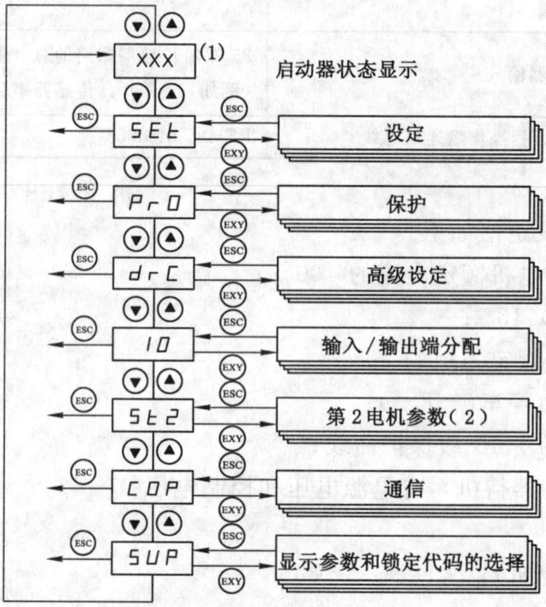

图 3-13　ATS 48 软启动器菜单操作流程

根据参数的最大范围及其值,数字的显示原则有所不同。

—0.1～99.9 的值(如:05.5=5.5;55.0=55;55.5=55.5)

—100～999 的值(如:555=555)

—1 000～9 990 的值(如:5.55=5 550)

注意:按"ENT"键存储时,显示屏将会闪烁,否则不被确认,表明不能如此修改。

软启动器控制系统一般由主回路和控制保护回路组成,AST 48 软启动器应用电路接线如图 3-14 所示。

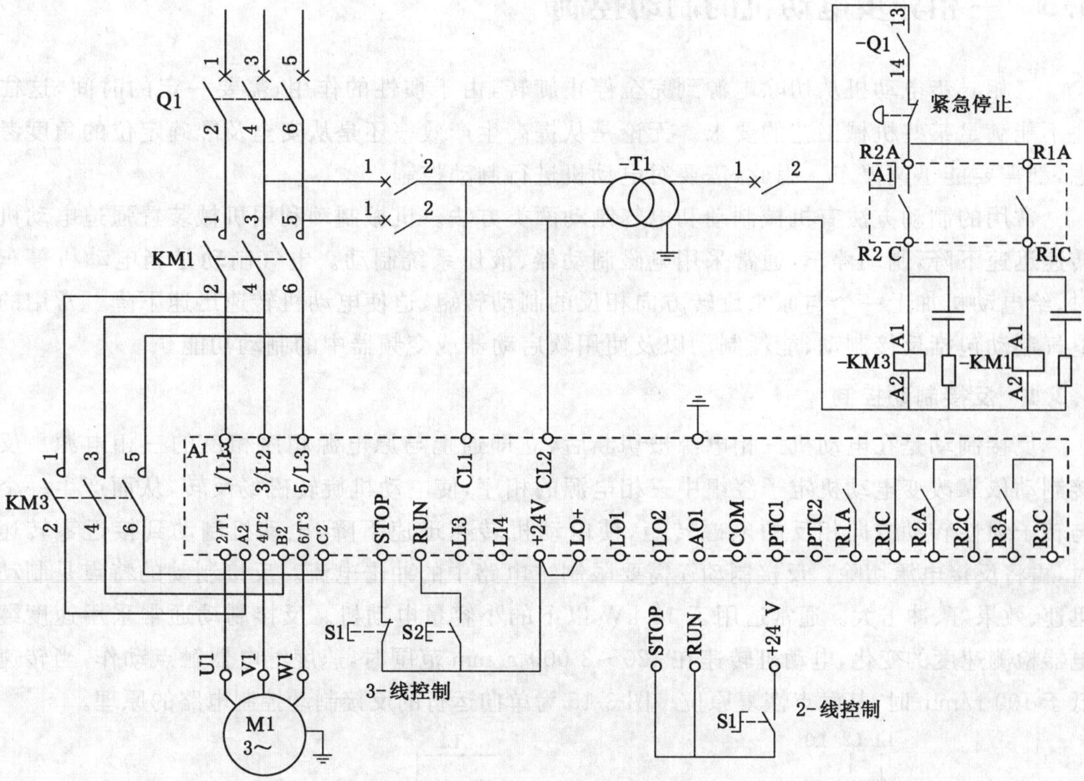

图 3-14　ATS 48 软启动器应用电路接线

RUN(运行)和 STOP (停机)逻辑输入端的功能可以设置成 2 线控制,也可设置成 3 线控制。在 2 线控制方式下,S1 为自锁开关,当所有断路器合闸后,S1 闭合,软启动器启动运行。若软启动器无故障,软启动器可编程继电器 R1 闭合,KM1 得电,电机以软启动方式运行。软启动结束时,软启动器可编程继电器 R2 闭合,KM3 得电,电机旁路全压运行。

ATS 48 软启动器设置步骤如下。

(1) 电源断开,按如下步骤连接 Altistart 48:

连接控制线路电源(CL1、CL2),连接主电源(1/L1、3/L2、5/L3),连接电机(2/T1、4/T2、6/T3)。如果使用旁路接触器,应将其连接到电源端的 L1、L2、L3 和 Altistart 48 上的端子 A2、B2、C2 上,需注意电机电压与电源电压匹配。

(2) 启动 Altistart 48 前,要阅读电机铭牌上的信息,以便在 SEt 菜单中设定参数(In)。

(3) 控制部分(CL1、CL2)通电,主电源部分不通电,且不给出运行命令,启动器应显示 nLP(指示电源断开)。

(4) 主电源部分通电(1/L1－3/L2－5/L3),启动器应显示 rdY(指示启动器已通电并待机)。

(5) 发送一个“RUN”命令,比如按下启动按钮,即可启动系统。

3.3 三相异步电动机的制动控制

三相异步电动机从切除电源到完全停止旋转，由于惯性的作用，需要一定的时间，这往往不能满足某些机械工艺的要求。无论是从提高生产效率还是从安全及准确定位的角度考虑，都需要能迅速停车。因此，需要对电动机进行制动控制。

常用的制动方法有机械制动和电气制动两类方法。机械制动利用机械装置强迫电动机转速迅速下降，制动停车，通常采用电磁制动器、液压系统制动。电气制动是当电动机停车时，给电动机加上一个与原来旋转方向相反的制动转矩，迫使电动机转速迅速下降。常用的电气制动包括反接制动、能耗制动以及使用软启动器或变频器中的制动功能。

3.3.1 反接制动控制

反接制动是在电动机三相电源被切断后，立即通上与原电源相序相反的三相电源。反接制动依靠改变电动机定子绕组中三相电源的相序，使电动机旋转磁场反转，从而产生一个与转子惯性转动方向相反的电磁转矩，使电动机转速迅速下降，电动机制动到接近零转速时，再将反接电源切除。反接制动还需要限制主电路中的冲击电流。反接制动的特点是制动迅速、效果好、冲击大。通常适用于 10 kW 以下的小容量电动机。反接制动通常采用速度继电器检测速度的变化，电动机转速在 120～3 000 r/min 范围时，速度继电器触点动作，当转速低于 100 r/min 时，其触点恢复原位。图 3-15 为单向运行的反接制动控制电路的原理。

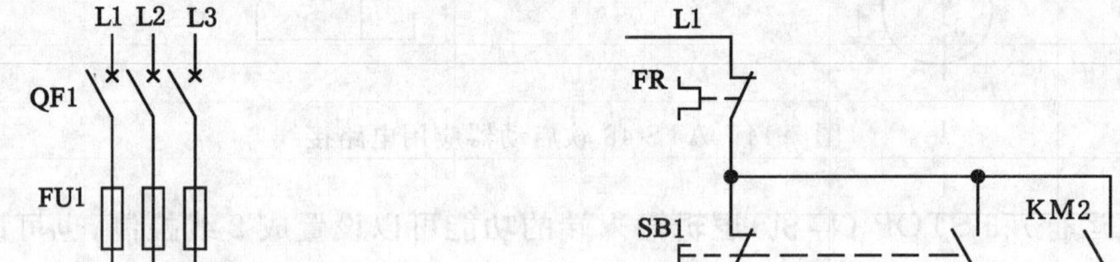

图 3-15　单向运行的反接制动控制电路原理

反接制动的工作原理为启动时，按下启动按钮 SB2，接触器 KM1 线圈通电并自锁，电动机 M1 通电并旋转。在电动机正常运转时，速度继电器 KS 的常开触点闭合，为反接制动做好准备。停车时，按下停止按钮 SB1，其常闭触点断开、常开触点闭合，接触器 KM1 线圈失电，电动机 M1 脱离电源。由于此时电动机的惯性转速还很高，速度继电器 SV1 的常开触点仍然处于闭合状态，所以当 SB1 的常开触点闭合时，反接制动接触器 KM2 的线圈通电并自锁，其主触点闭合，使电动机的定子绕组得到与正常运转相序相反的三相交流电源，电动机进入反接制动状态，电动机转速迅速下降，当电动机转速低于速度继电器动作值时，速度继电器常开触点复位，KM2 线圈失电，反接制动结束。

3.3.2　能耗制动控制

所谓能耗制动，是在电动机脱离三相交流电源之后，给定子绕组上加一个直流电压，利用转子感应电流与静止磁场的作用以达到制动的目的。从能力的角度看，能耗制动是把电动机转子运动所储存的动能变成电能，且又消耗在电动机转子的制动上，因此称为"能耗制动"。以时间为原则的单相能耗制动控制原理如图 3-16 所示。

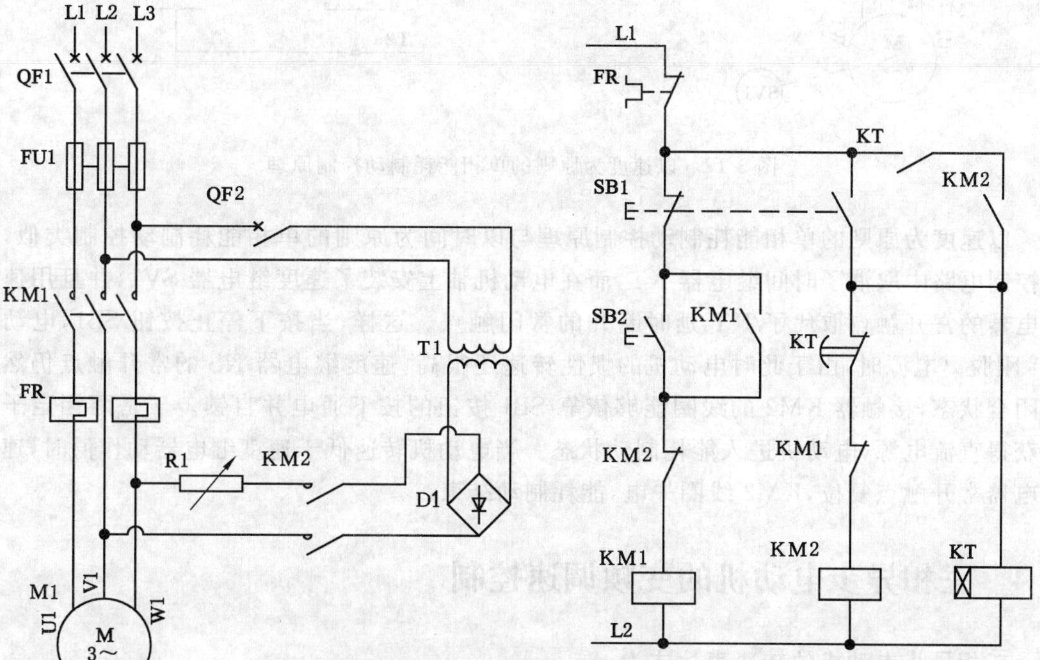

图 3-16　以时间为原则的单相能耗制动控制原理

在电动机正常运行时，若按下停止按钮 SB1，KM1 断电释放，同时 KM2 线圈得电，使得直流电源经过 KM2 的主触点加入电机两相定子绕组，时间继电器 KT 的线圈与 KM2 的线圈同时通电并自锁，当定时时间到时，KT 延时断开的常闭触点断开，KM2 线圈失电，KM2 常开触点复位，时间继电器线圈的电源也被断开，电动机能耗制动结束。KT 的瞬时常开触点的作用是为了在 KT 的线圈断线或卡住时解除自锁，避免电机定子长期通入直流电。

以速度为原则的单相能耗制动控制原理如图 3-17 所示。

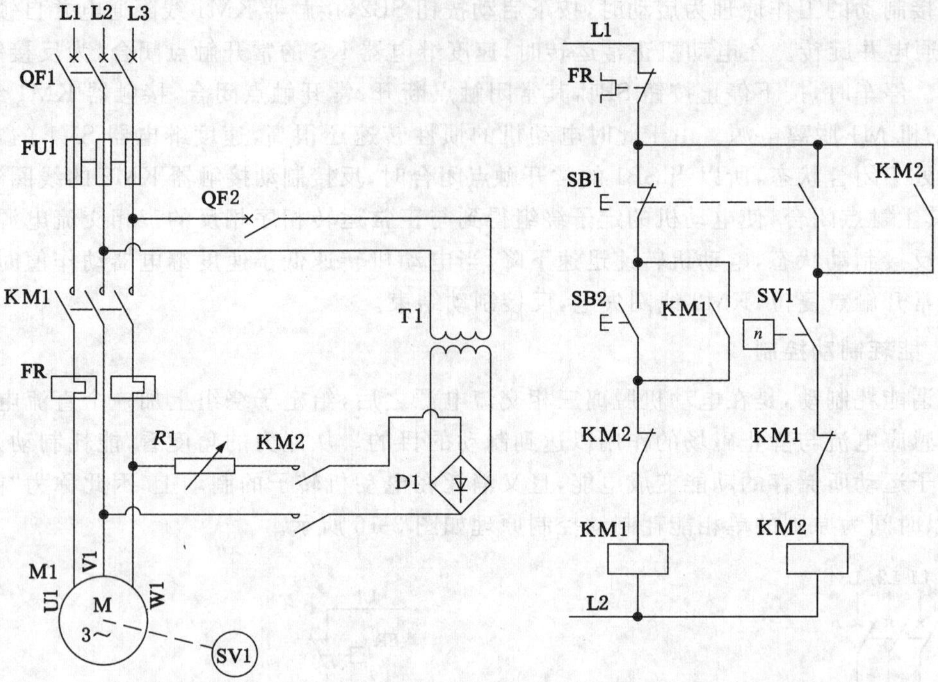

图 3-17 以速度为原则的单相能耗制动控制原理

以速度为原则的单相能耗制动控制原理与以时间为原则的单相能耗制动控制类似，仅在控制电路中取消了时间继电器 KT，而在电动机轴上安装了速度继电器 SV1，并且用速度继电器的常开触点取代了 KT 延时断开的常闭触点。这样，当按下停止按钮 SB1，电动机 M1 刚脱离电源时，由于此时电动机的惯性转速还很高，速度继电器 KS 的常开触点仍然处于闭合状态，接触器 KM2 的线圈能够依靠 SB1 按钮的按下通电并自锁。于是两相定子绕组获得直流电源，电动机进入能耗制动状态。当电动机转速低于速度继电器动作值时，速度继电器常开触点复位，KM2 线圈失电，能耗制动结束。

3.4 三相异步电动机的变频调速控制

三相异步电动机的转速表达式为：

$$n = n_0(1-s) = \frac{60f}{p}(1-s) \quad (\mathrm{r/min}) \tag{3-1}$$

从式(3-1)可见，改变电动机的极对数 p、转差率 s 及供电频率 f 均可达到改变转速的目的。

(1) 变极调速

通过改变电动机的磁极对数 p 来改变电动机的转速。由于变极调速时定、转子的极对数必须同时改变，所以，只有鼠笼式异步电机才能采用变极调速方式。由于极对数的改变是成倍的，速度几乎是成倍变化，所以变极调速仍是有极调速，平滑性差，只适应于不要求平滑调速的场合。

（2）改变转差率 s 调速

通过改变转差率 s 来改变电动机的转速，包括绕线转子异步电动机的转子串接电阻调速、串级调速及异步电动机的定子调压调速等。

（3）变频调速

通过改变电动机供电电源的频率 f 以达到改变转速的目的。异步电动机的变频调速不但能无级变速，而且可根据负载特性的不同，通过适当调节电压与频率之间的关系，使电机始终运行在高效区，并保证良好的运行特性。异步电动机采用变频启动更能显著改善启动性能，大幅降低电机的启动电流，增加启动转矩，变频调速是异步电动机理想的调速方法。

然而变频调速需要一个能满足电机运行要求的变频电源，调节供电电源频率的装置就称为变频器，变频器的英文标识为 Converter、Inverter、Speed Drive 等，实际也称为 VVVF：即 Variable Voltage Variable Frequency。原因是在改变电源频率的同时，必须保证供电电压同时改变。变频器调速的优势是控制简单，稳定性好，效率高；缺点是成本高，存在谐波。但随着电力电子器件的发展和变频技术的成熟，这些问题正在逐步改善。

3.4.1　变频器的结构及工作原理

变频器按其特性分为电压源型和电流源型两大类，变频器结构框图如图 3-18 所示。

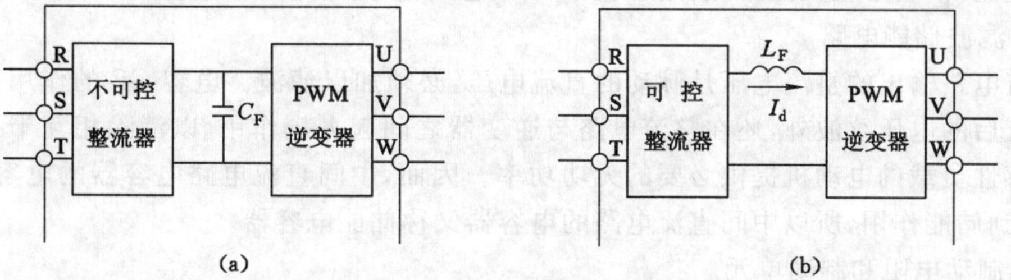

图 3-18　变频器结构框图

（a）电压型变频器；（b）电流型变频器

（1）电压型变频器

电压型变频器逆变器前使用电容滤波，内阻抗比较小，输出电压比较稳定，适用于多台电机的并联运行和协同调速，广泛应用于化纤、冶金等行业的多机传动系统中。这种逆变器的输出电流可以突变，容易出现过电流，需要有快速的保护系统。电压源逆变器的主要问题是它不易适应电动机四象限运行的要求，不易实现再生制动。

（2）电流型变频器

电流源逆变器与电源型变频器相反，由于在它的直流回路中接有较大的平波电抗器，电感滤波使得它的内阻抗比较大，输出电流比较稳定，出现过电流的可能性较小，这对过载能力比较低的半导体器件来说比较安全。然而异步电动机在电流源逆变器供电下运行稳定性比较差，通常需要采用闭环控制和动态校正才能保证电动机的稳定运行。电流源逆变器供电的最大优点在于容易实现四象限运行，可以进行再生制动，较多地被应用于中等以上容量的单台电动机调速中。交-直-交电压型变频器主电路如图 3-19 所示。

（1）整流电路

整流电路由 VD1～VD6 组成三相不可控整流桥，它们将电源的三相交流整流成直流。

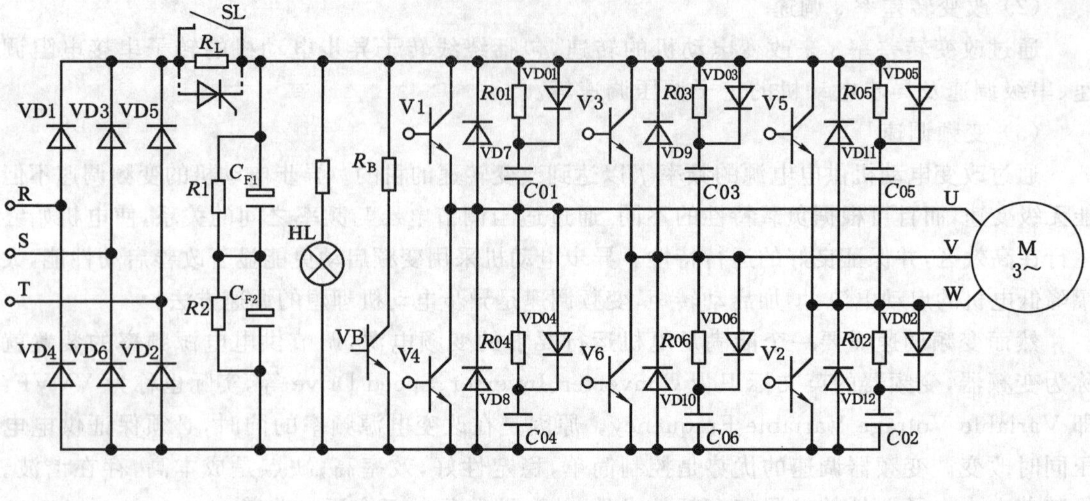

图 3-19　交-直-交电压型变频器主电路

整流电路因变频器功率大小不同而异。小功率的，输入电源多用单相 220 V，整流电路为单相全波整流桥；功率较大的，一般用三相 380 V 电源，整流电路为三相桥式全波整流电路。

（2）滤波储能电路

整流电路输出的整流电压是脉动的直流电压，必须加以滤波。电容 CF 的作用是：除了滤除整流后的电压纹波外，还在整流电路与逆变器之间起去耦作用，以消除相互干扰，这就给作为感性负载的电动机提供必要的无功功率。因而，中间直流电路电容器的电容量必须较大，起到储能作用，所以中间直流电路的电容器又称储能电容器。

（3）制动电阻和制动单元

制动电阻 R_B：电动机在工作频率下降过程中，异步电机的转子转速将超过此时的同步转速处于再生制动状态，拖动系统的动能要反馈到直流电路中，使电容上的直流电压不断上升，甚至可能达到危险的地步。因此，必须将再生到直流电路的能量消耗掉，使电容上的直流电压保持在允许范围内。制动电阻 R_B就是用来消耗这部分能量的。

制动单元 V_B：制动单元 V_B由大功率晶体管 GTR 及其驱动电路构成。其功能是控制流经 R_B的放电电流 I_B。

（4）逆变器（桥）

逆变管 $V1$～$V6$ 组成逆变器（桥），把 VD1～VD6 整流后的直流电再“逆变”成频率、幅值都可调的交流电。这是变频器实现变频的执行环节，因而是变频器的核心部分。当前常用的逆变管有绝缘栅双极晶体管（IGBT）、大功率晶体管（GTR）、可关断晶闸管（GTO）以及功率场效应晶体管（MOSFET）等。

3.4.2　变频器的选型

变频器选型需要考虑的因素很多，如拖动的负载类型（恒转矩负载/恒功率负载/风机、泵类负载）、电机的实际电流、变频器应用方式（单机/并联多机）、应用环境（温度/海拔高）、应用场合（如煤矿，是否要求防爆）等。

3.4.2.1　变频器容量的选择

变频器容量的选择由很多因素决定，如电动机额定电流、电动机加减速时间等，选择变频器时应以电动机实际的电流值作为变频器选择的依据,电机的额定功率只能作为参考。应充分考虑变频器的输出含有丰富的高次谐波,会使电动机的功率因数和效率变坏。因此,用变频器给电动机供电与用工频电网供电相比较,电动机的电流会增加10%,温升会增加20%左右。所以在选择电动机和变频器时,应考虑到这种情况,适当留有余量,以防止温升过高,影响电动机的使用寿命。下面介绍几种不同情况下变频器的容量计算与选择方法。

(1) 轻载启动或连续运转时所需变频器容量的计算

由于变频器的输出电压、电流中含有高次谐波,电动机的功率因数、效率有所下降,电流约增加10%,因此变频器的容量(输出电流)可按以下公式计算:

$$I_{CN} \geqslant 1.1 I_M \tag{3-2}$$

式中 I_{CN}——变频器的额定输出电流(A),以下同;

I_M——电动机的额定电流(A),以下同。

(2) 重载启动或频繁启动、制动运行时变频器容量的计算

$$I_{CN} \geqslant (1.2 \sim 1.3) I_N \tag{3-3}$$

3.4.2.2 变频器选型其他注意事项

(1) 具体选择变频器容量时,既要充分利用变频器的过载能力,又要不会在负载运行时使装置超温。

(2) 选择变频器的容量要考虑负载性质。即使相同功率的电动机,负载性质不同,所需变频器的容量也不相同。风机水泵类负载对变频器的要求最为简单,只要变频器容量等于电动机容量即可(空压机、深水泵、快速变化的音乐喷泉需要增大容量);启动机类负载的特点是启动时冲击很大,因此要求变频器有一定余量,同时下放重物时,会有能量回馈,需要使用制动单元。

(3) 在转动惯量、启动转矩大,或电动机带负载且要正、反转运行的情况下,变频器的功率应加大一级。

(4) 若变频器要长电缆运行时,应采取措施抑制长电缆对地耦合电容的影响,避免变频器出力不够。所以变频器应放大一、两挡选择或在变频器的输出端安装输出电抗器。

(5) 要根据使用环境条件、电网电压等仔细考虑变频器的选型。如高海拔地区因空气密度降低,散热器不能达到额定散热器效果,一般在1 000 m以上,每增加100 m,容量下降10%,必要时可加大容量等级,以免变频器过热。

(6) 使用场所不同须对变频器的防护等级要作选择,为防止鼠害、异物等进入应作防护选择。IP(Ingress Protection)防护等级由IEC所起草,将电器依其防尘防湿气之特性加以分级。

IP防护等级是由两个数字所组成,IP××。第一位数字代表防止固体异物进入的等级,最高级别是6;第二位数字表明设备防水的程度。代表防止进水的等级,最高级别是8,数字越大表示其防护等级越高。例如,IP65,6表示完全防止外物及灰尘侵入,5表示防止来自各个方向由喷嘴射出的水侵入电器而造成损坏。

(7) 当变频器用于控制并联的几台电机时,一定要考虑变频器到电动机的电缆的长度总和在变频器的容许范围内。如果超过规定值,要放大一挡或两挡来选择变频器。另外在此种情况下,变频器的控制方式只能为V/f控制方式,并且变频器无法实现电动机的过流、过载保护,此时需在每台电动机侧安装熔断器来实现保护。

3.4.3 MM 440 变频器结构及安装

3.4.3.1 主要技术参数

MICROMASTER 440(MM 440)是德国西门子公司生产的用于控制三相交流电动机速度的变频器系列，该系列有多种型号供用户选用。变频器实物如图 3-20 所示。

图 3-20 MM 440 系列变频器实物

MM 440 变频器由微处理器控制，并采用具有现代先进技术水平的绝缘栅双极型晶体管(IGBT)作为功率输出器件，具有很高的运行可靠性和功能的多样性，其脉冲宽度调制的开关频率是可选的，降低了电动机运行的噪声。订货号说明如图 3-21 所示。

图 3-21 所示订货号表示：西门子 MM 440 变频器，防护等级是 IP20，无滤波器，三相 380 V输入，0.37 kW，A 型尺寸。

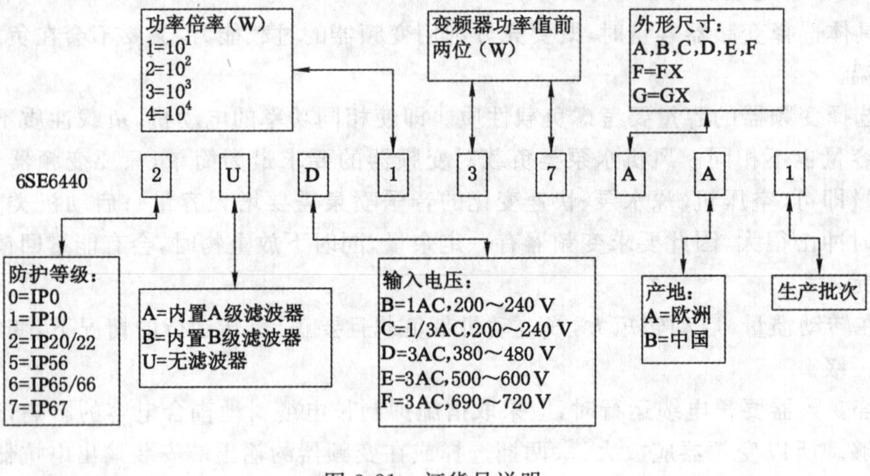

图 3-21 订货号说明

3.4.3.2 内部结构及端子功能

MM 440 变频器的电路结构如图 3-22 所示。

(1) 主电路的端子

① 交流电源输入端子 L1、L2、L3。有 220 V 和 380 V 两种。

② 逆变输出端子 U、V、W 连接交流电动机。

(2) 制动单元及制动电阻端子

制动单元及制动电阻有四个端子：DC/R＋、B＋/DC＋、B－、DC－，其中 DC/R＋与 B＋/DC＋出厂时短接。DC/R＋接三相桥整出来的直流母线的正端，B＋/DC＋与 DC/R＋短接后也是直流母线的正端，B－经一个开关管接到直流母线的负端，DC－直接接到直流母线的负端。

75 kW 以内无须接制动单元，直接接制动电阻，接在 B＋/DC＋与 B－，当直流母线过电压时，开关管导通，通过电阻将电能转化为热能消耗掉。

75 kW 以上需接制动单元，再接制动电阻，其中制动单元接在 B＋/DC＋与 DC－，制动

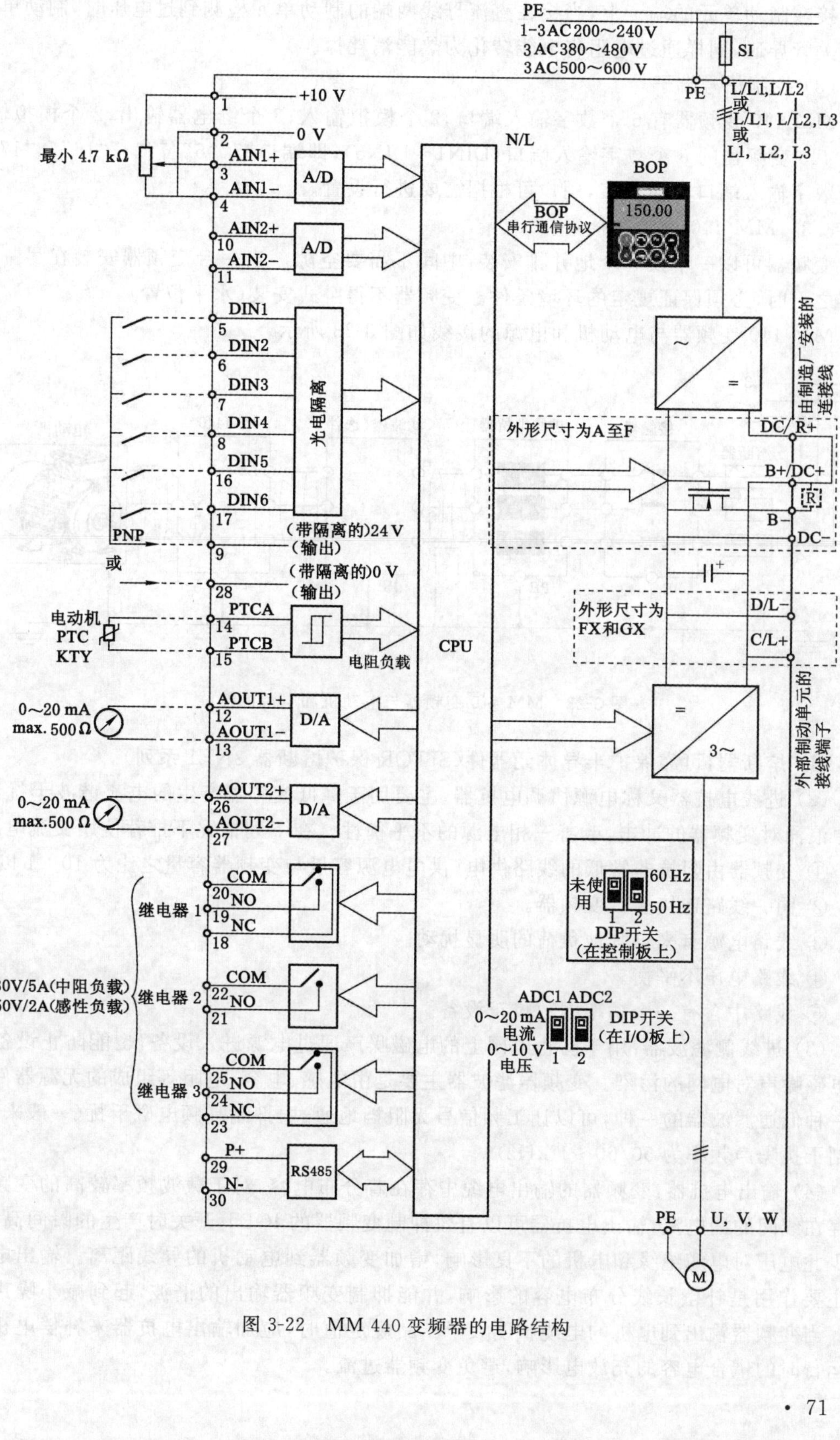

图 3-22　MM 440 变频器的电路结构

电阻接在制动单元的端子上，当接在直流母线两端的制动单元检测到过电压时，制动单元内部开关管导通，同样通过电阻将电能转化为热能消耗掉。

(3) 控制信号端子

MM 440 变频器有 6 个数字输入端口，2 个模拟输入，3 个继电器输出，2 个模拟输出。MM 440 变频器的 6 个数字输入端口(DIN1～DIN6)，即端口“5”“6”“7”“8”“16”和“17”，每一个数字输入端口功能很多，用户可根据需要进行设置。

3.4.3.3 MM 440 安装及接线

变频器可以一个挨一个地并排安装，中间不需要空隙。当一台变频器安装在另一台变频器之上时，必须保证规定的环境条件。变频器不得卧式安装(水平位置)。

MM 440 变频器与电动机和电源的接线如图 3-23 所示。

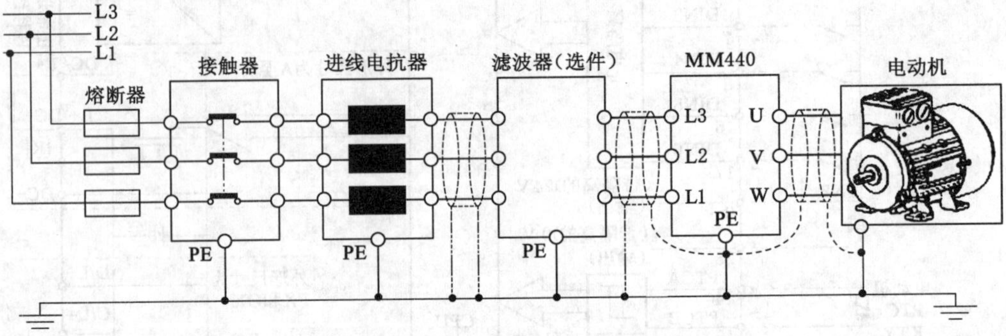

图 3-23 MM 440 变频器与电动机和电源的接线

(1) 熔断器：可靠保护半导体元器件(SITOR 保护熔断器 3NE1 系列)。

(2) 进线电抗器又称电源协调电抗器，主要用于降低变频器产生的电流谐波干扰，减少电源浪涌对变频器的冲击，改善三相电源的不平衡性。在下列情况下推荐使用交流电抗器。

① 变频器由阻抗非常低的线路供电(供电电源容量与变频器容量之比为 10∶1 以上)。

② 同一线路连接多台变频器。

③ 线路电源有来自其他负荷的明显扰动。

④ 线路电压不平衡。

⑤ 线路中含有一个功率因数校正设备。

(3) 进线侧滤波器：用于防止电网上的电磁噪声通过电源进入设备，也能防止设备本身的电磁噪声对电网的污染。变频器滤波器主要是由电感、电容、电阻等组成的无源器件。它是一种低通滤波器的一种，可以让工频信号无阻挡地通过，抑制高频电磁干扰(一般来讲，可抑制干扰噪声频率为 50/60～1 kHz)。

(4) 输出电抗器：变频器的输出电缆中存在着分布电容，对于载波频率较高的变频器来说存在线间的漏电流，输出电抗器可以有效抑制变频器的 IGBT 开关时产生的瞬间高电压，减少此电压对电缆绝缘和电机的不良影响，增加变频器到电动机的导线距离。输出电抗器的主要作用是补偿长线分布电容的影响，并能抑制变频器输出的谐波，起到减小噪声的作用。当变频器输出到电机的电缆长度大于产品规定值时，应加输出电抗器来补偿电机长电缆运行时的耦合电容的充放电影响，避免变频器过流。

变频器接线注意事项：

(1) 为防止触电，变频器必须可靠接地。如果变频器没有可靠接地，装置内可能出现导致人身伤害的潜在危险。接地线要粗而短，接点要接触良好，必要时采用专用接地线。

(2) 供电电源与变频器之间需要正确接入与其额定电流相应的断路器/熔断器。

(3) 输入电源必须接到 L1、L2、L3 端子上，输出电源必须接到 U、V、W 端子上，不能接错，否则会损坏变频器。电动机与电源电压的需要正确匹配。

(4) 端子和导线的连接应可靠，要使用接触性好的压接端子。

(5) 配线结束后，要再次检查接线是否正确，端子和导线之间有无短路或接地。

(6) 通电后，如果需要改接线，在电源开关断开以后，必须等待 5 min，使变频器放电完毕，之后才允许开始安装作业。

(7) 变频器的控制电缆、电源电缆和与电动机的连接电缆的走线必须相互隔离。不要把它们放在同一个电缆线槽中或电缆架上。

3.4.4　MM 440 变频器 BOP 操作面板

MM 440 变频器 BOP 操作面板如图 3-24 所示。

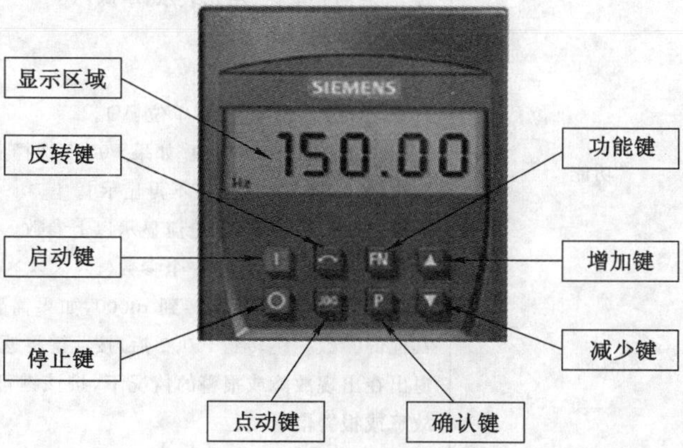

图 3-24　BOP 操作面板

利用 BOP 操作面板可以改变变频器的参数。BOP 操作面板有 5 位数字的七段显示，用于显示参数的序号和数值、报警和故障信息以及参数的设定值和实际值，BOP 操作面板不能存储参数的信息。BOP 操作面板按钮功能见表 3-2。

表 3-2　BOP 操作面板上按钮功能

显示/按钮	功能	功能的说明
	状态显示	LCD 显示变频器当前的设定值
	启动电动机	按此键启动变频器。缺省值运行时此键是被封锁的。为了使此键的操作有效，应设定 P0700＝1

续表 3-2

显示/按钮	功能	功能的说明
	停止电动机	OFF1:按此键,变频器将按选定的斜坡下降速率减速停车。缺省值运行时此键被封锁;为了允许此键操作,应设定 P0700=1 OFF2:按此键两次(或一次,但时间较长)电动机将在惯性作用下自由停车。此功能总是"使能"的
	改变电动机的转动方向	按此键可以改变电动机的转动方向。电动机的反向用负号(一)表示或用闪烁的小数点表示。缺省值运行时此键是被封锁的,为了使此键的操作有效,应设定 P0700=1
	电动机点动	在变频器无输出的情况下按此键,将使电动机启动,并按预设定的点动频率运行。释放此键时,变频器停车。如果变频器/电动机正在运行,按此键将不起作用
	功能	此键用于浏览辅助信息。变频器运行过程中,在显示任何一个参数时按下此键并保持不动 2 s,将显示以下参数值: 1. 直流回路电压(用 *d* 表示,单位:V)。 2. 输出电流(A)。 3. 输出频率(Hz)。 4. 输出电压(用 *o* 表示,单位:V)。 5. 由 P0005 选定的数值[如果 P0005 选择显示上述参数中的任何一个(3,4,或 5),这里将不再显示]。 连续多次按下此键,将轮流显示以上参数。 跳转功能:在显示任何一个参数(r×××× 或 P××××)时短时间按下此键,将立即跳转到 r0000,如果需要的话,可以接着修改其他的参数。跳转到 r0000 后,按此键将返回原来的显示点。 退出在出现故障或报警的情况下,按该键可以将操作板上显示的故障或报警信息复位
	访问参数	按此键即可访问参数
	增加数值	按此键即可增加面板上显示的参数数值
	减少数值	按此键即可减少面板上显示的参数数值

利用 BOP 操作面板修改参数的数值时,有时会显示"busy",表明变频器正忙于处理优先级更高的任务。

3.4.5 MM 440 变频器常用参数

MM 440 有两种参数类型:以字母 P 开头的参数为用户可改动的参数;以字母 r 开头的参数表示本参数为只读参数。参数分控制为参数组(CDS),以及与电机、负载相关的驱动参数组(DDS)两大类。每个参数组又分为三组,其结构如图 3-25 所示。

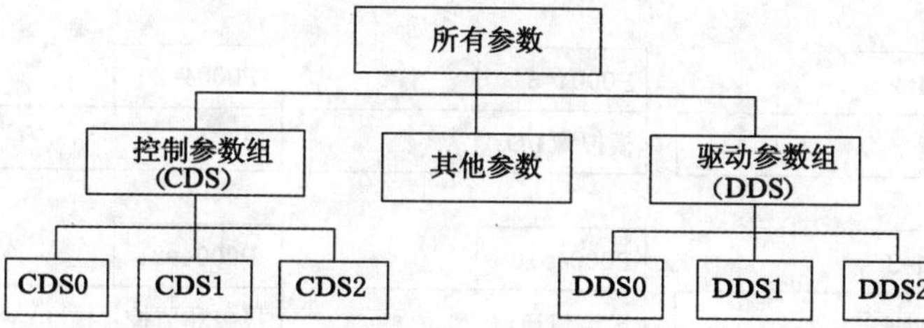

图 3-25　MM 440 变频器参数结构

将参数按照命令和驱动两大类分为三组，使用户可以根据不同需要在一个变频器中设置多种驱动和控制的配置，并在适当的时候根据需要进行切换。参数组的切换说明见表 3-3，参数切换真值见表 3-4。

表 3-3　　参数组的切说明

参数组	切换命令源	已激活参数组	说明
CDS	P0810，P0811	r0050	CDS 可以在变频器运行中切换
DDS	P0820，P0821	r0051	DDS 只能在变频器停止状态切换

表 3-4　　参数组切换真值

CDS			DDS		
P0810	P0811	参数组	P0820	P0821	参数组
0	0	0	0	0	0
1	0	1	1	0	1
X	1	2	X	1	2

默认状态下使用的当前参数组是第 0 组参数，即 CDS0 和 DDS0。例如，P1000 的第 0 组参数，在 BOP 上显示为 in000，书本中常写作 P1000[0]。

3.4.5.1　P0003 用户访问级

P0003 用来选择“用户访问级”，调试过程常用参数。MM 440 变频器的参数有三个用户访问级，即标准访问级、扩展访问级和专家访问级。

P0003＝1 标准访问级(基本的应用)；

P0003＝2 扩展访问级(标准应用)；

P0003＝3 专家访问级(复杂的应用)。

3.4.5.2　P0004 参数过滤

P0004 的作用是过滤参数，调试过程常用参数，据此可以按照功能去访问不同的参数。

P0004 参数功能设置如图 3-26 所示。

3.4.5.3　P0205 变频器应用对象的选择

P0205 用于选择变频器的应用对象，此参数一定要按照负载类型选择。

P0205＝0，选择恒转矩负载。

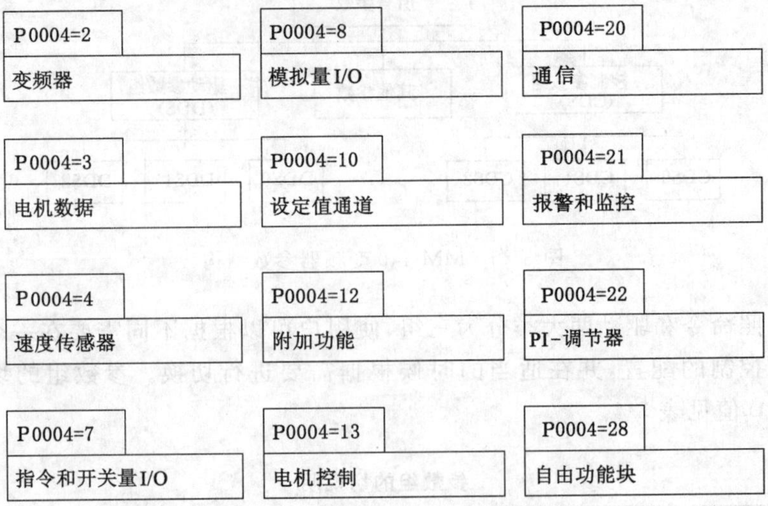

图 3-26　P0004 参数功能设置

P0205＝1，选择变转矩负载。

不同的负载具有不同的速度(频率)转矩特性。常见负载类型见表 3-5。

表 3-5　　常见负载类型

转矩	$T=$常数		$T\propto 1/f$	$T\propto f^2$
功率	$P\propto f$		$P=$常数	$P\propto f^3$
负载类型	恒转矩负载		变转矩负载	
	摩擦类负载	位能类负载	恒功率负载	风机泵类负载
特性	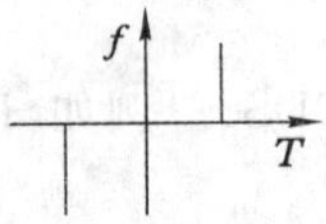	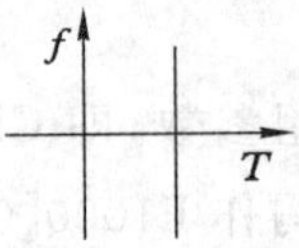	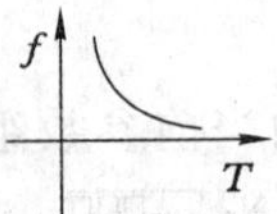	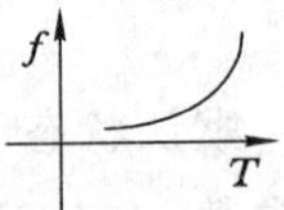
应用	胶带运输机、生产机械、加工成型设备、轧钢机、刨床、搅拌机、挤压机	起重绞车、提升机等	机床主轴、造纸机以及塑料薄膜生产线中的卷取机	泵类 风机 离心机

(1) 恒转矩负载

恒转矩负载转矩 T_L 与转速 n 无关，任何转速下 T_L 总保持恒定或基本恒定。变频器拖动恒转矩性质的负载时，低速时的转矩要足够大，并且有足够的过载能力。

(2) 恒功率负载

恒功率负载转矩与转速成反比，其功率恒定。当速度很低时，受机械强度的限制，T_L 不可能无限增大，在低速运行时为恒转矩性质。负载的恒功率区和恒转矩区对传动方案的选择有很大的影响。电动机在恒磁通调速时，最大允许输出转矩不变，属于恒转矩调速；而在弱磁调速时，最大允许输出转矩与速度成反比，属于恒功率调速。

(3) 风机、泵类负载（二次方律负载）

在各种风机、水泵、油泵中，随叶轮的转动，空气或液体在一定的速度范围内所产生的阻力大致与速度 n 的三次方成正比。随着转速的减小，转矩按转速的二次方减小。这种负载所需的功率与速度的三次方成正比。当所需风量、流量减小时，利用变频器通过调速的方式来调节风量、流量，可以大幅度地节约电能。

P0205 参数设置：

(1) 当西门子变频器 MM 440 的功率小于 7.5 kW 时，这个参数只能为 0，即恒转矩方式；只有当西门子变频器 MM 440 的功率大于 7.5 kW 时，用户才可以改变参数 P0205 的数值。

(2) 如果在整个频率调节范围内驱动的对象都需要恒定的转矩时，如胶带运输机，空气压缩机等设备都是恒转矩负载，就采取恒转矩运行方式（P0205 设定值为 0）。如果驱动对象为变转矩负载（恒功率、风机泵类负载），就采取变转矩运行方式（P0205 设定值为 1）。

(3) 如果 P0205 在快速调试方式下作了修改，变频器将立即计算电动机的额定电流 P0305、额定功率 P0307、过载因子 P0640 等参数。

提示：P0205 的值设定为 1 时，只能用于变转矩的应用对象（例如水泵和风机）。如果把它用于恒转矩的应用对象，报警信号将产生太晚，因而可能导致电动机过热。

3.4.5.4　电机参数

参数 P0100 使用地区：欧洲/北美。

本参数用于确定功率设定值（例如铭牌的额定功率－P0307）的单位是 kW 还是 hp。

可能的设定值：0 欧洲——kW，频率缺省值 50 Hz；

1 北美——hp，频率缺省值 60 Hz。

2 北美——kW，频率缺省值 60 Hz。

I/O 板上 DIP 开关 2 的设定值用于确定 P0100 的设定值 0 或 1 哪个有效。

DIP 开关 2：Off＝50 Hz，On＝60 Hz。

说明：P0100 的设定值应该用 DIP 开关 2 来更改，使其设定的值固定不变。DIP 开关 2 用来建立固定不变的设定值。在电源断开后，DIP 开关 2 的设定值优先于参数的设定值。

变频器运行之前，需要设置电机的电磁参数，如额定电压、额定电流、额定功率、额定转速等。电动机铭牌数据与变频器参数对应关系如图 3-27 所示，电机参数设置见表 3-6。

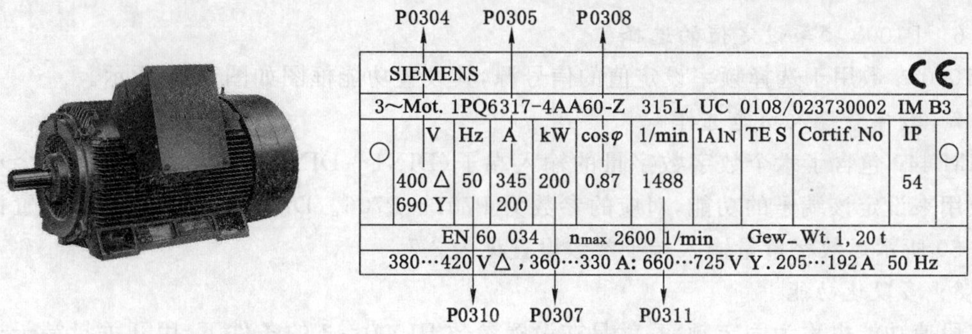

图 3-27　电机铭牌数据与变频器参数对应关系

表 3-6　　　　　　　　　　　　电机参数设置

参数号	出厂值	说明
P0100	0	选择工作地区，功率以 kW 表示，频率为 50 Hz
P0304	230	根据铭牌设定电动机额定电压(V)
P0305	3.25	根据铭牌设定电动机额定电流(A)
P0307	0.75	根据铭牌设定电动机额定功率(kW)
P0310	50	根据铭牌设定电动机额定频率(Hz)
P0311	0	根据铭牌设定电动机额定转速(r/min)

3.4.5.5　P0700 选择命令源

参数 P0700 用于设置变频器的命令给定源，确定是通过 BOP 面板控制变频器，还是通过 I/O 端子控制变频器，P0700 参数设置功能框图如图 3-28 所示。

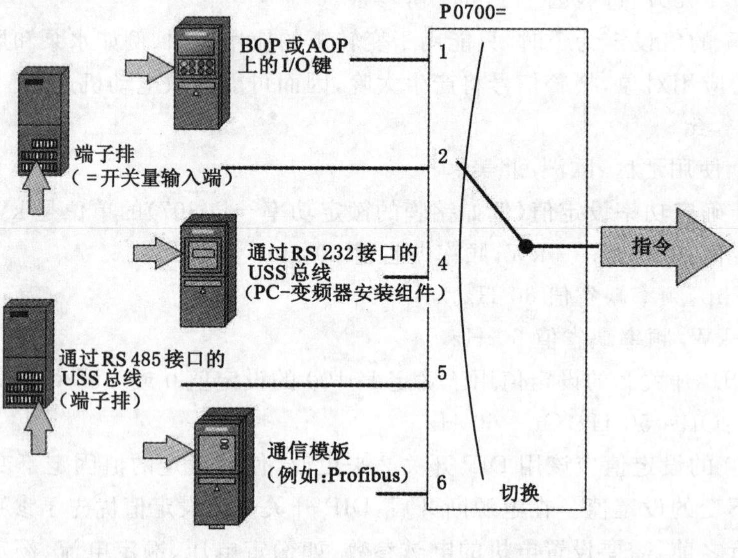

图 3-28　P0700 参数设置功能框图

3.4.5.6　P1000 频率设定值的选择

P1000 参数用于选择频率设定值的信号源，其设置功能框图如图 3-29 所示。

3.4.5.7　数字量输入功能选择

MM 440 包含了六个数字数字量的输入端子(DIN1～DIN6)，每个端子都有一个对应的参数用来设定该端子的功能，对应的参数为 P701～P706。DIN1 端子功能参数设置框图如图 3-30 所示。数字量量输入端子参数设置见表 3-7。

3.4.5.8　多段速功能

多段速功能也称为固定频率，就是在设置参数 P1000＝3 的条件下，用开关量端子选择固定频率的组合，实现电机多段速度运行。

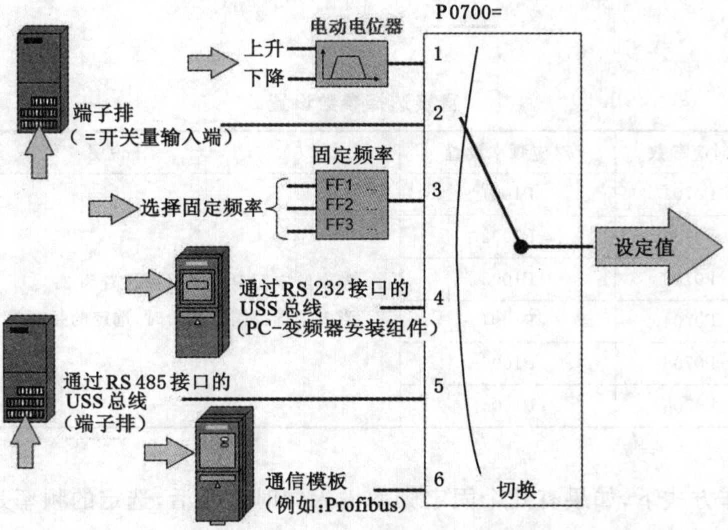

图 3-29　P1000 参数设置功能框图

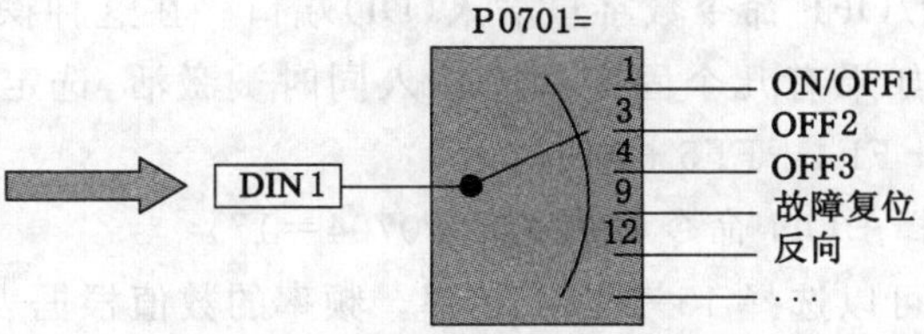

图 3-30　DIN1 端子功能参数设置框图

表 3-7　　　　数字量输入端子参数设置

数字输入	端子编号	参数编号	出厂设置	功能说明
DIN1	5	P0701	1	＝1 接通正转/断开停车 ＝2 接通反转/断开停车 ＝3 断开按惯性自由停车 ＝4 断开按第二降速时间快速停车 ＝9 故障复位 ＝10 正向点动 ＝11 反向点动 ＝12 反转（与正转命令配合使用） ＝13 电动电位计升速 ＝14 电动电位计降速 ＝15 固定频率直接选择 ＝16 固定频率选择＋ON 命令 ＝17 固定频率编码选择＋ON 命令 ＝25 使能直流制动 ＝29 外部故障信号触发跳闸 ＝33 禁止附加频率设定值 ＝99 使能 BICO 参数化
DIN2	6	P0702	12	
DIN3	7	P0703	9	
DIN4	8	P0704	15	
DIN5	16	P0705	15	
DIN6	17	P0706	15	
	9	公共端		

可通过如下三种方法实现。

(1) 直接选择(P0701～P0706 ＝ 15)

当 DIN1～DIN6 端子的功能设置为 15，即将 P0701～P0706 参数设置为 15，该端子可以作为“固定频率设定值(直接选择)”。在这种操作方式下，一个数字输入选择一个固定频率。但需要额外增加一个数字量输入端子来给启动信号(给一个 ON 命令)。直接选择参数设置见表 3-8。

表 3-8　　直接选择参数设置

端子编号	对应参数	对应频率设置	说明
5	P0701	P1001	1. 频率给定源 P1000 必须设置为 3; 2. 当多个选择同时激活时,选定的频率是它们的总和
6	P0702	P1002	
7	P0703	P1003	
8	P0704	P1004	
16	P0705	P1005	
17	P0706	P1006	

在这种操作方式下,如果有几个固定频率输入同时被激活,选定的频率是它们的总和。例如:FF1+FF2+FF3+FF4+FF5+FF6。

(2) 直接选择+ON 命令(P0701～P0706=16)

选择固定频率时,既有选定的固定频率,又带有 ON 命令(启动功能),把它们组合在一起,不再需要额外的 ON/OFF 命令数字量输入(DI)端口。在这种操作方式下,一个数字输入选择一个固定频率。如果有几个固定频率输入同时被激活,选定的频率是它们的总和。例如:FF1+FF2+FF3+FF4+FF5+FF6。

(3) 二进制编码选择+ON 命令(P0701～P0704=17)

使用这种方法最多可以选择 15 个固定频率。频率的数值根据表 3-9 选择。

表 3-9　　二进制编码选择+ON 命令参数设置

频率设定	端子 8	端子 7	端子 6	端子 5
P1001				1
P1002			1	
P1003			1	1
P1004		1		
P1005		1		1
P1006		1	1	
P1007		1	1	1
P1008	1			
P1009	1			1
P1010	1		1	
P1011	1		1	1
P1012	1	1		
P1013	1	1		1
P1014	1	1	1	
P1015	1	1	1	1

3.4.5.9 数字量输出功能选择

可以将变频器当前的状态以开关量的形式用继电器输出，方便用户通过输出继电器的状态来监控变频器的内部状态量。三个数字量输出对应的参数为 P0731～P0732。输出端子功能参数设置框图如图 3-31 所示。

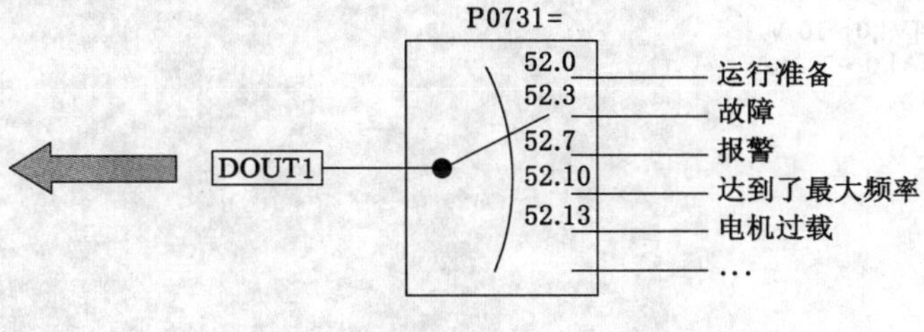

图 3-31 输出端子功能参数设置框图

数字输出默认设置及功能见表 3-10。

表 3-10 数字输出默认设置及功能

继电器编号	对应参数	默认值	功能解释	输出状态	备注
继电器 1	P0731	52.3	故障监控	继电器失电	无故障时，继电器得电
继电器 2	P0732	52.7	报警监控	继电器得电	
继电器 3	P0733	52.2	变频器运行中	继电器得电	

3.4.5.10 P0756 定义模拟量输入类型

MM 440 变频器有两路模拟量输入，相关参数以 in000 和 in001 区分，可以通过 P0756 设置每个通道属性：

P0756[0]对应模拟输入 1(ADC 1)；P0756[1]对应模拟输入 2(ADC 2)。

P0756 可能的设定值如下：

0 单极性电压输入(0～＋10 V)

1 带监控的单极性电压输入(0～＋10 V)

2 单极性电流输入(0～20 mA)

3 带监控的单极性电流输入(0～20 mA)

4 双极性电压输入(－10 V～＋10 V)

说明："带监控"是指模拟通道具有监控功能，当断线或信号超限，报故障 F0080。

为了从电压模拟输入切换到电流模拟输入，仅修改参数 P0756 是不够的。更确切地说，要求也必须设定为正确的位置，如图 3-32 所示。

DIP 开关的设定值如下：

OFF＝电压输入(10 V)；

ON＝电流输入(20 mA)。

注意：开关拨向上方为 ON。

DIP 开关的安装位置与模拟输入的对应关系如下：

左面的 DIP 开关(DIP 1)＝模拟输入 1；

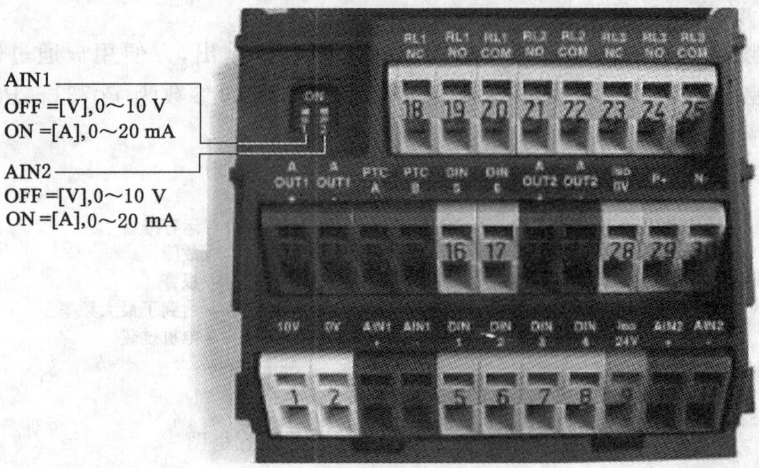

图 3-32　端子板上的 DIP 开关设置

右面的 DIP 开关(DIP 2)＝模拟输入 2；

除了上面这些设定范围,还支持常见的 4～20 mA 模拟标定方式。

【例 3-1】 将模拟量通道 1 频率给定信号设定为 4～20 mA 电流信号,参数见表 3-11。

表 3-11　　模拟量输入通道 14～20 mA 电流信号标定参数设置表

参数号码	设定值	参数功能	
P0757[0]	4	电流 4 mA 对应 0 的标度,即 0 Hz	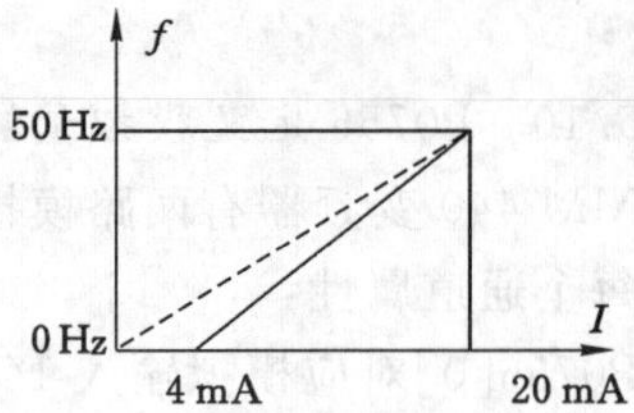
P0758[0]	0		
P0759[0]	20	电流 20 mA 对应 100%的标度,即 50 Hz	
P0760[0]	100		
P0761[0]	4	死区宽度	

注意：对于电流输入,必须将相应通道的拨码开关拨至“ON”的位置。

3.4.5.11　P0771 模拟量输出功能

MM 440 变频器有两路模拟量输出,相关参数以 in000 和 in001 区分：

P0771[0]对应模拟输出 1(DAC 1)；

P0771[1]对应模拟输出 2(DAC 2)。

每个模拟量通道需要输出的物理量可以通过 P0771 设置,见表 3-12。

表 3-12　　模拟输出信号与所设置的物理量关系

参数号码	设定值	参数功能	说明
P0771	21	实际频率	模拟输出信号与所设置的物理量呈线性关系
	25	输出电压	
	26	直流电压	
	27	输出电流	

每个模拟量输出通道出厂值为 0～20 mA 输出，可以标定为 4～20 mA 输出（P0778＝4），如果需要电压信号可以在相应端子并联一个 500 Ω 电阻。

【例 3-2】 将变频器实际输出频率 0～50 Hz 标定为 4～20 mA 电流信号模拟量输出，相应的参数设置见表 3-13。

表 3-13　变频器实际输出频率信号模拟量标定参数设置

参数号码	设定值参数	功能	
P0777	0	0 Hz 对应输出电流 4 mA	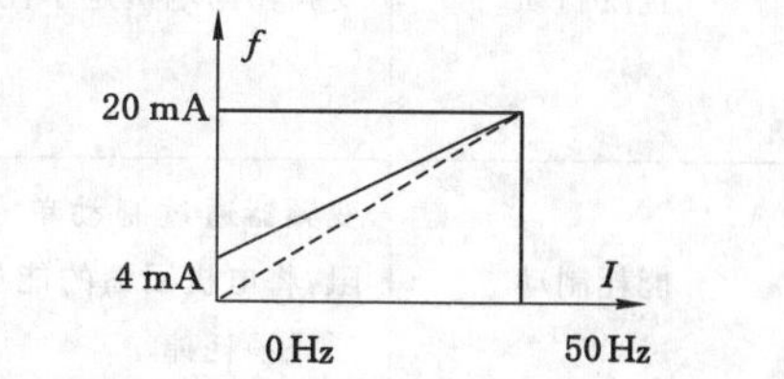
P0778	4		
P0779	100％	50 Hz 对应输出电流 20 mA	
P0780	20		

3.4.5.12　P1120、P1121 加减速时间

加速、减速时间也称为斜坡时间，分别指电机从静止状态加速到最高频率（P1082）所需要的时间和从最高频率减速到静止状态所需要的时间。加减速时间设置如图 3-33 所示。

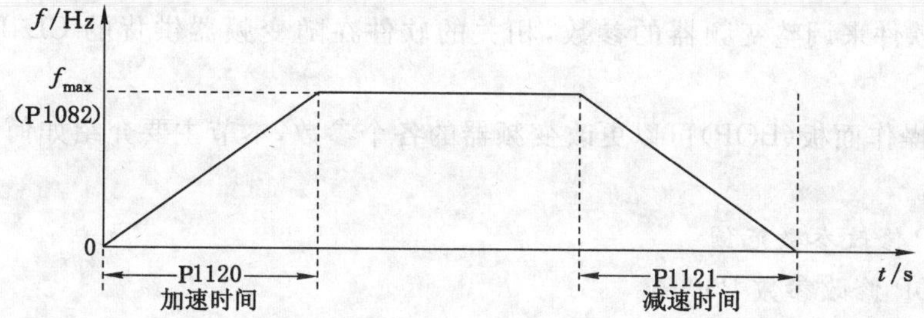

图 3-33　加减速时间设置

注意：

（1）P1120 设置过小可能导致变频器过电流（F0001）。

（2）P1121 设置过小可能导致变频器过电压（F0002）。

（3）如果使用的是外部的频率设定值，并且已经在外部设置了斜坡函数曲线的上升斜率（例如已由 PLC 设定），那么，P1120 和 P1121 设定的斜坡时间应稍短于 PLC 设定的斜坡时间，这样才能使传动装置的特性得到最好优化。

3.4.5.13　停车和制动

停车是指将电机的转速降到零速的操作，MM 440 变频器支持的停车方式见表 3-14。

表 3-14　MM 440 变频器支持的停车方式

停车方式	功能解释	应用场合
OFF1	变频器按照 P1121 所设定的斜坡下降时间由全速降为零速	一般场合
OFF2	变频器封锁脉冲输出，电机惯性滑行状态，直至速度为零速	设备需要急停，配合机械抱闸
OFF3	变频器按照 P1135 所设定的斜坡下降时间由全速降为零速	设备需要快速停车

为了缩短电机减速时间，MM 440 变频器支持以下两种制动方式，见表 3-15。

表 3-15　MM 440 变频器支持的制动方式

制动方式	功能解释	相关参数
直流制动	变频器向电机定子注入直流	P1230＝1 使能直流制动 P1232＝直流制动强度 P1233＝直流制动持续时间 P1234＝直流制动的起始频率
能耗制动	变频器通过制动单元和制动电阻，将电机回馈的能量以热能的形式消耗掉	P1237＝1－5，能耗制动的工作停止周期 P1240＝0，禁止直流电压控制器，从而防止斜坡下降时间的自动延长

3.4.6　MM 440 变频器参数设置

如果 MM 440 工厂的缺省设置值不适合实际电机参数及生产工艺，可以利用基本操作板(BOP)(参看图 3-24)或高级操作板(AOP)修改参数，使之匹配起来；也可以用“STARTER”软件来调整变频器的参数，相关的软件在随变频器供货的 CD ROM 中可以找到。

利用基本操作面板(BOP)可以更改变频器的各个参数，本节主要介绍如何利用 BOP 更改变频器参数。

3.4.6.1　BOP 修改参数范例

(1) 用 BOP 修改参数 P0004

用 BOP 修改参数 P0004 见表 3-16。

表 3-16　用 BOP 修改参数 P0004

操作步骤	显示的结果
1　按 [P] 访问参数	r0000
2　按 [▲] 直到显示出 P0004	P0004
3　按 [P] 进入参数数值访问级	0
4　按 [▲] 或 [▼] 达到所需要的数值	7
5　按 [P] 确认并存储参数的数值	P0004
6　使用者只能看到电动机的参数	

修改参数数值时，BOP 有时会显示“busy”。表明变频器正忙于处理优先级更高的任务。

3.4.6.2　MM 440 变频器调试流程

通常 MM 440 变频器调试流程如图 3-34 所示。

(1) 快速调试。需要用户输入电机相关的参数和一些基本驱动控制参数，包括电动机的参数设定和斜坡函数的参数设定，使变频器可以驱动电机运转。一般对新变频器，或者在复位操作后需要进行此操作。

(2) 功能调试。指用户按照具体生产工艺的需要进行的设置操作。这一部分的调试工作比较复杂，常需要在现场多次调试。

(3) 试车。在参数设置完毕后，变频器即可投入运行。

快速调试相关参数见表 3-17。

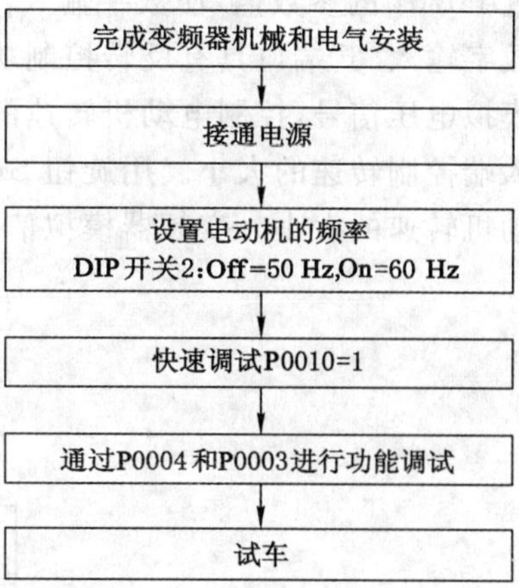

图 3-34　MM 440 变频器调试流程

当选择 P0010＝1(快速调试)时，P0003(用户访问级)用来选择要访问的参数。在快速调试的所有步骤都已完成以后，应设定 P3900＝1，以便进行必要的电动机数据的计算，并将其他所有的参数(不包括 P0010＝1)恢复到它们的缺省设置值。

表 3-17　　快速调试相关参数

参数号	参数名称	访问级	参数号	参数名称	访问级
P0100	欧洲/北美	1	P0700	选择命令源	1
P0205	变频器的应用对象	3	P1000	选择频率设定值	1
P0300	选择电动机的类型	2	P1080	最小速度	1
P0304	电动机的额定电压	1	P1082	最大速度	1
P0305	电动机的额定电流	1	P1120	斜坡上升时间	1
P0307	电动机的额定功率	1	P1121	斜坡下降时间	1
P0308	电动机的额定功率因数	2	P1135	OFF3 停车时的斜坡下降时间	2
P0309	电动机的额定效率	2	P1300	控制方式	2
P0310	电动机的额定频率	1	P1500	选择转矩设定值	2
P0311	电动机的额定速度	1	P1910	选择电动机数据自动检测	2
P0320	电动机的磁化电流	3	P1960	速度控制优化	3
P0335	电动机的冷却	2	P3900	快速调试结束	
P0640	电动机的过载倍数(%)	2			

3.4.7 MM 440 变频器典型控制线路

用外部开关控制电动机正/反向启动、停止，通过外接可调电位器实现电动机调速。

MM 440 变频器的“1”、“2”输出端为用户的给定单元提供了一个高精度的＋10 V 直流电源。可将转速调节电位器串联在电路中，调节电位器，改变输入端口 AIN1＋给定的模拟输入电压，变频器输出频率将跟踪给定量的变化，从而平滑无极地调节电动机转速的大小。

MM 440 变频器为用户提供了两对模拟输入端口，即端口“3”“4”和端口“10”“11”，通过设置 P0701 的参数值，使数字输入"5"端口具有正转控制功能；通过设置 P0702 的参数值，使数字输入"6"端口具有反转控制功能；模拟输入"3""4"端口外接电位器，调节"3"端口输入的模拟电压信号，控制电动机转速的大小。即由数字输入端控制电动机转速的方向，由模拟输入端控制转速的大小。用旋钮 SA、SA2 控制实现电动机正反转功能，由模拟输入端控制电动机转速的大小。变频器模拟信号控制接线如图 3-35 所示。

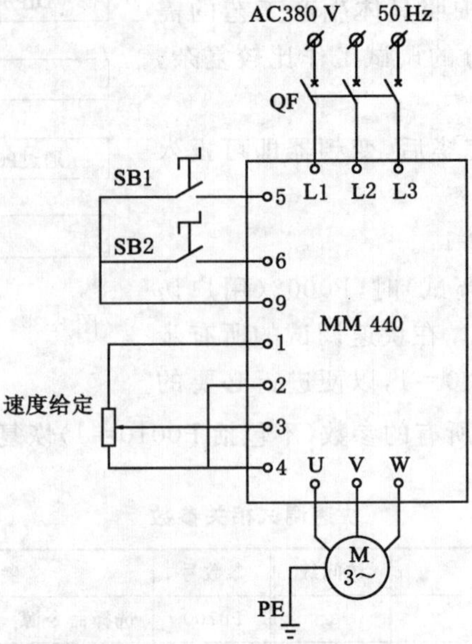

图 3-35　变频器模拟信号控制接线

模拟信号操作控制参数设置见表 3-18。

表 3-18　　**模拟信号操作控制参数设置**

参数号	出厂值	设置值	说 明
P0003	1	1	设用户访问级为标准级
P0004	0	7	命令和数字 I/O
P0700	2	2	命令源选择由端子排输入
P0003	1	2	设用户访问级为扩展级
P0004	0	7	命令和数字 I/O
P0701	1	1	ON 接通正转，OFF 停止
P0702	1	2	ON 接通反转，OFF 停止
P0003	1	1	设用户访问级为标准级
P0004	0	10	设定值通道和斜坡函数发生器
P1000	2	2	频率设定值选择为模拟输入
P1080	0	0	电动机运行的最低频率(Hz)
P1082	50	50	电动机运行的最高频率(Hz)

按要求接线，检查电路正确无误后，合上主电源开关 QF。

(1) 电动机正转与调速

按下电动机正转自锁按钮 SB1,数字输入端口 DINI 为“ON”,电动机正转运行,转速由外接电位器 RP1 来控制,模拟电压信号在 0～10 V 范围内变化,对应变频器的频率在 0～50 Hz 范围内变化,对应电动机的转速在 0～1 500 r/min 范围内变化。当松开按钮 SB1 时,电动机减速后停止运转。

(2) 电动机反转与调速

按下电动机反转自锁按钮 SB2,数字输入端口 DIN2 为“ON”,电动机反转运行,反转转速的大小仍由外接电位器来调节。当松开按钮 SB2 时,电动机减速后停止运转。

3.5　电气控制线路的设计方法

电气控制系统的设计包括确定拖动方案、选择电动机容量、设计电气控制线路。电气控制线路设计分为主电路设计和控制电路设计。一般情况下,我们所说的电气控制线路设计主要指控制电路的设计。电气控制线路的设计方法有一般设计法、逻辑设计法两种。

一般设计法又称为经验设计法。它主要是根据生产工艺要求,利用各种典型的线路环节,直接设计控制电路。一般设计法方法简单,但要求设计人员熟悉典型线路,同时具备丰富的经验,往往需要多次反复修改才能符合要求。逻辑设计法是根据生产工艺的要求,利用逻辑代数来分析、设计控制线路。难度大,不易掌握。

一般设计法的几个主要原则如下。

(1) 最大限度地实现生产机械和工艺对电气控制线路的要求。

(2) 在满足生产要求的前提下,控制线路力求简单、经济、安全可靠。

① 尽量减少电器的数量。

尽量选用相同型号的电器和标准件,以减少备品量,尽量选用标准的、常用的或经过实际考验过的线路和环节。

② 尽量减少控制线路中电源的种类。

尽可能直接采用电网电压,以省去控制变压器。

③ 尽量减少不必要的触点,以简化线路。

在满足工艺要求前提下,元件越少,触点数量越少,线路越简单。可提高工作可靠性,降低故障率。例如合并同类触点以减少触点数目,如图 3-36 所示。

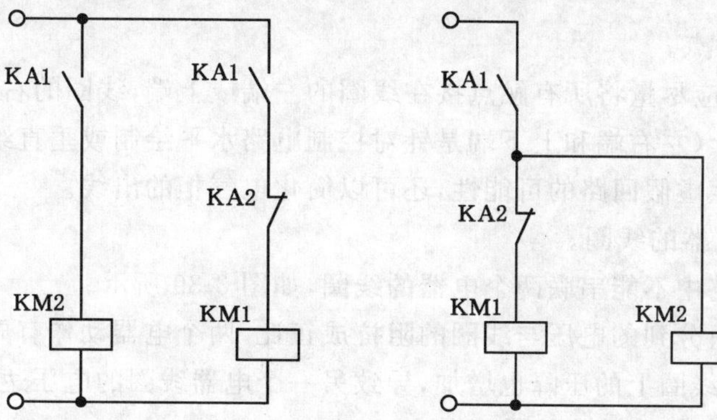

图 3-36　合并同类触点

(3) 尽量缩短连接导线的长度和数量。

设计控制线路时,应考虑各个元件之间的实际接线。

按钮在操作台或面板上,而接触器在电气柜里,这就需要由电气柜二次引出线路接到操作台的按钮上。改为图 3-37(b),可以减少一些引出线。

图 3-37 线路的连接

(a) 不合理;(b) 合理

同一电器的不同触点在线路中应尽可能具有公共连接线,以减少导线段数和缩短导线长度,如图 3-38 所示。

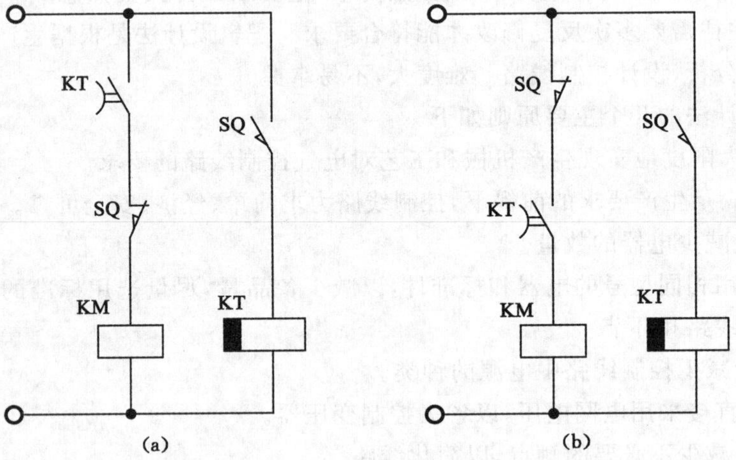

图 3-38 节省连接导线的方法

(a) 不合理;(b) 合理

(4) 正确连接触点。

在控制电路中,应尽量将所有触点接在线圈的左端或上端,线圈的右端或下端直接接到电源的另一根母线上(左右端和上下端是针对控制电路水平绘制或垂直绘制而言的)。这样可以减少线路内产生虚假回路的可能性,还可以简化电气柜的出线。

(5) 正确连接电器的线圈。

在交流控制电路中不能串联两个电器的线圈,如图 3-39 所示。

每一个线圈上所分到的电压与线圈的阻抗成正比,两个电器动作有先后,先闭合电器的线圈电感显著增加,线圈上的压降也增加,导致另一个电器线圈的电压达不到动作电压。当电器需要同时动作时,其线圈应该并联起来。

(6) 要注意电器之间的连锁和其他安全保护环节。在可逆线路中,正反向接触器间要

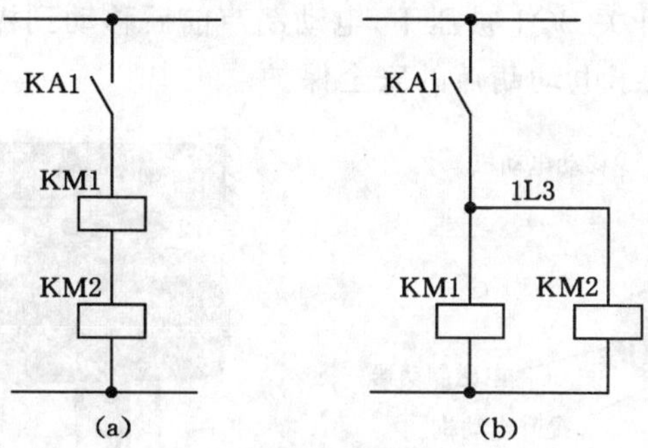

图 3-39　电器元件线圈的连接方式

(a) 错误;(b) 正确

有电气连锁和机械连锁。应有完善的保护环节,保证设备安全运行。常用的保护环节有短路、过流、过载、超速、极限保护等。

3.6　工程案例

3.6.1　案例 1:电动葫芦控制的组成及原理

起重运输设备种类很多,电动葫芦是将电动机、减速器、卷筒、制动装置和运行小车等紧凑地合为一体的起重设备,具有体积小、自重轻、成本低廉、操作简单和使用方便等特点,起重量一般为 0.1～80 t,起升高度为 3～30 m,主要用于仓储码头、工矿企业的修理与安装等场所。

电动葫芦根据电动机、卷筒、制动器等主要部件位置的不同分为 TV 型、CD 型和 DH 型,结构形式如图 3-40 所示。

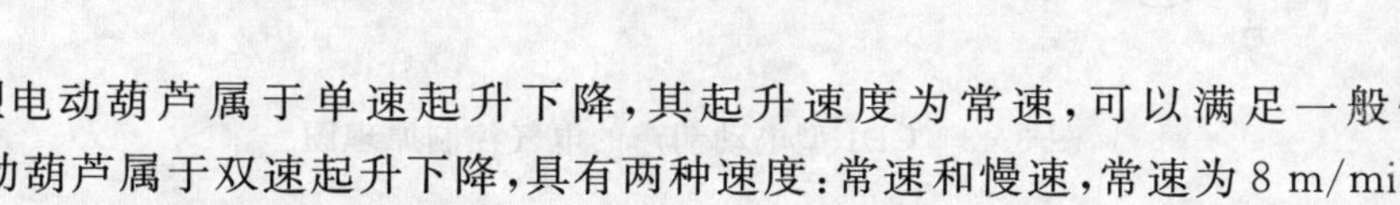

图 3-40　电动葫芦结构形式

(a) TV 型;(b) CD 型;(c) DH 型

1——电动机;2——制动器;3——减速器;4——卷筒;5——电器

CD1 型电动葫芦属于单速起升下降,其起升速度为常速,可以满足一般使用要求。MD1 型电动葫芦属于双速起升下降,具有两种速度:常速和慢速,常速为 8 m/min,慢速 0.8 m/min。MD1 型电动葫芦比 CD1 型电动葫芦多一台起重辅助电机和一套慢速驱动装置,使 MD1 型电动葫芦具有两种起升速度。慢速工作时,可以满足精密装卸、沙箱合模、机床检修等细作业的要求。

CD1 电动葫芦主要由提升结构、运行装置和电器结构三大部分组成,提升机构用锥形电动机拖动,移动装置用普通笼形电动机拖动,CD1 电动葫芦如图 3-41 所示。

CD1 型电动葫芦安装示意如图 3-42 所示。M1 提升电动机,用于提起和放下重物;M2 是移动电动,用于使电动葫芦前后移动。SQ1～SQ3 为限位行程开关,当电动葫芦提升物体上升到极限位置时，行程开关 SQ1 被压下；电动葫芦前后移动到极限位置时，对应的行程开关 SQ2 或 SQ3 被压下，用于电动葫芦的安全保护。

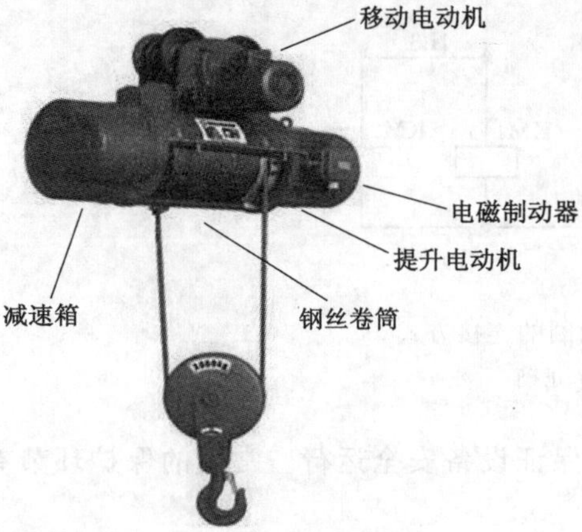

图 3-41　CD1 型电动葫芦

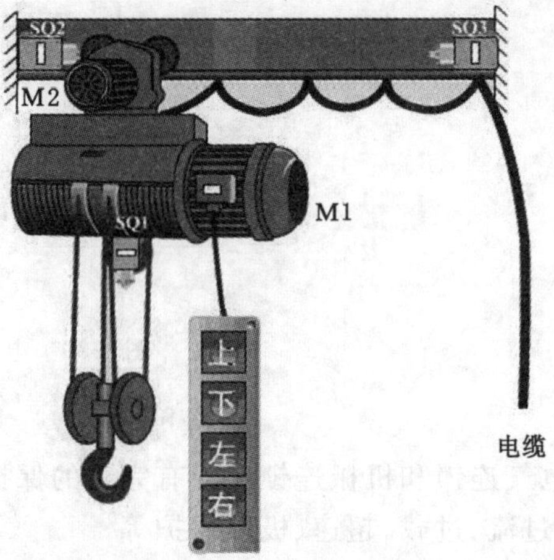

图 3-42　CD1 型电动葫芦安装示意图

CD1 型电动葫芦的电气控制原理如图 3-43 所示，由主电路和控制电路两部分组成。

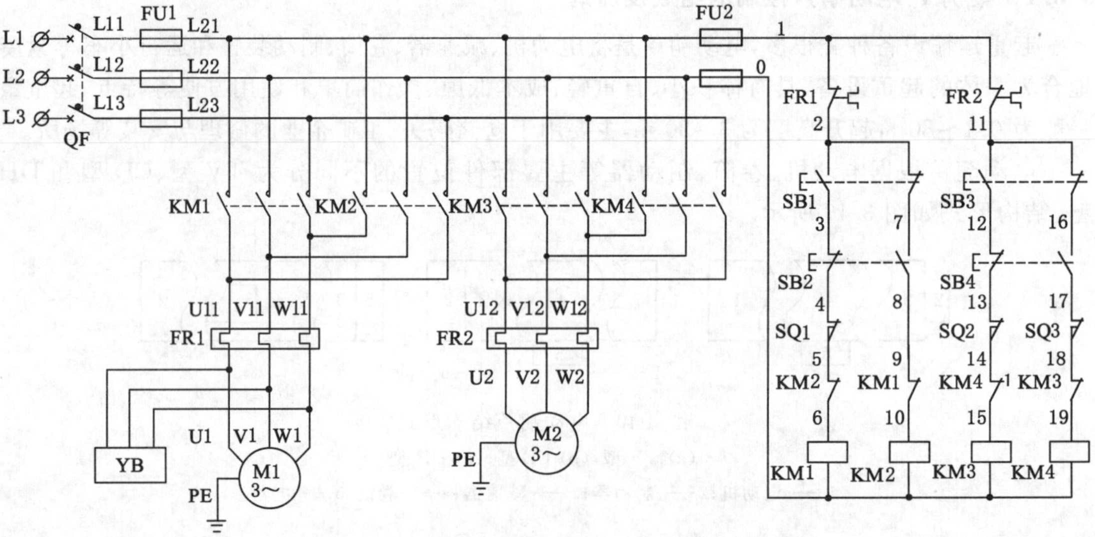

图 3-43　CD1 型电动葫芦的电气控制原理图

（1）主电路

主电路有两台电动机 M1、M2。其中 M1 是提升电动机，用接触器 KM1、KM2 控制它的正反转，用于提起和放下重物；M2 是移动电动机，用 KM3、KM4 控制它的正反转，用于电动葫芦前后移动。熔断器 FU1 用于整个电路的短路保护。

YB 是三相断电型电磁制动器，由制动电磁铁和闸瓦制动器两部分组成。当制动电磁铁线圈通电后，它的闸瓦与闸轮分开，电动机可以转动；当制动电磁铁线圈断电后，在弹簧的作用下，使闸瓦与闸轮压紧，实现电动葫芦的停车制动。

(2) 控制电路

SB1 是电动葫芦提升重物的点动控制按钮，SB2 是电动葫芦放下重物的点动控制按钮，SB3 是电动葫芦向前移动的点动控制按钮，SB4 是电动葫芦向后移动的点动控制按钮。

SQ1～SQ3 为限位行程开关，当电动葫芦提升物体上升到极限位置时，行程开关 SQ1 被压下；电动葫芦前后移动到极限位置时，对应的行程开关 SQ2 或 SQ3 被压下，用于电动葫芦的安全保护。

工作过程：合上电源开关 QF，按下按钮 SB1，接触器 KM1 的得电通路为：L1→QF→FU1→FU1→FR1→SB1 常开触点（已闭合）→SB2 常闭触点→SQ1 常闭触点→KM2 常闭触点→KM1 线圈→FU2→FU1→QF→L2，电动机 M1 正转，提起重物，松开按钮 SB1，由于没有采用自锁措施，接触器 KM1 失电，M1 制动停车，停止提升。如果按下按钮 SB2，则接触器 KM2 得电，电动机 M1 反转，物体被放下。松开按钮 SB2，KM1 失电，M1 制动停车，物体停止向下运动。

如果在提升物体过程中，物体被提至极限位置而没有及时松开按钮 SB1 时，行程开关 SQ1 被压下，SQ1 常闭触点断开，KM1 失电，物体不再被提升，实现了电动葫芦上限保护。

如果要使电动葫芦前后移动，则按下按钮 SB3 或 SB4，接触器 KM3 或 KM4 得电，便可以实现电动葫芦的前后移动。SQ2 和 SQ3 为电动葫芦前后移动的限位行程开关。

SB1～SB4 为复合按钮，与接触器 KM1～KM4 的常闭触点共同构成控制电路的机械-电气连锁，用以防止接触器 KM1 和 KM2、KM3 和 KM4 同时通电，从而避免主电路短路事故的发生。

3.6.2　案例 2：混合机软启动控制

混合机是利用机械力和重力等，将两种或两种以上物料均匀混合起来的机械设备。在混合的过程中，可以增加物料接触表面积，以促进化学反应；还能够加速物理变化。常用的混合机分为气体和低黏度液体混合机、中高黏度液体和膏状物混合机、粉状与粒状固体物料混合机械四大类。

图 3-44　玻璃原料混合机

玻璃原料混合机是玻璃行业必备设备，如图 3-44 所示，主要用于玻璃原料的混合，将多种成分的原料搅拌均匀，以供玻璃制品生产的需要。

某玻璃配料系统的混合机由 1 台 45 kW 的三相鼠笼式异步电动机驱动，混合机润滑泵电机为 0.75 kW 的三相鼠笼式异步电动机。混合机控制要求如下。

(1) 润滑泵电机启动后，混合机才能启动。

(2) 混合机电机采用施耐德公司 ATS 48 软启动器启动，软启动结束后旁路工频运行。

(3) 润滑油泵、混合机电机均配有热继电器做过载保护。

(4) 润滑油泵、混合机配有相应的运行指示灯。

玻璃原料混合机电气控制原理如图 3-45 所示，其中，M1 为润滑泵电机，M2 为搅拌电机。

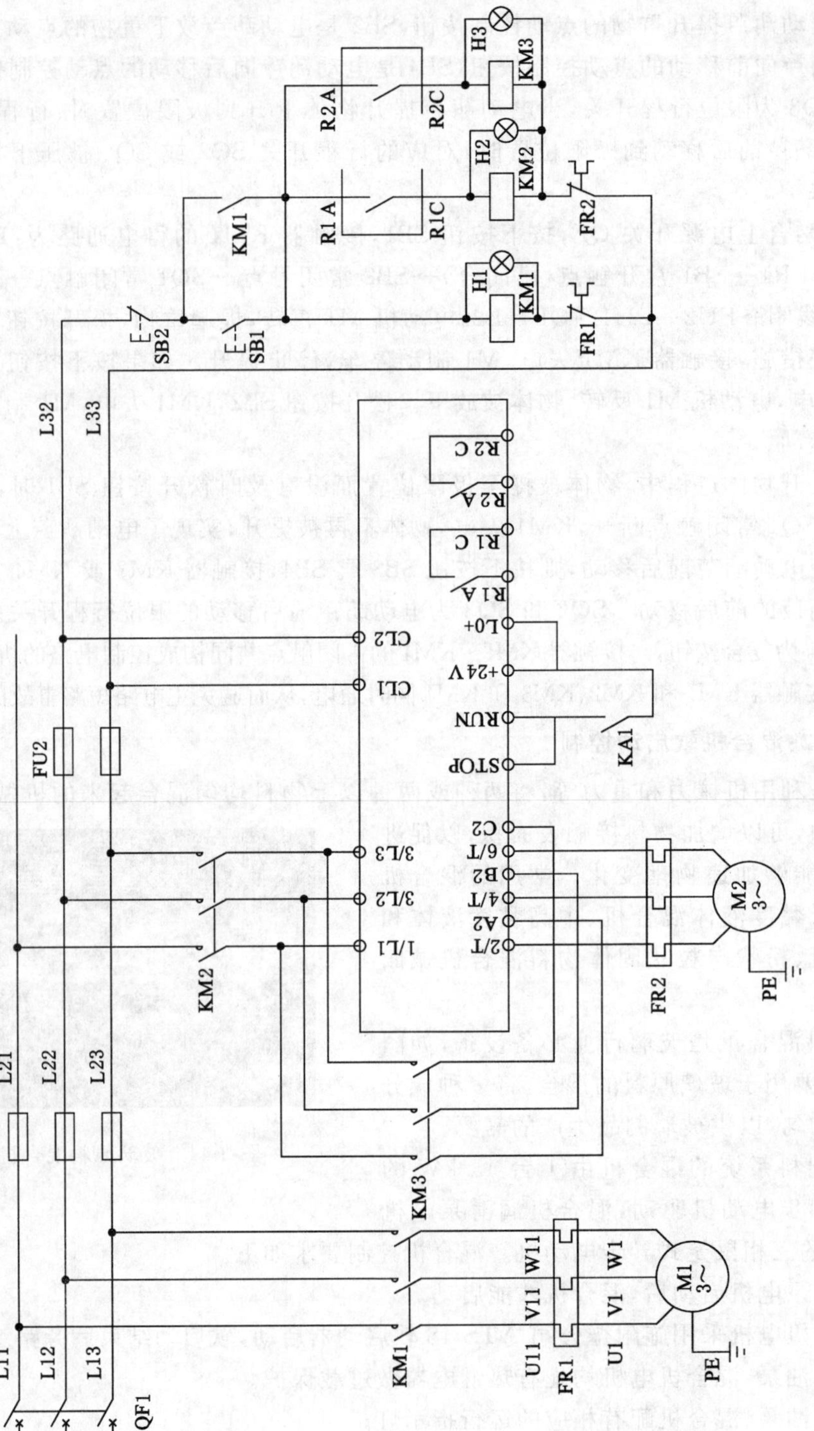

图 3-45 玻璃原料混合机电气控制原理

习题与思考题

一、填空题

1. 异步电动机主要分为＿＿＿＿＿＿＿＿＿、＿＿＿＿＿＿＿＿＿两类。

2. 异步电动机的制动有＿＿＿＿＿＿、＿＿＿＿＿＿、＿＿＿＿＿。

3. 带式传送机是属于＿＿＿＿＿负载，卷取机械是属于＿＿＿＿＿负载，而风机、水泵属于＿＿＿＿＿负载。

4. 变频器按直流电源的性质分为＿＿＿＿＿＿＿和＿＿＿＿＿＿＿。

二、问答题

1. 什么是自锁？什么是互锁？

2. 大功率的三相异步交流电动机为何要减压启动？

3. 变频器由几部分组成？各部分都具有什么功能？

4. 变频器的主电路端子 R、S、T 和 U、V、W 如果接反了会出现什么情况？

5. MM 440 变频器频率设定值的信号源有哪几种？通过哪个参数设置？

6. MM 440 变频器的命令给定源有哪几种？通过哪个参数设置？

7. MM 440 变频器模拟量通道可以设置哪些物理量输出，如何设置？

8. MM 440 变频器数字量输出通道可以监控变频器哪些内部状态量，如何设置？

三、设计题

1. 设计一台电机控制电路，要求：

(1) 该电机能单向连续运行，并且能实现两地控制。

(2) 有过载、短路保护。

2. 试设计两台笼型电动机 M1、M2 的顺序启动/停止的控制电路，要求如下：

(1) M1、M2 能循序启动，并能同时或分别停止。

(2) M1 启动后 M2 启动，M1 可点动，M2 单独停止。

3. 某台机床主轴和润滑油泵各由一台电动机带动。要求主轴必须在油泵启动后才能启动，主轴能正/反转并能单独停车，设有短路、失电压及过载保护等。绘出电气控制原理图。

4. 如题图 3-1 所示物料混合系统，物料经皮带 A 送入搅拌器，控制要求如下：

(1) 混合机启动后，皮带 A 才能启动。

(2) 混合机电机采用施耐德 Altistart 48 软启动器，软启动结束后旁路运行。

(3) 皮带电机、混合机电机均配有热继电器做过载保护，配有相应的运行指示灯。

设计皮带电机、搅拌电机主电路及控制电路，实现上述功能。

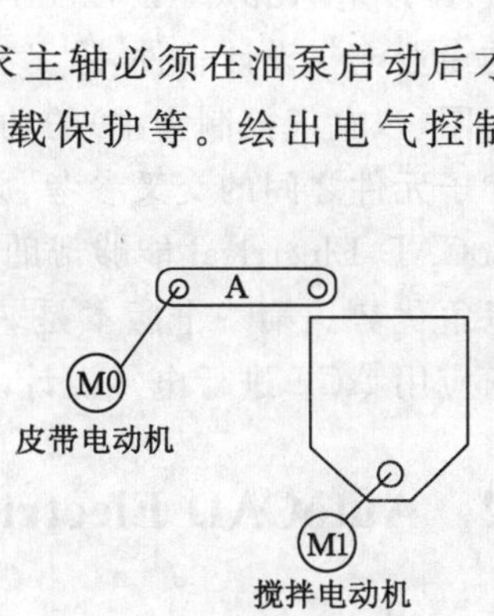

题图 3-1

第 4 章 AutoCAD Electrical 电气绘图

教学提示：

本章主要讲述 AutoCAD Electrical 电气设计软件的基本使用方法，包括项目管理、图形文件管理、绘图环境设置、AutoCAD 基本绘图操作等，通过案例介绍了 AutoCAD Electrical 电气原理图设计方法以及元件定制方法。

学习要求：

(1) 了解 AutoCAD Electrical 的基本功能。

(2) 掌握 AutoCAD Electrical 基本操作方法：管理项目、管理图形文件、AutoCAD 基本绘图操作。

(3) 掌握 AutoCAD Electrical 电气原理图绘制方法。

(4) 了解 AutoCAD Electrical 元件定制方法。

4.1 AutoCAD Electrical 概述

ACE 是 AutoCAD Electrical 的简称，是 Autodesk 公司推出的基于 AutoCAD 通用平台的专业电气设计软件，除了有 AutoCAD 的所有功能和优点外，它还具有智能化绘制电气工程图(以电气控制为主)的功能，包括自动出明细表、自动导线编号、自动元件编号、自动实现父子元件之间的交叉参考、原理图线号自动导入到屏柜接线图、参数化 PLC 模块生成等。AutoCAD Electrical 能够帮助电气控制工程师节省大量时间，将更多时间用于创新，进而赢得竞争优势。第一个版本是 AutoCAD Electrical 2004，本教程将以 ACE2012 为基础讲解如何应用 ACE 进行电气设计。

4.2 AutoCAD Electrical 项目管理

首次启动 AutoCAD Electrical 2012 的界面如图 4-1 所示，主要由标题栏、菜单栏、项目管理器、绘图区、命令提示窗口、状态栏等组成。

4.2.1 新建项目

ACE 以项目的形式管理 DWG 文件，一张图纸对应一个 DWG 文件，一个项目文件管理多个相关 DWG 文件(一般都从属同一个实际的电气工程)，从而组成一整套图纸。一张

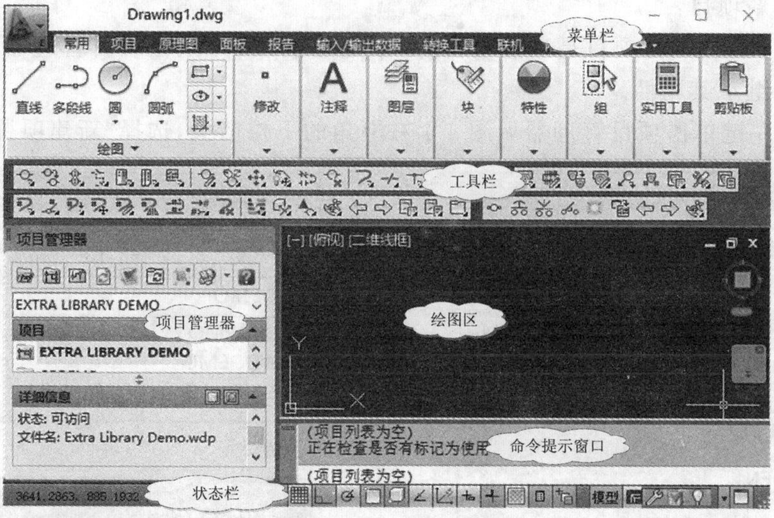

图 4-1　AutoCAD Electrical

ACE 的图纸就是在一个图框中放入各种元件符号(AutoCAD 块文件)并根据电气原理用导线将其连接好的 DWG 文件。在 ACE 中的图纸文件是一个纯粹的 DWG 文件,可以用 AutoCAD 等软件中打开,具有极大通用性。

项目文件是一个 ASCII 文件,扩展名为 WDP,它存储从属于项目图纸的信息,比如路径等,还有项目设置等,在一个项目中,所包括的图形文件可以在各个不同的目录中,项目中所包含的图纸的数量是没有限制的。使用项目管理器可以在不同的项目之间切换,而不同的项目之间可以使用完全不同的设置,如不同的符号库,不同的导线编号方式等。

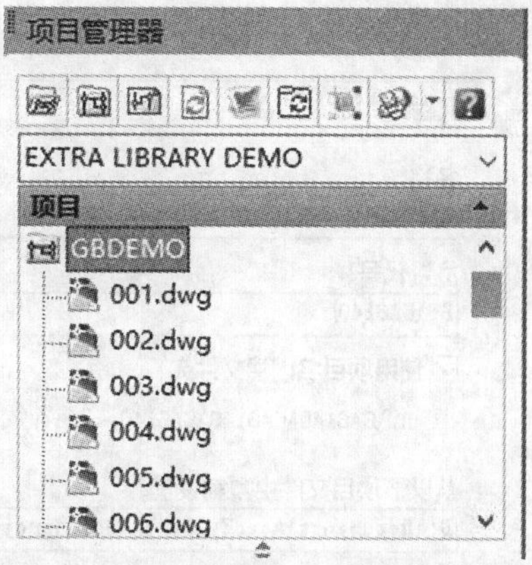

图 4-2　ACE 项目管理器

ACE 项目管理器如图 4-2 所示,图中“GBDEMO”为项目名称,该项目下有 001. dwg、002. dwg等 29 张图纸。

项目有两种状态,一种是激活状态,一种关闭状态。激活状态表示某个项目处于当前使用状态,关闭状态则表示某个项目处于退出状态。退出状态并不代表项目的删除,原有项目文件仍然存在于建立该项目时的位置。右键单击某个项目,可以选择“激活”或“关闭”该项目,如图 4-3 所示。

首先说明,在 ACE 中,一张图纸就是一个 dwg 文件,用户可以浏览 ACE 中 GBDEMO 项目所带的图。以前用 AutoCAD 画过电气图的用户很可能在一个 dwg 文件中放有多张图纸,在 ACE 中这是不对的。用 ACE 进行电气设计,首先要从项目文件出发,然后不断地完善项目文件内的各张图纸。ACE 中电气图纸文件总是属于某一个项目文件,即使只有 1 个 dwg 文件也如此。因为项目文件有一些设置直接决定了图纸的生成,对项目文件的设置将在后面介绍,ACE 中新建项目文件时,可以自动继承当前项目的设置。

建立一个新项目：

(1) 确保 GBDEMO 项目是当前项目(如不是当前项目，则在项目管理器中右击，并选择“激活”)，以继承其属性。

(2) 鼠标左键单击项目管理器见图 4-4 右上角的下拉箭头，选择“新建项目”。

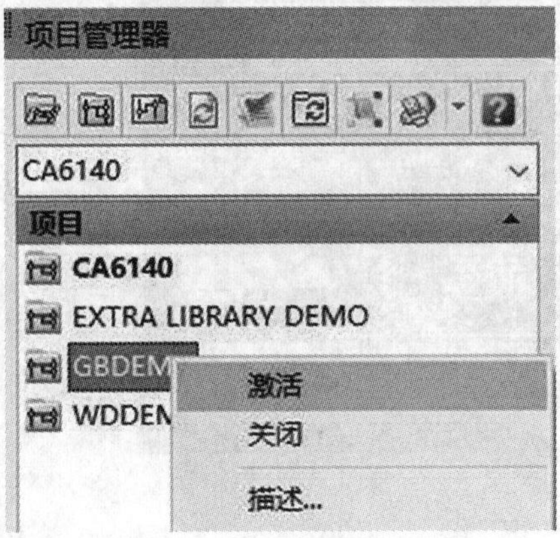

图 4-3　右键单击激活/关闭

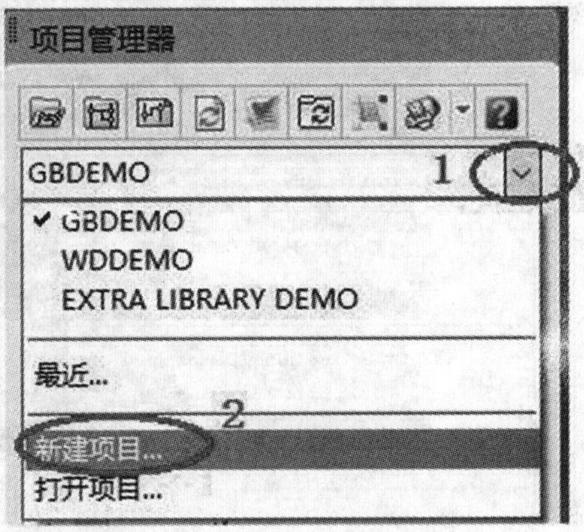

图 4-4　新建项目

(3) 弹出“创建新项目”的对话框，见图 4-5；在“名称”输入框中键入项目名称，例如，本项目输入“CA6140”，在“位置代号”(项目保存的路径)中键入“D:\CA6140”，然后单击“确定”按钮，完成项目的创建。

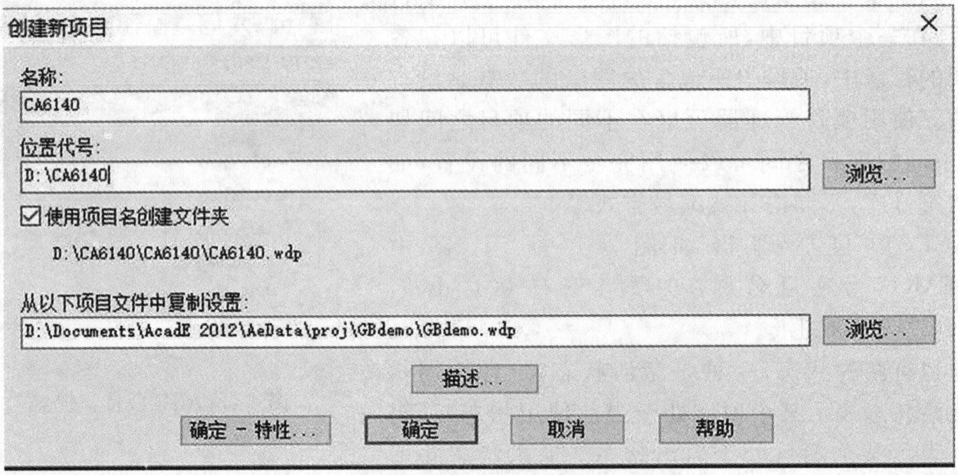

图 4-5　创建新项目对话框

至此，一个新的项目文件已建立，它保存在 D:\CA6140 目录内，文件名为 CA6140.wdp。在 ACE 中，CA6140 项目变成了当前项目，而 GBDEMO 项目虽然也出现在项目管理器中，但它已不再是当前项目了。

4.2.2　项目特性设置

在建立图形之前，需要对项目特性做一些设置。可以使用“项目特性”或“图形特性”对话框指定项目或图形的默认设置、元件、线号、交互参考、样式和图形格式设置。

打开“项目特性”设置窗口有两种方法。

方法一：在“创建新项目”窗口中，如果用鼠标单击“确定-特性…”按钮（见图 4-5），则进入“项目特性”设置窗口。

方法二：在项目管理器的当前项目“CA6140”上右击，选择“特性”，弹出“项目特性”设置窗口，如图 4-6 所示。

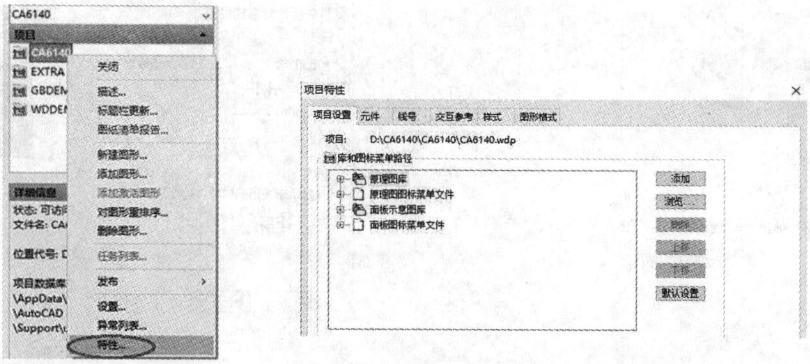

图 4-6　“项目特性”窗口

4.2.2.1　样式设置

在“项目设置”对话框中选择“样式”标签，将导线十字选为实心，导线 T 形相交改为点，如图 4-7 所示。

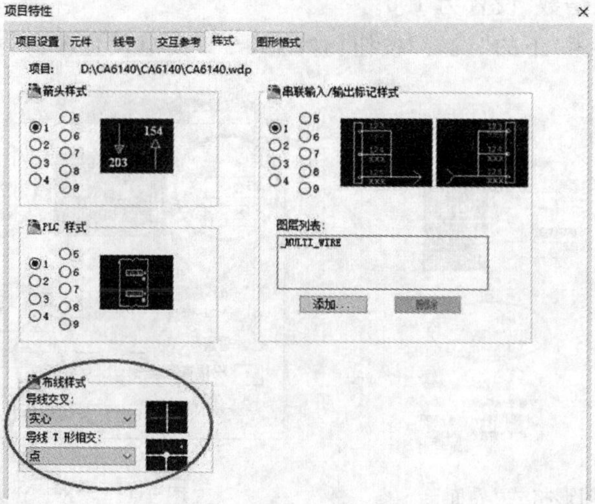

图 4-7　“项目设置”/“样式”

4.2.2.2　交叉参考设置

在“项目设置”对话框中选择“交互参考”标签，进入“交互参考”设置界面，如图 4-8 所示。将交互参考格式下的“同一图形”框中的“%S.”去掉，即默认在同一张图纸当中的交互参考不加本张图的页号(Sheet),也可以采用图形之间的交互参考方式,即都有页码的整齐方式“%S. %N”。图形之间的交互参考格式是指不同 dwg 文件间的交互参考所采用的格式,一般保留前导页码%S(Sheet),例如 3. 5D,就是第 3 张图 5D 分区位置。

“元件交互参考显示”默认为图形格式,也可以选择文字格式、表格格式。图形格式如图 4-9 所示。

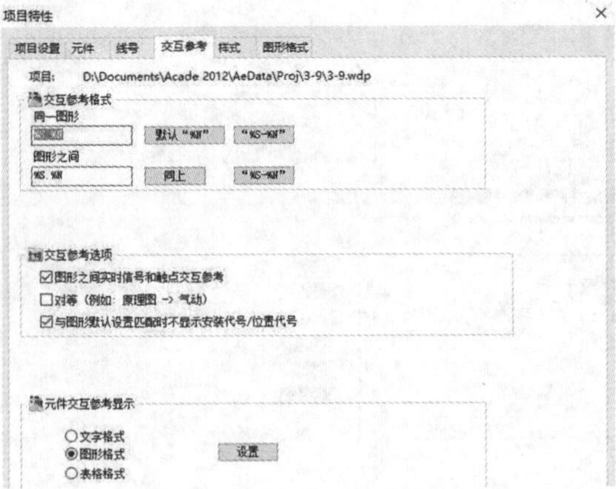

图 4-8 “交互参考”界面

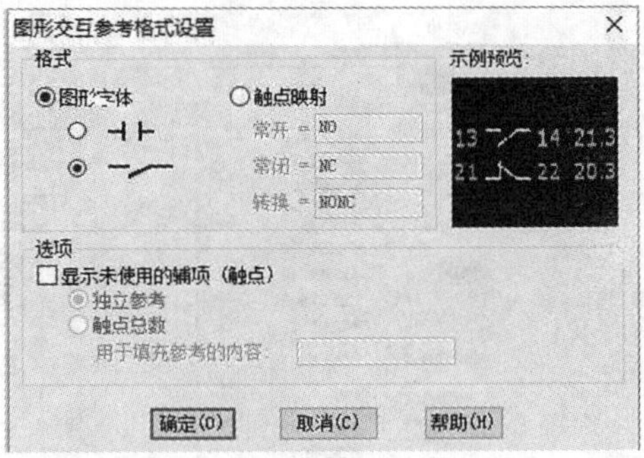

图 4-9 “图形交互参考格式设置”界面

4.2.2.3 图形格式设置

在“项目设置”对话框中选择“图形格式”标签,进入“图形格式”设置界面,如图 4-10 所示。

(1) 将“外形缩放倍数”设置为 1.0。

(2) 单击“格式参考”下的“设置”按钮,弹出 X—Y 夹点设置窗口,如图 4-11 所示。

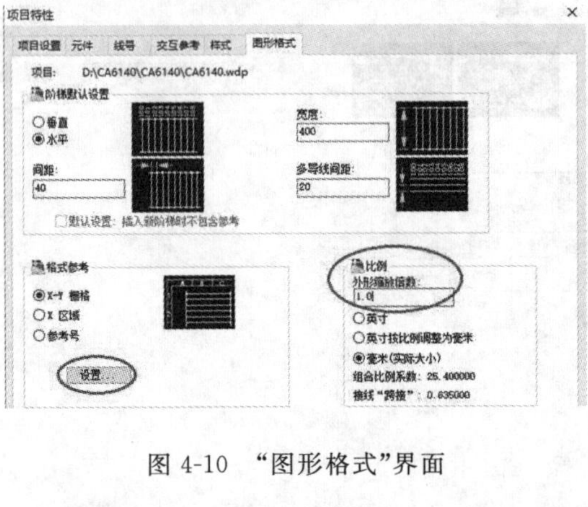

图 4-10 “图形格式”界面

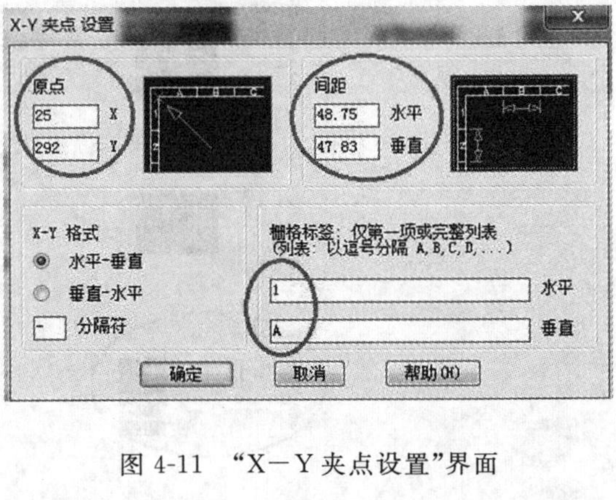

图 4-11 “X—Y 夹点设置”界面

原点:图幅分区水平和垂直方向的参考点。可以手动输入,如 A3 图纸,X 输入 25,Y 输入 292,原点坐标值可以在新建的图形中查找。

间距:图幅分区水平和垂直方向的间隔。不同纸张大小,水平间距及垂直间距不同。对于 A3 图纸,水平间距设置为 48.75,垂直间距设置为 47.83(间距可以在新建的图形中测量),单击“确定”按钮返回“图形格式”对话框。

X－Y 格式："水平－垂直"先显示水平坐标，再显示垂直坐标，"垂直－水平"先显示垂直坐标，再显示水平坐标。

分隔符：水平坐标和垂直坐标之间的分隔符，默认为"－"，比如 7－B 表示图中第 X 分区为 7，Y 分区为 B 的区域。因为水平分区是数字，而垂直分区是字母，也可以去掉此处的"－"，分区显示成 7B。当然如果将"－"改成一个点"."，则分区会显示成 7. B 样式。

4.2.2.4　元件设置

在"项目特性"对话框中选择"元件"标签，进入元件设置界面，如图 4-12 所示。

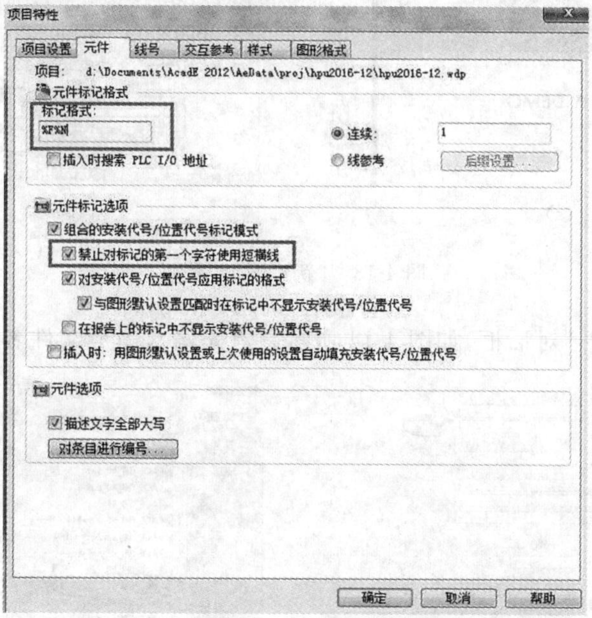

图 4-12　"元件"标签

元件标记格式：

%F　元件种类代号字符串（例如，"PB"、"SS"、"CR"、"FLT"、"MTR"）

%S　图形的页码编号

%N　应用到元件的序号或基于参考的编号

在图 4-12"元件标记选项"中，选择"禁止对标记的第一个字符使用短横线"，这样，插入元件的标记前将没有短横线"－"。

4.3　图形文件管理

4.3.1　建立新图形和添加图形

用 ACE 进行电气设计，首先要从项目文件出发，然后不断完善项目文件内的各张图纸。在 ACE 中，一张图纸就是一个 dwg 文件。

可以在项目中新建图形文件和添加已有图形文件，如果添加图形文件，建议将要添加的图形文件放在和新建图形文件相同的目录下。在 ACE 中，新建图形文件过程如下。

单击“新建图形”按钮，如图 4-13(a)所示；或右键单击当前项目，选择“新建图形”，如图 4-13(b)所示。

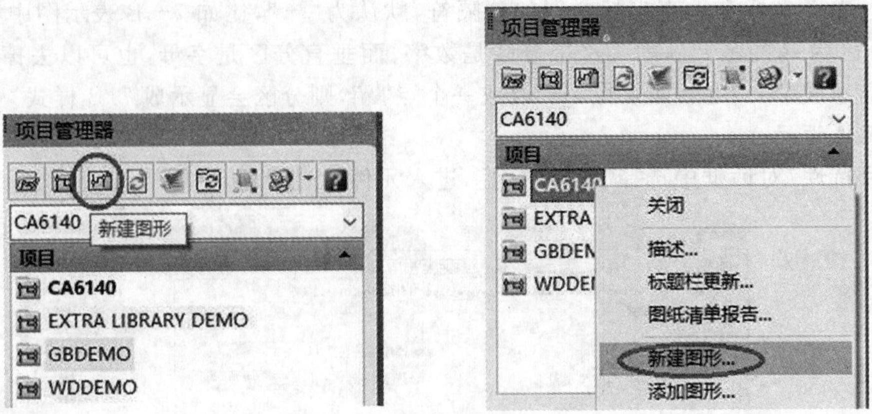

(a)　　　　　　　　　　(b)

图 4-13　“新建图形”界面

弹出“创建新图形”对话框，如图 4-14 所示。首先输入图形文件名称，如 001。

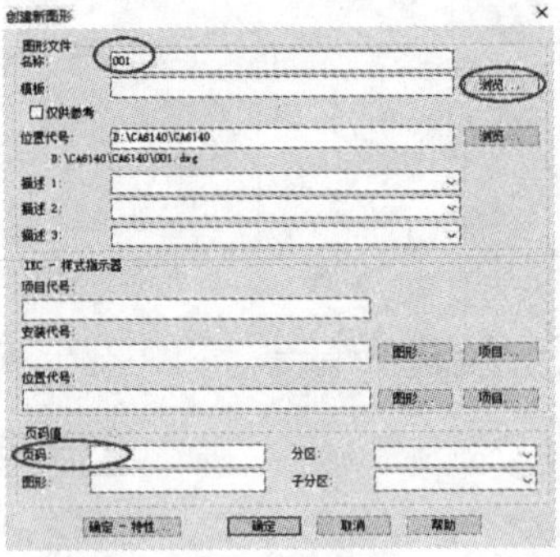

图 4-14　“创建新图形”界面

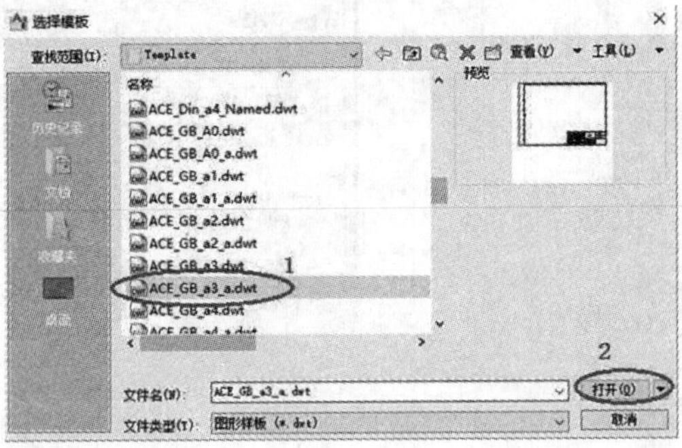

图 4-15　“选择模板”对话框

单击“浏览”，弹出“选择模板”对话框如图 4-15 所示，选中图纸模板，如以“ACE_GB_a3_a. dwt”作为模板，单击“打开”按钮，返回到“创建新图形”对话框。

在图 4-14 中，单击“确定”按钮完成新建文件，该文件被保存到 D:\CA6140 目录下，文件名为 001. dwg。双击项目管理器 CA6140 项目将其展开即可看到 001. dwg 文件名。

4.3.2　图形文件的删除与关闭

图形文件的删除只是将图形文件从项目中删除，而不是实际的删除，因此在实际操作时要避免图纸的重命名。

4.3.3　图形文件排序

图形在项目图形列表中的显示顺序是 AutoCAD Electrical 在项目范围内的标记和交互参考操作中处理图形的顺序。排序的先后决定了图纸本身的页码，当项目中有多个图形文件时，可以对它们进行排序，如图 4-16 所示。

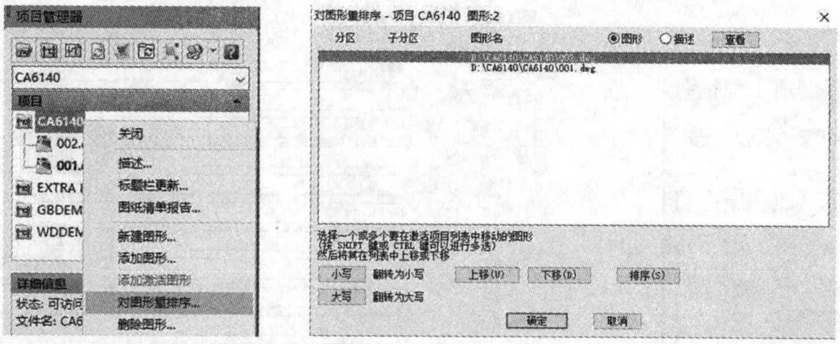

图 4-16　排序图形文件

4.3.4　标题栏更新

双击“标题栏”，打开“增强属性编辑器”，可以逐条修改标题栏的属性，如图 4-17 所示。拖动“增强属性编辑器”右侧的滑块，选择最后一项“WD_TB”属性，如图 4-18 所示。

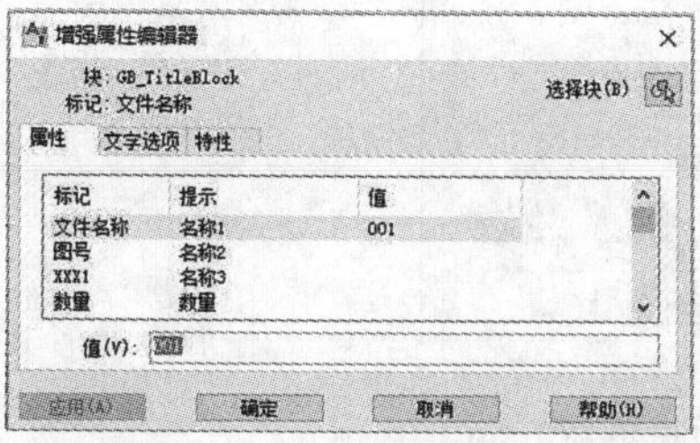

图 4-17　增强属性编辑器 1

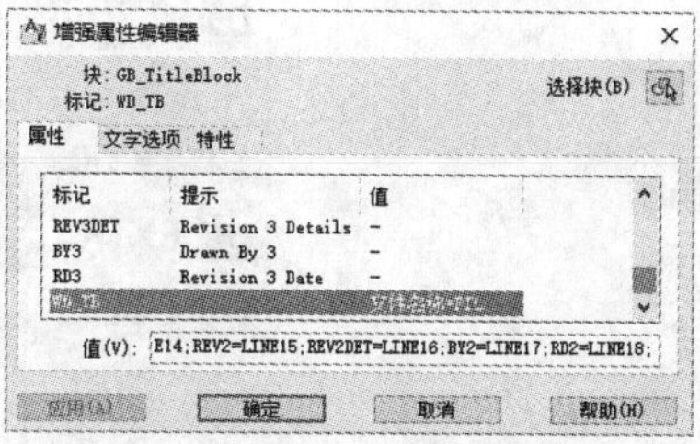

图 4-18　增强属性编辑器 2

“WD_TB”属性值为：文件名称＝FILENAME；图号＝DWGNAM；XXX1＝DWGDESC；总数＝SHEETMAX；页数＝SHEET；设计＝LINE1；制图＝LINE2；校对＝LINE3；审核＝LINE4；工艺＝LINE5；标准＝LINE6；批准＝LINE7；日期＝LINE8；数量＝LINE9；比例＝LINE10；REV1＝LINE11；REV1DET＝LINE12；BY1＝LINE13；RD1＝LINE14；REV2＝LINE15；REV2DET＝LINE16；BY2＝LINE17；RD2＝LINE18；

“标题栏更新”实用程序可以通过“项目描述行”更新标题栏上的属性。AutoCAD Electrical 提供 WD_TB 属性和 WDT 文件两种方法将“项目描述”行和某些“图形特性”链接到图形标题栏中的属性。项目描述用于更新报告表头和标题栏。右键单击当前项目，选择“描述”，如图 4-19 所示，打开“项目描述”对话框，如图 4-20 所示。

“行号 1”(LINE1)对应“标题栏”的属性“设计”，即设计者。参考“WD_TB”属性值，可以修改相应的行号来改变标题栏的属性。右键单击当前项目，选择“标题栏更新”，如图 4-21 所示，弹出“更新标题栏”对话框，如图 4-22 所示。

选择需要更新的行，然后单击“确定仅应用于激活图形”或者“确定应用于项目范围”自动更新当前图形或整个项目图形集的标题栏信息。项目和图形特定的设置被链接到标题栏中包含的一个或多个属性。

4.3.5　图形特性修改

右键单击 CA6140 项目下的图形文件 001. dwg，选择“特性”→“图形特性”，如图 4-23

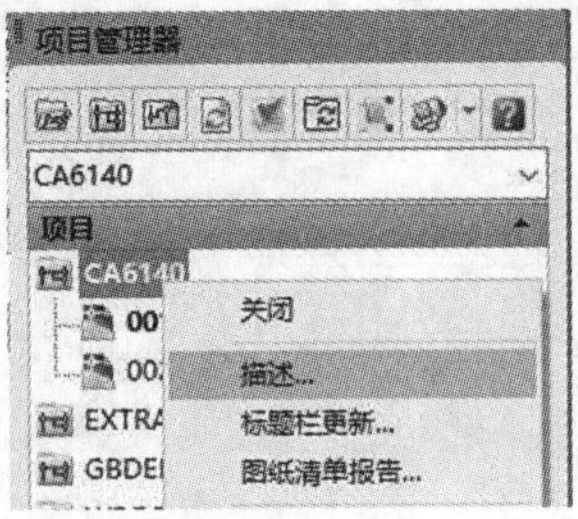

图 4-19 “项目描述”界面 1

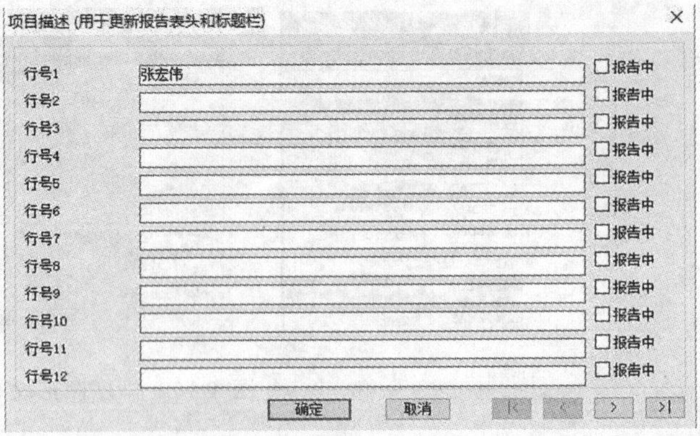

图 4-20 “项目描述”界面 2

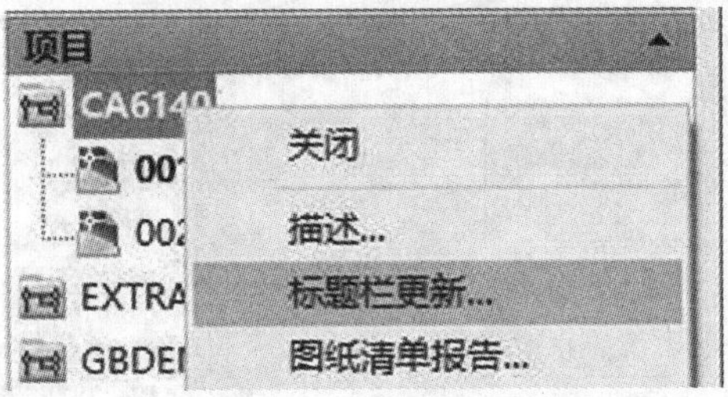

图 4-21 “项目”/“标题栏更新”

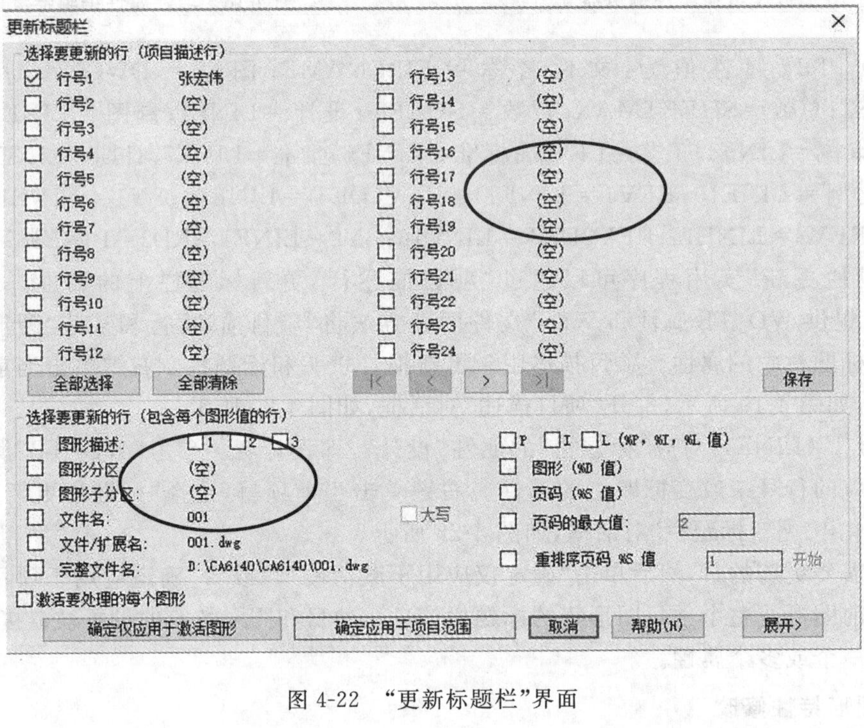

图 4-22 “更新标题栏”界面

所示。打开"图形特性"设置窗口，如图 4-24 所示。在"图形特性"设置窗口中可以设置图形的特性，部分选项与"项目特性"设置类似。

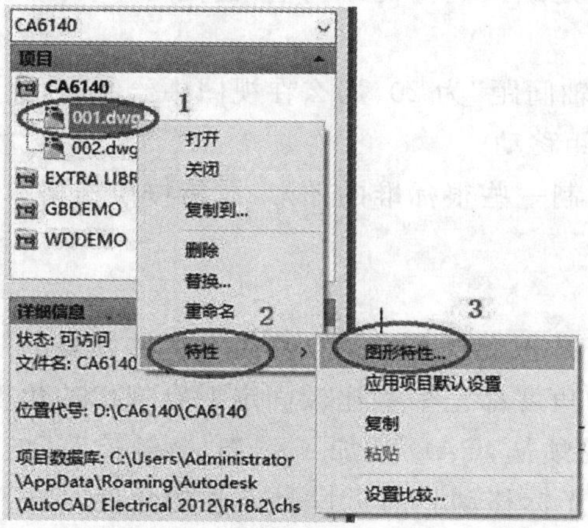

图 4-23　"项目"/"特性"/"图形特性"

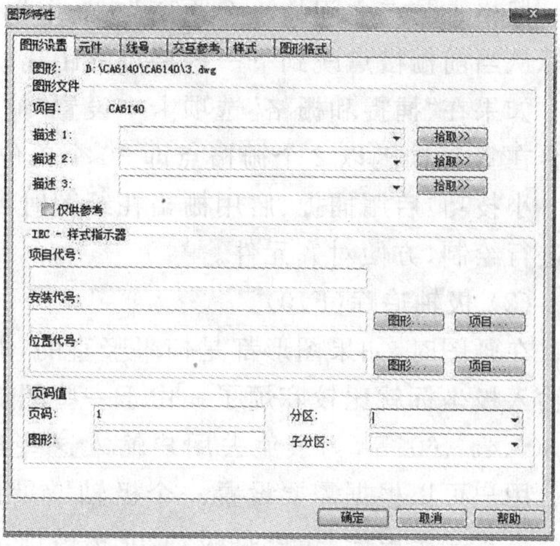

图 4-24　"图形特性"界面

4.4　绘图环境设置

4.4.1　草图设置

右键单击"状态栏"上的"捕捉模式"按钮，选择"设置(S)…"，如图 4-25 所示。打开草图设置对话框，如图 4-26 所示。

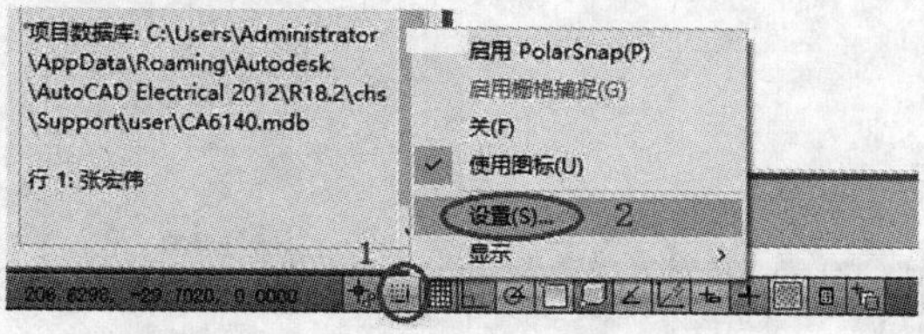

图 4-25　"捕捉设置"/"设置"

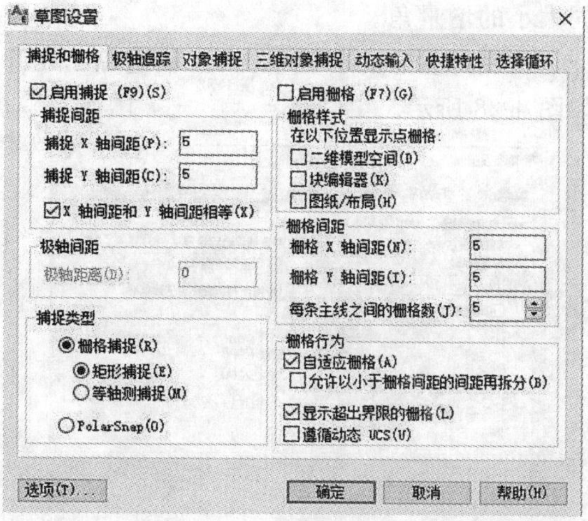

图 4-26　"草图设置"界面

(1) 捕捉和栅格

"捕捉和栅格"选项卡用于设置捕捉模式和栅格。捕捉模式的快捷键是 F9，当启用了捕捉模式，在视图中绘制线、圆或矩形等图形的时候，鼠标光标只能在栅格点上移动或停留，也就是说绘制的点将被捕捉到栅格点上。当绘图时希望绘制一些很标准的图形，或希望严格按照栅格单位值进行绘制，那么就可以启用捕捉模式。

栅格点与点之间的一个距离为 10 个单位，这是默认的捕捉距离值，也就是移动鼠标时光标从当前栅格点跳到下一栅格点的距离。

如果在“捕捉和栅格”选项卡中设置“捕捉 X 轴间距”为 20，那么在视图中绘制时，光标就会在 X 轴向上以 2 个栅格点即 20 个单位的间距移动。

小技巧：启用捕捉、启用栅格在绘图时可以绘制一些很标准的图形，严格按照栅格单位值进行绘制，方便对齐元件。

(2) 极轴追踪(F10)

在画图时，如果图形都是横平竖直的，那么打开正交就可以了。如果有一些倾斜的线，要输入极坐标就比较麻烦了。由于一些图纸中的角度都是一些比较固定或有规律的角度，如 30°、45°、60°等，为了免去用户输入这些角度的烦恼，CAD 添加了一个“极轴追踪”的功能。用户可以根据需要设置一个极轴增量角，当光标移动到靠近满足条件的角度时，CAD 就会显示一条虚线，也就是极轴，光标被锁定到极轴上，此时可以直接输入距离值。利用锁定极轴来确定角度的方式就是极轴追踪。

AutoCAD 中的极轴功能就是可以沿某一角度追踪的功能。可用 F10 键打开或关闭极轴追踪功能。极轴非常简单，使用的关键就是合理设置极轴增量角。默认的极轴追踪是正交方向的，即 0、90°、180°、270°方向。可以在草图设置中选择增量角度，如 15°，那么每增加 15°的角度方向都能追踪。通常情况下，会将极轴增量角设置为 30°或 45°的角度，如果图中角度值比较多，还可自己设置更小的增量角，如 5°和 10°。

通过“草图设置”对话框，选择“极轴追踪”选项卡，可以设置“极轴追踪”的属性，如图 4-27 所示，在图中，选择“启用极轴追踪”打开极轴追踪功能，通过“增量角”下拉框可以设置不同大小的增量角。

在底部状态的右键单击“极轴追踪”，在弹出的快捷菜单中也可以设置极轴的相关属性，如图 4-28 所示。

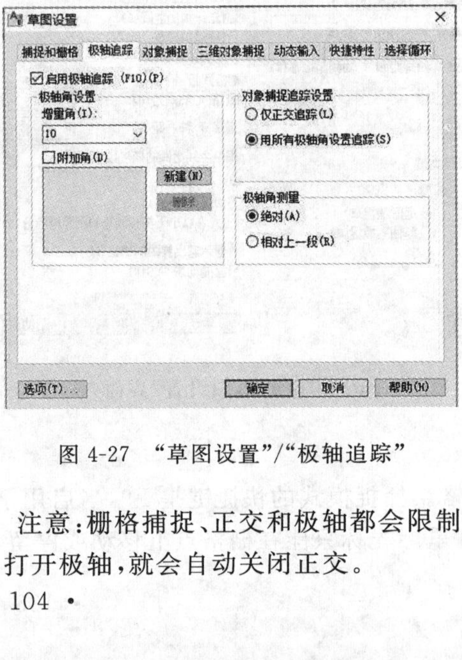

图 4-27 “草图设置”/“极轴追踪”

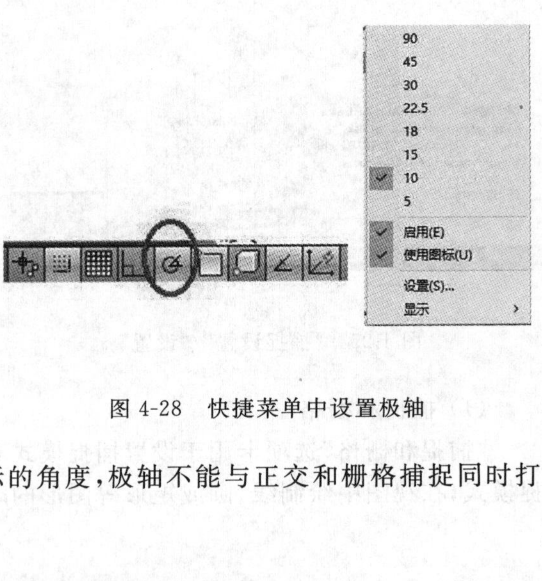

图 4-28 快捷菜单中设置极轴

注意：栅格捕捉、正交和极轴都会限制光标的角度，极轴不能与正交和栅格捕捉同时打开，打开极轴，就会自动关闭正交。

小技巧：单击底部状态栏的“极轴追踪”按钮或按 F10 键可以快速开关极轴。

设置好极轴增量角后画直线时，指定完第一点，移动光标，当光标接近极轴增量角倍数时就会出现虚线的极轴。当光标从该角度移开时，极轴和提示消失，如图 4-29 所示。

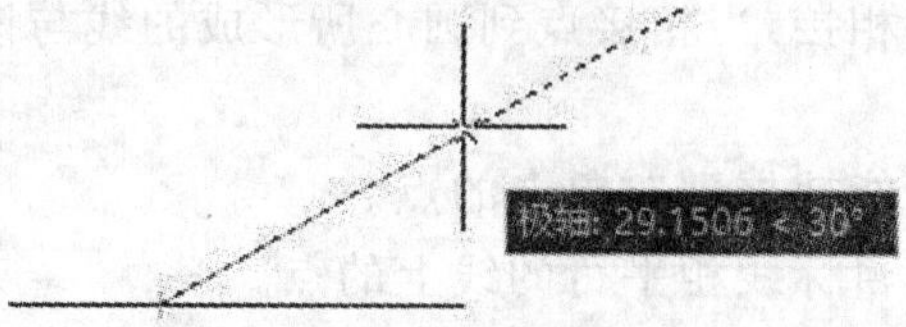

图 4-29

如要绘制一条长 500、方向向右的水平线。在打开极轴追踪的情况下，单击画直线命令，鼠标向左拖动橡皮线，键盘输入长度值 500 后点鼠标左键就画好了。

(3) 对象捕捉(F3)

对象捕捉是 CAD 绘图中最重要的功能模式，可以通过“草图设置”→“对象捕捉”选项卡设置，如图 4-30 所示。

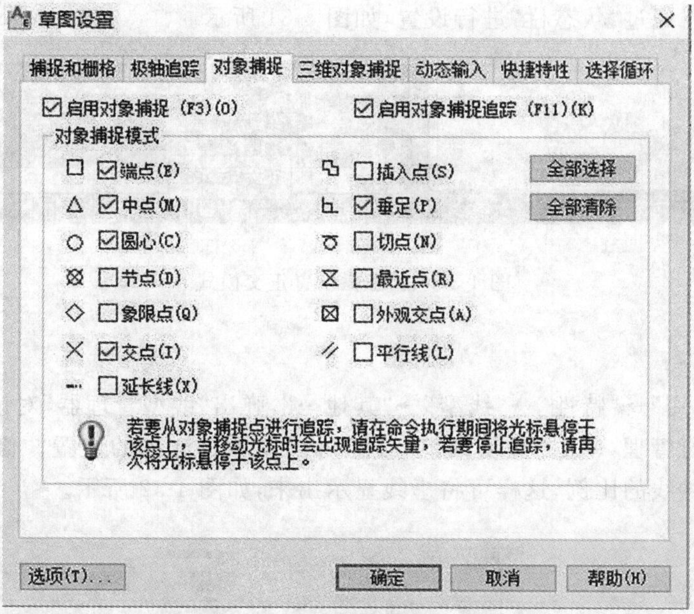

图 4-30　“草图设置”/“对象捕捉”界面

端点——线的两端或矩形的角点。

中点——线段的中心点，圆或弧的圆心，图形的中心点。

圆心——圆形的圆心点。

当视图中有多个相互重叠交错的圆，要以其中一个圆的圆心为中心绘制同心圆时，只需要将光标放在该圆的边线上，然后单击鼠标，便能捕捉到目标圆的圆心并进行绘制。

节点——使用绘图工具栏上点命令绘制的点称为节点，节点模式捕捉到的是这些单独的点。

象限点——圆或弧线上的点。

交点——线和线相互交叉位置上的点。

垂足——从一个点延伸一根线到另一段线上，当两段线之间的夹角为直角时，这个共有的点就是垂足。

切点——一段线与圆弧相接，当相接点到圆心所形成的线与该线段呈直角关系时，这个相接点就是切点。

最近点——十字光标所能捕捉到对象上的点。

平行——能够捕捉到与目标线相平行的线上的点。

注意："捕捉"和"对象捕捉"不同，"捕捉"是按图纸上设置的网点进行捕捉；"对象捕捉"是按设置的物体的特征点进行捕捉。

4.4.2 状态栏设置

利用 ACE 的状态条，可以打开/关闭"捕捉模式(F9)"、"栅格显示(F7)"、"正交模式(F8)"、"极轴追踪(F10)"、"对象捕捉(F3)"、"动态输入(F12)"等。

正交模式(F8)是 AutoCAD 绘图中一个很重要的功能模式。当启用了正交模式后，无论是绘制图形，还是对图形进行编辑，都能保持一个呈 90°的垂直关系。

正交模式可以通过"状态栏"进行设置，如图 4-31 所示。

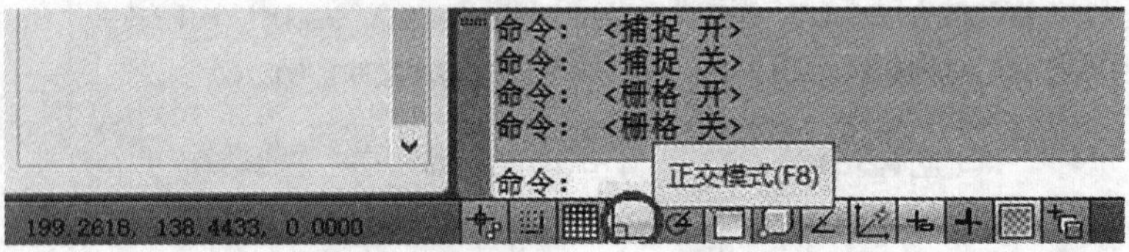

图 4-31 状态栏设置正交模式

4.4.3 线型设置

单击菜单"常用"→"特性"→"线型"→"其他…"，弹出"线型管理器"对话框，在该对话框中可以对线型进行管理，单击"显示细节"按钮可以显示更详细的设置。修改"全局比例因子"，可以修改各种线的比例，这样可将虚线显示出来，如图 4-32 所示。

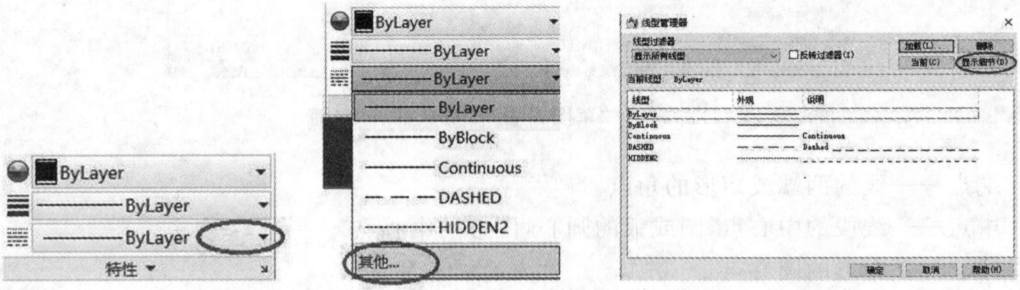

图 4-32 "线型管理器"对话框

4.4.4 文字样式设置

单击菜单"常用"→"注释"→"文字样式"，调出"文字样式"对话框，如图 4-33 所示。

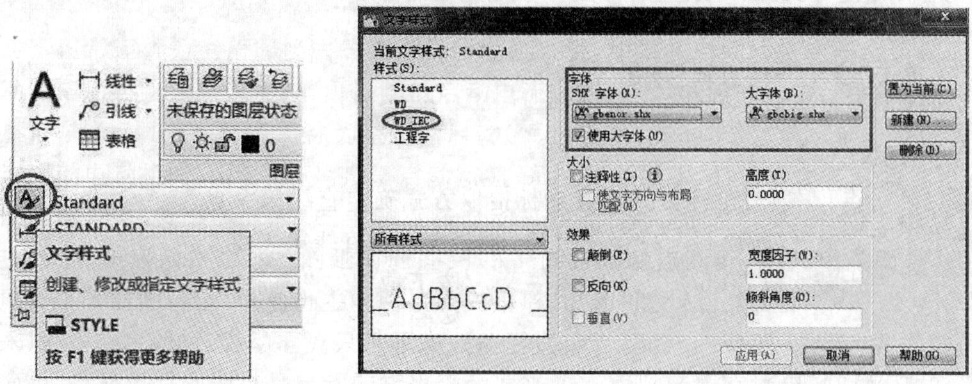

图 4-33　“文字样式”界面

可以使用现有的样式，也可以新建样式。英文字体用 gbenor. shx，如果要输入中文，可以勾选“使用大字体”一项，并选用 gbcbig. shx 字体。

高度设置：根据输入的值设置文字高度。输入大于 0.0 的高度将自动为此样式设置文字高度。如果输入 0.0，则文字高度将默认为上次使用的文字高度，或使用存储在图形样板文件中的值。在相同的高度设置下，大字体显示的高度可能会小于 SHX 字体。

宽度因子设置：设置字符间距。输入小于 1.0 的值将压缩文字，输入大于 1.0 的值则扩大文字。

4.5　AutoCAD Electrical 基本绘图操作

4.5.1　绘制基本图形

在 AutoCAD 中，用户通常结合键盘和鼠标来进行命令的输入和执行，键盘用来输入命令和参数，鼠标用来执行工具栏中的命令、选择对象、捕捉关键点以及拾取点等。

利用 AutoCAD 可以非常方便地完成直线、多段线、圆、矩形、多边形、圆弧、椭圆等基本图形的绘制。更多的绘图命令可以通过单击相应按钮下的箭头打开，如图 4-34 所示。

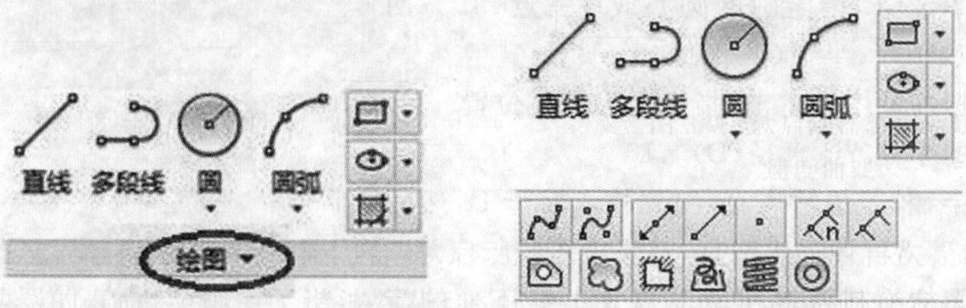

图 4-34　图形库

4.5.1.1　绘制直线

直线是 AutoCAD 中最基本的图形，也是绘图过程中使用最多的图形。用户可以绘制一系列连续的直线段，但每条直线都是一个独立的对象。

绘制直线有两种方法：

(1) 单击“绘图”→“直线”按钮

(2) 输入命令：LINE。

命令：LINE

指定第一点：//通过坐标方式或者光标拾取方式确定直线第一点

指定下一点或［放弃(U)］： //通过其他方式确定直线第二点

指定下一点或［放弃(U)］：＊取消＊ //按下取“Esc”键消下面的操作，完成直线的绘制

4.5.1.2 绘制多段线

多段线中的线条可以设置成不同的线宽以及不同的线型，绘制多段线有两种方法。

(1) 单击“绘图”→“多段线”按钮。

(2) 输入命令：PLINE。

【例 4-1】 用命令绘制一个起点宽度是 0 mm，端点宽度是 2 mm 的箭头

命令：PLINE//用鼠标在命令行输入该命令

指定起点：//用鼠标选择要绘制多段线的起点

指定下一个点或[圆弧(A)/半宽(H)/长度(L)/放弃(U)/宽度(W)]：//在命令行输入 W

指定起点宽度＜2.0000＞： //系统提示输入起点的线宽，输入 0

指定起点宽度＜0.0000＞： //系统提示输入端点的线宽，输入 2

指定下一点或［圆弧(A)/闭合(C)/半宽(H)/长度(L)/放弃(U)/宽度(W)］：

//用鼠标选择要绘制多段线的下一点

指定下一点或［圆弧(A)/闭合(C)/半宽(H)/长度(L)/放弃(U)/宽度(W)］：＊取消＊//按下“Esc”键取消下面的操作，完成多段线的绘制

4.5.1.3 绘制圆

绘制圆形有两种方法：

(1) 单击“绘图”→“圆”按钮。

(2) 输入命令：CIRCLE。

【例 4-2】 用命令绘制半径为 10 mm 的圆。

命令：CIRCLE 指定圆的圆心或［三点(3P)/两点(2P)/切点、切点、半径(T)］：

//用鼠标在绘图区单击，指定圆心所在位置

指定圆的半径或［直径(D)］：10

//输入半径，若想输入直径，先输入字母 D，然后再输入直径。

在使用图标绘制圆时，也可以单击“圆”下面的箭头，选择不同的绘制圆形的方法。绘制圆弧与此类似，如图 4-35 所示。

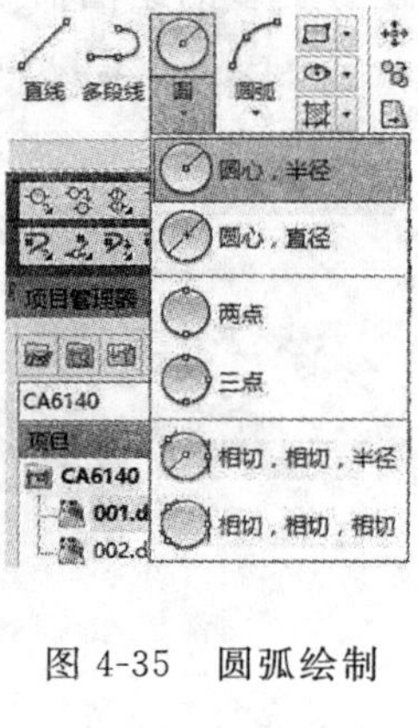

图 4-35 圆弧绘制

4.5.1.4 绘制圆弧

绘制圆弧与绘制圆类似，有两种方法：

(1) 单击“绘图”→“圆弧”按钮。

(2) 输入命令：ARC。

命令：ARC 指定圆弧的起点或［圆心(C)］：　//用鼠标指定起点

指定圆弧的第二个点或［圆心(C)/端点(E)］：　//用鼠标指定第二个点

指定圆弧的端点：//用鼠标指定端点

4.5.1.5　绘制矩形与多边形

绘制矩形有两种方法：

(1) 单击“绘图”→“矩形”按钮，如图 4-36 所示。

(2) 输入命令：RECTANG。

【例 4-3】 用命令绘制长度是 15 mm，宽度是 30 mm 的矩形。

命令：RECTANG

指定第一个角点或［倒角(C)/标高(E)/圆角(F)/厚度(T)/宽度(W)］：

//用鼠标指定第一个角

指定另一个角点或［面积(A)/尺寸(D)/旋转(R)］：d //输入字母 d，采用尺寸绘图

指定矩形的长度＜10.0000＞：　//输入长度 15

指定矩形的宽度＜20.0000＞：　//输入宽度 30

指定另一个角点或［面积(A)/尺寸(D)/旋转(R)］：　//用鼠标指定另一个角，完成绘图

如果要绘制多边形，可以单击“矩形”下面的箭头，选择“多边形”按钮，如图 4-37 所示。

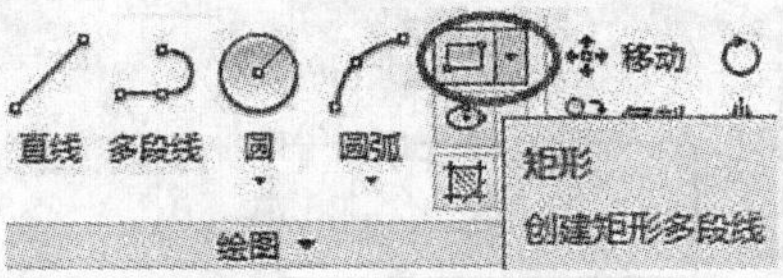

图 4-36　“矩形”绘制按钮

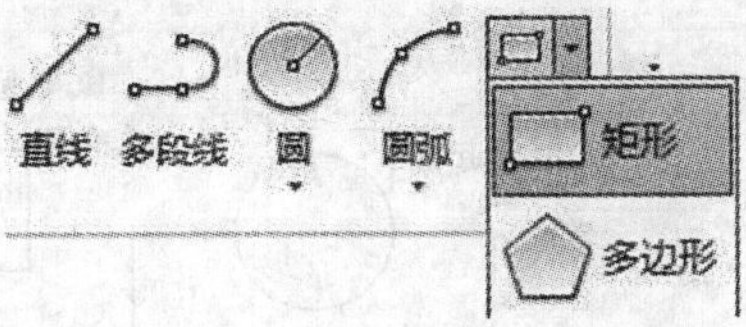

图 4-37　“多边形”绘制按钮

4.5.1.6　平移

当在图形窗口中不能显示所有的图形时，就需要进行平移操作，以便用户查看图形的其他部分。右键单击绘图区，选择“平移”选项，如图4-38所示。鼠标指针都将变成手形，用户可以对图形对象进行实时平移。按下“Esc”或者“Enter”键可以退出平移命令。

4.5.2　修改图形

AutoCAD 提供的常用图像修改命令有移动、复制、旋转、镜像、修剪、拉伸、缩放、阵列等，如图 4-39 所示。

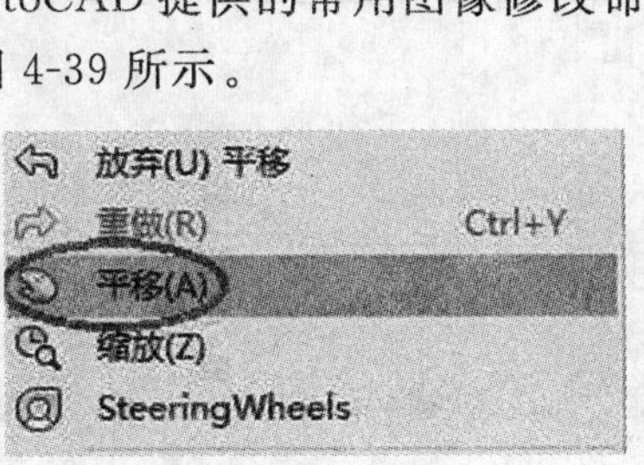

图 4-38　“平移”选项

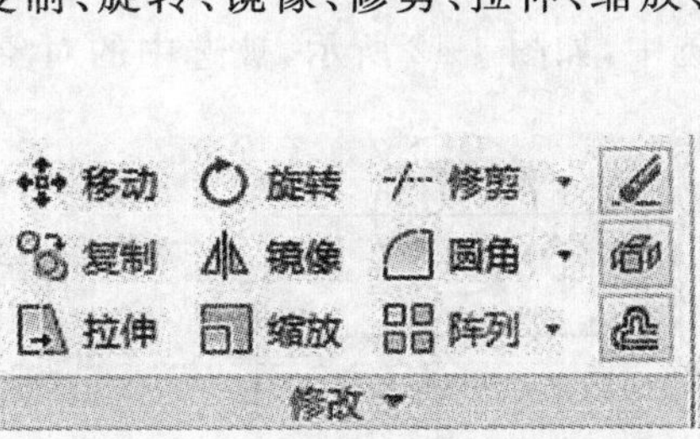

图 4-39　常用图像修改命令

利用 AutoCAD 提供的修改命令，可以对基本二维图形进行编辑，快速完成一些复杂的工程图样。对已有的图形进行修改，AutoCAD 提供了两种不同的编辑顺序：

(1) 先下达编辑命令，再选择对象。

(2) 先选择对象，再下达编辑命令。

4.5.2.1 对象的选择

AutoCAD 为用户提供了多种选择对象的方式。对于不同图形、不同位置的对象可使用不同的选择方式，这样可提高绘图的工作效率。在通常情况下，用户可通过鼠标逐个点取被编辑的对象，也可以利用矩形窗口、交叉矩形窗口选取对象。

(1) 使用光标直接选择单个对象

使用光标直接选择单个对象，也称为点选、单选方式，用十字光标直接单击图形对象，被选中的对象将以带有夹点的虚线显示，如图 4-40 所示。

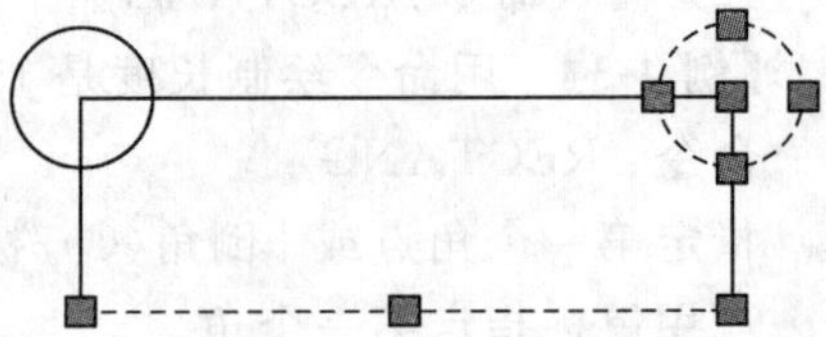

图 4-40 十字光标单击

(2) 利用矩形窗口选择对象(左选)

当需要选择的对象较多时，可以使用窗口选择方式，利用矩形窗口选择对象。

在需要选择多个图形对象的左上角单击，并向右下角方向移动鼠标，系统将显示一个紫色的矩形框，当矩形框将需要选择的图形对象包围后，单击鼠标，包围在矩形框中的所有对象就被选中，如图 4-41 所示，选中的对象以虚线显示。

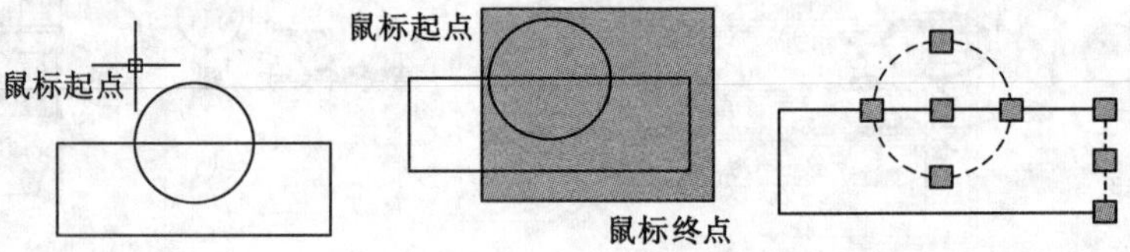

图 4-41 矩形窗口选择对象

(3) 利用交叉矩形窗口选择对象(右选)

与左选不同，鼠标指针往左上方移动形成选择框，选择框呈虚线，只要与交叉窗口相交或者被交叉窗口包容的对象，都将被选择。

在需要选择的对象右下角单击，并向左上角方向移动鼠标，系统将显示一个绿色的矩形虚线框，当虚线框将需要选择的图形对象包围后，单击鼠标，虚线框包围和相交的所有对象就被选中，如图 4-42 所示，被选中的对象以虚线显示。

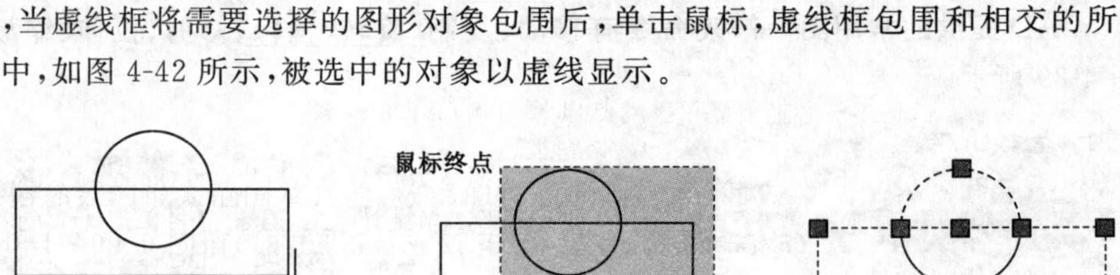

图 4-42 交叉矩形窗口选择对象

经验：利用矩形窗口选择对象时，与矩形框边线相交的对象将不被选中；而利用交叉矩形窗口选择对象时，与矩形虚线框边线相交的对象将被选中。

(4) 取消选择

要取消所选择的对象，有两种方法。

(1) 按键盘上的“ESC”键。

(2) 在绘图窗口内鼠标右击，在光标菜单中选择“全部不选”命令。

4.5.2.2　偏移对象

绘图过程中，单一对象可以将其偏移，从而产生复制的对象。可以在指定距离或通过一个点偏移对象。偏移时根据偏移距离会重新计算其大小。偏移对象可以是直线、曲线、圆、封闭图形等。启用“偏移”命令有两种方法：

(1) 直接单击标准工具栏上的“修改”→“偏移”按钮

(2) 输入命令：OFFSET。

注意：为了使用方便，OFFSET 命令将重复。要退出该命令，请按“Enter”键。

执行“偏移”命令，将显示以下提示：

命令：OFFSET

当前设置：删除源＝否图层＝源　OFFSETGAPTYPE＝0

指定偏移距离或 [通过(T)/删除(E)/图层(L)] ＜10.0000＞：10

选择要偏移的对象，或 [退出(E)/放弃(U)] ＜退出＞：

指定要偏移的那一侧上的点，或 [退出(E)/多个(M)/放弃(U)] ＜退出＞：

选择要偏移的对象，或 [退出(E)/放弃(U)] ＜退出＞：

参数含义如下。

偏移距离：在距现有对象指定的距离处创建一个新的对象，如图 4-43 所示。

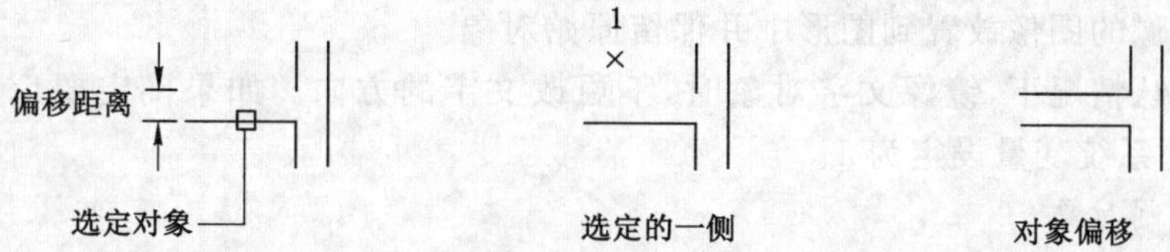

图 4-43　创建新对象

通过：创建通过指定点的对象。

删除：偏移源对象后将其删除。

图层：确定将偏移对象创建在当前图层上还是源对象所在的图层上。

退出：退出 OFFSET 命令。

放弃：恢复前一个偏移。

【例 4-4】 将图 4-44 所示的直线、圆、矩形分别向内偏移 10 个单位。

4.5.2.3　镜像对象

对于对称的图形，可以只绘制一半或是四分之一，然后采用镜像命令产生对称的部分如图 4-45 所示。

启用镜像命令有两种方法。

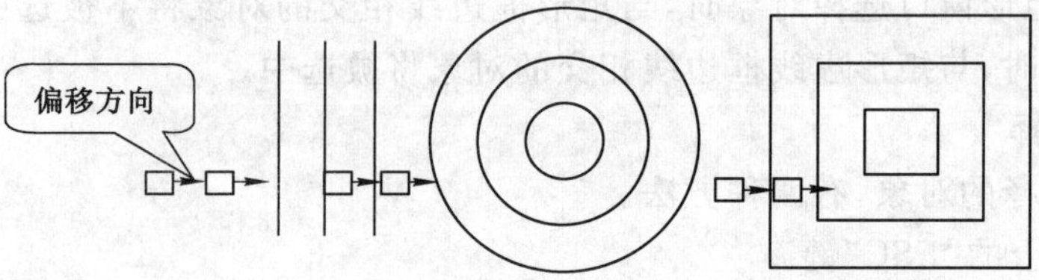

图 4-44　偏移图例

(1) 直接单击标准工具栏上的“修改”→“镜像”按钮。

(2) 输入命令:Mirror。

执行“镜像”命令,将显示以下提示:

选择对象://使用对象选择方法,然后按“Enter”键完成选择

指定镜像线的第一点://指定点 1

指定镜像线的第二点://指定点 2

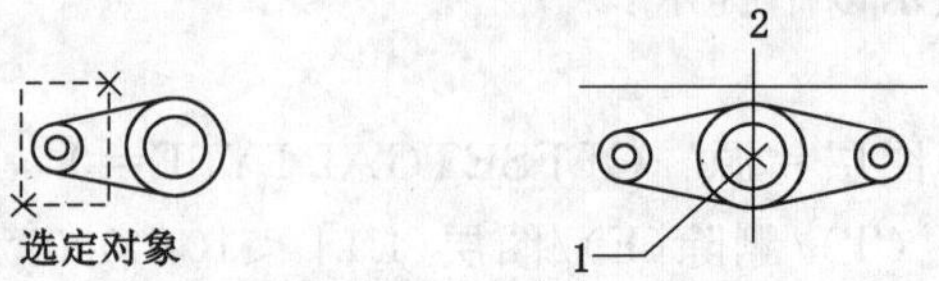

图 4-45　镜像图例

指定的两个点将成为直线的两个端点,选定对象相对于这条直线被镜像。

要删除源对象吗?[是(Y)/否(N)]<否>:输入“y”或“n”,或按“Enter”键

是:将镜像的图像放置到图形中并删除原始对象。

否:将镜像的图像放置到图形中并保留原始对象。

注意:默认情况下,镜像文字对象时,不更改文字的方向。如果确定要反转文字,请将 MIRRTEXT 系统变量设定为 1。

4.5.2.4　复制对象

对图形中相同的或相近的对象,不论其复杂程度如何,只要完成一个后,便可以通过复制命令产生其他的若干个。

可以采用以下三种方法启用“复制”命令:

(1) 直接单击标准工具栏上的“修改”→“复制”按钮。

(2) 输入命令:Copy。

(3) 选择要复制的对象,单击鼠标右键,然后选择“复制”。

将显示以下提示。

选择对象:使用对象选择方法并在完成选择后按“Enter”键

指定基点或[位移(D)/模式(O)/多个(M)]<位移>://指定基点或输入选项

指定第二个点或[阵列(A)]<使用第一个点作为位移>://指定第二个点或输入选项

【例 4-5】 将图 4-46 所示的左侧图形,通过复制绘制成右侧图形。

经验:复制对象过程中,在确定位移时应充分利用对象捕捉、栅格和捕捉等精确绘图的

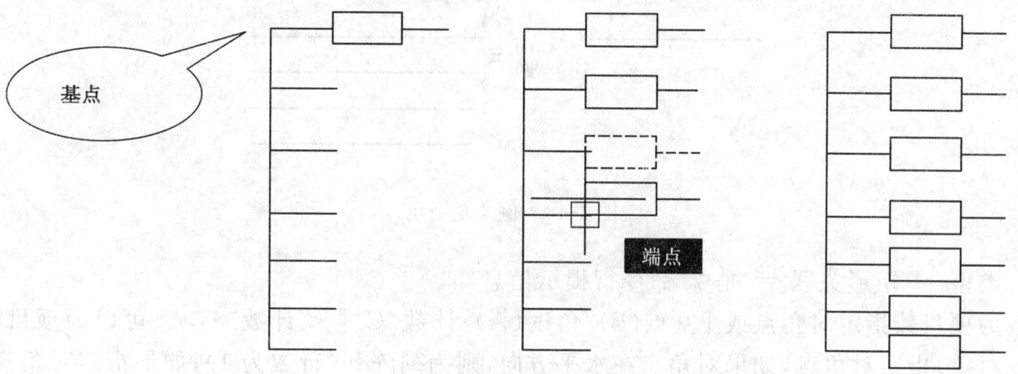

图 4-46　复制图例

辅助工具。在绝大多数的编辑命令中都应该使用辅助工具来精确绘图。

4.5.2.5　阵列

“阵列”命令用于创建以阵列模式排列的对象的副本。

单击“修改”→“阵列”旁边的下箭头，可以选择具体的阵列形式，AutoCAD Electrical 2012 提供三种阵列形式：矩形阵列、路径阵列或环形阵列，如图 4-47 所示。

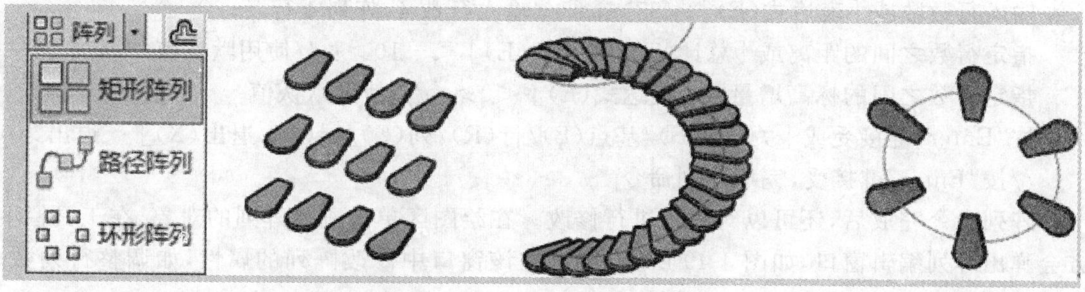

(a)　(b)　(c)　(d)

图 4-47　阵列

(a) AutoCAD 阵列命令；(b) 矩形阵列；(c) 路径阵列；(d) 环形阵列

控制阵列关联性：

(1) 关联。项目包含在单个阵列对象中，类似于块。编辑阵列对象的特性，例如，间距或项目数，替代项目特性或替换项目的源对象。编辑项目的源对象以更改参照这些源对象的所有项目。

(2) 非关联。阵列中的项目将创建为独立的对象。更改一个项目不影响其他项目。

小技巧：取消阵列的关联性。选择阵列后的对象，输入 x，按“Enter”键，把图分解，之后就可以修改阵列中的每一个对象了。

【例 4-6】　对左侧直线阵列成 4 行，间距为 10 mm，如图 4-48 所示。

操作过程如下：

单击“常用”→“修改”→“阵列”按钮，选择图中“直线”，按“Enter”按键。

命令：_arrayrect 找到 1 个//命令行提示信息

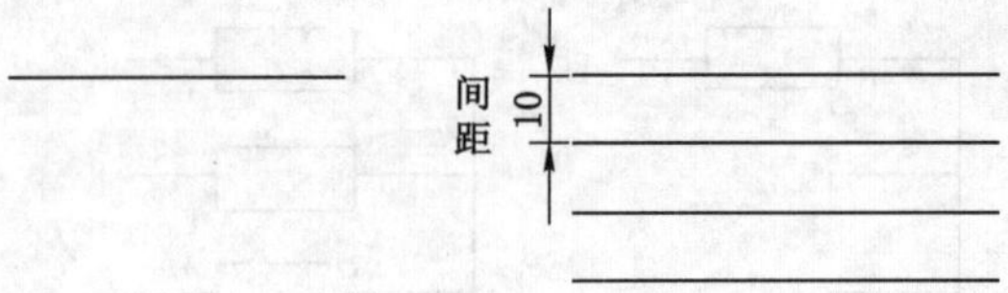

图 4-48　例 4-6 图示

类型 ＝ 矩形关联 ＝ 是 //命令行提示信息

为项目数指定对角点或［基点(B)/角度(A)/计数(C)］＜计数＞：// 可以为项目(选定的对象)指定对角点，如果对角点在水平方向，则为列阵列(行数为 1)；如果指定对角点在垂直方向，则为行阵列(列数为 1)；如果指定矩形的两个对角点，则阵列成行列阵(矩阵)。本次操作用鼠标在“直线”下方单击，指定对角点，选择行阵列。

指定对角点以间隔项目或［间距(S)］＜间距＞：s　// 输入“s”，选择“间距”选项

指定行之间的距离或［表达式(E)］＜1＞：－10　//输入间距值，负值为向下偏移

按“Enter”键接受或［关联(AS)/基点(B)/行(R)/列(C)/层(L)/退出(X)］＜退出＞：r

//输入 r，选择“行”选项

输入行数数或［表达式(E)］＜85＞：4 //输入行数 4，阵列 4 行

指定行数之间的距离或［总计(T)/表达式(E)］＜－10＞：//使用默认值

指定行数之间的标高增量或［表达式(E)］＜0＞：// 使用默认值

按“Enter”键接受或［关联(AS)/基点(B)/行(R)/列(C)/层(L)/退出(X)］＜退出＞：

//按“Enter”键接受，完成阵列命令

阵列命令完成后，还可以对阵列进行修改。在绘图区单击刚才阵列的对象，在工具栏上方会弹出阵列编辑窗口，如图 4-49 所示，可以在该窗口中修改阵列的属性，如调整行列数、行间距等。

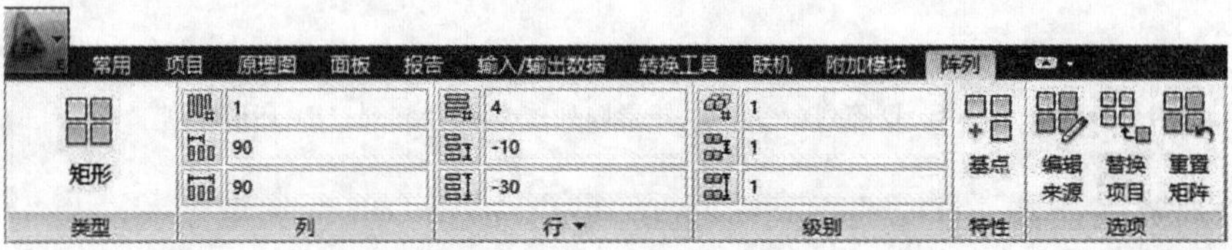

图 4-49　阵列编辑窗口

其他特性和选项的使用可以按“F1”键获得更多帮助。

4.5.2.6　移动对象

移动命令可以将一组或一个对象从一个位置移动到另一个位置。

可以采用以下三种方法启用“移动”命令：

(1) 直接单击标准工具栏上的“修改”→“移动”按钮。

(2) 输入命令：Move。

(3) 选择要移动的对象，单击鼠标右键，然后单击“移动”选项。

将显示以下提示。

选择对象：

指定基点或［位移(D)］：

指定第二个点或<使用第一个点作为位移>：

指定的两个点定义了一个矢量，表明选定对象将被移动的距离和方向。

【例 4-7】　将图 4-50 所示的小圆，从 O 点移动到 A 点。

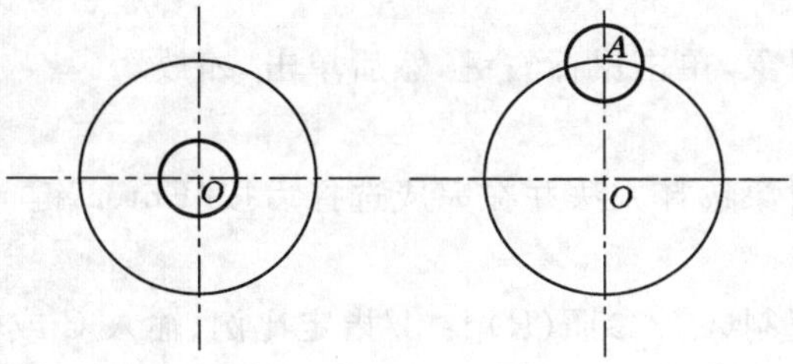

图 4-50　移动图例

经验：移动和复制需要进行的操作基本相同，但结果不同。复制在原位置保留了原对象，而移动在原位置并不保留原对象。绘图过程中，应该充分采用对象捕捉等辅助绘图手段精确移动对象。

4.5.2.7　*旋转对象*

旋转命令可以将某一个对象旋转一个指定角度或参照一个对象进行旋转。

可以采用以下三种方法启用“旋转”命令：

(1) 直接单击标准工具栏上的“修改”→“旋转”按钮。

(2) 输入命令：Rotate。

(3) 选择要旋转的对象，单击鼠标右键，然后单击“旋转”。

将显示以下提示：

UCS 当前的正角度：ANGDIR＝当前值 ANGBASE＝当前值

选择对象：//使用对象选择方法并在完成选择后按“Enter”键

指定基点：指定点

指定旋转角度或［复制(C)/参照(R)］：// 输入角度或指定点，或者输入 C 或 R

“旋转角度”决定对象绕基点旋转的角度。

“复制”旋转的同时实现复制，创建要旋转的选定对象的副本。

【例 4-8】　将图 4-51 左侧所示的图形，通过旋转命令变为右侧图形。

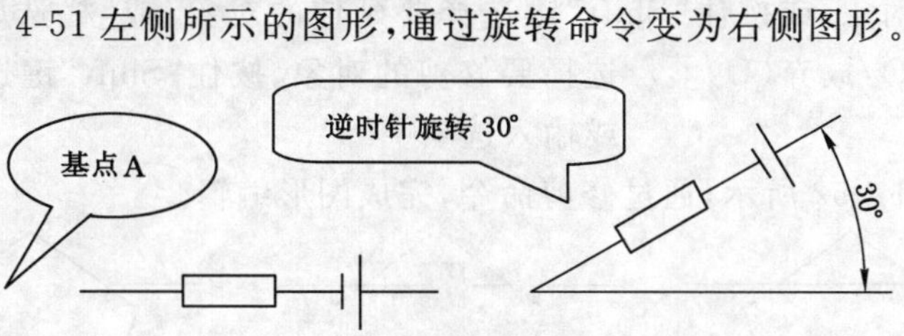

图 4-51　旋转图例

4.5.2.8 缩放对象

缩放命令可以根据用户的需要将对象按指定比例因子相对于基点放大或缩小，该命令的使用真正改变了原来图形的大小，是用户在绘图过程中经常用到的命令。

可以采用以下三种方法启用“缩放”命令：

(1) 直接单击标准工具栏上的“修改”→“缩放”按钮。

(2) 输入命令：Scale。

(3) 选择要缩放的对象，单击鼠标右键，然后单击“缩放”。

将显示以下提示：

选择对象：//使用对象选择方法并在完成选择后按“Enter”键

指定基点：//指定点

指定比例因子或[复制(C)/参照(R)]：//指定比例、输入 C 或输入 R

指定的基点表示选定对象的大小发生改变(从而远离静止基点)时位置保持不变的点。

比例因子：放大选定对象的尺寸。大于 1 的比例因子使对象放大。介于 0 和 1 之间的比例因子使对象缩小。还可以拖动光标使对象变大或变小。

经验：比例缩放真正改变了原来图形的大小，和视图显示中的 ZOOM 命令缩放有本质区别，ZOOM 命令仅改变在屏幕上的显示大小，图形本身尺寸无任何大小变化。

4.5.2.9 修剪对象

绘图过程中经常需要修剪图形，将超出的部分去掉，以便于使图形精确相交。修剪命令是比较常用的编辑工具，用户在绘图过程中通常是先粗略绘制一些线段，然后使用修剪命令将多余的线段修剪掉。

可以采用以下两种方法修剪对象：

(1) 直接单击标准工具栏上的“修改”→“修剪”按钮。

(2) 输入命令：Trim。

将显示以下提示：

命令：TRIM

当前设置：投影＝UCS，边＝无

选择剪切边…

选择对象或＜全部选择＞： //选择一个或多个对象并按“Enter”键

选择对象：

选择要修剪的对象，或按住“Shift”键选择要延伸的对象，或[栏选(F)/窗交(C)/投影(P)/边(E)/删除(R)/放弃(U)]：//选择要修剪的对象、按住“Shift”键选择要延伸的对象，或输入选项

【例 4-9】 如图 4-52 所示，通过修剪命令，完成图形编辑。

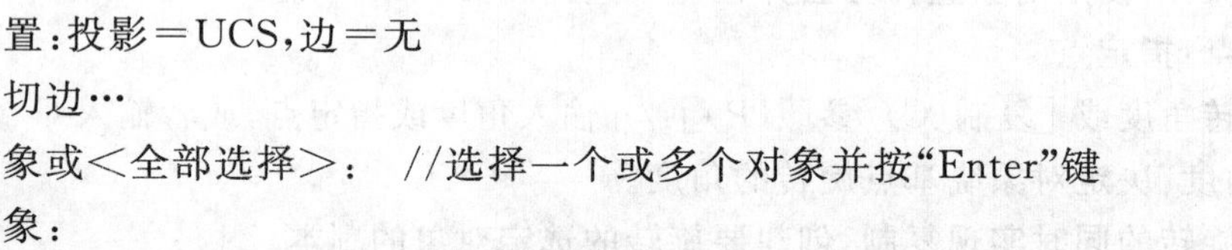

图 4-52 剪切图例

4.5.2.10　延伸对象

延伸是以指定的对象为边界，延伸某对象与之精确相交。

启用“延伸”命令有两种方法：

(1) 直接单击标准工具栏上的“修改”→“延伸”按钮。

(2) 输入命令：Extend。

将显示以下提示：

命令：EXTEND

当前设置：投影＝UCS，边＝无

选择边界的边...

选择对象或＜全部选择＞：//选择一个或多个对象并按“Enter”键，或者按“Enter”键选择所有显示的对象

选择要延伸的对象，或按住“Shift”键选择要修剪的对象，或［栏选(F)/窗交(C)/投影(P)/边(E)/放弃(U)］：// 选择要延伸的对象，或按住“Shift”键选择要修剪的对象，或输入选项

【例 4-10】 将图 4-53 所示的直线 *A* 延伸到直线 *B* 上。

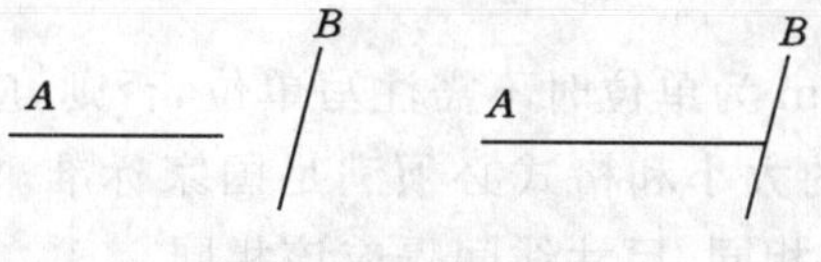

图 4-53　延伸图例

4.5.3　尺寸标注

尺寸标注是绘图过程中一项十分重要的内容，因为标注图形中的数字和其他符号可以传达有关设计元素的尺寸信息，对施工或制造工艺进行注解。尺寸标注决定着图形对象的真实大小以及各部分对象之间的相互位置关系。

4.5.3.1　尺寸标注的组成

虽然尺寸标注在类型和外观上多种多样，但一个完整的尺寸标注都是由尺寸线、尺寸界限线、尺寸箭头和尺寸文字 4 部分组成，如图 4-54 所示。

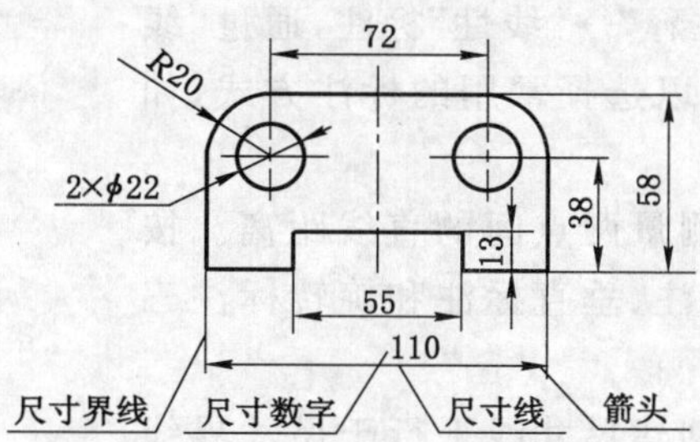

图 4-54　尺寸组成

(1) 尺寸线

尺寸线表示尺寸标注的范围。通常是带有箭头且平行于被标注对象的单线段，标注文

字沿尺寸线放置。对于角度标注,尺寸线可以是一段圆弧。

(2) 尺寸界限线

尺寸界限线表示尺寸线的开始和结束。通常从被标注对象延长至尺寸线,一般与尺寸线垂直。有些情况下,也可以选用某些图形对象的轮廓线或中心线代替尺寸界限线。

(3) 尺寸箭头

尺寸箭头在尺寸线的两端,用于标记尺寸标注的起始和终止位置。AutoCAD 提供了多种形式的尺寸箭头,包括建筑标记、小斜线箭头、点和斜杠标记。用户也可以根据绘图需要创建自己的箭头形式。

(4) 尺寸数字

尺寸数字用于表示实际测量值。可以使用由 AutoCAD 自动计算出的测量值,提供自定义的文字或完全不用文字。如果使用生成的文字,则可以附加“加/减公差、前缀和后缀”。

在 AutoCAD 中,通常将尺寸的各个组成部分作为块处理,因此,在绘图过程中,一个尺寸标注就是一个对象。

4.5.3.2 尺寸标注的基本规则

(1) 图形对象的大小以尺寸数值所表示的大小为准,与图线绘制的精度和输出时的精度无关。

(2) 一般情况下,采用 mm 为单位时不需注写单位,否则,应该明确注写尺寸单位。

(3) 尺寸标注所用字符的大小和格式必须满足国家标准。在同一图形中,同一类终端应该相同,尺寸数字大小应该相同,尺寸线间隔应该相同。

(4) 尺寸数字和图线重合时,必须将图线断开。如果图线不便于断开来表达对象时,应该调整尺寸标注的位置。

4.5.3.3 AutoCAD 尺寸标注

在已经打开的工具栏上任意位置右击鼠标,在系统弹出的光标菜单上选择“AutoCAD”→“标注”选项,系统弹出尺寸“标注”工具栏,如图 4-55 所示。

图 4-55 尺寸“标注”工具栏

或者单击工具栏上的“注释”→“线性”标注,通过“线性”标注旁边的下拉箭头,可以选择常用的标注方式,如图 4-56 所示。

图 4-56 “线性”标注

线性标注:线性标注是测量两点间的直线距离。按尺寸线的放置可分为水平标注、垂直标注和旋转标注三个基本类型。

对齐标注:对齐标注是创建尺寸线平行于尺寸界线起点的线性标注,如图 4-57 所示。

半径标注:半径标注是用于测量圆和圆弧的半径,如图 4-58 所示。

直径标注:直径标注是用于测量圆和圆弧的直径,如图 4-58 所示。

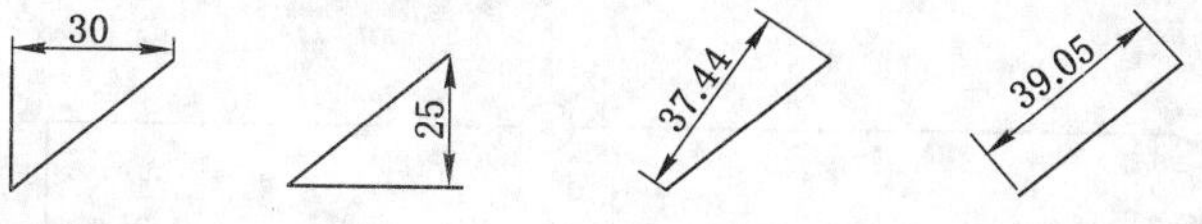

(a)　　(b)　　(c)　　(d)

图 4-57　对齐标注

(a) 水平线性标注；(b) 垂直线性标注；(c) 旋转线性标注；(d) 对齐标注

(a)　　(b)

图 4-58　半径、直径标注

(a) 半径标注；(b) 直径标注

4.5.3.4　标注样式设置

单击“注释”，然后单击左侧的“标注样式”，弹出“标注样式管理器”对话框，如图 4-59 所示，可以对现有样式进行修改，或新建样式。

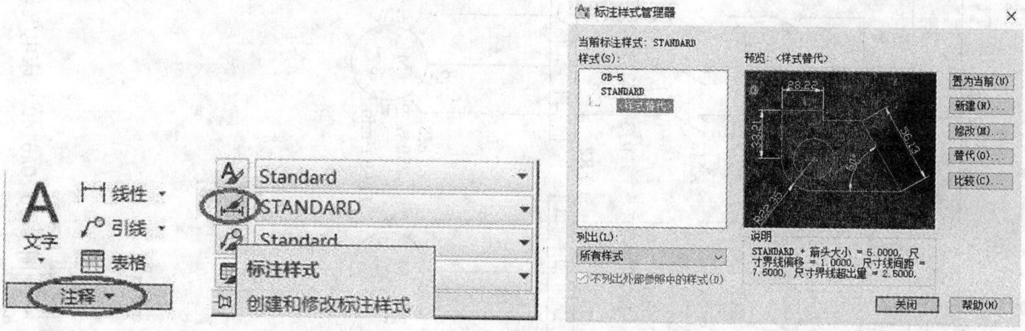

(a)　　(b)

图 4-59　“标注样式管理器”界面

单击“修改”按钮，弹出“替代当前样式：STANDARD”对话框，可以对尺寸线、符号、箭头、文字等进行修改。

4.6　AutoCAD Electrical 电气原理图绘制

4.6.1　CA6140 车床设备电路图及工作原理

本节通过绘制 CA6140 车床电气设备电路图，熟悉在 AutoCAD Electrical 2012 中插入导线和原理图符号的基本方法。CA6140 车床电气设备电路图如图 4-60 所示。

CA6140 车床电气设备电路图工作原理简述：

(1) 以变压器 TC1 为界，分为一次回路(主电路)和二次回路(控制电路)。

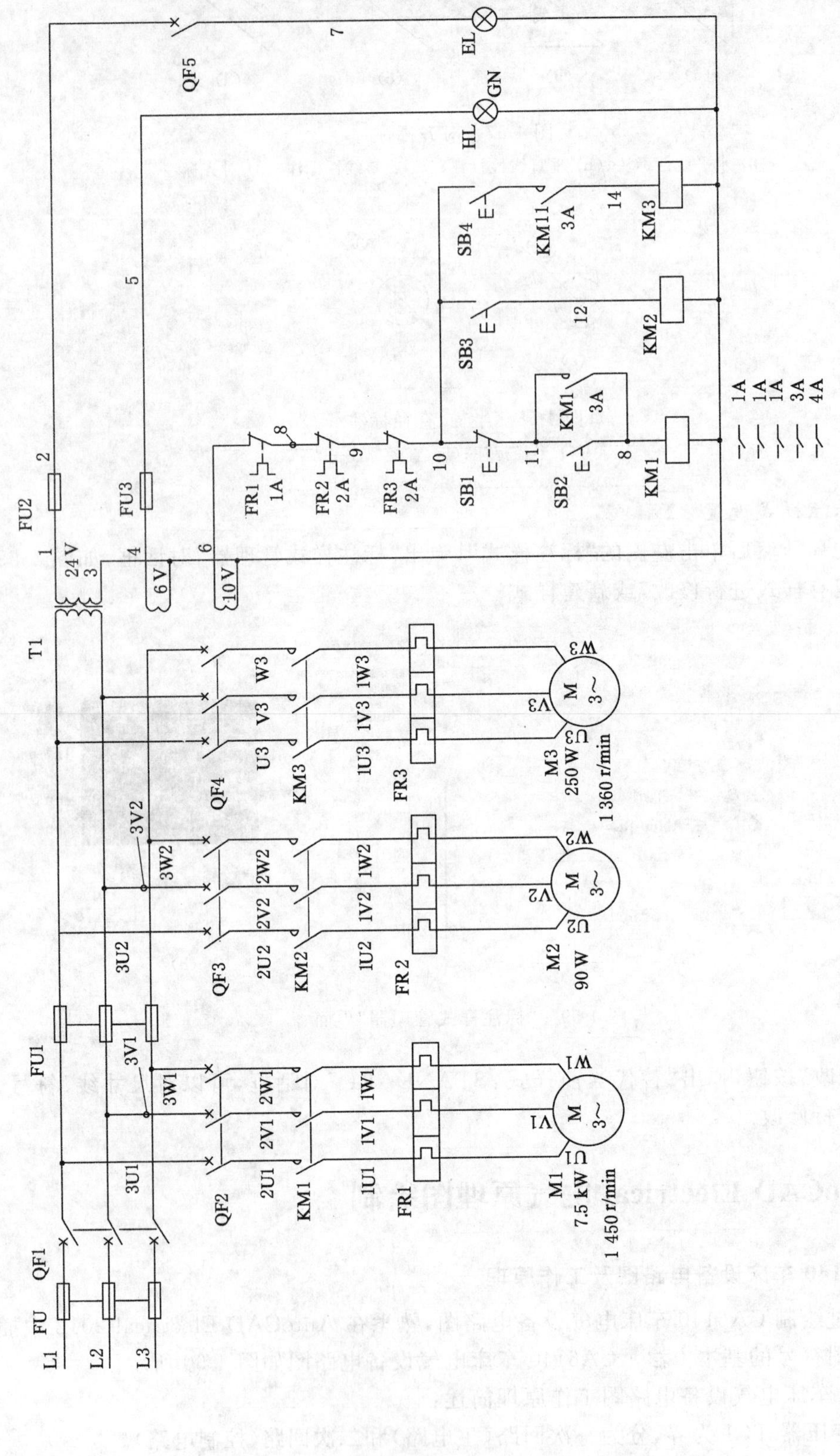

图 4-60 CA6140 车床电气设备电路图

(2) 一次回路部分有主轴电动机(7.5 kW、1 450 r/min)、冷却泵电动机(90 W)和刀架快换移动电动机(250 W,1 360 r/min)三台电动机,工作时,首先主电路断路器 QF1 闭合,各电机回路断路器 QF 也闭合。

(3) 二次回路(控制电路)包含电机控制电路以及指示灯(HL)和照明(EL)电路。

(4) 主轴电动机的启动与停止:电路中常开按钮开关 SB2 是主轴电动机的启动按钮,该按钮被按下时,控制电路中接触器线圈 KM1 导通,触发接触器 KM1 各触点动作(即各常开触点 KM1 闭合),主轴电动机开始工作,由于 SB2 右侧有一个自锁触点(KM1),所以在 SB2 松开后接触器 KM1 线圈仍保持导通,KM1 各触点保持闭合,主轴电动机持续工作;此时,若常闭按钮开关 SB1 按下,则电路断开,接触器 KM1 线圈断电,触发接触器 KM1 各触点再次动作(各常开触点 KM1 断开),主轴电动机停止工作。

(5) 冷却泵电动机的启动与停止:电路中常开按钮开关 SB3 是冷却泵电动机的启动按钮,该按钮被按下时,控制电路中接触器线圈 KM2 导通,触发接触器 KM2 各触点动作,冷却泵电动机工作,当 SB3 松开时,接触器 KM2 线圈断电,冷却泵电动机停止工作。

(6) 刀架快换移动电动机的启动与停止:在刀架快换移动电动机控制电路中有互锁触点 KM1,故该电动机必须在 KM1 触点闭合(即主轴电动机工作)的情况下才能启动,此时按下常开按钮开关 SB4 启动该电动机,松开 SB4 则该电动机停止工作。

(7) 电路中热继电器常闭触点 FR1、FR2 和 FR3 分别为主轴电动机、冷却泵电动机和刀架快换移动电动机的过载保护,在电动机过载发热时,热继电器线圈触发常闭触点动作,控制电路断开,所有电动机停止工作。

(8) 断路器 QF5 用于照明灯 EL 的打开与关闭。

4.6.2　CA6140 车床电气原理图绘制

打开项目“CA6140”→“001.dwg”文件。

4.6.2.1　插入三相线母线

可以采取以下方法插入具有自动连接特性的多导线母线。

(1) 选择“原理图”标签→“插入导线/线号”面板→“多母线”,如图 4-61 所示。

(2) 命令条目:AEMULTIBUS。

多母线布线会自动打断并重新连接到其路径中的任何基本元件。如果它与现有布线交叉,则导线交叉间隔将基于图形特性自动插入。

选择“原理图”→“插入导线/线号”→“多母线”,在弹出的“多导线母线”对话框中将水平和垂直间距均设为 10 mm,并选择“空白区域,水平走向”和导线数“3”,如图 4-62 所示。

然后单击“确定”按钮,对话框消失,接着用鼠标左键在图纸内左上方空白处单击一下,再移动光标到图纸内右上方空白处单击鼠标左键,一条水平走向的三相母线就画好了,如图 4-63 所示。

注意:这个方法只是提供了一个画三相线的快捷工具,并不是说只有用它画的才算三相线,事实上,用户可以用画导线的工具画三根等距的平行导线,AutoCAD Electrical 也会认为是三相线。还可以用原来 AutoCAD 的画直线命令在导线图层上画下这 4 根线,会认为它是有效的。这就是说,在 AutoCAD Electrical 中,导线就是处在导线图层上的 AutoCAD 直线而已。

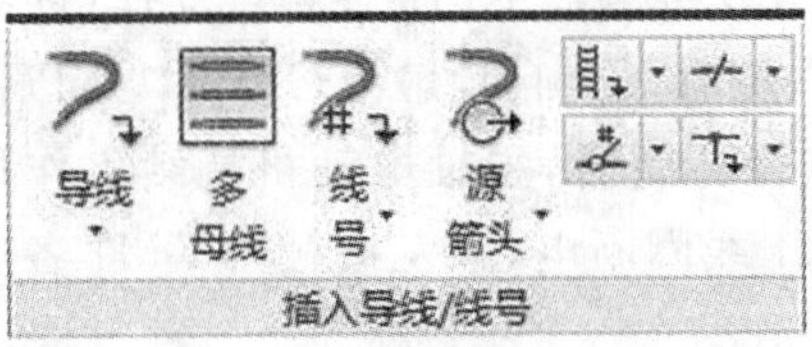

图 4-61　插入导线/线号/多母线

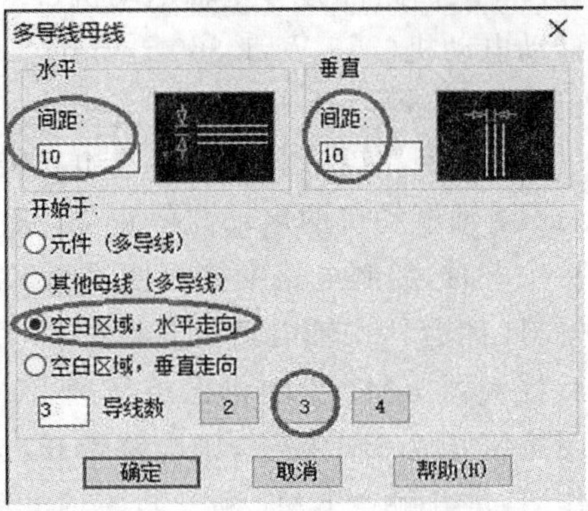

图 4-62　“多导线母线”界面

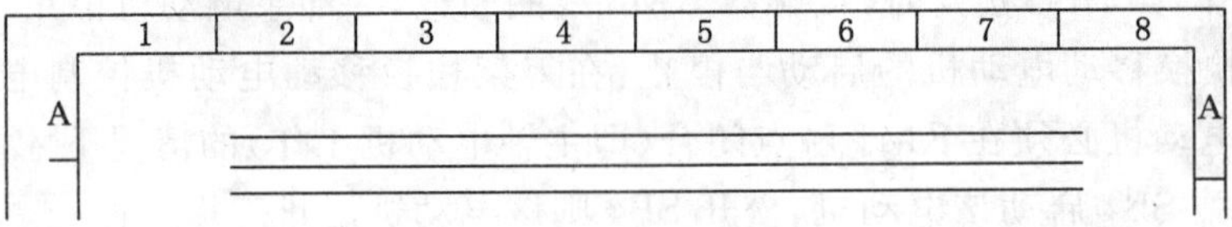

图 4-63　三相母线

4.6.2.2　插入元件

(1) 插入三极断路器

选择“原理图”→“插入元件”→“图标菜单”，弹出“插入元件”对话框，如图 4-64 所示。在左边文本框中依次单击“断路器/隔离开关”→“三极断路器”，然后，在右侧弹出子窗口中单击“断路器”，原理图缩放比例输入“1.000”。

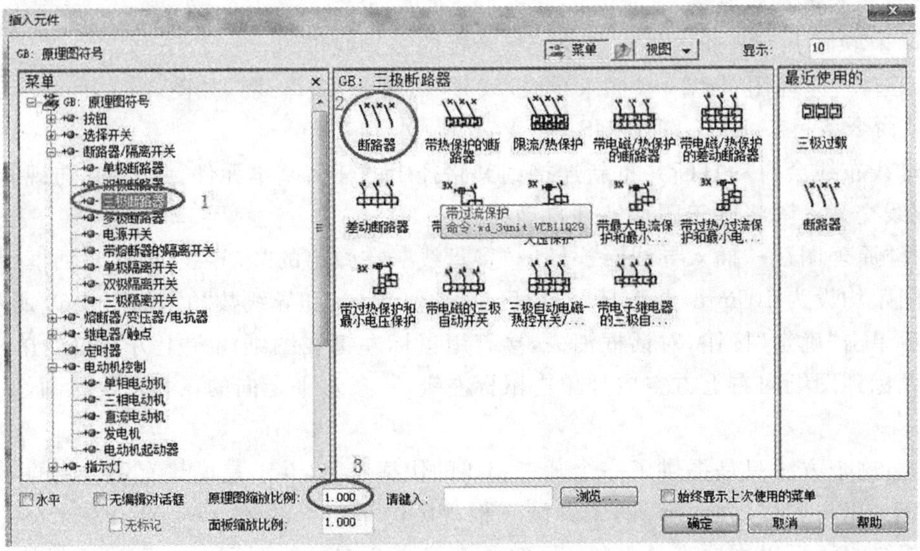

图 4-64　“插入元件”界面

此时对话框消失，将光标移到所画三相线上面一根线的左边，然后单击鼠标左键，断路器就自动放到三相线上了，在弹出的对话框中选择“向下”构建，如图 4-65 所示。

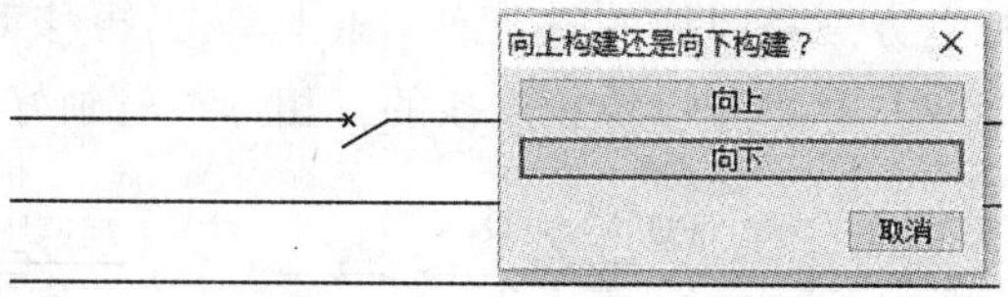

图 4-65　“向下”构建三相线

进入“插入/编辑元件”对话框，如图 4-66 所示，该对话框用来对此三极断路器指定参数，将元件标记改成“QF1”，单击“确定”按钮即可，其他参数暂且不输入。

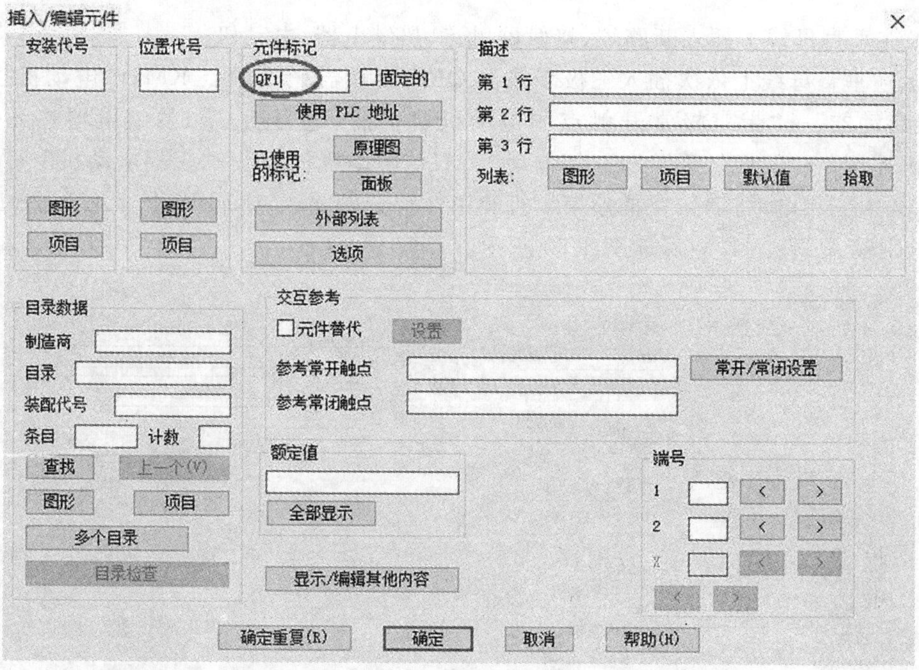

图 4-66　“插入编辑元件”对话框 1

最终，插入的三极断路器符号如图 4-67 所示。

由于事先已设定对象捕捉中最近点选项，所以可以轻松地将断路器放到导线上。如果什么捕捉都不设，AutoCAD Electrical 也能有捕捉功能，但如果只设了端点捕捉而没设最近点捕捉，则会自动放到导线端点处。QF1 断路器是总开关。

(2) 插入三极熔断器

选择“原理图”→“插入元件”→“图标菜单”，选择左边文本框中的“熔断器/变压器/电抗器”，在右侧弹出的子对话框中选择“熔断器”下的“三极熔断器”，三极熔断器就自动放到三相线断路器 QF1 的左边了，将元件标记改成 FU，同样，其他参数暂且不输入，如图 4-68 所示。

(3) 插入垂直多母线

选择“原理图”→“插入导线/线号”→“多母线”，在弹出的三相线母线对话框中将水平和垂直间距均设为 10 mm，并选择“其他母线(多导线)”和导线数“3”，单击“确定”按钮，对话框消失后，用鼠标左键在图纸上方三条母线的最上面一条上单击，再移动光标到图纸下方空白处单击鼠标左键，一条垂直走向并和水平母线相连接的三相母线就画好了，如图 4-69 所示。

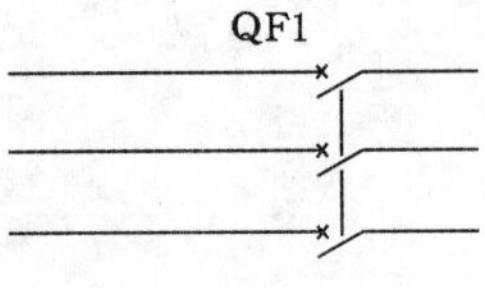

图 4-67　插入三极断路器

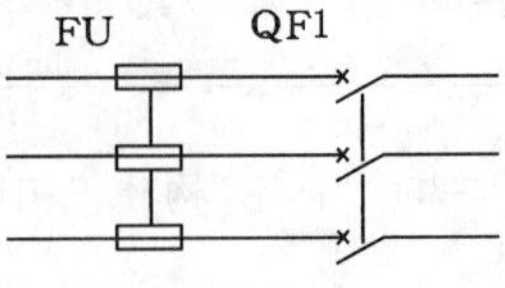

图 4-68　插入三极熔断器

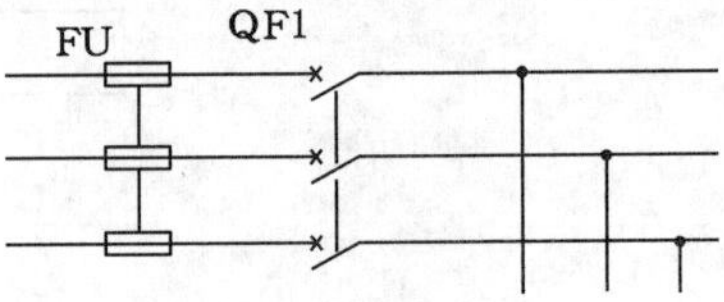

图 4-69　插入三极多母线

(4) 在垂直母线上插入断路器、接触器触点、热继电器、电动机

在上述垂直母线上依次插入三极断路器 QF2、接触器三极触点 KM1(“电动机控制”→“电动机启动器”→“带三极常开触点的电动机启动器(电力用)”)、热继电器热元件 FR1(“电动机控制”→“三极过载”)和三相电动机 M1(“电动机控制”→“三相电动机”→“三相电动机”)，插入三相电动机时，在描述第 1 行和第 2 行分别输入 7.5 kW 和 1 450 r/min，端号 1、2、3 分别输入 U1、V1、W1，如图 4-70 所示。

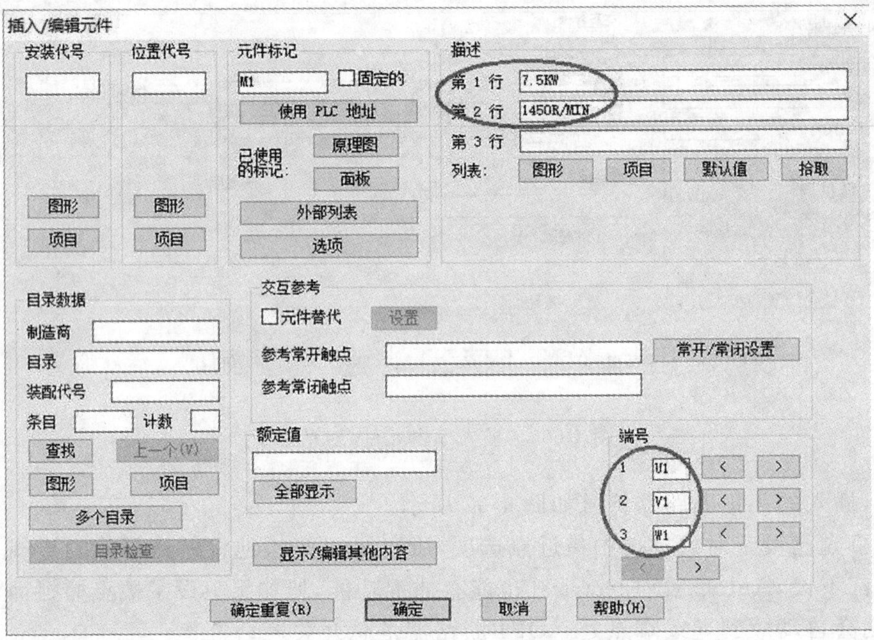

图 4-70　“插入/编辑元件”对话框 2

在水平母线上继续插入熔断器 FU1，插入完毕如图 4-71 所示。

(5) 冷却泵电动机和刀架快换移动电动机主回路

因冷却泵电动机和刀架快换移动电动机回路与主轴电动机回路基本相同，可以用复制回路的方式完成：单击“原理图”→“编辑元件”→“复制回路”，如图 4-72 所示。

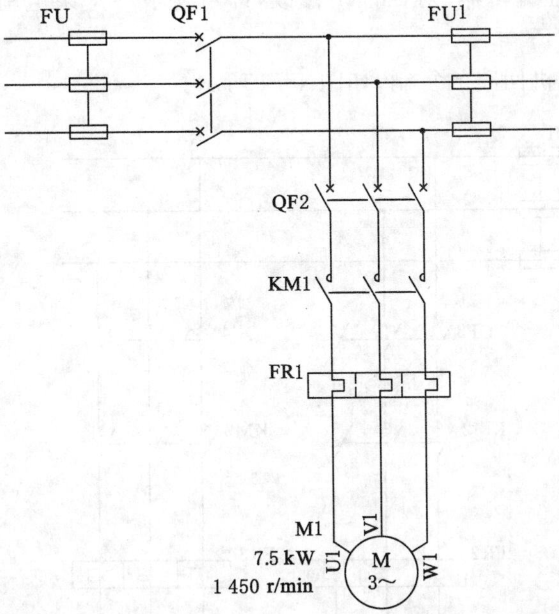

图 4-71　插入熔断器 FU1

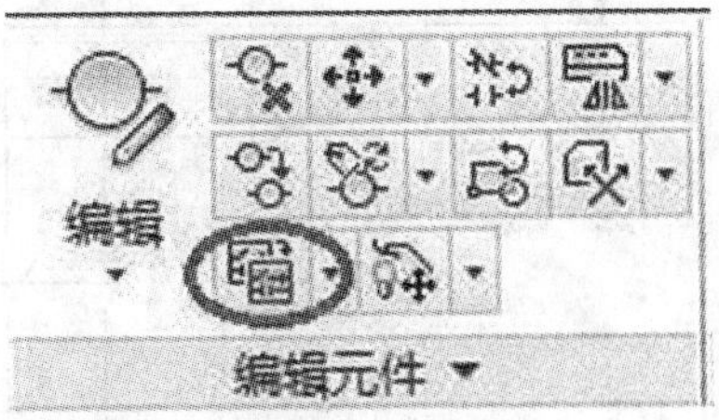

图 4-72　复制回路

选择整个主轴电动机回路后单击鼠标右键，命令行提示"＜基本或位移＞/多个(M)："，选择主轴电动机主回路最左边导线上端圆点中心为基点，如图 4-73 所示。

图 4-73　基点选择

移动鼠标到合适的位置并点击左键完成回路复制，修改该回路各元器件名称及三相电动机参数(双击各参数,在弹出的"增强属性编辑器"对话框中修改,即可完成冷却泵电动机回路的绘制。)

用同样的方法完成刀架快换移动电动机回路的复制,如图 4-74 所示。

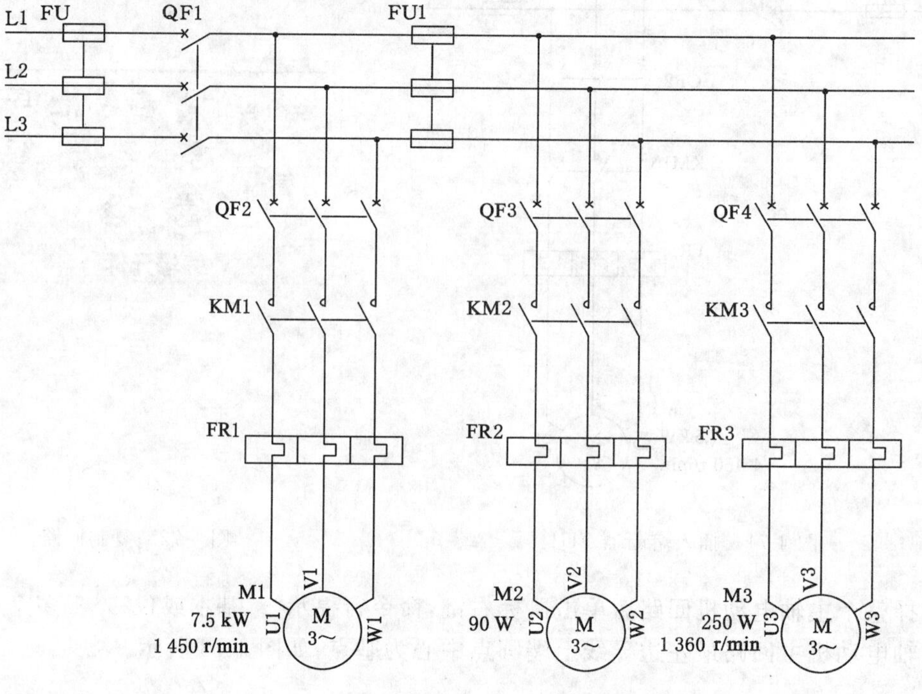

图 4-74　刀架换移动电动机回路的复制

(6) 插入变压器

在水平母线右端插入变压器 T1("熔断器\变压器\电抗器"→"变压器""具有两个线圈和一个屏罩的电源变压器块:VXF1T3",如图 4-75 所示)。

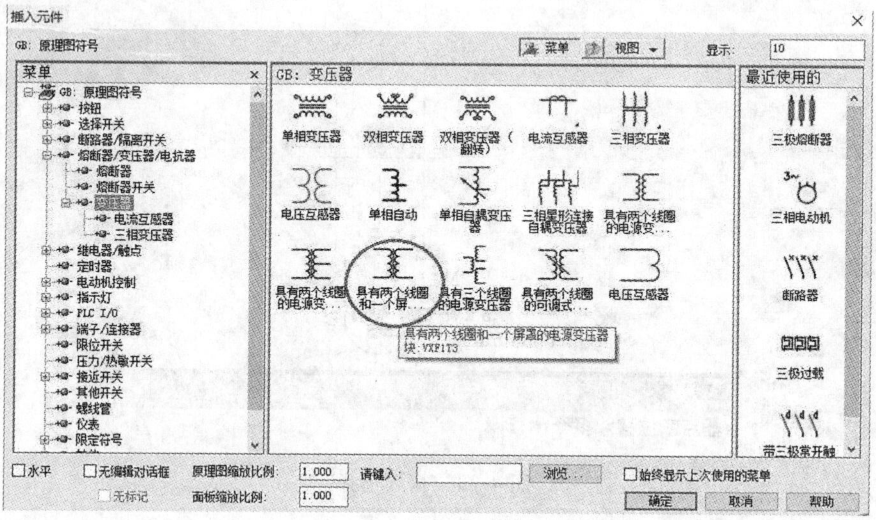

图 4-75　插入变压器

插入点选择在最上端导线上，描述 1 填写 24 V，如图 4-76 所示。可以对多余的导线进行修剪（“原理图”→“编辑导线/线号”→“修剪导线”）。

小技巧：变压器的“描述 1”属性值“24 V”在变压器下方，可以将其位置移动到变压器右侧。

右键单击“变压器”，选择“属性”→“移动属性”，系统提示“选择要移动的属性，或拾取列表中的块图形（W＝窗口移动）”，用鼠标单击要移动的对象（如，“24 V”），选择对象，按“Enter”键，选择“基点”，然后移动对象到目标位置即可，如图 4-77 所示。

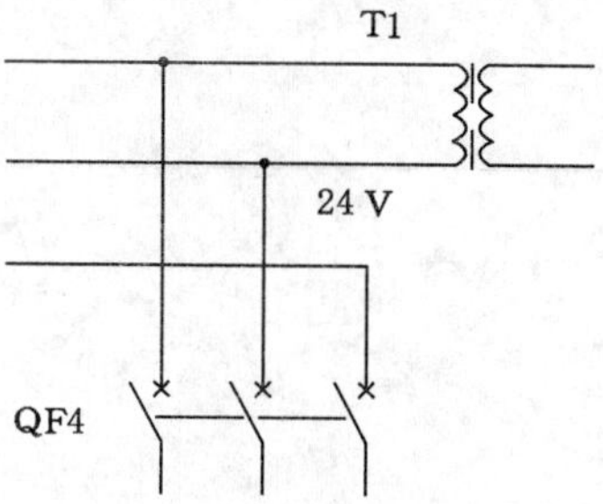

图 4-76 修改描述

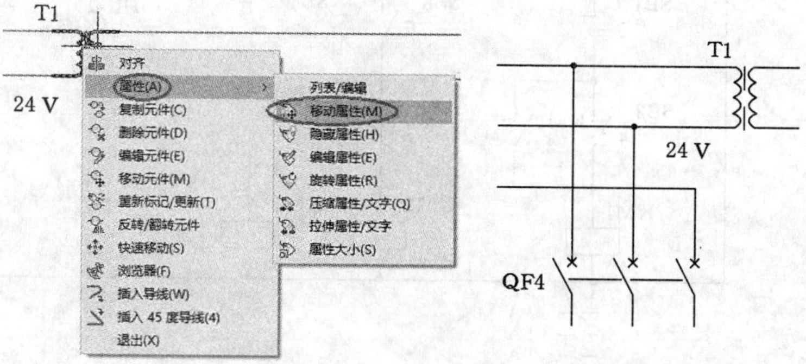

图 4-77 “移动属性”

（7）绘制照明回路

单击“原理图”→“插入导线/线号”→“导线”，绘制照明回路。

提示：在绘制导线时，命令行会提示：

指定导线起点或[导线类型(T)/X＝显示连接(X)]（图 4-78）：

```
当前导线类型:"RED_2.5mm^2"
指定导线起点或 [导线类型(T)/X=显示连接(X)]:
```

图 4-78 指定导线起点

在原理图中选择绘制导线的起点，命令行会提示以下信息：

指定导线末端或[V＝起点垂直/H＝起点水平/TAB＝碰撞关闭/继续(C)]（图 4-79）：此时，如果输入“V”将绘制垂直导线，输入“H”将绘制水平导线。

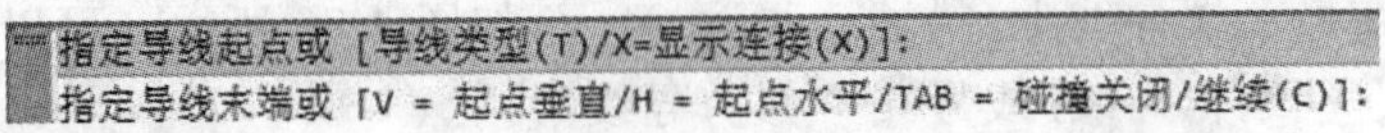

图 4-79　指定导线末端

依次插入熔断器 FU2(“熔断器\变压器\电抗器”→“熔断器”→“熔断器”)、断路器 QF5(“断路器\隔离开关”→“单极断路器”→“断路器”)和照明灯 EL(“指示灯”→“白炽灯”),如图 4-80 所示。

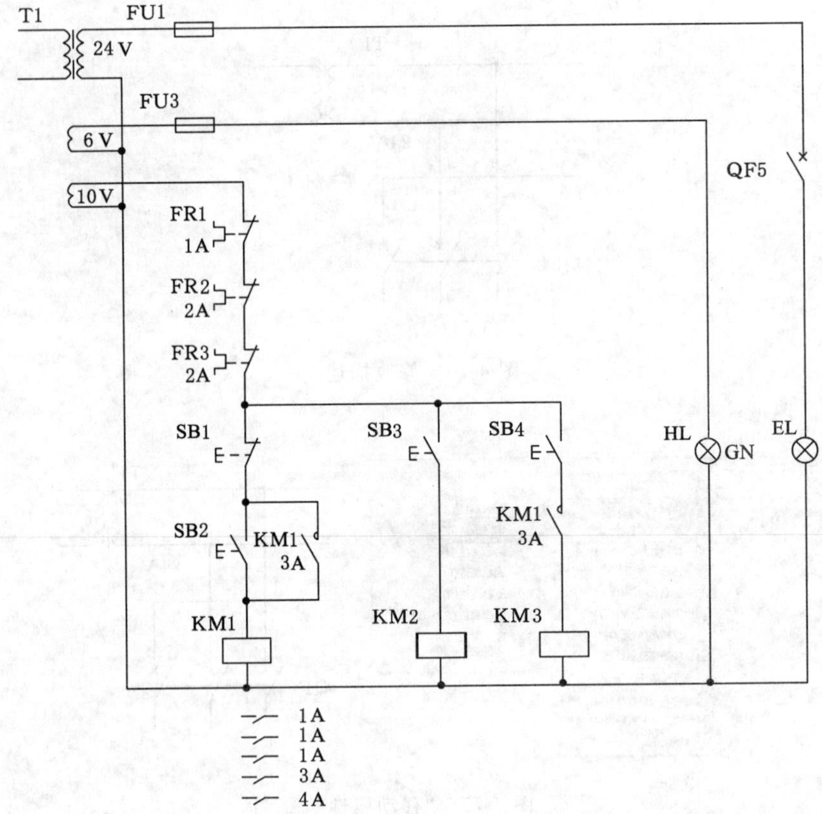

图 4-80　加入其他元器件

(8) 绘制信号灯回路

用同样的方法绘出信号灯回路,并在回路左上角插入单极熔断器 FU3、电压互感器(“熔断器\变压器\电抗器”→“变压器”→“电压互感器”,将元件名称删除,描述 1 填写“6 V”)和电源指示灯 HL(“指示灯”→“标准指示灯”→“绿灯”)。

提示:如果电压互感器的方向不合适,可以选择“常用”→“修改”→“旋转”命令对对象进行旋转,也可以对属性进行旋转,右键单击,选择“属性”→“旋转属性”,按提示完成相应操作即可。

(9) 绘制控制回路

继续绘出控制回路,复制上一回路的电压互感器,并将其描述 1 改为“10 V”,插入热继电器常闭触点 FR1、FR2、FR3(“电动机控制”→“多极过载,常闭触点”)、常闭按钮开关 SB1

("按钮"→"瞬动型常闭按钮")、常开按钮开关 SB2、SB3、SB4("按钮"→"瞬动型常开按钮")、接触器常开触点 KM1("电动机控制"→"电动机启动器"→"带单极常开触点的电动机启动器(电力用)")、接触器线圈 KM1、KM2、KM3("电动机控制"→"电动机启动器"→"电动机启动器"),如图 4-80 所示。

(10) 插入三相导线编号

通过对三相回路使用递增前缀和后缀来插入固定线号。此工具可以加快插入与三相母线和电动机回路关联的专用导线编号的过程。

单击"原理图"→"插入导线/线号"→"线号"→"三相",弹出"三相导线编号"对话框,如图 4-81 所示,在"前缀"文本框中输入"L","基点"文本框中输入"1",选择"增量","后缀"文本框中空。

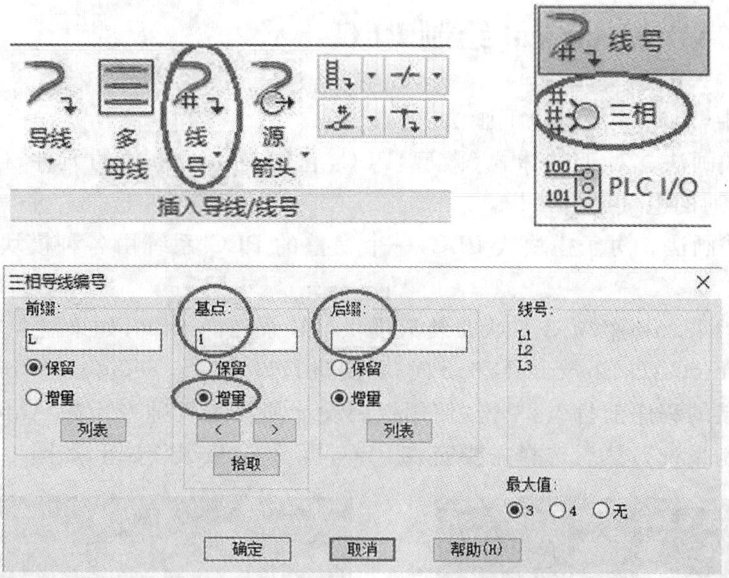

图 4-81　"三相导线编号"界面

单击"确定"按钮后从上到下依次选择水平母线三条导线,导线自动标注 L1、L2、L3 后返回对话框,点鼠标右键并选择"取消"或按"Esc"按键完成线号标注,如图 4-82 所示。

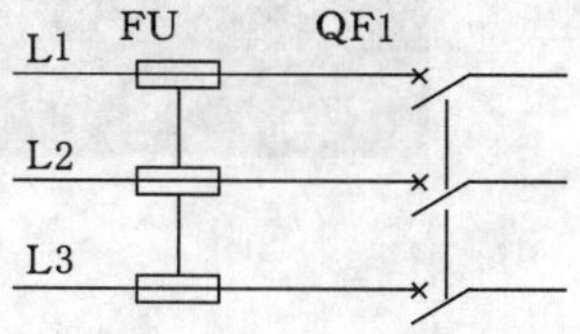

图 4-82　线号标注

(11) 自动插入线号

"自动插入线号"工具可快速处理并标记当前图形上的导线、项目中的导线或单独拾取的导线。单击"原理图"→"插入导线/线号"→"线号",打开"导线标记"对话框,如图 4-83 所示。

在"导线标记"对话框中可以选择"仅标记新项/未编号项",或者"标记/重新标记所有项",指定要使用的导线标记格式,选择要标记选定的导线、是图形中的导线还是项目中的导线。单击"拾取各条导线",选择控制回路进行信号的自动标记。

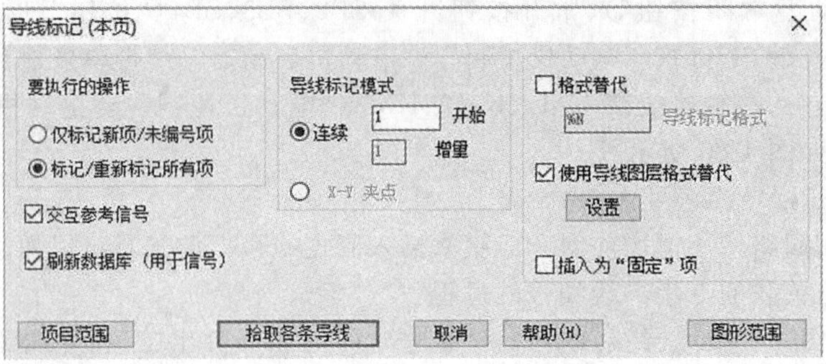

图 4-83 “导线标记”界面

4.7 AutoCAD Electrical 绘制 PLC

电气图纸中,PLC 一般有以下画法:

(1) 整体式画法。对于整体式(微型)PLC,它们是一个单独的元件,通常画成一个整体,如同一个普通的电气元件一样。

(2) 模块式画法。对于模块式 PLC,一个完整的 PLC 系统由各种模块构成,画图时通常按模块来画。

AutoCAD Electrical 2012 默认安装只提供 AB 系列的 PLC,如果需要安装其他品牌的 PLC,在安装 AutoCAD Electrical 2012 时,需要进行设置。

在需要安装的程序前打勾,单击“使用控制设计师及工程师专用的 AutoCAD 软件创建和修改电气控制系统”,然后选择需要安装 PLC,再单击“安装”按钮,如图 4-84 所示。

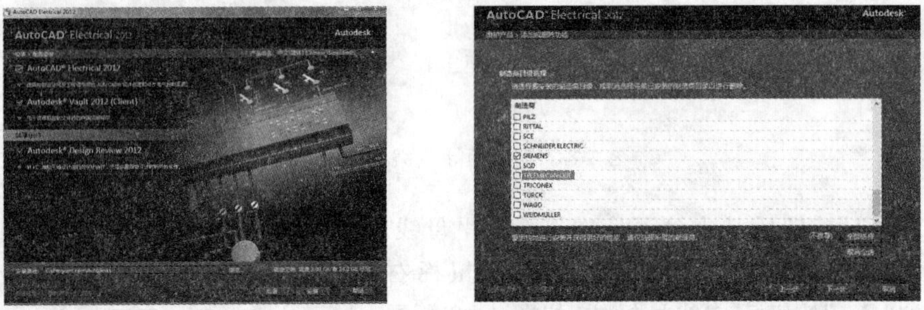

图 4-84 安装 PLC 界面

如果 AutoCAD Electrical 2012 已安装好,还需要再添加其他制造商的产品,可以采取以下方法。

(1) 在“控制面板\添加或删除程序”中选择 AutoCAD Electrical,然后单击“更改/删除”按钮。

(2) 在“AutoCAD Electrical 安装向导”中,单击“添加或删除功能”。

(3) 选择需要添加的制造商。

(4) 单击“下一步”按提示操作即可。

4.7.1 整体式 PLC 的画法

整体式 PLC 一般是微型 PLC，它是一个功能完整的元件，包括了电源，CPU，I/O 点等，因此，在 ACE 中它们与通常的电气元件在原理上是一致的，只是端子多了一些而已，通常这些端子排列成上下两行。在小型控制系统中微型 PLC 的应用比较多。

插入微型 PLC 可以通过以下方法：

选择“原理图”→“插入元件”→“插入 PLC”，可以同下拉箭头选择“插入 PLC(完整单元)”，如图 4-85 所示。

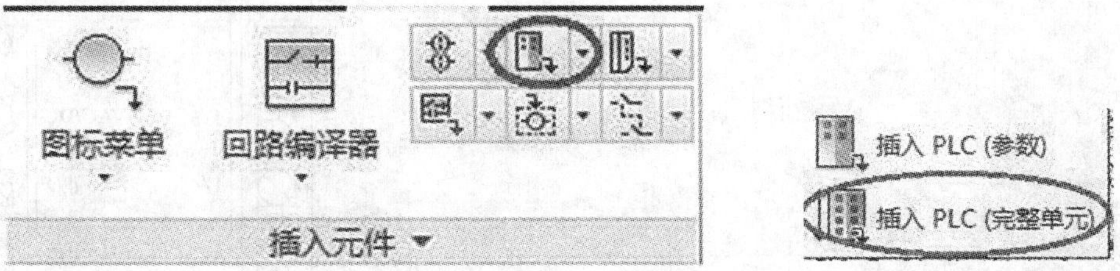

图 4-85 插入 PLC

在弹出的“插入元件”对话框中选择需要插入的 PLC 型号，如图 4-86 所示。

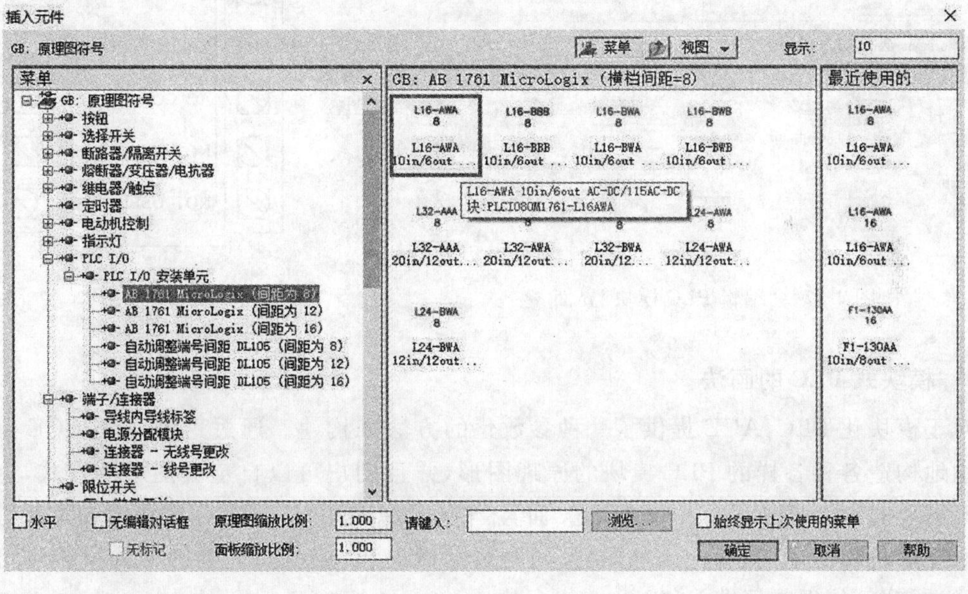

图 4-86 “插入元件”对话框

从图 4-86 中可以看出 ACE 自带了几种 Rockwell 公司的小型 PLC，我们可以根据实际情况选择相应的 PLC 型号进行插入，其他公司的微型 PLC 可以在上述微型 PLC 模块的基础上修改或通过自制符号库完成。

本节以插入“1761-L16AWA”型号 PLC 为例说明操作过程。在图 4-86 中，选择“1761-L16AWA”PLC，单击“确定”按钮，系统弹出“编辑 PLC 模块”对话框，如图 4-87 所示，可以对 PLC 的 I/O 进行编辑。

单击“确定”,在绘图区域选择 PLC 插入位置,即可完成 PLC 的插入,如图 4-88 所示。

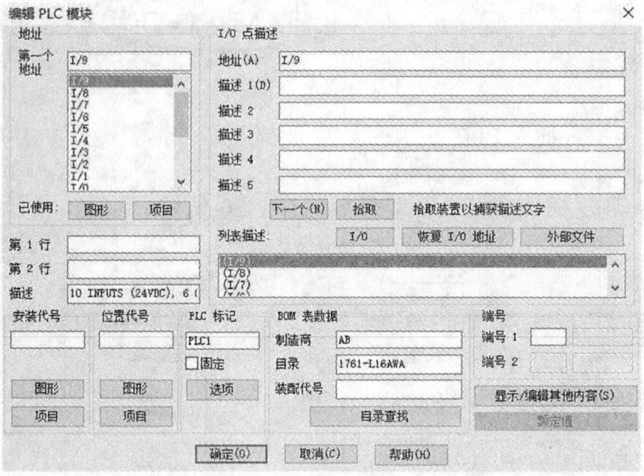

图 4-87 “编辑 PLC 模块”界面

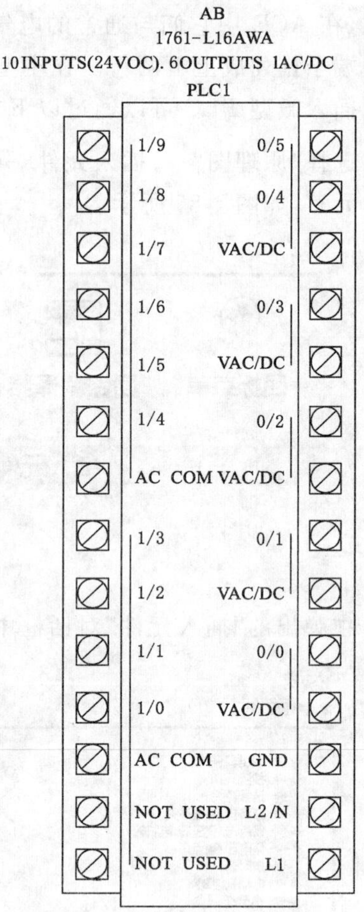

图 4-88 插入 PLC

4.7.2 模块式 PLC 的画法

对于模块化 PLC,ACE 提供了一种参数化的方法来构建。通过这种方法 ACE 可以轻而易举地构造各种各样的 PLC 模块的原理图形,并且用户可以自定义图形的样式,这种方法并不需要对每个模块做一个图形库。而且当在原理图中插入 PLC 模块时,ACE 可以根据图中导线阶梯的走向(横向或竖向)及间距自动做出相应变化,插到图中的模块还可以被拉伸或被打断,使得布局非常灵活。

在画 PLC 模块前,先要对布局做到心中有数。以 A3 图幅为例,常用方法是每张图上画 8~10 个点比较好(采用水平导线阶梯),因此,如果是一个 8 点的模块就占用一张图,16 点的模块就占用两张图,而 32 点的模块就占用四张图。

由于插入 PLC 模块时会感知图中已有的导线网络,所以要先根据布局经验在图中画上导线阶梯。在一张 A3 图上画 8~10 个点的模块,列间距取 30 mm 比较好。

用“ACE_GB_a3_a.dwt”模板文件新建一张图纸并保存。单击“原理图”→“插入导线/

线号”→“插入阶梯”按钮，如图 4-89 所示。

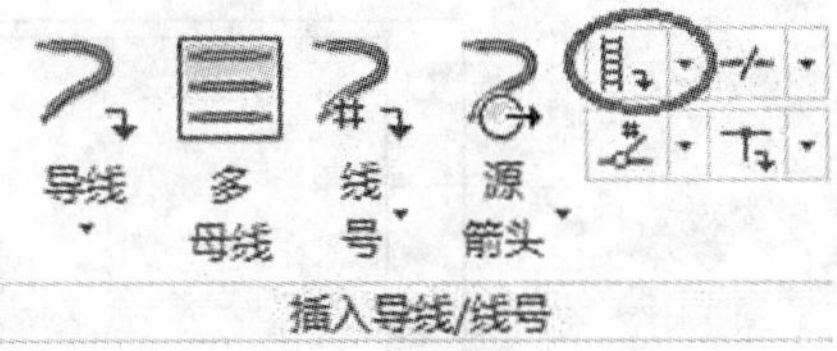

图 4-89　“插入阶梯”按钮

弹出“插入阶梯”对话框，在图中放置一个“宽度”80 mm，“间距”30 mm，“横档”8 列的阶梯（阶梯的列数具体根据 PLC 的实际具有电气连接的端子决定），如图 4-90 所示。

单击“确定”按钮，插入一个“宽度”140 mm，“间距”30 mm，横档 8 列的阶梯，如图 4-91 所示。

选择“原理图”→“插入元件”→“插入 PLC”，可以同下拉箭头选择“插入 PLC（参数）”，弹出“PLC 参数选择”对话框，可以选择插入的 PLC 模块型号，如图 4-92 所示，选择“6AG1 321-1BH02-2AA0”离散量输入模块，选择“图形样式”为 1，“水平模块”布局方式，单击“确定”，系统进入绘图区。

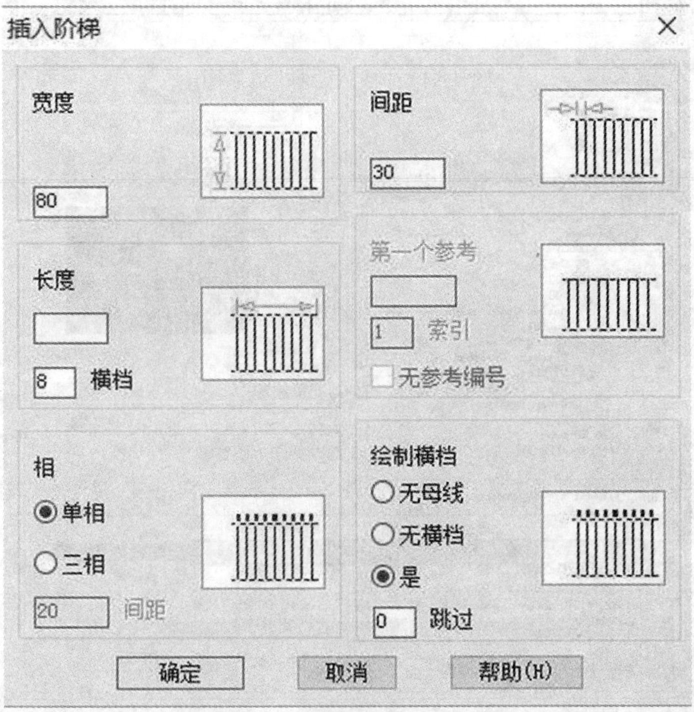

图 4-90　“插入阶梯”界面

系统提示指定“PLC 模块插入点”，将 PLC 的插入点指定为最左边阶梯线左下方，用鼠标单击，确定 PLC 插入点，如图 4-93 所示。

单击鼠标左键，系统弹出“模块布局”窗口，如图 4-94 所示。

图 4-94 中，“间距”指定模块的间距，模块的默认间距是基本横档间距。如果要替代此间距，可以修改显示在间距编辑框中的数值。此时希望行间距为 30，这样比较好画外围电路，所以间距设置为 30。

“I/O 点”指定是包含所有的点，将模块打断成多个部分。可以在插入模块时，根据需要将其打断成多个部分。

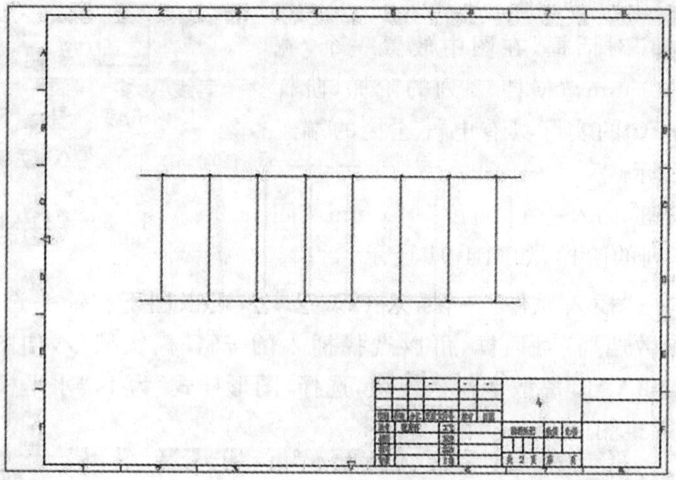

图 4-91 “插入阶梯”结果图

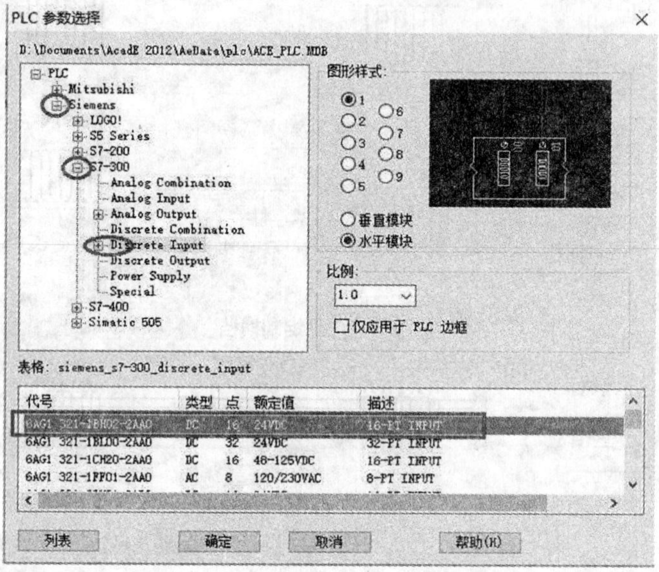

图 4-92 “PLC 参数选择”界面

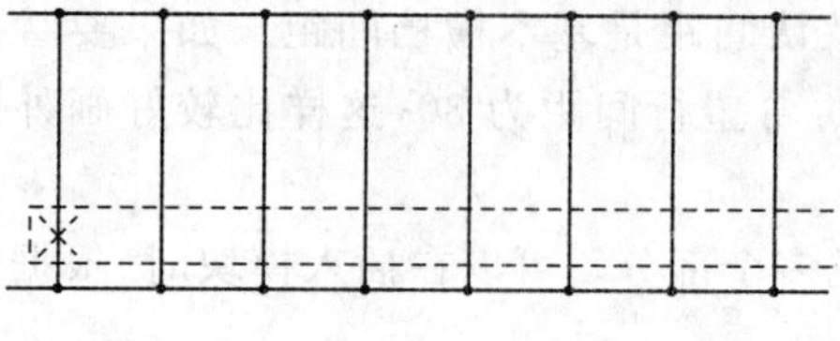

图 4-93 确定 PLC 插入点

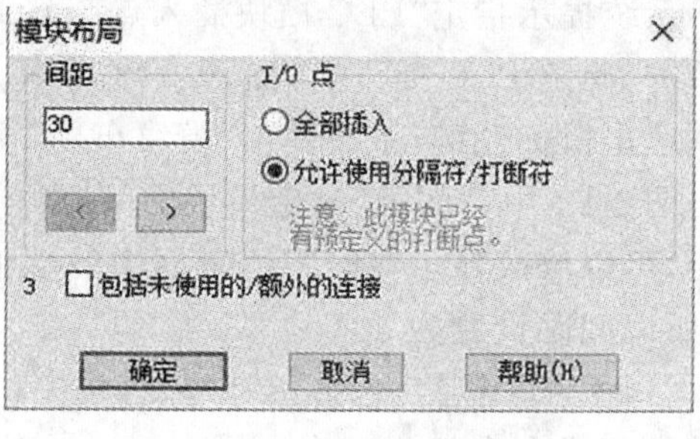

图 4-94 “模块布局”界面

“包括未使用的/额外的连接”指定以包括所有指向 PLC 的额外连接。部分模块可能具有未使用的端子(即,不具有电气连接的虚拟端子)。默认情况下将跳过未使用的端子。

这里,我们将“间距”设为 30,在“I/O 点”中选择“允许使用分隔符/打断符”,这样 ACE 在插入模块时可以将模块打断以便放到不同地方,因为 16 点的模块要占用两张图,所以我们准备将此模块分成两个部分,放到两张图上,所以,在第一张图上放置 8 个 DI 端子。

单击“确定”,弹出“I/O 点”设置对话框,如图 4-95 所示。

输入该模块所在的机架及槽号,单击“确定”,弹出“I/O 地址”对话框,如图 4-96 所示。

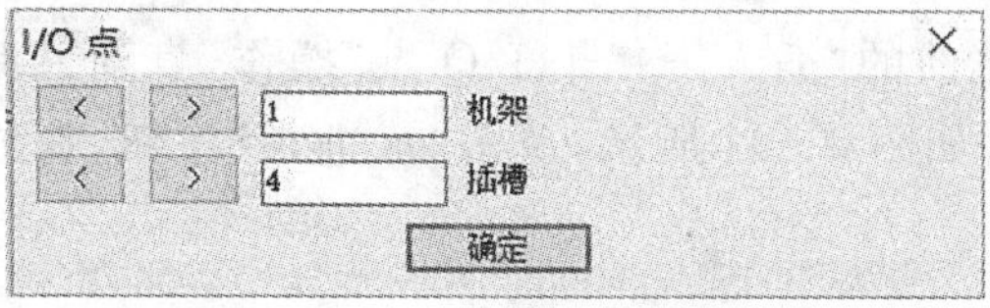

图 4-95　I/O 点设置对话框

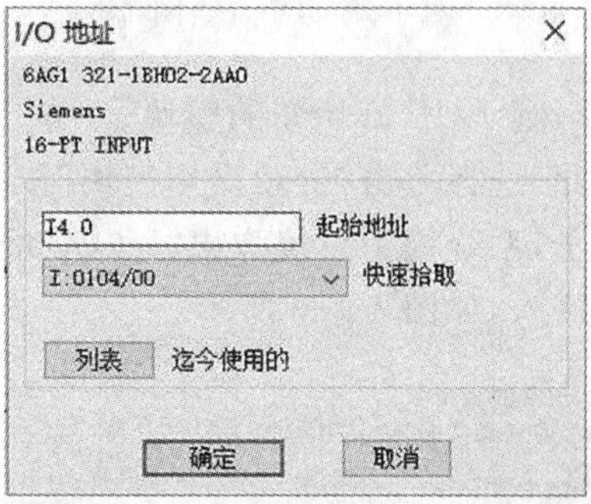

图 4-96　I/O 地址对话框

指定 I/O 模块的起始地址,单击“确定”按钮,弹出“自定义打断/间距”对话框,单击“插入下一个 I/O 点”,如图 4-97 所示。

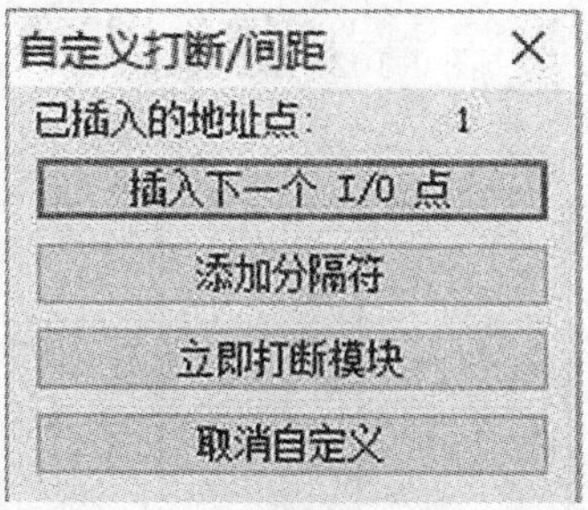

图 4-97　“自定义打断/间距”界面 1

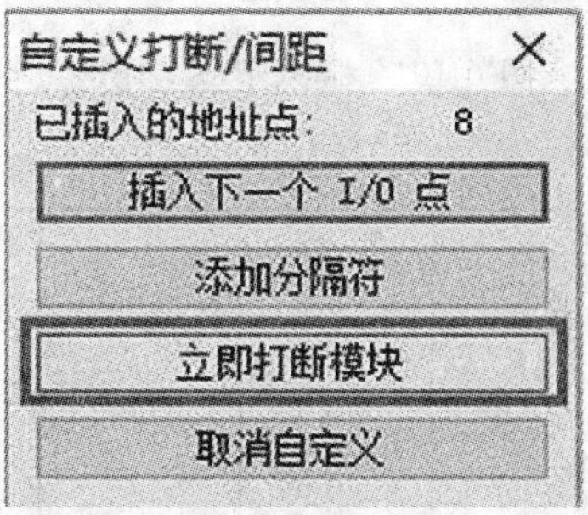

图 4-98　“自定义打断/间距”界面 2

当插入 8 个 I/O 点后,选择“立即打断模块”,如图 4-98 所示。按下“Esc”键,完成前 8 个 DI 点的绘图,如图 4-99 所示,同时弹出“已保存数据”对话框如图 4-100 所示,下次绘制同一模块,可以选择继续插入此模块。

用“ACE_GB_a3_a. dwt”模板文件再新建一张图纸并保存。单击“原理图”→“插入导线/线号”→“插入阶梯”按钮,弹出“插入阶梯”对话框,在图中放置一个“宽度”80 mm,“间距”30 mm,横档 9 列的阶梯。

选择“插入 PLC(参数)”,系统弹出“继续操作‘已打断的模块’”对话框,如图 4-101 所示。

选择“继续操作模块”按钮,系统继续操作以前“已打断的”PLC 模块,如果选择“开始新

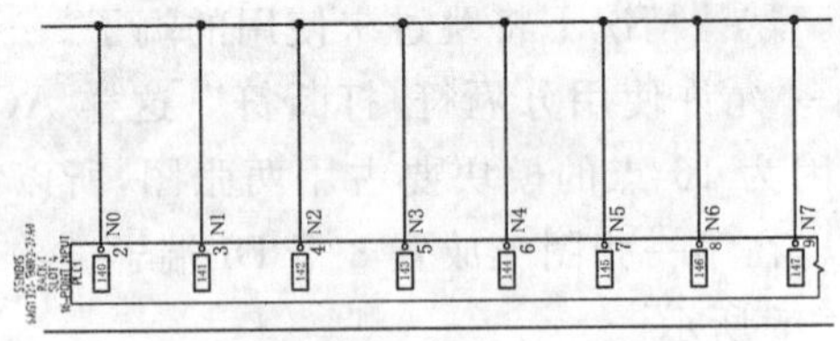

图 4-99 DI 点绘图

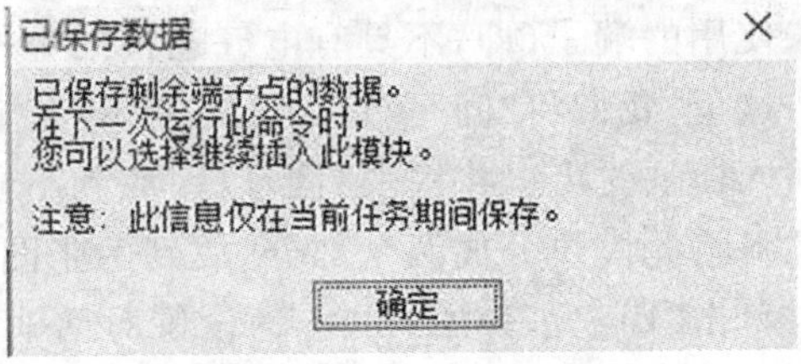

图 4-100 “已保存数据”界面

的模块”，则 ACE 开始新的模块。

在此，选择单击“继续操作模块”按钮，重复之前的“插入下一个 I/O 点”操作，直到最后一个端子，系统提示系统弹出“I/O 寻址”对话框，如图 4-102 所示，单击“八进制”按钮，完成模块的插入，如图 4-103 所示。

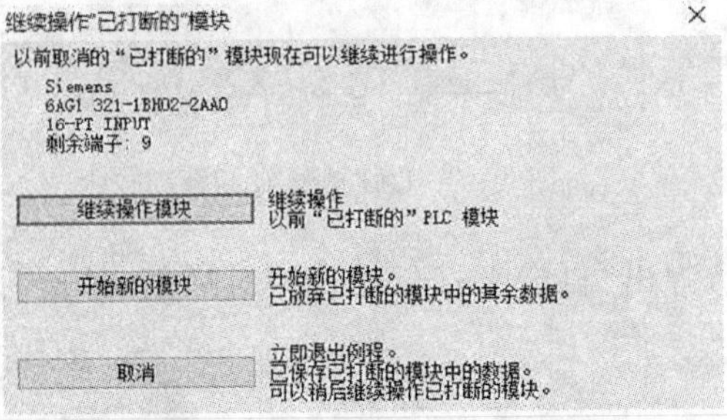

图 4-101 插入 PLC 参数

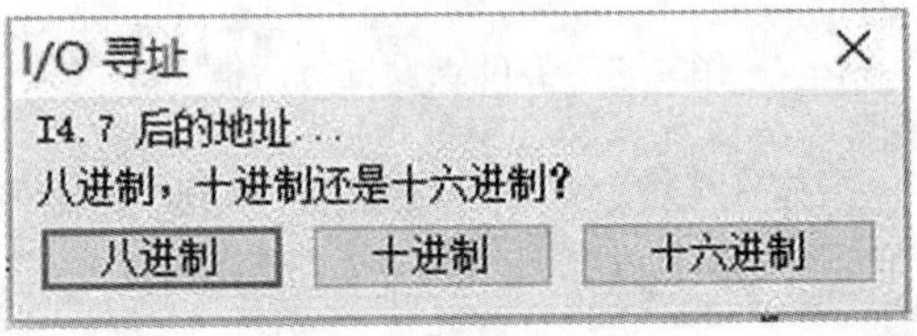

图 4-102 I/O 寻址

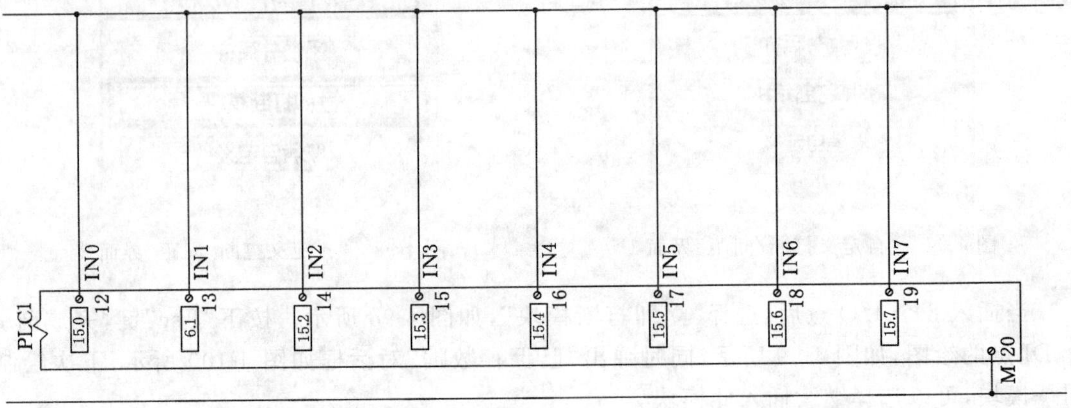

图 4-103 模块插入完成

完成 PLC DI 模块的插入，就可以继续插入其他元件，完成 PLC DI 模块原理图的绘制。图 4-104 是在刚才绘制的 PLC 原理图基础上插入的按钮及触点符号。

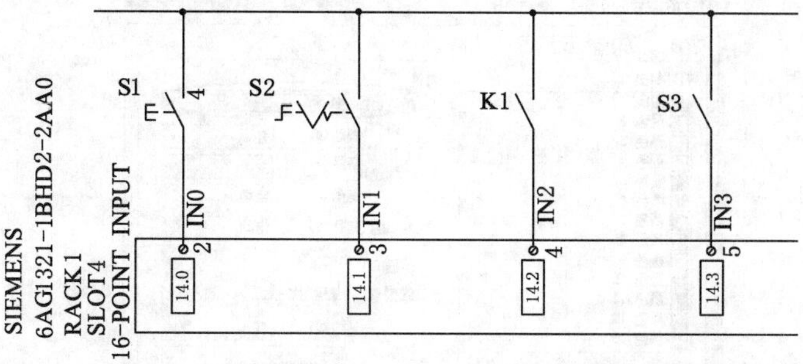

图 4-104　插入按钮及触点符号

4.8　页面设置与打印

4.8.1　打印设置

第一步:用鼠标左键单击标题栏左上角的图标,选择“文件”→“页面设置”,打开“页面设置管理器”对话框。在图 4-105 中,单击“修改”按钮。弹出“页面设置-模型”对话框,如图 4-106 所示。

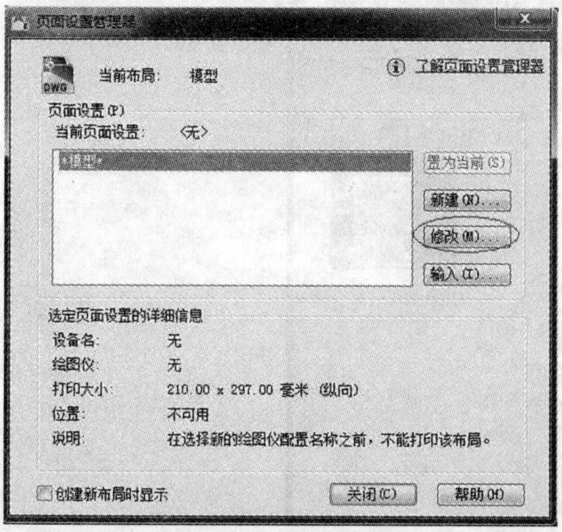

图 4-105　“页面设置管理器”/“修改”界面

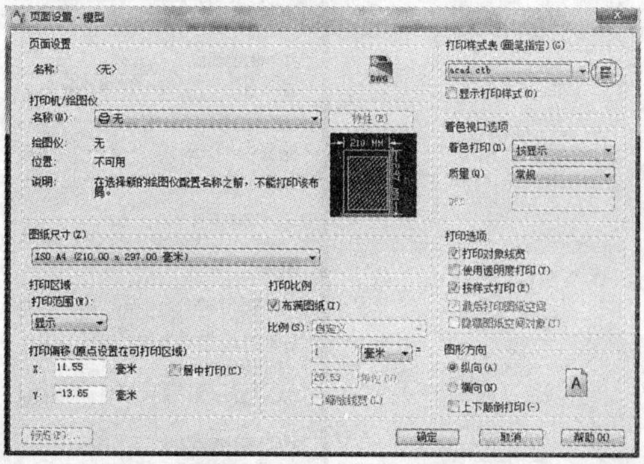

图 4-106　“页图设置-模型”界面

第二步:“页面设置-模型”对话框中,选择“打印样式表”为“acad. ctb”,然后单击右侧的按钮,打开“打印样式表编辑器”对话框,如图 4-107 所示。

第三步:按“Shift”键全选左侧打印样式里的所有颜色,指定打印样式的颜色为“黑”,其他设置如图 4-107 所示,单击“保存并关闭”按钮,关掉所有对话框,完成设置。

4.8.2　图纸打印

第一步:单击打印按钮,如图 4-108 所示,打开“打印-模型”设置对话框。

第二步:选择“打印机/绘图仪”,本教材选择“CutePDF Writer”,打印生成 pdf 文件。

第三步:选择“打印范围”为“窗口”,然后回到 AutoCAD 绘图区域,在图纸绘图区,先单

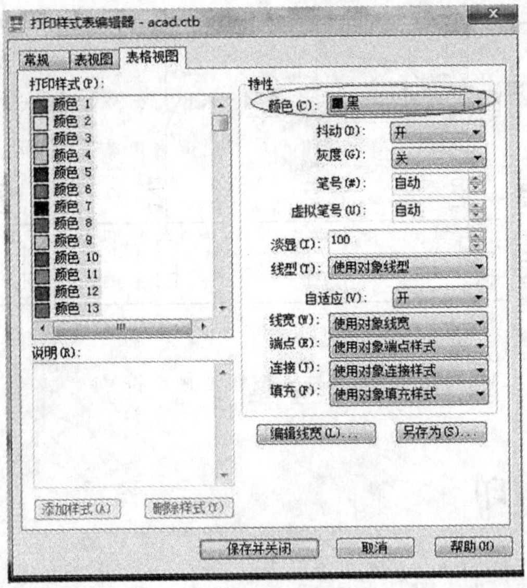

图 4-107 “打印样式表编辑器”界面

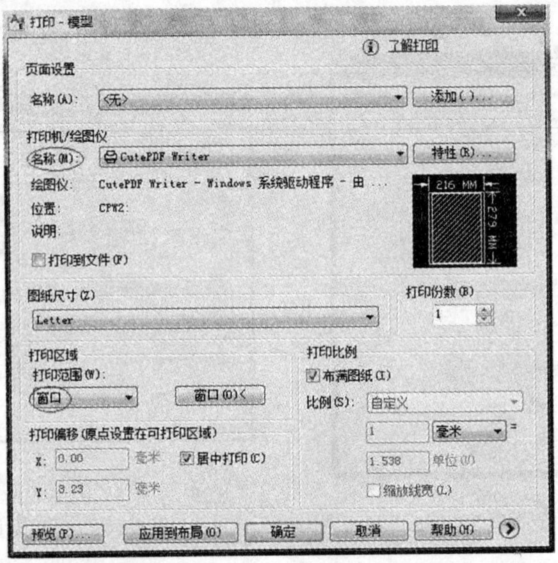

图 4-108 “打印-模型”设置对话框

击要打印图纸的左上角，然后单击图纸的右下角，即可选中整个图纸窗口。

第四步：单击“确定”按钮，完成图纸的打印。

习题与思考题

1. 绘制如题图 4-1 所示的图形，并进行标注。

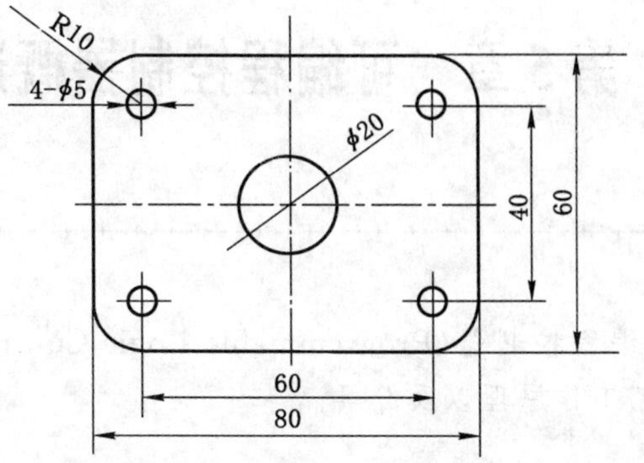

题图 4-1

2. 绘制如题图 4-2 所示的电路，并进行线号标号。

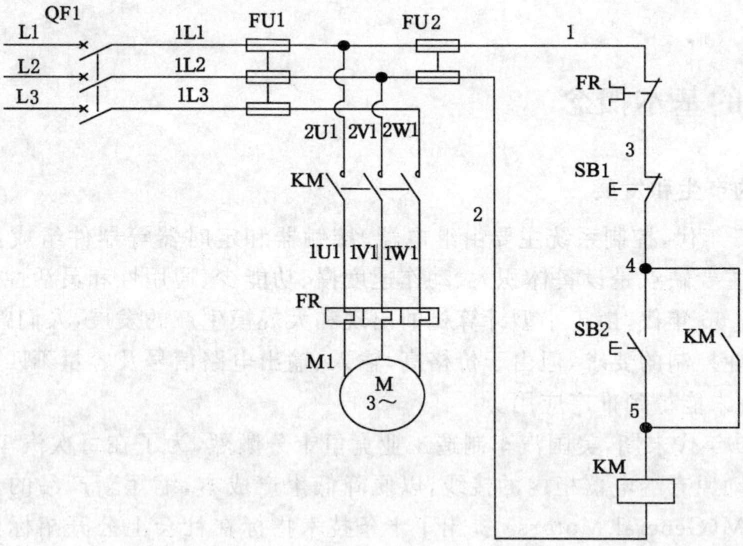

题图 4-2

第5章　可编程控制器概述

教学提示：

本章主要讲述可编程控制器(Programmable Logic Controller，PLC)的发展历史、特点、应用领域、结构、工作原理以及分类。

学习要求：

了解PLC的发展历史，理解PLC的定义及特点，掌握PLC的结构、工作原理，了解PLC的分类。

5.1　PLC的基本概念

5.1.1　PLC的产生和发展

20世纪20年代，控制系统主要由继电器、接触器和定时器等器件组成，用于控制各种生产机械。其主要缺点是设备体积大、动作速度慢、功能少、通用性和灵活性差。

到20世纪60年代，由于小型计算机的出现和大规模生产的发展，人们曾试图用小型计算机来实现工业控制的要求，但由于价格高，输入、输出电路信号及容量不匹配，编程技术复杂等原因，一直未能得到推广应用。

20世纪60年代末期，美国汽车制造工业竞争十分激烈，为了在每次汽车改型或改变工艺流程时不改动原有继电器柜内的接线，以便降低生产成本，缩短新产品的开发周期，国通用汽车公司GM(General Motors)提出了十条技术指标在社会上公开招标，制造一种新型的工业控制装置，取代生产线上的继电接触器控制系统，其具体要求如下。

(1) 编程简单方便。

(2) 硬件维护方便，采用模块式结构。

(3) 可靠性高于继电接触器控制装置。

(4) 体积小于继电器控制装置。

(5) 具有数据通信功能，以便监视系统运行状态及运行情况。

(6) 输入可以是交流115 V(美国电压标准)。

(7) 输出能直接驱动AC 115 V、2 A以下容量的电磁阀等负载设备。

(8) 存储设备可扩充至4 K个存储字节。

(9) 通用性强、扩展方便。

(10) 成本上可与继电器控制装置竞争。

美国数字设备公司(DEC)根据上述要求，首先研制出了世界上第一台可编程控制器PDP-14用于通用汽车公司的生产线，取得了满意的效果。但当时只能进行逻辑运算，故称为可编程逻辑控制器，简称PLC。它的开创性意义在于引入了程序控制功能，为计算机技术在工业控制领域的应用开辟了空间。

随着用户对高性能、高可靠性自动控制系统需求的不断提高，以及计算机技术、控制技术、网络技术的不断发展，到20世纪70年代，PLC技术已经进入成熟期，PLC从开关量的逻辑控制扩展到数字控制及生产过程控制领域，真正成为一种电子计算机工业控制装置，故称为可编程控制器，简称PC(Programmable Controller)。但由于PC容易与个人计算机(Personal Computer)相混淆，故人们仍习惯地用PLC作为可编程控制器的缩写。

IEC于1985年1月对可编程序控制器作了如下的定义：可编程控制器是一种进行数字运算的电子系统，是专为在工业环境下的应用而设计的工业控制器，它采用了可以编程序的存储器，用来在其内部存储执行逻辑运算、顺序控制、定时、计数和算术运算等操作的指令，并通过数字或模拟式的输入和输出，控制各种类型机械的生产过程。

5.1.2　PLC的特点

PLC的产生是基于工业控制的需要面向工业控制领域的专用设备，具有以下特点：

(1) 使用方便，编程简单

采用简明的梯形图、逻辑图或语句表等编程语言，无须计算机知识，因此系统开发周期短，现场调试容易。另外，可在线修改程序，改变控制方案而不拆动硬件。

(2) 功能强，性能价格比高

一台小型PLC内有成百上千个可供用户使用的编程元件，有很强的功能，可以实现非常复杂的控制功能。它与相同功能的继电器系统相比，具有很高的性能价格比。PLC可以通过通信联网，实现分散控制，集中管理。

(3) 硬件配套齐全，用户使用方便，适应性强

PLC产品已经标准化、系列化、模块化，配备有品种齐全的各种硬件装置供用户选用，用户能灵活方便地进行系统配置，组成不同功能、不同规模的系统。PLC的安装接线也很方便，一般用接线端子连接外部接线。PLC有较强的带负载能力，可以直接驱动一般的电磁阀和小型交流接触器。

硬件配置确定后，可以通过修改用户程序，方便快速地适应工艺条件的变化。

(4) 可靠性高，抗干扰能力强

传统的继电器控制系统使用了大量的中间继电器、时间继电器，由于触点接触不良，容易出现故障。PLC用软件代替大量的中间继电器和时间继电器，仅剩下与输入和输出有关的少量硬件元件，接线可减少到继电器控制系统的1/10～1/100，因触点接触不良而造成的故障大为减少。PLC采取了一系列硬件和软件抗干扰措施，具有很强的抗干扰能力，平均无故障时间达到数万小时以上，可以直接用于有强烈干扰的工业生产现场，PLC已被广大用户公认为是最可靠的工业控制设备之一。

(5) 系统的设计、安装、调试工作量少

PLC用软件功能取代了继电器控制系统中大量的中间继电器、时间继电器、计数器等器件，使控制柜的设计、安装、接线工作量大大减少。

PLC 的梯形图程序一般采用顺序控制设计法来设计。这种编程方法很有规律，很容易掌握。对于复杂的控制系统，设计梯形图的时间比设计相同功能的继电器系统电路图的时间要少得多。PLC 的用户程序可以在实验室模拟调试，输入信号用小开关来模拟，通过 PLC 上的发光二极管可观察输出信号的状态。完成了系统的安装和接线后，在现场的统调过程中发现的问题一般通过修改程序就可以解决，系统的调试时间比继电器系统少得多。

(6) 维修工作量小，维修方便

PLC 的故障率很低，且有完善的自诊断和显示功能。PLC 或外部的输入装置和执行机构发生故障时，可以根据 PLC 上的发光二极管或编程器提供的信息迅速查明故障的原因，用更换模块的方法可以迅速排除故障。

由于 PLC 的显著特点，目前已跃居工业自动化三大支柱（PLC、ROBOT、CAD/CAM）的首位，广泛应用于钢铁、石油、化工、电力、建材、机械制造、汽车、轻纺、交通运输、环保及文化娱乐等领域。

5.2 PLC 的结构和工作过程

5.2.1 PLC 的基本结构

PLC 实质上也是一种工业控制计算机，是计算机技术与传统的继电器-接触器控制技术相结合的产物，和一般的计算机相比，PLC 具有更强的与工业过程相连的接口和更直接的适用于控制要求的编程语言。

从硬件结构上看，PLC 主要由中央处理单元（CPU）、存储器（RAM、ROM）、输入/输出接口部件（I/O 接口，包括 DI、DO、AI、AO）、通信接口等部分组成，其中 CPU 是 PLC 的核心，I/O 部件是连接现场设备与 CPU 之间的接口电路，通信接口用于和监控计算机、触摸屏、编程器连接，如图 5-1 所示。

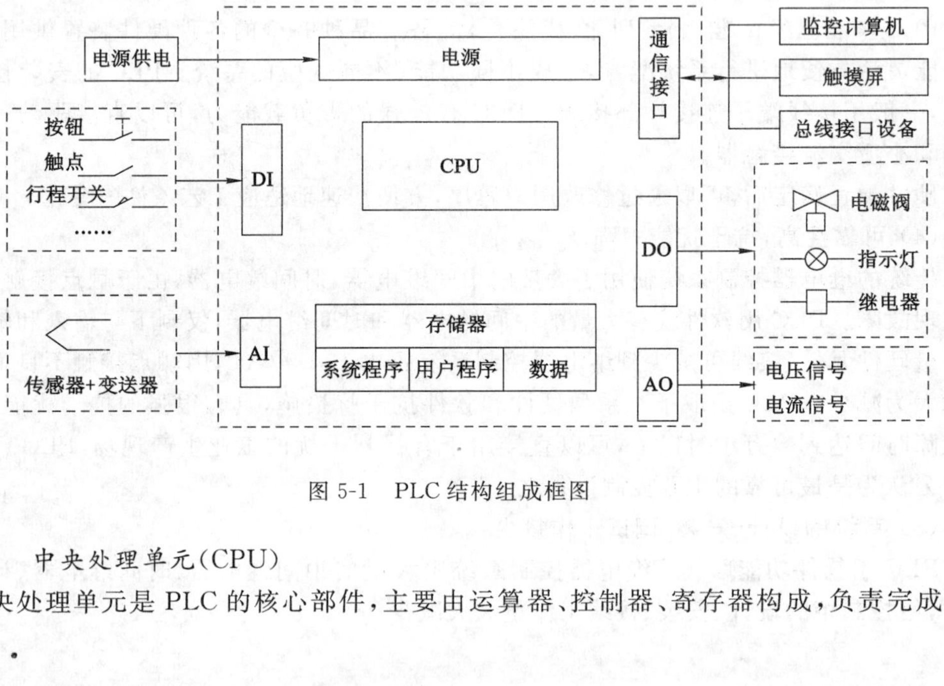

图 5-1　PLC 结构组成框图

5.2.1.1　中央处理单元（CPU）

中央处理单元是 PLC 的核心部件，主要由运算器、控制器、寄存器构成，负责完成逻辑运算、数字运算以及协调系统内各部分的工作。它在系统程序的管理下运行，主要功能有：

（1）接受并存储用户程序和数据；

（2）诊断电源故障以及用户程序的语法错误；

（3）读取输入单元状态和数据并存储到相应的存储区；

（4）读取用户程序指令，解释执行用户程序，完成逻辑运算、数字运算、数据传递等任务，刷新输入、输出映像区，并将输出映像区的内容送至输出单元。

CPU 通过输入装置读入外设的状态，由用户程序处理，并根据处理结果通过输出装置去控制外设。

5.2.1.2　存储器

存储器主要存放系统程序、用户程序及工作数据，分为系统程序存储器和用户存储器。

（1）系统程序存储器。存放系统程序，包括管理程序、监控程序、对用户程序做编译处理的解释编译程序。

（2）用户存储器。用来存放用户程序即存放通过编程器输入的用户程序，分为用户程序存储区和工作数据存储区。

5.2.1.3　输入/输出(I/O)单元

输入/输出单元又称 I/O 接口模块。I/O 接口模块是 PLC 与工业现场的接口，PLC 通过 I/O 接口可以检测被控对象或被控生产过程的各种参数，以这些现场数据作为 PLC 对被控对象进行控制的信息依据。同时 PLC 又通过 I/O 接口将处理结果送给被控设备或工业生产过程，以实现控制。

工业现场的输入和输出信号类型主要有数字量和模拟量。因此 I/O 接口也主要有数字量 I/O 和模拟量 I/O 两种接口，具体分为：数字量输入(DI)、数字量输出(DO)、模拟量输入(AI)、模拟量输出(AO)。

PLC 的输入/输出单元还包括一些特殊功能模块，所谓功能模块就是一些智能化了的输入/输出模块，如高速计数模块、定位模块、闭环控制模块等。

5.2.1.4　通信接口

通信接口主要用于 PLC 与编程设备、PLC 与监控计算机、触摸屏、PLC 与 PLC 以及 PLC 与其他智能设备（变频器、总线型传感器、总线型执行器等）之间信息交换，形成一个统一的整体，实现程序的下载/上传、网络控制、远程监控、人机界面等功能。PLC 一般都支持多种类型的通信接口，如 RS-485、MPI、Profibus DP 总线、工业以太网等，以实现不同的功能。

5.2.1.5　电源部件

PLC 的电源是指将外部输入的交流电转换成可满足 CPU、存储器、I/O 接口等内部电路工作需要的直流电源电路或电源模块。PLC 的电源多采用开关稳压电源，稳定性好、抗干扰能力强。电源按其输入类型可以分为交流电源（AC220 V 或 AC110 V）和直流电源（DC24 V）。电源模块具有可靠的隔离特性、短路保护等功能，在满足内部电路需要的同时还提供一定容量的直流 24 V 电源，供外部有源传感器等负载使用。

5.2.2　数字量输入/输出接口电路

5.2.2.1　数字量输入接口电路

数字量输入接口电路接收来自现场设备的各种控制信号，如操作按钮、行程开关、接近开关、接触器辅助触点等，并将这些信号转换成 CPU 能够识别和处理的信号，存到输入映像寄存器。为了提高可靠性，PLC 采用光电耦合器，防止强电干扰。

按外接电源的类型可以将数字量输入分为直流输入、交流输入两种形式。图 5-2 所示为数字量输入接口电路原理图。

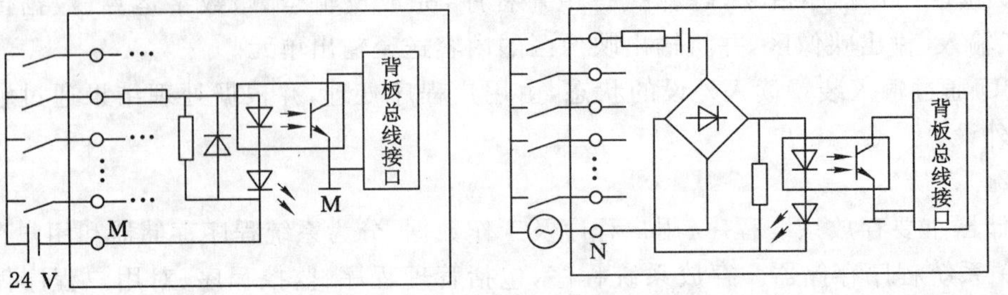

图 5-2　数字量输入接口电路原理图

对于直流输入电路，按输入模块公共端电流的流向可以分为源型输入接口电路和漏型输入接口电路两种形式。三菱 PLC 定义源型输入与漏型输入是相对于 PLC 公共端（COM 端）而言的，如图 5-3 所示，当公共端连接负电位时，就是源型接线，电流从公共端流出；当公共端连接正电位时，就是漏型接线，电流从公共端流入。

注意：因各品牌厂家 PLC 设计使用的不同，对于源型和漏型的定义也相对不同（西门子和三菱的定义正好相反）。

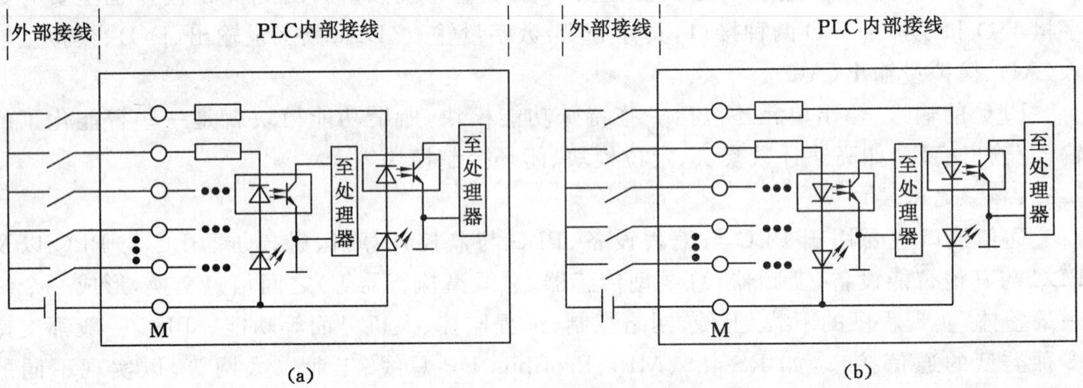

图 5-3　三菱 PLC 源型输入和漏型输入的定义

(a) 漏型输入接口电路；(b) 源型输入接口电路

西门子关于数字量输入源型和漏型定义见表 5-1。漏型输入，开关位于 DC24 V 和模块输入端子之间，公共端接地。源型输入，开关位于模块输入端子和地之间，公共端接 DC24 V。

5.2.2.2　数字量输出接口电路

数字量输出接口电路一般用于将 PLC 输出的弱电控制信号转换成强电信号输出，以驱动电磁阀、接触器、指示灯等被控设备的执行元件。

根据输出电路的结构可以将数字量输出接口电路分为三种类型，如图 5-4 所示。

表 5-1　　　西门子关于数字量输入源型和漏型定义

术语	漏型输入:开关位于 DC24 V 和模块的数字量输入端子之间,电流从数字量输入端子流入	源型输入:开关位于模块的数字量输入端子和地之间,电流从数字量输入端子流出
开关	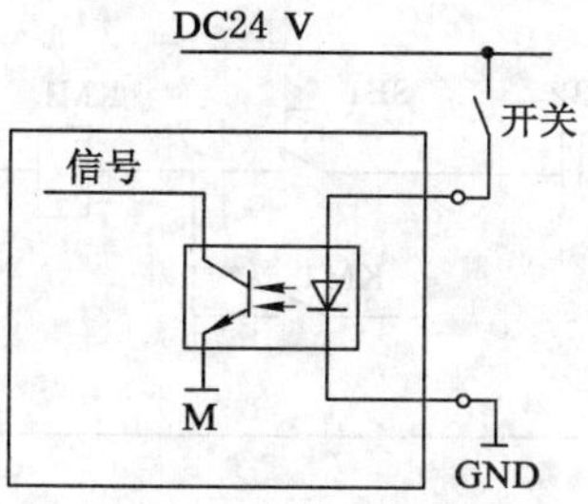	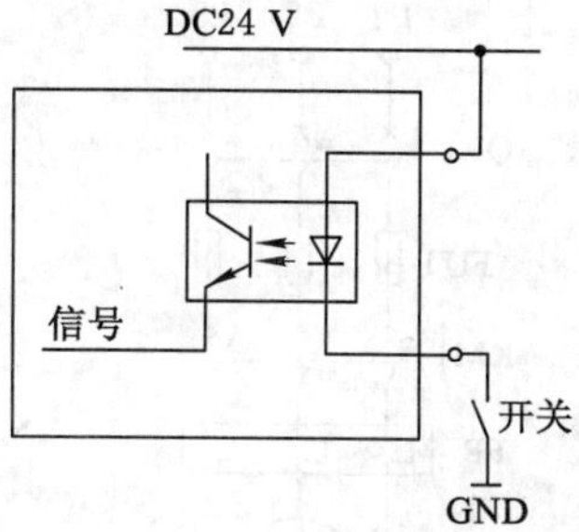

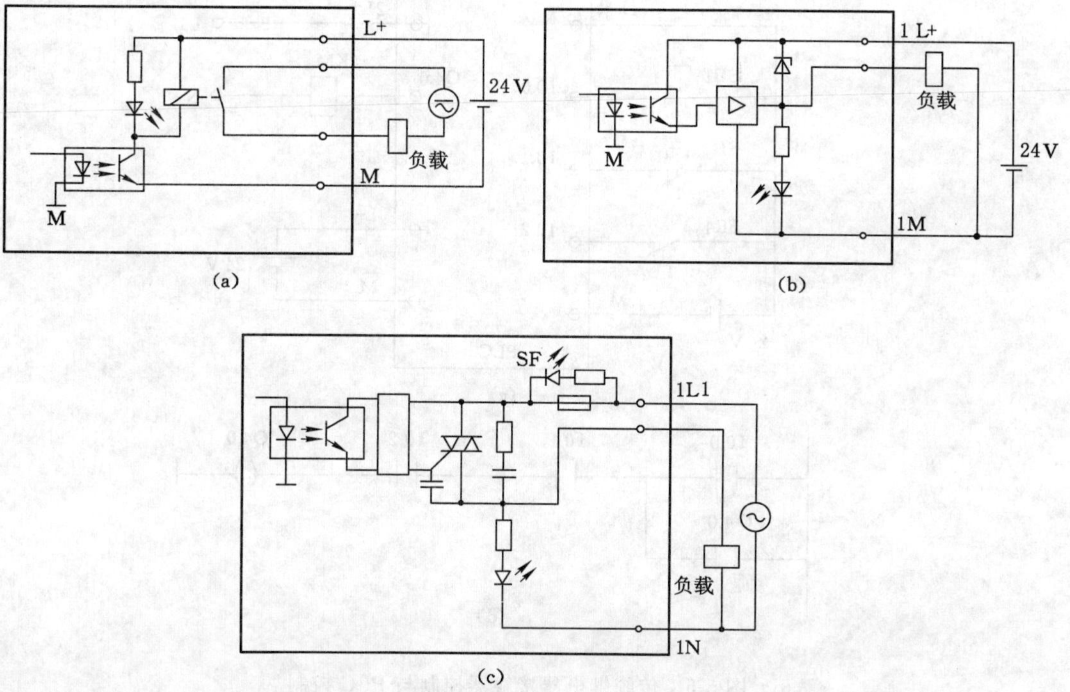

图 5-4　数字量输出接口电路原理图

(a) 继电器输出形式;(b) 晶体管输出形式;(c) 晶闸管输出形式

(1) 继电器输出。继电器输出是最常见的一种方式,采用继电器作为输出驱动器件,为有触点输出方式,输出信号的通断频率不能太高,可以驱动交、直流负载。

(2) 晶体管输出。采用晶体管作为输出驱动器件,为无触点输出方式,输出信号的通断频率高,适合做脉冲输出,但只能驱动直流负载。

(3) 晶闸管输出。采用晶闸管作为输出驱动器件,为无触点输出方式,输出信号的通断频率高,但只能驱动交流负载,应用较少。

5.2.3 PLC 的工作过程

PLC 控制是继电器-接触器控制的继承和发展，图 5-5 所示为采用传统继电器-接触器控制和 PLC 控制两种方式实现电动机的自锁控制。

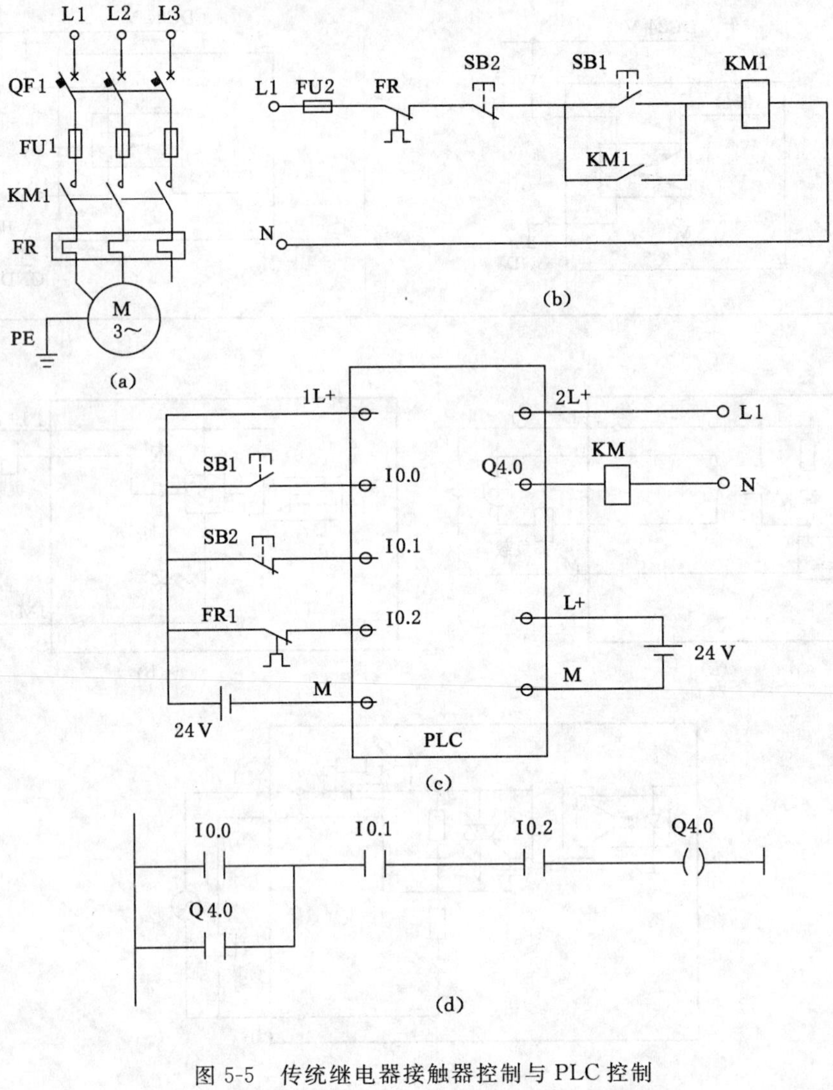

图 5-5　传统继电器接触器控制与 PLC 控制

(a) 三相异步电机主回路；(b) 继电器-接触器控制回路；

(c) PLC 控制电路；(d) PLC 控制程序

可以将 PLC 的工作过程抽象为图 5-6 所示的等效电路，包括输入部分、内部控制电路以及输出部分。

(1) 输入部分：由输入器件（按钮、行程开关等）及输入继电器组成，用于采集被控设备的信息或操作指令。

(2) 内部控制电路：由 I（输入映像存储器、输入继电器）、T（定时器）、C（计数器）、M（辅助存储区、辅助继电器）、Q（输出映像存储区、输出继电器）等元件组成，根据输入、输出和其他相关信息完成逻辑运算、数学运算，发出相应的控制命令。

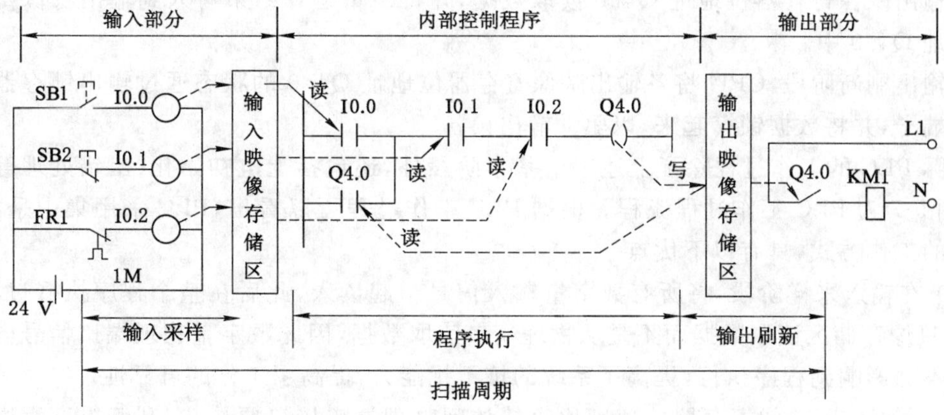

图 5-6　PLC 工作过程等效电路

(3) 输出部分:由输出器件和负载组成,根据内部控制电路发出的输出信号来控制外部负载。

PLC 工作(扫描)过程可以分为输入采样阶段、程序执行阶段、输出刷新阶段三个基本阶段,如图 5-6 所示。

(1) 输入采样阶段

在输入采样阶段,PLC 以扫描方式依次读入所有数字量输入端子的状态,并将它们存入输入映象存储区中相应的单元内。

输入采样结束后,转入用户程序执行和输出刷新阶段。在这两个阶段中,即使数字量输入端子的状态发生变化,输入映象存储区中相应单元的状态也不会改变。因此,如果输入是脉冲信号,则该脉冲信号的宽度必须大于一个扫描周期,才能保证在任何情况下,该输入均能被读入。

(2) 程序执行阶段

在用户程序执行阶段,PLC 按照先左后右、由上到下的顺序依次地扫描用户程序(梯形图)。程序中处理的数字量输入/输出信号是输入/输出映像存储区的信号,而不是实际端子的信号。运算处理后的数字量输出信号被放入输出映像存储区中,而不是直接通过端子输出驱动设备。

(3) 输出刷新阶段

在所有指令执行完毕后,CPU 就进入输出刷新阶段,按照输出映像区内对应的状态和数据,刷新所有的输出锁存电路,再经输出电路驱动相应的外部负载,这才是真正的输出。

结合图 5-6 进一步说明 PLC 的工作过程。

梯形图中 I0.0、I0.1、I0.2 是数字量输入映像存储区的位地址,每个位地址对应一个数字量输入端子。Q4.0 是数字量输出映像存储区的位地址,对应一个数字量输出端子。

在输入采样阶段,CPU 将输入端子 I0.0、I0.1、I0.2 的状态通过输入锁存器,读入对应的输入映像寄存器,外部触点接通,有电流流过该端子时,对应的输入映像存储区存入 1,否则存入 0。

在程序执行阶段,PLC 在执行第 1 条指令时,从输入映像寄存器 I0.0、I0.1、I0.2 位地址以及输出映像寄存器位地址 Q4.0 读取数据，并将逻辑运算结果写入到输出映像寄存器的位地址 Q4.0 中。

在输出刷新阶段，CPU 将各输出映像寄存器位地址 Q4.0 的状态通过输出锁存器传送给输出端子，并将数据锁存起来，以驱动输出设备。

实际 PLC 的工作过程除了上述三个基本阶段外，还包括上电初始化、出错处理等其他环节，图 5-7 为 PLC 工作过程流程。根据 PLC 工作过程可以看出，PLC 采用集中采样、集中输出的工作方式，具有以下优点。

(1) 在输入采样阶段，将所有数字量输入信号一起读入，此后在整个程序执行过程中，PLC 从映像存储区读取数据而不是从物理端口读取数据，因此数字量物理端口信号电平状态变化不会影响到程序执行，提高了系统的抗干扰能力，提高了工作的可靠性。

(2) 由于访问映像寄存器的速度比直接访问物理端口接口要快，有利于提高程序的运行速度。

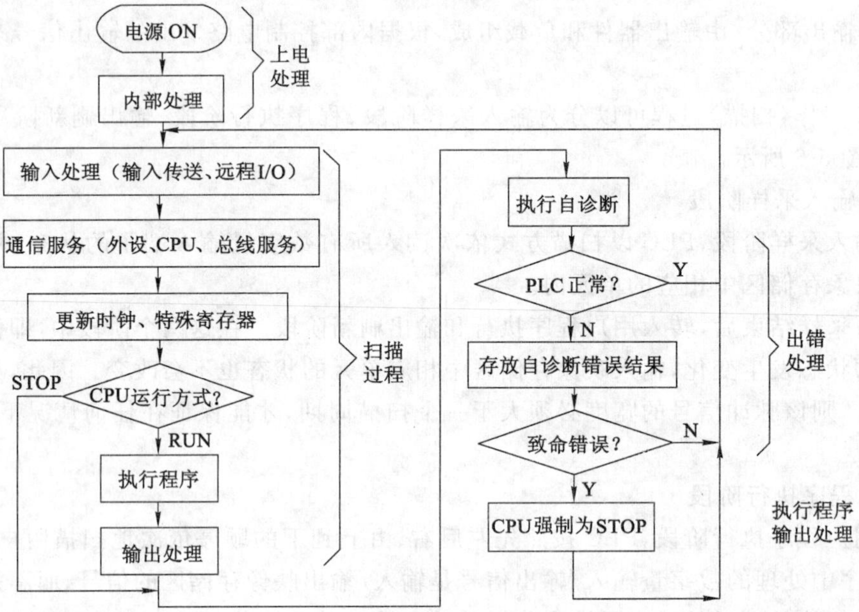

图 5-7 PLC 工作过程流程

5.3 PLC 的分类

PLC 按不同的分类方法可分为不同的类型。一般来说可以从三个角度对 PLC 进行分类。一是从 PLC 的制造厂商，二是从 PLC 的结构特点，三是从控制规模、控制性能去分类。

5.3.1 按制造厂商分类

(1) 美国 PLC 产品

著名厂家有，艾伦-布拉德利（Allen-Bradley）公司、莫迪康（MODICON）公司、GE 公司等；其中 A-B 公司是美国最大的 PLC 制造商，其产品约占美国 PLC 产品的一半。

（2）欧洲 PLC 产品

德国西门子（SIEMENS）公司、AEG 公司、法国 TE 公司。西门子的电子产品久负盛名，在中、大型 PLC 产品领域与美国的 A-B 公司齐名。

（3）日本 PLC 产品

日本 PLC 厂商主要包括三菱电机（MITSUBISHI）、欧姆龙（OMRON）等。

（4）国产 PLC 产品

国产 PLC 近年来发展迅速，主要厂家有台达、和利时、南大傲拓等。

5.3.2　按组成结构形式分类

（1）整体式 PLC

整体式 PLC 将电源、CPU、存储器、I/O 接口都集成在一个单元内，该单元叫作基本单元，一个基本单元就是一台完整的 PLC。整体式 PLC 一般配备有许多功能单元，如数字量 I/O 单元、模拟量 I/O 单元、位置控制单元和通信单元等，以构成不同的配置，完成特殊的控制任务。基本单元和扩展单元之间用扁平电缆连接。

整体式结构的特点是非常紧凑、体积小、成本低、安装方便。小型 PLC 一般采用这种整体式结构，如西门子 S7-1200PLC，如图 5-8 所示。

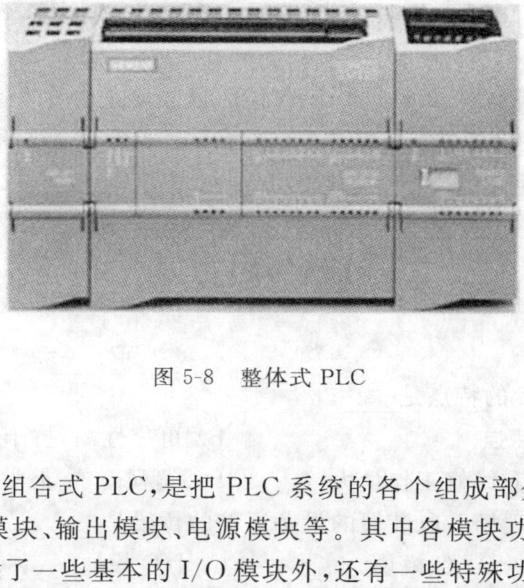

图 5-8　整体式 PLC

（2）模块式 PLC

模块式 PLC 也称为组合式 PLC，是把 PLC 系统的各个组成部分按功能分为若干个模块，如 CPU 模块、输入模块、输出模块、电源模块等。其中各模块功能比较单一，模块的种类却日趋丰富。比如，除了一些基本的 I/O 模块外，还有一些特殊功能模块，如温度检测模块、位置检测模块、PID 控制模块、通信模块等。模块式 PLC 由框架或基板和各种模块组成，模块装在框架或基板的插座上，如图 5-9 所示。模块式 PLC 的特点是 CPU、输入、输出均为独立的模块。模块尺寸统一、安装整齐、I/O 点选型自由、安装调试、扩展、维修方便。大、中型 PLC 一般采用模块式结构，如西门子 S7-300、S7-400PLC。

5.3.3　按控制规模和控制性能

按控制规模可以将 PLC 分为小型机 PLC、中型 PLC 和大型 PLC。

（1）小型 PLC

小型 PLC 的 I/O 点数在 256 点之内，适合于单机控制或小型系统的控制，如西门子 S7-

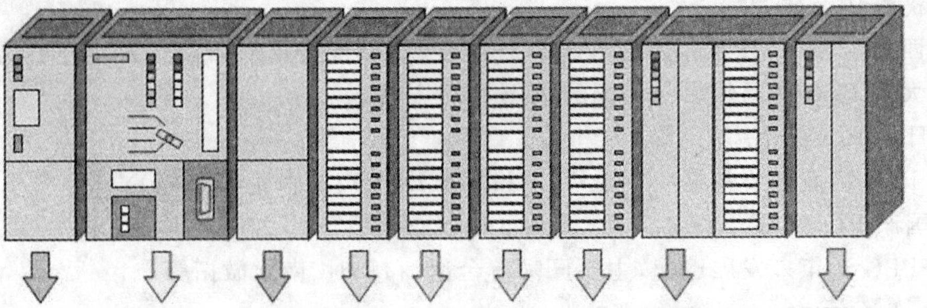

图 5-9　模块式 PLC

200 系列 PLC，处理速度 0.8～1.2 ms/K，数字量 248 点，模拟量 35 点。

(3) 中型 PLC

中型机的 I/O 点数一般不大于 2 048 点，可用于对设备进行直接控制，还可以对多个下一级的可编程序控制器进行监控，它适合中型或大型控制系统的控制，如西门子 S7-300 系列 PLC，处理速度 0.8～1.2 ms/1 K 字，数字量 1 024 点，模拟量 128 点。

(4) 大型 PLC

大型机的控制点一般大于 2 048 点，不仅能完成较复杂的算术运算，还能进行复杂的矩阵运算；它不仅可用于对设备进行直接控制，还可以对多个下一级的可编程序控制器进行监控，如西门子 S7-400 系列 PLC，处理速度 0.3 ms/1 K 字，I/O 点 12 672。

习题与思考题

一、选择题

1. 下列不属于 PLC 的特点是____。

A. 通用性好，适应性强　　B. 可靠性高，抗干扰能力强

C. 设计、安装、调试和维修工作量大　　D. 编程简单、易学

2. PLC 的 CPU 与现场 I/O 装置的设备通信的桥梁是____。

A. I 模块　　B. O 模块　　C. I/O 模块　　D. 外设接口

3. 为拓宽输入电压范围，提高效率和抗干扰能力，PLC 的内部电源一般采用____。

A. 并联稳压电源　　B. 串联稳压电源

C. 锂电池　　D. 开关稳压电源

4. 按组成结构形式、容量和功能分，S7-300 属于____。

A. 小型整体式　　B. 大/中型模块式

5. 下列输出模块可以交直流两用的是______；高速、大功率的交流负载，应选用______输出的输出接口电路。

A. 光电耦合输出模块　　B. 继电器输出模块

C. 晶体管输出模块　　D. 晶闸管输出模块

6. 输入采样阶段，PLC 的 CPU 对各输入端子进行扫描，将输入信号送入 ____。

A. 外部 I 存储器(PI)　　B. 累加器(ACCU)

C. 输入映像寄存器(PII)　　D. 数据块(DB/DI)

二、问答题

1. 可编程控制器是如何分类的？简述其特点。
2. 简述可编程控制器的工作原理、PLC 的循环扫描工作过程。
3. 详细说明 PLC 在扫描的过程中，输入映像寄存器和输出映像寄存器各起什么作用。
4. PLC 可靠性高、抗干扰能力强的原因是什么？
5. PLC 可以应用在哪些领域？
6. 数字量输入模块的接口电路有哪几种形式？输出接口电路有哪几种形式？

第 6 章　西门子 S7-300 PLC 硬件系统

教学提示：

本章主要讲述 S7-300PLC 的硬件系统，包括西门子 PLC 产品的分类，S7-300PLC 系统的结构及安装，S7-300PLC 的电源模块、CPU 模块、信号模块等，介绍了模拟量处理原理，传感器/变送器输出信号类型，重点介绍数字量输入模块、数字量输出模块、模拟量输入模块、模拟量输出模块的特性及接口电路设计。

学习要求：

(1)了解西门子 PLC 产品的分类及特点；

(2)了解 S7-300PLC 系统的结构及安装；

(3)了解模拟量处理原理，掌握传感器/变送器输出信号类型；

(4)掌握西门子 S7-300PLC 常用信号模块的接口电路设计。

6.1　SIMATIC 控制器

SIMATIC 控制器从 S3 系列发展到 S7 系列，已经成为中国自动化用户最为信赖和熟知的品牌之一，在冶金、化工、煤矿、制作、污水处理、轨道交通、印刷生产线等领域都有广泛的应用。西门子公司提供了从低端到高端，从小型到大型，满足不同层次、不同要求的控制器，如图 6-1 所示。

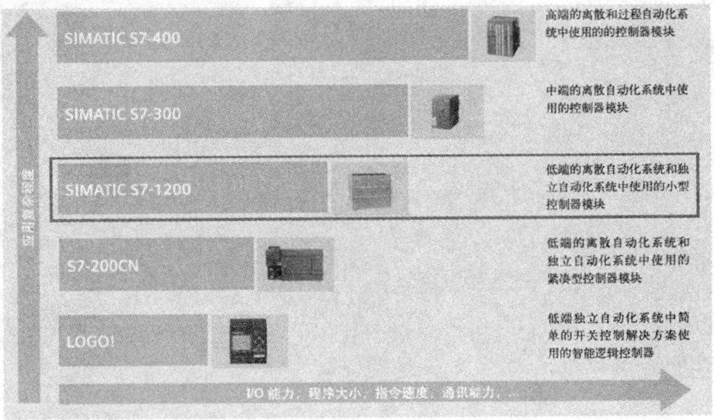

图 6-1　SIMATIC 控制器

6.1.1　LOGO！智能逻辑模块

LOGO！智能逻辑模块是西门子公司于20世纪90年代中期推出的设备，它填补了接触器、辅助继电器、定时开关与PLC之间的空白，如图6-2所示。Logo！逻辑模块面向工业和楼宇领域设计，适用范围涵盖从简单的机械自动化到楼宇自动化的广泛领域，包括传送带、分拣系统、洗车设备、照明控制和门禁、水族馆、牲畜饲养的供料系统等。LOGO！8是西门子第8代智能逻辑控制器，它简化了编程组态，集成的面板可显示更多的内容，并可通过集成的以太网接口轻松组网高效互联。

6.1.2　模块化控制器 SIMATIC S7

西门子自动化提供了S7-200、S7-1200、S7-300、S7-400、S7-1500多款控制器，为用户的需求提供量身定做的解决方案。

(1) SIMATIC S7-200 PLC

SIMATIC S7-200是一种小型PLC，适用于监测及控制自动化，既可以独立运行，也可以相连成网络实现复杂控制功能。S7-200应用领域极为广泛，包括各种机床、机械、电力设施、民用设施、环境保护设备等。S7-200 PLC主要有S7-200(进口)、S7-200CN(国产)、S7-200 SMART(智能型)三个系列，主流产品是S7-200 SMART。S7-200 SMART是为中国客户量身定制的一款高性价比小型PLC产品，是S7-200的换代产品，如图6-3所示。

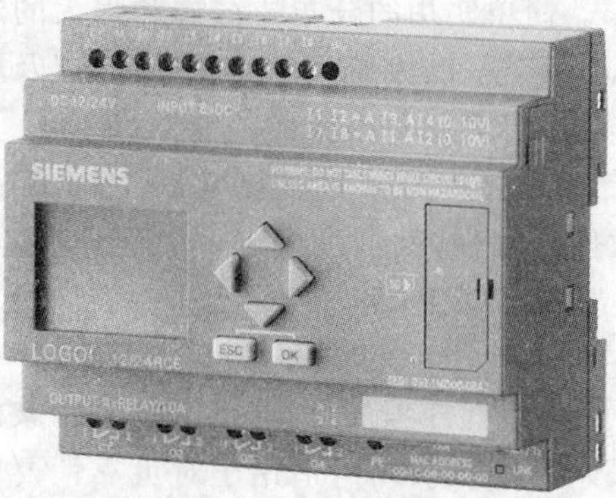

图6-2　LOGO！智能逻辑模块

图6-3　S7-200 SMART PLC

S7-200 SMART配备了标准型和经济型供用户选择，分别用于复杂和简单的工业领域。S7-200 SMART CPU模块本体最多可集成3路高速脉冲输出，频率高达100 kHz，支持PWM/PTO输出方式以及多种运动模式。

(2) SIMATIC S7-1200 PLC

SIMATIC S7-1200控制器是西门子公司新推出小型PLC产品的核心，是一款紧凑型、模块化的PLC，可完成简单逻辑控制、高级逻辑控制、HMI和网络通信等任务，具有支持小型运动控制系统、过程控制系统的高级应用功能，是单机小型自动化系统的完美解决方案。对于需要网络通信功能和单屏或多屏HMI的自动化系统，易于设计和实施，如图6-4所示。

SIMATIC S7-1200系统有五种不同CPU，分别为1211C、1212C、1214C、1215C和1217C，其中的每一种模块都可以进行扩展，以完全满足不同的系统需要。可在任何CPU的前面加入一个信号板，轻松扩展数字或模拟量I/O，同时不影响控制器的实际大小。可将

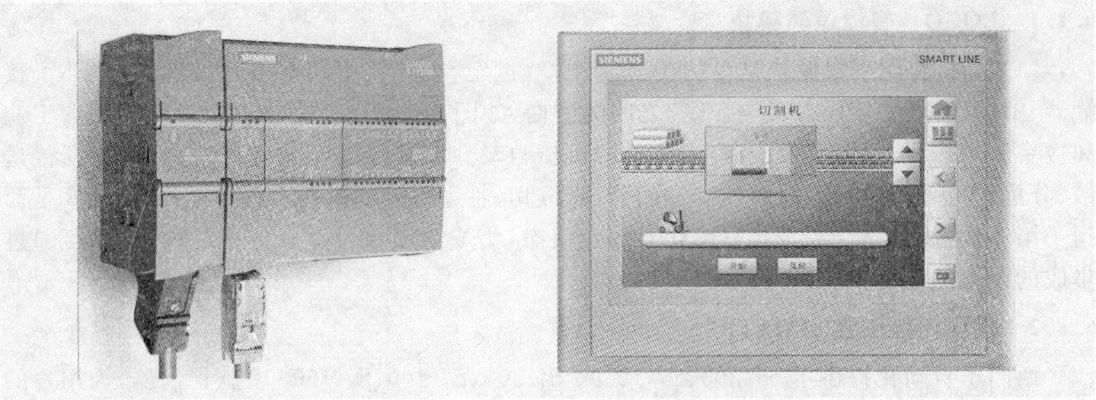

图 6-4　SIMATIC S7-1200 PLC

信号模块连接至 CPU 的右侧，进一步扩展数字量或模拟量 I/O 容量。CPU 1212C 可连接 2 个信号模块，1214C、1215C 和 1217C 可连接 8 个信号模块。所有的 SIMATIC S7-1200 CPU 控制器的左侧均可连接多达 3 个通信模块，便于实现端到端的串行通信。

(3) SIMATIC S7-300 PLC

S7-300 是德国西门子公司生产的中型 PLC，采用模块式结构，模块式 PLC 由机架和模块组成，如图 6-5 所示，适用于中等性能的控制要求。简单实用的分布式结构和强大的通信联网能力，使其应用十分灵活，在工业控制领域中应用广泛，特别是用于汽车工业，以及塑料加工、包装行业，食品和饮料工业和加工工程，是西门子公司销量最大的控制器。

S7-300 CPU 集成有编程用的 RS-485 接口，有的还带有集成的现场总线 Profibus-DP 接口、以太网接口，S7-300 不需要附加任何硬件、软件和编程，就可以组建一个 MPI(多点接口)网络，如果有 Profibus-DP 总线接口，还可以建立一个 DP 网络。

(4) SIMATIC S7-400 PLC

西门子 S7-400 PLC 是用于中、高档性能范围的可编程序控制器，是 SIMATIC 家族内最强大的自动化系统，如图 6-6 所示。采用模块化及无风扇的设计，适用于对可靠性要求极高的大型复杂控制系统。SIMATIC S7-400 PLC 的主要特色为：极高的处理速度、强大的通信性能和卓越的 CPU 资源裕量。高超的通信能力和强大的集成接口使 SIMATIC S7-400

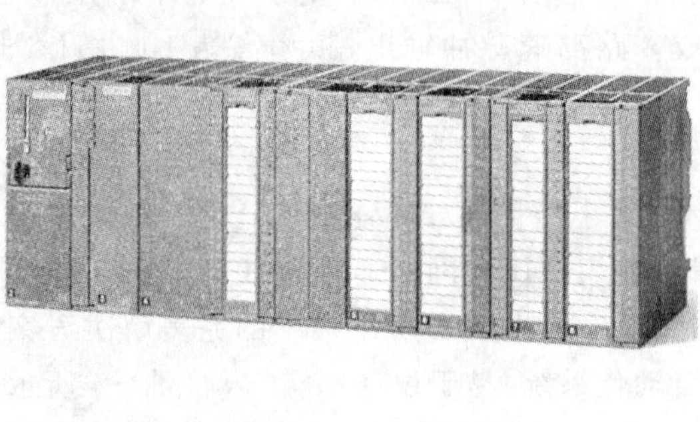

图 6-5　SIMATIC S7-300 PLC

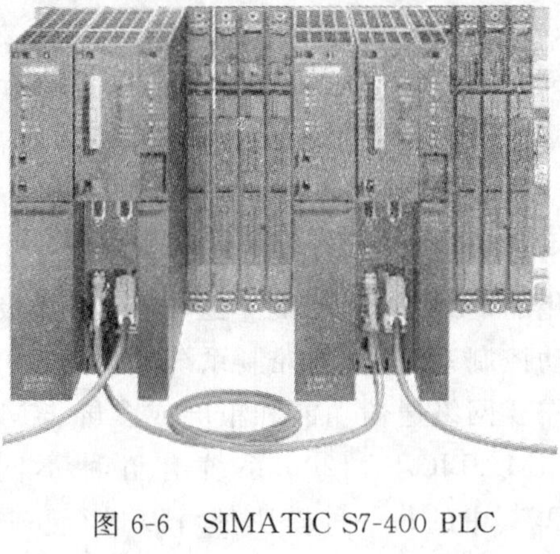

图 6-6　SIMATIC S7-400 PLC

成为对整个系统进行协调的较大任务过程控制器的理想选择。CPU 的分级使得性能的可扩展成为可能。同时，对外设 I/O 能力的扩展几乎是无限的。而且，程序控制器信号模块可以在系统运行中进行插入和删除操作（热插拔），很容易进行系统扩展或模块更换。

（5）SIMATIC S7-1500 PLC

SIMATIC S7-1500 是对 S7-300 和 S7-400 进行进一步开发的自动化系统，如图 6-7 所示。通过集成大量的新性能特性，S7-1500 自动化系统具有卓越的用户可操作性和极高的性能。S7-1500 专为中高端设备和工厂自动化设计，拥有可供用户使用的充足的资源和超高速的运算处理速度，卓越的系统性能，并集成一系列功能，包括运动控制、工业信息安全，以及可以实现便捷安全应用的故障安全功能，其创新的设计使调试和安全操作简单便捷，而集成于 TIA（Totally Integrated Automation，全集成自动化，TIA 博途）的诊断功能通过简单配置即可实现对设备运行状态的诊断，简化工程组态，并降低项目成本。

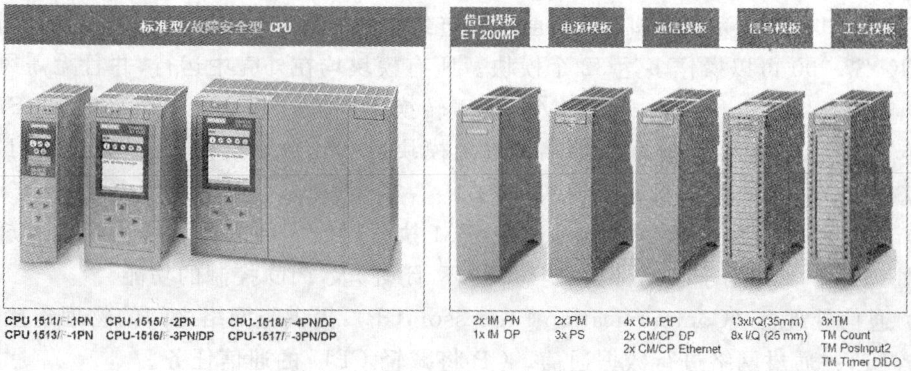

图 6-7　SIMATIC S7-1500 PLC

全新的 S7-1500 带来了标准型和故障安全型两种不同类型的 CPU 模块。凭着快速的响应时间、集成的 CPU 显示面板以及相应的调试和诊断机制，SIMATIC S7-1500 的 CPU 极大地提升了生产效率，降低了生产成本。

6.2　S7-300 系统结构及安装

6.2.1　S7-300 模块概述

S7-300 自动化系统采用模块化设计，它拥有丰富的模块，且这些模块均可以独立地组合使用，如图 6-8 所示。

一个系统通常包含下列组件。

（1）电源模块（Power Supply，PS）：将线电压（120/230 VAC）转换为 24 VDC 操作电压，然后提供给 S7-300 及其 24 VDC 负载电路。

（2）CPU 模块：CPU 执行用户程序，向 S7-300 背板总线提供 5 V 电压，并通过 MPI 接口与 MPI 网络中的其他节点通信。不同的 CPU 模块具有不同的技术规范和性能参数，有的集成有 I/O，有的集成 PROFIBUS DP、PROFINET 通信接口。

（3）接口模块（Interface Module，IM）：用于机架配置时连接中央控制器（CC，主机架）

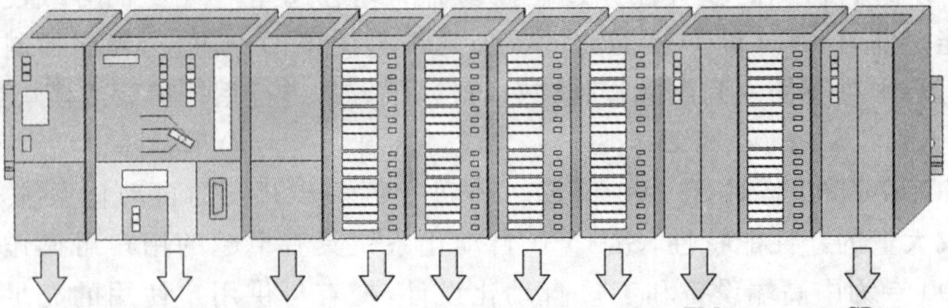

图 6-8 S7-300 PLC 模块

和扩展装置（EU，或称为扩展机架）。通过分布式中央控制器（CC）和 3 个扩展装置（EU），SIMATIC S7-300 可以操作多达 32 个模块。所有模块均在外壳中运行，并且无需风扇。

（4）信号模块（Signal Module，SM）：用于转换不同的过程信号电平，使其与 S7-300 相匹配。包括数字量输入模块（DI）、数字量输出模块（DO）、数字量输入/输出模块（DI/DO）、模拟量输入模块（AI）、模拟量输出模块（AO）。

（5）功能模块（Function Module，FM）：FM 执行对时间要求严格及占用内存较大的过程信号处理任务。如用于高速计数、定位（开环/闭环）及 PID 控制的功能。

（6）通信处理器（Communication Processor，CP）：提供与网络之间的物理连接，负责建立物理连接，并通过网络进行数据通信。CP 将减轻 CPU 的通信任务。

（7）其他附件

① S7-300 PLC 编程适配器电缆，隔离型 USB 接口的西门子 S7-300PLC 编程适配器电缆 USB/MPI＋，用于将 PG/PC 连接到 CPU，如图 6-9(a)所示。

② 带总线连接器的 PROFIBUS 总线电缆，将 MPI 或 PROFIBUS 子网的节点互连在一起，如图 6-9(b)所示。

③ 带 RJ45 连接器的双绞线电缆，用于互连带有以太网接口的设备（例如，带有 CPU 317-2 PN/DP 的交换机），如图 6-9(c)所示。

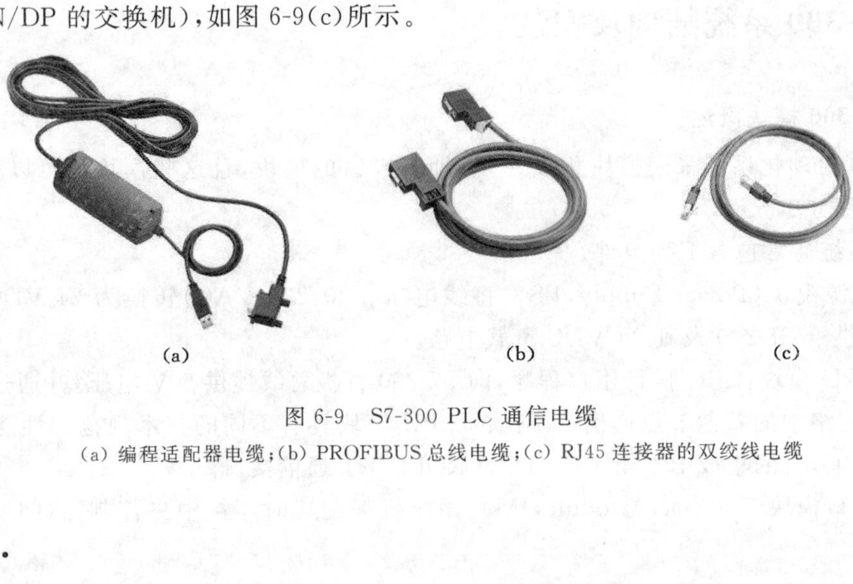

(a) (b) (c)

图 6-9 S7-300 PLC 通信电缆

(a) 编程适配器电缆；(b) PROFIBUS 总线电缆；(c) RJ45 连接器的双绞线电缆

④ RS 485 中继器用于放大信号及连接 MPI 或 PROFIBUS 子网的各段，如图 6-10(a)所示。

⑤ 交换机用于将以太网的各个节点互连在一起，如图 6-10(b)所示。

(a)　(b)

图 6-10

(a) 中继器；(b) 交换机

⑥ 安装有 STEP 7 软件包的编程设备(PG)或 PC，需要使用 PG 对 S7-300 进行组态、设置参数、编程和测试。

6.2.2　S7-300 安装

S7-300 模块是开放式设备，必须将 S7-300 安装在配电箱、机柜或电气控制室内，仅允许经过培训或授权的人员进入这些配电箱、机柜或电气操作室。S7-300 PLC 系统的各个模块可以安装在一个机架上，这样就实现了坚固而且具有 EMC 兼容性的设计。通常将安装有 CPU 的机架称为主机架(机架 0)，一个机架硬件组态最多配置 8 个扩展模块。

6.2.2.1　水平和垂直安装

S7-300 的安装机架是一种导轨，S7-300 的模板可安装在导轨上，始终将 CPU 和电源模块安装在左侧或底部，如图 6-11 所示。

模块既可以水平安装，也可以垂直安装，使用的工作环境温度不同。

垂直装配：0～40 ℃；

水平装配：0～60 ℃。

为了给安装的模块提供充足的空间，并能够散发模块所产生的热量。安装时需要保持一定的间距。例如，通过电缆槽为模块接线时，屏蔽连接元件底边与电缆槽间的最小间距为 40 mm。

6.2.2.2　在一个机架上排列模块

根据系统规模，决定使用一个或多个机架，机架的数量取决于具体的应用。如果选择在一个机架上安装，最好在 CPU 的右侧插入一个占位模块（订货号：6ES7370-0AA01-0AA0）。这样在必要时，可以根据应用选择添加另一个机架。只需用一个接口模块替换该

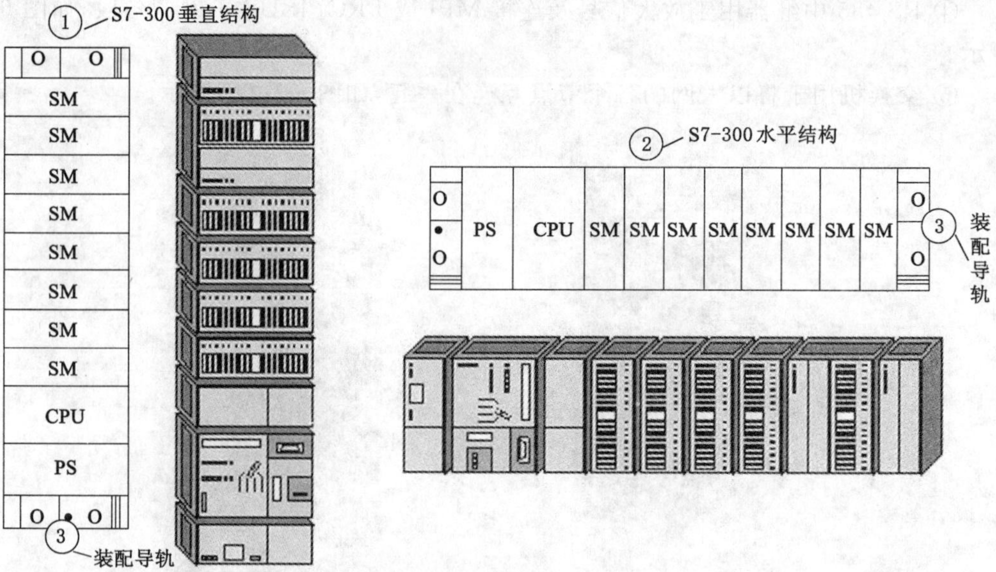

图 6-11 水平和垂直安装

占位模块，而无需对第一个机架重新安装和重新接线。在一个机架上安装模块需要注意以下几点。

(1) CPU 右侧不得安装八个以上的模块（SM、FM、CP）。

(2) 安装在机架上模块的累积功耗在 S7-300 背板总线上不得超过 1.2 A。

(3) 对于 CPU 312 和 CPU 312C，只能在一个机架上执行单排组态。

6.2.2.3 将模块分布到多个机架

若用户的自动化任务需要 8 个以上的 SM、FM 或 CP 模块插槽时，则可对 S7-300（除 CPU 312 和 CPU 312C 外）进行扩展。

在进行机架扩展时，需要接口模板(IM)，接口模板的作用是将 S7-300 背板总线从上一个机架扩展到下一个机架。含有 CPU 的机架称为主机架。主机架和扩展机架通过接口模块连接。主机架上的接口模块总是被插在 CPU 旁边的插槽中，并自动处理与扩展装置的通信。CPU 始终位于机架 0 上。根据控制规模，有以下两种扩展方案。

(1) 扩展一个机架。通过 IM 365 接口模块扩展，1 个扩展装置最远扩展距离为 1 m；电源电压也通过扩展装置提供，如图 6-12(a)所示。

(2) 扩展多个机架。采用 IM360/IM361 接口模块实现，可以最多 3 个扩展装置，CC 与 EU 之间以及 EU 与 EU 之间的最远距离为 10 m。每个扩展装置可以连接八个模块，中央控制器和 3 个扩展机架最多可连接 32 个模块，如图 6-12(b)所示。

如果要在多个机架上排列模块，请注意以下几点。

① 接口模块始终使用插槽 3(插槽 1：电源模块；插槽 2：CPU，插槽 3：接口模块)

② 在插入第一个信号模块前它始终位于左侧。

③ 每个机架上不得安装 8 个以上的模块（SM、FM、CP)。

④ 模块数量(SM、FM、CP)受到 S7-300 背板总线上所允许电流损耗的限制。第 0 排上的累计电流损耗不得超过 1.2 A；扩展排 1 到扩展排 3 上每排的累计电流损耗不得超过 0.8 A。

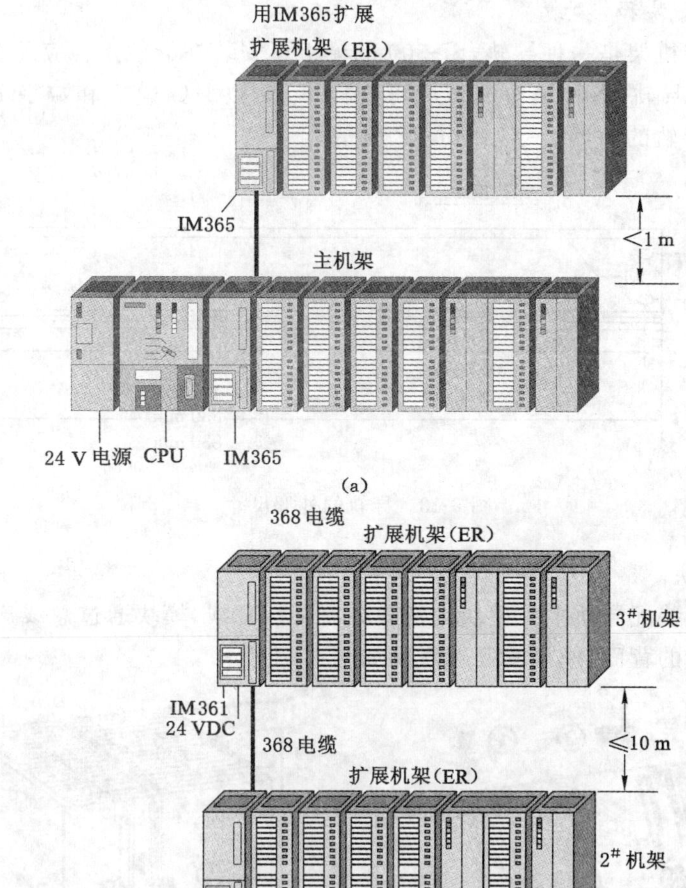

图 6-12　S7-300 PLC IM360/361 扩展模式的安装示例

(a) 单机架扩展；(b) 多机架扩展

6.2.2.4 导轨的安装和接地

S7-300 的安装机架是一种导轨，S7-300 的模板可安装在导轨上。应配合模块的安装宽度选择不同长度的导轨，各种模块的宽度可查样本，模拟 I/O 模板和数字 I/O 模块的宽度一般为 40 mm。导轨的外形尺寸如图 6-13 所示。

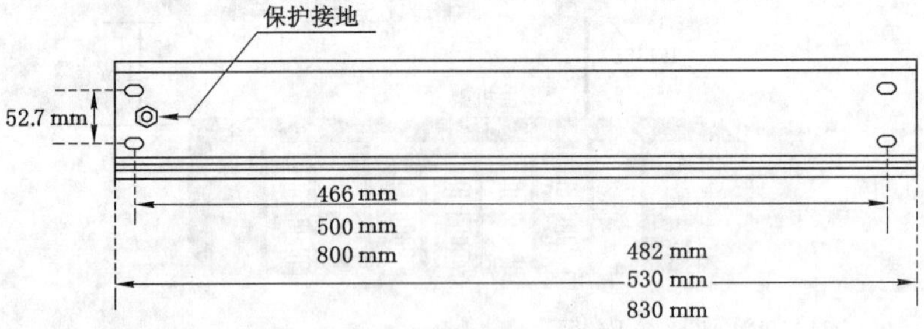

图 6-13 导轨的外形尺寸

6.2.2.5 安装模块

将模块安装在装配导轨上。模块内部集成有背板总线，模块通过总线连接器相连，将总线连接器插在外壳的背面，模块安装示意图如图 6-14 所示。

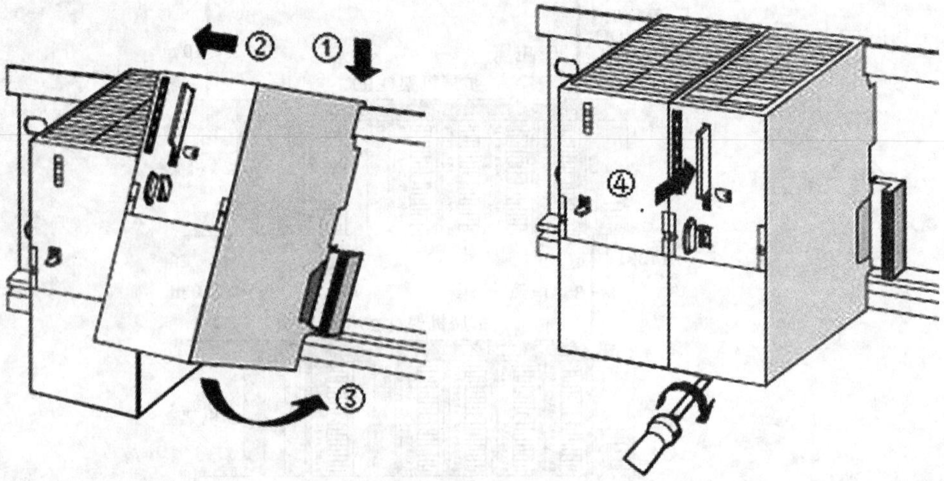

图 6-14 模块安装示意图

(1) 首先，插入电源模块。将其尽可能向左滑动到装配导轨上的接地螺钉位置。然后，紧固电源模块。

(2) 要连接其他模块，请将一个总线连接器插入 CPU。将 CPU 钩住导轨①。

(3) 将其滑动至左侧模块②。

(4) 然后将 CPU 向下旋转到位③。

(5) 使用 0.8～1.1 Nm 的扭矩紧固模块。

(6) 将 SIMATIC MMC 卡插入 CPU 上的 MMC 卡插槽④。

(7) 其他模块的安装与 CPU 模块类似。

6.2.2.6　电源模块和 CPU 接线

将 CPU 电源连接电缆的外皮剥去 11 mm。分别将 PS 307 上的较低端子 M 和 L＋连接到 CPU 上的 M 和 L＋端子，如图 6-15 所示。

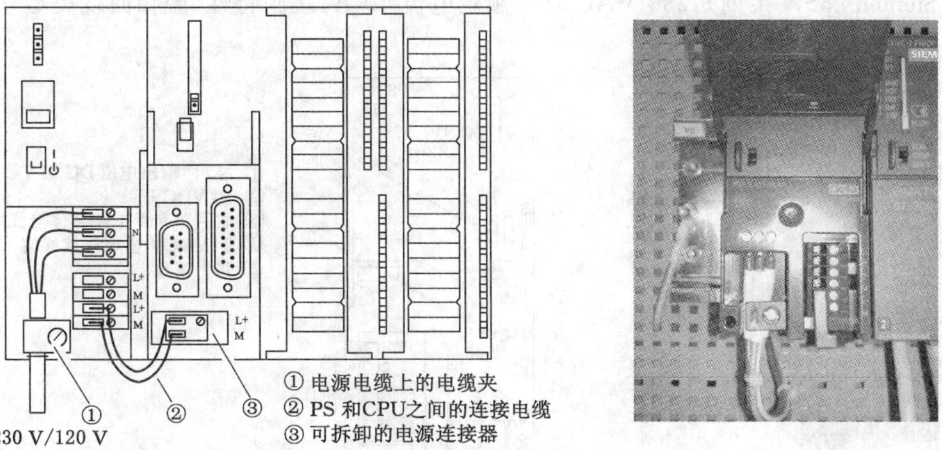

图 6-15　PS 307 与 CUP 端子连接

注意：如果将 M 和 L＋端子的极性接反，则 CPU 的内部保险丝便会断开。始终将电源模块的 M 和 L＋端子与 CPU 的这两个端子互连。PS 307 电源模块配备有两个额外的 24 VDC 接线端子 L＋和 M，它们可为 I/O 模块供电。

6.2.2.7　前连接器安装与接线

系统的传感器和执行器是通过前连接器连接到 S7-300 的。将传感器和执行器接到前连接器上，然后插入模块。S7-300 所提供的前连接器有 20 针和 40 针两种类型，均有螺紧型或弹簧卡入式两种安装类型。CPU31XC 和 32 通道的 SM 需要 40 针的前连接器。

连接带弹簧端子的前连接器非常简单，仅需将螺丝刀垂直插入带有红色开启装置的开口，然后将电线插入该端子并取出螺丝刀即可。I/O 模块和紧凑型 CPU 可以使用快速连接进行接线。单独接线通过前连接器使用快速连接技术进行，不需要剥离导线绝缘体。快速连接是一种不需要预处理导线（即不必剥离导线绝缘体）的连接方法。使用快速连接的每个端子都有一个测试开口（例如，用于测量电压）。测试开口适用于最大直径为 1.5 mm 的测试探头。不允许使用接线端套圈。

6.3　S7-300 电源模块

PS 307 系列电源模块是西门子公司为 S7-300 PLC 专配的 DC 24 V 电源，可安装在 S7-300 PLC 的专用导轨上，PS307 采用交流 120/230 V 供电（面板上有输入电压选择开关），输出直流 24 V，有 2 A、5 A、10 A 三种规格，提供给 S7-300PLC 使用，同时也可以作为负载电源，通过 I/O 模块向使用直流 24 V 的负载（传感器、执行机构等）供电，但大多数情况下，主要提供给 CPU 模块用，同时把 24 V 直流转换为 5 V 直流，提供背板总线供电电流用。

为了拓宽输入电压范围，提高电源的效率和抗干扰能力，PLC 的内部电源一般采用开关稳压电源。PS 307 系列电源模块除输出额定电流不同，它们的工作原理和各种参数都基本相同。PS307 电源模块如图 6-16 所示。

为了保护 PS 307 电源模块，5A 电源模块的电源线路，应安装具有以下额定值的微型断路器(如 Siemens 5SN 系列)：230 VAC 时的额定电流 10 A，跳闸特性(脱扣曲线类型)C。

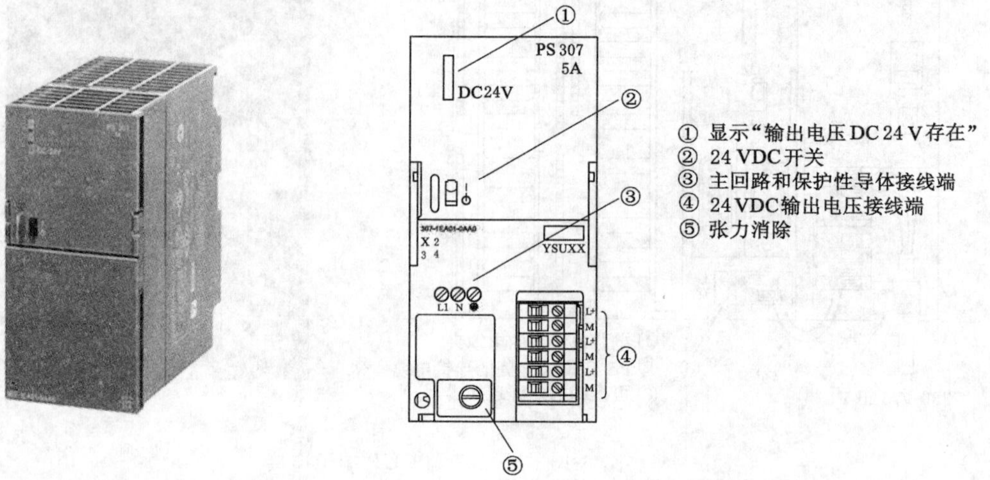

(a) (b)

图 6-16　PS307 电源

(a) 外形尺寸图；(b) PS 307 5A 电源模块接线图

6.4　S7-300 CPU 模块

6.4.1　CPU 型号

S7-300PLC 提供有许多不同型号的 CPU，不同型号的 CPU 具有不同的技术规范和性能参数。每种 CPU 都对应一个型号，型号的含义如下：

CUP $\underset{①}{\underline{31X}}$ $\underset{②}{\underline{C}}$ — $\underset{③}{\underline{2}}$ $\underset{④}{\underline{DP}}$

其中：

① 31X 表示 CPU 的序号，由低到高功能逐渐增强，如 312、314、315 等。

② 该位表示 CPU 技术特性，C 表示紧凑型，F 表示故障安全型(故障防护型)，T 表示技术功能型(工艺型)，不带字母为标准型，部分标准 CPU 的技术规格见表 6-1。

③ 该位表示 CPU 所具有通信端口的个数。

④ 该位表示通信接口类型，DP 表示 PROFIBUS DP 接口，PN 表示 PROFINET 接口，PtP 表示点对点接口。

(1) 标准型 CPU

标准型 CPU 为 CPU 31X 系列，有 7 种型号(CPU 312、CPU 314、CPU 315-2 DP、CPU 315-2 PN/DP、CPU 317-2 DP、CPU 317-2 PN/DP、CPU 319-3 PN/DP)。

(2) 紧凑型 CPU

紧凑型 CPU 为 CPU 31XC 系列，有 7 种型号（CPU 312C、CPU 313C、CPU 313C-2 PtP、CPU 313C-2 DP、CPU 314C-2 PtP、CPU 314C-2 DP、CPU 314C-2 PN/DP），紧凑型 CPU 集成有输入/输出通道，此外，还集成有计数、频测量和脉冲输出等技术功能。

（3）故障安全型 CPU

故障安全是当设备发生故障时，能将其自动导向安全位置或状态的技术，最早应用于铁路的信号系统。故障安全原则目前被应用在许多场合，在各行业中也都有具体的系统或者产品来实现故障安全的原则。

故障安全型 CPU 为 CPU 31XF 系列，有 5 种型号（CPU 315F-2 DP、CPU 315F-2 PN/DP、CPU 317F-2 DP、CPU 317F-2 PN/DP、CPU 319F-3 PN/DP），故障安全型 CPU 通过了 TUV 认证，满足生产和过程工业的高安全要求，适用于有极高安全性要求的场合。系统运行时，CPU 通过定期的自检测、命令检测、逻辑和时间上的程序运行控制来检查控制器的正常运行。在系统发生故障时，确保控制系统切换到安全模式（典型为停止）。故障安全 SIMATIC 控制器允许在同一控制器上处理标准程序和安全程序，它们基于不同的硬件和软件架构。

（4）技术型 CPU

西门子传统上通过 S7 CPU 加 FM 353/354/357-2 定位模块实现运动控制方案。用户不仅要花费大量时间学习复杂的 NC 编程语言，还要解决 S7 CPU 与 FM 353/354/357-2 定位模块之间的通信程序编制，在系统维护方面也将投入大量编程工作。现在，采用西门子 SIMATIC S7-300T-CPU 作为运动控制器，这些问题迎刃而解。

SIMATIC S7-31XT-CPU（Technology CPU，技术型 CPU）是至今为止 SIMATIC S7 PLC 家族中最智能的一款 CPU，有 3 种型号（CPU 315T-2 DP、CPU 317T-2 DP、CPU 317TF-2 DP），是专业用于复杂运动控制工艺要求的 S7-300 CPU，其控制对象为伺服电机、步进电机、感应电机、液压比例阀。在给用户提供 S7-300 PLC 逻辑控制的同时，还可实现多轴耦合运动控制、径轨迹插补控制、压力控制、液压轴控制等。

借助 SIMATIC S7-31XT-CPU 用户可以通过简单的编程方法，调用现成的 FB 运动控制指令块，实现复杂运动控制功能，同时还得到了所有的 SIMATIC S7-300CPU 的功能，它完美结合了 SIMATIC S7-300 PLC、西门子专业运动控制器 SIMOTION 和驱动系统，显著降低了用户成本，可以最大限度地降低工程与组态、调试和维护费用。这款产品的出世，标志着西门子传统上需要借助 S7 CPU 加 FM353/354/357-2 定位模块才可以在 S7 PLC 平台上实现运动控制功能时代的结束。

部分标准 CPU 的技术规格见表 6-1。

表 6-1　　部分标准 CPU 的技术规格

订货数据	CPU 312	CPU 314	CPU 315-2 DP	CPU 317-2 PN/DP
订货号	6ES7 312-1AE14-0AB0	6ES7 314-1AG14-0AB0	6ES7 315-2AH14-0AB0	6ES7 317-2EK14-0AB0
通信接口	MPI	MPI	MPI/PROFIBUS DP	MPI/PROFIBUS DP/以太网 PROFINET
典型功耗	4 W	4 W	4.65 W	4.65 W

续表 6-1

订货数据	CPU 312	CPU 314	CPU 315-2 DP	CPU 317-2 PN/DP
工作存储器(内置)	32 kB	128 kB	384 kB	1 024 kB
装载存储器可插入 MMC	8 MB	8 MB	8 MB	8 MB
CPU 位操作的典型值	0.1 μs	0.06 μs	0.05 μs	0.025 μs
CPU 字操作的典型值	0.24 μs	0.12 μs	0.09 μs	0.03 μs
CPU 浮点运算时,典型值	1.1 μs	0.59 μs	0.45 μs	0.16 μs
S7 计数器(数量)	256	256	256	512
S7 定时器(数量)	256	256	256	512
数据区及其记忆性标志	256 字节	256 字节	2048 字节	4096 字节
I/O 输入	1 024 字节	1 024 字节	2 048 字节	8 192 字节
I/O 输出	1 024 字节	1 024 字节	2 048 字节	8 192 字节

6.4.2 CPU 面板

CPU 面板如图 6-17 所示。

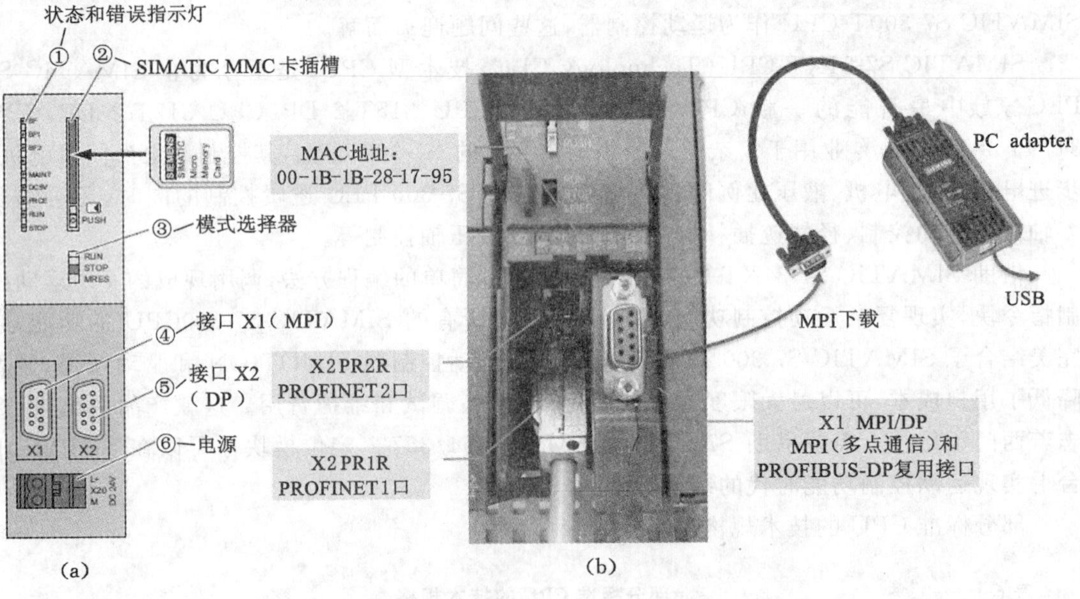

图 6-17 CPU 面板

(a) CPU 315-2 DP 面板;(b) CPU 315-2 PN/DP 面板

(1) SIMATIC MMC 卡的插槽

SIMATIC MMC 卡的插槽用于安装 SIMATIC MMC 卡,SIMATIC MMC 卡可用作存储器模块。可将 MMC 卡用作装载存储器和便携式数据载体。由于这些 CPU 没有集成装载存储器,因此运行时需要 SIMATIC MMC 卡。

（2）模式选择器

模式选择器用于设置 CPU 的操作模式，模式选择器设置见表 6-2。

表 6-2　　模式选择器设置

设置	含义	说明
RUN	RUN 模式	CPU 执行用户程序。
STOP	STOP 模式	CPU 不执行用户程序。
MRES	存储器复位	带有按钮功能的模式选择器设置，用于 CPU 存储器复位。通过模式选择器进行 CPU 存储器复位要求按照特定操作顺序执行

（3）状态和错误指示灯

CPU 315-2 DP 状态和错误指示灯含义见表 6-3。

表 6-3　　CPU 315-2 DP 状态和错误指示灯

LED 名称	颜色	含义
SF(System Fault)	红色	系统故障：硬件故障或软件错误
BF(Bus Fault)	红色	DP 接口（X2）处发生总线故障
MAINT	黄色	
DC5V	绿色	用于 CPU 和 S7-300 总线内部 5 V 电源指示
FRCE	黄色	LED 点亮：强制作业激活（至少有一个 I/O 被强制时亮） LED 以 2 Hz 的频率闪烁：节点闪烁测试功能
RUN	绿色	RUN 状态指示：CPU 为 S 为 RUN 模式的时候点亮；在启动期间 LED 以 2 Hz 的频率闪烁，在 STOP 模式下以 0.5 Hz 的频率闪烁
STOP	黄色	停止运行指示：CPU 为 STOP 模式时点亮请求了存储器复位时 LED 以 0.5 Hz 的频率闪烁，在复位期间以 2 Hz 的频率闪烁

（4）电源连接

所有 CPU 都配备了一个 2 针的插槽用于电源连接。出厂时配有螺丝端子的连接器会插入该插口。

6.5　S7-300 信号模块

6.5.1　数字量输入模块

数字量输入模块将现场过程送来的数字信号电平转换成 S7-300 内部信号电平。SM321 常用类型有：直流 16 点输入、直流 32 点输入、直流 64 点输入、交流 16 点输入、交流 8 点输入。部分数字量输入模块 SM 321 见表 6-4。

表 6-4　　　　**数字量输入模块 SM 321**

序号	型号	订货号	主要特性
1	DI 64×DC 24 V	6ES7321-1BP00-0AA0	漏式/源式
2	DI 32×DC 24 V	6ES7321-1BL00-0AA0	适用于开关以及 2/3/4 线制接近开关
3	DI 32×AC 120 V	6ES7321-1EL00-0AA0	适用于开关以及 2-/3 线 AC 接近开关
4	DI 16×DC 24 V	6ES7321-1BH10-0AA0	高速,支持等时同步模式 适用于开关以及 2-/3-/4 线接近开关
5	DI 16×24 VDC	6ES7321-7BH01-0AB0	具有硬件和诊断中断 适用于开关以及 2-/3-/4 线接近开关
6	DI 16×DC 24 V	6ES7321-1BH50-0AA0	源输入:适用于开关及 2-/3-/4 线接近开关
7	DI 16×DC 48-125 V	6ES7321-1CH20-0AA0	适用于开关以及 2-/3-/4 线接近开关

注意:SIEMENS S7-300 系列 PLC 的直流输入模块大多为漏型输入(公共端接外部电源的负极)。在 S7-300 PLC 中,只有 SM 321(-1BH50-)输入模块为源型输入(公共端接正)。

6.5.1.1　直流数字量输入模块(DI 32×DC 24 V,漏型结构)

数字量输入模块 SM 321 DI 32×DC 24 V,订货号 6ES7321-1BL00-0AA0。特性:

(1) 32 点输入,按每组 16 个隔离,漏型结构(公共端接电源的负极)。

(2) 额定输入电压 24 VDC,适用于开关以及 2/3/4 线制接近开关(BERO)。

(3) 电缆长度:未屏蔽时最长 600 m,屏蔽最长 1 000 m。

(4) 电流消耗(背板总线):最大 15 mA;模块功率损耗:典型值 6.5 W。

SM 321 输入模板端子接线图中 M 为同一输入组内各输入信号的公共点,如图 6-18 所示。

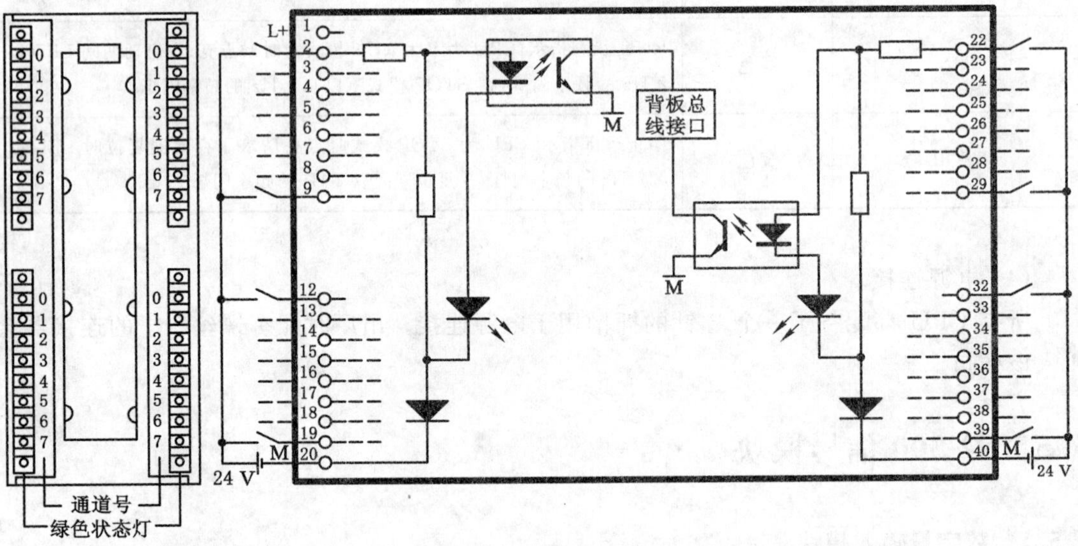

图 6-18　SM 321,DI 32×DC 24 V 模块的内部电路及外部端子接线图

外部连接的触点接通时,光耦合器中的发光二极管亮,光敏三极管饱和导通;外部连接的触点断开时,光耦合器中的发光二极管熄灭,光敏三极管截止。信号经背板总线接口传送

给 CPU 模板处理。内部输入电路中设有 RC 滤波电路，以防止外部干扰脉冲引起的错误输入信号，输入电流一般为几个毫安。

6.5.1.2　直流数字量输入模块与 NPN、PNP 传感器的接线

PLC 数字量输入模块除了连接按钮、接触器辅助触点等干节点信号(无源信号)外，有时还需要连接具有 NPN 和 PNP 输出信号的传感器(如接近开关、光电开关)。干节点和 PLC 数字输入模块的连接比较简单。对于不同类型的数字量输入模块，是使用 NPN 输出型传感器还是使用 PNP 输出型传感器，有时难以选择。

下面主要介绍使用 NPN、PNP 传感器和直流数字量输入模的连接。输出开关量的信号的传感器使用最多的是两线制、三线制，两线制传感器与负载串联，接线较简单；三线制多位集电极开路输出，三根线分别为正、负电源和输出晶体管的集电极。传感器输出形式有 NPN 和 PNP 两种，根据输出晶体管的型号来确定，NPN 型传感器的负载是接集电极和正电源之间，而 PNP 型传感器的负载是接集电极和负电源之间。

NPN 集电极开路输出为 0 V，当输出 OUT 端和 PLC 数字量模块输入端相连时，电流从数字量的输入端流出，从公共端流入，此即为源型数字量模块的电路形式，即，NPN 集电极开路输出传感器只能连接源型直流数字量输入模块。NPN 集电极开路输出和源型数字量模块的连接如图 6-19 所示。

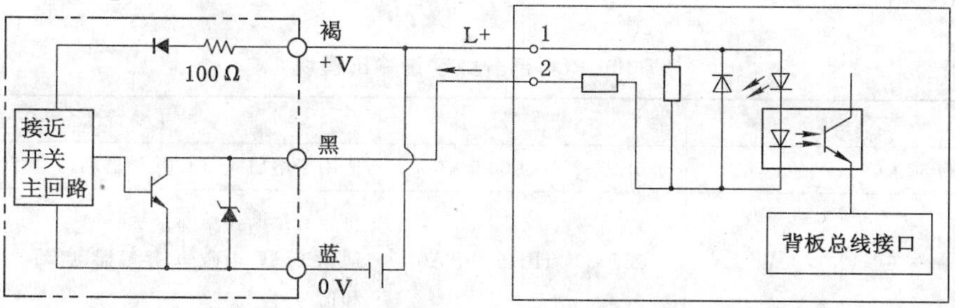

图 6-19　NPN 集电极开路输出和源型数字量模块的连接

PNP 集电极开路输出为高电平，当输出 OUT 端和 PLC 数字量模块输入端相连时，电流从数字量模块的输入端流入，从公共端流出，此即为漏型数字量模块的电路形式，即 PNP 集电极开路输出只能接漏型直流数字量输入模块，如图 6-20 所示。

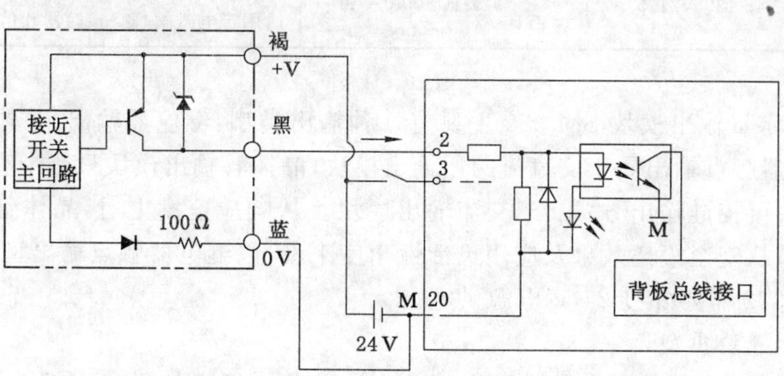

图 6-20　PNP 集电极开路输出和漏型数字量模块的连接

由于PLC数字量输入模块电路形式和外接传感器输出信号的多样性，我们在进行PLC数字量输入模块接线前要充分了解数字量输入电路的类型和传感器输出信号的形式，只有这样，才能确保接线正确无误，为后续的PLC编程和调试工作打下一个良好的基础。

6.5.1.3 交流数字量输入模块

数字量输入模块SM 321 DI 32×AC 120 V，订货号6ES7321-1EL00-0AA0，特性如下。

(1) 32点输入，按每组8个电气隔离。

(2) 额定输入电压120 VAC。

(3) 适用于开关以及2－/3线AC接近开关。

(4) 电缆长度：未屏蔽时最长600 m，屏蔽最长1 000 m。

(5) 电流消耗(背板总线)：最大16 mA；模块功率损耗：典型值4 W。

SM 321的交流数字量输入模板端子接线图中内部输入电路用电容隔离输入信号中的直流成分，用电阻限流，交流成分经桥式整流电路转换为直流电流，如图6-21所示。交流输入模板的额定电压为AC 120 V或AC 230 V。

6.5.2 数字量输出模块

将S7-300数字量输出模块用于将内部信号电平转换成外部信号电平，可直接用于驱动电磁阀、接触器、小型电动机等。S7-300 PLC部分数字量输出模块见表6-5。

表6-5 S7-300 PLC部分数字量输出模块

序号	型号	订货号	主要特性
1	DO 32×C 24 V/0.5 A	6ES7322-1BL00-0AA0	适用于电磁阀、DC接触器和信号灯
2	DO 32×AC 120/230V/1 A	6ES7321-1BH02-0AA0	每组有熔断器熔断指示 适用于AC电磁阀、接触器、启动器、FHP电机和信号灯
3	DO 16×DC 24 V/0.5 A	6ES7322-1BH01-0AA0	适用于电磁阀、DC接触器和信号灯
4	DO 16×DC 24 V/0.5 A	6ES7322-8BH10-0AB0	可组态的诊断，可编程诊断中断；冗余
5	DO 16×DC 24 V/0.5 A	6ES7322-1BH10-0AA0	高速，支持等时同步模式 适用于电磁阀、DC接触器和信号灯
6	DO 8×DC 48-125 V/1.5 A	6ES7322-1CF00-0AA0	带反极性保护，电气隔离为4组 适用于电磁阀、DC接触器和信号灯

S7-300数字量输出模块SM 322主要有3种输出类型：继电器输出、晶体管输出、可控硅输出。继电器触点输出属于交直流两用输出模块；晶体管输出模块只能带直流负载，属于直流输出模块；可控硅输出方式属于交流输出模块。从响应速度上看，晶体管响应最快，继电器响应最慢；从安全隔离效果及应用灵活性角度来看，以继电器触点输出型最佳。数字量输出模块SM 322需要外接24 V电源供电。

6.5.2.1 晶体管输出型

SM322数字量晶体管输出模块只能驱动直流负载。输出信号经光耦合器送给内部输出元件(带三角形符号的小方框)，如图6-22所示。内部输出元件的饱和导通状态和截止状

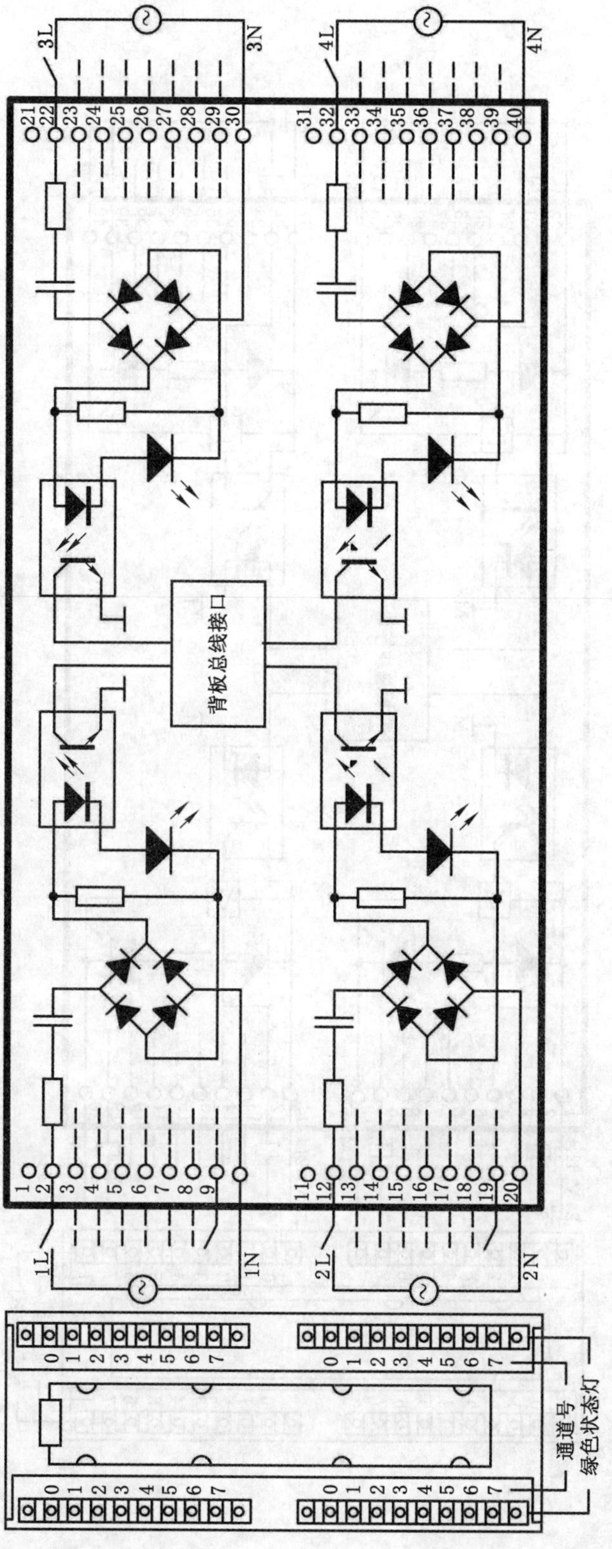

图 6-21 交流 32 点数字量输入模块的内部电路及外部端子接线图

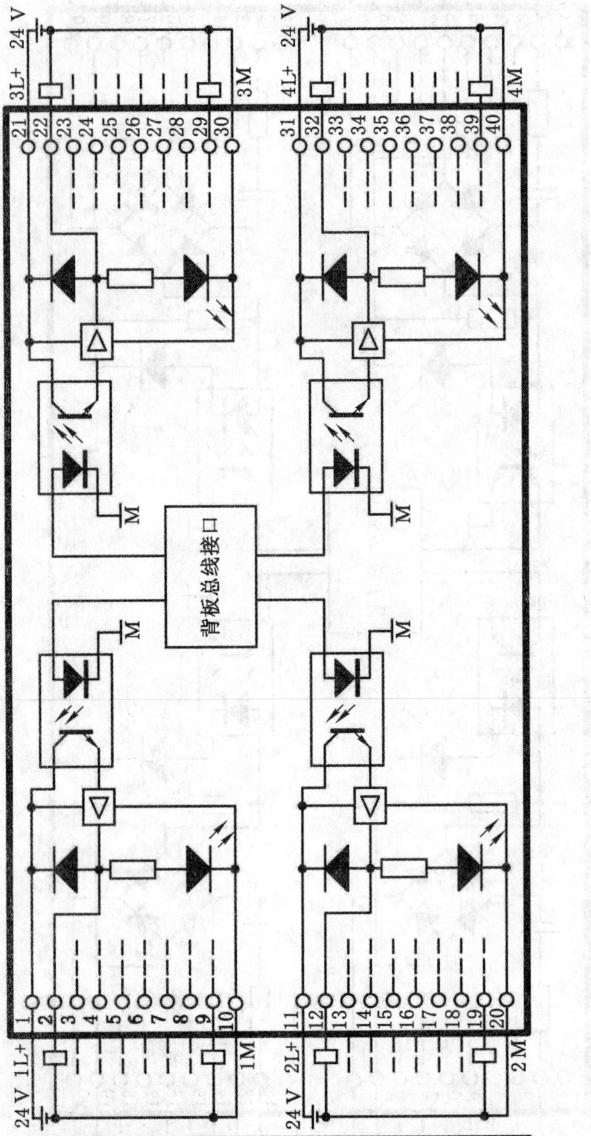

图 6-22 晶体管输出模块的内部电路及外部端子接线图

态控制内部触头的接通和断开，输出延迟时间小于 1 ms。

32 点数字量晶体管输出模块（DO 32×DC 24 V/0.5 A），订货号：6ES7322-1BL00-0AA0，特性如下。

(1) 32 点输出，电气隔离为 8 组。

(2) 输出电流为 0.5 A。

(3) 额定负载电压 24 VDC。

(4) 适用于电磁阀、DC 接触器和信号灯。

(5) 电缆长度：未屏蔽时最长 600 m，屏蔽最长 1 000 m。

(6) 电流消耗（背板总线）：最大 110 mA；负载电压 L+（空载）：最大 160 mA。

(7) 模块功率损耗：典型值 6.6 W。

6.5.2.2　晶闸管输出方式

SM322 数字量晶闸管输出模块只能用于交流负载，采用无触头输出，通断速度快，工作寿命长。双向晶闸管断开状态转换为导通状态的延迟时间小于 1 ms，导通状态转换为断开状态的最大延迟时间为 10 ms（工频半周期）。模块端子接线图中内部 RC 电路抑制晶闸管关断过程中形成的瞬间过电压和外部脉冲电压，如图 6-23 所示。如果因负载电流过小晶闸管不能导通，可以在负载两端并联电阻。

32 点数字量晶闸管输出模块（DO 32×AC 120/230 V/1 A），订货号：6ES7322-1FL00-0AA0，特性如下。

(1) 32 点输出，带熔断器，电气隔离为 8 组。

(2) 输出电流为 1.0 A，额定负载电压为 120/230 VAC。

(3) 每组有熔断器熔断指示器、组错误显示(SF)。

(4) 适用于 AC 电磁阀、接触器、启动器、FHP 电机和信号灯。

6.5.2.3　继电器输出方式

SM 322 数字量继电器输出模块输出点为 1 状态时，通过背板总线接口和光耦合器，使模板内部对应的微型硬件继电器线圈通电，常开触点闭合，外部负载工作，如图 6-24 所示。输出点为 0 状态时，输出模板内部的微型继电器线圈断电，常开触点断开，外部负载工作停止。

16 点数字量继电器输出模块，订货号：6ES7322-1HH01-0AA0，特性如下。

(1) 16 点输出，每组 8 个电气隔离。

(2) 负载电压为 24～120 VDC，24～230 VAC

(3) 适用于 AC/DC 电磁阀、接触器、电机启动器、FHP 电机和信号灯。

PLC 继电器输出数字量允许负载一般是 AC250 V/50 V 以下，负载电流可达 2 A，容量可达 80～100 VA（电压×电流）。

注意：PLC 继电器输出一般不宜直接驱动大电流负载。对于大电流负载，可以通过一个小负载来驱动大负载。如 PLC 的输出可以接一个电流比较小的中间继电器，再由中间继电器触点驱动大负载，如接触器的线圈等。

6.5.2.4　如何保护数字量模块以免发生电感过电压

对于接触器或者继电器，产生过电压的最重要原因就是感性回路的通断过程。继电器、接触器的控制线圈为电感，线圈突然断开时，由于电感电流的突变，产生反电势（过电压）。

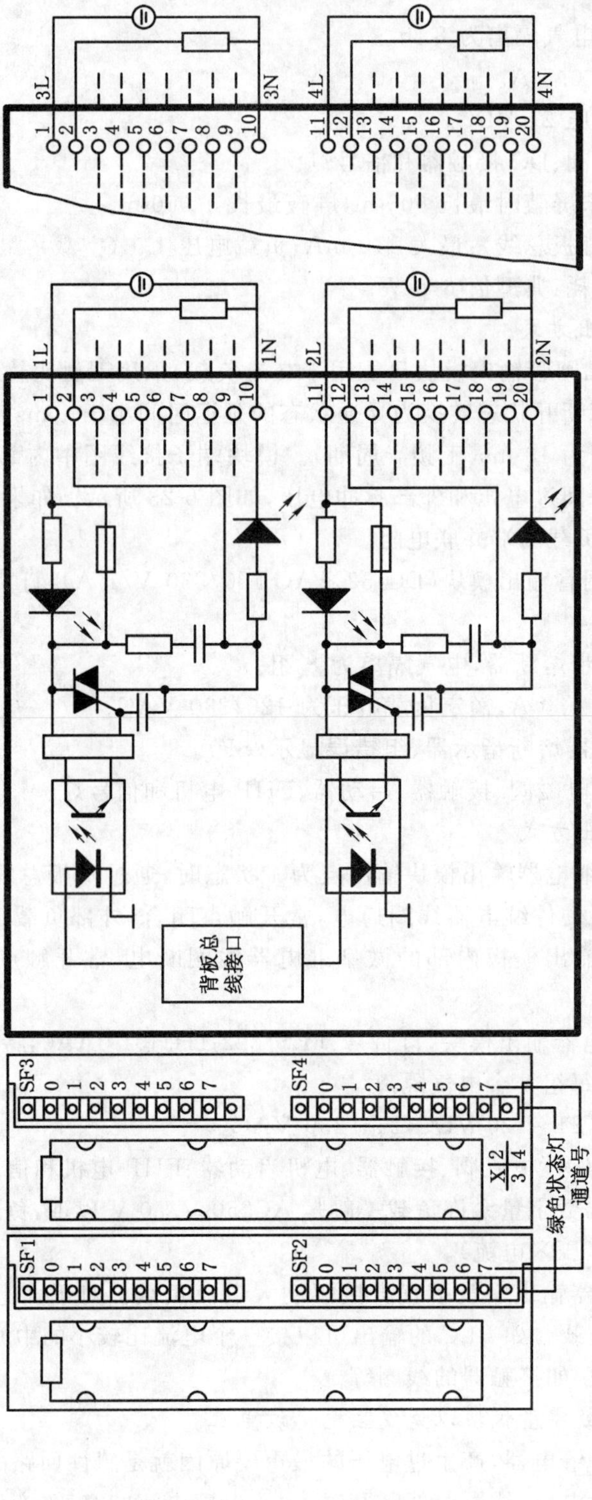

图 6-23 晶闸管输出模块的内部电路及外部端子接线图

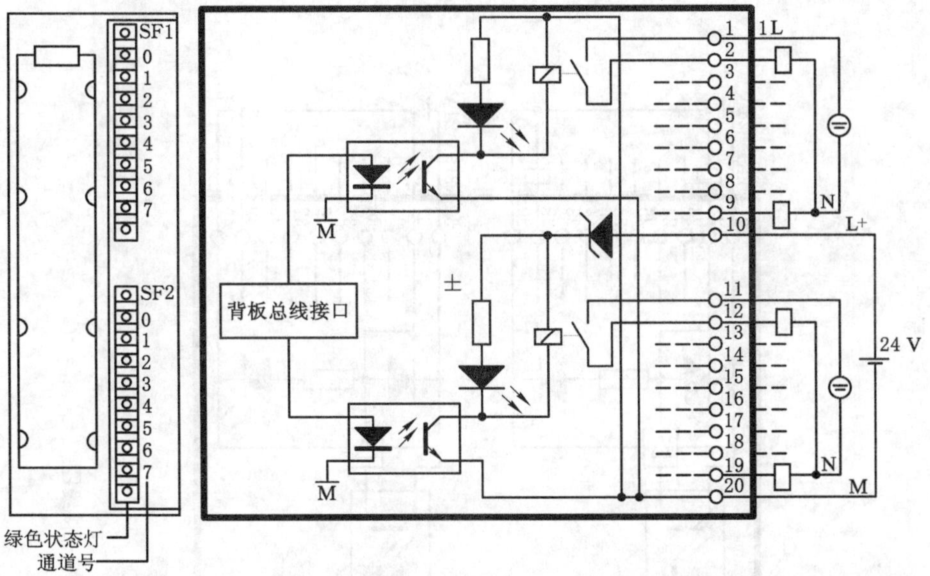

图 6-24　继电器输出模块的内部电路及外部端子接线图

电磁线圈分断时产生的过电压不仅会给接触器线圈并联的压敏元件带来危害，也会引起电子电路控制导线中的电容性耦合而出现严重干扰。因此，建议在产生过电压的位置，即继电器或者接触器线圈上就地进行衰减，以免其作为干扰脉冲通过并联控制导线而传给其他电器。当数字量输出端接直流感性负载时(如直流继电器)，通常应在负载两端加二极管(如并在外接继电器线圈上的二极管)抑制过电压；对于交流负载，应在负载两端加 RC 阻容吸收回路或压敏电阻来抑制过电压，如图 6-25 所示。

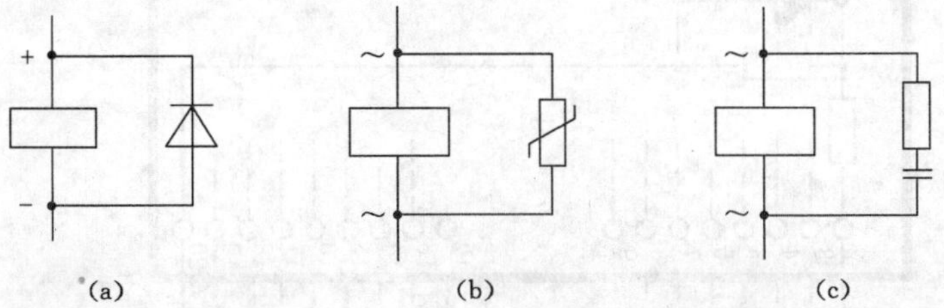

图 6-25　过电压抑制电路
(a) 并联二极管；(b) 并联压敏电阻；(c) 并联 *RC* 阻容吸收回路

6.5.3　数字量 I/O 模块

数字量 I/O 模块既有数字量输入接口，又有数字量输出接口。

数字量 I/O 模块 SM 323 型号：DI 16/DO 16×DC 24 V/0.5 A，订货号：6ES7323-1BL00-0AA0，如图 6-26 所示(见下页)，特性如下。

(1) 16 点输入，每组 16 个电气隔离；16 点输出，每组 8 个电气隔离。

(2) 额定输入电压 24 VDC，额定负载电压 24 VDC。

(3) 输入适用于开关以及 2/3/4 线接近开关(BERO)。

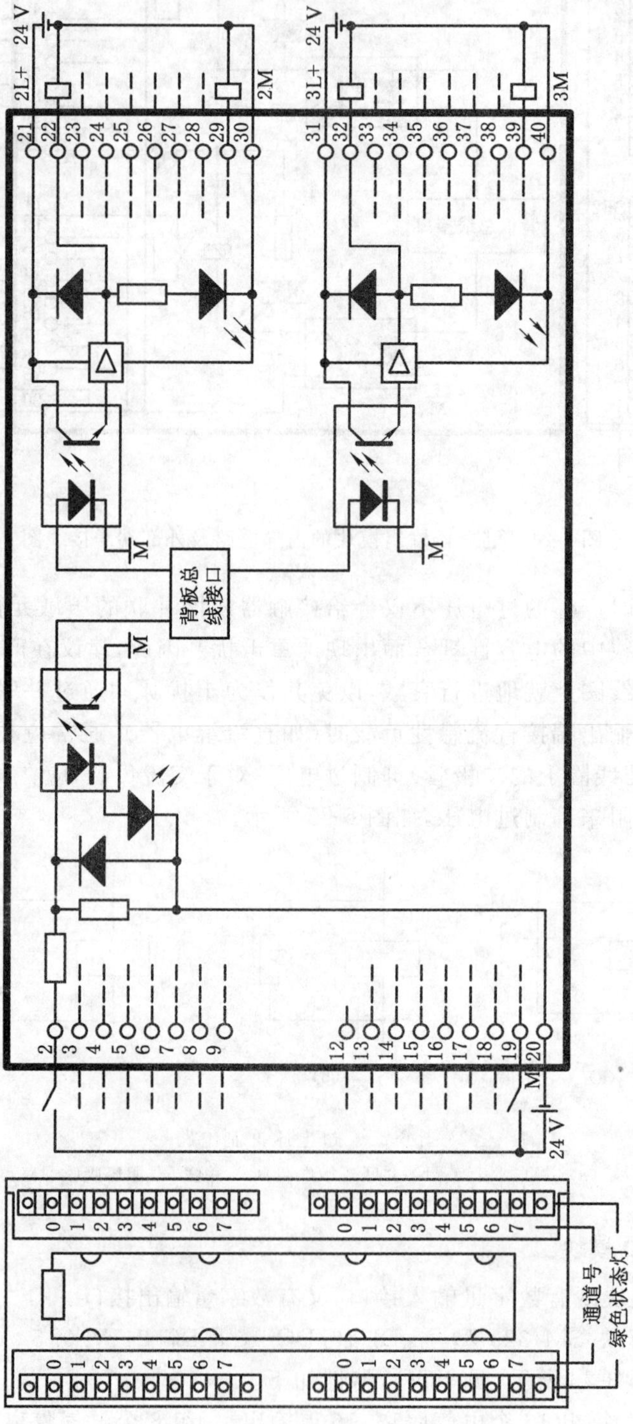

图 6-26 SM323 DI16/DO16×24VDC/0.5A内部电路及外部端子接线图

(4) 输出能够驱动电磁阀、DC 接触器和指示灯。

6.5.4　模拟量处理原理

6.5.4.1　模拟量的转换

在工程应用中，一般通过变送器将物理量转换为标准直流电压信号(0～10 V、－10～＋10 V 等)或电流信号(0～20 mA、4～20 mA 等)，然后送给模拟量输入模块进行处理。模拟输入模块将模拟信号转换为数字量存储在 PIW 存储区(模拟量输入模块地址)中。当需要输出模拟量信号时，PLC 将对应的数字量传送给 PQW 存储区(模拟量输出模块地址)中，由模拟量输出模块转换为标准直流电压或电流信号驱动执行器。模拟量转换过程如图 6-27 所示。

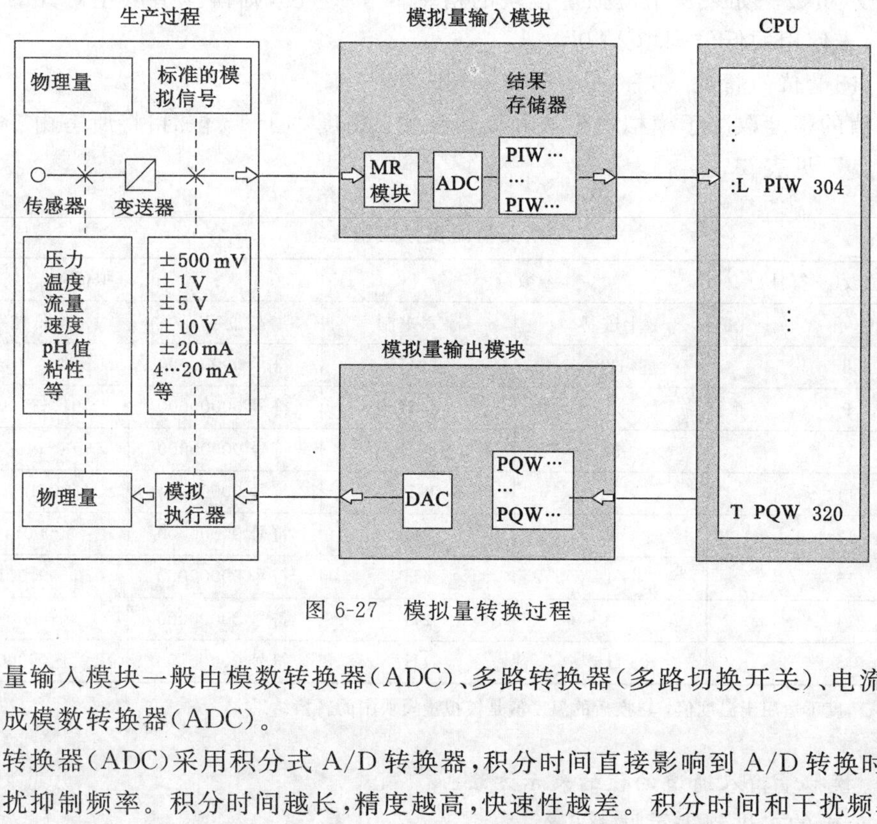

图 6-27　模拟量转换过程

模拟量输入模块一般由模数转换器(ADC)、多路转换器(多路切换开关)、电流源、隔离电路等组成模数转换器(ADC)。

模数转换器(ADC)采用积分式 A/D 转换器，积分时间直接影响到 A/D 转换时间、转换精度和干扰抑制频率。积分时间越长，精度越高，快速性越差。积分时间和干扰频率抑制是相互依赖的。积分时间为 20 ms 时，对 50 Hz 的干扰噪声有很强的抑制作用。为了抑制工频频率，一般选用 20 ms 的积分时间。

模拟量输入通道的转换时间是基本转换时间与模块在电阻测量和断线监控上的处理时间之和。基本转换时间取决于模拟量输入通道的转换方法。模拟量输入通道的周期时间(模拟量输入值再次转换前所经历的时间)是所有被激活的模拟量输入通道的转换时间的总和。

分辨率是通过在硬件组态中选择积分时间来间接定义的。根据模块的种类，8 到 15 位的分辨率都是可能的。表 6-6 给出了积分时间、分辨率和扰动频率抑制三者的关系。

表 6-6　积分时间、分辨率和扰动频率抑制三者的关系

积分时间/ms	分辨率/位	扰动频率抑制/Hz
2.5	9+符号位	400
16.6	12+符号位	60
20	12+符号位	50
100	14+符号位	10

6.5.4.2　16 位分辨率的模拟值表示

模数转换的结果用 16 位二进制补码定点数来表示。最高位第 15 位为符号位，0 表示整数，1 表示负数。如果一个模拟量模块的精度低于 16 位，则模拟值以左对齐的方式保存在模块中，未使用的低位则填入“0”。

6.5.4.3　测量值的精度

模拟值的精度取决于模拟量模块和模块参数。精度小于 15 位时，将所有由“×”标识的位设置为“0”，见表 6-7。

表 6-7　所支持的模拟值精度

精度，位数(+符号)	数量		模拟值	
	十进制	十六进制	高位字节	低位字节
8	128	80H	符号 0000000	1×××××××
9	64	40H	符号 0000000	01××××××
10	32	20H	符号 0000000	001×××××
11	16	10H	符号 0000000	0001××××
12	8	8H	符号 0000000	00001×××
13	4	4H	符号 0000000	000001××
14	2	2H	符号 0000000	0000001×
15	1	1H	符号 0000000	00000001

说明：该精度不适用于温度值，转换后的温度值是模拟量模块中的转换结果。

6.5.4.4　模拟量输入通道的值的表示方法

输入范围的二进制表示见表 6-8。

表 6-8　输入范围的二进制表示

数量	测量值(百分百形式)	数据字																范围
		2^{15}	2^{14}	2^{13}	2^{12}	2^{11}	2^{10}	2^{9}	2^{8}	2^{7}	2^{6}	2^{5}	2^{4}	2^{3}	2^{2}	2^{1}	2^{0}	
32 767	>118.515	0	1	1	1	1	1	1	1	1	1	1	1	1	1	1	1	上溢
32 511	117.589	0	1	1	1	1	1	1	0	1	1	1	1	1	1	1	1	过冲范围
27 649	>100.004	0	1	1	0	1	1	0	0	0	0	0	0	0	0	0	1	

续表 6-8

数量	测量值 （百分百形式）	数据字																范围
27 648	100.000	0	1	1	0	1	1	0	0	0	0	0	0	0	0	0	0	额定范围
1	0.003 617	0	0	0	0	0	0	0	0	0	0	0	0	0	0	0	1	
0	0.000	0	0	0	0	0	0	0	0	0	0	0	0	0	0	0	0	
−1	−0.003 617	1	1	1	1	1	1	1	1	1	1	1	1	1	1	1	1	
−27 648	−100.000	1	0	0	1	0	1	0	0	0	0	0	0	0	0	0	0	
−27 649	≤100.004	1	0	0	1	0	0	1	1	1	1	1	1	1	1	1	1	下冲范围
−32 512	−117.593	1	0	0	0	0	0	0	1	0	0	0	0	0	0	0	0	
−32 768	≤117.596	1	0	0	0	0	0	0	0	0	0	0	0	0	0	0	0	下溢

不同模拟量模拟值的表示见表 6-9。

表 6-9　不同模拟量模拟值的表示

范围	电压		电流		电阻		温度（Pt100）	
	测量范围 ±10 V	数字量	测量范围 4～20mA	数字量	测量范围 0～300ohm	数字量	测量范围 −200～+850 ℃	数字量
超上限	≥11.759	32 767	≥22.815	32767	≥352.778	32 767	≥1 000.1	32 767
上界	11.758 9～ 10.000 4	32 511～ 2764 9	22.810～ 20.000 5	32 511～ 27 649	352.767～ 300.011	32 511～ 27 649	1 000.0～850.1	10 000～ 8 501
额定范围	10.00～ −10.00	27 648～ −27 648	20.000～ 4.000	27 648～ 0	300.000～ 0.000	27 648～ 0	850.0～−200.0	8500～ −2000
超下界	−10.000 4～ −11.759	−27 649～ −32 512	3.999 5～ 1.185 2	−1～ −4 864	不允许负值	−1～ −4 864	−200.1～−243.0	−2 001～ −2 430
超下限	≤−11.76	−32 768	≤1.184 5	−32 768		−32 768	≤−243.1	−32 768

6.5.5　传感器/变送器输出信号类型

传感器是一种检测装置，能感受到被测量的信息，并能将检测感受到的信息按一定规律变换成电信号或其他形式的信号输出。通常传感器由敏感元件和转换元件组成，其中，敏感元件是指传感器中直接感受被测量的部分，转换元件（变送器）是指能将敏感元件的输出转换为适于传输和测量电信号部分。应当指出，并不是所有的传感器都能明显区分敏感元件与转换元件两个部分。

传感器输出信号的形式很多，如电压、电流、电阻、热电偶、频率、脉冲等，输出信号的形式由传感器的原理决定。按输出信号类型可以分为模拟信号，其中电压、电流、电阻、热电偶为模拟信号（电阻、热电偶信号最终转化为电压信号），频率、脉冲为数字信号。对于输出频率信号的传感器，可以连接到特殊功能模块（FM 350-2 计数器模板），开关量信号可以连接到数字量输入模块。本节主要介绍模拟量信号的输出。

6.5.5.1　热电阻（电阻信号）

热电阻是中低温区最常用的一种温度检测器。其特点是测量精度高，性能稳定。常用的铂电阻（Pt100）测量温度范围是－200～800 ℃，信号传输方式为二、三、四线制电阻信号，如图 6-28 所示。两线制是最简单的接入电路，但容易产生较大误差。三线制是最实用的接入电路，可得到较高的测量精度。四线制是测量精度最高的接入电路。

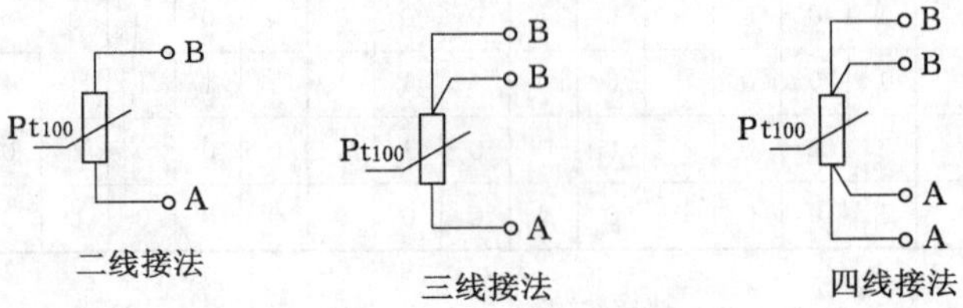

图 6-28　热电阻传感器

三线制方式在电阻体的一端引出一根引线，我们称为 A 线（单色或红色表示），另一端引出两根引线，称为 B 线和 C 线（黑线和蓝线）。A 线与 B 线或 C 线之间的阻值常温下约为 110 Ω，B 线与 C 线之间为 0 Ω，B 线与 C 线在内部是直通的，原则上 B 线与 C 线没什么区别。注意，有时三根引线也标注为 A 线、B 线、B 线（红、蓝、蓝）。Pt100 热电阻传感器如图 6-29 所示。

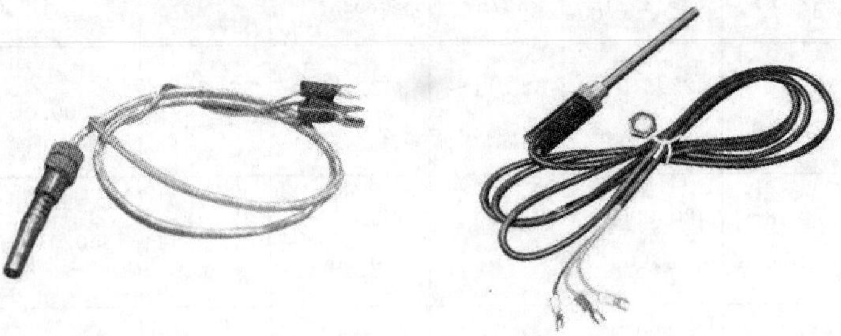

图 6-29　Pt100 热电阻传感器

当三线制热电阻与测量电桥配合使用时，分别将引线接入两个桥臂，能较好地消除引线电阻影响，提高测量精度。热电阻信号调理电路如图 6-30 所示。

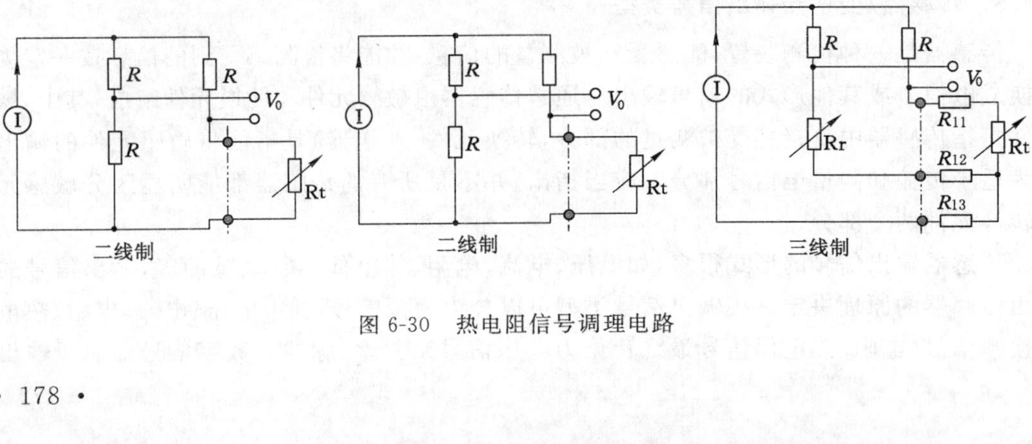

图 6-30　热电阻信号调理电路

Pt100 本身输出的是电阻信号，加装变送器也可以输出电流信号。Pt100 一体化温度变送器集变送器和热电阻为一体，直接测量各种工业过程中液体、蒸汽和气体介质的温度，将温度转换成与热电阻电信号成正比的 4～20 mA 电流信号输出。4～20 mA 信号提高了信号长距离传送过程中的抗干扰能力。Pt100 一体化温度变送器如图 6-31 所示。

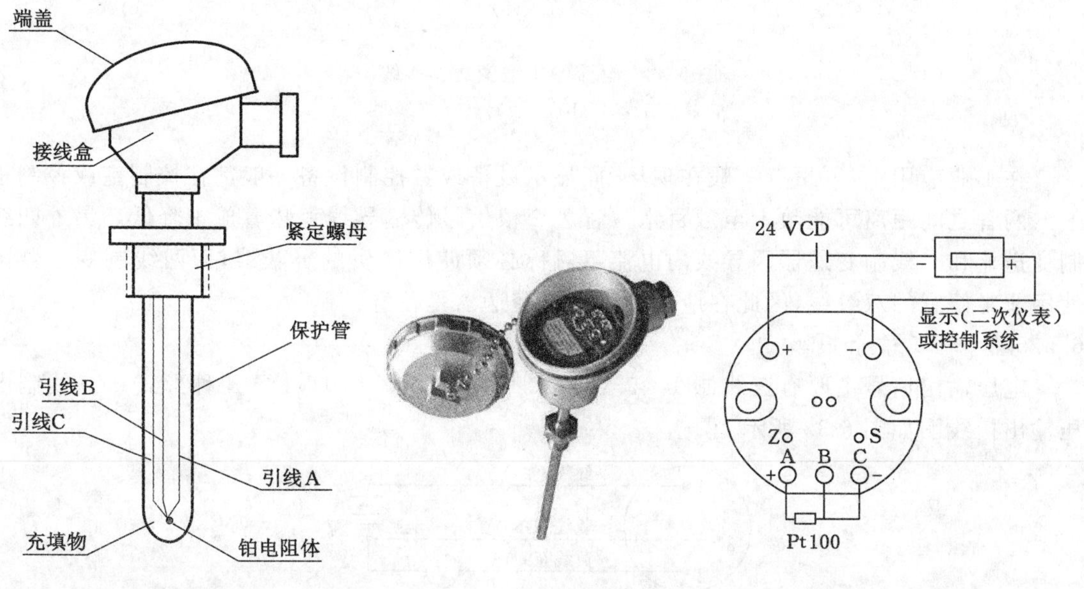

图 6-31　Pt100 一体化温度变送器

6.5.5.2　电流信号

工业上普遍需要将各类非电物理量(例如温度、压力、速度、角度等)和电物理量(简称电量，如电流、电压、功率、频率等)转换成标准模拟量电信号后才能传输到几百米外的控制室或显示设备上。这种将物理量转换成标准电信号的设备称为变送器(有的变送器和传感器合二为一，传感器含有敏感与转换元件两个部分)。工业上广泛采用的标准模拟量电信号是用 4～20 mA 直流电流来传输模拟量。

采用电流信号的原因是电流信号传输不容易受干扰，并且电流源内阻无穷大，导线电阻串联在回路中不影响精度，在普通双绞线上可以传输数百米。上限取 20 mA 是因为防爆的要求(20 mA 的电流通断引起的火花能量不足以引燃瓦斯)，下限没有取 0 的原因是为了能检测断线(正常工作时不会低于 4 mA，当传输线因故障断路，电流降为 0，常取 2 mA 作为断线报警值)。

电流输出型变送器需要将物理量转换成 4～20 mA 电流输出，必然要有外部电源为其供电。典型的变送器需要四根线：两根电源线、两根信号线，称之为四线制变送器。当然，电流输出可以与电源公用一根线(公用 VCC 或者 GND)，节省一根线，称之为三线制变送器。

其实 4～20 mA 电流本身就可以为变送器供电。变送器在电路中相当于一个特殊的负载，特殊之处在于变送器的耗电电流在 4～20 mA 根据传感器输出而变化。显示仪表只需串在电路中即可。这种变送器只需外接两根线，因而被称为两线制变送器。工业电流环标准下限为 4 mA，因此只要在量程范围内，变送器至少有 4 mA 供电。这使得两线制传感器的设计成为可能。电流输出型变送器接线图如图 6-32 所示。

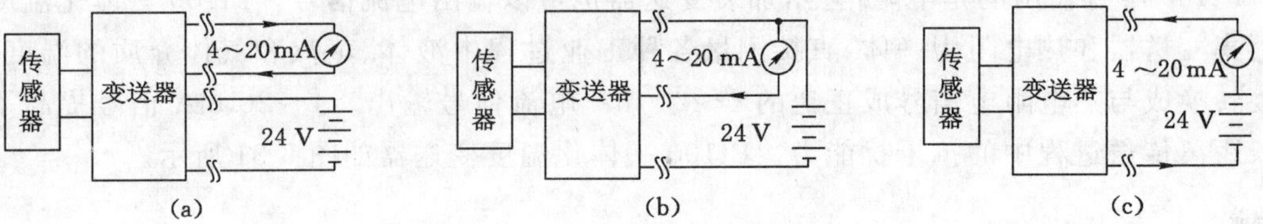

图 6-32　电流输出型变送器接线图
(a) 四线制；(b) 三线制；(c) 二线制

在工业应用中，测量点一般在现场，而显示设备或者控制设备一般都在控制室或控制柜上。两者之间距离可能数十至数百米。省去 2 根信号传输导线意味着成本降低。另外四线制变送器和三线制变送器因导线内电流不对称必须使用昂贵的屏蔽线，而两线制变送器可使用非常便宜的双绞线，因此在应用中两线制变送器是首选。

6.5.5.3　电压信号

电压输出信号主要有三线制 1～5 VDC、0～5 VDC、0～10 VDC 几种形式。三线制电压输出接线图如图 6-33 所示。

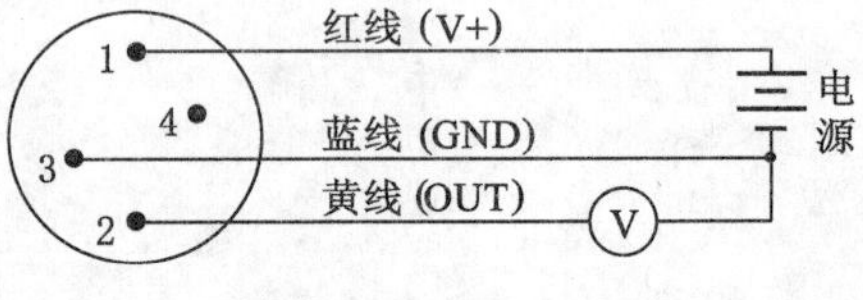

图 6-33　三线制电压输出接线图

6.5.6　模拟量输入模块

S7-300PLC 提供了大量类型的模拟量模块，模拟量模块的选择和调试顺序如下。

(1) 选择模块。

(2) 对于特定模拟量输入模块还需进行设置，如使用量程卡设置测量类型和测量范围。

(3) 在 SIMATIC S7 系统中安装模块。

(4) 分配模块参数。

(5) 将测量传感器或负载连接到模块。

(6) 调试组态。

(7) 如果调试失败则分析组态。

表 6-10 显示了部分模拟量输入模块的基本属性。

表 6-10　部分模拟量输入模块的基本属性

属性	SM 331；AI 8×16 bit	SM 331；AI 8×RTD	SM 331；AI 8×13 bit	SM 331；AI 8×12 bit
	(-7NF00-)	(-7PF01-)	(-1KF02-)	(-7KF02-)
输入点数	4 个通道组，8 点输入	4 个通道组，8 点输入	4 个通道组，8 点输入	4 个通道组，8 点输入

续表 6-10

属性	SM 331；AI 8×16 bit	SM 331；AI 8×RTD	SM 331；AI 8×13 bit	SM 331；AI 8×12 bit
	(-7NF00-)	(-7PF01-)	(-1KF02-)	(-7KF02-)
分辨率	每个通道组可编程： • 15 位＋符号位	每个通道组可编程： • 15 位＋符号位	每个通道组可编程： • 12 位＋符号位	每个通道组可编程： • 9 位＋符号位 • 12 位＋符号位 • 14 位＋符号位
测量类型	每个通道组可编程： • 电压 • 电流	每个通道组可编程： • 电阻 • 温度	每个通道组可编程： • 电压 • 电流 • 电阻 • 温度	每个通道组可编程： • 电压 • 电流 • 电阻 • 温度
诊断中断	可编程	可编程	不支持	可编程
限值监视	对 2 个通道可编程	对 8 个通道可编程	不支持	对 2 个通道可编程

6.5.6.1　SM 331 AI 8×13 位(6ES7331-1KF02-0AB0)

(1) 电压信号传感器接线

电压信号传感器接线方框图和端子图如图 6-34 所示。推荐进行等电位连接，使电气设

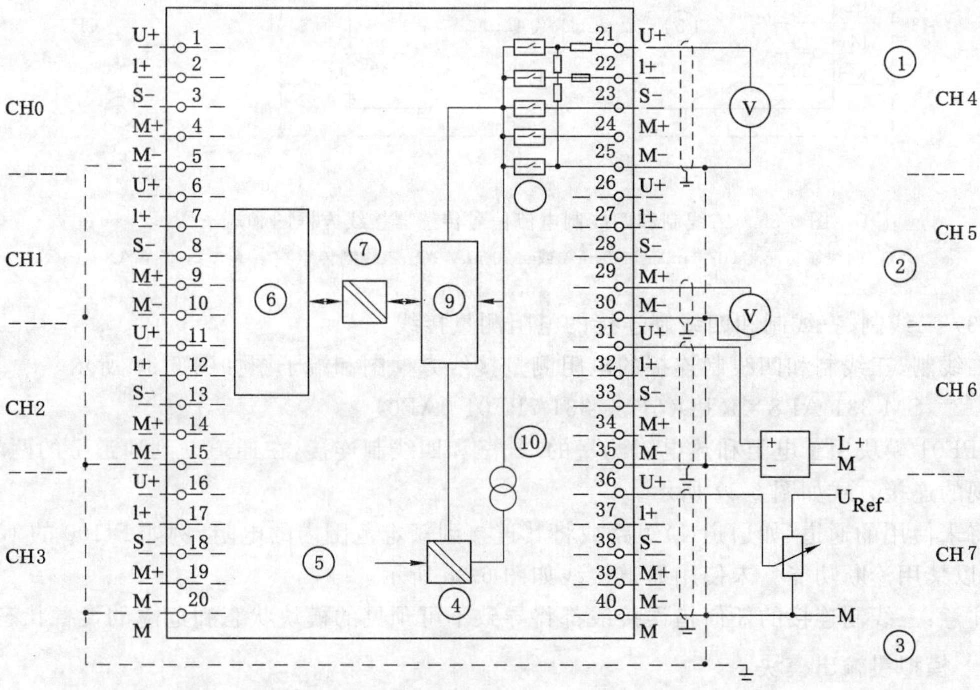

图 6-34　电压信号传感器接线方框图和端子图

① 电压测量(±5 V,±10 V,1～5 V,0～10 V) ② 电压测量(±50 mV、±500 mV、±1 V)
③ 等电位连接；④ 内部电源；⑤ 来自背板总线+5 V 电压；⑥ 逻辑和背板总线接口
⑦ 电气隔离；⑧ 多路转换器；⑨ 模数转换器 (ADC)；⑩ 电流源

备和外部导体的电气连接(等电位导线)处于相同或接近相同的电位,以避免在它们之间形成干扰和危险电位。

(2) 二线制和四线制电流信号传感器接线

二线制和四线制电流信号传感器接线方框图和端子图如图 6-35 所示。

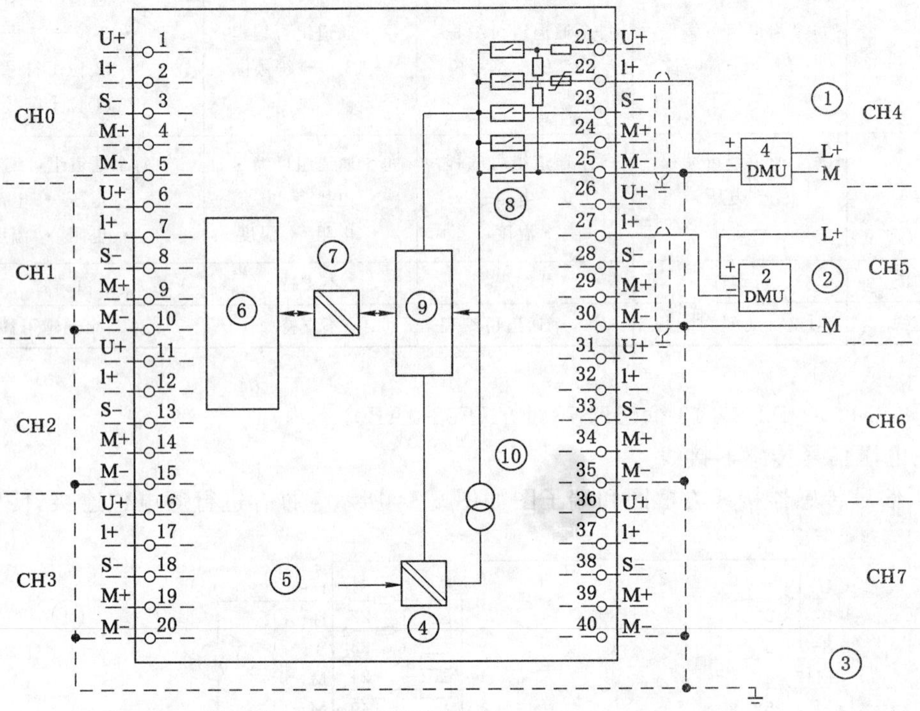

图 6-35　二线制和四线制电流信号传感器接线方框图和端子图

① 四线制传感器(0/4 mA 到 20 mA 或±20 mA);② 二线制传感器(4 mA 到 20 mA)

(3) 二线制、三线制和四线制连接的电阻测量接线

二线制、三线制和四线制连接的电阻测量接线方框图和端子图如图 6-36 所示。

6.5.6.2　SM 331 AI 8×RTD(6ES7 331-7PF01-0AB0)

7PF01 模块用于电阻和热电阻测量的二、三和四线制连接,在通道 0 到通道 7 的两端可以实现的连接方式如图 6-37 所示。

将未使用的通道(如通道 1)短路或将其连接到额定范围内的电阻(例如 Pt100 的 100 Ω 电阻)以禁用诊断功能。未使用通道接线如图 6-38 所示。

注意:三线制连接的任何错误接线都将导致不可预见的模块状态和危险的设备状态。

6.5.7　模拟量输出模块

图 6-39 所示为 5HD01 模块电压输出接线图和方框图。

表 6-11 显示了部分模拟量输出模块的基本属性。

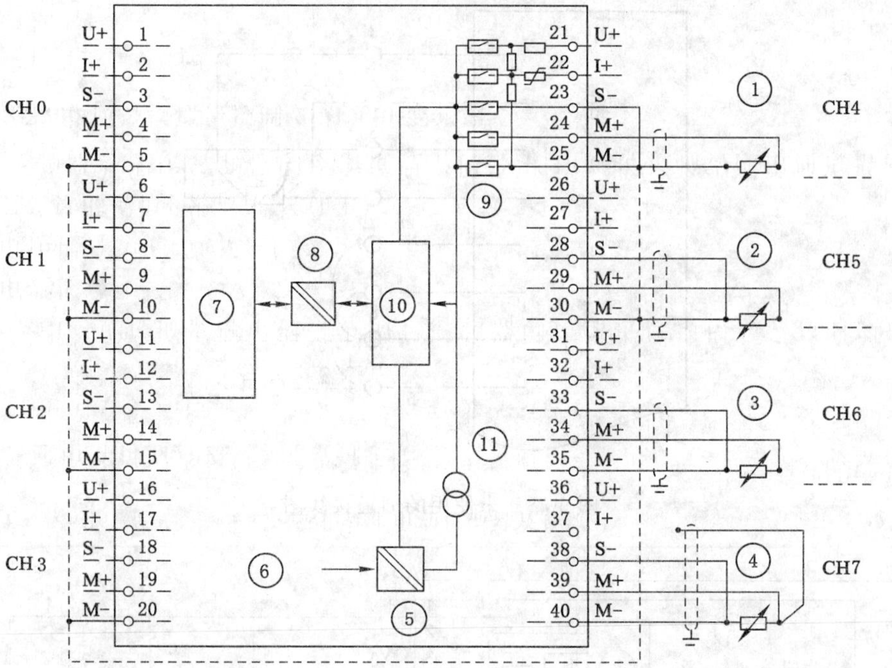

图 6-36　二线制、三线制和四线制连接的电阻测量接线方框图和端子图

① 二线制连接，在 M 和 S 间插入桥接器(无线路阻抗补偿)；② 三线制连接；③ 四线制连接，不得为第四条线路接线(保持未使用)；④ 四线制连接，将第四条线路路由到机柜中的端子板，但不接线

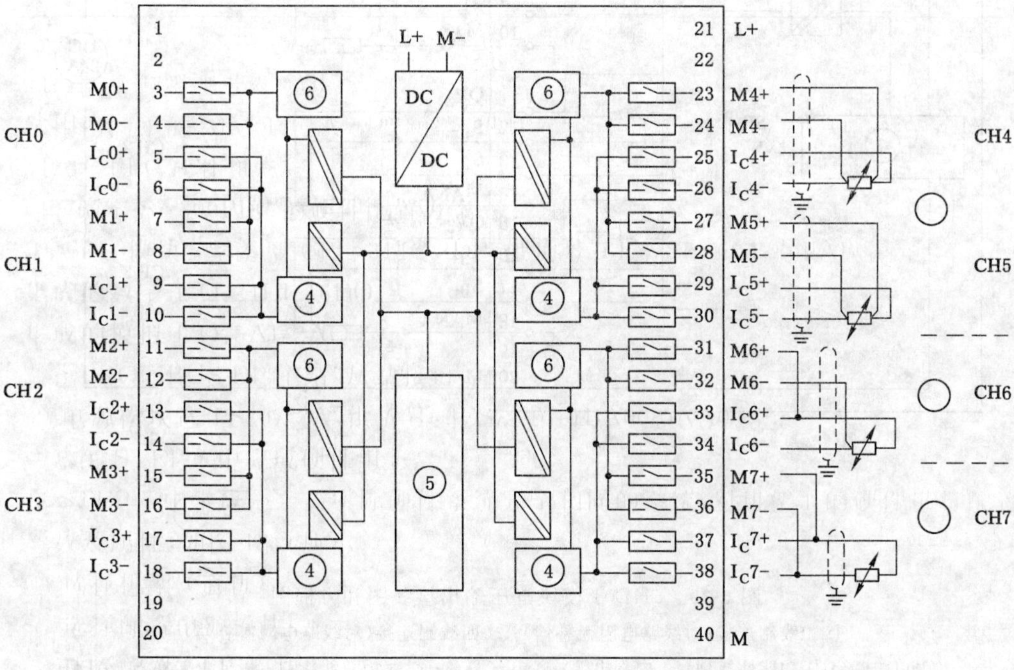

图 6-37　7PF01 模块接线图和方框图

① 四线制连接；② 三线制连接；③ 二线制连接；④ 数模转换器；⑤ 背板总线接口；⑥ 模数转换器(ADC)

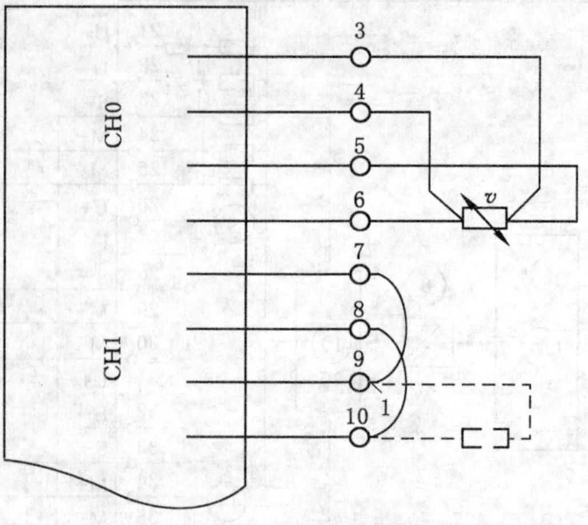

图 6-38　未使用的通道接线图

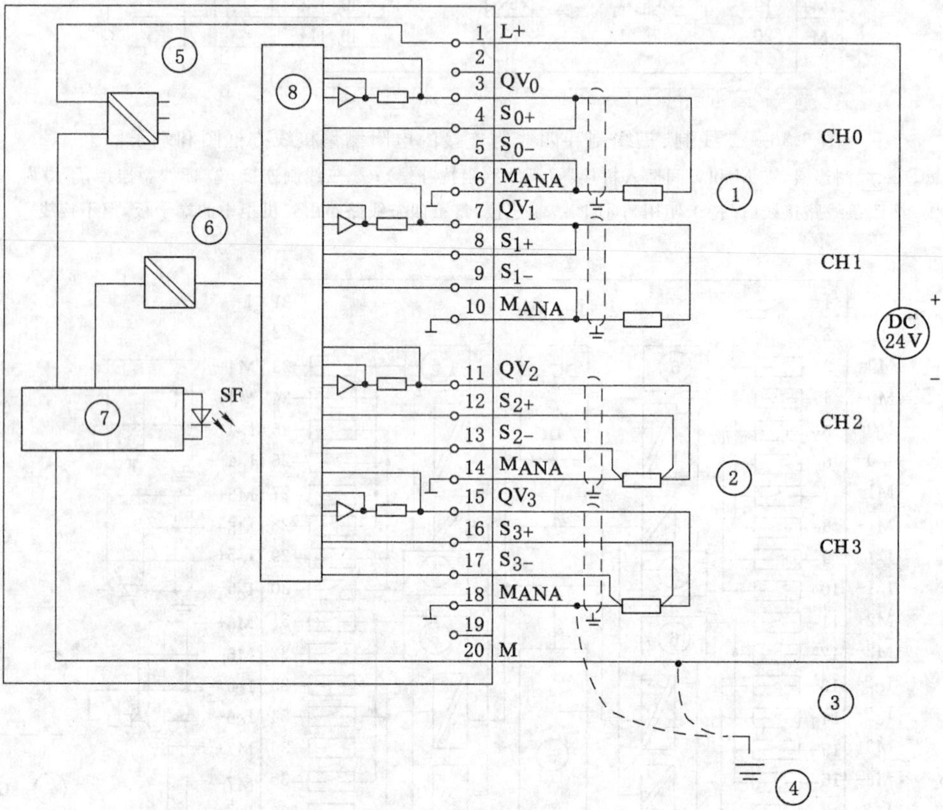

图 6-39　5HD01 模块电压输出接线图和方框图

① 二线制连接(对线路电阻无补偿)；② 四线制连接(对线路电阻有补偿)

③ 等电位连接；④ 功能性接地；⑤ 内部电源；⑥ 电气隔离；⑦ 背板总线接口；⑧ 模数转换器 (ADC)

表 6-11　　**部分模拟量输出模块的基本属性**

属性	SM 332；AO 8×12 bit (-5HF00-)	SM 332；AO 4×16 bit (-7ND02-)	SM 332；AO 4×12 bit (-5HD01-)	SM 332；AO 2×12 bit (-5HB01-)
输出点数	8 个输出通道	4 个通道组中 4 点输出	4 输出通道	2 输出通道
分辨率	12 位	16 位	12 位	12 位
输出类型	每个通道： • 电压 • 电流	每个通道： • 电压 • 电流	每个通道： • 电压 • 电流	每个通道： • 电压 • 电流
可编程诊断	支持	支持	支持	支持
诊断中断	可编程	可编程	可编程	可编程
电位比	电气隔离	电气隔离	电气隔离	电气隔离

S+、S−接线端用于获取负载的实际电压值，并传回 SM 332，用于检测负载实际压降，对偏差进行补偿。将负载连接到 QV 端子和测量电路 M_{ANA} 的参考点。在前连接器中，将端子 S+互连到 QV，将端子 S−互连到 M_{ANA}。5HD01 模块电流输出接线图和方框图如图 6-40 所示。

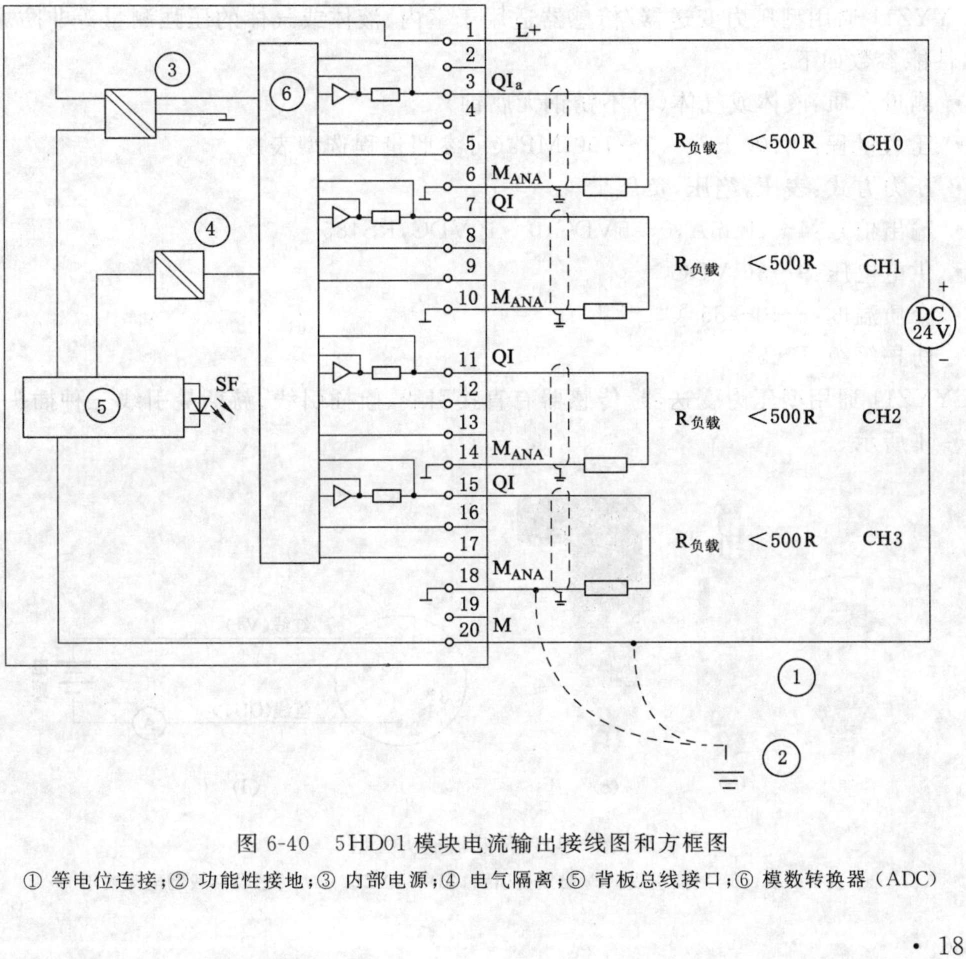

图 6-40　5HD01 模块电流输出接线图和方框图

① 等电位连接；② 功能性接地；③ 内部电源；④ 电气隔离；⑤ 背板总线接口；⑥ 模数转换器（ADC）

6.6 工程案例:S7-300 PLC 接口电路设计

6.6.1 设计要求

某设备采用 S7-300PLC 进行控制,CPU 型号为 CPU315-2DP (6ES7 315-2AH14-0AB0)。

DI 模块为:6ES7 321-1BH02-0AA0。

DO 模块为:6ES7 322-1HH01-0AA0。

AI 模块为:6ES7 331-1KF02-0AB0。

AO 模块为:6ES7 332-5HD01-0AB0。

DI 信号:三个常开按钮输入,一个 PNP 型接近开关,一个继电器常开触点。

DO 信号:2 个电磁阀(24 VDC),1 个继电器(24 VDC),1 个指示灯(24 VDC)。

AI 信号:3 路电流模拟量输入。

AO 信号:2 路电压模拟量输出。

设计接线图。

6.6.2 传感器及参数

(1) 压力传感器/变送器

CYYZ11 通用型压力变送器/传感器适用于室内、液体或气体的压强测量等非防爆一般现场,性能参数如下:

- 测量介质:液体或气体(对不锈钢无腐蚀)
- 压力量程:−100 kPa~0~100 MPa(可参照量程选型表)
- 压力方式:表压,绝压,负压
- 输出信号:4~20 mA,0~5VDC,0~10VDC,RS485
- 供电电压:9~36 VDC
- 介质温度:−40~85 ℃
- 防护等级:IP65

CYYZ11 通用型压力变送器/传感器有直接引线、航插引线、赫斯曼引线三种插头类型,如图 6-41 所示。

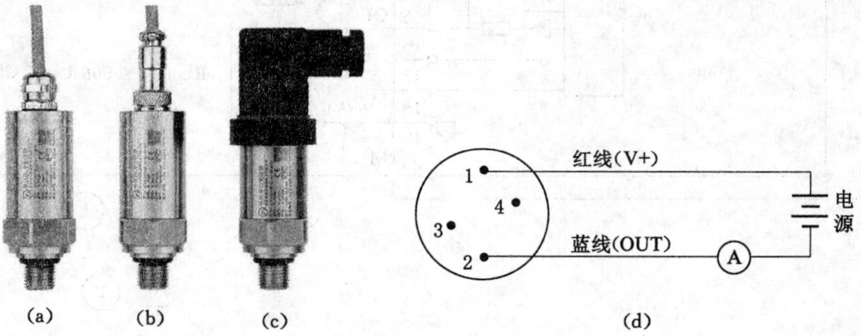

图 6-41 传感器插头类型

(a) 直接引线;(b) 航插引线;(c) 赫斯曼引线;(d) CYYZ11 压力传感器两线制电流输出

CYYZ11 压力传感器两线制电流输出接线图 6-41(d)所示。

(2) 液位变送器/传感器

星仪 CYW13 防爆分体投入式液位变送器/传感器外形如图 6-42 所示，适用于水箱、水池、河流水位的测量。

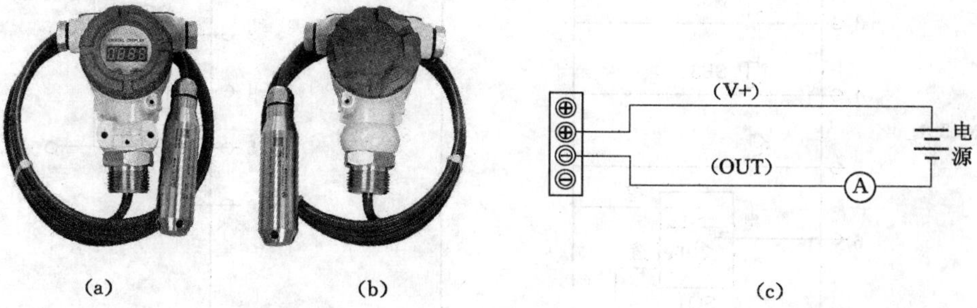

图 6-42　星仪 CYW13 防爆分体投入式液位变送器/传感器

(a) 有显示/CYW13-X；(b) 无显示/CYW13-P；(c) 两线制电流输出接线图

性能参数如下。

• 液位量程：0～1…50 m

• 输出信号：4～20 mA，0～5 VDC，0～10 VDC，RS485

• 供电电压：9～36 VDC

• 介质温度：－40～85 ℃

• 防护等级：探头 IP68，接线盒 IP65

• 两线制电流输出接线图如图 6-42(c)所示。

6.6.3　硬件原理图设计

DI 模块接线图如图 6-43(a)所示，DO 模块接线图如图 6-43(b)所示。AI 模块接线图如图 6-43(c)所示，AO 模块接线图如图 6-43(d)所示。

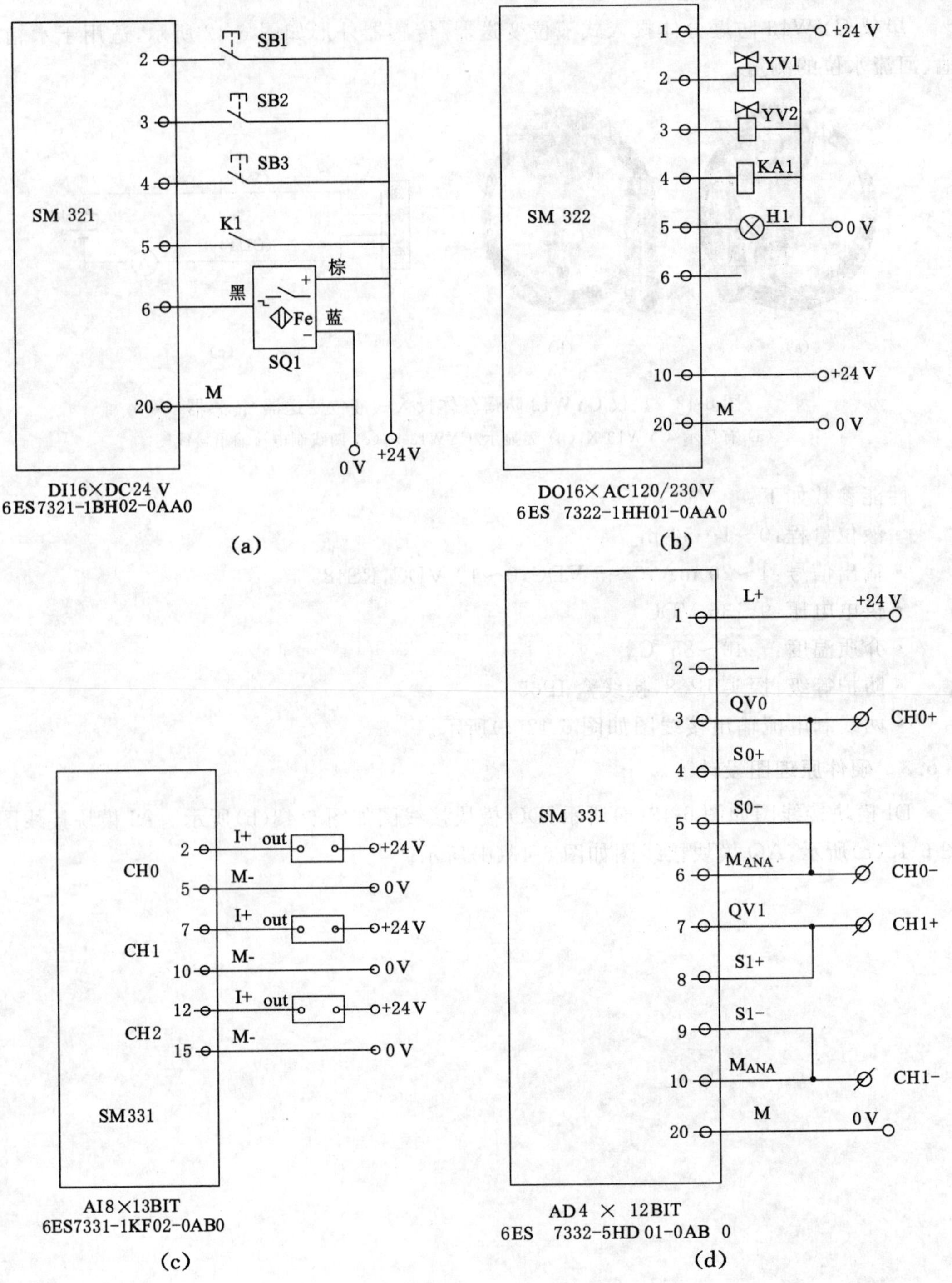

图 6-43　PLC 硬件接线图

(a) DI 模块接线图；(b) DO 模块接线图；(c) AI 模块接线图；(d) AO 模块接线图

习题与思考题

一、选择题

1. S7-300 PLC 可以扩展多达____个机架，____个模块。

A. 1,7　　B. 4,32　　C. 4,44　　D. 21,300

2. 接口模块 IM360 只能放在 S7-300 的____。

A. 0 号机架的 3 号槽　　B. 任意机架的 3 号槽

3. S7-300 每个机架最多只能安装____个信号模块、功能模块或通信处理模块。

A. 4　　B. 8　　C. 11　　D. 32

4. S7-300 电源模块、CPU 模块和接口模块的安装插槽号顺序是____。

A. 1、2、3　　B. 3、2、1　　C. 1、3、2　　D. 2、3、1

5. 漏型模块的电流从模块的信号输入端____，从模块的公共点 M 端____。

A. 流入，流入　　B. 流出，流出　　C. 流出，流入　　D. 流入，流出

6. ET 200 是基于____的分布式 I/O。

A. MPI　　B. PROFIBUS-DP

C. PROFIBUS-PA　　D. PROFIBUS-FMS

二、填空题

1. S7-300 PLC 一个机架最多可安装____个信号模块，最多可扩展至____个机架，硬件组态时电源模块总是在机架的 1 号槽，CPU 模块只能在____号槽，接口模块只能在____号槽。

2. S7-300CPU 一般有三种工作模式（RUN、STOP、MRES），其中 RUN 为____模式、STOP 为______模式、MRES 为______模式。

3. 数字量输入模块 SM 321 按输入电源性质有______输入型和________输入型。

4. NPN 集电极开路输出传感器只能连接______直流数字量输入模块。

5. 数字量输入模块 SM 322 按照工作原理分为：______输出型（直流负载）、______输出型（交流负载）和______输出型（直流或交流负载）。

6. S7-300 的接口模块只能用于双机架的为 IM ______；用于多机架的接口模块主机架安装 IM ______，扩展机架安装 IM ______。

三、问答题

1. 举例说明哪些常见的设备可以作为 PLC 的输入设备和输出设备。

2. S7 系列的 PLC 有哪几类？

四、设计题

1. 某生产设备的风机 75 kW，采用西门子 MM 440 变频器调速，利用 S7-300PLC 实现风机变频自动控制。风机变频调速自动控制工艺如下：

（1）数字量输入（4 个）。正转按钮、停止按钮、变频器故障信号、变频器运行信号。

（2）数字量输出（3 个）。变频器“正转/停止”、变频器运行指示、变频器故障指示。

（3）模拟量输入（7 个）。速度（频率）给定（1 个）、风压（1 个）、变频器电流（1 个）、电机定子温度（3 个）、轴承温度（1 个）。其中：

① 变频器的运行速度给定由电位器设定，输出 0～10 V 电压信号。

② 风压传感器测量范围：0～5 kPa，供电电压 24 VDC，输出 4～20 mA 两线制电流信号。如题图 6-1 所示。

③ 电机定子温度、轴承温度采用铂电阻(pt100)测量，测量范围：－200～800 ℃，输出三线制 pt100 热电阻信号。如题图 6-2 所示。

④ 变频器电流由变频器模拟量输出端子输出，输出 4～20 mA 两线制电流信号。

(4) 模拟量输出(1 个)：控制变频器的运行速度(频率)，输出信号，0～10 V 电压信号。

设计变频器控制电路、PLC 接口电路，实现上述功能。

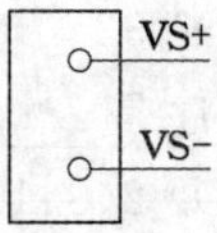

题图 6-1 风压传感器

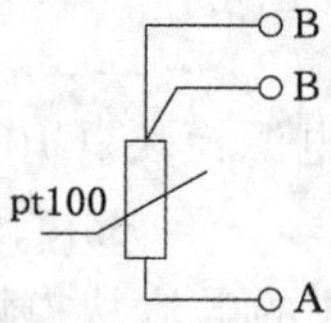

题图 6-2 三线制 pt100 热电阻信号

第 7 章　STEP 7 编程软件的使用

教学提示:

本章主要讲述 STEP 7 软件、S7-PLCSIM 仿真软件的安装以及使用，S7-300PLC 硬件组态，变量表的使用，故障诊断。

学习要求:

(1) 了解 SIMATIC 管理器的功能，理解 SIMATIC 管理器创建和管理一个自动化项目的思想。

(2) 掌握 S7-300 PLC 硬件组态、网络组态。

(3) 掌握变量表的创建和应用、程序下载、程序运行监视、故障诊断技术。

7.1 SIMATIC 管理器概述

SIMATIC 是"SIEMENS Automatic"(西门子自动化)的缩写，是西门子 A&D(自动化与驱动)集团的注册商标，SIMATIC 自动化系统由 SIMATIC PLC、SIMATIC DP 分布式 I/O、PROFINET I/O、SIMATIC HM、SIMATIC NET 以及 STEP 7 等组成。SIMATIC 管理器的功能如图 7-1 所示。

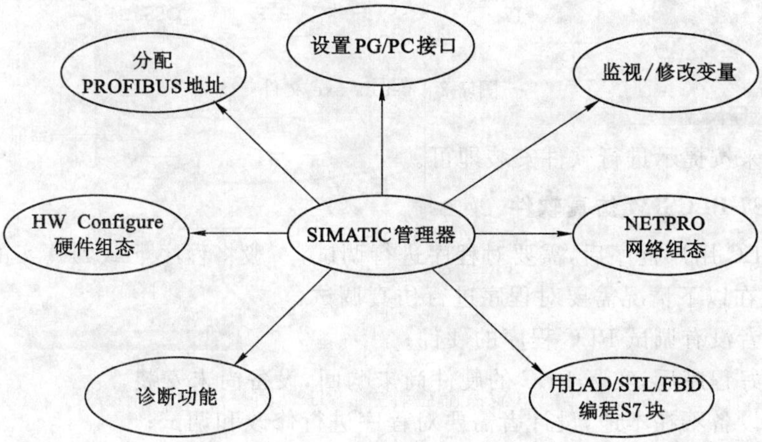

图 7-1　SIMATIC 管理器的功能

STEP 7 编程软件用于西门子系列工控产品包括 SIMATIC S7、M7、C7 和基于 PC 的 WinAC 的编程、监控和参数设置，是 SIMATIC 工业软件的重要组成部分。STEP 7 不是一个单一的应用程序，而是由一系列应用程序构成的软件包。在 STEP 7 中，用项目来管理一个自动化系统的硬件和软件。STEP 7 具有硬件配置和参数设置、通信组态、编程、测试、启动和维护、诊断功能等功能。STEP 7 的所有功能均有大量的在线帮助，用鼠标打开或选中某一对象，按“F1”键可以得到该对象的相关帮助。

7.2 软件安装

7.2.1 安装 STEP 7 软件

要使用 STEP 7 V5.5 软件，须配备一台编程设备或 PC 机，同时该设备须满足对处理器速度/性能、RAM 以及图形处理能力的最低需求。MS Windows 7 Professional 操作系统需要最低配置：处理器 1 GHz，扩展内存配置 1 GB，图形 XGA 1 024×768 16 位彩色深度。

如果要编辑多个 STEP 7 项目，或者进行数百个模块（CPU、从站、I/O 设备等）的硬件配置，请使用性能更好的编程设备或 PC 机。STEP 7 V5.5 是一个 32 位的应用程序，所包含的功能已正式获得用于以下操作系统的发布许可：

- MS Windows XP Professional，SP2 或 SP3；
- MS Windows 7 Ultimate、Professional 及 Enterprise，32 位或 64 位。

不支持 XP 家庭版和 Win 7 32 、64 位家庭版。

STEP 7 安装步骤：

(1) 首先将 STEP 7 V5.5 sp2 CN.iso 文件解压到 STEP 7 V5.5 sp2 文件夹（文件夹名字为英文，如果有中文字符，在安装时会提示“未找到 ssf 文件”）。

(2) 打开 STEP7 V5.5 sp2 文件夹，双击 setup.exe 进行安装，如图 7-2 所示。

图 7-2 setup.exe 文件

(3) 接下来按提示进行软件安装即可。

7.2.2 安装 S7-PLCSIM 仿真软件

设计好 PLC 用户程序后，需要对程序进行调试，一般将程序下载到真实的 PLC 硬件中调试程序。但在以下情况需要对程序进行仿真调试：

(1) 初学者没有调试 PLC 程序的硬件；

(2) 设计好程序后，实际 PLC 的硬件尚未购回，设备尚未安装；

(3) 控制设备不在本地，设计者需要对程序进行修改和调试；

(4) PLC 已经在现场安装好了，但是在实际系统中进行某些调试有一定的风险。

为了解决这些问题，西门子公司提供了用来代替 PLC 硬件进行用户程序调试的仿真软件 PLCSIM。

PLCSIM 是一个功能非常强大的仿真软件，它与 STEP 7 编程软件集成在一起，仿真时计算机不需要连接任何 PLC 的硬件，用于在计算机上模拟 S7-300/400 CPU 的功能，通过仿真的方法模拟 CPU 进行程序下载、测试和故障诊断，具有方便和安全的特点。可以在开发阶段发现和排除错误，从而提高用户程序的质量、降低试车的费用。

如果未安装 PLCSIM 仿真软件，"SIMATIC Manager"工具栏中的模拟按钮"Simulation"处于失效状态；在安装了 PLCSIM 之后，该软件会集成到 STEP 7 环境中，"SIMATIC Manager"工具栏上的模拟按钮"Simulation"就会处于有效状态。

(1) 准备工作

首先，清除安装暂挂项目。按 Win+R 快捷键，输入 regeidt 命令，打开注册表。

进入：HKEY_LOCAL_MACHINE\SYSTEM\CurrentControlSet\Control\Session Manager，将其中的 PendingFileRenameOperations 项删除。

(2) 打开 PLCSIM_V54_SP5\Disk1

双击 setup. exe，按提示顺序安装即可。

7.3 项目的创建与管理

7.3.1 STEP 7 自动化项目解决方案

利用 STEP 7 创建一个自动化解决方案的总流程如图 7-3 所示。

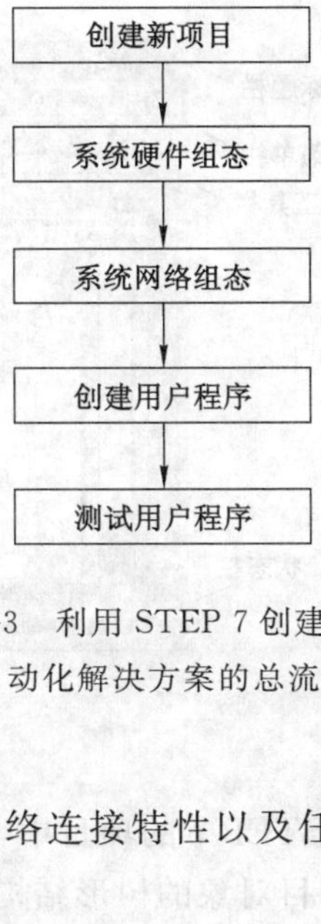

图 7-3　利用 STEP 7 创建一个自动化解决方案的总流程

(1) 创建新项目。项目就如同一个文件夹，所有数据都以分层的结构存在于其中，随时可以使用。在创建一个项目后，所有任务都在该项目下执行。其中插入工作站就是指定要使用的 PLC，如 S7-300、S7-400 等。

(2) 系统硬件组态。硬件组态就是在组态表中制定自动化项目解决 fangsuo 要使用的模块，以及在用户程序中以什么样的地址来访问这些模块。此外，模块的特性也可以通过修改参数来调整，比如模拟量输入模块信号的类型、滤波参数等。

(3) 系统通信组态。通信的基础是网络的预先组态。为此，要创建一个自动化网络所需要的子网，并设置网络特性、网络连接特性以及任何联网的站点所需要的通信连接。

(4) 创建用户程序。创建用户程序主要有以下几个基本步骤：

① 创建符号表。可以在符号表中定义局部或共享符号，以在应用程序中使用这些更具描述性的符号地址替代绝对地址。

② 创建程序。用一种可供使用的编程语言创建一个与模块相连接或与模块无关的程序，并以块、源文件或图标的形式存储。

③ 生成参考数据。利用生成的参考数据可以使程序的调试和修改更容易。

(5) 调试用户程序。调试用户程序主要包括：

① 下载程序和系统数据。在完成所有的组态、参数设置和编程任务后，可以下载整个用户程序或其中的单个块到 PLC 中。

② 调用要测试的程序块。进行程序调试时，可以显示来自用户程序的变量数值，也可以是来自 CPU 的。对变量可以赋值，因为要显示或修改的变量生成一个变量表。

在 SIMATIC 管理器中，一个项目包括整个被控对象，工作站与 PLC 相对应。一个项目可能包括几个工作站，它们可能由 MPI 子网连接在一起。一个工作站包括一个 CPU 模块，CPU 包括程序，程序中又包括其他对象，如对象 Blocks，它也可能包括其他已编译的块。这样，整个项目就被集中在 SIMATIC 之下管理，体现了全集成自动化的思想，图 7-3 中所示的各个步骤将在后面的小节中详细介绍。

7.3.2 SIMATIC 管理器软件界面及功能

STEP 7 安装完成后，单击 Windows 的"开始"→"SIMATIC"→"SIMATIC Manager"选项，或者双击桌面上"SIMATIC Manager"图标启动 SIMATIC Manager。

SIMATIC Manager 运行界面如图 7-4 所示。

在 SIMATIC Manager 对话框内可以同时打开多个项目，所打开的每个项目均用一个项目窗口进行管理。项目窗口类似于 Windows 的资源管理器，分为左、右两个视窗，左边为项目结构视窗，显示项目的层次结构；右边为项目对象视窗，显示左视窗对应项的内容。在右视窗内双击对象图标，可立即启动与对象相关联的编辑工具或属性窗口。

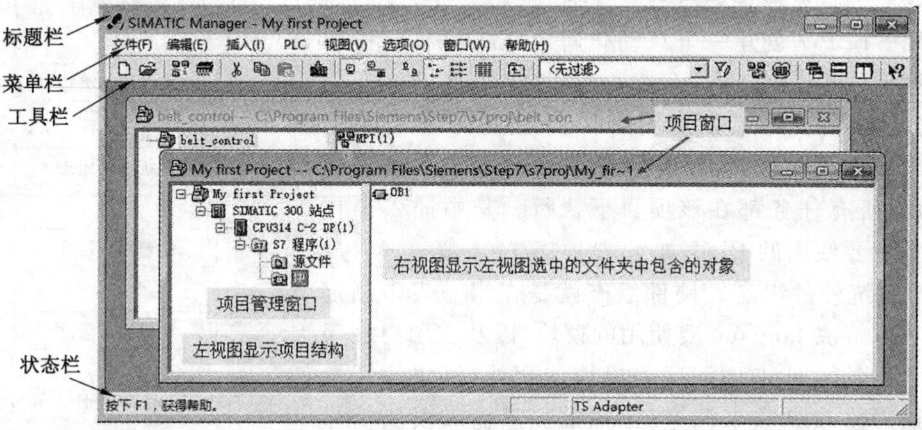

图 7-4 SIMATIC Manager 运行界面

在 STEP 7 的项目中，数据以对象形式存储。项目中的对象按树形结构组织（项目层次）。项目对象的树形结构类似于 Windows 资源管理器中文件夹和文件的目录结构，只是图标不同。图 7-4 所示为已展开的项目结构。

第 1 层：项目（图中 S7_Pro1）。项目代表了自动化解决方案中的所有数据和程序的整体，它位于对象体系的最上层。

第 2 层：站（图中 SIMATIC 300 站点）。SIMATIC 300/400"站"用于存放硬件组态和模块参数等信息，站是组态硬件的起点。

第 3 层和其他层：与上一层对象类型有关，如图中"S7 程序(1)"是编写程序的起点，所有 S7 系列的软件均存放在 S7 程序文件夹下，该文件夹包含“源文件”（源程序）文件夹和“块”（程序块）文件夹。

SIMATIC Manager 的菜单主要实现以下几类功能：项目文件的管理，对象的编辑和插入，程序下载、监控、诊断，视图、窗口排列、环境设置选项，在线帮助。

SIMATIC Manager 工具条的功能如图 7-5 所示。

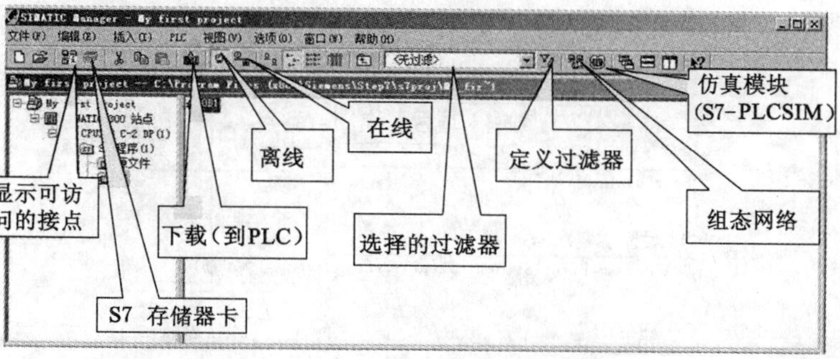

图 7-5　SIMATIC Manager 工具条的功能

7.3.3　新建项目

通过 SIMATIC Manager 创建项目有两种方法。

7.3.3.1　手动创建新项目

选择“文件”→“新建”命令，如图 7-6 所示；或单击工具栏“新建项目/库”按钮，如图 7-7 所示，在弹出的“新建项目”对话框中，输入项目的名称，如图 7-8 所示。

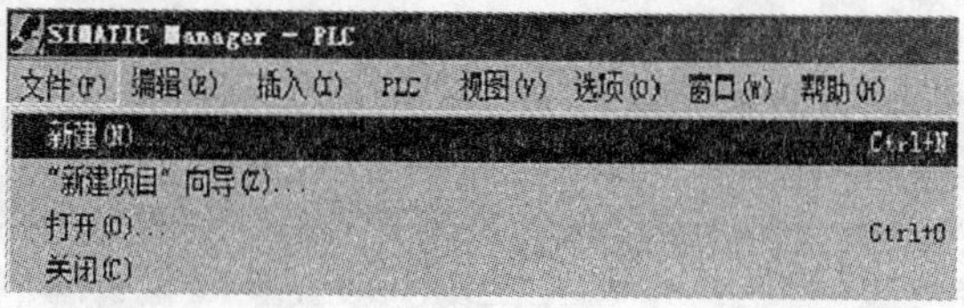

图 7-6　“文件”/“新建”

图 7-7　“新建项目/库”

单击“确定”按钮，完成一个新项目的创建。创建好的项目如图 7-9 所示。

右键点击新建的工程，在弹出的菜单上选择“插入新对象”，选择“SIMATIC 300 站点”，建立一个 SIMATIC 300 站点，如图 7-10、图 7-11 所示。

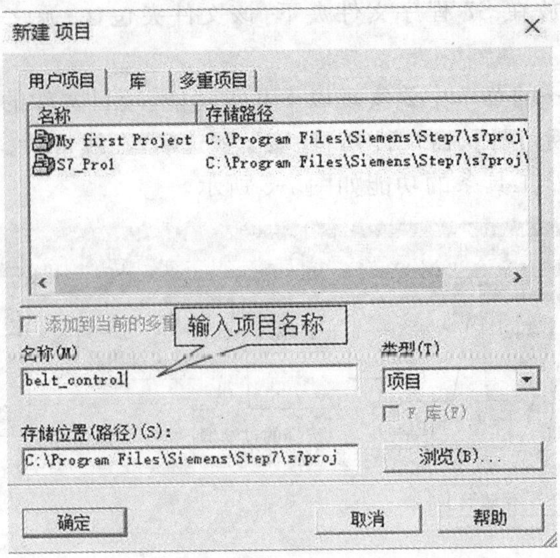

图 7-8 新建项目

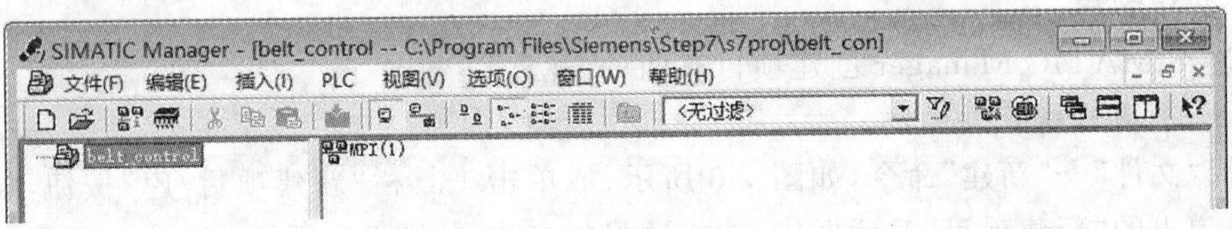

图 7-9 创建好的项目

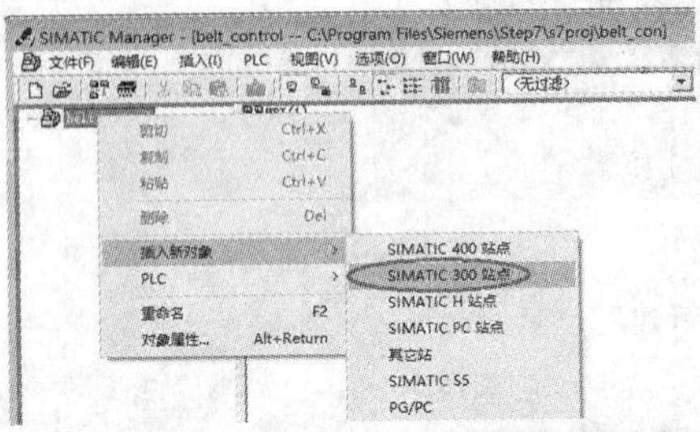

图 7-10 插入新对象

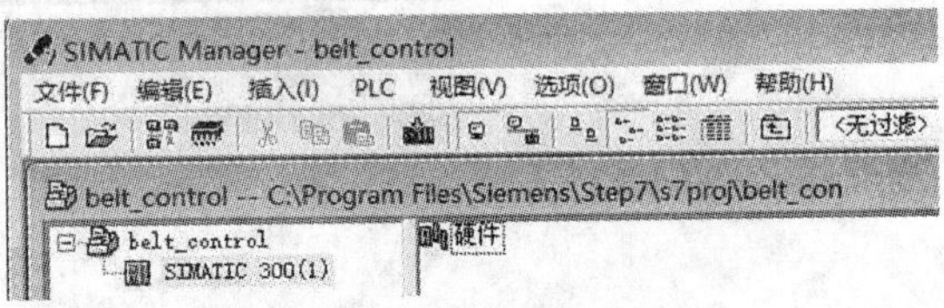

图 7-11 建立的新对象

7.3.3.2 通过向导创建新项目

选择“文件”→“新建项目”向导创建新项目，如图 7-12(a)所示，单击“下一步”，选择 CPU 的型号，如图 7-12(b)所示。

单击选择需要添加的块，以及块的编程语言，如图 7-13(a)所示，单击“下一步”，输入项目名称，如图 7-13(b)所示。

单击“完成”，完成项目的创建，如图 7-14 所示。

7.3.4 设置 PG/PC 接口

使用 Step 7 软件对 PLC 进行监控和下载之前，必须正确设置 Step 7 软件的 PG/PC 接

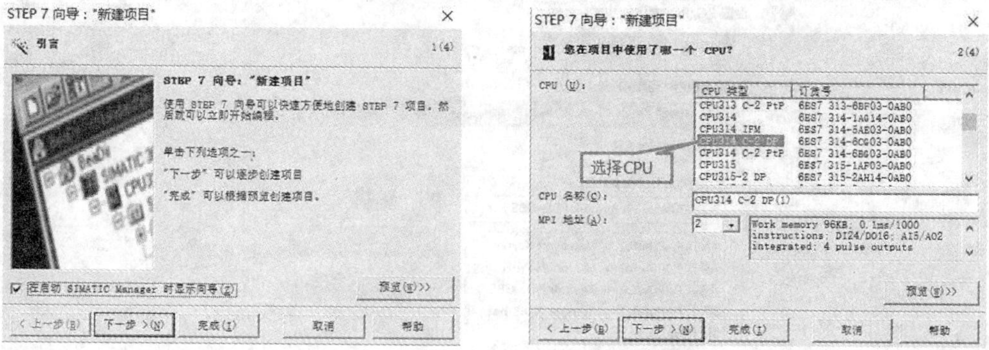

(a)　　　　　　　　　　(b)

图 7-12　新建项目向导 1

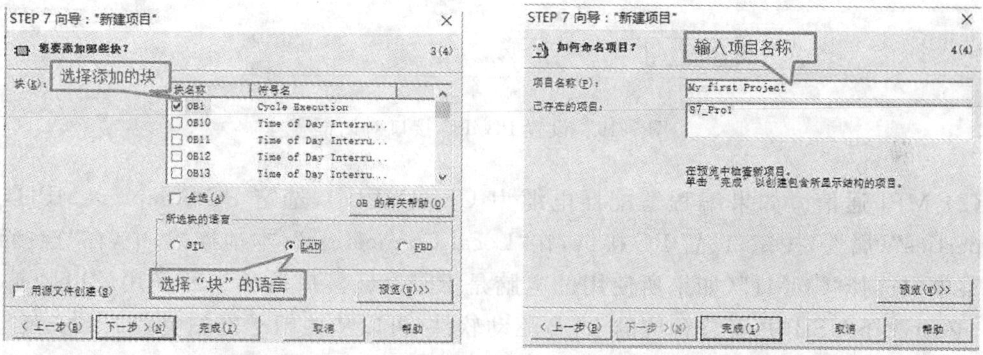

(a)　　　　　　　　　　(b)

图 7-13　新建项目向导 2

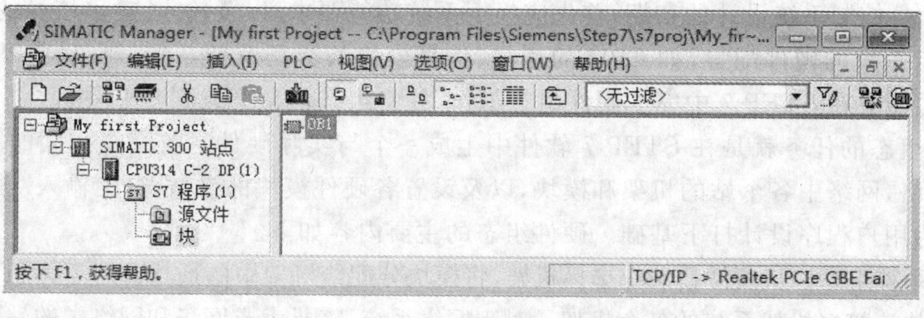

图 7-14　利用向导建立的项目

口参数。以确保电脑能顺利连接上 PLC。建立好项目后，就可以进行 PG/PC 接口设置。

选择菜单栏“选项”→“设置 PG/PC 接口…”，打开“设置 PG/PC 接口”对话框，如图7-15所示。根据实际的通信方式，选择“为使用的接口分配参数”。

(1) TCP/IP 通信。如果确定连接方式为网线，选择电脑当前使用的网卡，选择后可以点击诊断测试连接情况，测试显示“OK”时，表示接口连接正常。（注意：在网卡选择时需要选择后缀为 Auto ＜Active＞的网卡选项）

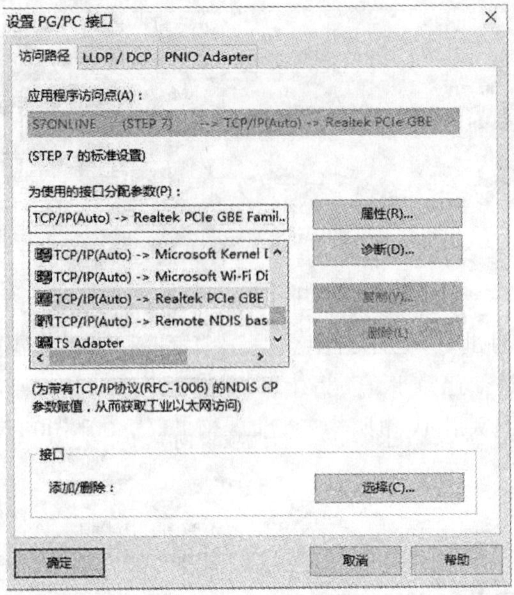

图 7-15　设置 PG/PC 接口对话框

(2) MPI 通信。如果编程适配器电缆为 USB/MPI＋，选定 PC Adapter(MPI)，单击“Properties”(属性)按钮，设置 PC 接口，在“Local Connection”(本地连接)中，在“连接到”下拉式菜单中选择“COM1”(如果所使用的电脑是 RS232C 接口)，如果所使用的电脑是 USB 接口，必须选择 USB，并安装相应的 USB 驱动软件(可以从西门子网站免费下载安装)。

7.4　硬件组态

在 PLC 控制系统设计的初期，首先应根据系统功能要求，以及输入、输出信号的性质和数量，确定系统的硬件配置，如 CPU 的型号、信号模块的类型及数量等。在确定系统的硬件组成后，需要在 STEP 7 中完成硬件组态工作，并将组态信息下载到 CPU 中。

硬件组态的任务就是在 STEP 7 软件中生成一个与实际硬件系统完全相同的系统，例如生成网络、网络中各个站的机架和模块，以及设置各硬件模块的参数，分配输入/输出模块的地址，为用户程序设计打下基础。硬件组态的主要内容如下。

(1) 系统组态。从硬件目录中选择机架，将模块分配给机架中的插槽。对于多机架系统，用接口模块连接多机架系统的各个机架。对于网络系统，需要生成网络和网络中的站点。

(2) CPU 的参数设置。设置 CPU 模块的属性，如启动特性、扫描监视时间等，设置的数据存储在 CPU 的系统数据中。如果没有特殊要求，可以使用默认设置。

(3) 模块参数的设置。定义硬件模块的可调整参数。组态参数下载后，CPU 模块之外的其他模块的参数保存在 CPU 中。在 PLC 启动时，CPU 自动化向其他模块传送设置的参数，因此，在更换 CPU 之外的模块后，不需要重新对它们组态和下载组态信息。

对于已经安装好硬件的系统，用 STEP 7 建立网络中各个站的对象后，可以通过通信从 CPU 中上传实际的组态和参数。

7.4.1　硬件组态实例

某项目硬件设备型号见表 7-1。

表 7-1　　某项目硬件设备型号

型号	订货号
PS307 5A	6ES7 307-1EA01-0AA0
CPU315-2 PN/DP	6ES7 315-2EG10-0AB0
DI 模块	6ES7 321-1BH02-0AA0
DO 模块	6ES7 322-1HH01-0AA0
AI 模块	6ES7 331-7HF01-0AB0
AO 模块	6ES7 332-5HD01-0AB0

(1) 新建项目。

(2) 插入站点。选择菜单"插入"→"站点"→"SIMATIC 300 站点",在项目下插入一个 SIMATIC 300 站点,如图 7-16 所示。

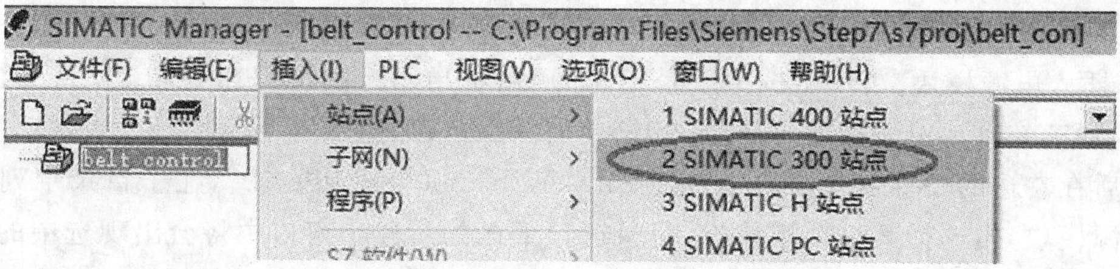

图 7-16　插入新站点

如果采用向导建立项目,可以忽略步骤(2)。

(3) 打开 HW Config 硬件组态窗口。单击左侧项目管理器中的"SIMATIC 300(1)"站点,然后双击右侧工作区中"硬件"图标,如图 7-17 所示。

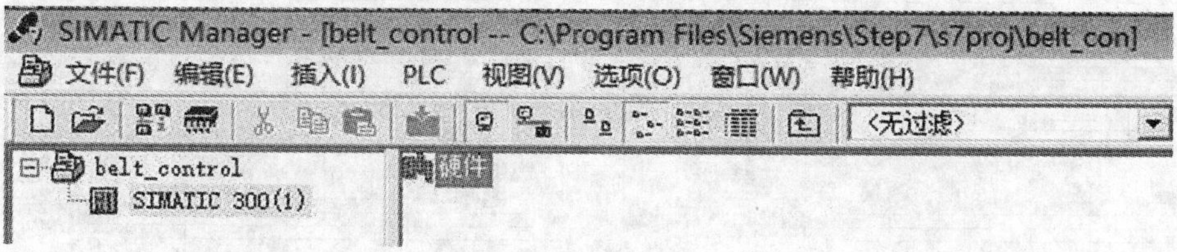

图 7-17　站点/硬件

打开"HW Config" 硬件组态窗口,如图所示 7-18 所示,进行 PLC 硬件组态。

(4) 插入机架。从硬件目录窗口中选择一个机架,如图 7-18 所示。

打开"SIMATIC 300"→"RACK-300",双击"Rail"图标,添加一个机架,如图 7-19 所示。在左上部窗口中插入机架,该窗口是一个组态简表,它下面的窗口列出了各模块详细的信息,如订货号、MPI 地址、I/O 地址等。

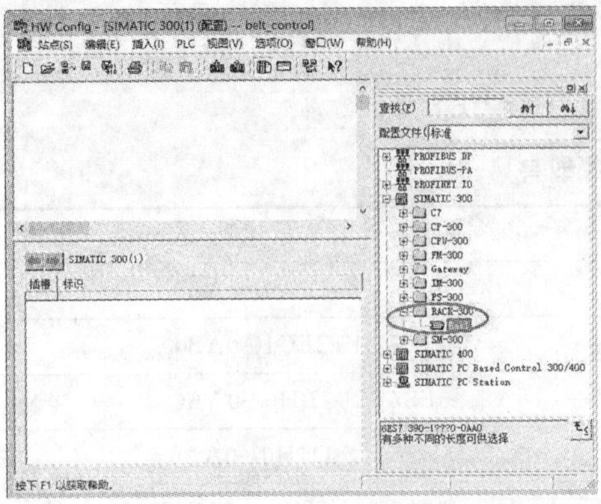

图 7-18 “HW Config”组态窗口

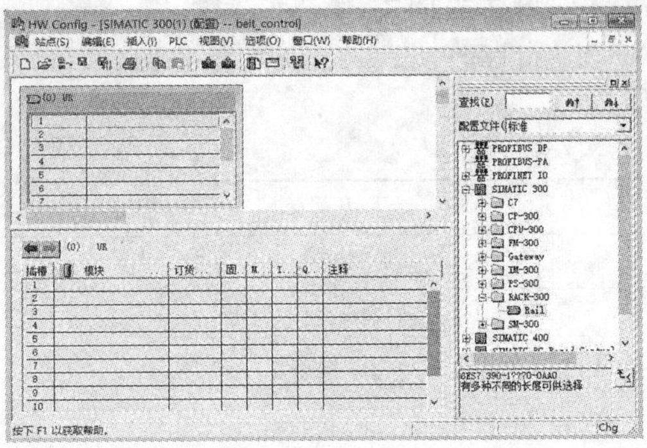

图 7-19 添加一个机架

(5) 插入模块

在硬件模块中选择需要的模块,将它们安排在机架中指定的槽位上。

S7-300 中央机架(Slot 0)的电源模块占用 1 号槽,CPU 模块占用 2 号槽,3 号槽用于接口模块(当不扩展机架时,该槽空闲),4～11 号槽用于其他模块。插入模块的方法有两种,一种是选中模块,拖到对应的槽位;另一种是双击模块,自动添加到相应的槽位。

① 插入电源模块。首先,选中 1 号槽,即用鼠标单击左边 0 号中央机架 UR 的 1 号槽(表格中的第一行),使该行内容反色,背景变为深绿色,如图 7-20 所示。

然后在右边的硬件目录窗口中选择“SIMATIC 300”→“PS-300”,在子目录中列出了所有的电源模块,当选择某一个模块时,目录窗口下面的灰色小窗口中将会出现选中的电源模块的订货号和详细信息。根据实际硬件系统中的电源模块型号以及订货号,选择目录中对应的产品,插入到 1 号槽。也可以用鼠标左键单击并按住右边硬件目录窗口中选中的模块,将它“拖”到左边窗口中的指定槽(模块只能指定背景为深绿色的槽中),然后放开鼠标左键,该模块就被配置到指定的槽中了,如图 7-21 所示。

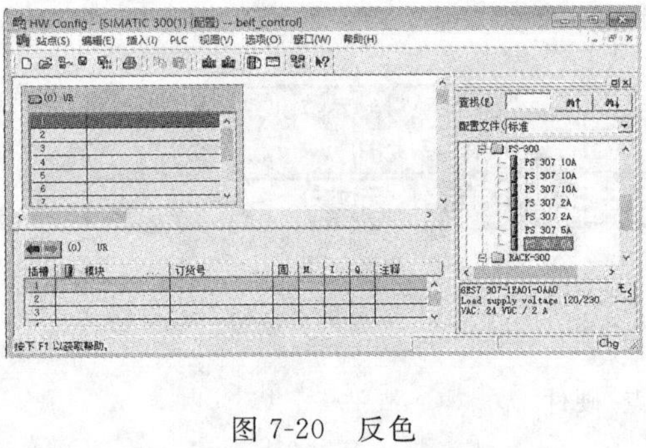

图 7-20 反色

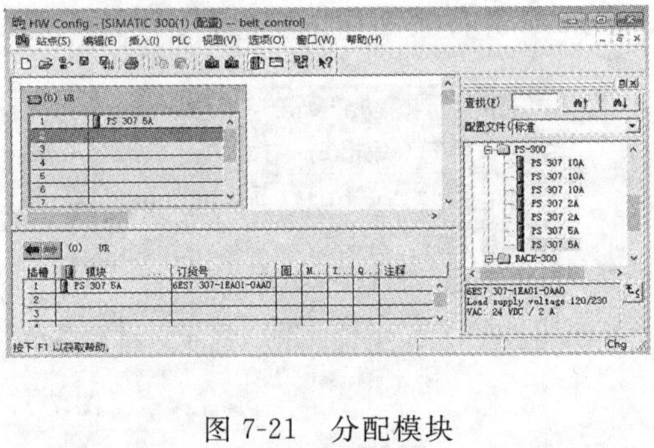

图 7-21 分配模块

② 插入 CPU 模块。用同样的方法在硬件目录窗口“SIMATIC 300”→“CPU-300”→“CPU 315-2 PN/DP”文件夹中选择 6ES7 315-2EG10-0AB0 CPU 模块,插入到 2 号槽中。系统弹出 CPU 315－2 PN/DP 的属性窗口,如图 7-22 所示。

设置 Ethernet 接口属性。在弹出的对话框中输入 IP 地址、子网掩码,单击“新建”按钮,建立一个子网,默认名称为“Ethernet(1)”,如图 7-23 所示。

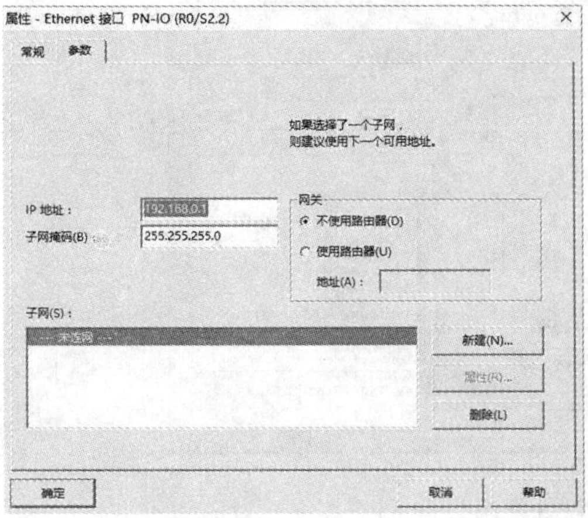

图 7-22　插入 CPU 模块

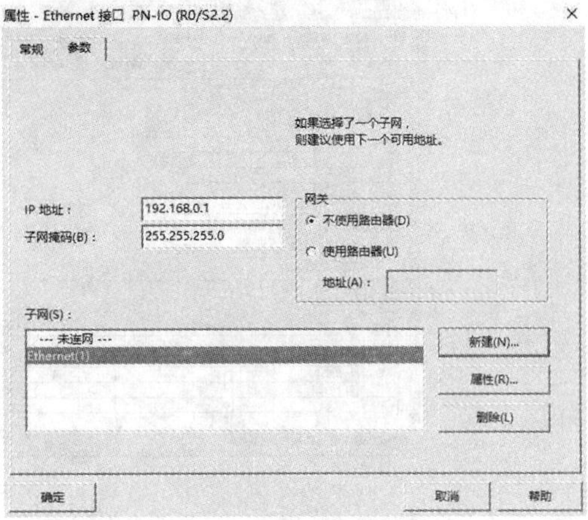

图 7-23　新建子网

插入 CPU 模块后的硬件组态如图 7-24 所示。

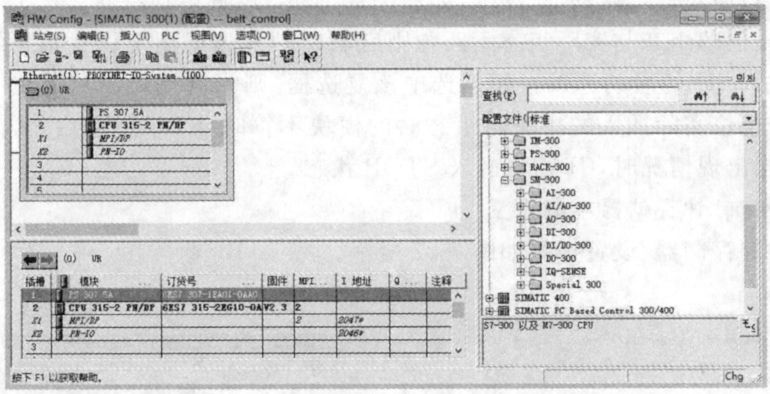

图 7-24　硬件组态

③ 插入信号模块。采用相同的方法，可以依次在 4 号、5 号、6 号、7 号槽插入 DI 模块 6ES7 321-1BH02-0AA0、DO 模块 6ES7 322-1HH01-0AA0、AI 模块 6ES7 331-7HF01-0AB0、AO 模块 6ES7 332-5HD01-0AB0，它们位于硬件目录的“SIMATIC 300”→“SM-300”信号模块子目录中。

（6）保存编译、下载

双击左边机架中的某一个模块，可以打开该模块的属性窗口，设置模块的属性。属性设置将在后续章节中介绍。

设置好属性后，单击工具栏的“保存和编译”按钮，如图 7-25 所示，在保存组态和编译的同时，把组态和设置的参数自动保存到生成的系统数据块(SDB)中。

在设置好“PG/PC 接口”后，单击工具栏的“下载到模块”按钮，可以下载硬件组态到 CPU 中，如图 7-25 所示。

7.4.2　CPU 模块的参数设置

在 HW Config 窗口中，双击左边机架中的某一个模块，可以打开该模块的属性窗口，设

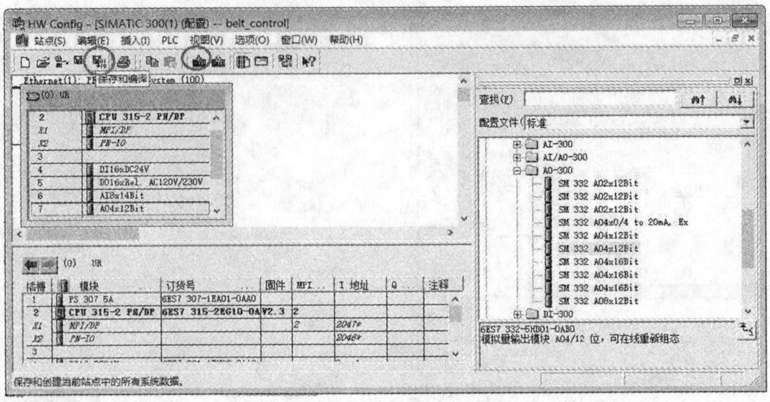

图 7-25 下载硬件组态

置模块的属性。下面以 CPU 315-2 PN/DP 为例，说明 CPU 主要参数的设置方法。

7.4.2.1 *启动特性参数*

在属性窗口中，单击“启动”选项卡，如图 7-26 所示，设置启动特性。

“如果预设值的组态与实际组态不匹配则启动(S)”复选框用于设置预置的组态和实际的组态不同时，CPU 的启动选项。如果选中该复选框，则当有模块没有插在组态时指定的槽位或者某个槽位实际插入的模块与组态时的模块不符时，CPU 仍会启动，如果没有选中该复选框，则当出现情况时，CPU 将进入 STOP 状态。

7.4.2.2 *周期/时钟存储器参数设置*

“周期/时钟存储器”设置标签如图 7-27 所示。

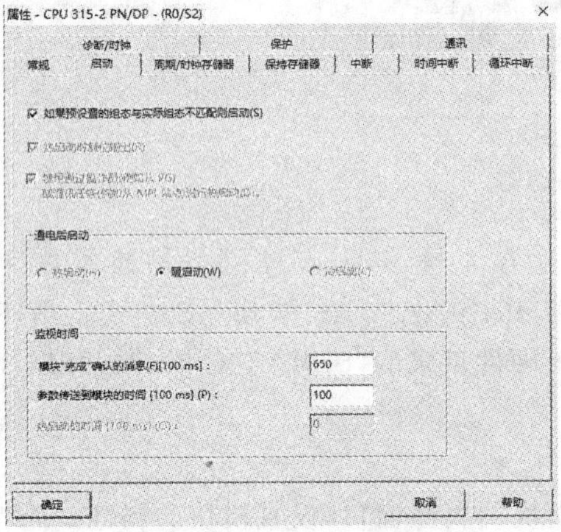

图 7-26 “属性”/“启动”选项

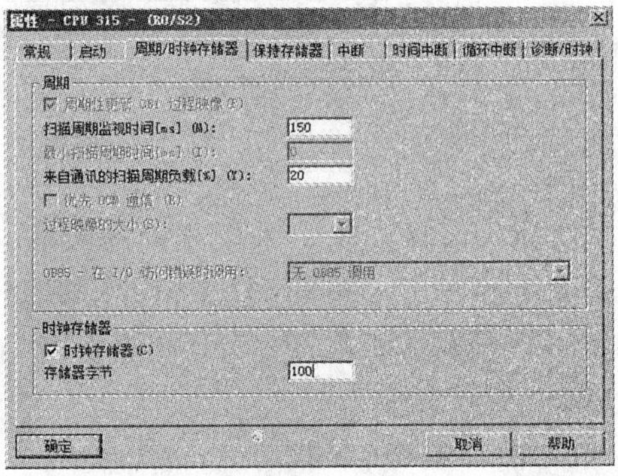

图 7-27 “周期/时钟存储器”标签

“时钟存储器”复选框用于设置时钟存储器的字节地址。S7-300 可提供一些不同频率，占空比为 1∶1 的方波脉冲信号给用户程序使用，这些方波脉冲存储在一个字节的时钟存储器中（在 M 存储区域），该字节的每一位对应一种频率的时钟脉冲信号。具体见表 7-2。

表 7-2　　时钟存储器各位对应的时钟脉冲周期与频率

位	7	6	5	4	3	2	1	0
周期/s	2	1.6	1	0.8	0.5	0.4	0.2	0.1
频率/Hz	0.5	0.625	1	1.25	2	2.5	5	10

如果要使用时钟脉冲信号，首先应选中“时钟存储器”复选框，然后设置存储器(M)字节地址。假设设置的地址为 100(M100)，由表可知，M100.5 的周期为 1 s，如果用 M100.5 的常开触点来控制 Q0.0 的线圈，Q0.0 将以 1 s 的周期变化(通 0.5 s，断 0.5 s)。

7.4.3　信号模块的编址

在 S7-300 中，机架上的插槽简化了模块编址。模块的第一个地址由机架上的插槽决定。

(1) 数字量模块的寻址

每个位可以表示一个数字 I/O 点。数字量以字节为单位(包括 8 个位)，每个字节可表示 8 个 I/O 点。S7-300PLC 每个槽为数字量模块分配 4 个字节 Byte。所以一个槽可以表示 32 个 I/O 通道。第一个信号模块槽(4 槽)的 DI/DO 地址从 0 开始。插槽位置与模块的地址关系如图 7-28 所示。

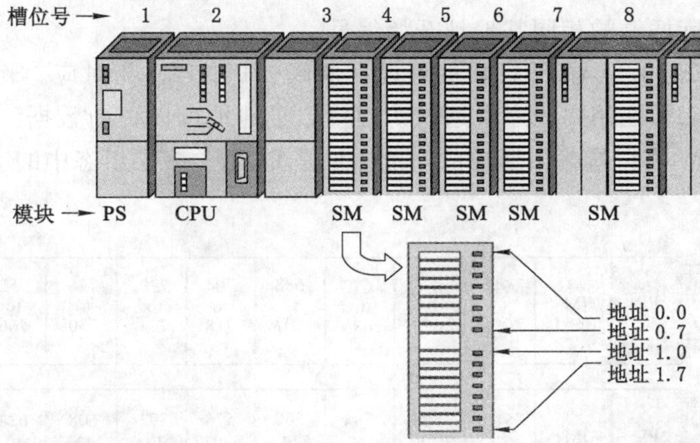

图 7-28　插槽位置与模块的地址关系

多层组态中的 DI/DO 编址如图 7-29 所示。

每个数字量模块的地址寄存器自动按 4 个字节分配，无论实际的 I/O 点数是否与之相同。如果一个槽内只有一个 16 点的 I/O 模块，则地址只占用 0.0～1.7，2.0～3.7 不使用。

数字量可以用位、字节、字或双字的形式访问过程映象输入/输出区，例如：

• Q4.0 是存储在过程映象输出表的 4 个字节的第一位(使用上图的缺省的 I/O 编号，此点在第二个信号模块上)。Q4.2 地址中的 Q 表示输出区域，4 表示第 4 个字节，2 表示第 4 个字节中的第 3 位。

• IB100 指过程映象输入表的第 100 个字节的数据。

• IW100 指过程映象输入表的第 100 和 101 个字节的数据。

• QD24 是存储在过程映象输出表的第 24，25，26，27 字节中的数据。

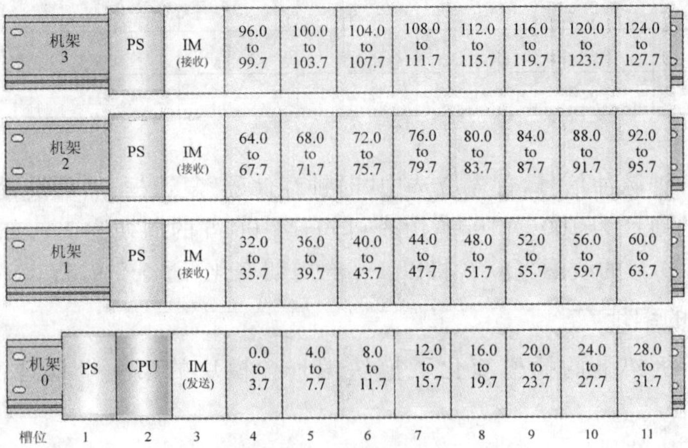

图 7-29 多层组态中的 DI/DO 编址

(2) 模拟量模块寻址

每个模拟量模块自动按 16 个字节的地址寄存器分配地址。每个模拟量通道占用 2 个字节，所以，在用户程序中的模拟量地址应该使用偶数，以免使用数据错误。模拟量模块的输入/输出通道从实际插槽的相同基地址开始编号。

S7-300 系统的实际 I/O 与 CPU 内的外设存储区(PI 和 PQ)相对应。S7-300/400 对模拟量没有指定的寄存器，在用户程序中通过访问模拟量地址可以更新数据。模拟量输入通道的地址标识是 PIW，模拟量输出通道的地址标识是 PQW。多层组态中的 AI/AO 编址如图 7-30 所示。

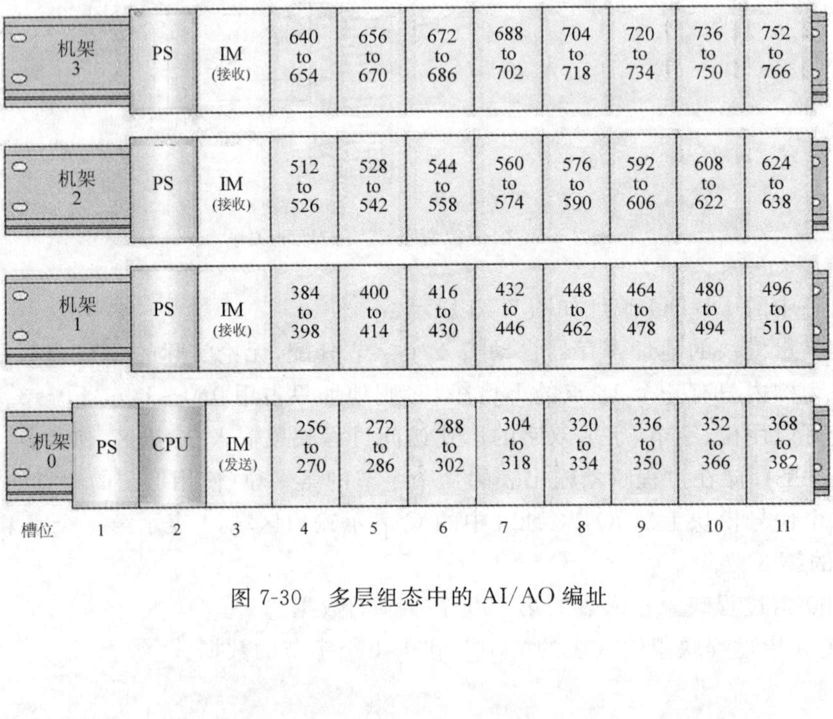

图 7-30 多层组态中的 AI/AO 编址

因为模拟量的起始地址是 256，所以在机架 0 第一个模块的第一个通道的地址是 PIW256/PQW256。机架 2 的第一个模块的第二个通道的模拟量输入地址是 PIW514 。

7.4.4　信号模块的参数设置

7.4.4.1　数字量模块的参数设置

在 SIMATIC 管理器中双击“硬件”图标，打开 HW-Config 硬件组态对话框，如图 7-31 所示。左上部的窗口是一个组态简表，下面的窗口列出了各模块的详细信息，如订货号、I/O地址等。双击各个槽中的模块，可以设置模块的属性。

双击图 7-31 中的“DI16×DC24V”模块，打开 DI16×DC24V 的属性设置窗口，如图 7-32 所示。

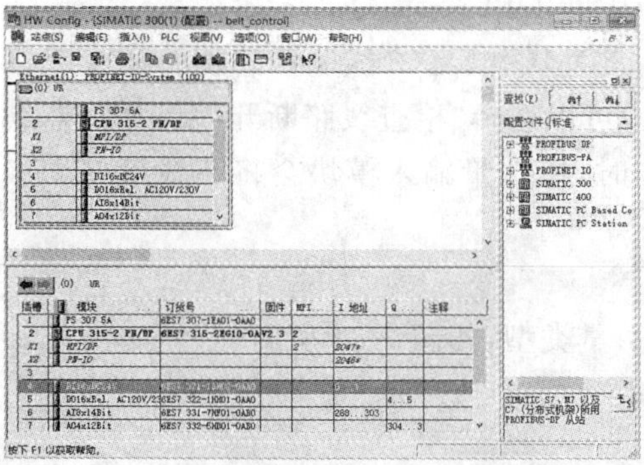

图 7-31　DI16×DC24V 属性设置

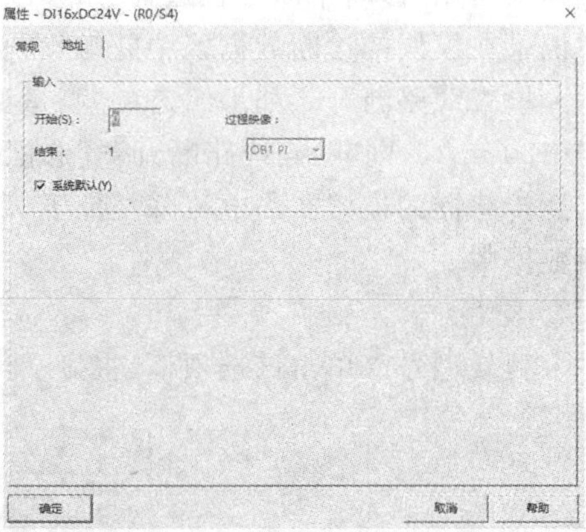

图 7-32　属性设置窗口

7.4.4.2　模拟量输入模块的参数设置

双击图 7-31 中的“AI8×14Bit”模拟量输入模块，打开该模块的属性设置对话框，如图 7-33 所示。“常规”标签显示该模块的描述、订货号、名称等信息。“地址”标签显示的该模块的地址信息，使用系统默认地址。

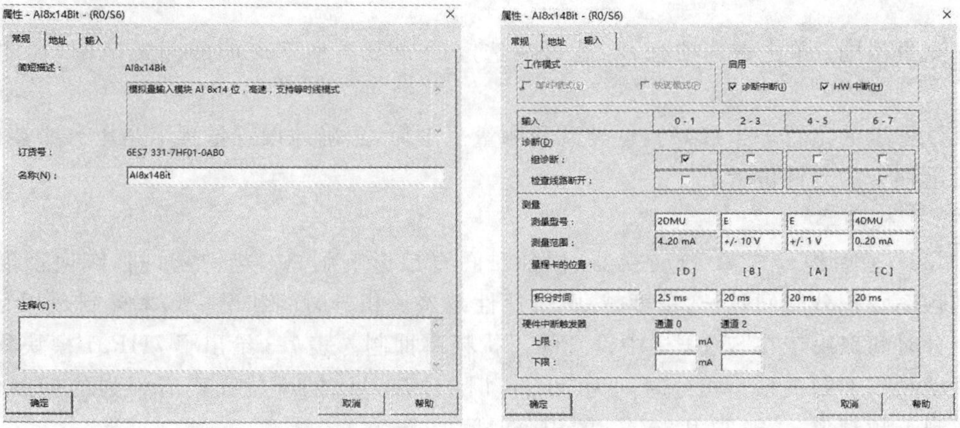

图 7-33　AI8×14Bit 属性设置窗口

（1）"输入"标签可以对该模块的参数进行详细设置

不同的模拟量输入模块，标签的信息不同。

① 模块诊断与中断的设置

• 启用"诊断中断"、"HW 中断"。设置是否允许诊断中断和模拟量超限硬件中断。

• HW 中断。如果启用"HW 中断"，则在窗口下面的"硬件中断触发器"上限、下限设置被激活，在此可以设置"通道 0"、"通道 2"产生超限中断的上、下限值。如果输入值超过用户定义的"上界"和"下界"，则模块触发一个硬件中断。

• 组诊断。如果已激活"组诊断"复选框并发生诊断事件，则相应信息会输入到模块的诊断数据区。

如果启用"诊断中断"，且选择"组诊断"复选框，当有一个可诊断的事件发生，则有关信息被记录在模块的诊断数据区中并触发一个诊断中断 OB82。

• 检查线路断开。如果组态的"测量型号"为 2DMU 电流（2 线制传感器），测量范围选择"4…20 mA"，则"检查线路断开"复选框被激活，可以选择"检查线路断开"复选框，监视从输入到传感器的连接。当电流降至低于 3.6 mA 时，模拟量输入模块会将断线事件记录在诊断数据中。

② 测量

• 测量型号。单击该选项框，将显示可能的测量类型，如图 7-34 所示。

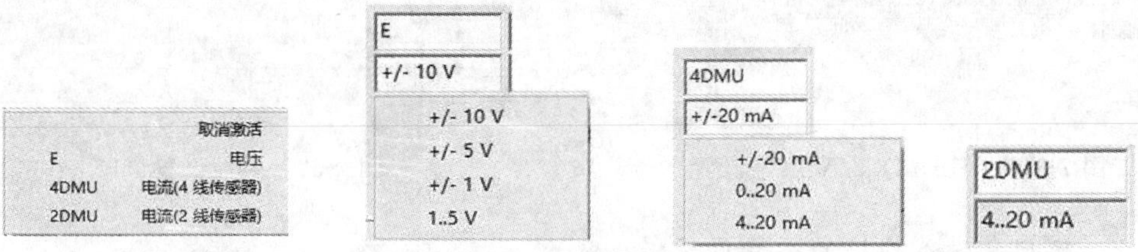

图 7-34　测量型号类型

对于不使用的通道或通道组选择"取消激活"选项，且将这些通道接到模块的机架地上。

• 测量范围。单击该选项框，将显示在选定的测量类型下可能的测量范围，如图 7-34 所示。

• 量程卡的位置。当选好测量类型和测量范围后，正确地设置量程卡是十分必要的，此处显示量程卡的允许位置。

（2）干扰频率

SM331 采用积分式 A/D 转换器，积分时间直接影响到 A/D 转换时间、转换精度和干扰抑制频率。积分时间越长，精度越高，快速性越差。积分时间和干扰频率抑制是相互依赖的。积分时间取决于在 STEP 7 中设置的干扰频率抑制。表 7-3 给出了 7HF01 模块积分时间和扰动频率抑制关系。积分时间为 20 ms 时，对 50 Hz 的干扰噪声有很强的抑制作用。为了抑制工频频率，一般选用 20 ms 的积分时间。

表 7-3　　**7HF01 模块积分时间和扰动频率抑制关系**

积分时间/ms	扰动频率抑制/Hz
2.5	400
16.6	60
20	50

(3) 模拟量输入通道的转换时间、周期时间

模拟量输入通道的转换时间是基本转换时间、电阻测量的附加时间(1 ms)和断线监测的附加时间(10 ms)组成。基本转换时间直接取决于模拟量输入通道的转换方法(积分方法、实际值转换)。积分转换的积分时间对转换时间有直接影响。积分时间取决于在 STEP 7 中设置的干扰频率抑制。

模数转换以及将数字化测量值传送至存储器和/或背板总线是按顺序执行的,即模拟量输入通道连续进行转换。模拟量输入通道的周期时间(即模拟量输入值再次转换前所经历的时间)表示模拟量输入模块的全部激活的模拟量输入通道的累积转换时间,如图 7-35 所示。

(4) 滤波

某些模拟量输入模块允许在 STEP 7 中设置模拟值的滤波。滤波后的模拟值为进一步处理提供了可靠的模拟信号。它对于测量值缓慢变化的模拟值(例如测量温度)滤波特别有用。数字滤波采用平均值滤波方法,通过模块计算指定数量的转换(数字化)模拟值的平均值进行滤波处理。用户可组态多达四个滤波等级(无、低、中、高)。等级确定了用于计算平均值的模拟信号的数量。

7.4.4.3　模拟量输出模块的参数设置

模拟量输出模块的参数设置与模拟量输入模块的设置有很多类似的地方。AO4×12Bit 模拟量输出模块属性设置窗口如图 7-36 所示。

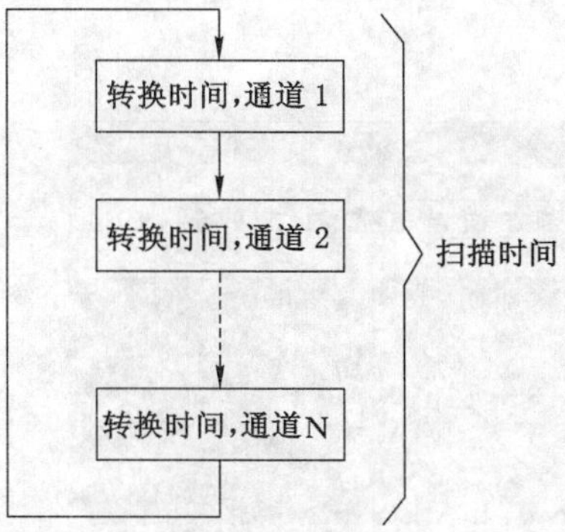

图 7-35　模拟量输入或输出模块的周期时间

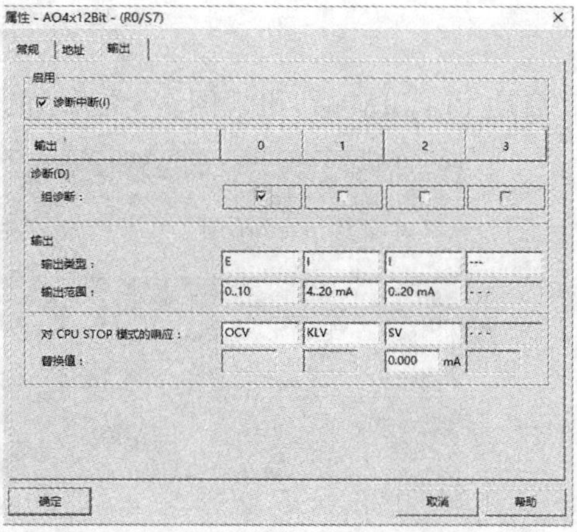

图 7-36　输出模块属性设置窗口

模拟量输出模块需要设置下列参数。

(1) 确定每一通道是否允许诊断中断。

(2) 选择每一通道的输出类型为取消激活(关闭)、电压(输出电压)、电流(输出电流)。选定输出类型后,再选择输出信号的量程。

(3) 对 CPU STOP 模式时的响应:可以选择不输出电流电压(OCV)、保持最后的输出值(KLV)和采用替换值(SV),当选择采用"采用替换值"时,需要在下方输入框中指定替换值。

7.5 仿真软件 PLCSIM 的使用

7.5.1 S7-PLCSIM 的特性简介

S7-PLCSIM 是 S7-PLC 的模拟软件,它可以在 STEP7 环境下,不用连接任何 S7 系列的 PLC(CPU 和 I/O 模板),而是通过仿真的方法运行和测试。PLCSIM 提供了方便、强大的仿真模拟功能。与真实 PLC 相比,它的灵活性更高,提供了许多 PLC 硬件无法实现的功能,使用也更方便。但是软件毕竟无法完全取代真实的硬件,不可能实现完全的仿真。

7.5.2 S7-PLCSIM 的操作

7.5.2.1 *启动* S7-PLCSIM

打开"SIMATIC Manager",单击工具栏"打开/关闭仿真器"图标,启动 S7-PLCSIM,如图 7-37 所示。

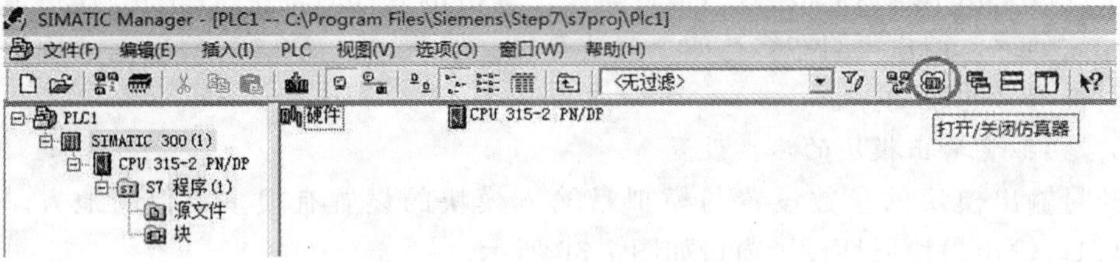

图 7-37 启动 S7-PLCSIM

启动 PLCSIM 后,出现图 7-38 所示的界面。

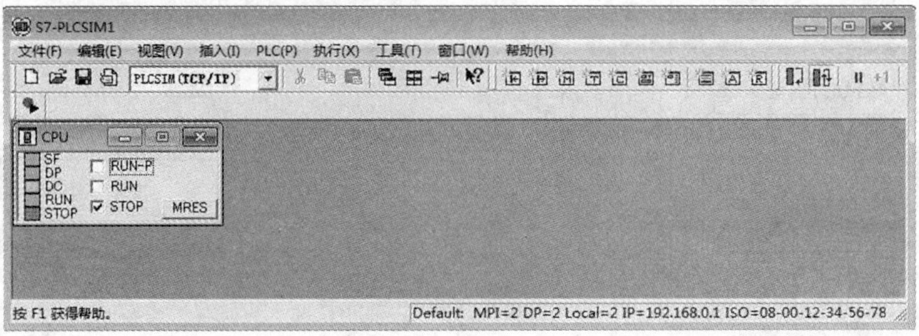

图 7-38 S7-PLCSIM 的窗口画面

7.5.2.2 标准工具栏

S7-PLCSIM 标准工具栏如图 7-39 所示。

图 7-39　S7-PLCSIM 标准工具栏

将插入到画面中的各个观察对象层叠排列。

将插入到画面中的各个观察对象密集(一个挨一个)排列。

7.5.2.3　插入观察对象工具栏

在 S7-PLCSIM 的窗口画面中,工具栏由三部分组成。通过显示对象工具栏中的按钮,可以显示或修改各类变量的值。

单击其中的按钮,就会出现一个窗口,在该窗口中可以输入要监视、修改的变量名称。图 7-40 是这些窗口的使用示例。

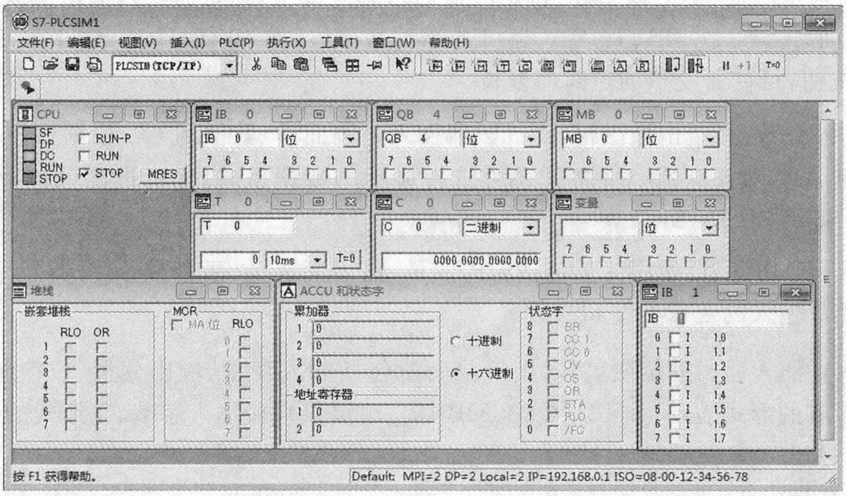

图 7-40　窗口使用实例

插入输入变量:单击该图标,将输入继电器插入到画面中,默认为 IB0,根据模拟的需要,可改写成其他形式,如 IB1、IW0、ID5 等。还可选择显示的数据格式,如位(bit)、二进制(binary)、十进制(decimal)、十六进制(Hex)等。

用鼠标单击图 7-41 中 IB0 的第三位(即 I0.3)处的单选框,可以对数字量输入信号进行仿真调试。

则在框中出现符号“”表示 I0.3 为 ON,若再单击这个位置,则“”消失,表示 I0.3 为 OFF。信号的改变会立即引起存储区地址中的内容发生相应的变化,仿真 CPU 并不等待扫描开始或结束才更新变换了的数据。

插入输出变量:单击该图标,将输出继电器插入到画面中,默认为 QB0,根据模拟的需要,可改写成其他形式,如 QB1、QW0、QD5 等。还可选择显示的数据格式,如位(bit)、二

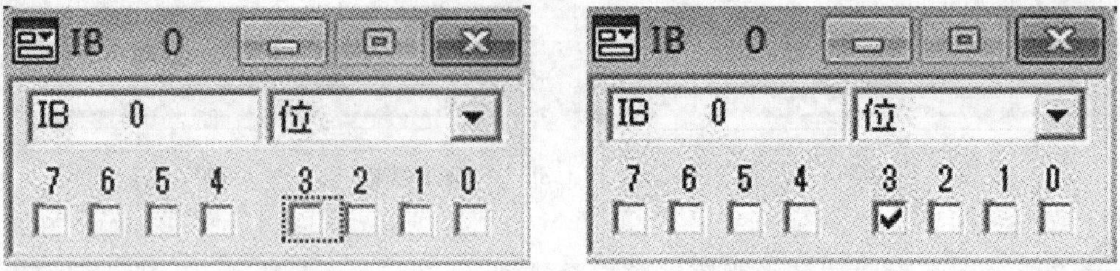

图 7-41 I0.3 单选框

进制(binary)、十进制(decimal)、十六进制(Hex)等。

插入位存储器：单击该图标，将位存储器插入到画面中，默认为 MB0，根据模拟的需要，可改写成其他形式，如 MB1、MW0、MD5 等。还可选择显示的数据格式，如位(bit)、二进制(binary)、十进制(decimal)、十六进制(Hex)等。

插入定时器：单击该图标，将定时器插入到画面中，默认为 T0，根据模拟的需要，可改写成其他形式，如 T3、T5、T8 等。还可选择时基单位，如 10 ms、100 ms、1 s、10 s 等。单击“T=0”按钮，可使所模拟的定时器复位。

插入计数器：单击该图标，将计数器插入到画面中，默认为 C0，根据模拟的需要，可改写成其他形式，如 C3、C5、C8 等。还可选择显示的数据格式，如二进制(binary)、十进制(decimal)、S5 时间(S5Time)等。

插入通用变量：通用变量包括输入变量、输出变量、位存储器、定时器、计数器等，取决于通过键盘输入的变量类型和参数。

垂直插入通用的位变量：通用的位变量包括输入变量、输出变量、位存储器。位变量一般以字节的形式表示，如 IB1、QB3、MB7 等，也可以直接输入字节、位形式的位变量，如 I0.0、Q3.5、M2.3 等。

插入嵌套堆栈：用于监测存储在 CPU 堆栈中的信息，它可以存储最多 7 次进入堆栈的信息，对于每一次进入，嵌套堆栈存储状态字的 RLO 位和 OR 位的状态。对于开始一个新的逻辑行的指令，如“与(A)”、“与非(AN)”、“或(O)”、“或非(ON)”、“异或(X)”、“异或非(XN)”，则进入一次嵌套堆栈。

MCR 堆栈存储主控继电器(MCR)最多 8 级嵌套，每一级都可显示 RLO 位的状态。

插入累加器和状态字：用于监测 CPU 执行用户程序时的信息。

对累加器：可以监测 CPU 累加器中的内容，对于 S7-400，显示 4 个累加器的内容，对于 S7-300 仅使用两个累加器。

对状态字：可以监测状态字的各个位。

对地址寄存器：可以监测两个地址寄存器(AR1 和 AR2)的内容。

插入数据块地址寄存器：用于监测数据块地址寄存器(DB1 和 DB2)的内容。对于每个逻辑块，可以显示当前的逻辑块号和前一个逻辑块号，以及步进地址计数器(Step Address Counter，SAC)

退出仿真软件时生成的 LAY 文件及 PLC 文件，便于下一次仿真这个项目时可以直接使用本次的各种设置。LAY 文件用于保存仿真时各视图对象的信息，例如选择的数据格式等；PLC 文件用于保存仿真运行时设置的数据和动作等，包括程序、硬件组态、运行模式等。

7.5.2.4　CPU 模式工具栏

CPU 模式工具栏可以选择 CPU 中程序的执行模式。各按钮的含义如图 7-42 所示。

单次扫描：仿真 CPU 仅执行程序一个扫描周期，然后等待下一次扫描。

连续扫描：仿真 CPU 和真实 CPU 一样连续周期性地执行程序。如果用户对定时器或计数器进行仿真，这个功能会非常有用。

暂停；+1 下一次扫描；T=0 复位程序中所有的定时器。

连续循环模式与实际 CPU 正常运行状态相同；单循环模式下，模拟 CPU 只执行一个扫描周期，用户可以通过单击按钮进行下一次循环。无论在何种模式下，都可以通过单击按钮暂停程序的执行。

7.5.2.5　CPU 窗口

CPU 模拟面板用来模拟实际 PLC 的 CPU 控制面板，如图 7-43 所示，与实际 PLC 一样，“模拟面板”布置有 SF、DP、DC、RUN、STOP 等 5 个状态指示灯和 RUN-P、RUN、STOP 等 3 个 CPU 工作模式转换开关。模拟面板上的“MRES”按钮可以用来清除存储器、删除块和仿真 PLC 中的硬件设置。利用模拟面板可以选择 CPU 的模式，指示 CPU 的状态。

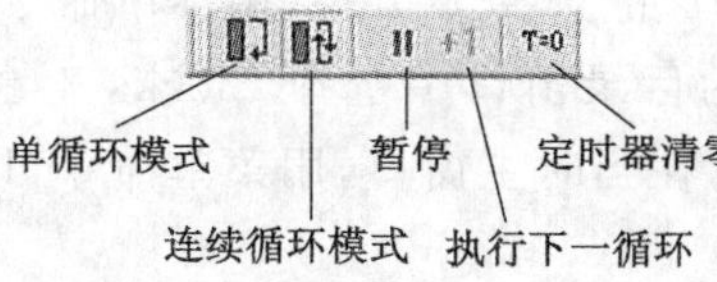

图 7-42　按钮含义

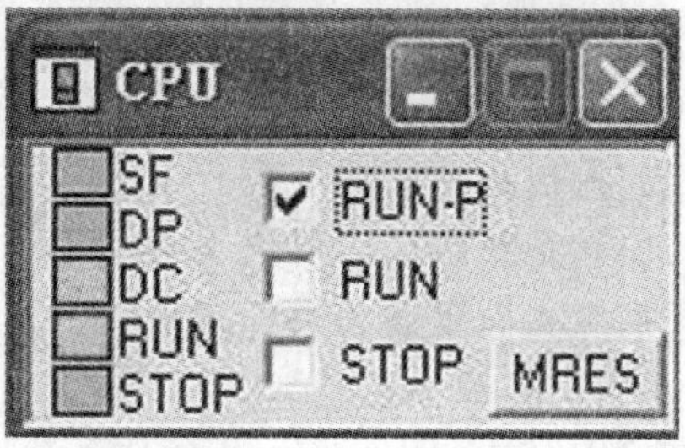

图 7-43　CPU 窗口

5 个状态指示灯(LED)的作用与实际 PLC 一样，具体如下：SF 表示软硬件错误；DP 指示 PLC 与分布式外设或远程 I/O 的通信状态；DC 表示 PLC 电源指示；RUN 与 STOP 分别表示 PLC 的运行和停止状态。S7-PLCSIM 应用窗口一经打开，S7-PLCSIM 中的仿真 CPU 与 STEP 7 之间的连接即被自动建立。因此，仿真 PLC 的 CPU 电源始终处于接通状态，CPU 处于停止(STOP)模式，用户程序的扫描方式默认为连续扫描。

7.6　STEP 7 与 PLC 的在线连接与在线操作

用户程序编写完之后，应将逻辑块、数据块、以及系统数据包括硬件组态、网络组态和连接表，下载到 CPU。下载的用户程序保存在装载存储器的快闪存储器(FEPROM)中。CPU 电源掉电又重新恢复时，FEPROM 中的内容被重新复制到 CPU 存储器的 RAM 区。

7.6.1 在线连接的建立与在线操作

7.6.1.1 建立在线连接

通过硬件接口连接计算机和 PLC，然后通过在线的项目窗口访问 PLC。在管理器中执行菜单命令“视图”→“在线”、“视图”→“离线”，或者工具栏相应的“在线”、“离线”图标命令，进入在线、离线状态。在线窗口显示的是 PLC 中的内容，离线窗口显示的是计算机中的内容。如果 PLC 与 STEP 7 中的程序和组态数据是一致的，在线窗口显示的是 PLC 与 STEP 7 中的数据的组合。

7.6.1.2 过程模式与测试模式

在设置 CPU 属性的对话框中的“保护”标签页选择“过程模式”或“测试模式”。

7.6.1.3 在线操作

进入在线状态后，执行菜单命令“PLC”→“诊断/设置”中不同的子命令。设置了口令后，执行在线功能时，会显示出“输入密码”对话框。若输入的口令正确，就可以访问该模块。用菜单命令“PLC→访问权限→ 设置”输入口令。

7.6.2 下载与上传

7.6.2.1 下载的准备工作

计算机与 CPU 之间必须建立起连接，要下载的程序已编译好；建议在 STOP 模式下载。在保存块或下载块时，STEP 7 首先进行语法检查，应改正检查出来的错误。下载前应将 CPU 中的用户存储器复位。可以用模式选择开关复位。

7.6.2.2 下载的方法

在管理器的块工作区选择块，可用“Ctrl”键和“Shift”键选择多个块，用菜单命令“PLC”→“下载”将被选择的块下载到 CPU。在管理器左边的目录窗口中选择 Blocks 对象，下载所有的块和系统数据。对块编程或组态硬件和网络时，在当时主窗口，用菜单命令“PLC”→“下载”下载当前正在编辑的对象。

7.6.2.3 上传程序

可以用“PLC”→“上传到 PG”命令从 CPU 的 RAM 装载存储器中，把块的当前内容上载到计算机打开的项目中。

7.7 用变量表调试程序

7.7.1 系统调试的基本步骤

首先进行硬件调试，可以用变量表来测试硬件，通过观察 CPU 模块上的故障指示灯，或使用故障诊断工具来诊断故障。下载程序之前应将 CPU 的存储器复位，将 CPU 切换到 STOP 模式，下载用户程序时应同时下载硬件组态数据。程序调试的步骤如图 7-44 所示。可以在 OB1 中逐一调用各程序块，一步一步地调试程序。

先调试启动组织块 OB100，然后调试 FB 和 FC。应先调试嵌套调用最深的块，例如首先调试图 7-44 中的 FB1。调试时可以在完整的 OB1 的中间临时插入 BEU 指令(块无条件结束指令)，只执行 BUE 指令之前的部分，调试好后将它删除掉。最后调试不影响 OB1 循环执行的中断处理程序，或者在调试 OB1 时调试它们。

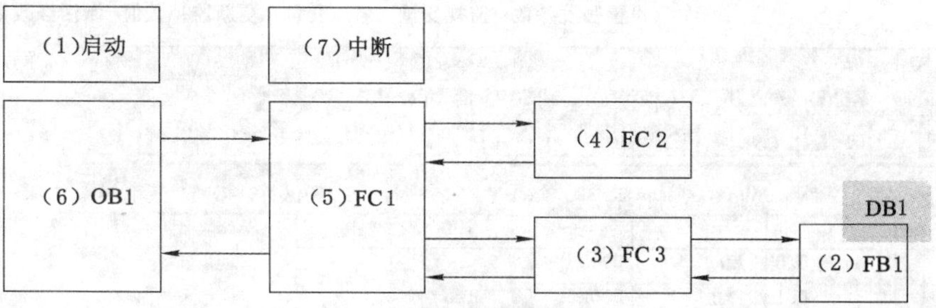

图 7-44　程序调试的步骤

7.7.2　变量表的生成

7.7.2.1　变量表的功能

变量表可以在一个画面中同时监视、修改和强制用户感兴趣的全部变量。一个项目可以生成多个变量表。变量表的功能：监视变量、修改变量、对外设输出赋值、强制变量、定义变量被监视或赋予新值的触发点和触发条件。

注意：变量表不是符号表。

7.7.2.2　生成变量表的几种方法

(1) 在管理器中用生成新的变量表。

在 SIMATIC Manager 管理器块文件夹下，右键单击，选择快捷菜单"插入新对象"→"变量表"，如图 7-45 所示。

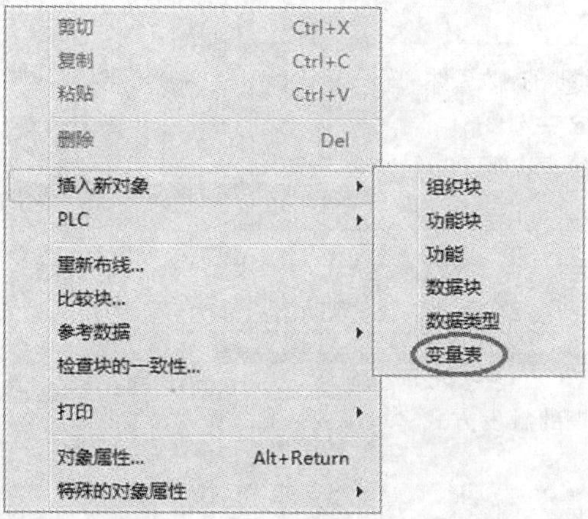

图 7-45　生成新的变量表

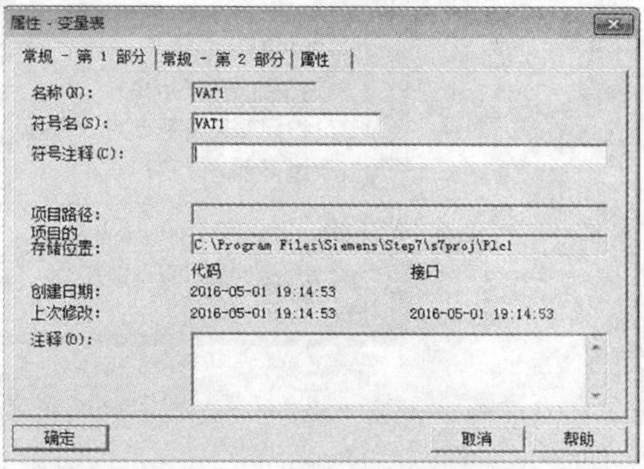

图 7-46　变量表属性窗口

在弹出的变量表属性对话框中，设置相关属性，如图 7-46 所示。单击"确定"按钮，建立一个新的变量表。

(2) 在变量表编辑器中，可以用主菜单"表格"→"新建"生成一个新的变量表。

7.7.2.3　在变量表中输入变量

可以从符号表中拷贝地址，将它粘贴到变量表中，如图 7-47 所示。

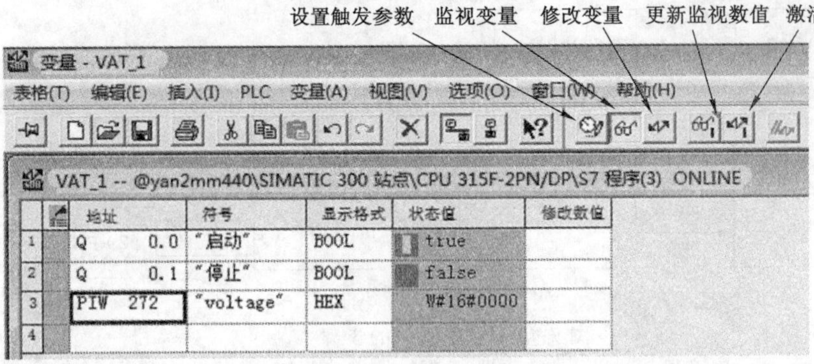

图 7-47　变量表

7.7.3　变量表的使用

(1) 建立与 CPU 的连接。

(2) 定义变量表的触发方式。

用菜单命令"变量"→"触发器"打开图 7-48 中的对话框选择触发方式。

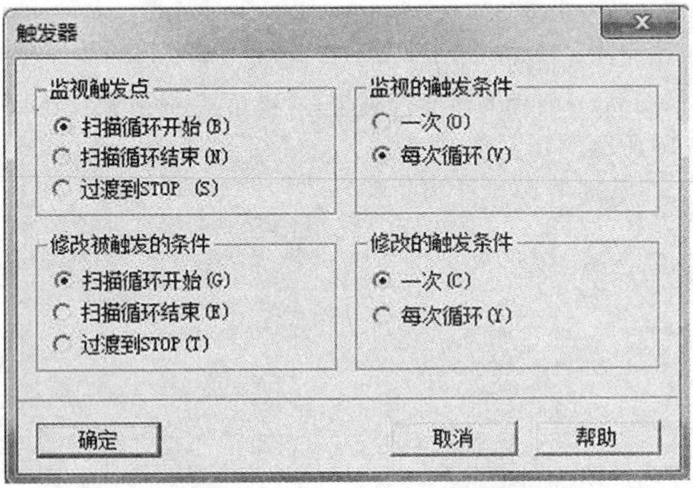

图 7-48　定义变量表的触发方式

(3) 监视变量。

用菜单命令"变量"→"更新监视值"对所选变量的数值作一次立即刷新。

(4) 修改变量。

在 STOP 模式修改变量时,各变量的状态不会互相影响,并且有保持功能。

在 RUN 模式修改变量时,各变量同时又受到用户程序的控制。

注意:用仿真软件 PLCSIM 调试程序时修改变量表中的值,点击"触发修改数值"按钮,出现提示信息"(D0A1) 功能在当前保护级别中不被允许"。这是因为仿真软件的模式为 RUN,将运行模式改为"RUN-P"就可以了。

(5) 强制变量。

强制变量操作给用户程序中的变量赋一个固定的值，不会因为用户程序的执行而改变。如图 7-49 所示。

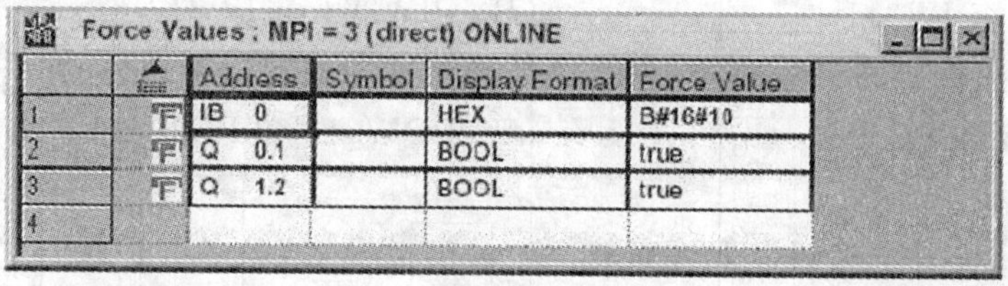

图 7-49　强制数值窗口

强制作业只能用菜单命令“变量”→“停止强制”来删除或终止。

注意：不要对 PLCSIM 仿真软件进行强制，可以在 CPU 模拟 RUN 的情况下对程序里面的变量进行打勾，这样相当于对某个位进行强制。

7.8　程序运行监视

7.8.1　程序运行监视

进入程序状态监视的条件：经过编译的程序下载到 CPU；打开逻辑块，用菜单命令“调试”→“监视”，或工具栏 （监视），进入在线监控状态；将 CPU 切换到 RUN 模式。

7.8.2　梯形图程序状态的显示

LAD 和 FBD 中用绿色连续线来表示状态满足，即有“能流”流过，见图 7-50 左边较粗较浅的线；用蓝色点状线细表示状态不满足，没有能流流过；用黑色连续线表示状态未知。

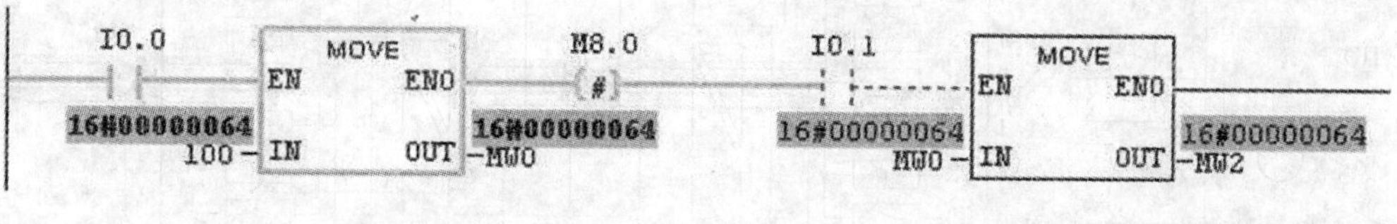

图 7-50　梯形图程序状态的显示

梯形图中加粗的字体显示的参数值是当前值，细体字显示的参数值来自以前的循环。

习题与思考题

一、选择题

1. S7-300 中央机架 4 号槽的 16 点数字量输出模块占用的字节地址为____。

A. IB0 和 IB1　　B. IW0　　C. QB0 和 QB1　　D. QW0

2. S7-300 中央机架 5 号槽的 16 点数字量输入模块占用的字节地址为____。

A. IB2 和 IB3　　B. IW2　　C. IB4 和 IB5　　D. IW4

3. S7-300 中央机架 6 号槽的 16 点数字量输入/输出模块占用的字节地址为____。

A. IB8 和 QB8　　B. IB8 和 QB9　C. IB8 和 IB9　　D. I8 和 Q8

4. S7-300 中央机架 7 号槽的 4AI/2AO 模块模拟量输入字地址为____。

A. PIW304 至 IW311　　B. PIW304 至 IW310

5. S7-300 中央机架的 7 号槽的 4AI/2AO 模块模拟量输出字地址为____。

A. PQW308 和 PQW310　　B. PQW312 和 PQW314

二、填空题

1. S7-300 PLC 一个机架最多可安装____个信号模块，最多可扩展____个机架，机架之间的通信距离最大不超过____，最大数字量 I/O 点数____。

2. 确定机架 0 的 6 号槽上 SM323 DI8/DO8 的地址范围____以及 5 号槽上 SM334 AI4/AO2 的地址范围____。

3. 在 CPU 的对象属性中选择“周期/时钟存储器”，可以设置“时钟存储器”字节，该字节各位(0～7 位)的作用是产生不同频率的方波信号，其中第 3 位对应频率为______Hz，第 5 位对应频率为______Hz。

第 8 章　S7-300 PLC 编程基础

教学提示：

本章主要介绍 S7-300 PLC 所使用的操作数的数据类型、指令操作数的寻址方式、STEP 支持的编程语言、STEP 的程序结构，以及数据块、符号表等基础知识。

学习要求：

(1) 理解 S7-300 PLC 的编程语言和编程资源。

(2) 掌握 S7-300 PLC 的数据类型和寻址方式。

(3) 了解 STEP 7 的程序结构，理解数据块的数据存储。

(4) 掌握符号表的应用，掌握块的操作。

8.1　数制及数据类型

8.1.1　数制

(1) 二进制数

二进制数的 1 位(bit)只能取 0 和 1 这两个不同的值，用来表示开关量的两种不同的状态。该位的值与线圈、触点的关系：ON/OFF，TURE/FALSE。

二进制常数：2#1111_0110_1001_0001。

(2) 十六进制数

十六进制的 16 个数字是 0～9 和 A～F，每个占二进制数的 4 位。STEP 7 十六进制数有以下表示形式，B#16#，W#16#，DW#16#。如，W#16#13AF，表示 13AFH；B#16#3C=3×16+12=60。

(3) BCD 码

BCD 码用 4 位二进制数表示一位十进制数，十进制数 9 对应的二进制数为 1001。

最高 4 位用来表示符号，16/32 位 BCD 码的范围。BCD 码实际上是十六进制数，但是各位之间逢十进一。296 对应的 BCD 码为 C#296。

8.1.2　基本数据类型

数据类型决定了以什么方式或格式理解或访问存储区中的数据。S7-300 有三种数据类型：基本数据类型、复杂数据类型、用户定义数据类型。

基本数据类型定义了不超过 32 位的数据，可以装入 S7 处理器的累加器，可以利用 STEP 基本指令处理。基本指令共 12 种，每一种都具备关键字、数据长度、数据格式、取值范围、常数表示形式等属性。

表 8-1 所列为 S7 程序中的基本数据类型。

表 8-1　S7 程序中的基本数据类型

类型和描述	所占位数	格式选项	范围及数值表示法（最低值及最高值）	示例
BOOL(位)	1	布尔量	TRUE 或 FALSE	触点的闭合/断开
BYTE(字节)	8	十六进制数	B#16#0～B#16#FF	B#16#10
WORD(字)	16	二进制数	2#0～2#1111_1111_1111_1111	2#0001_0000_0000_0000
		十六进制数	W#16#0～W#16#FFFF	W#16#1000
		BCD	C#0～C#999	C#109
DWORD（双字）	32	二进制数	2#0～2#1111_1111_1111_1111_1111_1111_1111_1111	2#1000_0001_0001_1000_1011_1011_0111_1111
		十六进制数	DW#16#0000_0000～DW#16#FFFF_FFFF	DW#16#00A2_1234
CHAR（字符）	8	ASCII 字符	可打印 ASCII 字符	'B'
INT(整数)	16	有符号十进制数	－32 768～32 767	100
DINT(长整数)	32	有符号十进制数	L#－2 147 483 648～L#2 147 483 647	L#10000
REAL（浮点数）	32	IEEE 浮点数	上限：－3.402 823e＋38 下限：±1.175 495e－38	1.23E＋13
S5TIME（SIMATIC 时间）	16	S7 时间，每步 10 ms（缺省值）	S5T#0H_0M_0S_10MS～S5T#2H_46M_30S_0MS	S5T#0H_1M_0S_0MS
TIME（IEC 时间）	32	IEC 时间，每步 1 ms	－T#24D_20H_31M_23S_648MS～T#24D_20H_31M_23S_647MS	T#0D_1H_1M_0S_0MS
DATE（IEC 日期）	16	IEC 日期，每步 1 d	D#1990－1－1～D#2168－12－31	D#1994－3－15
TIME_OF_DAY（时间）	32	时间每步 1 ms	TOD#0:0:0.0～TOD#23:59:59.999	TOD#1:10:3.3

（1）位(bit)

位数据的数据类型为 BOOL(布尔)型。一个位变量绝对地址表示形式为 A.B，其中 A 表示字节，B 表示字节中的位，范围是 0～7。I3.2 位数据的存放如图 8-1 所示。

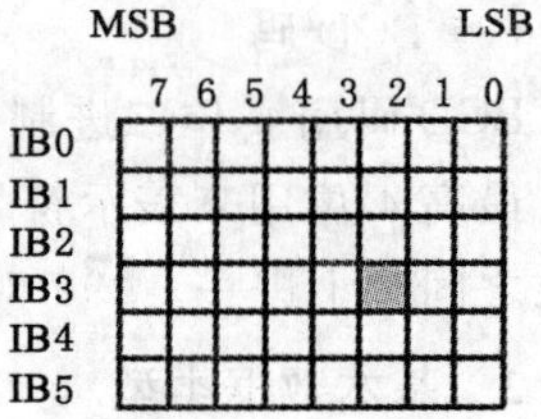

图 8-1　I3.2 位数据的存放

（2）字节(byte)

字节变量的数据类型是由 8 个二进制位组成的 byte，如输入映像寄存器 I 的第 3 个字节定义为 IB3。

（3）字(word)

字变量数据类型 word 包含 2 个字节的无符号数，字的取值范围为 W＃16＃0000～W＃16＃FFFF。

注意：为了避免地址交叉，地址一般为 2 的倍数。例如：IW4 表示输入地址是 4，而且包含 IB4 和 IB5 两个字节；MW100 表示地址是 100，而且包含 MB100 和 MB101 两个字节，其中 MB101 为低字节。

(4) 双字(double word)

字变量数据类型 DWord 包含 4 个字节的无符号数。双字的范围为 DW＃16＃0000_0000～DW＃16＃FFFF_FFFF。

注意：为了避免地址交叉，地址一般为 4 的倍数，例如：ID8 表示输入地址是 8，而且包含 IB8、IB9、IB10 和 IB11 四个字节；MD100 表示地址是 100，而且包含 MB100、MB101、MB102 和 MB103 四个字节，其中 MB103 为低字节。

字节、字和双字的存储格式如图 8-2 所示。

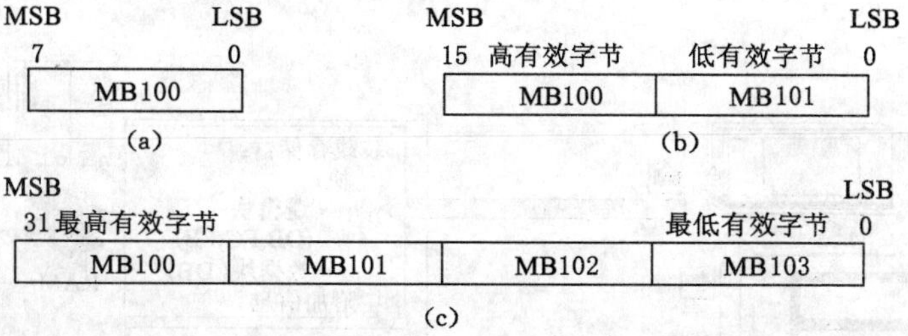

图 8-2　字节、字和双字

(a) MB100；(b) MW100；(c) MD100

(5) 16 位整数(INT)

16 位整数是有符号数。最高位为符号位，为 0 时为正数，取值范围为－32 768～32 767。

(6) 32 位整数(DINT)

32 位整数最高位为符号位，取值范围为－2 147 483 648～2 147 483 647。

(7) 32 位浮点数

浮点数又称实数(REAL)，表示为 $1.f\times 2^{E}$，例如 123.4 可表示为 1.234×10^{2}。

根据 ANSI/IEEE 标准，浮点数＝$1.f\times 2^{e}$

式中指数 $e=E-127(1\leqslant e\leqslant 254)$，为 8 位正整数。

ANSI/IEEE 标准浮点数占用一个双字(32 位)。因为规定尾数的整数部分总是为 1，只保留尾数的小数部分 f(0～22 位)。实数表示范围为 $\pm 1.175\,495\times 10^{-38}\sim\pm 3.402\,823\times 10^{38}$。

用很小的存储空间(4 个字节)可以表示非常大和非常小的数。PLC 输入和输出的数值大多是整数，浮点数的运算速度比整数运算的慢。

8.1.3　复杂数据类型

通过组合基本数据类型和复合数据类型可以生成下面的数据类型：

(1) 数组(ARRAY)将一组同一类型的数据组合在一起，形成一个单元。

(2) 结构(STRUCT)将一组不同类型的数据组合在一起，形成一个单元。

(3) 字符串(STRING)是最多有 254 个字符(CHAR)的一维数组。

(4) 日期和时间(DATE_AND_TIME)用于存储年、月、日、时、分、秒、毫秒和星期，占用 8 个字节，用 BCD 格式保存。

例如，DT＃2004-07-15-12:30:15.200 为 2004 年 7 月 15 日 12 时 30 分 15.2 秒。

(5) 用户定义的数据类型 UDT(User-Defined Data Types)。

在数据块 DB 和逻辑块的变量声明表中定义复合数据类型。

8.2 S7-300 存储器及寻址方式

8.2.1 S7-300 PLC 的存储区划分

S7-300 PLC 的存储区可以划分为四个区域：装载存储器(load memory)、工作存储器(work memory)、系统存储器(system memory)和保持存储区(non-volatile memory)，如图 8-3 所示。

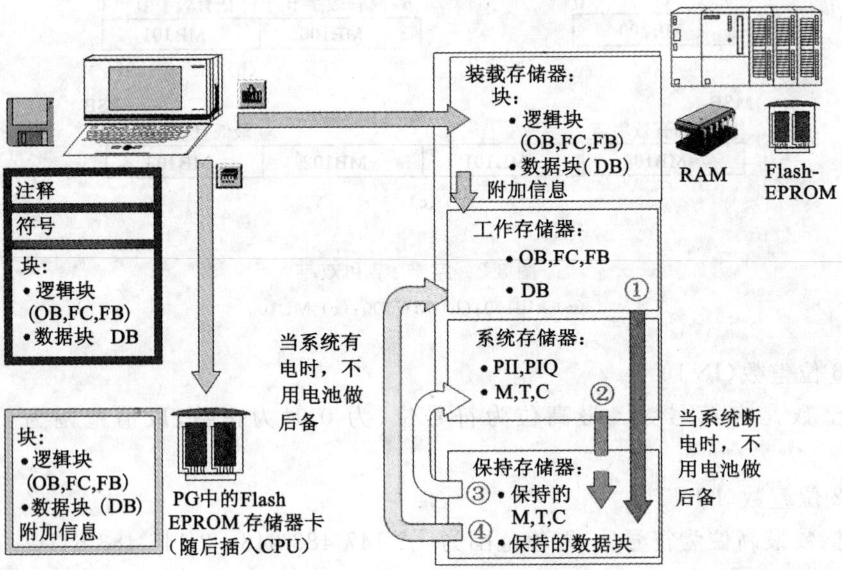

图 8-3 S7-300 PLC 的存储区划分

8.2.1.1 装载存储器

装载存储器位于 SIMATIC MMC 卡上。用于保存用户程序(不包括符号地址及注释)和系统数据(即组态、连接和模块参数等)。大多数 CPU 采用微存储卡(MMC)作为装载存储器。下载程序时，用户程序被下载到 CPU 的装载存储器，CPU 把可执行部分复制到工作存储器，把符号表和注释保存在编程设备上。

说明：必须在 CPU 中插入一个 SIMATIC MMC 卡，才能装载用户程序并运行 CPU。

通过 SIMATIC MMC 卡将整个用户程序数据用 PG/PC 下载到 CPU 中。在此过程中，将删除 MMC 卡中以前的内容。块按“常规块属性”中“装载存储器要求”的指定，使用装载存储区。MMC 是新型 CPU 的唯一的装载存储器，任何程序的下载方式都直接保存到卡中。用快捷栏中的下载按键直接下载，或使用 STEP7 中的“PLC>下载”菜单命令直接下载。

8.2.1.2　工作存储器

工作存储器集成在 CPU 中，不可扩展。它用于执行代码和处理用户程序数据。程序仅在工作存储器中运行。在 CPU 启动时，从装载存储器装入。

8.2.1.3　系统存储器

系统存储器集成在 CPU 中，是 CPU 为用户程序提供的存储器组件，分为若干区域；使用指令可以在相应的地址区内对数据直接进行寻址，系统存储器可分为：

过程映象输入区(PII)、过程映象输出区(PIQ)，位存储器(M)，定时器(T)，计数器(C)，局域数据堆栈(L)。

8.2.1.4　保持存储器

保持存储器是非易失性的 RAM，通过组态可以在 PLC 掉电后即使没有安装后备电池的情况下，保存一部分位存储器、定时器、计数器和数据块。在设置 CPU 参数时一定要指定要保持的区域。

(1) 当在 STEP 7 中执行“下载”时，会把编程设备中的用户程序下装到 CPU 的装载存储区，同时会把运行时使用的程序和数据写入工作存储区(如 OB1 和数据块)。

(2) 若 CPU 没有后备电池，当系统断电时，在工作存储器中定义了保持特性的数据块会把数据写入保持存储器中，上电后保持存储器会把断电时的数据写入到工作存储区，保证了运行数据断电不丢失(过程如图 8-3 中①与②箭头所示)。

(3) 若 CPU 没有后备电池，当系统断电时，系统存储区中定义的保持位存储器、定时器和计数器断电时也会写入保持存储器，恢复上电时断电时的数据重新写入，保证了运行数据断电不丢失(如图 8-3 中③与④箭头所示)。

8.2.2　S7-300 的寻址方式

一条完整的指令包含指令和操作数，操作数是指令操作或运算的对象。寻址方式是指令取得操作数的方式。操作数可以直接给出或间接给出。要描述一个地址，至少应该包含两个要素：存储的区域，在这个区域中具体的位置。

S7-300 的寻址方式包括立即寻址、直接寻址和间接寻址。

(1) 立即寻址

立即寻址操作数就在指令中，是对常数或者常量的寻址方式。可以按位、字节、字、双字来存取，如图 8-4 的 S5T# 5S。

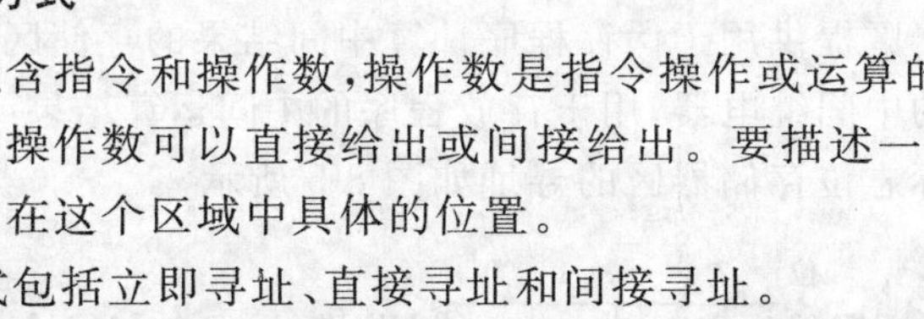

图 8-4　S7-300 PLC 的寻址方式

(2) 直接寻址

直接寻址指通过指令直接对地址进行访问，直接给出存储器或寄存器的区域、位置、长度，如 I1.0，MW2，等。直接寻址中的地址通常是一个常数，不可以改变。

(3) 间接寻址

间接寻址又分为存储器间接寻址和寄存器间接寻址。其中，存储器间接寻址的地址指针存储于存储器中，寄存器检测寻址的地址指针存储于地址寄存器中。

8.2.3 系统存储区的分类及功能

S7-300 PLC 的 CPU 存储器可以划分为不同的地址区，在程序中通过指令可以直接访问存储于地址区的数据。地址区可以分为：过程映像输入区(I)、过程映像输出区(Q)、标志位存储器区(M)、定时器(T)、计数器(C)、共享数据块(DB)、背景数据块(DI)、本地数据区(L)、外设地址输入(PI)、外设地址输出(PQ)。

8.2.3.1 过程映像输入/输出(I/Q)

在扫描循环开始时，CPU 读取数字量输入模块输入信号的状态，并将它们存入过程映像输入中。在扫描循环中，用户程序计算输出值，并将它们存入过程映像输出表。在循环扫描结束时将过程映像输出表的内容写入数字量输出模块。

I 和 Q 均按位、字节、字和双字来存取，例如 I0.0，IB0，IW0 和 ID0。在用户程序中对输入(I)和输出(Q)地址区进行寻址时，不查询数字信号模块的信号状态，而是访问 CPU 系统存储器中的存储区。该存储区就是过程映像。

与直接访问输入/输出模块相比，访问过程映像的优势在于在循环程序处理期间，可为 CPU 提供一致的过程信号映像。如果在程序执行期间输入模块的信号状态发生变化，过程映像中的信号状态将保持不变，直到过程映像在下一个周期中被更新。此外，由于过程映像存储在 CPU 的系统存储器中，访问过程映像的速度明显快于直接访问信号模块。

8.2.3.2 内部标志位存储器区

内部标志位存储器区提供用于保存程序计算中间结果的存储区。位存储器的功能类似于继电器控制线路中的中间继电器，用于存放程序的中间运算结果或标志位，可为编程提供无限制的触点。内部标志位存储器区的寻址如图 8-5 所示。

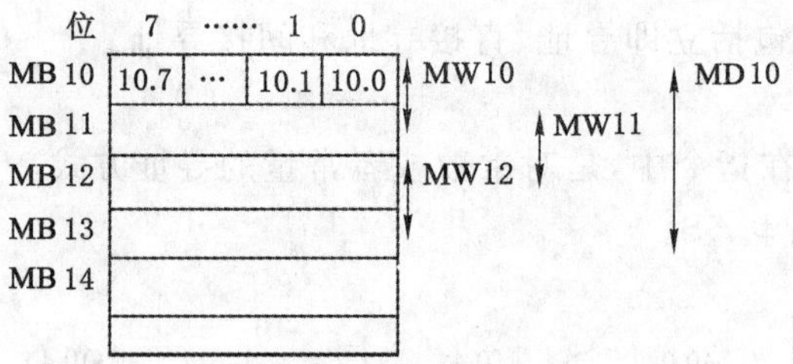

图 8-5 内部标志位存储器区的寻址

位存储器区 M 可以按位，也可以按字节、字、双字存取，例如，

位：M10.0，不能写成 MB10.0

字节：MB10

字：MW10，包含 MB10、MB11，其中，MB10 为高位字节

双字：MD10，包含 MB10、MB11、MB12、MB13

8.2.3.3　定时器存储器区

在定时器存储器区可使用定时器。时间值可以用二进制或 BCD 码方式读取。

8.2.3.4　计数器存储器区

在计数器存储器区可使用计数器。计数值(0～999)可以用二进制或 BCD 码方式读取。

8.2.3.5　共享数据块(DB)与背景数据块(DI)

数据块存储区用来存储所有数据块的数据。在用户程序中可能存在多个数据块，而每个数据块的数据结构并不完全相同，因此在访问数据块时，必须指明数据块的编号、数据类型与位置。如果访问不存在的数据单元或数据块，而且没有编写错误处理 OB，CPU 将进入 STOP 模式。最多可同时打开一个共享数据块和一个背景数据块，用“OPEN DB”指令可以打开一个共享数据块，用“OPEN DI”可以打开一个背景数据块。共享数据块、共享数据块均可按位、字节、字、双字访问，如 DBX2.3，DBB5，DBW10，DBD12 等。数据块的寻址如图 8-6 所示。

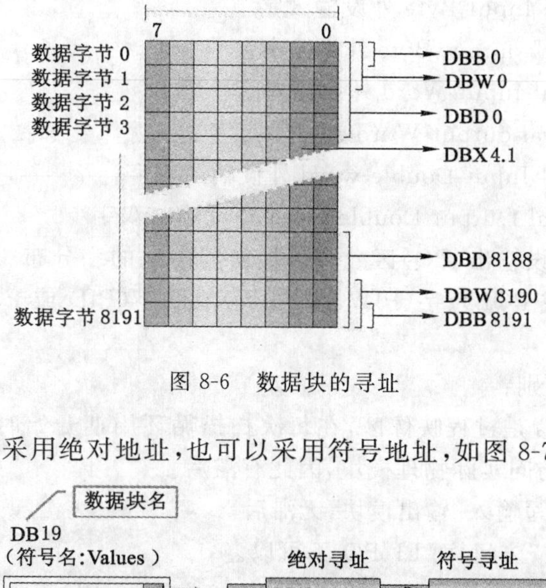

图 8-6　数据块的寻址

访问数据块，可以采用绝对地址，也可以采用符号地址，如图 8-7 所示。

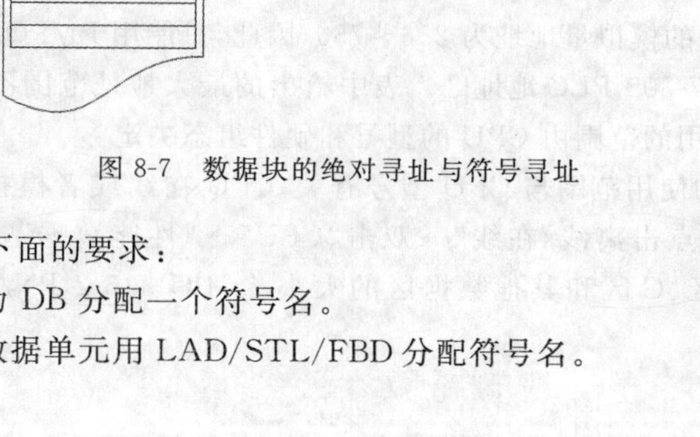

图 8-7　数据块的绝对寻址与符号寻址

符号访问需满足下面的要求：

(1) 在符号表中为 DB 分配一个符号名。

(2) 数据块中的数据单元用 LAD/STL/FBD 分配符号名。

使用符号访问数据块有如下的优点：

(1) 程序易读，确保访问正确的数据块，以后易于修改数据块的结构。

(2) 使用绝对地址访问数据块，必须手动定位程序中的数据块单元。

(3) 采用符号就可以很容易地用源程序调整。

对于数据块的访问，在 STEP 7 中可以采用传统访问方式，即先打开后访问；也可以采用完全表示的直接访问方式。

4.2.3.6 外设 I/O 区(PI/PQ)

当在程序中使用“I...”或“Q...”对输入、输出进行访问时，实际上并未直接访问输入、输出模板，而是访问 CPU 的系统存储区。此“I”/“Q”区分别被称作输入过程映像区和输出过程映像区。只有在过程映像区刷新时刻，I 区和 Q 区的内容才与输入/输出的实际值相同，所以它们并不能直接反映输入/输出的实际状态。因此，在某些需要对输入/输出进行较为实时处理的场合，需要选择使用直接外设寻址。

外设寻址指直接访问外设模板，在地址前加上字母“P”来表示：

- PIB→Peripheral Input Byte 外设输入字节
- PQB→Peripheral output Byte 外设输出字节
- PIW→Peripheral Input Word 外设输入字
- PQW→Peripheral output Word 外设输出字
- PID→Peripheral Input Double-word 外设输入双字
- PQD→Peripheral Output Double-word 外设输出双字

外设输入(PI)和外设输出(PQ)区允许直接访问本地的和分布式的输入模块和输出模块。可以按字节(PIB 或 PQB)、字(PIW 或 PQW)或双字(PID 或 PQD)存取，不能以位为单位存取 PI 和 PQ。

I/Q 与 PI/PQ 的区别：

(1) I/Q 访问的位置是过程映像区，在每次扫描循环周期开始时对过程影响区采用批量读取方式，不是直接访问实际物理模块，因此有滞后。

(2) PI/PQ 直接读写输入/输出模块，无滞后。

(3) I/Q 可以按“位”访问，而 PI/PQ 不可以。

(4) I/Q 地址范围小，315CPU 只有 127 字节，317/319CPU 有 255 字节，若地址超过这个范围，只能使用 PI/PQ 访问。

(5) 数字量输入输出模块既可以用 I/Q 访问，也可以用 PI/PQ 访问，为提高运行速度，一般采用 I/Q 访问。

(6) S7-300PLC 的模拟量地址为 256～766，因此，只能用 PI/PQ 访问。

表 8-2 给出了 S7-300 PLC 地址区。表中给出的最大地址范围不一定是实际可使用的地址范围，实际可使用的范围由 CPU 的型号和硬件组态决定。

系统存储器区的使用范围与 CPU 型号有关，CPU 在线或者模拟的状态下打开 S7 项目→“硬件组态”→“点击离线/在线”→双击“CPU”→“性能数据”，在“地址区”一栏可以查看 M 存储区、T 区、C 区和其他数据区的大小。CPU 315-2 PN/DP 的地址区如图 8-8 所示。

表 8-2　　S7-300 PLC 地址区

名称	功能	访问地址单位	S7 符号	举例
过程映像输入区(I)	在循环扫描的开始，CPU 将数字量输入模块的输入信号的状态存入过程映像输入表(PII)中	位	I	I0.2
		字节	IB	IB2
		字	IW	IW4
		双字	ID	ID8
过程映像输出区(Q)	在循环扫描期间、程序运算得到的输出值存入过程映像输出表(PIQ)。在循环扫描的末尾传送至数字量输出模块	位	Q	Q4.0
		字节	QB	QB4
		字	QW	QW6
		双字	QD	QD8
位存储器区(M)	用于存放程序的中间运算结果或标志位，虽名为位存储区，仍可按字节、字、双字来存取	位	M	M3.2
		字节	MB	MB10
		字	MW	MW10
		双字	MD	MD30
外设输入(PI)	用户程序能够直接访问输入和输出模板(直接 IO 访问)	字节	PIB	
		字	PIW	PIW256
		双字	PID	
外设输出(PQ)	可以按字节、字、双字来存取，不能按位存取	字节	PQB	
		字	PQW	PQW272
		双字	PQD	
定时器(T)	访问本区域可得到定时剩余时间	定时器	T	T1
计数器(C)	访问本区域可得到当前计数器值	计数器	C	C10
共享数据块(DB)	本区域包含所有数据块的数据	数据块	DB	DB20
		数据位	DBX	DB20.DBX0.0
		数据字节	DBB	DB20.DBB5
		数据字	DBW	DB20.DBW2
		数据双字	DBD	DB20.DBD10

8.2.4　CPU 中的寄存器

(1) 累加器(ACCUx)

累加器用于处理字节、字或双字的寄存器。S7-300 有两个 32 位累加器(ACCU1 和 ACCU2)，S7-400 有 4 个累加器(ACCU1～ACCU4)。数据放在累加器的低端(右对齐)。

(2) 状态字寄存器(16 位)

状态字寄存器的结构如图 8-9 的示，各位的含义如下。

$\overline{FC}$:首次检测位。

RLO:逻辑运算结果。

STA:状态位。

OR:位暂存逻辑“与”的操作结果(先“与”后“或”)。

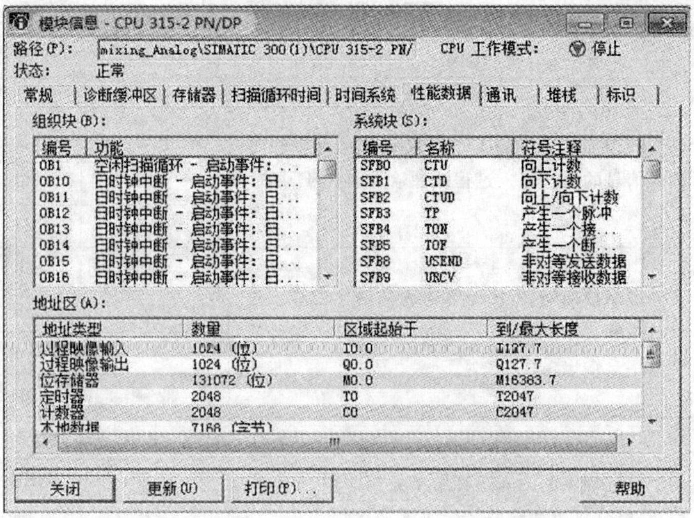

图 8-8　CPU 315-2 PN/DP 的地址区

15～9	8	7	6	5	4	3	2	1	0
未用	BR	CC1	CC0	OS	OV	OR	STA	RLO	$\overline{FC}$

图 8-9　状态字寄存器的结构

OV:溢出位。算术运算或比较指令执行时出现错误,溢出位 OV 被置 1。OV 位被置 1 时溢出状态保持位 OS 也被置 1,OV 位被清 0 时 OS 仍保持为 1,用于指明前面的指令执行过程中是否产生过错误。

CC0(条件码 0),CC1(条件码):CC1 和 CC0 综合起来用于表示在累加器 1 中产生的算术运算或逻辑运算的结果与 0 的大小关系、比较指令的执行结果或移位指令的移出位状态。

BR:二进制结果位。在一段既有位操作又有字操作的程序中,用于表示字操作结果是否正确。在梯形图的方框指令中,BR 位与 ENO 有对应关系,用于表明方框指令是否被正确执行,如图 8-10 所示;如果执行出现了错误,BR 位为 0,ENO 也为 0;如果功能被正确执行,BR 位为 1,ENO 也为 1。

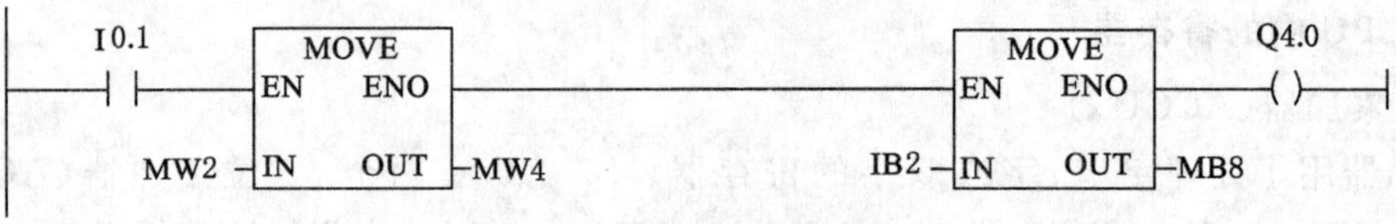

图 8-10　传送指令

(3) 数据块寄存器

DB 和 DI 寄存器分别用来保存打开的共享数据块和背景数据块的编号。

8.3　STEP 7 编程语言

8.3.1　PLC 编程语言的国际标准

IEC 61131 是 PLC 的国际标准，1992～1995 年发布了 IEC 61131 标准中的 1～4 部分，我国发布了 GB/T 15969—1/2/3/4（等同于 IEC 61131—1/2/3/4）。

IEC 61131—3 广泛应用于 PLC、DCS 和工控机、数控系统、RTU 等产品。定义了以下 5 种编程语言。

STEP 7 编程软件中，梯形图、语句表和功能块图编程语言如图 8-11 所示。

(1) 指令表 IL(Instruction List)。西门子称之为语句表 STL(Statement List)。编程语言 STL 是一种基于文本的编程语言，它具有一种类似机器代码的结构。每个语句代表

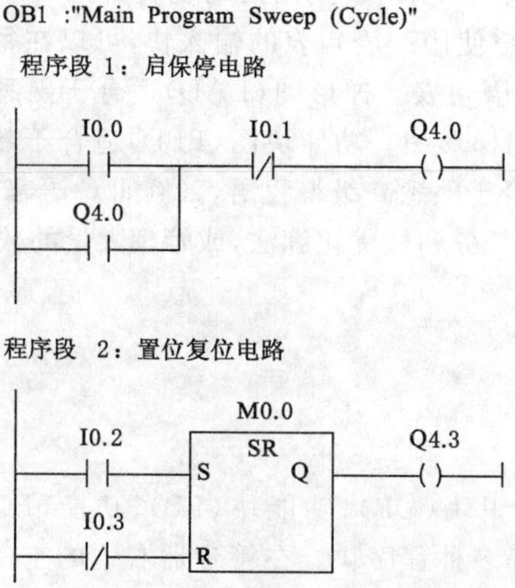

(a)

```
OB1 :"Main Program Sweep (Cycle)"
程序段 1：启保停电路
A(
O    I    0.0
O    Q    4.0
)
AN   I    0.1
=    Q    4.0

程序段 2：置位复位电路
A    I    0.2
S    M    0.0
AN   I    0.3
R    M    0.0
A    M    0.0
=    Q    4.3
```

(b)

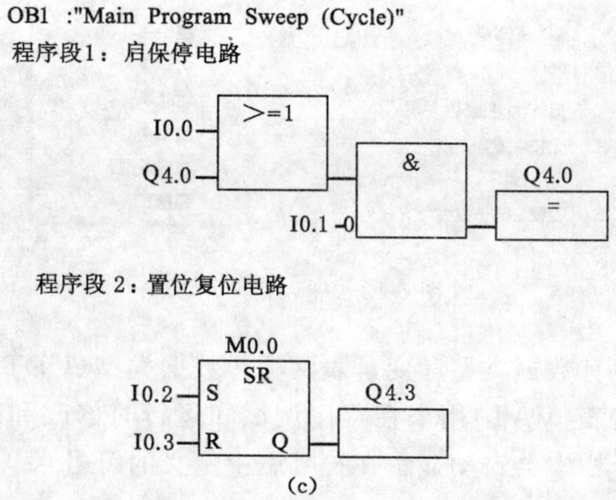

(c)

图 8-11　梯形图、语句表和功能块图编程语言

(a) LAD；(b) STL；(c) FBD

CPU 的一种程序处理操作。多个语句链接在一起就构成了程序段。

(2) 梯形图逻辑 LAD(Ladder Diagram)。图形编程语言梯形图(LAD)以电路图表示为基础。电路图的元件,例如常开触点和常闭触点,相互组合,从而构成程序段。逻辑块的代码段表示一个或多个程序段。

(3) 功能块图 FBD(Function Block Diagram)。标准中称为功能方框图语言,编程语言功能块图(FBD)以布尔代数中的图形逻辑符号为基础。也可以通过逻辑框的组合直接显示诸如数学功能的复杂功能。编程语言 FBD 随标准 STEP 7 软件包提供。

(4) 结构文本 ST(Structured Text)。西门子称之为结构化控制语言(SCL)。

(5) 顺序功能图 SFC(Sequential Function Chart)。对应于西门子的 S7 Graph。

8.3.2 编程语言的相互转换与选用:

在 STEP 7 编程软件中,如果程序块没有错误,并且被正确地划分为网络,在梯形图、功能块图和语句表之间可以转换。如果部分网络不能转换,则用语句表表示。

语句表(STL)可供用汇编语言编程的用户使用。语句表的输入快,可以在每条语句后面加上注释。设计高级应用程序时建议使用语句表。梯形图(LAD)适合于熟悉继电器电路的人员使用,设计复杂的触点电路时最好用梯形图。功能块图(FBD)适合于熟悉数字电路的人员使用。结构化控制语言 S7 SCL 适合于熟悉高级编程语言(例如 C 语言)的人员使用;SCL 适合于复杂的公式计算、复杂的计算任务和最优化算法,或管理大量的数据等。

8.4 STEP 7 程序结构

8.4.1 STEP 7 程序块类型

在 SIEMENS S7-300 系列 PLC 中有组织块(OB)、功能块(FB)、功能(FC)、数据块(DB)、系统功能(SFC)和系统功能块(SFB)等多种程序块。在管理器右边的空白区域点击右键,可以插入程序块,如图 8-12 所示。

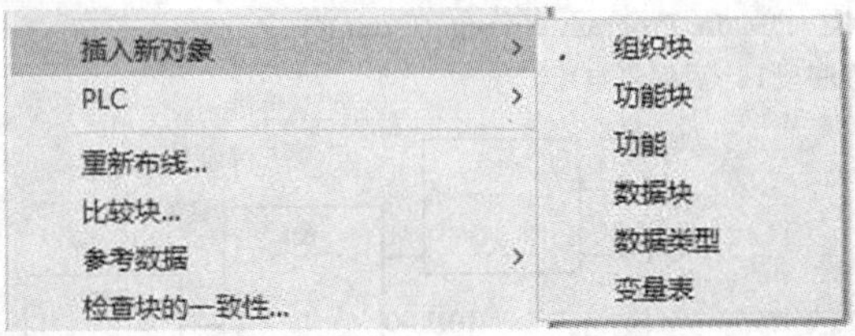

图 8-12 插入程序块

注意:快捷菜单中还有数据类型和变量表两项。数据类型(UDT)用于指定程序中数据元素的大小与格式;变量表(VAT)用来在程序调试和运行时修改和监视变量的内容(在地址栏中输入地址后,符号栏中会自动显示在符号表中定义的符号)。

STEP 7 程序块类型见表 8-3。

调用程序块:OB,FB,FC(可以调用除 OB 块外的其他程序块);被调用程序块:FB,FC,SFB,SFC。

表 8-3　STEP 7 程序块类型

块类型	名称	功　能
OB	组织块	操作系统和用户程序的接口，控制循环和中断程序的执行；组织程序结构，错误响应，通过编程指定 CPU 对错误的反应
FC	功能	无背景数据块，完成常用的运算任务，用户可以编程产生自己的 FC
FB	功能块	有背景数据块，完成较复杂的任务，用户可以编程产生自己的 FB
DB	数据块	存储用户数据的数据区，可以对其结构编程，可分为两类： 共享数据块。数据块由用户创建，可以任意使用； 背景数据块。调用 FB 时自动生成，FB 的数据存储区
SFB	系统功能块	已集成在 CPU 中，允许用户在程序中调用这些功能块来使用
SFC	系统功能	S7 CPU 以及提供的标准功能

8.4.1.1　组织块 OB

OB 由系统自动调用，并执行用户在 OB 块中编写的程序，所以 OB 的基本作用是调用用户程序。在 OB 块中编写程序的最大容量是 16 kB。除主程序循环 OB1 外，其他 OB 均是由事件触发的中断。

8.4.1.2　功能 FC

功能是用户编写的程序，无背景数据块。功能 FC 有两个作用：一是作为子程序用（无参数 FC）；二是作为函数用（带参数 FC，函数中通常带形参）。

FC 的形参通常也称为接口区，参数类型分为输入参数、输出参数、输入/输出参数和临时数据区。在编写函数 FC 的输出参数时，应避免没有直接输出（否则，可能输出一个随机值，影响程序的判断）。可以在函数的开始，将字输出参数清零，位输出参数复位。FC 中程序的最大容量是 16 kB。

8.4.1.3　功能块 FB

FB 与 FC 相比，FB 每次调用都必须分配一个背景数据块，用来存储接口数据区（TEMP 类型除外）和运算的中间数据。其他程序可以直接使用背景数据区中的数据。FB 中程序的最大容量是 16 kB。

FB 的接口区比 FC 多了一个静态数据区（STAT），用来存储中间变量。程序调用 FB 时，形参不像 FC 那样必须赋值，可以通过背景数据块直接赋值。由于 FB 带有背景数据块，输出参数不会输出随机值，可以不在 FB 中编写初始化程序。

8.4.1.4　数据块 DB

DB 用来存储用户数据及程序的中间变量，为全局变量。DB 的最大容量为 32 kB。DB 可分为共享数据块（Share DB）、背景数据块（Instance DB）和用户自定义数据（UDT）类型的数据块。

共享数据块可作为所有程序使用的全局变量，在 CPU 允许的条件下，一个程序可创建任意多个 DB，每个 DB 的最大容量为 64 kB。默认条件下，共享数据块为掉电保持，在其属性菜单中选中“Non Retain”可以更改为掉电数据丢失。如 CPU 中无足够的内部存储空间保存数据，可将指定的数据保存到共享数据块。存储在共享数据块中的数据可被其他任意一个块调用(全局变量)。这一点和背景数据块不同,背景数据块只能被指定的功能块(FB)使用,保存在背景数据块中的数据只能在这个功能块中有效。

背景数据块与FB和SFB关联,也是全局变量。背景数据块和共享数据块相比,只保存与FB或SFB接口数据区相关的数据。背景数据块中有一种比较特殊的数据块,称为多重背景数据块。

基于UDT的数据块为全局变量,提供一个固定格式的数据结构,便于用户使用。

8.4.1.5 系统函数(SFC)和系统函数块(SFB)

SFC是系统功能,SFB是系统功能块,两者都相当于子程序,只不过SFB和SFC是集成在S7 CPU中的FB或FC功能块,实现与CPU系统相关的一些功能,如读写CPU时钟等功能用户可以直接调用。

8.4.2 用户程序中的调用体系

S7-300是一种模块化、结构化的程序编制软件,用文件块的形式管理用户变成的程序及程序运行所需要的数据。基本编程语句采用梯形图(LAD)、语句表(STL)、功能块图(FBD)。程序结构可以分为线性化、模块化和结构三种编程结构,如图8-13所示。

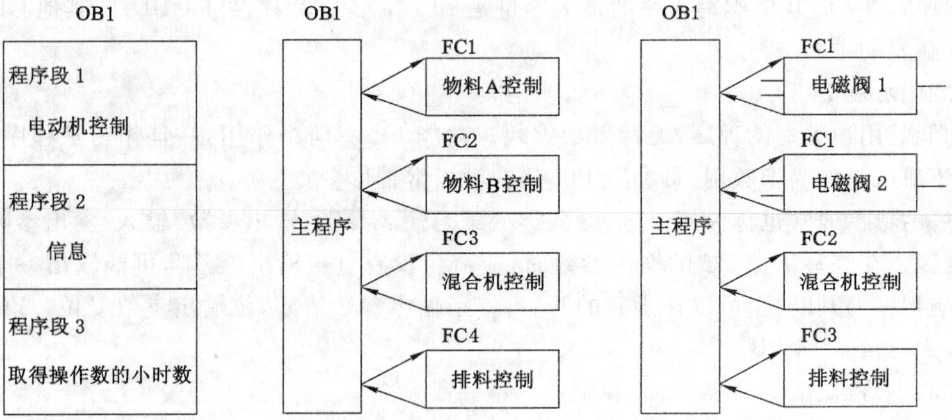

图 8-13

(a) 线性程序;(b) 模块化编程;(c) 结构化编程

8.4.2.1 线性化编程

线性化编程所有的程序都在循环控制组织块OB1(即主程序)中。程序是连续执行的,在每个CPU扫描周期内都处理线性化程序。这种结构和PLC所代替的固定接线的继电器线路类似。系统按照顺序处理各个指令。

优缺点:所有的指令都在一个块内,此方法适于单人编写程序的工程。由于仅有一个程序文件,软件管理的功能相对简单。但是,由于所有的指令都在一个块内,每个扫描周期所有的程序都要执行一次,即使程序的某些部分并没有被使用。此方法没有有效地利用CPU。另外,如果在程序中有多个设备,其指令相同,但参数不同,将只得用不同的参数重复编写这部分程序。

8.4.2.2 模块化编程

模块化编程是把程序分为若干个程序块,每个程序块含有一些设备和任务的逻辑指令。

在组织块(OB1)中的指令决定控制程序的模块的执行。模块化编程功能(FC)或功能块(FB)。它们控制着不同的过程任务，例如：物料 A 控制程序、物料 B 控制程序、混合机控制程序、排列控制程序。这些块相当于主循环程序的子程序。

优点和缺点：在模块化编程中，在主循环程序和被调用的块之间仍没有数据的交换。但是，每个功能区被分成不同的块。这样就易于几个人同时编程，而相互之间没有冲突。另外，把程序分成若干小块，将易于对程序调试和查找故障。OB1 中的程序包含有调用不同块的指令。由于每次循环中不是所有的块都执行，只有需要时才调用有关的程序块，这样，CPU 将更有效地得到利用。一些用户对模块化编程不熟悉，开始时此方法看起来没有什么优点，但是，一旦掌握了这个技术，编程人员将可以编写更有效和更易于开发的程序。

8.4.2.3　结构化编程

结构化程序把过程要求的类似或相关的功能进行分类，并试图提供可以用于几个任务的通用解决方案。向指令块提供有关信息(以参数形式)，结构化程序能够重复利用这些通用模块。例如：

(1) 物料混合所有进料电磁阀的通用逻辑控制的块。

(2) 传送带系统中所有交流电机的通用逻辑控制的块。

(3) 装配线机械中所有电磁线圈的通用逻辑控制的块。

OB1(或其他块)中的程序调用这些通用执行块。和模块化编程不同，通用的数据和代码可以共享。

优点和缺点：不需要重复这些指令，然后对不同的设备代入不同的地址，可以在一个块中写程序，用程序把参数(例如：要操作的设备或数据的地址)传给程序块。这样，可以写一个通用模块，更多的设备或过程可以使用此模块。当使用结构化编程方法时，需要管理程序存储和使用数据。

块调用的次序和嵌套称为体系，嵌套深度取决于 CPU。创建块的固定次序如下：从上到下创建块，因此可以从块的顶行开始。调用的每个块必须已经存在，即在一行块内，创建块的次序为从右到左。最后要创建的块是 OB1。

图 8-14 中所示的实例可以按下列顺序创建块：FC1→FB1＋背景块 DB1→DB1→SFC1→FB2＋背景块 DB2→OB1。

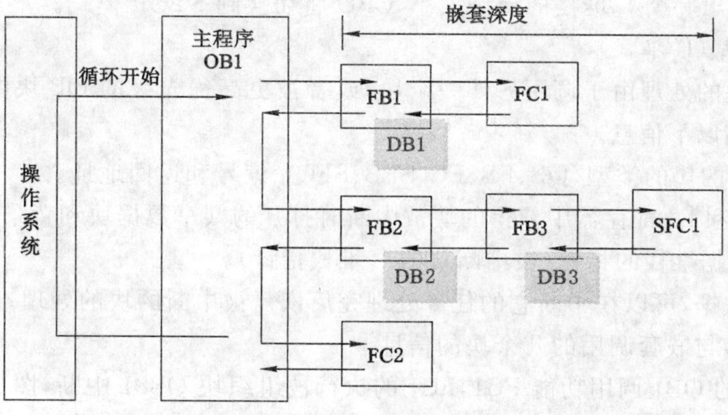

图 8-14　用户程序的调用体系

在 CPU 的控制下，通过在程序块内部和程序块之间的调用，实现程序运行与控制任务。

8.4.3 用户程序使用的堆栈

堆栈是 CPU 中的一块特殊存储区域，采用"先入后出"的规则存入和读取数据。最上面的存储单元称为栈顶。下面介绍 S7-300PLC 三种不同的堆栈。

8.4.3.1 局部数据堆栈(L 堆栈)

局部数据堆栈(L 堆栈)用来保存块的本地数据的临时变量、组织块的启动信息、关于传送参数的信息、梯形图程序中逻辑的中间结果。

该存储器区本地数据堆栈的大小取决于 CPU。图 8-15 用一个实例给出了优先级的本地数据分配，其中在 L 堆栈中，OB1 被 OB10 中断，而后者又被 OB81 中断。

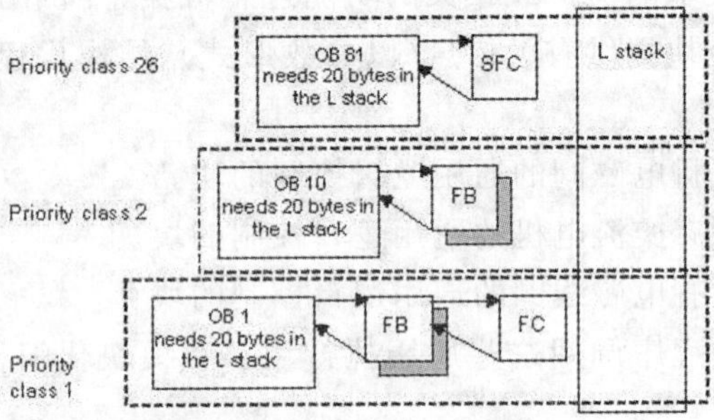

图 8-15 局部数据堆栈

注意事项：

(1) 当使用临时变量时，请牢记它们仅在相关块内有效或仅可作为在该块中调用的其他块的以前本地数据使用。尤其，当在关闭并重新打开块时，不能确保临时变量具有与完成上一次块调用时相同的数值。当调用块时，临时变量被定义为未定值，且当在块中初次使用临时变量时，必须重新初始化。

(2) OB 和它相关的块中所有的临时变量(TEMP)都保存在 L 堆栈中。如果使用了过多的嵌套的层，在执行块时，L 堆栈可能会溢出。

(3) 如果超出一个 L 堆栈的允许大小，CPU 将切换到 STOP 模式。

8.4.3.2 块堆栈(B 堆栈)

如果一个块的处理由于调用另外一个块，或者被更高优先级的 OB 块中止，则 CPU 将在块堆栈中存储以下信息。

(1) 被中断的块的类型(OB、FB、FC、SFB、SFC)、编号和返回地址。

(2) 从 DB 和 DI 寄存器中获得的块被中断时打开的共享数据块和背景数据块的编号。

(3) 局部数据堆栈的指针(被中断块的 L 堆栈指针)。

利用这些数据，可以在中断它的任务处理完后恢复被中断的块的处理。在多重调用时，堆栈可以保存参与嵌套调用的几个块的信息。

图 8-16 中的 OB1 调用功能 FC1，FC1 的执行被组织块 OB81 中断，图中给出了局部数据堆栈中局部数据的存放情况。

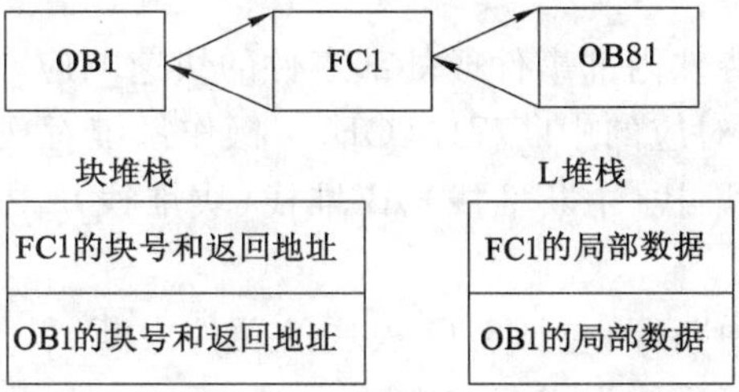

图 8-16　块堆栈与局部数据堆栈

8.4.3.3　中断堆栈(I 堆栈)

如果程序的执行被优先级更高的 OB 中断，操作系统将保存下述寄存器的内容，包括当前的累加器和地址寄存器的内容、数据块寄存器 DB 和 DI 的内容、局部数据的指针、状态字、MCR(主控继电器)寄存器和块堆栈的指针。

新的 OB 执行完后，操作系统读取中断堆栈中的信息，从被中断的块被中断的地方开始继续执行程序。

CPU 在 STOP 模式时，在工具栏单击"在线"按钮，打开硬件组态窗口，利用 STEP 7 在模块信息中查看堆栈保存的数据，如图 8-17 所示。

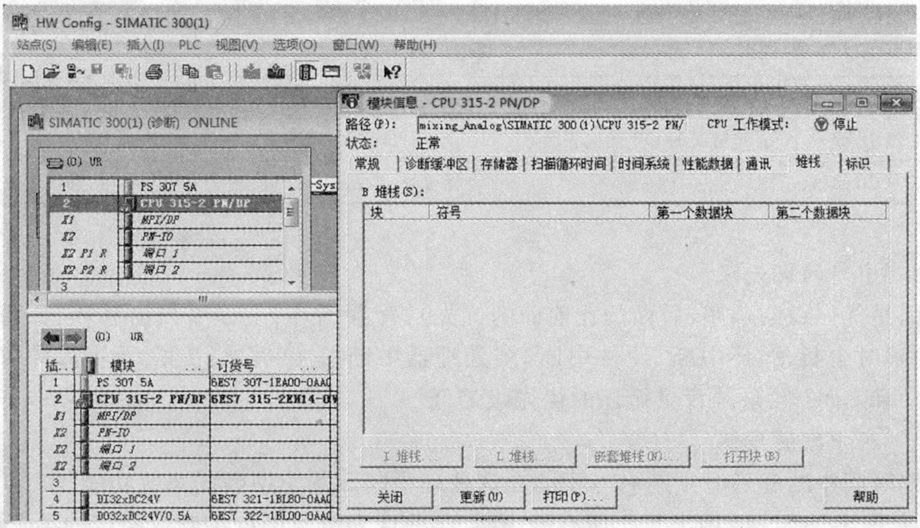

图 8-17　查看堆栈数据

8.5　组织块与中断处理

组织块是操作系统与用户程序之间的接口。S7 提供了各种不同的组织块(OB)，用组织块可以创建在特定时间执行的程序和响应特定事件的程序，用于响应延时中断、外部硬件中断和错误处理等。

8.5.1　中断的基本概念

8.5.1.1　中断过程

中断处理用来实现对特殊内部事件或外部事件的快速响应。CPU 检测到中断请求时，立即响应中断，调用中断源对应的中断程序(OB)。操作系统对现场进行保护，被中断的 OB 的局域数据压入 L 堆栈、I 堆栈(中断堆栈)、B 堆栈(块堆栈)。执行完中断程序后，返回被中断的程序。

引起中断的事件称为中断源，包括 I/O 模块的硬件中断、软件中断。例如，日期时间中断、延时中断、循环中断和编程错误引起的中断。

8.5.1.2　组织块的分类

组织块只能由操作系统启动，它由变量声明表和用户编写的控制程序组成。OB 块根据功能可以分为启动组织块、循环执行的组织块、定期执行的组织块、事件驱动的组织块。OB 组织块见表 8-4。

表 8-4　　OB 组织块

块名	优先级	功能描述	类型
OB1	1	主程序扫描	循环执行的组织块
OB10～OB17	2	日期时间中断	定期执行的组织块
OB30～OB38	7～15	循环中断	
OB20～OB23	3～6	延时中断	事件驱动的组织块
OB40～OB47	16～23	硬件中断	
OB80～87	26	异步错误中断	
OB121～OB122	引起错误的 OB 的优先级	同步错误中断	
OB100～OB102	27	暖启动、热启动、冷启动	启动组织块

8.5.1.3　中断的优先级

下面是优先级的顺序(后面的比前面的优先)：背景循环、主程序扫描循环、日期时间中断、时间延时中断、循环中断、硬件中断、多处理器中断、I/O 冗余错误、异步故障(OB80～87)、启动和 CPU 冗余。背景循环的优先级最低。

8.5.1.4　对中断的控制

日期时间中断和延时中断有专用的允许处理中断和禁止中断的系统功能(SFC)。

SFC 39"DIS_INT"用来禁止所有的中断、某些优先级范围的中断或指定的某个中断。

SFC 40"EN_INT"用来激活(使能)新的中断和异步错误处理。如果用户希望忽略中断，可以下载一个只有块结束指令 BEU 的空的 OB。

SFC 41"DIS_AIRT"延迟处理比当前优先级高的中断和异步错误。

SFC 42"EN_ AIRT"允许立即处理被 SFC 41 暂时禁止的中断和异步错误。

8.5.2　组织块

8.5.2.1　组织块的变量声明表

OB 没有背景数据块和静态变量，只有 20 个字节组成的包含 OB 启动信息的变量声明表(临时变量)，见表 8-5。

表 8-5　　OB 的变量声明表

字节地址	内　容
0	事件级别与标识符，例如 OB40 为 B＃16＃11，表示硬件中断被激活
1	用代码表示与启动 OB 的事件有关的信息
2	优先级，例如 OB40 的优先级为 16
3	OB 块号，例如 OB40 的块号为 40
4～11	附加信息，例如 OB40 的第 5 字节为产生中断的模块类型，16＃54 为输入模块，16＃55 为输出模块；第 6，7 字节组成的字为产生中断的模块起始地址；第 8～11 字节组成的双字为产生中断的通道号
12～19	OB 被启动的日期和时间（年、月、日、时、分、秒、毫秒与星期）

8.5.2.2　日期时间中断组织块（OB10～OB17）

CPU 可以使用的日期时间中断 OB 的个数与 CPU 的型号有关。S7-300 只能用 OB10。可以在某一特定的日期和时间执行一次，也可以从设定的日期时间开始，周期性地重复执行，例如每分钟、每小时、每天甚至每年执行一次。可以用 SFC28～SFC30 取消、重新设置或激活日期时间中断。

（1）设置和启动日期时间中断。

① 用 SFC28“SET_TINT”和 SFC30“ACT_TINT”设置和激活日期时间中断。

② 在硬件组态工具中设置和激活，如图 8-18 所示。

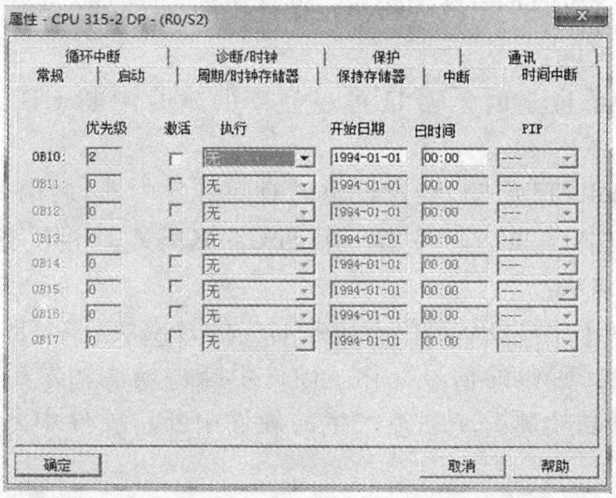

图 8-18　通过 CPU 属性设置“时间中断”

（2）调用 SFC31 “QRY_TINT”查询日期时间中断。

（3）禁止与激活日期时间中断。

用 SFC29“CAN_TINT”取消（禁止）日期时间中断，用 SFC28“SET_TINT”重新设置那些被禁止的日期时间中断，用 SFC 30“ACT_TINT”重新激活日期时间中断。

在调用 SFC28 时，如果参数“OB10_PERIOD_EXE”为十六进制数 W＃16＃0000，W＃16＃0201，W＃16＃0401，W＃16＃1001，W＃16＃1201，W＃16＃1401，W＃16＃1801 和 W＃16＃2001，分别表示执行一次、每分钟、每小时、每天、每周、每月、每年和月末执行一次。

8.5.2.3　循环中断组织块

CPU 可以使用的日期时间中断 OB 的个数与 CPU 的型号有关，如图 8-19 所示，CPU315-2DP 仅支持 OB35 循环中断，CPU315-2PN/DP 支持 OB32～OB35 循环中断。

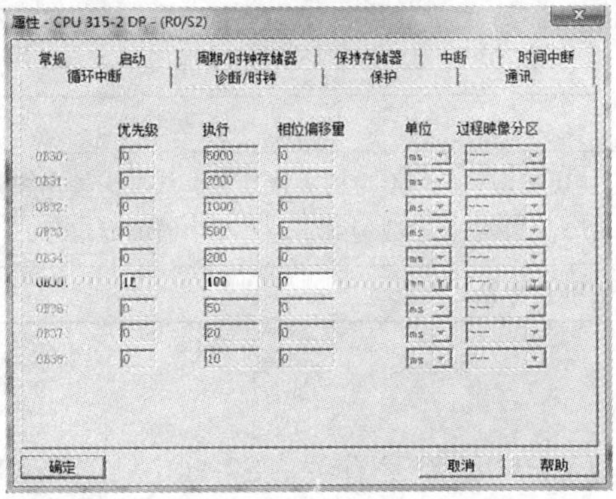

(a)

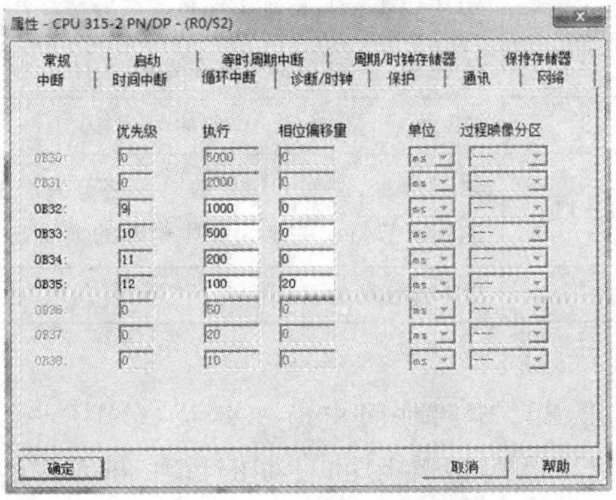

(b)

图 8-19　S7-300PLC 循环中断

设 OB34 和 OB35 的时间间隔分别为 200 ms 和 100 ms，它们的相位偏移分别为 0 ms 和 20 ms。OB34 分别在 200 ms，400 ms，600 ms，……时产生中断，而 OB35 分别在 $t=120$ ms，220 ms，320 ms，……时产生中断。

可以用 SFC 40 和 SFC 39 来激活和禁止循环中断。

8.5.2.4　延时中断组织块

延时中断以 ms 为单位定时。CPU 可以使用的延时中断 OB 的个数与 CPU 的型号有关。

用 SFC 32“SRT_DINT”启动，经过设定的时间触发中断，调用 SFC32 指定的 OB。延时中断可以用 SFC33“CAN_DINT”取消。用 SFC34“QRY_DINT”查询延时中断的状态。

8.5.2.5　硬件中断组织块

硬件中断组织块(OB40～OB47)用于快速响应信号模块(SM，即输入/输出模块)、通信处理器(CP)和功能模块(FM)的信号变化。硬件中断被模块触发后，操作系统将自动识别是哪一个槽的模块和模块中哪一个通道产生的硬件中断。硬件中断 OB 执行完后，将发送通道确认信号。

CPU315-2DP 中断属性如图 8-20 所示。

硬件中断信号的处理流程图如图 8-21 所示。如果正在处理某一中断事件，又出现了同一模块同一通道产生的完全相同的中断事件，新的中断事件将丢失。

如果正在处理某一中断信号时同一模块中其他通道或其他模块产生了中断事件，当前已激活的硬件中断执行完后，再处理暂存的中断。

8.5.2.6　错误组织块

S7-300/400 有很强的错误(或称故障)检测和处理能力。被 S7 CPU 检测到并且用户可以通过组织块对其进行处理的错误分为两个基本类型。

(1) 异步错误

异步错误是与 PLC 的硬件或操作系统密切相关的错误，与程序执行无关，后果严重。

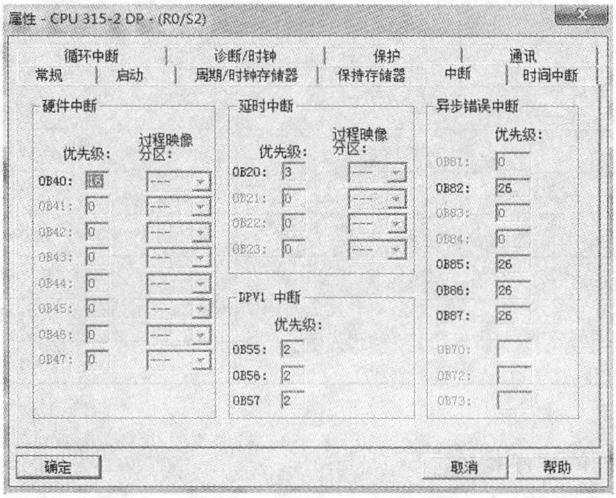

图 8-20　CPU315-2DP 中断属性

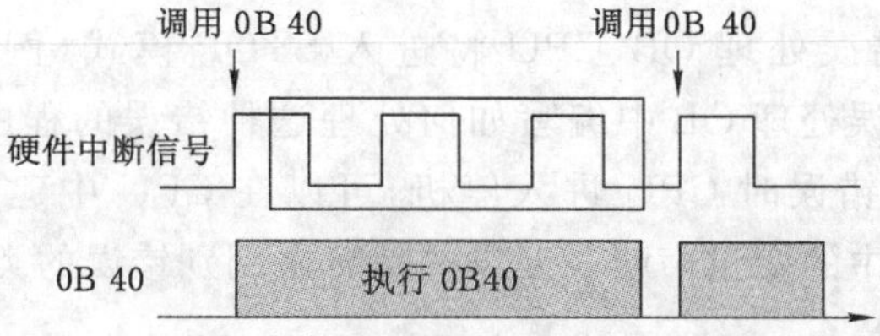

图 8-21　硬件中断信号的处理流程

异步错误 OB 具有最高等级的优先级，其他 OB 不能中断它们。同时有多个相同优先级的异步错误 OB 出现时，将按出现的顺序处理。

异步错误对应的组织块为 OB80～OB87，有最高的优先级。操作系统检测到一个异步错误时，将启动相应的 OB。

(2) 同步错误(OB121 和 OB122)

同步错误是与执行用户程序有关的错误，其 OB 的优先级与出现错误时被中断的块的优先级相同，即同步错误 OB 中的程序可以访问块被中断时累加器和状态寄存器中的内容。对错误进行处理后，可以将处理结果返回被中断的块。OB121 用于对程序错误的处理，OB122 用于处理模块访问错误。

S7-300/400 支持的错误处理组织块见表 8-6。

表 8-6　　S7-300/400 支持的错误处理组织块

块名	优先级	功能描述
OB80	26	时间错误中断
OB81	26	电源故障中断
OB82	26	诊断中断

续表 8-6

块名	优先级	功能描述
OB83	26	插入/拔出中断
OB83	26	CPU 硬件故障中断
OB85	26	优先级错误中断
OB86	26	机架故障错误中断
OB87	26	通信错误中断
OB121	引起错误的 OB 的优先级	程序错误
OB122		I/O 错误中断

8.5.3 用于出错处理的程序措施

当系统程序可以检测下列错误：不正确的 CPU 功能、系统程序执行中的错误、用户程序中的错误和 I/O 中的错误。根据错误类型的不同，CPU 设置为进入 STOP 模式或调用一个错误处理 OB。当 CPU 检测到错误时，会调用适当的组织块。

如果没有相应的错误处理 OB，CPU 将进入 STOP 模式（例外：OB70、OB72、OB81、OB87）。用户可以在错误处理 OB 中编写如何处理这种错误的程序，以减小或消除错误的影响。为避免发生某种错误时 CPU 进入停机，可以在 CPU 中建立一个对应的空的组织块。用户可以利用 OB 中的变量声明表提供的信息来判别错误的类型。

8.5.3.1 基本步骤

(1) 创建并打开 OB。

(2) 显示 CPU 的模块信息。

(3) 选择“性能数据”选项卡。

(4) 根据所显示的列表，确定是否允许该 CPU 使用要编程的 OB。

(5) 在程序的“块”文件夹中插入 OB，然后打开该 OB。

(6) 进入进行错误处理的程序。

(7) 将 OB 下载到可编程控制器。

8.5.3.2 处理错误的程序措施

(1) 评估 OB 的局部数据，确定引起错误的确切原因

局部数据中的变量 OB8xFLTID 和 OB12xSWFLT 包含错误代码。在系统和标准功能参考手册中描述了它们的含义。

(2) 跳转到响应该错误的程序段

在系统和标准功能的在线参考帮助中标题为“SFC51(RDSYSST)模块诊断实例”的文本中，可以获取处理诊断中断的实例。

8.6 数据块中的数据存储

数据以用户程序变量的形式存储，且具有唯一性。数据可以存储在输入过程映像存储器(PII)、输出过程映像存储器(PIQ)、位存储器(M)、局部数据堆栈(L 堆栈)及数据块(DB)

中。可以采用基本数据类型、复杂数据类型或参数类型。

根据访问方式的不同,这些数据可以在全局符号表或共享数据块中声明,称为全局变量;也可以在 OB、FC 和 FB 的变量声明表中声明,称为局部变量。当块被执行时,变量将固定地存储在过程映像区(PII 或 PIQ)、位存储器区(M)、数据块(DB)或局部堆栈(L)中。

8.6.1　数据块

数据块定义在 S7 CPU 的存储器中,用户可在存储器中建立一个或多个数据块。每个数据块可大可小,但 CPU 对数据块数量及数据总量有限制。

数据块(DB)可用来存储用户程序中逻辑块的变量数据(如:数值)。与临时数据不同,当逻辑块执行结束或数据块关闭时,数据块中的数据将保持不变。

用户程序可以位、字节、字或双字操作访问数据块中的数据,可以使用符号或绝对地址。

8.6.1.1　数据块的分类

数据块(DB)有三种类型:共享数据块,背景数据块和用户定义数据块。

共享数据块又称全局数据块。用于存储全局数据,所有逻辑块(OB、FC、FB)都可以访问共享数据块存储的信息。

背景数据块用作“私有存储器区”,即用作功能块(FB)的“存储器”。FB 的参数和静态变量安排在它的背景数据块中。背景数据块不是由用户编辑的,而是由编辑器伴随功能块生成的。

用户定义数据块(DB of Type)是以 UDT 为模板所生成的数据块。创建用户定义数据块之前,必须先创建一个用户定义数据类型,如 UDT1,并在 LAD/STL/FBD S7 程序编辑器内定义。

8.6.1.2　数据块寄存器

CPU 有两个数据块寄存器:DB 和 DI 寄存器。这样,可以同时打开两个数据块。

8.6.2　数据块的数据结构

在 STEP 7 中数据块的数据类型可以采用基本数据类型、复杂数据类型或用户定义数据类型(UDT)。

基本数据类型根据 IEC1131-3 定义,长度不超过 32 位,可利用 STEP 7 基本指令处理,能完全装入 S7 处理器的累加器中。基本数据类型包括:① 位数据类型。BOOL、BYTE、WORD、DWORD、CHAR。② 数字数据类型。INT、DINT、REAL。③ 定时器类型。S5TIME、TIME、DATE、TIME_OF_DAY。

复杂数据类型只能结合共享数据块的变量声明使用。复杂数据类型可大于 32 位,用装入指令不能把复杂数据类型完全装入累加器,一般利用库中的标准块(“IEC”S7 程序)处理复杂数据类型。复杂数据类型包括时间(DATE_AND_TIME)类型,矩阵(ARRAY)类型,结构(STRUCT)类型,字符串(STRING)类型,用户定义数据类型(UDT)。

8.6.3　建立数据块

在 STEP 7 中,为了避免出现系统错误,在使用数据块之前,必须先建立数据块,并在块中定义变量(包括变量符号名、数据类型以及初始值等)。数据块中变量的顺序及类型决定了数据块的数据结构,变量的数量决定了数据块的大小。数据块建立后,还必须同程序块一起下载到 CPU 中,才能被程序块访问。

(1) 创建数据块

用 SIMATIC Manager 创建数据块，如图 8-22 所示。

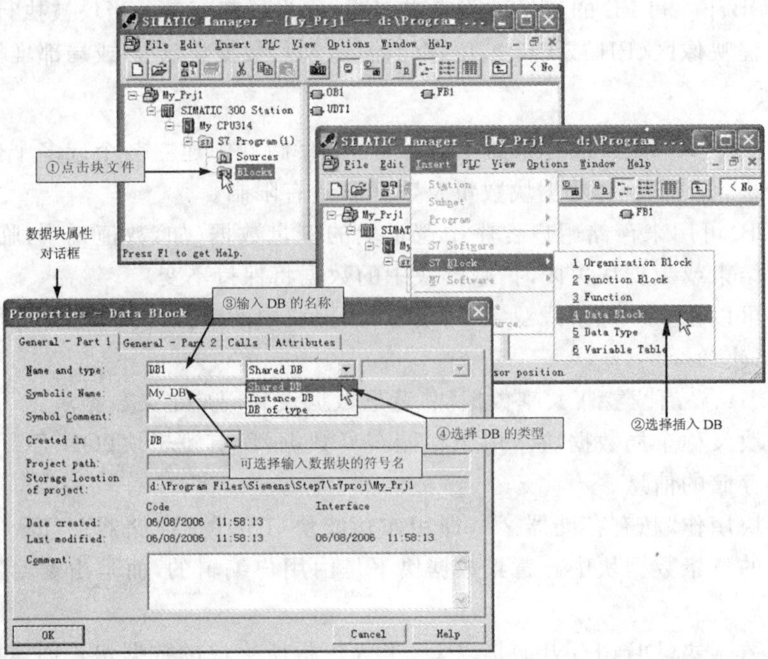

图 8-22　用 SIMATIC Manager 创建数据块

(2) 为数据块创建变量

为数据块创建变量过程如图 8-23 所示。

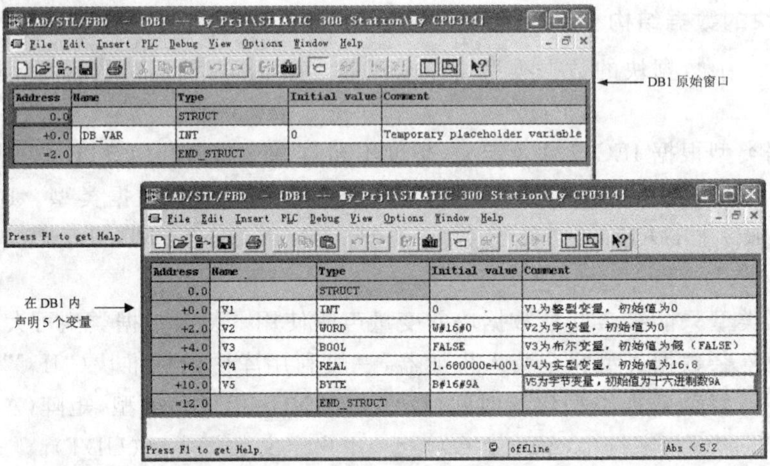

图 8-23　编辑数据块(变量定义)

变量定义完成后，应单击保存按钮保存并编译(测试)。如果没有错误则需要单击下载按钮，像逻辑块一样，将数据块下载到 CPU。

8.7　符　号　表

S7-300 有两种编址方法，前述为根据机架及安装槽位编址范围进行编址，称为绝对编址方法。而通过用符号名表示特定的绝对编址号并建立符号数据库保存符号名的编址方法，称为符号名编址。例 Q4.0 可用符号名 In_A_Mtr_Coil 替代，但必须遵循“符号名先定义后使用”和“符号名唯一性”的准则。

符号名数据库通过 STEP 7 的符号编辑器(Symbol Editer)建立，参见表 8-7。符号名数据库可接受程序中所有指令的访问，用符号表中的符号名编程，程序可读性强，程序归档和故障寻踪较为便利。

表 8-7　　　　**符号名数据库表示例**

符号名	绝对编址号	数据类型	备注
InA_Mtr_Fbk	I0.0	BOOL	Motor A feedback
InA_Start_PB	I1.2	BOOL	Motor A Start Switch
InA_Stop_PB	I1.3	BOOL	Motor A Stop Switch
Hight_Speed	MW5.0	INT	Maximum Speed
Low_Speed	MW4.0	INT	Minimum Speed
In_A_Mtr_Coil	Q4.0	BOOL	Motor A Starter Coil
In_A_Start_Lt	Q4.4	BOOL	A Light On/Off

打开与编辑符号表

单击 SIMATIC 管理器左边的“S7 程序(1)”，右边的工作区将出现“符号”图标，双击后进入符号编辑器窗口，如图 8-24 所示。

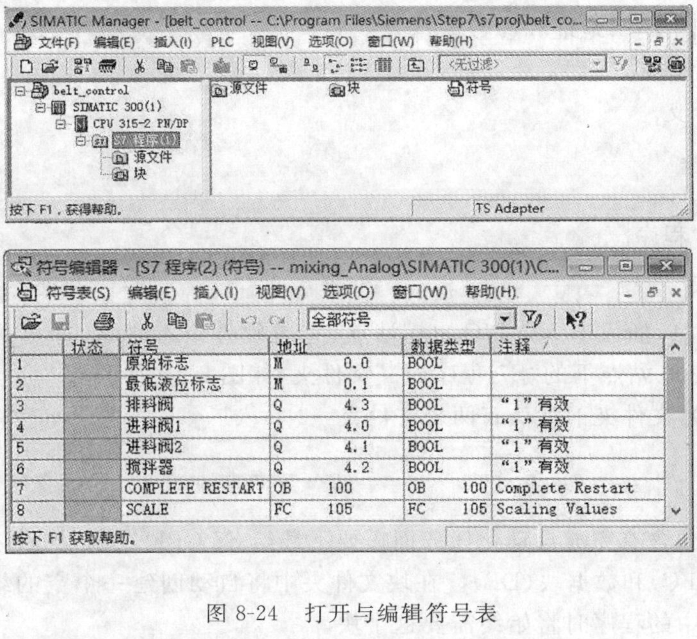

图 8-24　打开与编辑符号表

生成符号时，需要输入符号和地址，符号不能多于 24 个字符。保存符号表后符号会在程序中起作用。组织块(OB)、系统功能块(SFB)、系统功能(SFC)已预先赋予了符号名，它们将会自动出现在符号表中，可以修改它们的符号名。

在符号表中输入地址后，将会自动为它添加数据类型，用户也可以修改，例如将 WORD 改为 INT。如果所做的修改不适合该地址或存在语法错误，在退出该区域时会显示一条错误信息。"注释"是可选的输入项，简短的符号名与更详细的注释混合使用，使程序更易于理解，注释最长 80 个字符。

可以用菜单"视图"→"排序"，选择符号表中变量的排序方法。也可以单击某一列的表头来改变排序的方法。

单击工具栏或者视图菜单的"过滤"，可以打开过滤器对话框，有选择的只显示部分符号。

8.8 S7 块的操作

组织块 (OB)、功能块 (FB)、功能 (FC) 统称为逻辑块，FB 有一个数据结和与该功能块的参数完全相同的数据块，称为背景数据块，背景数据块依附于功能块，它随功能块的调用而打开，随着功能块的结束而关闭，存放在背景块中的数据在背景块结束时继续保持。而 FC 不需要背景数据块，功能调用结束后数据不能保持。组织块 OB 是由操作系统直接调用的逻辑块。

STEP 7 中，建立、编辑和使用逻辑块的主要操作流程如下：

(1) 创建逻辑块。

(2) 声明变量。

(3) 在梯形图的代码段编程块。

① 输入梯形图元素。

② 在梯形图中编辑地址和参数。

③ 创建并行分支。

④ 创建新分支。

⑤ 故障诊断。

(4) 保存块。

(5) 调试 S7 程序。

8.8.1 块文件夹

创建一个项目，插入 SIMATIC 300 站点、完成硬件组态之后，即可进入程序的编写。打开 SIMATIC 300 站点下的"S7 程序(1)"文件夹，如图 8-25 所示。

"S7 程序(1)"文件夹下默认有两个文件夹：

(1) 块。

(2) 源文件。

"块"文件夹包含有完成自动化任务而需要下载给 S7 CPU 的块。这些可装载的块包括逻辑块(OB、FB、FC)和数据块(DB)。在块文件夹中将自动创建一个空的组织块 OB1，因为在执行 S7 CPU 中的程序时将始终需要这个块。

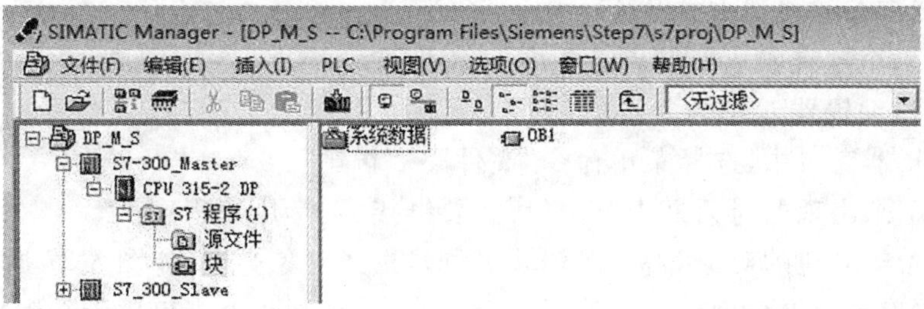

图 8-25　块文件夹

块文件夹还包含有下列对象：

(1) 创建的用户自定义数据类型(UDT)。这些类型将使编程更容易，且不需要将其下载给 CPU。

(2) 为在调试程序时对变量进行监视和修改而创建的变量表(VAT)。不需要将变量表下载给 CPU。

(3) 包含有系统信息(系统组态、系统参数等)的对象"系统数据"(系统数据块)。在组态硬件时将创建并提供这些系统数据块。

(4) 在用户程序中需要调用的系统功能(SFC)与系统功能块(SFB)。用户不能编辑 SFC 与 SFB。

除了系统数据块(只能通过可编程控制器的组态对其进行创建和编辑)，用户程序中的块都要使用各自的编辑器进行编辑。

说明：通过双击相应块即可打开编辑器对该块进行编辑。

注意：如果对项目里面的 FB 或者 FC 块进行加密，就会生成源文件，且存放到"源文件"这个文件夹中。

8.8.2　块的创建

8.8.2.1　使用 SIMATIC 管理器创建块

(1) 打开项目的"块"文件夹，如图 8-26 所示。

(2) 选择菜单命令："插入"→"S7 块"，在弹出的下拉菜单中选择需要插入的块，如组织块(OB)、功能块(FB)、功能(FC)、数据块(DB)等，如图 8-26 所示。

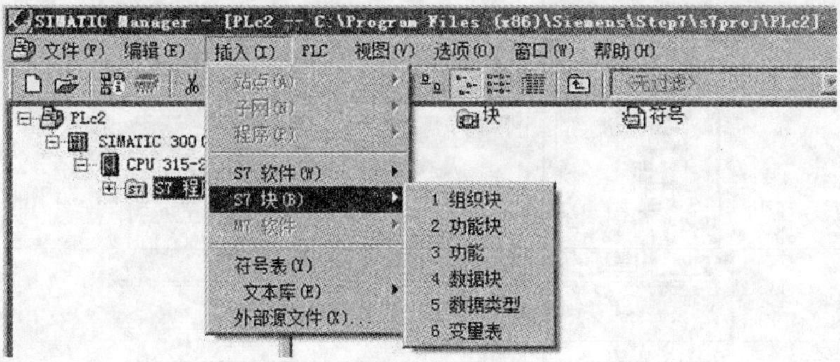

图 8-26　插入块

8.8.2.2 使用程序编辑器创建块

通过双击一个现有的块即可启动相应的编辑器。

也可使用该编辑器创建更多的块：

(1) 在编辑器窗口中，选择菜单命令"文件"→"新建"。

(2) 在接下来出现的对话框中，选择块将要链接的S7用户程序。

(3) 输入希望创建的对象名称(逻辑块名称)，选择对象类型，如图8-27所示。

(4) 单击"确定"，进行确认。创建了一个新块，并打开一个窗口用于编辑。

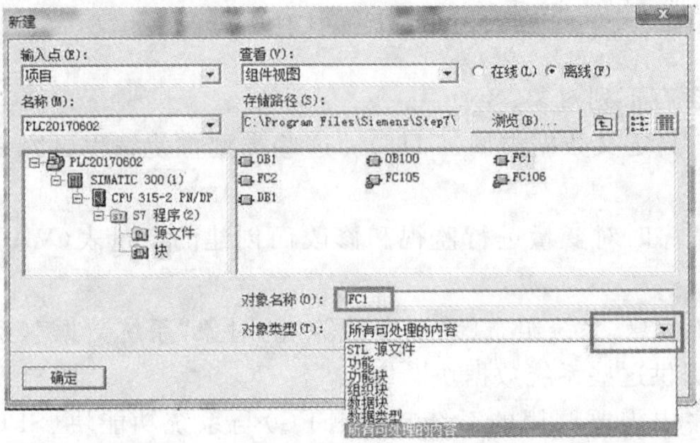

图8-27 选择对象类型

8.8.3 块的编辑

8.8.3.1 启动LAD/STL/FBD编辑器

选择SIMATIC管理器目标窗口项目下的"块"文件夹。通过双击相应块即可打开编辑器对该块进行编辑。LAD/STL/FBD程序编辑器窗口如图8-28所示，LAD/STL/FBD程序编辑器的窗口可拆分为下列区域。

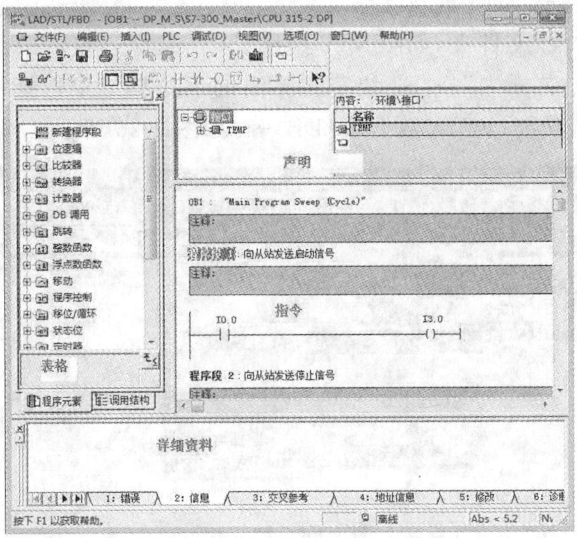

图8-28 LAD/STL/FBD程序编辑器的窗口

（1）声明

变量声明分为“变量表”和“变量详细视图”部分。

（2）指令

指令表显示了将由 PLC 进行处理的块代码。在此区域编写新块的代码段。它由一个或多个程序段组成。

（3）表格

① “程序元素”选项卡将显示一个程序元素表格，其中的程序元素均可插入到 LAD、FBD 或 STL 程序中。

注意：程序元素选项卡随编程语言的不同而显示不同的内容。

② “调用结构”选项卡表示当前 S7 程序中块的调用层次。

（4）详细资料

“详细情况”窗口中的各种不同选项卡提供了众多的功能，例如，用于显示出错消息、对符号进行编辑、生成地址信息、对地址进行控制、对块进行比较的功能以及对硬件诊断时的出错定义进行编辑的功能。

8.8.3.2　选择编程语言

利用菜单“视图”，可以选择 LAD、FBD 、STL 编程语言，如图 8-29 所示。

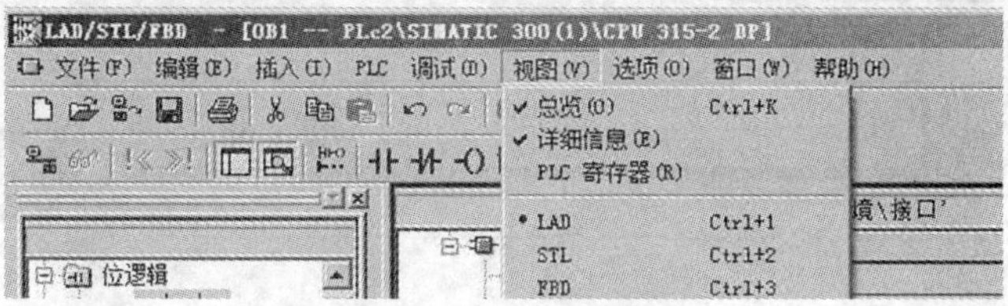

图 8-29　选择编程语言

（1）LAD 梯形图和电路图相似，采用触点和线圈符号。这种语言针对熟悉接触器控制的技术人员。

（2）STL 语句表包含 STEP 7 指令，可以自由地使用 STL 编程。对其他编程语言熟悉的程序员喜欢使用这种编程语言。

（3）FBD 功能块图使用不同的功能“盒”。盒中的符号表示功能（例如：& 指“与”逻辑操作）。

注意：

• 可以把图形化编程语言 LAD/FBD 编写的程序转换成语句表 STL。但是，这种转换在语句表中不是最有效的程序。

• 不是所有的语句表 STL 程序都能转换成 LAD 或 FBD。不能转换的程序仍用语句表显示。在转换中不会丢失程序。

8.8.3.3　LAD 编程示例

图形编程语言“梯形图(LAD)”以电路图表示为基础。电路图的元件，例如常开触点和常闭触点，相互组合，从而构成程序段。逻辑块的代码段表示一个或多个程序段，如图 8-30 所示。

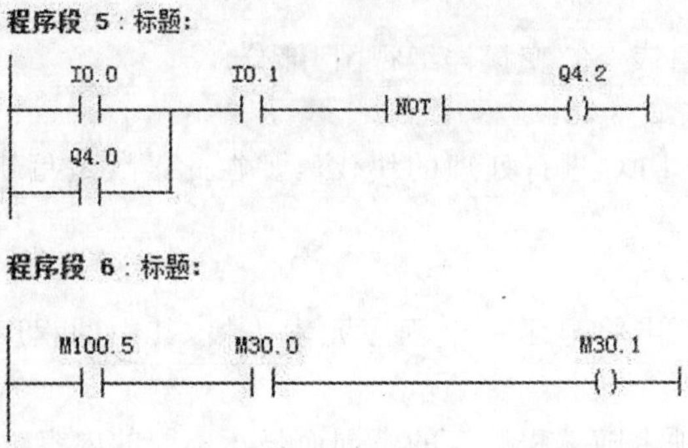

图 8-30　程序段

(1) 新程序段。当点击工具条中的“新程序段”图标时，就在当前段后面插入一个新段，如图 8-31 所示。

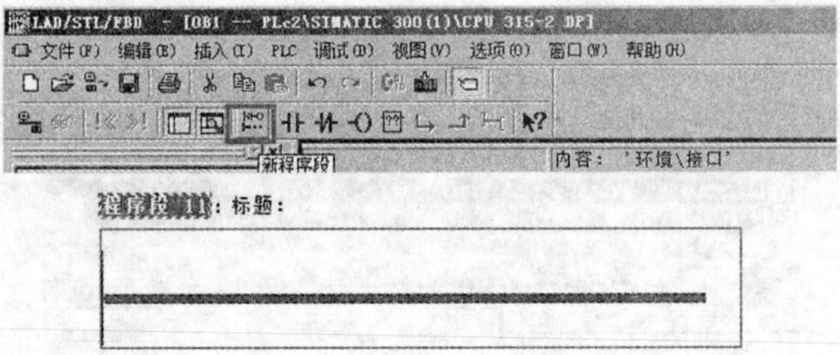

图 8-31　插入新程序段

(2) 插入元件。双击浏览器中的元件，可以把元件插入到光标位置。利用拖拉也可以插入元件，如图 8-32 所示。

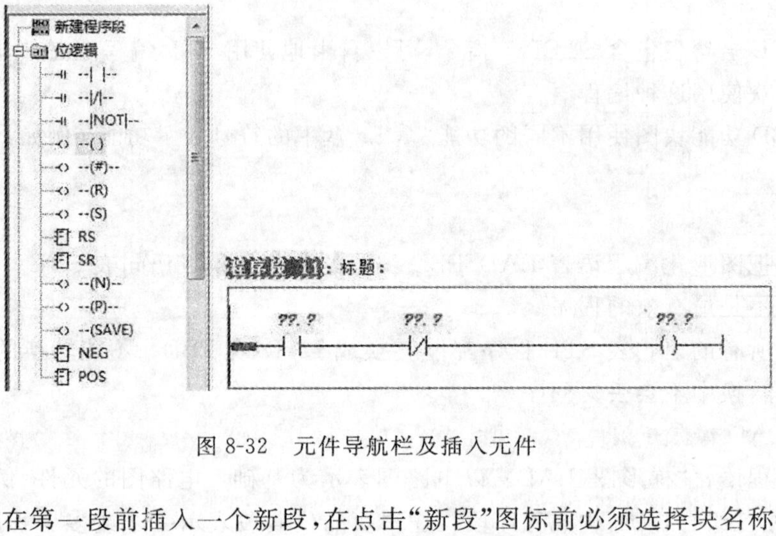

图 8-32　元件导航栏及插入元件

注：如果要在第一段前插入一个新段，在点击“新段”图标前必须选择块名称。

(3) 设计分支电路。如果需要设计分支电路，鼠标单击相应位置，然后在工具栏上单击

"打开分支"按钮，插入新的分支，然后再按照之前的方法插入元件。

设计完分支电路之后，需要"关闭分支"，拖动并联连接线的末端到并联连接点。自动完成分支的闭合。如图 8-33 所示。

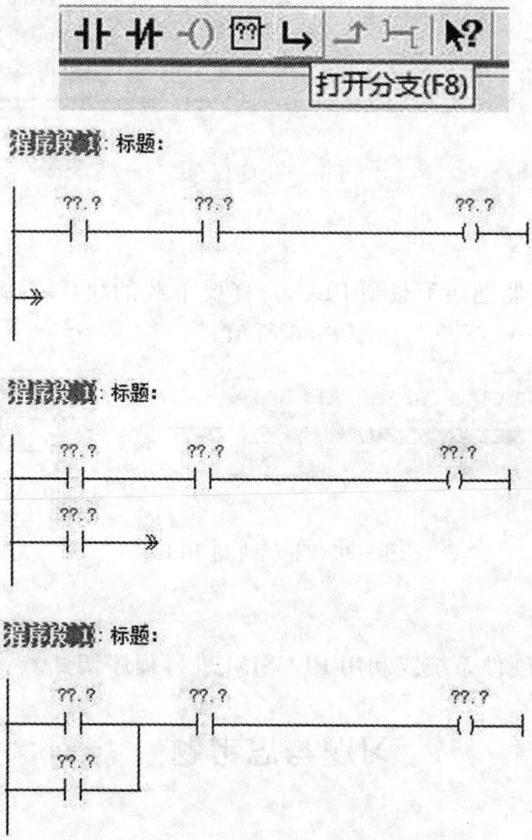

图 8-33　设计分支电路

(4) 输入元件地址。单击红色符号"??.?"，依次输入元件地址。如图 8-34 所示。

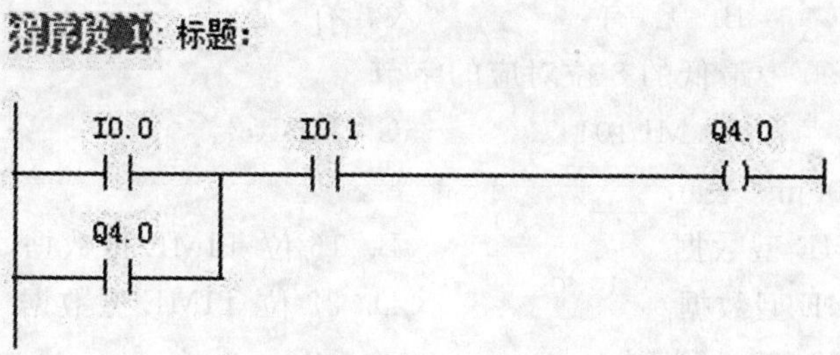

图 8-34　输入元件地址

8.8.4　块的保存与下载

8.8.4.1　块的保存

当完成块的编辑后，要把它保存到编程器的硬盘上：

通过选择菜单"文件"→"保存",或通过点击工具条中的"保存"图标,如图8-35所示。

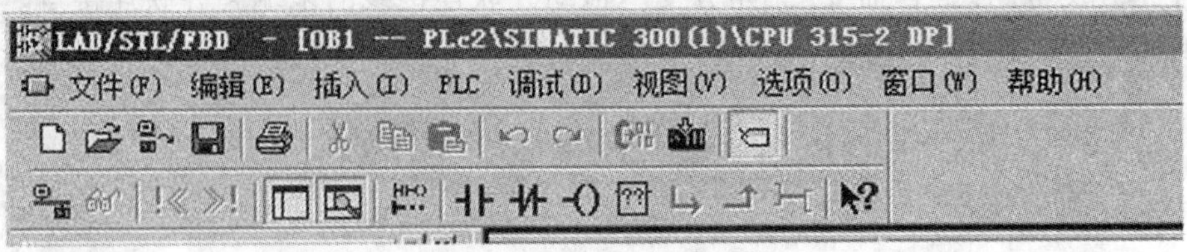

图 8-35 块的保存

8.8.4.2 下载块到PLC

利用SIMATIC管理器把块下载到PLC,选择要下载的块(一个块或多个块),点击图标,或选择菜单"PLC"→"下载",如图8-36所示。

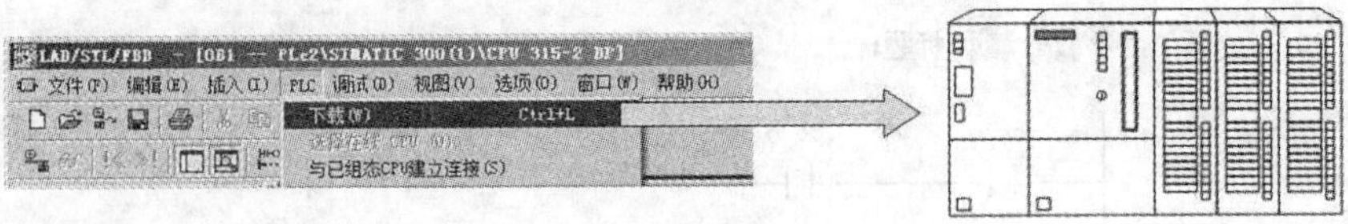

图 8-36 下载块到PLC

8.8.4.3 程序调试

下载完成,即可结合硬件系统或利用PLCSIM进行程序调试。

习题与思考题

一、选择题

1. MW0是位存储器中的第1个字,MW4是位存储器中的第____个字。

A. 1　　B. 2　　C. 3　　D. 4

2. WORD(字)是16位____符号数,INT(整数)是16位____符号数。

A. 无,无　　B. 无,有　　C. 有,无　　D. 有,有

3. ____是MD100中最低的8位对应的字节。

A. MB100　　B. MB101　　C. MB102　　D. MB103

4. "S5T#5s_200ms"表示____。

A. 16位S5TIME型数据　　B. 16位TIME型数据

C. 32位S5TIME型数据　　D. 32位TIME型数据

5. "TOD#21:23:45.12"表示____。

A. 16位TIME型数据　　B. 16位TIME-OF-DAY型数据

C. 32位TIME型数据　　D. 32位TIME-OF-DAY型数据

6. 用户程序的入口是 ____。

A. OB1　　B. DB1　　C. FB1　　D. FC1

7. 在STEP 7中,初始化组织块是____。

A. OB1　　B. OB10　　C. OB35　　D. OB100

8. 如果没有中断,CPU循环执行____。

A. OB1　　B. OB100　　C. OB82　　D. OB35

9. 生成程序时,自动生成的块是____。

A. OB100　　B. OB1　　C. FC1　　D. FB1

10. 调用____时需要指定其背景数据块。

A. FB和FC　　B. SFC和FC　　C. SFB和FB　　D. SFB和SFC

11. 用户程序提供一些通用的指令块,以便控制一类或相同的部件,通用指令块提供的参数说明各部件的控制差异。这种编程方法称为____。

A. 线性编程　　B. 分部式编程　　C. 模块化编程　　D. 结构化编程

12. 若在组织块OB1中需调用FB1,在FB1中又需调用FC1。则它们的编程先后顺序为:____。

A. OB1,FB1,FC1　　B. FC1,FB1,OB1　　C. OB1,FC1,FB1　　D. FB1,FC1,OB1

13. ____是系统功能。

A. FC10　　B. FB20　　C. SFC30　　D. SFB40

14. ____是功能块。

A. FC10　　B. FB20　　C. SFC30　　D. SFB40

15. 用户生成的变量表(VAT)存放在____。

A. 项目文件夹中　　B. 站下

C. 程序文件夹中　　D. 块对象中

16. CPU检测到错误时,如果没有相应的错误处理OB,CPU将进入____模式。

A. 停止　　B. 运行　　C. 报警　　D. 中断

二、填空题

1. STEP7编程软件提供了________、________、________3种编程方法。

2. “W#16#”所表示的含义是:________________。

3. OB1是________组织块,OB100是________组织块,OB35是________组织块。

4. MD8是由____、____两个字构成,由____、____、____、____等四个字节构成。

5. S7-300在启动时调用________。

6. 若FB1调用FC1,应先创建二者中的________。

7. CPU检查到错误时,如果没有相应的错误处理OB,CPU将进入________模式。

8. 调用______和______时,需要指定背景数据块。

9. S7-300系列PLC的编程软件STEP7中配备____、____、____三种编程语言。

10. PLC的位元件采用____进制进行编号,其他软元件采用____进制进行编号。

三、问答题

1. STEP 7中有哪些逻辑块?

2. 功能FC和功能块FB有何区别?

3. 系统功能SFC和系统功能块有何区别?

4. 共享数据块和背景数据块有何区别?

5. 什么是符号地址?采用符号地址有哪些好处?

第9章　S7-300 PLC指令系统及编程

教学提示：

本章主要介绍S7-300 PLC编程指令及其应用。

学习要求：

(1) 了解S7-300 PLC指令系统的结构与分类；

(2) 理解各类指令的用途和特点；

(3) 掌握各类指令的工作原理与方法，能恰当选择指令编程解决工程问题。

9.1　位逻辑指令

位逻辑指令使用两个数字1和0。这两个数字构成二进制系统的基础。这两个数字1和0称为二进制数字或位。对于触点和线圈而言，1表示已激活或已励磁，0表示未激活或未励磁。位逻辑指令扫描信号状态“1”和“0”，并根据布尔逻辑对它们进行组合，所产生的结果（“1”或“0”）称为逻辑运算结果（RLO），存储在状态字“RLO”中。由位逻辑指令触发的逻辑运算可以执行各种功能。

9.1.1　触点与线圈

在LAD（梯形图）程序中，通常使用类似继电器控制电路中的触点符号及线圈符号来表示PLC的位元件（触点和线圈），触点有常开和常闭触点，线圈有输出线圈和中间输出线圈，如图9-1所示。

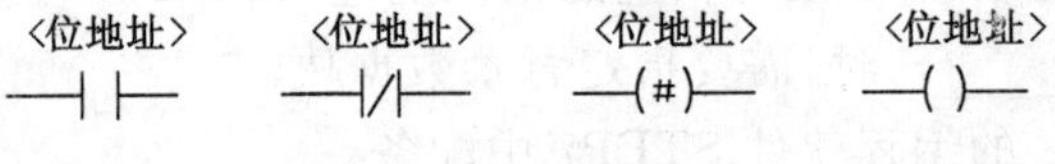

图9-1　触点和线圈

9.1.1.1　——|　|——常开触点

符号：??.? —| |—

参数	数据类型	存储区	描述
??.？＜地址＞	BOOL	I,Q,M,L,D,T,C	选中的位（要检查的位）

注意：??.? 编程时需要用户输入具体的地址。

——|　|——存储在指定＜地址＞的位值为“1”时，常开触点处于闭合状态。触点闭合时，梯形图轨道能流(信号流)流过触点，逻辑运算结果(RLO)＝“1”。否则，如果指定＜地址＞的信号状态为“0”，触点将处于断开状态。触点断开时，能流不流过触点，逻辑运算结果(RLO)＝“0”。

【示例】

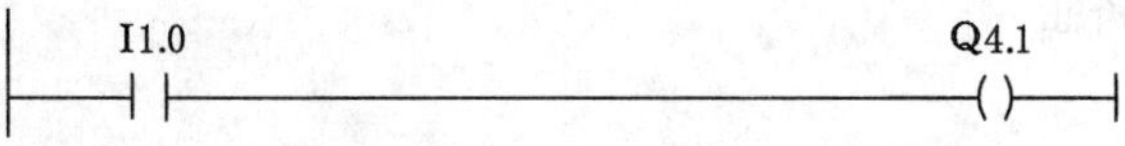

串联使用时，通过 AND 逻辑将——|　|——与 RLO 位进行链接。并联使用时，通过 OR 逻辑将其与 RLO 位进行链接。

【示例】

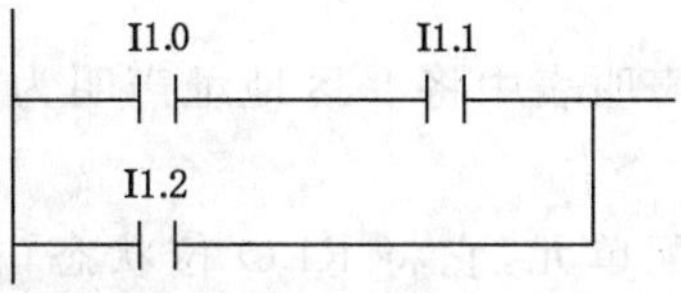

9.1.1.2　——| / |——常闭触点

符号：

参数	数据类型	存储区	描述
??.？＜地址＞	BOOL	I,Q,M,L,D,T,C	选中的位(要检查的位)

——| / |——存储在指定＜地址＞的位值为“0”时，常闭触点处于闭合状态。触点闭合时，梯形图轨道能流流过触点，逻辑运算结果(RLO)＝“1”。否则，如果指定＜地址＞的信号状态为“1”，将断开触点。触点断开时，能流不流过触点，逻辑运算结果(RLO)＝“0”。

串联使用时，通过 AND 逻辑将 ——| / |——与 RLO 位进行链接。并联使用时，通过 OR 逻辑将其与 RLO 位进行链接。

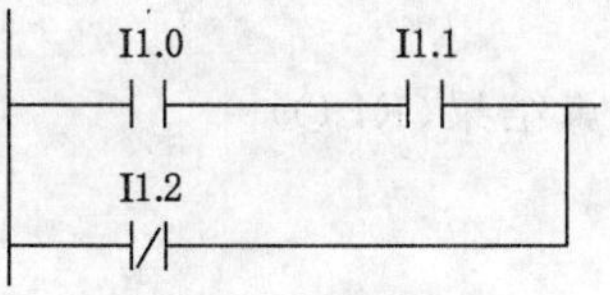

9.1.1.3　——(　)输出线圈

符号：

参数	数据类型	存储区	描述
??.?　＜地址＞	BOOL	I,Q,M,L,D	赋值位

——(　)输出线圈的工作方式与继电器逻辑图中线圈的工作方式类似。如果有能流通过线圈(RLO＝1)，将置位＜地址＞位置的位为“1”。如果没有能流通过线圈(RLO＝0)，将

置位<地址>位置的位为“0”。只能将输出线圈置于梯级的右端。可以有多个(最多 16 个)输出单元。使用 ——|NOT|——(能流取反)单元可以创建取反输出。

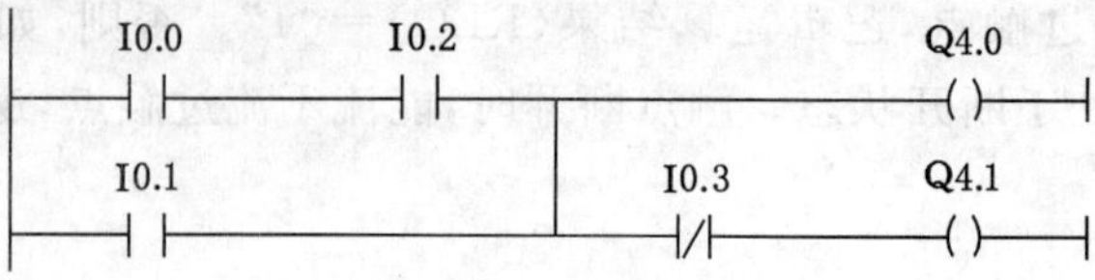

9.1.1.4 ——(#)——中间输出

符号：??.? —(#)—

参数	数据类型	存储区	描述
??.? <地址>	BOOL	I,Q,M,*L,D	赋值位

只有在逻辑块(FC、FB、OB)的变量声明表中将 L 区地址声明为 TEMP 时,才能使用 L 区地址。

——(#)——中间输出是中间分配单元,它将 RLO 位状态(能流状态)保存到指定<地址>。中间输出单元保存前面分支单元的逻辑结果。以串联方式与其他触点连接时,可以像插入触点那样插入 ——(#)——。不能将 ——(#)——单元连接到电源轨道、直接连接在分支连接的后面或连接在分支的尾部。使用 ——|NOT|——(能流取反)单元可以创建取反 ——(#)——。

【示例】

程序段 1:

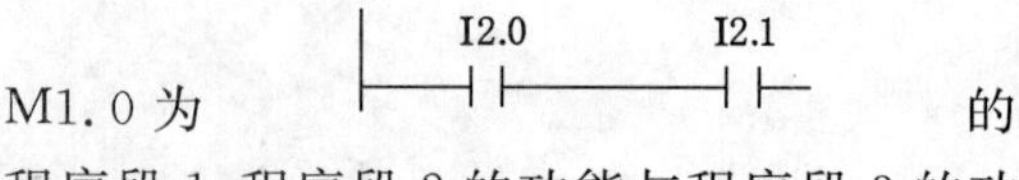

程序段 2:

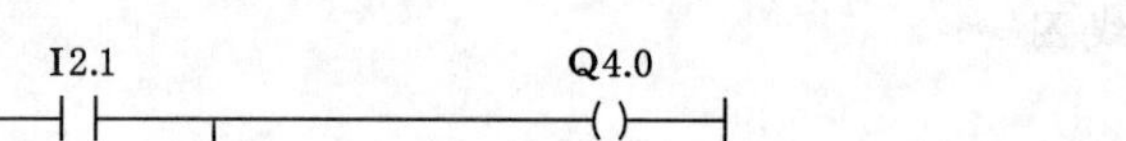

M1.0 为 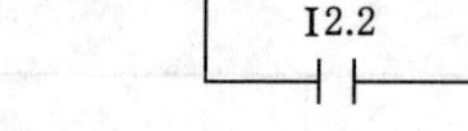

的逻辑运算结果(RLO)。

程序段 1、程序段 2 的功能与程序段 3 的功能等效。

程序段 3:

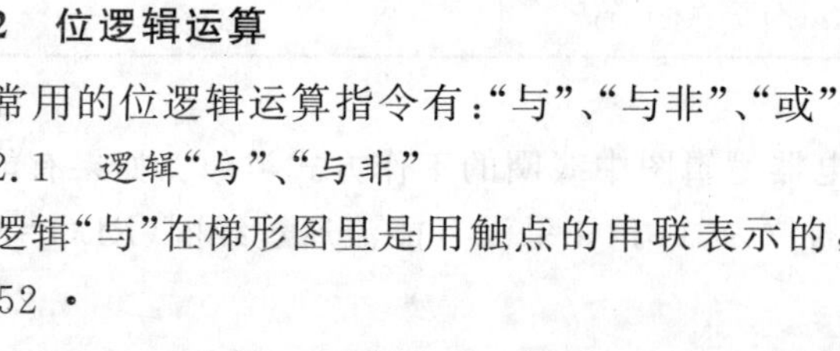

9.1.2 位逻辑运算

常用的位逻辑运算指令有:“与”、“与非”、“或”、“或非”、“异或”、“逻辑取反”。

9.1.2.1 逻辑“与”、“与非”

逻辑“与”在梯形图里是用触点的串联表示的,只有当参与“与”运算的触点都处于“闭合”状态时，输出才为“1”(RLO＝1)，只要其中一个处于“断开”状态，输出为“0” (RLO＝0)。

(1) 逻辑“与”

【示例】

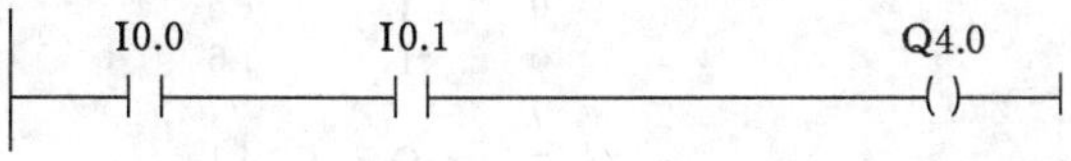


```
A    I    0.0
A    I    0.1
=    Q    4.0
```

当常开触点 I0.0、I0.1 都为“1”时，两个触点都闭合，输出线圈 Q4.0 为 1。

(2) 逻辑“与非”

【示例】

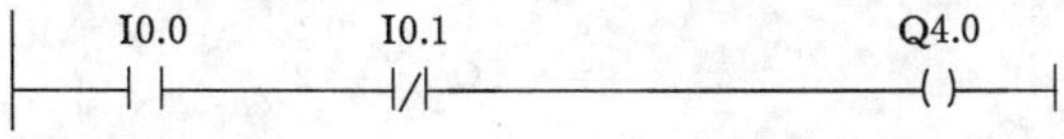


```
A    I    0.0
AN   I    0.1
=    Q    4.0
```

当常开触点 I0.0＝1、I0.1＝0 时，两个触点都闭合，输出线圈 Q4.0 为 1。

9.1.2.2　逻辑“或”、“或非”

逻辑“或”在梯形图里是用触点的并联回路表示的，只要有一个参与“或”运算的触点处于“闭合”状态时，输出为“1”(RLO＝1)，若都处于“断开”状态，输出为“0” (RLO＝0)。

(1) 逻辑“或”

【示例】

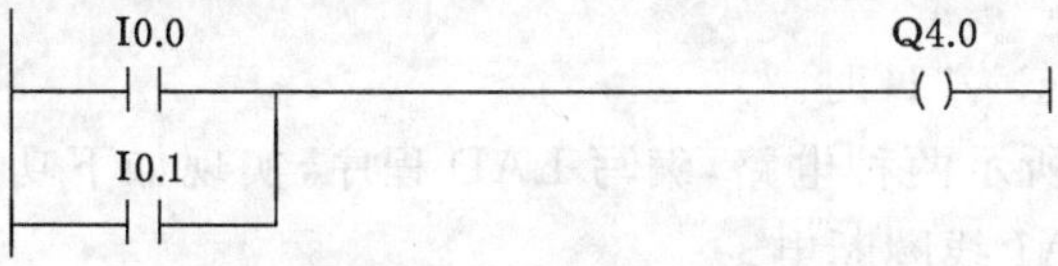


```
0    I    0.0
0    I    0.1
=    Q    4.0
```

(2) 逻辑“或非”

【示例】

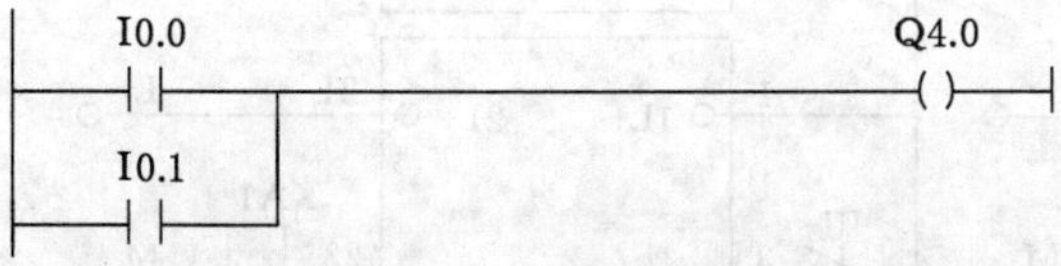


```
0    I    0.0
ON   I    0.1
=    Q    4.0
```

9.1.2.3　逻辑块的操作

位逻辑指令可以任意组合，同时要注意逻辑指令执行先后顺序的问题。

(1) 先与后或

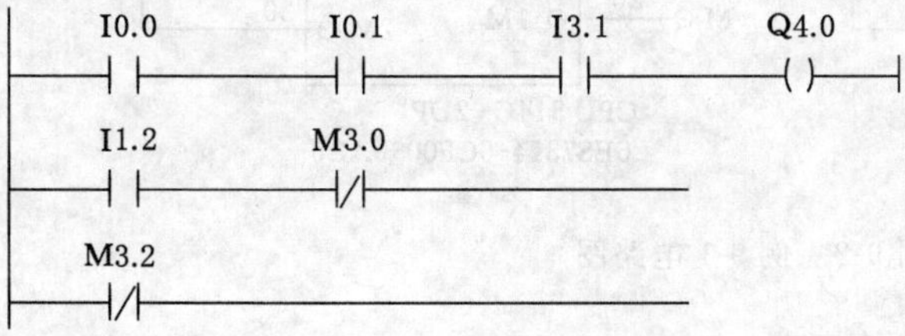


```
A    I    0.0
A    I    0.1
A    I    3.1
O
A    I    1.2
AN   M    3.0
ON   M    3.2
=    Q    4.0
```

(2) 先或后与

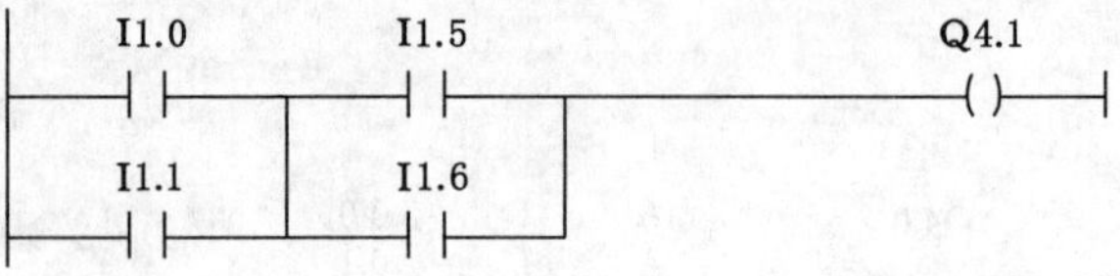


```
A(
O       I       1.0
O       I       1.1
)
A(
O       I       1.5
O       I       1.6
)
=       Q       4.1
```

9.1.2.4　逻辑“异或”

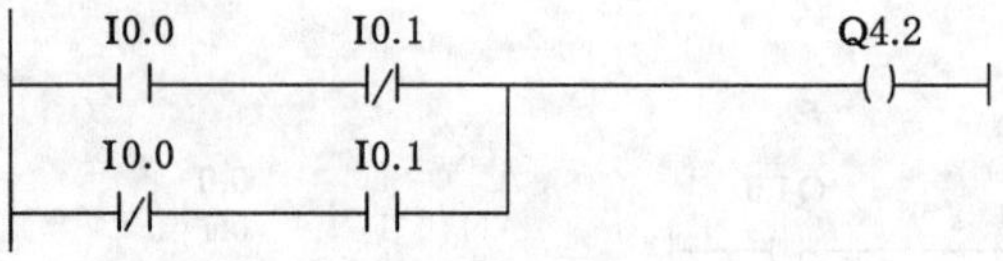


```
A     I     0.0
AN    I     0.1
O
AN    I     0.0
A     I     0.1
=     Q     4.2
```

9.1.2.5　——|NOT|——能流取反

——|NOT|——能流取反，取反 RLO 位。

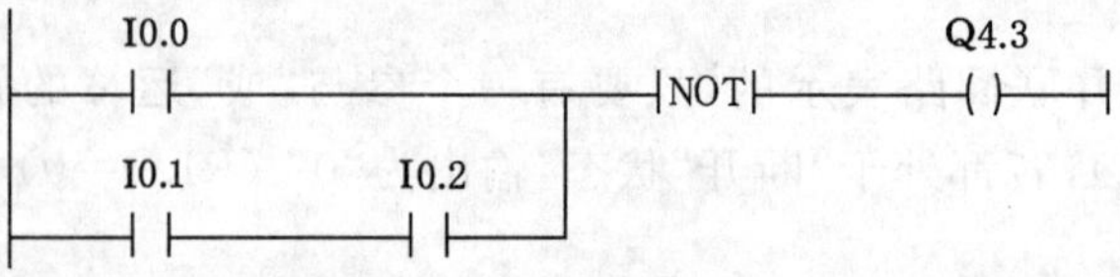

满足下列条件之一时，输出端 Q4.0 的信号状态将是“0”：

(1) 输入端 I0.0 的信号状态为“1”时。

(2) 当输入端 I0.1 和 I0.2 的信号状态为“1”时。

【例 9-1】　对于图 9-2(a)、图 9-2(b)所示两种电路，编写 LAD 程序，实现如下功能：按下 SB1，KA1 线圈通电吸合；按下 SB2，KA1 线圈断电。

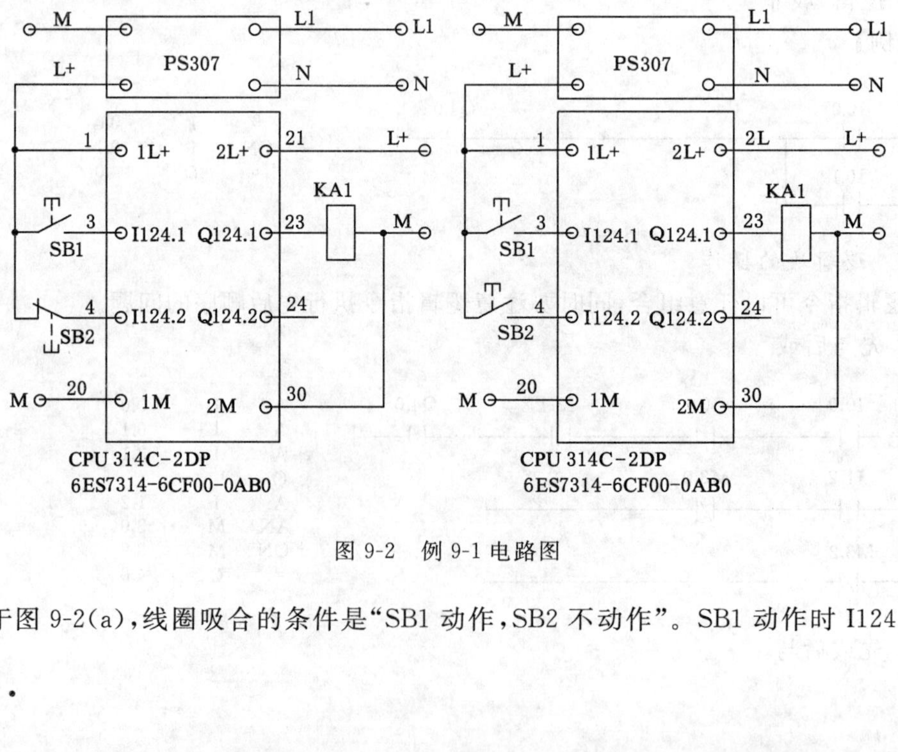

图 9-2　例 9-1 电路图

对于图 9-2(a)，线圈吸合的条件是“SB1 动作，SB2 不动作”。SB1 动作时 I124.1 为 1，

SB2 不动作时 I124.2 为 1。即 I124.1、I124.2 都为 1 时，Q124.1 为 1。因此，图 9-2(a)梯形图如下：

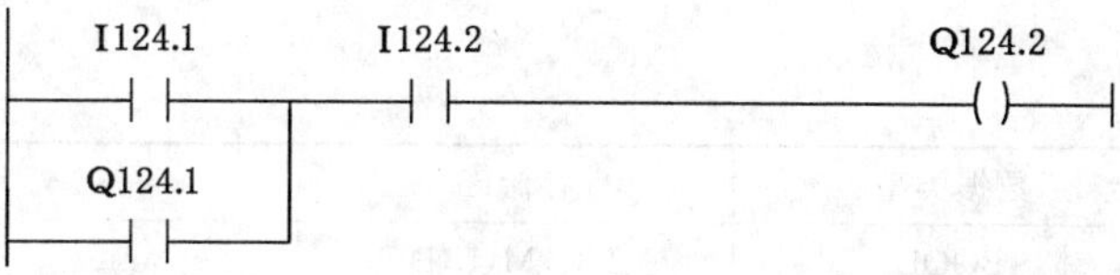

对于图 9-2(b)，线圈吸合的条件也是“SB1 动作，SB2 不动作”。SB1 动作 I124.0 为 1，SB2 不动作 I124.1 为 0。即 I124.1 为 1、I124.2 为 0 时，Q124.1 为 1。因此，图 9-2(b)梯形图如下：

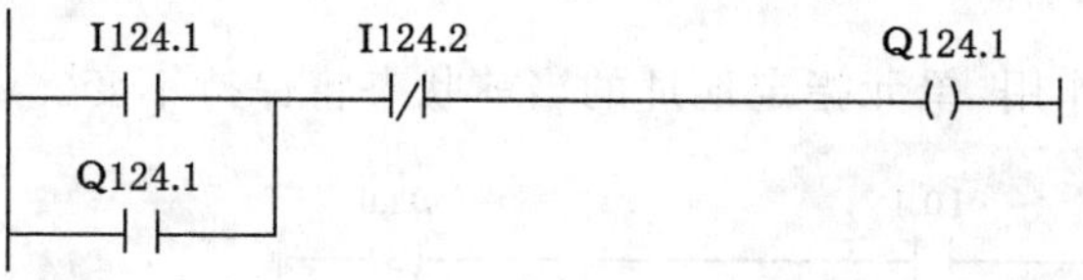

【例 9-2】 某设备工作时有三台风机降温散热。当该设备处于运行状态时，三台风机正常转动，则设备降温状态指示灯常亮；两台风机转动时，则设备降温状态指示灯以 2 Hz 的频率闪烁；一台风机运行转动时，则设备降温状态指示灯以 0.5 Hz 的频率闪烁；当三台风机都不转动时，则设备降温状态指示灯不亮。I/O 地址分配见表 9-1。

表 9-1　I/O 地址分配表

地址	说明	地址	说明
I0.0	1 号风机反馈信号	M100.3	2 Hz 脉冲信号
I0.1	2 号风机反馈信号	M100.7	0.5 Hz 脉冲信号
I0.2	3 号风机反馈信号	Q4.0	风机工作状态指示灯

梯形图程序如下：

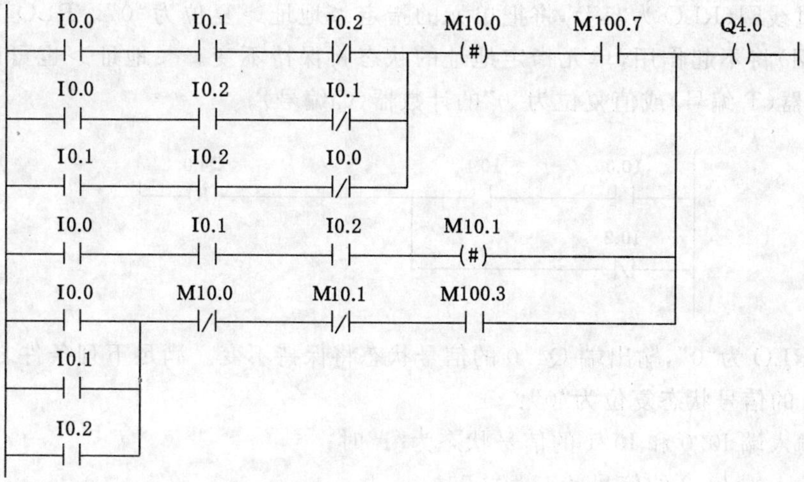

9.1.3 置位线圈和复位线圈

9.1.3.1 ——(S)置位线圈

符号：

参数	数据类型	存储区	描述
??.? <地址>	BOOL	I,Q,M,L,D	置位

只有在前面指令的 RLO 为“1”(能流通过线圈)时，才会执行——(S)(置位线圈)。如果 RLO 为“1”，将把单元的指定<地址>置位为“1”，而且一直保持到它被另一个指令复位为止。

RLO＝0 将不起作用，单元指定地址的当前状态将保持不变。

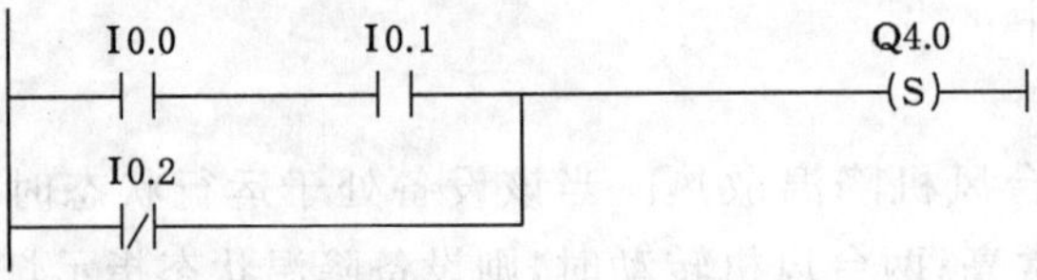

满足下列条件之一时，输出端 Q4.0 的信号状态将是“1”：

(1) 输入端 I0.0 和 I0.1 的信号状态为“1”时；

(2) 输入端 I0.2 的信号状态为“0”时。

9.1.3.2 ——(R)复位线圈

符号：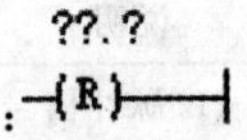

参数	数据类型	存储区	描述
??.? <地址>	BOOL	I,Q,M,L,D,T,C	复位

只有在前面指令的 RLO 为“1”(能流通过线圈)时，才会执行 ——(R)复位线圈。如果能流通过线圈(RLO 为“1”)，将把单元的指定<地址>复位为“0”。RLO 为“0”(没有能流通过线圈)将不起作用，单元指定地址的状态将保持不变。<地址>也可以是值复位为“0”的定时器(T 编号)或值复位为“0”的计数器(C 编号)。

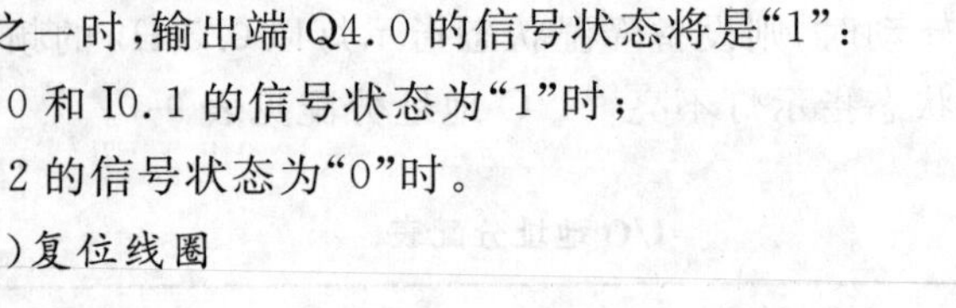

如果 RLO 为“0”，输出端 Q4.0 的信号状态将保持不变。满足下列条件之一时，将把输出端 Q4.0 的信号状态复位为“0”：

(1) 输入端 I0.0 和 I0.1 的信号状态为“1”时；

(2) 输入端 I0.2 的信号状态为“0”时。

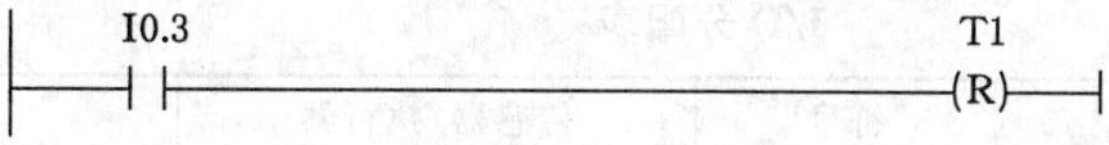

输入端 I0.3 的信号状态为“1”时，才会复位定时器 T1 的信号状态。

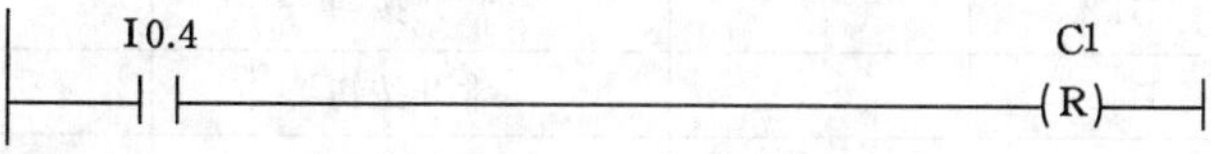

输入端 I0.4 的信号状态为“1”时，才会复位计数器 C1 的信号状态。

说明：在程序中，置位指令和复位指令经常成对出现，并一一对应。置位指令和复位指令只能放在逻辑串的最右端，不能放在逻辑串中间。

【例 9-3】　图 9-3 所示为一个传送带，在传送带的起点有两个按钮：启动按钮 S1 和停止按钮 S2。在传送带的尾端也有两个按钮：启动按钮 S3 和停止按钮 S4。要求能从任一端启动或停止传送带。另外，当传送带上的物件到达末端时，行程开关 S5 使传送带停止。

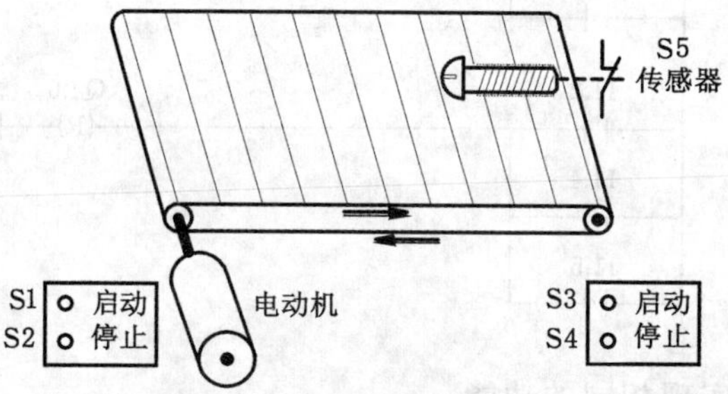

图 9-3　传送带设备布置图

电路原理图如图 9-4 所示，I/O 分配表见表 9-2。

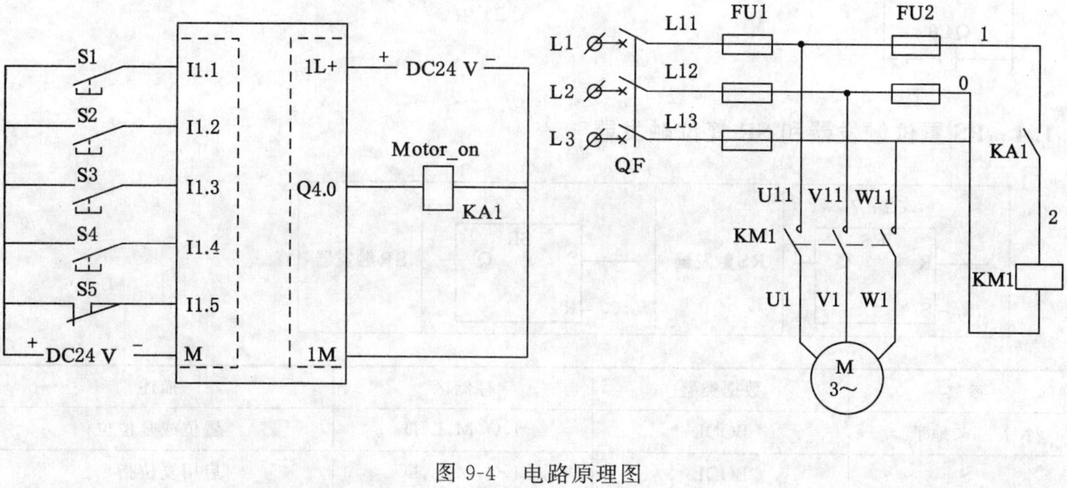

图 9-4　电路原理图

表 9-2　　　　I/O分配表

编程元件	地址	符号	传感器/执行器	说明
数字量输入 32×24 VDC	I1.1	S1	常开按钮	启动按钮
	I1.2	S2	常开按钮	停止按钮
	I1.3	S3	常开按钮	启动按钮
	I1.4	S4	常开按钮	停止按钮
	I1.5	S5	行程开关，常闭	传感器
数字量输出 32×24 VDC	Q4.0	Motor_on	接触器	传送带电机启/停控制

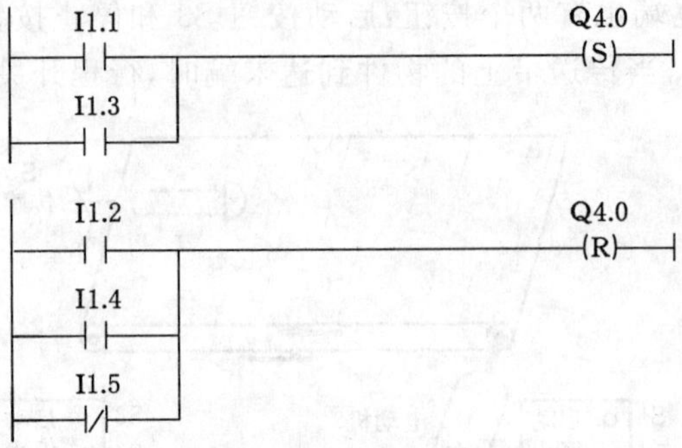

下面的程序段也能实现相同的功能：

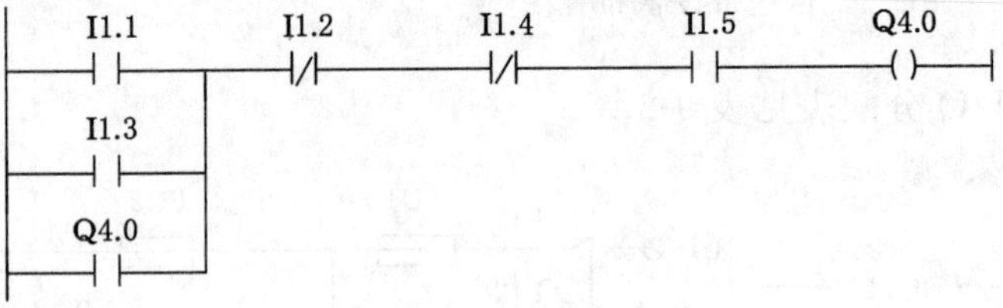

9.1.4　RS置位触发器和SR复位触发器

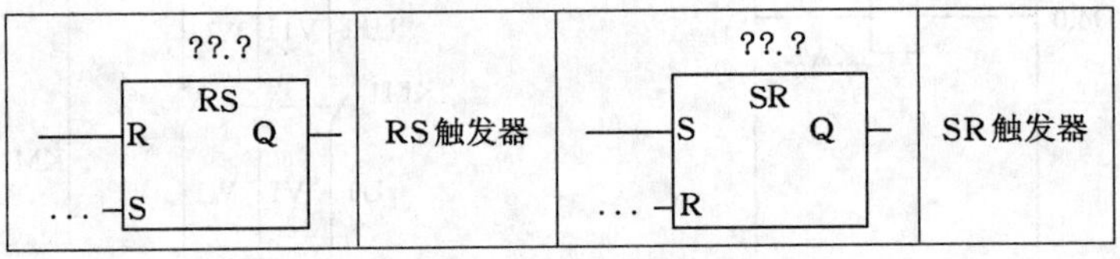

参数	数据类型	存储区	描述
??.?　＜地址＞	BOOL	I,Q,M,L,D	置位或复位位
S	BOOL	I,Q,M,L,D	启用复位指令
R	BOOL	I,Q,M,L,D	启用复位指令
Q	BOOL	I,Q,M,L,D	＜地址＞的信号状态

（1）RS触发器

如果 R 输入端的信号状态为“1”，S 输入端的信号状态为“0”，则复位 RS（置位优先型 RS 双稳态触发器）。否则，如果 R 输入端的信号状态为“0”，S 输入端的信号状态为“1”，则置位触发器。如果两个输入端的 RLO 状态均为“1”，则指令的执行顺序是最重要的。RS 触发器先在指定＜地址＞执行复位指令，然后执行置位指令，以使该地址在执行余下的程序扫描过程中保持置位状态。

只有在 RLO 为“1”时，才会执行 S（置位）和 R（复位）指令。这些指令不受 RLO“0”的影响，指令中指定的地址保持不变。

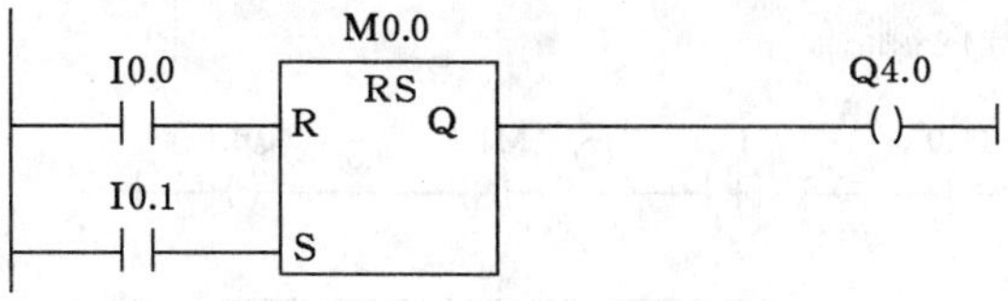

如果输入端 I0.0 的信号状态为“1”，I0.1 的信号状态为“0”，则复位存储器位 M0.0，输出 Q4.0 将是“0”。否则，如果输入端 I0.0 的信号状态为“0”，I0.1 的信号状态为“1”，则置位存储器位 M0.0，输出 Q4.0 将是“1”。如果两个信号状态均为“0”，则不会发生任何变化。如果两个信号状态均为“1”，将因顺序关系执行置位指令；置位 M0.0，Q4.0 将是“1”。

(2) SR 触发器

如果 S 输入端的信号状态为“1”，R 输入端的信号状态为“0”，则置位 SR（复位优先型 SR 双稳态触发器）。否则，如果 S 输入端的信号状态为“0”，R 输入端的信号状态为“1”，则复位触发器。如果两个输入端的 RLO 状态均为“1”，则指令的执行顺序是最重要的。SR 触发器先在指定＜地址＞执行置位指令，然后执行复位指令，以使该地址在执行余下的程序扫描过程中保持复位状态。只有在 RLO 为“1”时，才会执行 S（置位）和 R（复位）指令。

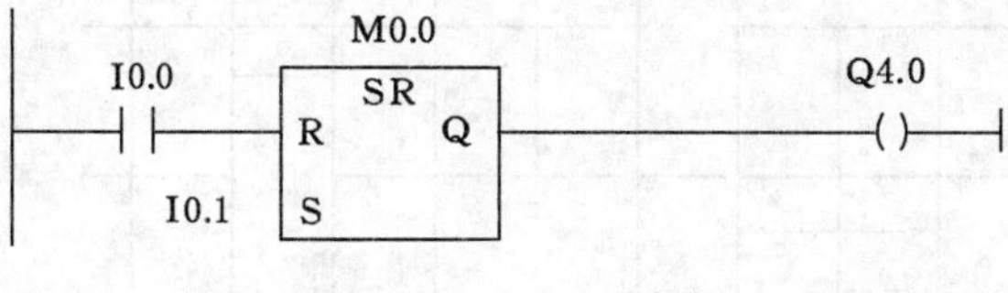

如果输入端 I0.0 的信号状态为“1”，I0.1 的信号状态为“0”，则置位存储器位 M0.1，输出 Q4.1 将是“1”。否则，如果输入端 I0.0 的信号状态为“0”，I0.1 的信号状态为“1”，则复位存储器位 M0.1，输出 Q4.1 将是“0”。如果两个信号状态均为“0”，则不会发生任何变化。如果两个信号状态均为“1”，将因顺序关系执行复位指令；复位 M0.0，Q4.0 将是“0”。

9.1.5　跳变沿检测指令

STEP 7 有两类跳变沿检测指令，一种是对 RLO 的跳变沿进行检测，另一种是对触点的跳变沿直接进行检测。

9.1.5.1　RLO 边沿检测

当逻辑操作结果变化时，产生 RLO 边沿。通过中间位存储器将逻辑输出(RLO)进行存储，将当前 RLO 状态与地址中的信号状态进行比较，从而决定有无上升或下降沿。

??.? —(N)—	RLO 负跳沿检测	??.? —(P)—	RLO 正跳沿检测

—(N)—(RLO 负跳沿检测)可以检测 RLO 从“1”到“0”的信号变化,前一周期的 RLO 信号状态存储在“地址”(边沿存储位)中,将 RLO 的当前状态与“地址”的信号状态进行比较,如果从“1”到“0”,则 RLO 输出一个正脉冲,其宽度是一个 OB1 扫描周期。

【示例】 RLO 边沿检测指令时序如图 9-5 所示。

程序段 1:RLO 正跳沿检测

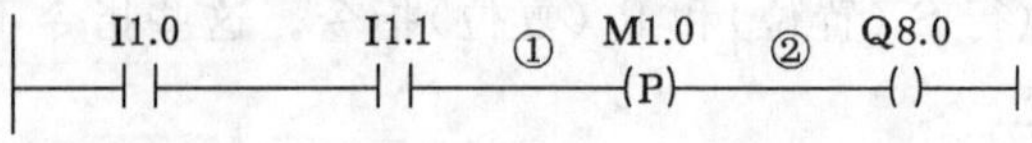

程序段 2:RLO 负跳沿检测

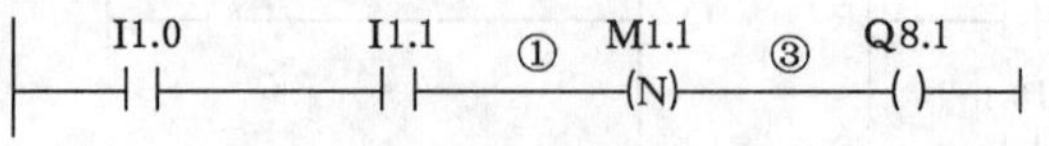

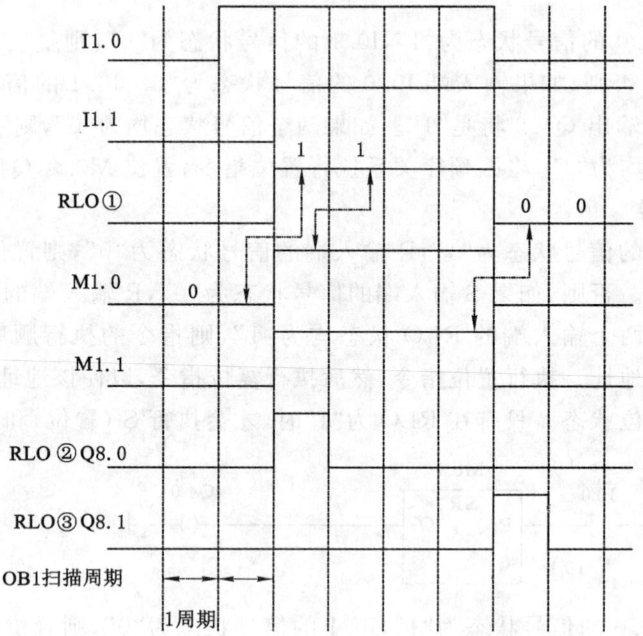

图 9-5 RLO 正跳沿、负跳沿检测时序

【示例】

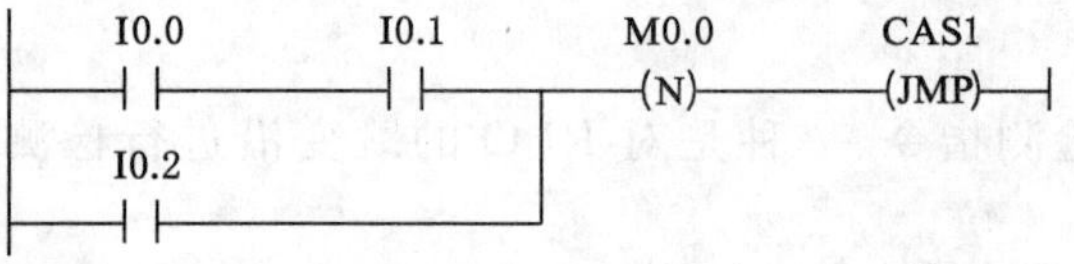

边沿存储位 M0.0 保存 RLO 的先前状态。RLO 的信号状态从“1”变为“0”时,程序将跳转到标号 CAS1。

9.1.5.2 *触点边沿检测*

触点信号边沿检测的指令有两种:触点信号上升沿检测指令和触点信号下降沿检测指令。

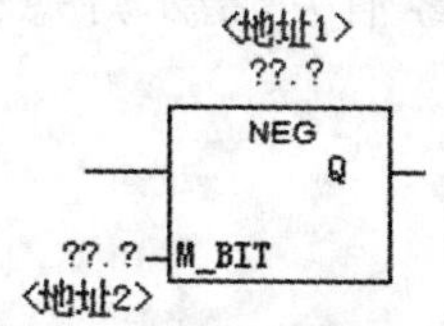	NEG 地址下降沿检测	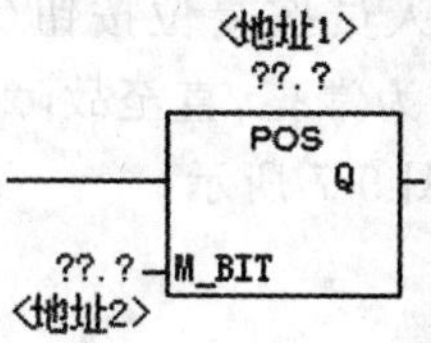	POS 地址上升沿检测

参数	数据类型	存储区	描述
??.?＜地址 1＞	BOOL	I,Q,M,L,D	已扫描信号
??.?＜地址 2＞	BOOL	I,Q,M,L,D	M_BIT 边沿存储位,存储＜地址 1＞的前一个信号状态
Q	BOOL	I,Q,M,L,D	单触发输出

NEG 指令比较＜地址 1＞的信号状态与前一次扫描的信号状态(存储在＜地址 2＞中)。如果当前 RLO 状态为“1”且其前一状态为“0”(检测到上升沿),执行此指令后 RLO 位将是“1”。

POS 指令比较＜地址 1＞的信号状态与前一次扫描的信号状态(存储在＜地址 2＞中)。如果当前 RLO 状态为“1”且其前一状态为“0”(检测到上升沿),执行此指令后 RLO 位将是“1”。

【示例】 触点信号下降沿检测指令应用

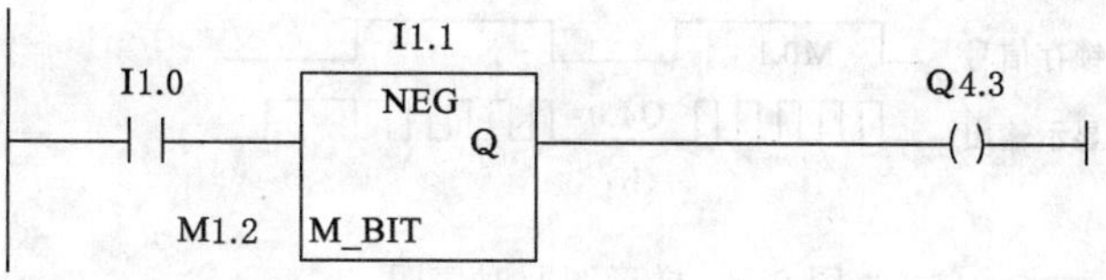

触点信号下降沿检测指令时序如图 9-6 所示。

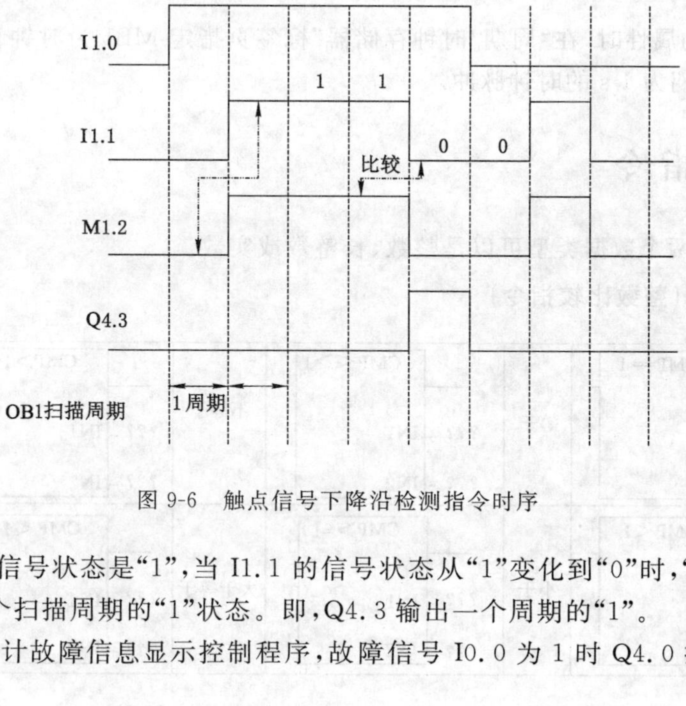

图 9-6　触点信号下降沿检测指令时序

只要 I1.0 的信号状态是“1”,当 I1.1 的信号状态从“1”变化到“0”时,“NEG”检查指令在输出上产生一个扫描周期的“1”状态。即,Q4.3 输出一个周期的“1”。

【例 9-4】 设计故障信息显示控制程序,故障信号 I0.0 为 1 时 Q4.0 控制的指示灯以

1 Hz的频率闪烁。操作人员按复位按钮(常开)I0.1 后,如果故障已经消失,指示灯熄灭。如果没有消失,指示灯转为常亮,直至故障消失。

梯形图及时序图如图 9-7 所示。

程序段 1:

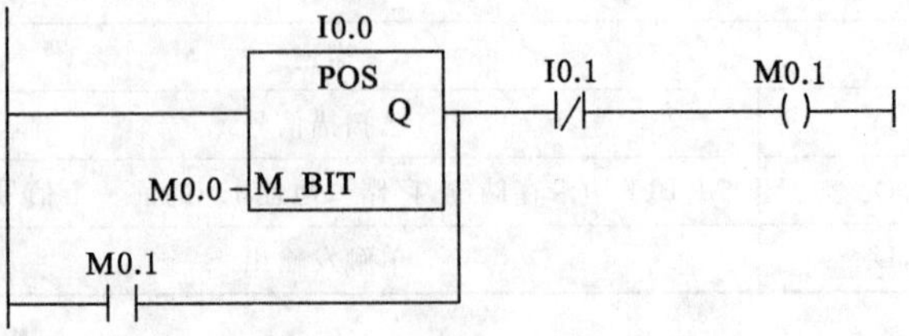

程序段 2:

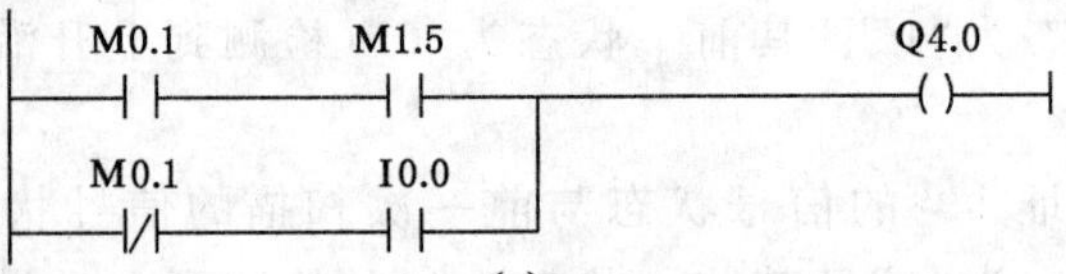

(a)

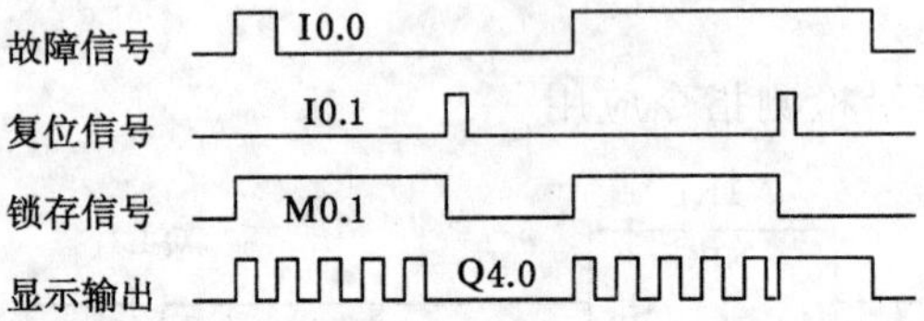

(b)

图 9-7 梯形图及时序图

(a) 梯形图;(b) 时序图

设置 CPU 的属性时,在"周期/时钟存储器"标签页指定 MB1 为时钟存储器字节,其中的 M1.5 提供周期为 1 s 的时钟脉冲。

9.2 比较指令

参与比较的两个数据类型可以是整数、长整数或实数。

9.2.1 CMP ? I(整数比较指令)

CMP==1 ??? – IN1 ??? – IN2	等于	CMP<>1 ??? – IN1 ??? – IN2	不等于	CMP>1 ??? – IN1 ??? – IN2	大于
CMP<1 ??? – IN1 ??? – IN2	小于	CMP>=1 ??? – IN1 ??? – IN2	大于等于	CMP<1 ??? – IN1 ??? – IN2	小于等于

9.2.2　CMP ？ D(长整数比较指令)

CMP ==D ???-IN1 ???-IN2	等于	CMP <>D ???-IN1 ???-IN2	不等于	CMP >D ???-IN1 ???-IN2	大于
CMP <I ???-IN1 ???-IN2	小于	CMP >=I ???-IN1 ???-IN2	大于等于	CMP <=I ???-IN1 ???-IN2	小于等于

9.2.3　CMP ？ R(实数比较指令)

CMP ==R ???-IN1 ???-IN2	等于	CMP <>R ???-IN1 ???-IN2	不等于	CMP >R ???-IN1 ???-IN2	大于
CMP <R ???-IN1 ???-IN2	小于	CMP >=R ???-IN1 ???-IN2	大于等于	CMP <=R ???-IN1 ???-IN2	小于等于

参数	数据类型	存储区	描述
输入框	BOOL	I,Q,M,L,D	上一逻辑运算的结果
输出框	BOOL	I,Q,M,L,D	比较的结果，仅在输入框的 RLO ＝ 1 时才进一步处理
IN1	INT	I,Q,M,L,D	要比较的第一个值或常数
IN2	INT	I,Q,M,L,D	要比较的第二个值或常数

比较指令的使用方法与标准触点类似。它可位于任何可放置标准触点的位置。可根据用户选择的比较类型比较 IN1 和 IN2。

如果比较结果为 true，则此函数的 RLO 为“1”。如果以串联方式使用该框，则使用“与”运算将其链接至整个梯级程序段的 RLO；如果以并联方式使用该框，则使用“或”运算将其链接至整个梯级程序段的 RLO。

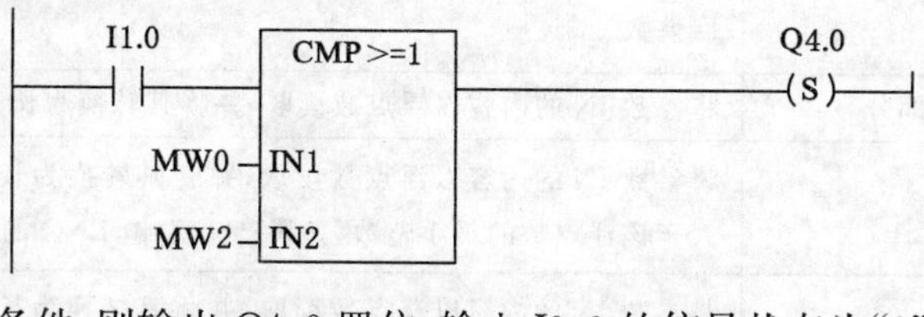

如果满足下列条件，则输出 Q4.0 置位：输入 I0.0 的信号状态为“1”，并且 MW0＞＝MW2。

CMP ？ R(实数比较)的使用方法与 CMP ？ I 类似。

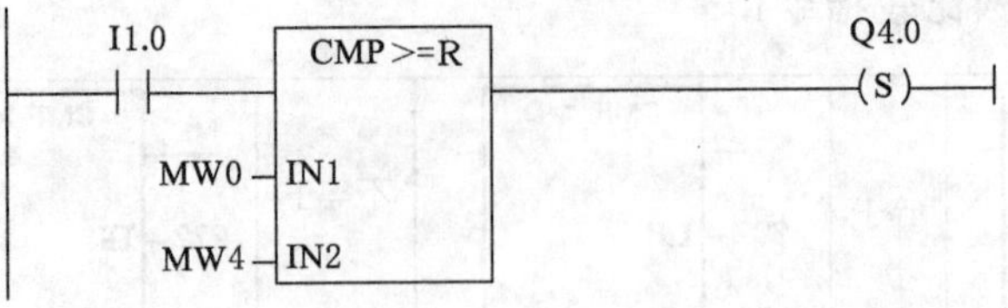

如果满足下列条件，则输出 Q4.0 置位，输入 I1.0 的信号状态为“1”，并且 MD0>=MD4。

9.3 转换指令

转换指令读取参数 IN 的内容，然后进行转换或改变其符号。可通过参数 OUT 查询转换结果。用户可使用转换指令见表 9-3。

表 9-3

指令	功能	说明
BCD_I	BCD码转换为整型	将参数 IN 的内容以三位 BCD 码数字(+/－ 999)读取，并将其转换为整型值(16 位)
I_BCD	整型转换为 BCD 码	将参数 IN 的内容以整型值(16 位)读取，并将其转换为三位 BCD 码数字(+/－999)
I_DINT	整型转换为长整型	将参数 IN 的内容以整型(16 位)读取，并将其转换为长整型(32 位)。
BCD_DI	BCD 码转换为长整型	将参数 IN 的内容以七位 BCD 码(+/－ 9999999)数字读取，并将其转换为长整型值(32 位)。
DI_BCD	长整型转换为 BCD 码	将参数 IN 的内容以长整型值(32 位)读取，并将其转换为七位 BCD 码数字(+/－ 9999999)
DI_REAL	长整型转换为浮点型	将参数 IN 的内容以长整型读取，并将其转换为浮点数
INV_I	对整数求反码	将每一位变成相反状态
INV_DI	对长整数求反码	将每一位转换为相反状态
NEG_I	对整数求补码	二进制补码指令，等同于乘以(－1)后改变符号(例如：从正值变为负值)
NEG_DI	对长整数求补码	二进制补码指令，等同于乘以(－1)后改变符号(例如：从正值变为负值)
NEG_R	浮点数取反	等同于乘以(－1)后改变符号(例如：从正值变为负值)
ROUND	取整为长整型	将参数 IN 的内容以浮点数读取，并将其转换为长整型(32 位)。结果为最接近的整数(取整到最接近值)。如果浮点数介于两个整数之间，则返回偶数
TRUNC	截取长整数部分	将参数 IN 的内容以浮点数读取，并将其转换为长整型(32 位)
CEIL	向上取整	将参数 IN 的内容以浮点数读取，并将其转换为长整型(32 位)。结果为大于该浮点数的最小整数，如果产生溢出，ENO 的状态为“0”
FLOOR	向下取整	将参数 IN 的内容以浮点数读取，并将其转换为长整型(32 位)。结果为小于该浮点数的最大整数部分。如果产生溢出，ENO 的状态为“0”

9.3.1　BCD_I　BCD 码转换为整型

符号：

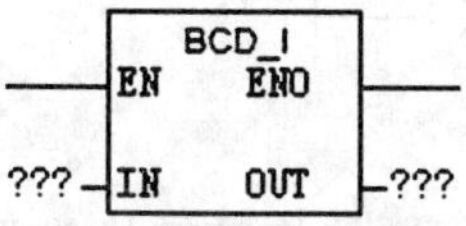

参数	数据类型	存储区	描　述
EN	BOOL	I,Q,M,L,D	使能输入
ENO	BOOL	I,Q,M,L,D	输出使能
IN	WORD	I,Q,M,L,D	BCD 码数字
OUT	INT	I,Q,M,L,D	BCD 码数字的整型值

BCD_I (BCD 码转换为整型)将参数 IN 的内容以三位 BCD 码数字(＋/－999)读取，并将其转换为整型值(16 位)。整型值的结果通过参数 OUT 输出。ENO 始终与 EN 的信号状态相同。

【示例】

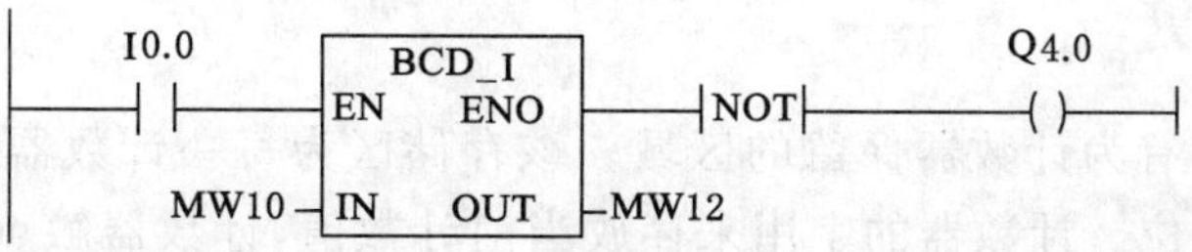

如果 I0.0 的为“1”，则将 MW10 中的内容以三位 BCD 码数字读取，并将其转换为整型值。结果存储在 MW12 中。如果未执行转换(ENO ＝ EN ＝ 0)，则输出 Q4.0 的状态为“1”。

9.3.2　DI_REAL 长整型转换为浮点型

符号：

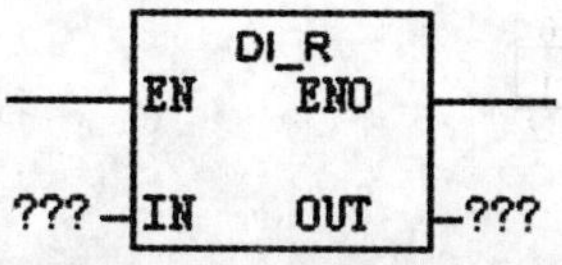

参数	数据类型	存储区	描　述
EN	BOOL	I,Q,M,L,D	使能输入
ENO	BOOL	I,Q,M,L,D	输出使能
IN	DINT	I,Q,M,L,D	要转换的长整型值
OUT	REAL	I,Q,M,L,D	浮点数结果

DI_REAL (长整型转换为浮点型)将参数 IN 的内容以长整型读取，并将其转换为浮点数。结果由参数 OUT 输出。ENO 始终与 EN 的信号状态相同。

【示例】

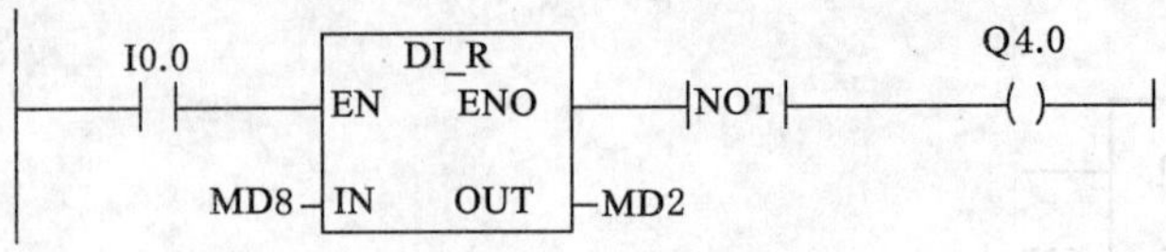

如果 I0.0 的状态为"1",则将 MD8 中的内容以长整型读取,并将其转换为浮点数。结果存储在 MD12 中。如果未执行转换(ENO = EN = 0),则输出 Q4.0 的状态为"1"。

【示例】 使用整数的用户程序也需要执行除法,可能出现结果小于 1。由于这些值只能用实数表示,所以需要转换到实数。这样,首先需要把整数转换成双整数。

转换指令 I→DI→REAL

9.4 计数器指令及应用

9.4.1 计数器指令

在 CPU 存储器中,有为计数器保留的区域。该存储区为每一计数器地址保留一个 16 位的字和一个二进制的位。计数器的字用来存放当前计数值,计数器触点的状态由位的状态来决定。计数器的字如图 9-8 所示,图中显示了装载计数值 127 之后计数器的内容。

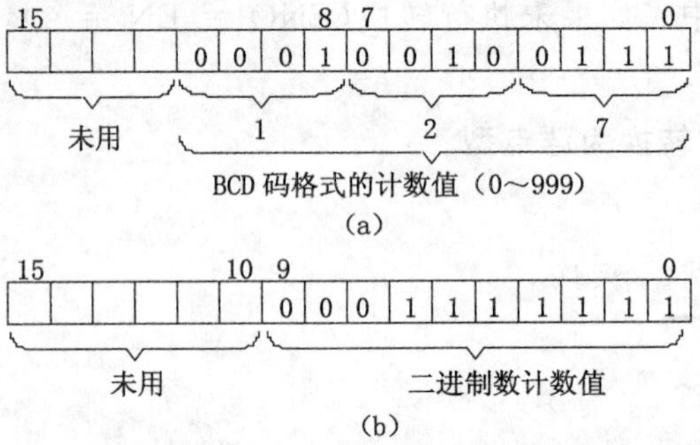

图 9-8 计数器的字

计数器字的位 0 至 11 位为二-十进制格式(BCD 码格式:四位一组表示一位十进制数值的二进制码)的计数值,计数值的范围为 0～999,如图 9-8(a)所示。二进制格式的计数值只占用计数器字的 0～9 位,即计数器字中的 0～9 位包含二进制代码形式的计数值,如图9-8(b)所示。

可以用计数器地址(C 和计数器号,如 C24)来存取当前计数值和计数器位。梯形逻辑指令集支持 256 个计数器。当用 BCD 码表示计数值时,计数值的范围从 0～999。可用 0～999 范围内的数值为计数器设定初值,例如 127,设定格式为:C＃127。C＃表示二-十进制格式(BCD 码格式)。当设置某个计数器时,计数值移至计数器字。

9.4.1.1　S_CUD双向计数器

符号：

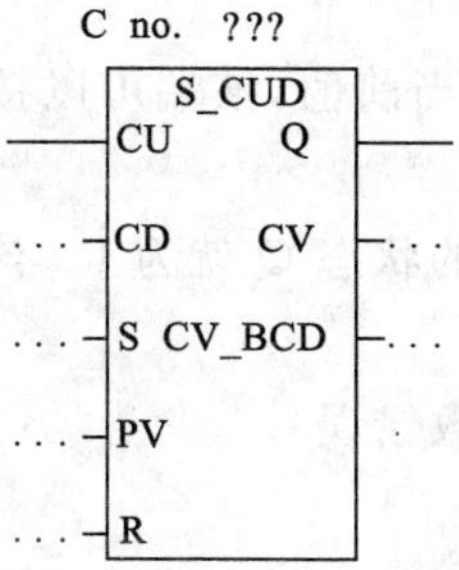

参数数据类型与描述见表9-4。

表 9-4

参数	数据类型	存储区	描　述
C no.	COUNTER	C	计数器标识号，其范围依赖于CPU
CU	BOOL	I,Q,M,L,D	升值计数输入
CD	BOOL	I,Q,M,L,D	降值计数输入
S	BOOL	I,Q,M,L,D	预设计数器设置输入
PV	WORD	I,Q,M,L,D	预设计数器的值，将计数器值以"C＃＜值＞"的格式输入(范围0至999)或常数
R	BOOL	I,Q,M,L,D	复位输入
CV	WORD	I,Q,M,L,D	当前计数器值，十六进制数字
CV_BCD	WORD	I,Q,M,L,D	当前计数器值，BCD码
Q	BOOL	I,Q,M,L,D	计数器状态

表9-5中各个参数的含义如下。

C no.：计数器标识号，其范围依赖于CPU型号。

CU：加计数输入端，当"CU"输入端的RLO从"0"变到"1"时，并且计数器的值小于"999"，计数器的当前值加1。如果计数器的当前值为999，计数器保持为999，加"1"操作无效。

CD：减计数输入端，当"CD"输入端的RLO从"0"变到"1"时，并且计数器的值大于"0"，计数器的当前值减1，如果计数器的当前值为0，则计数器保持为0，减"1"操作无效。如果在两个计数输入端都有上升沿的话，则两种操作都执行，并且计数值保持不变。

S：为预设计数器设置输入置输入端，当"S"输入端RLO从"0"变到"1"时，计数器就设定为"PV"输入的值。

PV：计数器初值输入端，在"PV"输入端，用BCD码指定设定值（0～999），可以通过字存储器(如，MW0、MW2等)为计数器提供初值，也可以直接输入BCD码形式的立即数(常数C＃...，如C＃10、C＃999)。

R：计数器复位信号输入端，当"R"输入端RLO ＝ 1，计数器的值置为0，输出状态为0。

如果复位条件满足，计数器不能置数，也不能计数。

CV：当前计数值，以十六进制数制显示或输出的计数器当前值，该端可以接各种的字存储器，如 MW4、QW5 等，也可以悬空。

CV_BCD：当前计数值，以 BCD 码形式显示或输出的计数器当前值，该端可以接各种的字存储器，如 MW4、QW5 等，也可以悬空。

Q：计数器状态输出端，只要计数器的当前值不为 0，计数器的状态 Q 就为 1。该端可以连接位存储器，如 Q4.0、M1.7 等，也可以悬空。

注意：应避免在几个程序中使用一个计数器（否则会出现计数错误）。

计数器工作时序如图 9-9 所示。

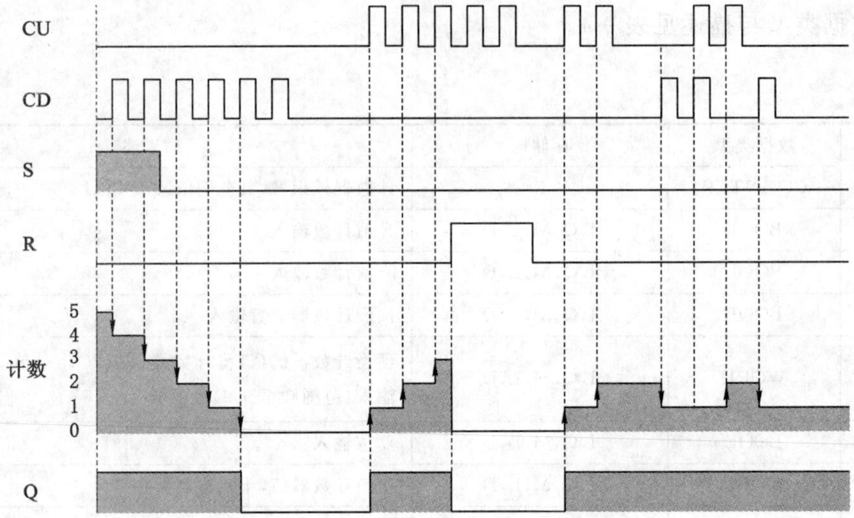

图 9-9　计数器工作时序图

【示例】　计数器应用

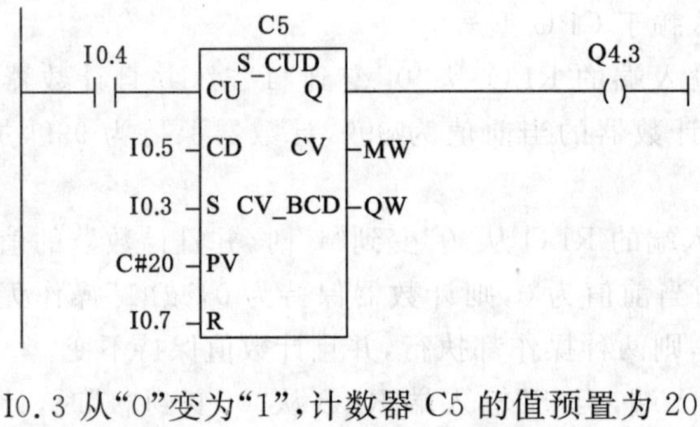

如果 I0.3 从"0"变为"1"，计数器 C5 的值预置为 20。

如果 I0.4 的信号状态从"0"变为"1"，计数器 C5 的值将加"1"。

如果 I0.5 从"0"变为"1"，C5 将减"1"。

如果 C5 计数值不等于"0"，则 Q4.3 为"1"。

如果计数器加计数达到 999，或减计数达到 0，计数值就保持不变，不对计数脉冲反应。

【示例】　通过位存储区设定计数初值

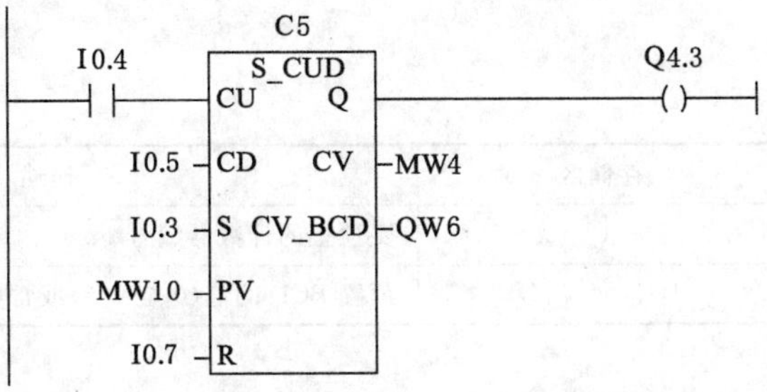

【示例】 通过数据块设定计数初值

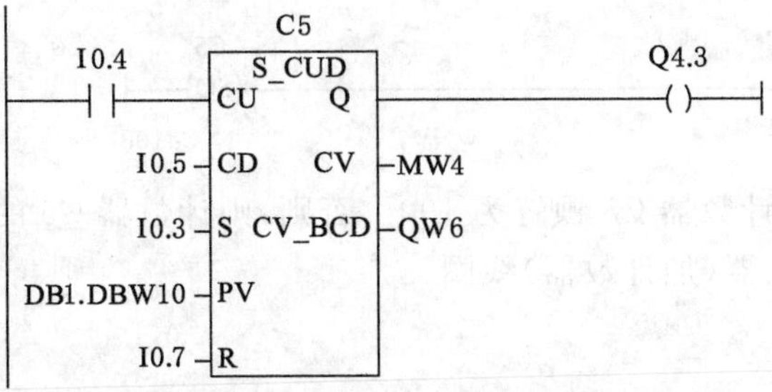

9.4.1.2　S_CU 升值计数器(加计数器)

符号:

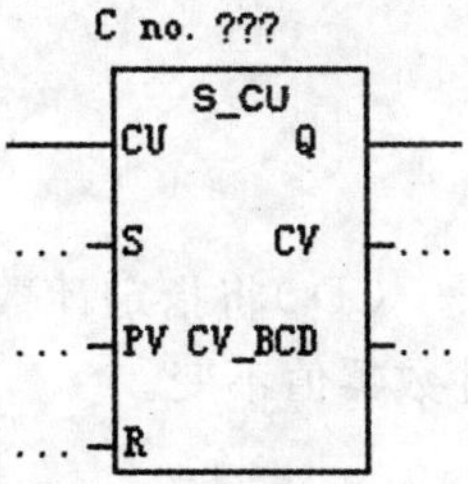

9.4.1.3　S_CD 降值计数器(减计数器)

符号:

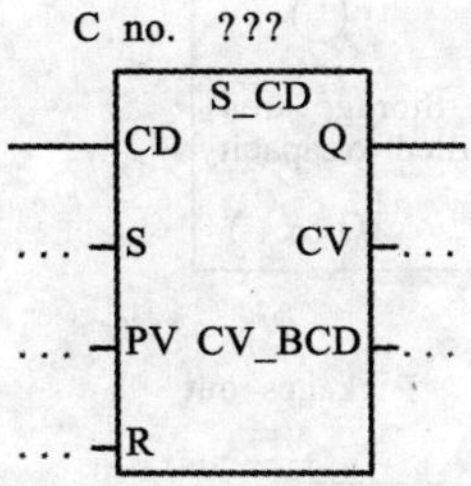

9.4.1.4　计数器的线圈指令

除了前面介绍的指令盒形式的计数器指令外,S7-300 PLC 系统还为用户准备了 LAD 环境下的线圈形式的计数器。这些指令有——(SC)设置计数器值、——(CU)升值计数器(加计数器)线圈、——(CD)降值计数器(减计数器)线圈。

(1)——(SC)设置计数器值

〈C编号〉???
——(SC)——
符号：　〈预设值〉???

参数英语	数据类型	存储区	描述
＜C 编号＞	COUNTER	C	要预置的计数器编号
＜预设值＞	WORD	I,Q,M,L,D	预置 BCD 的值(0 至 999)或常数

仅在 RLO 中有上升沿时，——(SC)(设置计数器值)才会执行。此时，预设值被传送至指定的计数器。

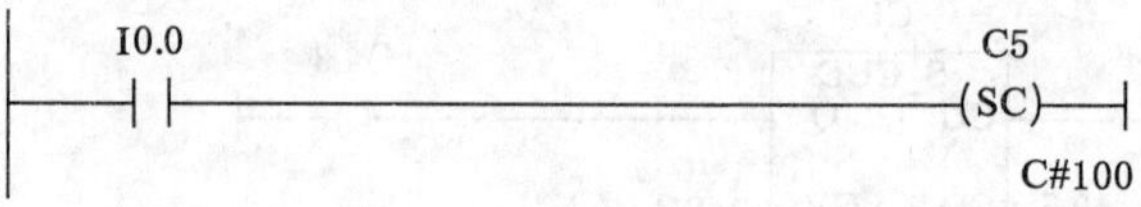

如果在 I0.0 有上升沿，计数器 C5 预置为 100。否则，则计数器 C5 的值保持不变。

(2) ——(CU)升值计数器(加计数器)线圈

〈C编号〉 ???
符号：——(CD)——┤

如在 RLO 中有上升沿，并且计数器的值小于"999"，则——(CU)(升值计数器线圈)将指定计数器的值加 1。如果 RLO 中没有上升沿，或者计数器的值已经是"999"，则计数器值不变。

(3)——(CD)降值计数器(减计数器)线圈

〈C编号〉 ???
符号：——(CD)——┤

如果 RLO 状态中有上升沿，并且计数器的值大于"0"，则——(CD)将指定计数器的值减 1。如果 RLO 中没有上升沿，或者计数器的值已经是"0"，则计数器值不变。

9.4.2 计数器指令应用

【例 9-5】 图 9-10 为一个物料输送系统。该系统有两个传送带，在传送带之间有临时

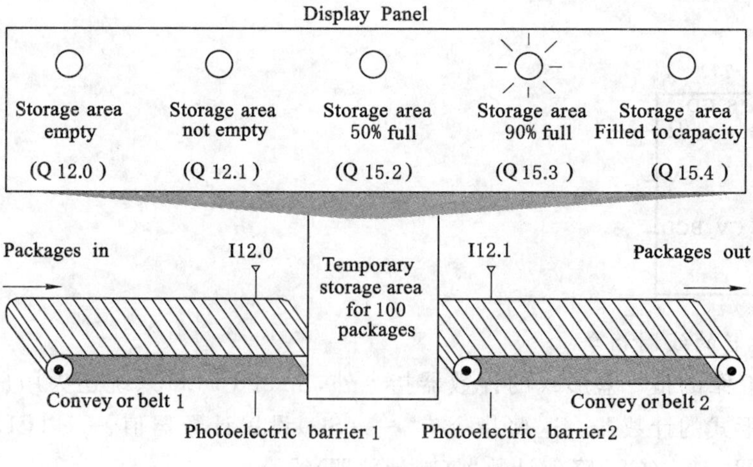

图 9-10　物料输送系统

存储区域。传送带 1 将包裹传送到临时存储区域。传送带 1 末端的光电屏障用来检测进入临时存储器的包裹数量。传送带 2 将包裹从临时存储区域传输到装载码头，然后由卡车将包裹发送给客户。传送带 2 末端的光电屏障检测离开临时存储区转向装载码头的包裹数量。显示面板上的 5 个指示灯指示临时存储区域的填充量。

激活显示面板上指示灯的梯形图程序如下。

程序段 1：计数器 C1 对输入 CU 处每次从“0”到“1”的信号改变都进行正计数，而对输入 CD 处每次从“0”到“1”的信号改变都进行倒计数。对于输入 S 处从“0”到“1”的信号改变，计数器值被设置为值 PV。输入 R 处从“0”到“1”的信号改变将计数器值复位为“0”。MW200 包含 C1 的当前计数器值。Q12.1 指示“Storage area not empty”。

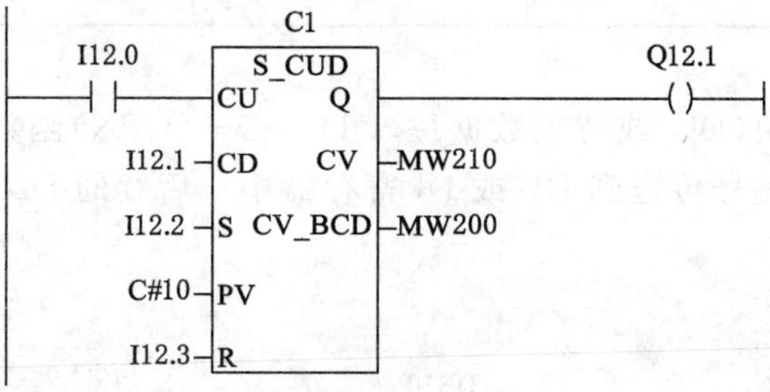

程序段 2：Q12.0 表明“Storage area not empty”。

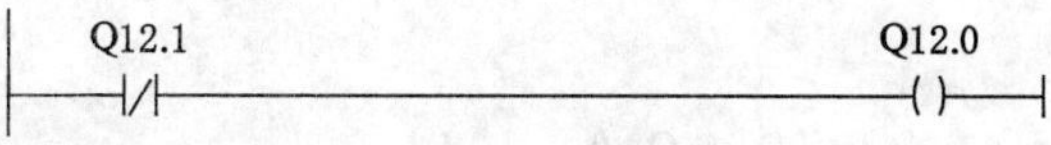

程序段 3：如果 50 小于等于计数器值（换句话说，如果当前计数器值大于等于 50），则表示“Storage area 50% full”的指示灯变亮。

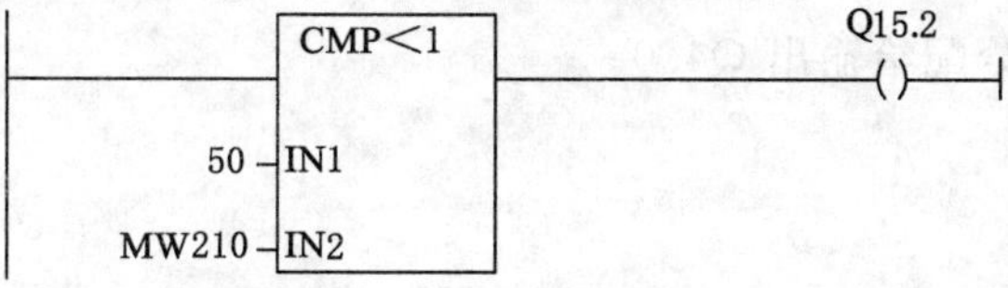

程序段 4：如果计数器值大于或等于 90，则表示“Storage area 90% full”的指示灯变亮。

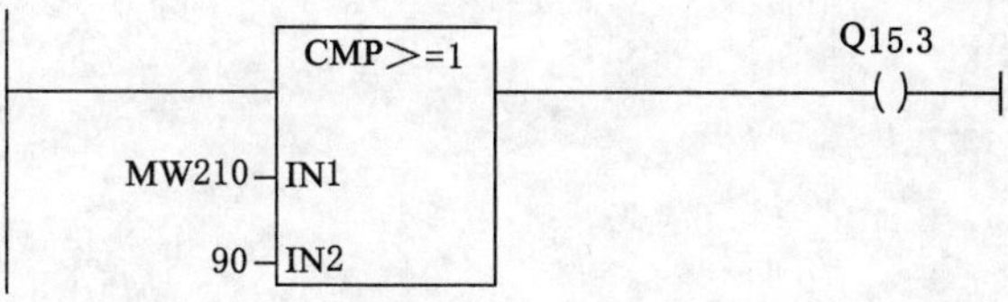

程序段 5：如果计数器值大于或等于 100，则表示“Storage area filled to capacity”的指示灯变亮。

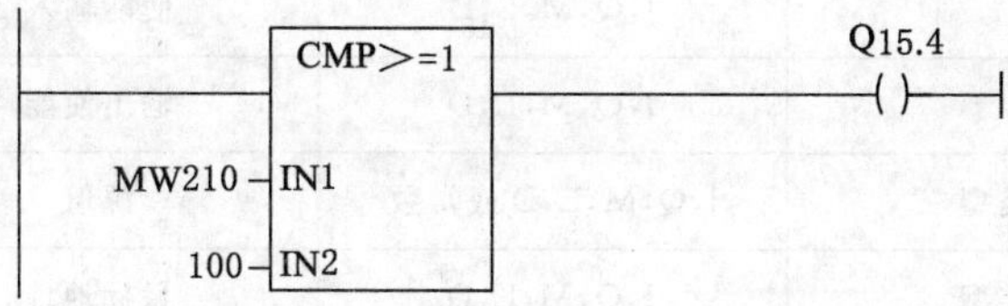

9.5 数据块指令

——(OPN)打开数据块:DB 或 DI

符号：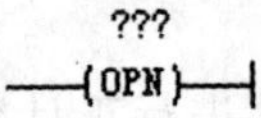

参数	数据类型	存储区	描述
??.? ＜DB 编号＞或 ＜DI 编号＞	BLOCK_DB	DB,DI	DB/DI 编号,编号范围取决于 CPU

打开数据块指令用于打开共享数据块(DB)或背景数据块(DI)。——(OPN)函数是一种对数据块的无条件调用。将数据块的编号传送到 DB 或 DI 寄存器中。后续的 DB 和 DI 命令根据寄存器内容访问相应的块。

程序段 1：

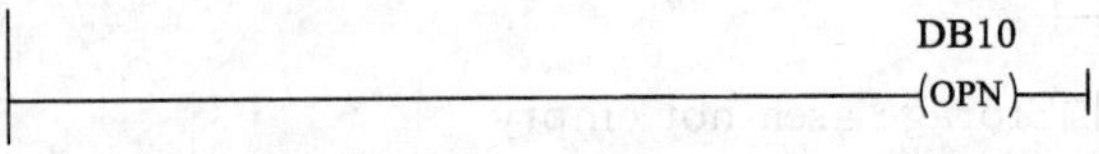

程序段 2：

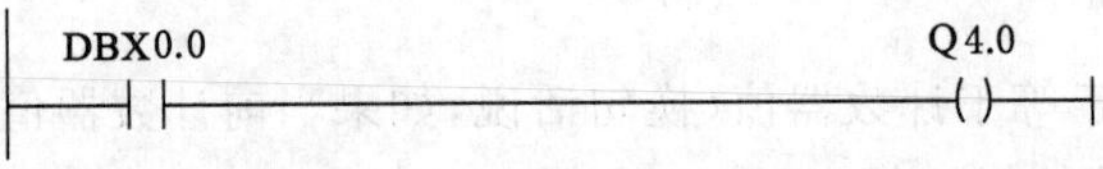

打开数据块 10(DB10)。触点地址(DBX0.0)引用包含在 DB10 中的当前数据记录的数据字节零的第零位。将此位的信号状态分配给输出 Q4.0。

9.6 移动指令

MOVE 指令能够复制字节、字或双字数据对象。

符号：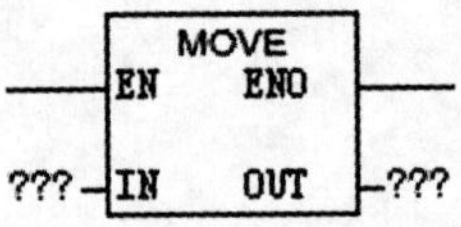

参数	数据类型	存储区	描述
EN	BOOL	I,Q,M,L,D	使能输入
ENO	BOOL	I,Q,M,L,D	输出使能
IN	所有长度为 8、16 或 32 位的基本数据类型	I,Q,M,L,D 或常数	源值
OUT	所有长度为 8、16 或 32 位的基本数据类型	I,Q,M,L,D	目标地址

MOVE 指令通过启用 EN 输入来激活。将 IN 输入端指定的值将复制到在 OUT 输出端指定的地址。ENO 与 EN 的逻辑状态相同。MOVE 只能复制 BYTE、WORD 或 DWORD 数据对象。

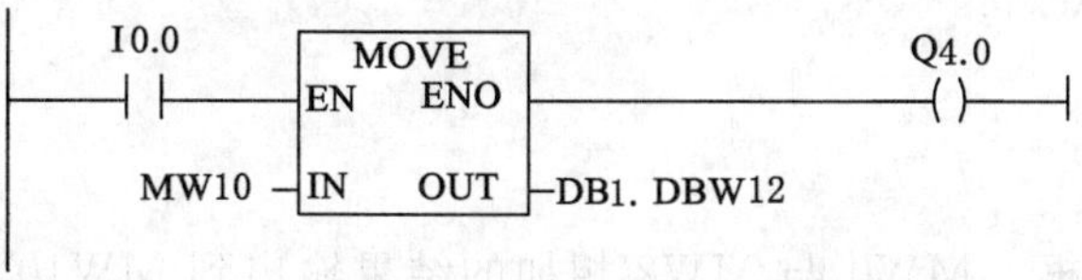

如果 I0.0 为“1”，则执行指令。把 MW10 的内容复制到数据块 DB1 的数据字 12。如果执行了指令，则 Q4.0 为“1”。

注意：用户自定义数据类型（如数组或结构）必须使用系统功能“BLKMOVE”（SFC 20）来复制。

9.7　整数算术指令

使用整数运算，可以对两个整数（16 和 32 位）执行加、减、乘、除运算，整数运算指令影响状态字中的 CC1 和 CC0，OV 和 OS 位。

9.7.1　整数算术运算

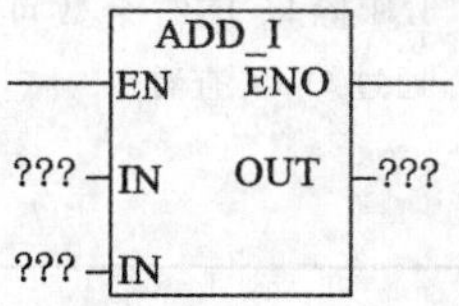	整数加： IN1 和 IN2 相加，其结果通过 OUT 来查看	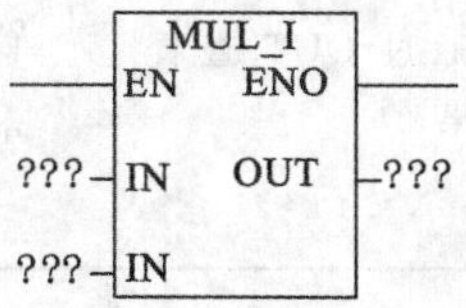	整数乘： IN1 和 IN2 相乘，结果通过 OUT 查看
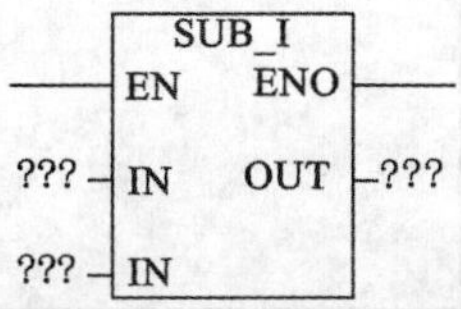	整数减： 从 IN1 中减去 IN2，并通过 OUT 查看结果	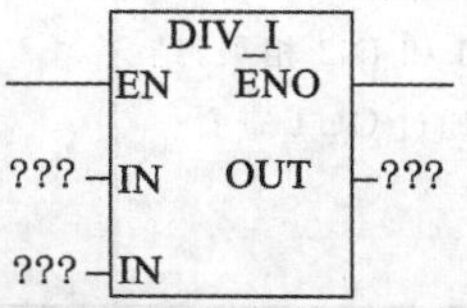	整数除： IN1 除以 IN2，结果可通过 OUT 查看

参数	数据类型	存储区	描述
EN	BOOL	I,Q,M,L,D	使能输入
ENO	BOOL	I,Q,M,L,D	输出使能
IN1	INT	I,Q,M,L,D	操作数 1
IN2	INT	I,Q,M,L,D	操作数 2
OUT	INT	I,Q,M,L,D	算术运算结果

EN 输入端为“1”时，激活相应的整数运算函数。如果运算结果超出了整数（16 位）允许

的范围，OV 位和 OS 位将为“1”并且 ENO 为逻辑“0”。

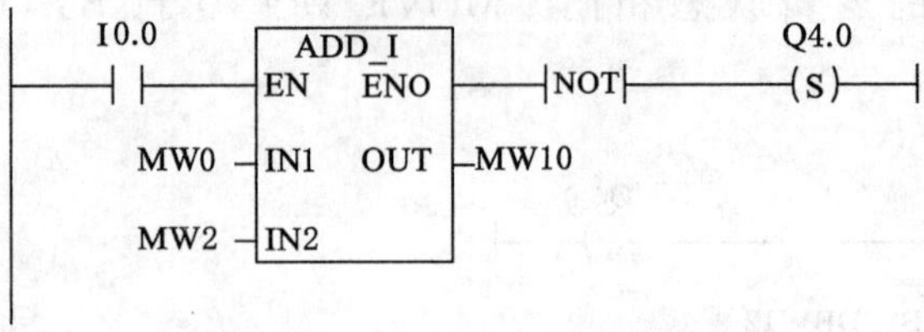

如果 I0.0 =“1”，则激活 ADD_I 框。MW0 与 MW2 相加的结果输出到 MW10。如果结果超出整数的允许范围，则设置输出 Q4.0。

9.7.2 长整数算术运算

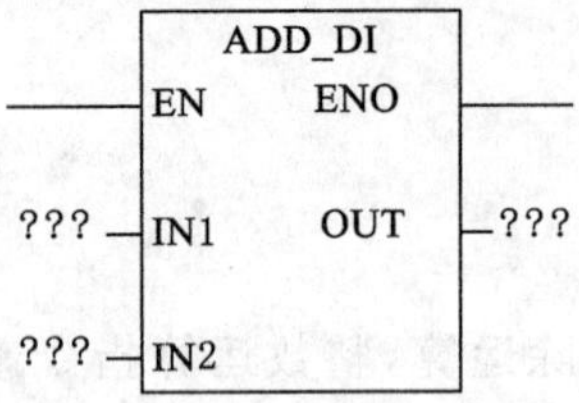	长整数加：IN1 和 IN2 相加，其结果通过 OUT 来查看	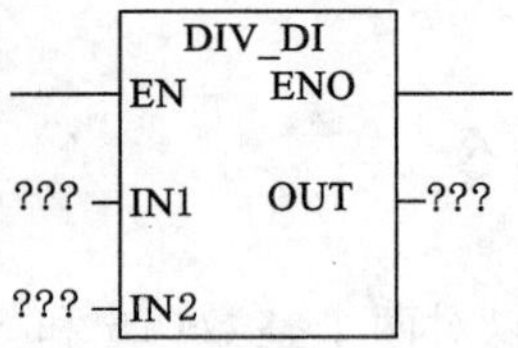	长整数除：IN1 除以 IN2，结果可通过 OUT 查看。长整型除法不产生余数
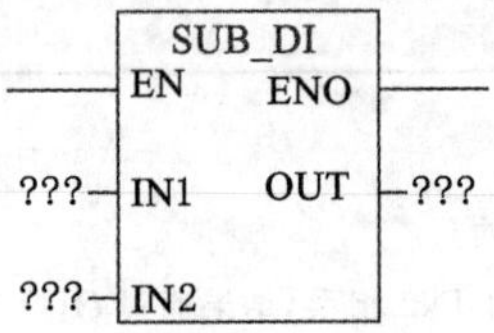	长整数减：从 IN1 中减去 IN2，并通过 OUT 查看结果	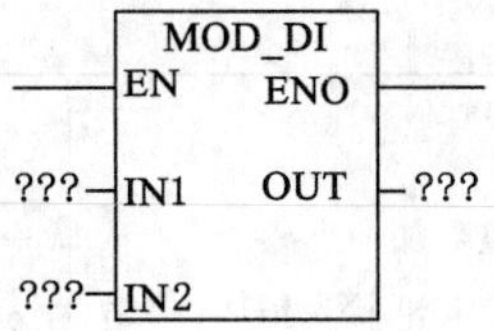	返回长整数余数：IN1 除以 IN2，余数可通过 OUT 查看
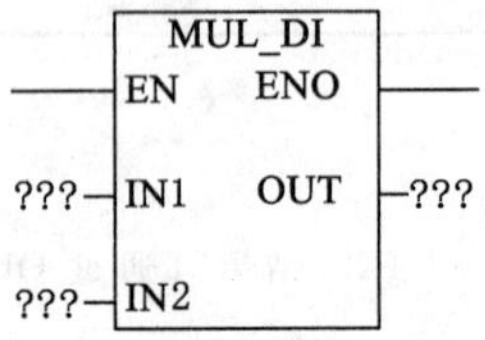	长整数乘：IN1 和 IN2 相乘，结果通过 OUT 查看		

参数	数据类型	存储区	描　述
EN	BOOL	I,Q,M,L,D	使能输入
ENO	BOOL	I,Q,M,L,D	输出使能
IN1	DINT	I,Q,M,L,D	操作数 1
IN2	DINT	I,Q,M,L,D	操作数 2
OUT	DINT	I,Q,M,L,D	算术运算结果

EN 输入端为“1”时，激活相应的整数运算函数。如果运算结果超出了长整数(32 位)允许的范围，OV 位和 OS 位将为“1”并且 ENO 为逻辑“0”，这样便不执行此数学框后由 ENO

连接的其他函数(层叠排列)。

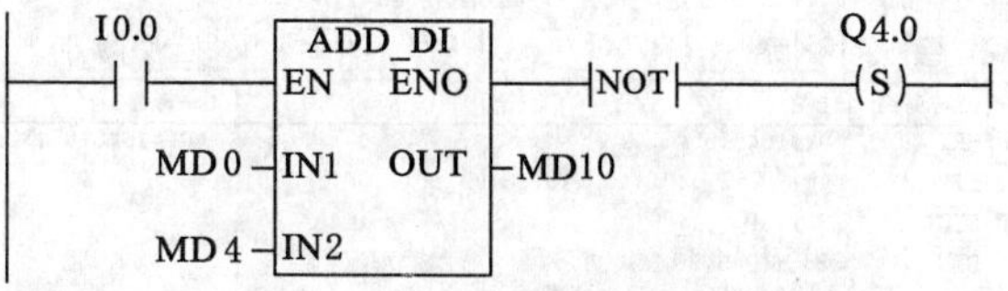

如果 I0.0 ＝“1”,则激活 ADD_DI 框。MD0 ＋ MD4 的结果输出到 MD10。如果结果超出长整数的允许范围,则设置输出 Q4.0。

【例 9-6】 使用整数数学运算指令来产生与下列方程式相同的结果：

$$MW4=[(IW0+DBW3)\times 15]/MW0 \tag{9-1}$$

解:程序段 1:打开数据块 DB1。

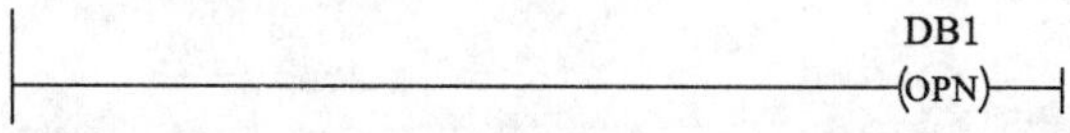

程序段 2:输入字 IW0 加到共享数据字 DBW3(必须定义和打开数据块,如打开 DB1,否则,需要用绝对地址 DB1.DBW3 访问),总和被载入存储器字 MW100。然后,MW100 乘以 15,结果存储到存储器字 MW102 中。MW102 除以 MW0,结果存储到 MW4 中。

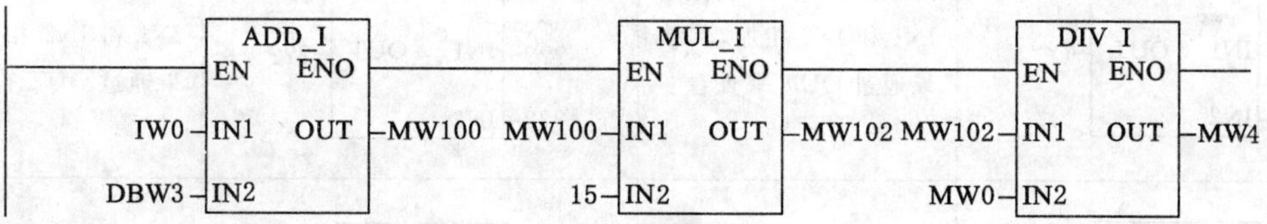

【例 9-7】 压力变送器的量程为 0～10 MPa,输出信号 4～20 mA,S7-300 的模拟量输入模块转换后的数字量为 0～27 648,设转换后的数字为 N,试求以 kPa 为单位的压力值。

解:0～10 MPa(0～10 000 kPa)对应于转换后的数字 0～27 648,转换公式为

$$P=(10\ 000\times N)/27\ 648\ (\text{kPa}) \tag{9-2}$$

值得注意的是,在运算时一定要先乘后除,否则会损失原始数据的精度。假设 A/D 转换后的数据 N 存储在 MD6 中,以 kPa 为单位的运算结果存储在 MW10 中。梯形图如下：

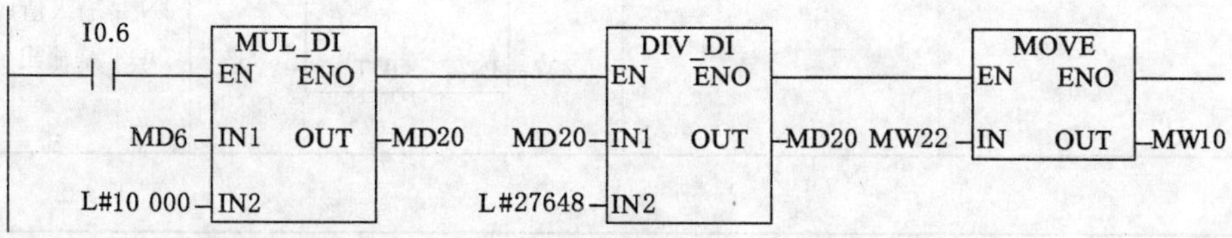

语句表中“＊I”指令的运算结果为 32 位整数,梯形图中 MUL_I 指令的运算结果为 16 位整数。A/D 转换后的最大数字为 27 648,所以要使用 MUL_DI。双字除法指令 DIV_DI 的运算结果为双字,运算结果不会超过 16 位正整数的最大值(32 767)。

MD0 由字节 MB0～MB3 组成,MB0 为最高字节,MB3 为最低字节,如图 9-11 所示。

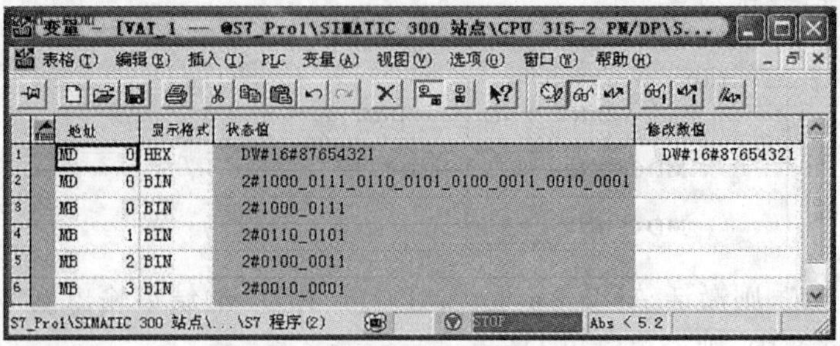

图 9-11　变量地址

9.8　浮点数算术指令

9.8.1　基本指令

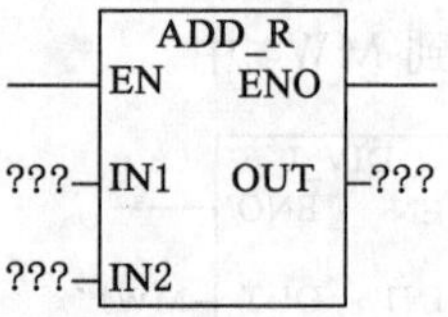	实数加： IN1 和 IN2 相加，其结果通过 OUT 来查看	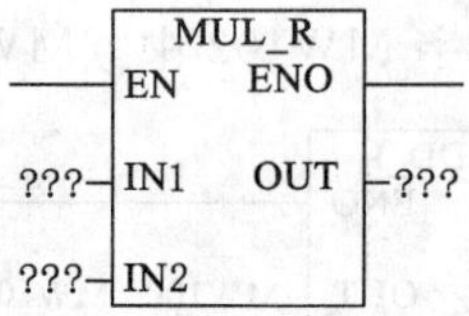	实数乘： IN1 和 IN2 相乘，结果通过 OUT 查看
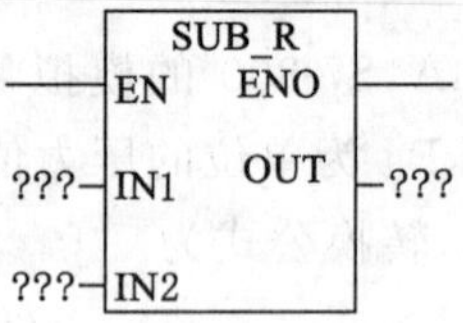	实数减： 从 IN1 中减去 IN2，并通过 OUT 查看结果	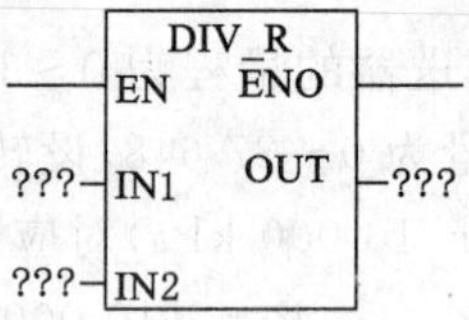	实数除： IN1 除以 IN2，结果可通过 OUT 查看
		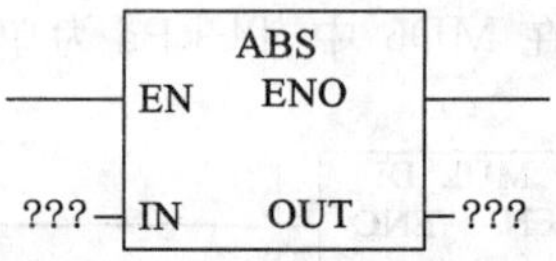	求浮点数的绝对值： IN 是输入值； OUT 是输出值

参数	数据类型	存储区	描述
EN	BOOL	I,Q,M,L,D	使能输入
ENO	BOOL	I,Q,M,L,D	输出使能
IN1	REAL	I,Q,M,L,D	操作数 1
IN2	REAL	I,Q,M,L,D	操作数 2
OUT	REAL	I,Q,M,L,D	算术运算结果

EN 输入端为“1”时，激活相应的整数运算函数。如果运算结果超出了浮点数允许的范

围(溢出或下溢),OV 位和 OS 位将为“1”并且 ENO 为逻辑“0”,这样便不执行此数学框后由 ENO 连接的其他函数(层叠排列)。

9.8.2　扩充指令

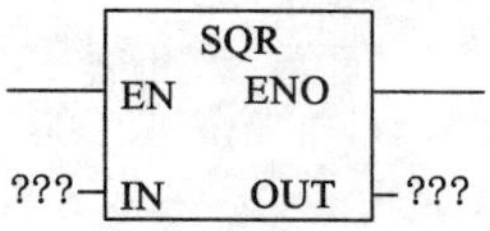	求浮点数的平方	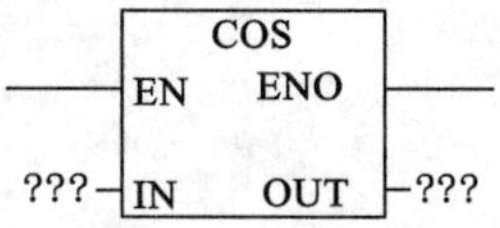	求浮点数的余弦值。这里浮点数代表以弧度为单位的一个角度
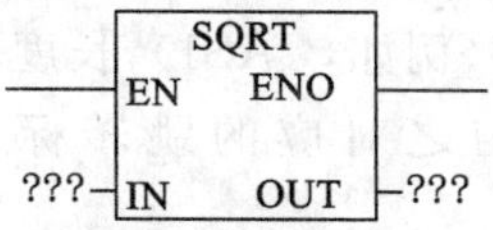	求浮点数的平方根	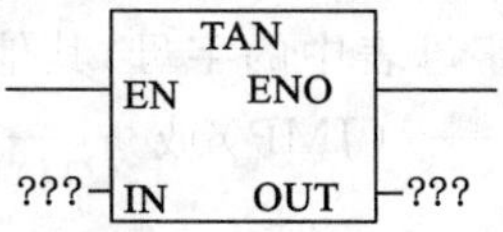	求浮点数的正切值。这里浮点数代表以弧度为单位的一个角度
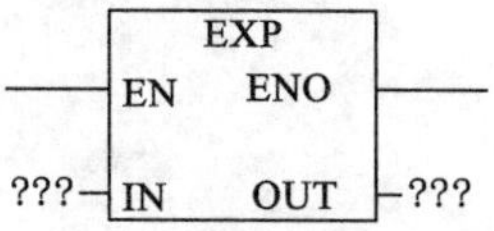	求浮点数的以 e 为底的指数值	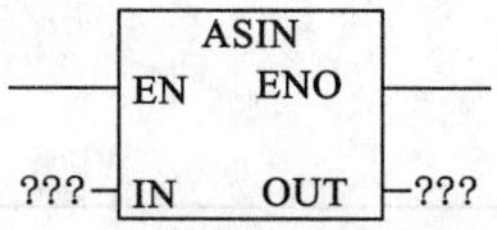	求一个浮点数的反正弦值。IN 输入值范围 −1～1,OUT 输出值范围 $-\pi/2$～$+\pi/2$(弧度)
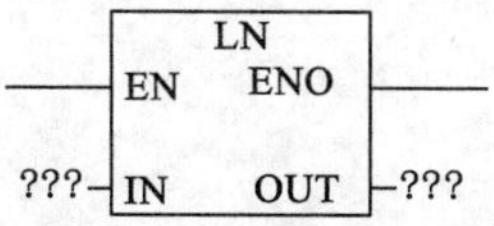	求浮点数的自然对数	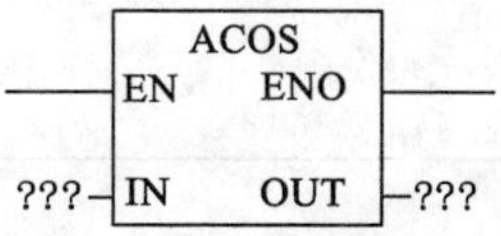	求一个浮点数的反余弦值。IN 输入值范围 −1～1,OUT 输出值范围 0～$+\pi$(弧度)
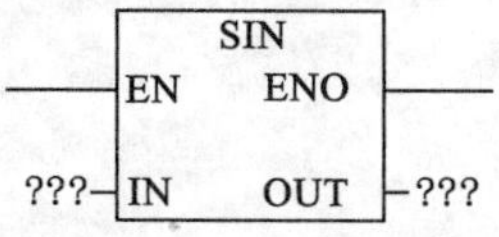	求浮点数的正弦值。这里浮点数代表以弧度为单位的一个角度	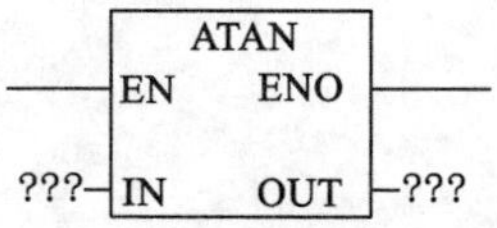	求浮点数的反正切值。OUT 输出值范围 $-\pi/2$～$+\pi/2$(弧度)

参数	数据类型	存储区	描述
EN	BOOL	I,Q,M,L,D	使能输入
ENO	BOOL	I,Q,M,L,D	输出使能
IN	REAL	I,Q,M,L,D	操作数
OUT	REAL	I,Q,M,L,D	算术运算结果

9.9　跳转指令

跳转指令可以中断原有的线性程序扫描,并跳转到目标地址处重新执行线性程序扫描。目标地址由跳转指令后面的标号指定,该地址标号指出程序要跳往何处。

9.9.1　——(JMP)无条件/条件跳转

符号: 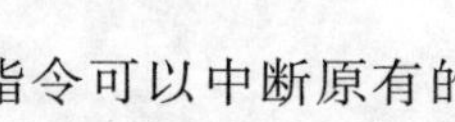

——(JMP)表示为1时跳转。当——(JMP)直接连接到最左边的母线时表示无条件跳转,否则将变成条件跳转。每一个——(JMP)都还必须有与之对应的目标(LABEL)。无条件跳转指令和标号间的所有指令都不予执行。

9.9.2 LABEL 标号

符号: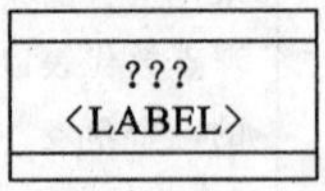

LABEL是跳转指令目标的标识符。

第一个字符必须是字母表中的字母,其他字符可以是字母或数字(例如,CAS1),长度不超过4个字符。每个——(JMP)或——(JMPN)都还必须有与之对应的跳转标号(LABEL)。

【示例】

程序段1:

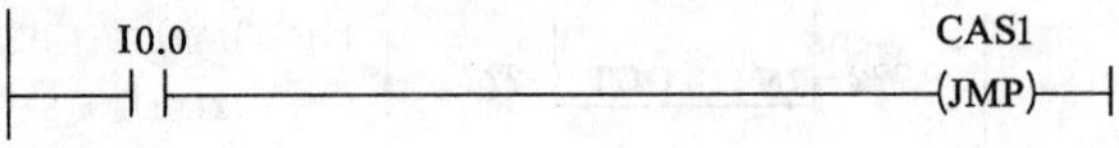

程序段2:

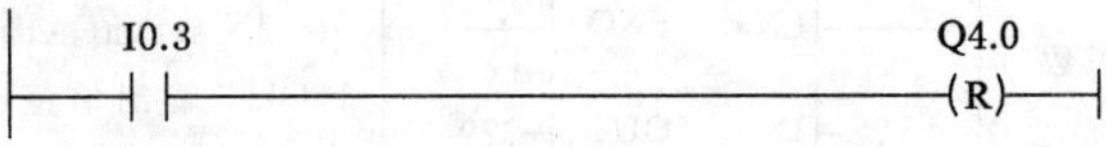

程序段3:

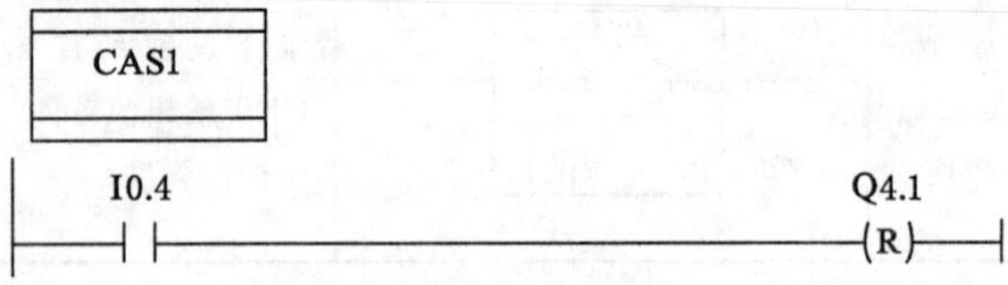

如果I0.0="1",则执行跳转到标号CAS1。由于此跳转的存在,即使I0.3处有逻辑"1",也不会执行复位输出Q4.0的指令。

9.9.3 ——(JMPN)若"否"则跳转

符号:

——(JMPN)表示若"否"则跳转,相当于在RLO为"0"时执行的"转到标号"功能。

每一个——(JMPN)都还必须有与之对应的目标(LABEL)。跳转指令和标号间的所有指令都不予执行。如果未执行条件跳转,RLO将在执行跳转指令后变为"1"。

9.10 程序控制指令

程序控制指令是指功能块(FB、FC、SFB、SFC)调用指令和逻辑块(OB、FB、FC)结束指令,调用功能块指令或结束功能块指令可以是有条件的或是无条件的。STEP 7中的功能块实质上就是子程序。梯形图中调用块有两种方式:一是用线圈驱动指令调用功能块,不能实现参数传递。二是利用方块指令调用功能块,该方式可以实现值的传递。

9.10.1　线圈驱动指令调用功能块

——(CALL)不带参数调用 FC 或 SFC,即线圈驱动指令调用功能块。在“LAD/STL/FBD 编辑器”左侧目录窗口选择——(CALL),调用来自线圈的 FC SFC (不带参数),如图 9-12 所示。

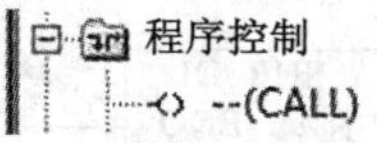

图 9-12　调用线圈 FC SFC

符号:

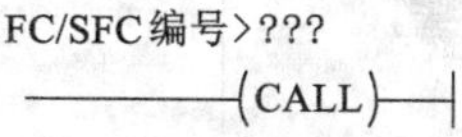

参数	数据类型	存储区	描　述
??? ＜FC/SFC 编号＞	BLOCK_FCBLOCK_SFC	—	FC/SFC 编号,范围取决于 CPU

——(CALL)不带参数调用 FC 或 SFC,用于调用没有传递参数的功能(FC)或系统功能(SFC)。只有在 CALL 线圈上 RLO 为“1”时,才执行调用。当执行——(CALL)时,存储调用块的返回地址,由当前的本地数据区代替以前的本地数据区,为被调用的功能创建一个新的本地数据区。之后,在被调用的 FC 或 SFC 中继续进行程序处理。

9.10.2　利用方块指令调用功能块

利用方块指令调用功能块,即调用 FB、FC、SFB、SFC。在“LAD/STL/FBD 编辑器”左侧目录窗口选择需要调用的块,直接双击,即可插入梯形图,实现块的调用,如图 9-13 所示。

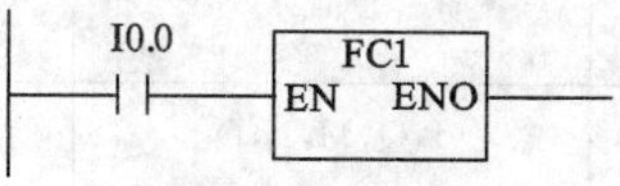

图 9-13　调用块

9.11　移位和循环指令

9.11.1　移位指令

可使用移位指令向左或向右逐位移动输入 IN 的内容。输入参数 N 数值表示要移动的位数。由零或符号位的信号状态(0 代表正数、1 代表负数)填充移位指令空出的位。

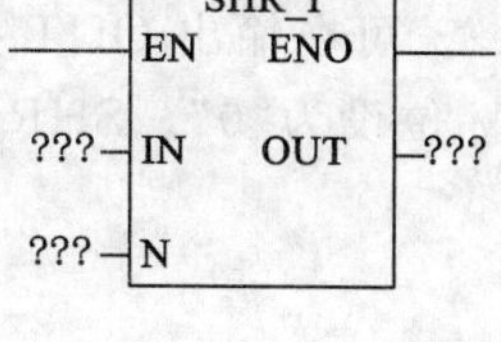	右移整数: IN、OUT 输入端的数据类型为 INT	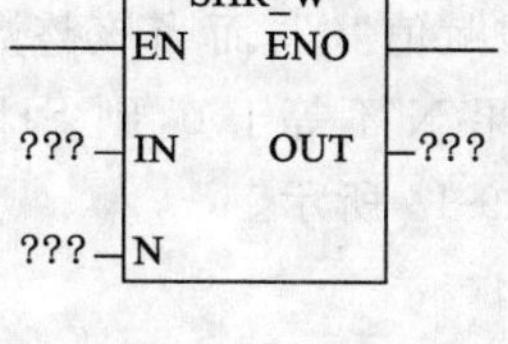	字右移: IN、OUT 输入端的数据类型为 WORD

续表

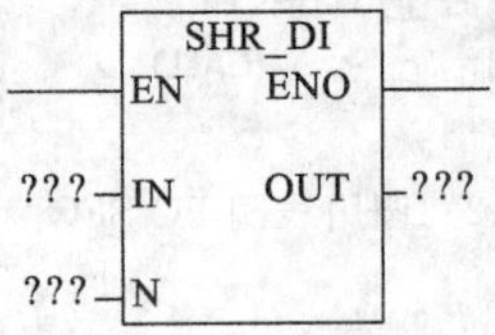	右移长整数 IN、OUT 输入端的数据类型为 DINT	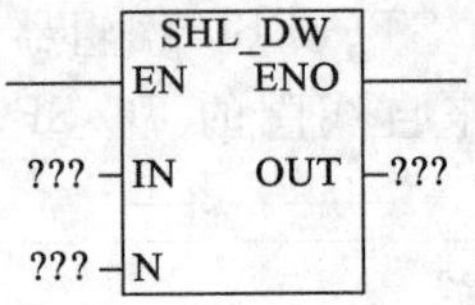	双字左移 IN、OUT 输入端的数据类型为 DWORD
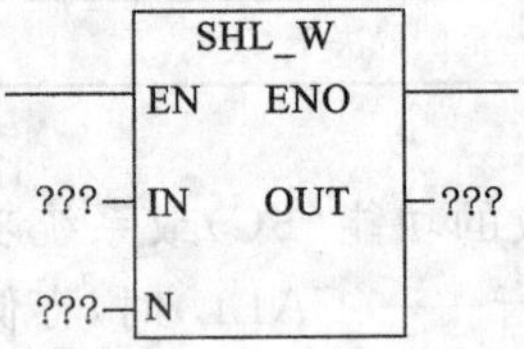	字左移： IN、OUT 输入端的数据类型为 WORD	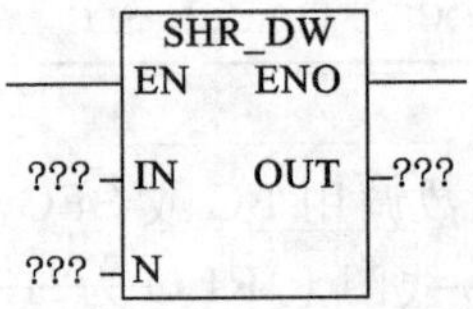	双字右移 IN、OUT 输入端的数据类型为 DWORD

SHR_I(右移整数指令)

符号：

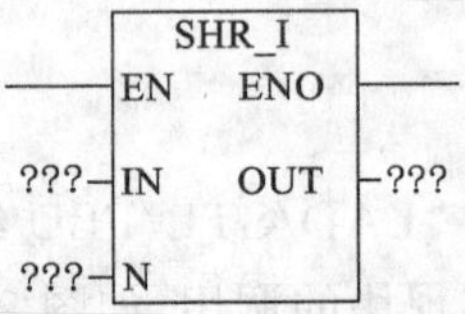

参数	数据类型	存储区	描述
EN	BOOL	I,Q,M,L,D	使能输入
ENO	BOOL	I,Q,M,L,D	使能输出
IN	INT	I,Q,M,L,D	要移位的值
N	WORD	I,Q,M,L,D	要移动的位数
OUT	INT	I,Q,M,L,D	移位指令的结果

SHR_I (整数右移)指令通过使能(EN))输入位置上的逻辑“1”来激活，ENO 与 EN 具有相同的信号状态。SHR_I 指令用于将输入 IN 的 0～15 位逐位向右移动 16 到 31 位不受影响，输入 N 用于指定移位的位数，如果 N 大于 16，命令将按照 N 等于 16 的情况执行。自左移入的、用于填补空出的位将被赋予位 15 的逻辑状态(整数的符号位)。这意味着，当该整数为正时，这些位将被赋值“0”，而当该整数为负时，则被赋值为“1”。可在输出 OUT 扫描移位指令的结果。如果 N 不等于 0，则 SHR_I 会将 CC 0 位和 OV 位设为“0”。SHR_I 移位指令工作原理如图 9-14 所示。

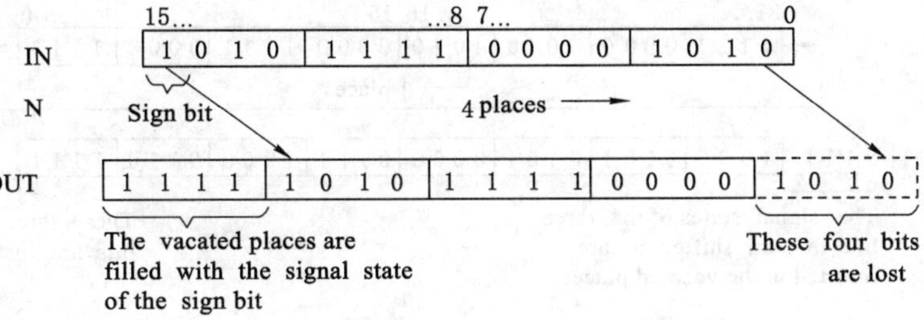

图 9-14　SHR_I 移位指令工作原理

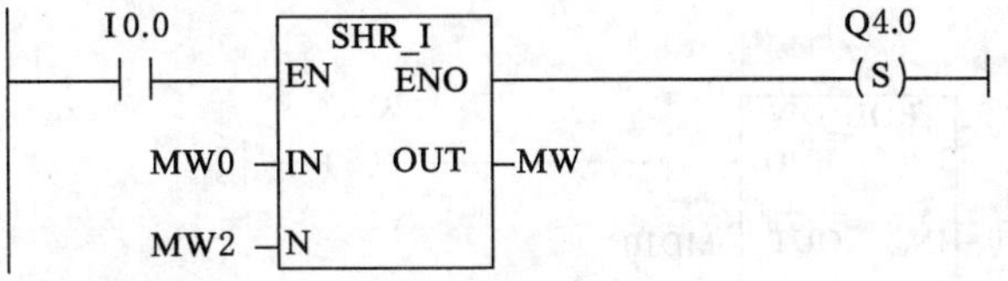

SHR_I 框由 I0.0 位置上的逻辑"1"激活。装载 MW0 并将其右移由 MW2 指定的位数。结果将被写入 MW4。置位 Q4.0。

9.11.2　循环指令

使用循环指令,可以将输入 IN 中的全部内容循环地逐位左移或右移。空出的位用输入 IN 移出位的信号状态填充。输入参数 N 提供的数值表示循环的位数。

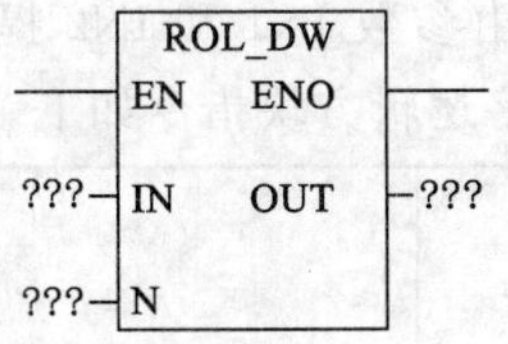	双字循环左移	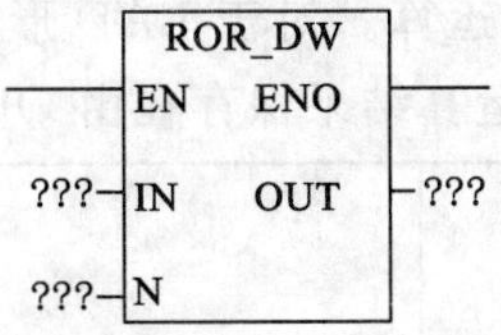	双字循环右移

参数	数据类型	存储区	描　述
EN	BOOL	I,Q,M,L,D	使能输入
ENO	BOOL	I,Q,M,L,D	使能输出
IN	DWORD	I,Q,M,L,D	要循环移位的值
N	WORD	I,Q,M,L,D	要循环移位的位数
OUT	DWORD	I,Q,M,L,D	双字循环指令的结果

ROL_DW 指令工作原理如图 9-15 所示。

ROL_DW 指令通过使能(EN)输入位置上的逻辑"1"来激活。ENO 与 EN 具有相同的信号状态。ROL_DW 指令用于将输入 IN 的全部内容逐位向左循环移位。输入 N 用于指定循环移位的位数。如果 N 大于 32,则双字 IN 将被循环移位[(N－1)对 32 求模,所得的余数]＋1 位。自右移入位的位置将被赋予向左循环移出的各个位的逻辑状态。可在输出

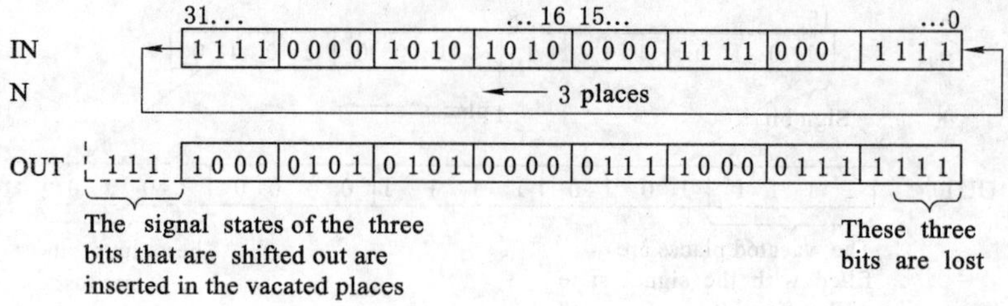

图 9-15　ROL_DW 移位指令工作原理

OUT 位置扫描双字循环指令的结果。如果 N 不等于 0，则 ROL_DW 会将 CC 0 位和 OV 位设为“0”。

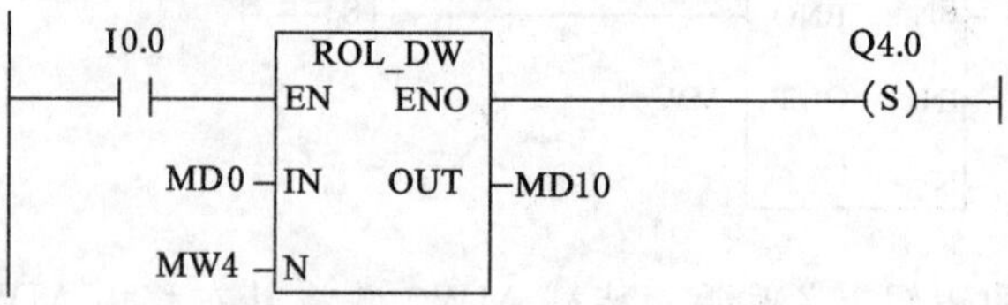

I0.0 为“1”时，将 MD0 向左循环移位 MW4 指定的个数，结果写入 MD10，置位 Q4.0。

9.12　字逻辑指令及其应用

字逻辑指令可以对两个 16 位(WORD)或 32 位(DWORD)的二进制数据，逐位进行逻辑与、逻辑或、逻辑异或运算。对于 LAD 形式的字逻辑运算指令，由参数 IN1 和 IN2 提供参与运算的两个数据，运算结果保存在由 OUT 指定的存储区中。字逻辑方块指令如下。

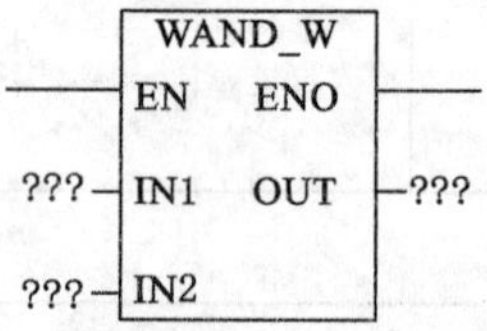	单字与运算	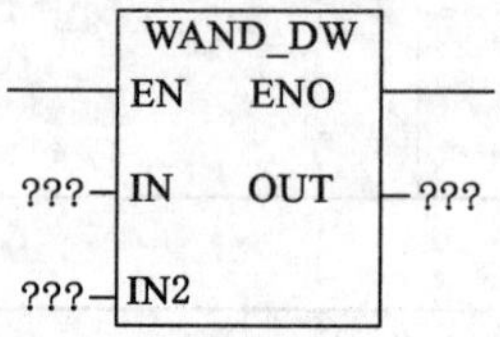	双字与运算
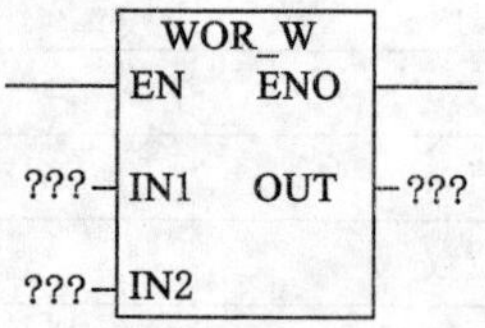	单字或运算	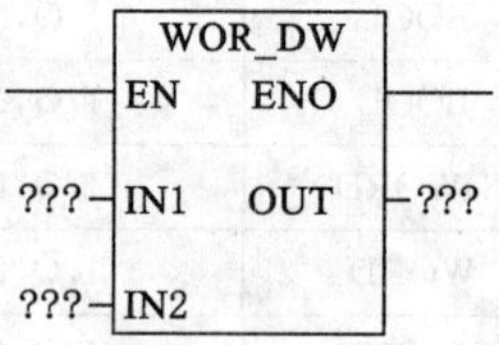	双字或运算
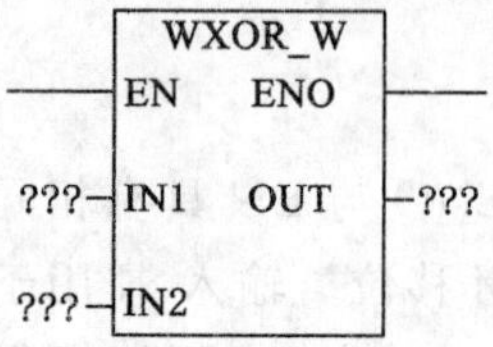	单字异或运算	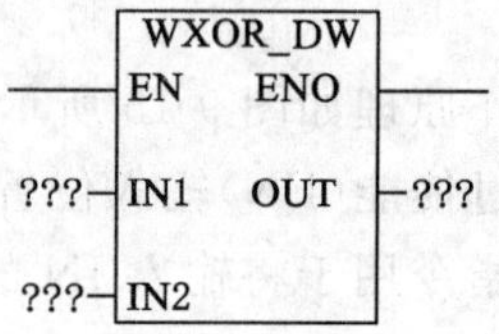	双字异或运算

WOR_W(单字或运算)

符号：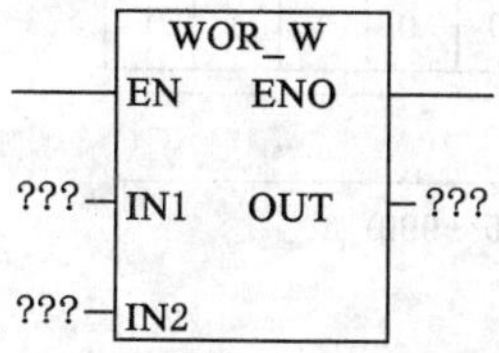

参数	数据类型	存储区	描述
EN	BOOL	I,Q,M,L,D	启用输入
ENO	BOOL	I,Q,M,L,D	启用输出
IN1	WORD	I,Q,M,L,D	逻辑运算的第一个值
IN2	WORD	I,Q,M,L,D	逻辑运算的第二个值
OUT	WORD	I,Q,M,L,D	逻辑运算的结果字

使能(EN)输入的信号状态为“1”时将激活 WOR_W (单字或运算),并逐位对 IN1 和 IN2 处的两个字值进行或运算。按纯位模式来解释这些值,可以在输出 OUT 扫描结果。

ENO 与 EN 的逻辑状态相同。

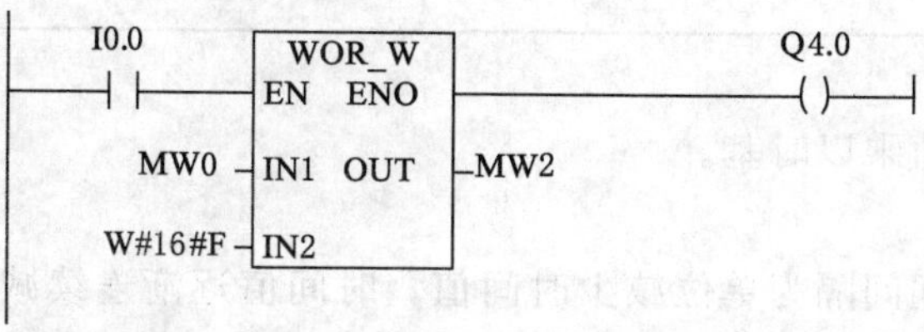

如果 I0.0 为“1”,则执行 WOR_W 指令,将位 0～3 设置为“1”,Q4.0 为“1”。

9.13 定时器指令及其应用

9.13.1 定时器在存储器中的位置与定时器组件

9.13.1.1 存储器中的区域

在 CPU 的存储器中,为定时器保留有存储区。该存储区为每一定时器地址保留一个 16 位的字和一个二进制位。定时器的字用来存放它当前的定时时间值。定时器触点的状态由它位的状态来决定。用定时器地址(T＋序号,如 T6)来存取它的时间值和定时器位。带位操作数的指令存取定时器位,带字操作数的指令存储定时器的时间值。

9.13.1.2 定时器字

用户使用的定时器字由 3 位 BCD 码时间值(0～999)和时基组成。

时基是时间基准的简称。时间值以指定的时基为单位。定时器的字格式如图 9-16 所示。

9.13.1.3 时间基准

时基定义时间值递减的单位时间间隔。时基越小,分辨率越高,定时时间越短。

定时器字的第 12 和 13 位包含二进制编码的时间基准。时间基准定义时间值以一个单

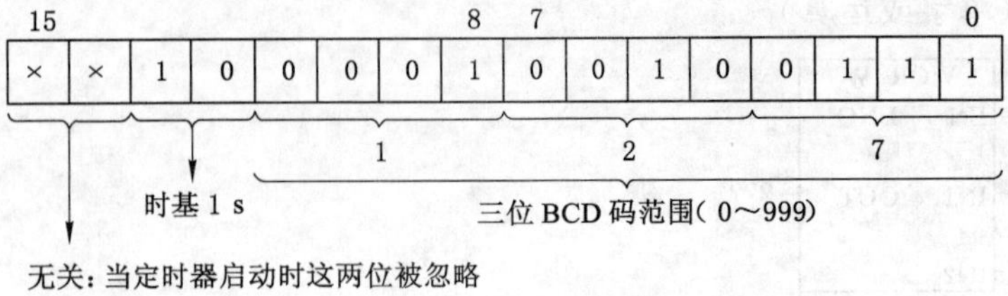

图 9-16　定时器的字格式

位递减的间隔。最小的时间基准是 10 ms,最大为 10 s。时基设定见表 9-5。

表 9-5　　时基设定

时基	时基的序号	分辨率	定 时 范 围
10 ms	0　0—0	0.01 s	10 ms 至 9 s_990 ms
100 ms	0　1—1	0.1 s	100 ms 至 1 m_39 s_900 ms
1 s	1　0—2	1 s	1 s 至 16 m_39 s
10 s	1　1—3	10 s	10 s 至 2 h_46 m_30 s

实际的定时时间等于时间值乘以时基。

9.13.1.4　时间值

时间刷新以时基规定的时间间隔为单位减少时间值。时间值逐渐连续减少,一直到等于“0”。时间值可以以二进制、十六进制和二-十进制(BCD)格式输入累加器 1 的低位字。可以用以下任一格式预装入时间值。

(1) W＃16＃wxyz

其中,w ＝ 时间基准(即时间间隔或分辨率),此处 xyz＝以二进制编码的十进制格式表示的时间值,取值范围 0～999。该方式输入的最大时间值是 9 990 s,例如,

W＃16＃3999,时基为 10 s,定时时间为 9 990 s

(2) S5T＃aH_bM_cS_dMS

其中,H＝小时,M＝分钟,S＝秒,MS＝毫秒;a、b、c、d 由用户定义。

自动选择时间基准,其值舍入为具有该时间基准的下一个较小的数字。可以输入的最大时间值是 9 990 s 或 2H_46M_30S,例如,

S5TIME＃4S ＝ 4 秒

S5t＃2h_15m ＝ 2 小时 15 分钟

S5T＃1H_12M_18S ＝ 1 小时 12 分钟 18 秒

9.13.1.5　时间单元中的位组态

定时器启动时,定时器单元的内容用作时间值。定时器单元的 0～11 位容纳二进制编码的十进制时间值(BCD 格式:由四位组成的每一组都包含一个十进制值的二进制代码)。第 12 和 13 位存放二进制编码的时间基准。

图 9-16 显示装载了时间值 127,时间基准 1 秒的定时器单元的内容。

9.13.1.6　读取时间和时间基准

每个定时器逻辑框提供两种输出:BI 和 BCD,从中可指示一个字位置。BI 输出提供二进制格式的时间值。BCD 输出提供二进制编码的十进制(BCD)格式的时间基准和时间值。

9.13.1.7　选择正确的定时器

定时器可以提供等待时间或监控时间,定时器还可以产生一定宽度的脉冲,也可以测量时间。S7-300PLC 提供了五种不同类型的定时器,定对器功能描述见表 9-6,定时器时序如图 9-17 所示。

表 9-6　定时器功能描述

定时器	名称	描　述
S_PULSE	脉冲定时器	输出信号保持在 1 的最长时间与编程时间值 t 相同。如果输入信号变为 0,则输出信号停留在 1 的时间会很短
S_PEXT	扩展脉冲定时器	输出信号在编程时间长度内始终保持在 1,而与输入信号停留在 1 的时间长短无关
S_ODT	接通延时定时器	仅在编程时间到期,且输入信号仍为 1 时,输出信号变为 1
S_ODTS	带保持的接通延时定时器	输出信号仅在编程时间到期时才从 0 变为 1,而与输入信号停留在 1 的时间长短无关
S_OFFDT	断开延时定时器	在输入信号变为 1 或在定时器运行时,输出信号变为 1。当输入信号从 1 变为 0 时启动计时器

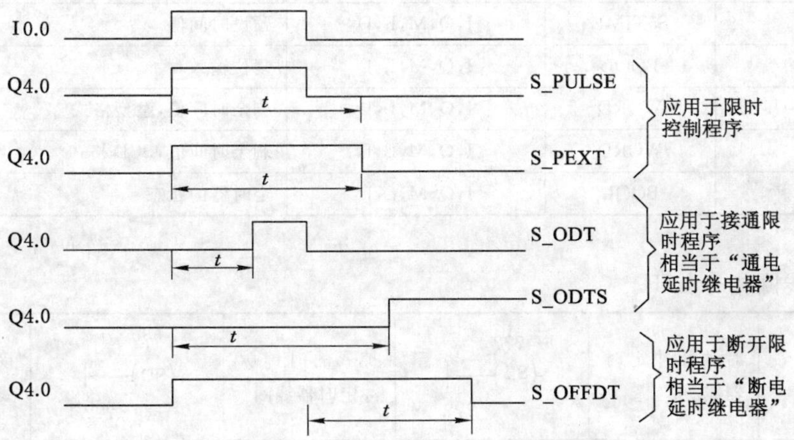

图 9-17　五种类型定时器的时序图

9.13.2　定时器指令

定时器从结构上分为梯形图方块指令和线圈指令两种。定时器方块指令如下。

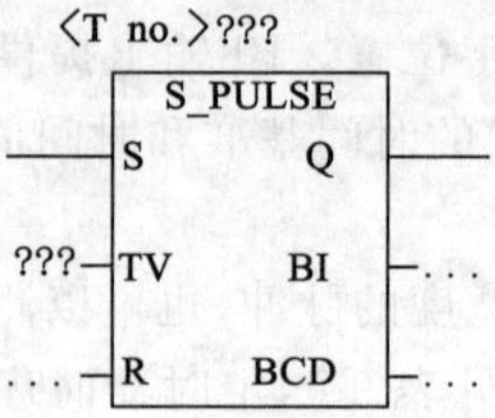	S_PULSE 脉冲 S5 定时器	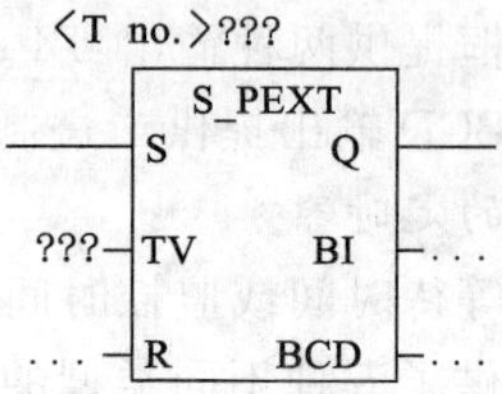	S_PEXT 扩展脉冲 S5 定时器
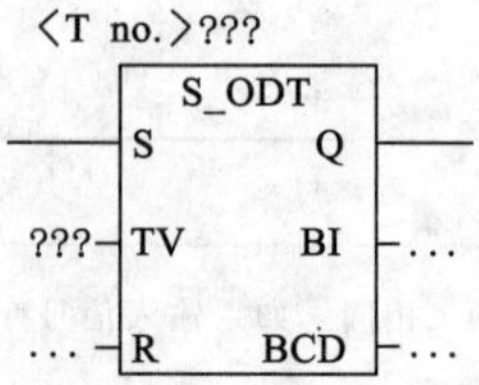	S_ODT 接通延时 S5 定时器	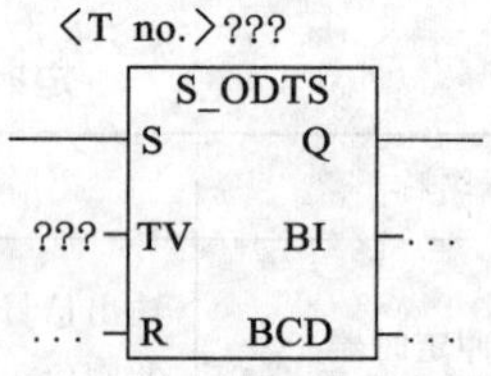	S_ODTS 保持接通延时 S5 定时器
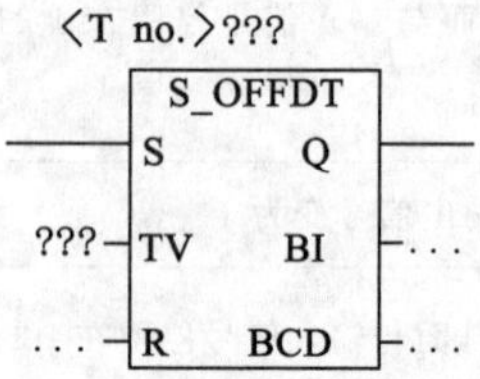	S_OFFDT 断开延时 S5 定时器		

参数英语	数据类型	存储区	描　述
T no.	定时器	T	定时器标识号，范围取决于 CPU
S	BOOL	I,Q,M,L,D	使能输入
TV	S5TIME	I,Q,M,L,D	预设时间值
R	BOOL	I,Q,M,L,D	复位输入
BI	WORD	I,Q,M,L,D	剩余时间值，整型格式
BCD	WORD	I,Q,M,L,D	剩余时间值，BCD 格式
Q	BOOL	I,Q,M,L,D	定时器的状态

定时器线圈指令如下。

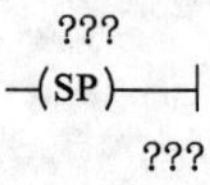	时钟脉冲定时器线圈	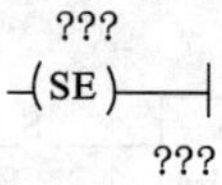	扩展的时钟脉冲定时器线圈	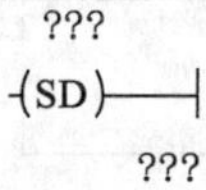	接通延迟定时器线圈
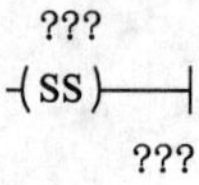	带保持的接通延迟定时器线圈	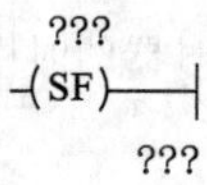	断开延迟定时器线圈		

9.13.2.1　S_PULSE 脉冲 S5 定时器

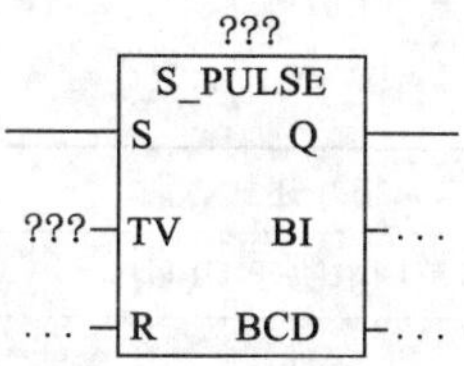

如果在启动(S)输入端有一个上升沿,S_PULSE(脉冲 S5 定时器)将启动指定的定时器。信号变化始终是启用定时器的必要条件。定时器在输入端 S 的信号状态为“1”时运行,但最长周期是由输入端 TV 指定的时间值。只要定时器运行,输出端 Q 的信号状态就为“1”。

如果在时间间隔结束前,S 输入端从“1”变为“0”,则定时器将停止。这种情况下,输出端 Q 的信号状态为“0”。如果在定时器运行期间定时器复位(R)输入从“0”变为“1”时,则定时器将被复位。当前时间和时间基准也被设置为零。如果定时器不是正在运行,则定时器 R 输入端的逻辑“1”没有任何作用。S_PULSE 脉冲 S5 定时器工作时序如图 9-18 所示。

可在输出端 BI 和 BCD 扫描当前时间值。时间值在 BI 端是二进制编码,在 BCD 端是 BCD 编码。当前时间值为初始 TV 值减去定时器启动后经过的时间。

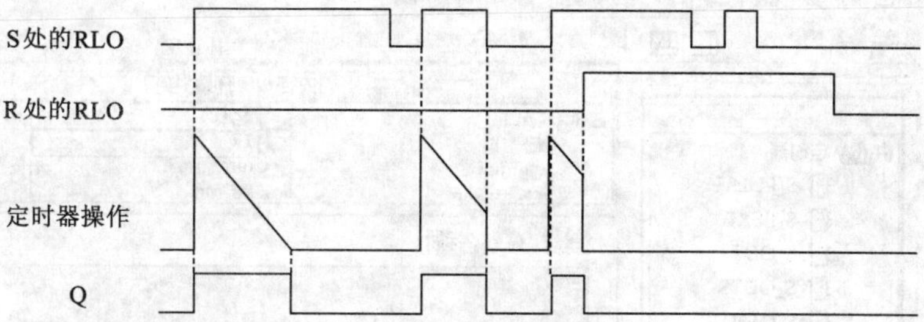

图 9-18　S_PULSE 脉冲 S5 定时器工作时序

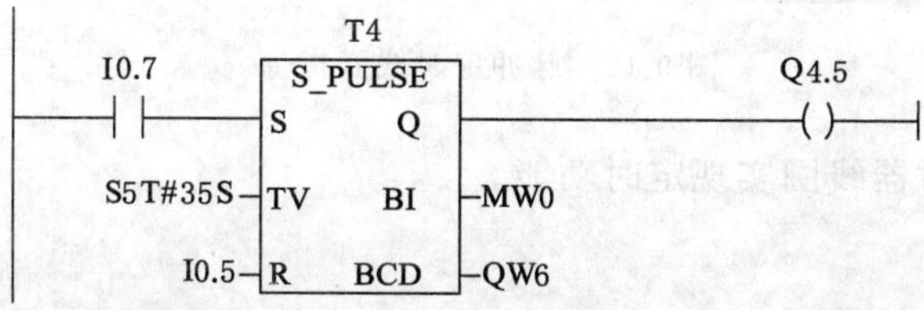

如果输入端 I0.7 的信号状态从“0”变为“1”,则定时器 T4 将启动。只要 I0.7 为“1”,定时器就将继续运行指定的时间(35s)。如果定时器达到预定时间前,I0.7 的信号状态从“1”变为“0”,则定时器将停止。如果输入端 I0.5 的信号状态从“0”变为“1”,而定时器仍在运行,则时间复位。只要定时器运行,输出端 Q4.5 就是逻辑“1”,如果定时器预设时间结束或复位,则输出端 Q4.0 变为“0”。

9.13.2.2　——(SP)脉冲定时器线圈

——(SP)脉冲定时器线圈指令也可以实现脉冲定时器功能,脉冲定时器线圈指令如下。

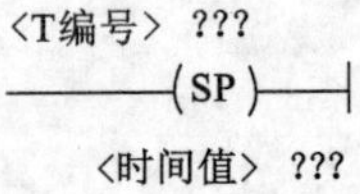

参数	数据类型	存储区	描　述
<T 编号>	定时器	T	定时器标识号,范围取决于 CPU
<时间值>	S5TIME	I,Q,M,L,D	预设时间值

如果 RLO 状态有一个上升沿,——(SP)(脉冲定时器线圈)将以该<时间值>启动指定的定时器。只要 RLO 保持正值("1"),定时器就继续运行指定的时间间隔。只要定时器运行,计数器的信号状态就为"1"。如果在达到时间值前,RLO 中的信号状态从"1"变为"0",则定时器将停止。这种情况下,对于"1"的扫描始终产生结果"0"。

可以通过程序编辑器右侧的导航栏选择脉冲定时器线圈指令,如图 9-19 所示。

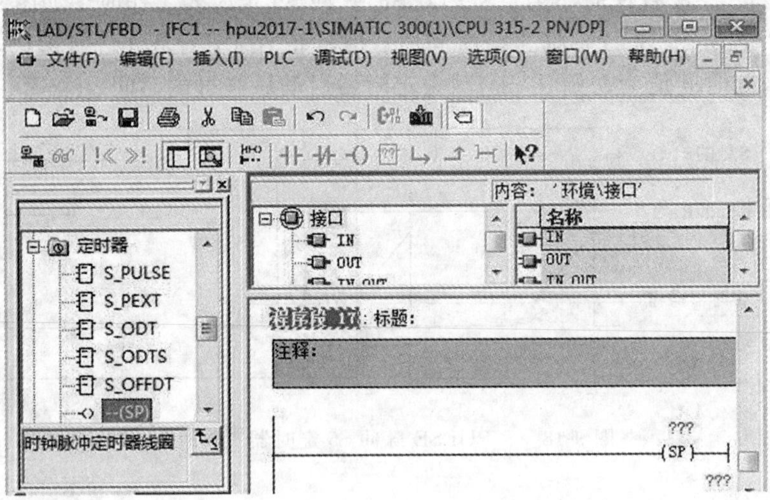

图 9-19　脉冲定时线圈指令

【示例】 采用定时器线圈实现定时功能。

程序段 1:

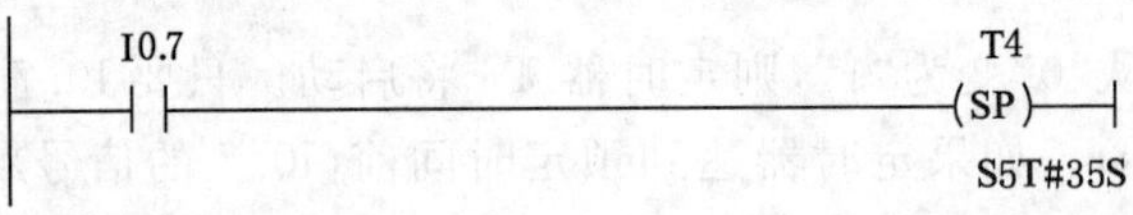

程序段 2:

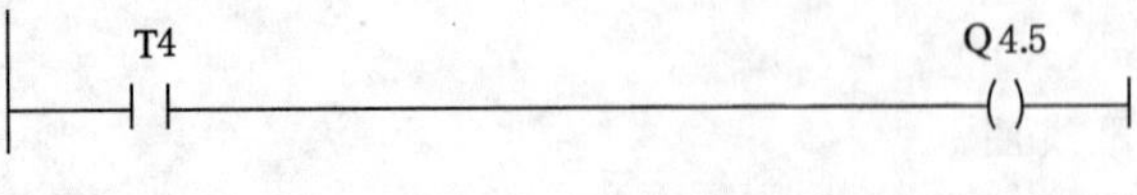

程序段 3:

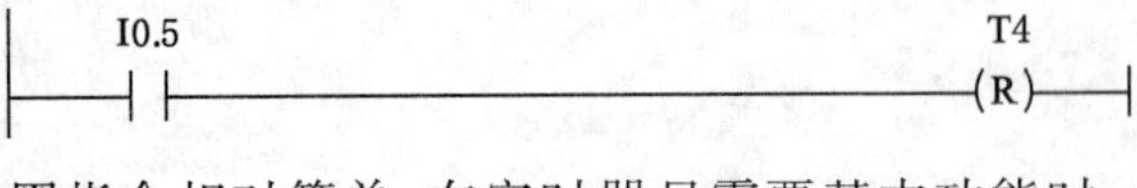

注意:线圈指令相对简单,在定时器只需要基本功能时,使用线圈指令更为方便。

9.13.2.3　S_PEXT 扩展脉冲 S5 定时器

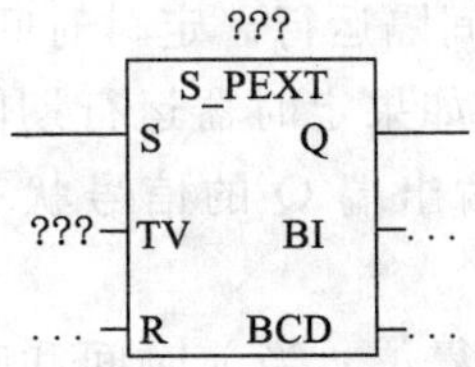

S_PEXT 扩展脉冲 S5 定时器工作时序如图 9-20 所示。

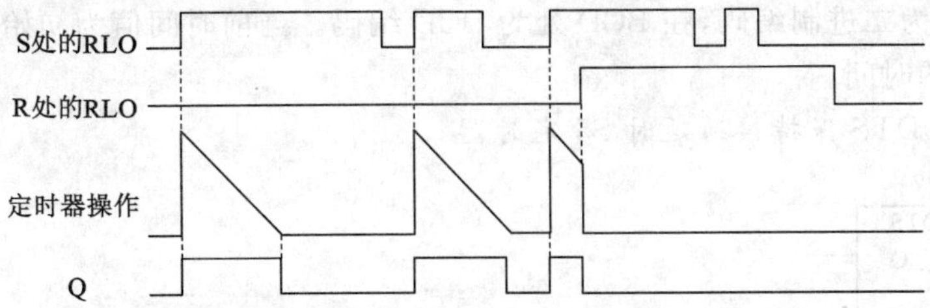

图 9-20　S_PEXT 扩展脉冲 S5 定时器工作时序

如果在启动(S)输入端有一个上升沿，S_PEXT(扩展脉冲 S5 定时器)将启动指定的定时器。信号变化始终是启用定时器的必要条件。定时器以在输入端 TV 指定的预设时间间隔运行，即使在时间间隔结束前，S 输入端的信号状态变为“0”。只要定时器运行，输出端 Q 的信号状态就为“1”。如果在定时器运行期间输入端 S 的信号状态从“0”变为“1”，则将使用预设的时间值重新启动(“重新触发”)定时器。

如果在定时器运行期间复位(R)输入从“0”变为“1”，则定时器复位。当前时间和时间基准被设置为零。可在输出端 BI 和 BCD 扫描当前时间值。时间值在 BI 处为二进制编码，在 BCD 处为 BCD 编码。当前时间值为初始 TV 值减去定时器启动后经过的时间。

9.13.2.4　S_ODT 接通延时 S5 定时器

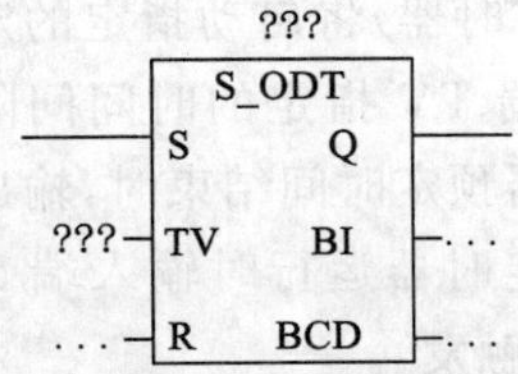

S_ODT 接通延时 S5 定时器工作时序如图 9-21 所示。

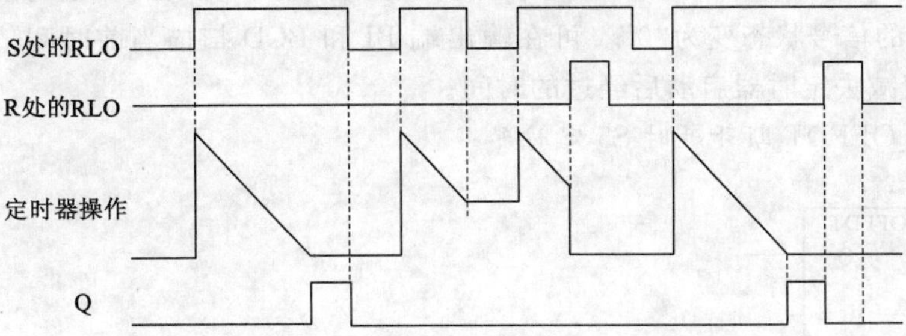

图 9-21　S_ODT 接通延时 S5 定时器工作时序

如果在S输入端有一个上升沿，S_ODT（接通延时S5定时器）将启动指定的定时器。只要输入端S的信号状态为正，定时器就以输入端TV指定的时间间隔运行。定时时间到，并且S输入端的信号状态仍为“1”时，输出端Q的信号状态为“1”。如果定时器运行期间输入端S的信号状态从“1”变为“0”，定时器将停止。这种情况下，输出端Q的信号状态为“0”。

如果在定时器运行期间复位（R）输入从“0”变为“1”，则定时器复位。当前时间和时间基准被设置为零，输出端Q的信号状态变为“0”。可在输出端BI和BCD扫描当前时间值。时间值在BI处为二进制编码，在BCD处为BCD编码。当前时间值为初始TV值减去定时器启动后经过的时间。

9.13.2.5　S_ODTS保持接通延时S5定时器

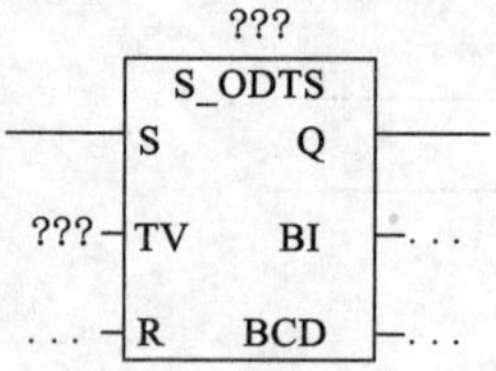

S_ODTS保持接通延时S5定时器工作时序如图9-22所示。

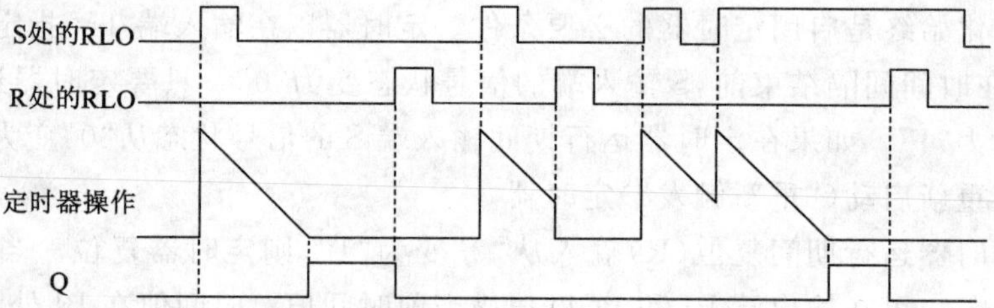

图9-22　S_ODTS保持接通延时S5定时器工作时序

如果在S输入端有一个上升沿，S_ODTS（保持接通延时S5定时器）将启动指定的定时器。信号变化始终是启用定时器的必要条件。定时器以在输入端TV指定的时间间隔运行，即使在时间间隔结束前，输入端S的信号状态变为“0”。定时器预定时间结束时，输出端Q的信号状态为“1”，而无论输入端S的信号状态如何。如果在定时器运行时输入端S的信号状态从“0”变为“1”，则定时器将以指定的时间重新启动（重新触发）。

如果复位（R）输入从“0”变为“1”，则无论S输入端的RLO如何，定时器都将复位。然后，输出端Q的信号状态变为“0”。可在输出端BI和BCD扫描当前时间值。当前时间值为初始TV值减去定时器启动后经过的时间。

9.13.2.6　S_OFFDT断开延时S5定时器

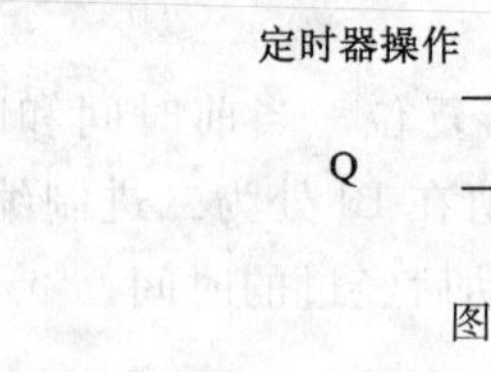

S_OFFDT 定时器工作时序如图 9-23 所示。

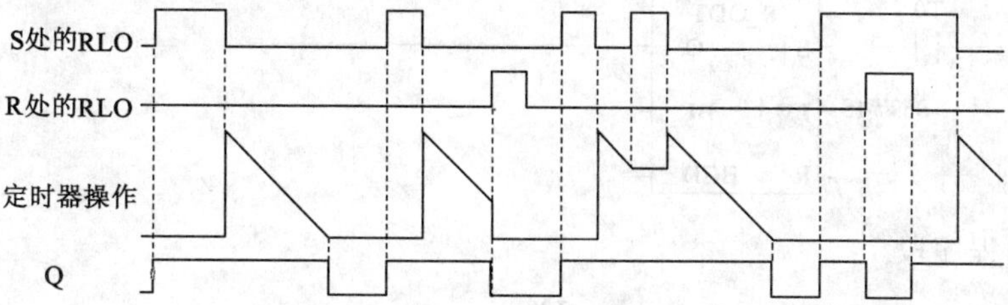

图 9-23　S_OFFDT 断开延时 S5 定时器工作时序

如果在启动(S)输入端有一个下降沿，S_OFFDT(断开延时 S5 定时器)将启动指定的定时器。信号变化始终是启用定时器的必要条件。如果 S 输入端的信号状态为"1"，或定时器正在运行，则输出端 Q 的信号状态为"1"。在定时器运行期间输入端 S 的信号状态从"0"变为"1"时，定时器将复位。输入端 S 的信号状态再次从"1"变为"0"后，定时器才能重新启动。在定时器运行期间复位(R)输入从"0"变为"1"时，定时器将复位。可在输出端 BI 和 BCD 扫描当前时间值。时间值在 BI 端是二进制编码，在 BCD 端是 BCD 编码。当前时间值为初始 TV 值减去定时器启动后经过的时间。

9.13.3　定时器指令应用

【例 9-8】　方波信号发生器。

利用定时器可以设计一个方波信号发生器，方波信号波形如图 9-24 所示。当 I0.0 为 1 时，Q4.0 输出方波信号，方波周期为 3 s，高电平宽度为 1 s。

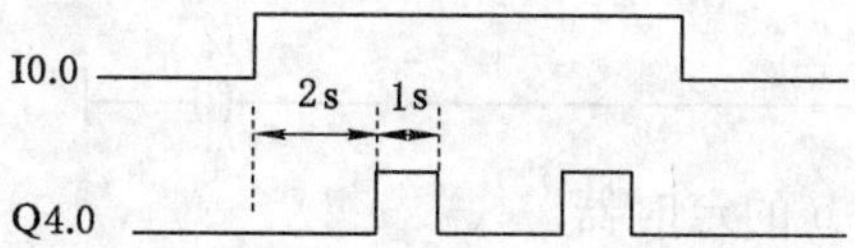

图 9-24　方波信号波形

分析：可采用两个定时器来实现"0"和"1"的维持时间。并通过调节定时器的定时值来实现所需的占空比。先实现延迟 2 s 后的输出高电平，采用接通延时 SD 型定时器。

解法 1：定时器方块指令时序

程序段 1：

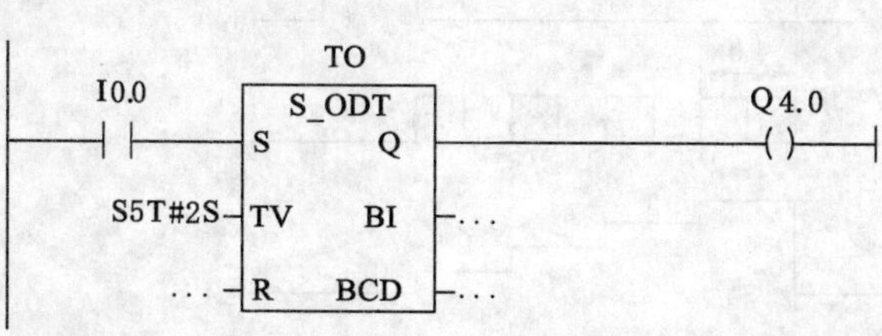

定时器 T0 输出高电平后，再启动定时器 T1，定时 1 s，T1 时间到停止定时器 T0。

程序段 2：

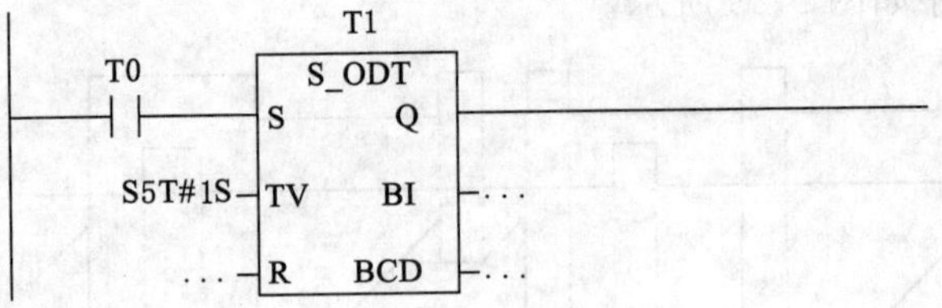

修改后的程序段 1：

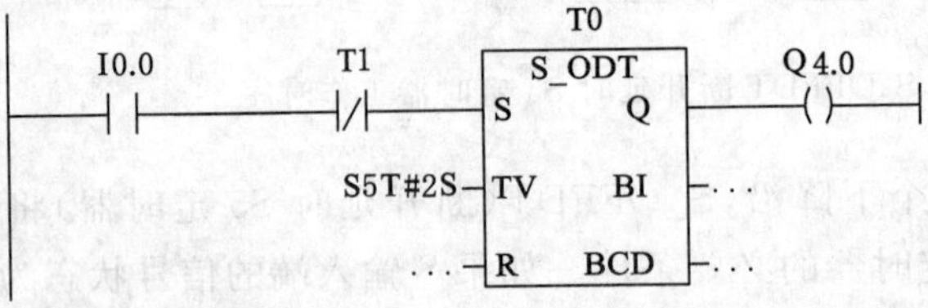

解法 2：用线圈指令实现

程序段 1：

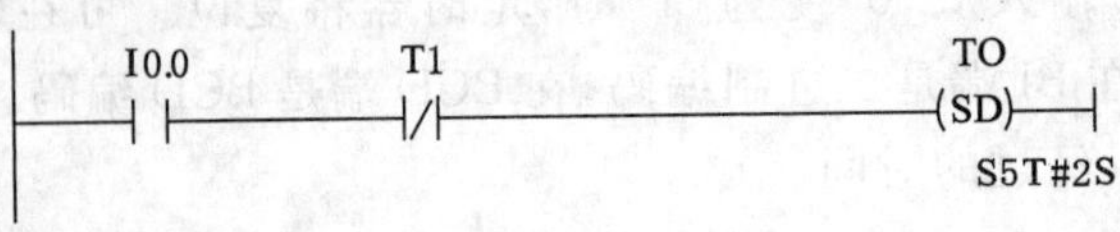

程序段 2：

【例 9-9】 设计一个 16 h 的定时器。

分析：

(1) S7300/400 定时器定时值最长为 2 h 46 min 30 s，如何解决？

(2) 可采用计数器扩展定时器的定时值：定时时间＝计数值×脉冲周期。

16 h 的定时器工作时序如图 9-25 所示。

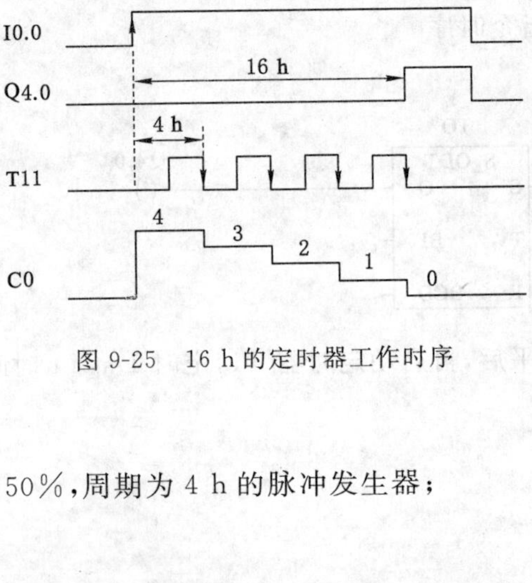

图 9-25　16 h 的定时器工作时序

解：

(1) 设计一个占空比 50%，周期为 4 h 的脉冲发生器；

(2) 用脉冲发生器来控制法减法计数器；

(3) 计数到，则输出状态 1，表示定时到。

程序段 1：

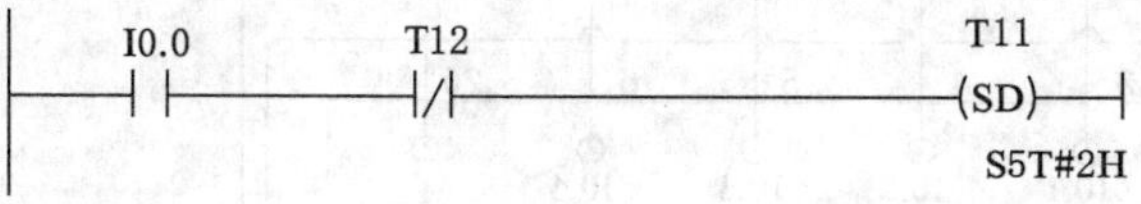

程序段 2：

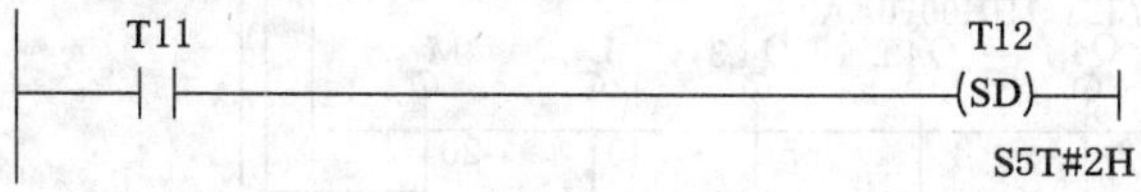

程序段 3：

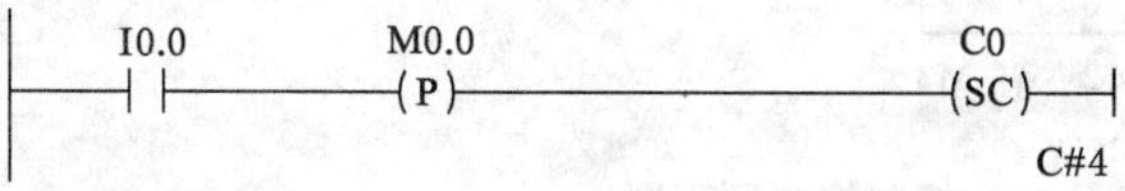

程序段 4：

程序段 5：

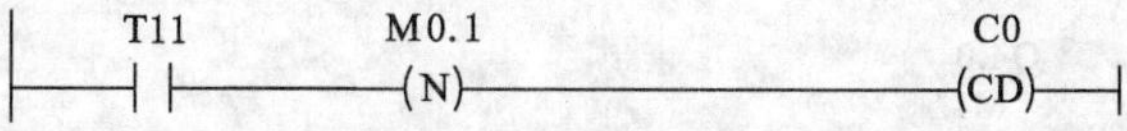

程序段 6：

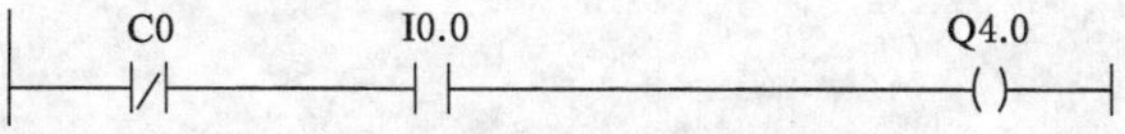

【例 9-10】 电动机顺序启动控制程序。

有 3 台电动机 M1、M2、M3，按下启动按钮后 M1 启动，延时 5 s 后 M2 启动，再延时 16 s 后 M3 启动。

(1) 定义符号地址，符号见表 9-7。

表 9-7　　符号

符号	地址	数据类型
启动	I0.0	BOOL
停止	I0.1	BOOL
M1	Q4.0	BOOL
M2	Q4.1	BOOL
M3	Q4.2	BOOL

(2) PLC 电气控制原理图如图 9-26 所示。

(3) 梯形图程序

程序段 1：

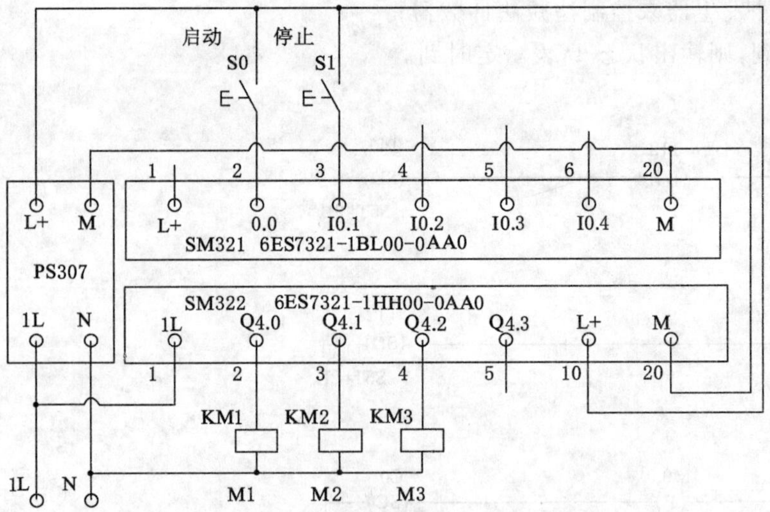

图 9-26 PLC 电气控制控制原理图

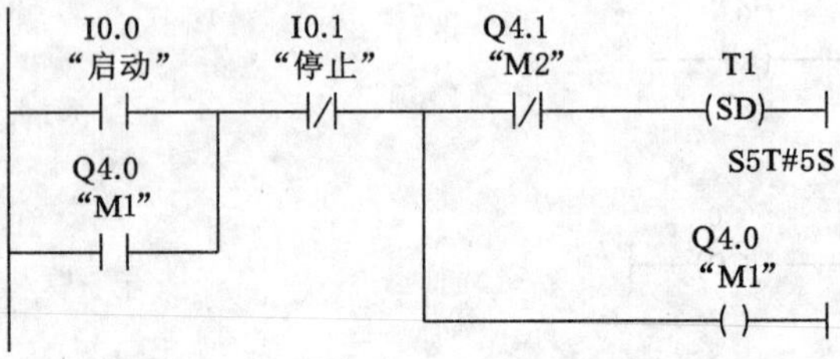

程序段 2：

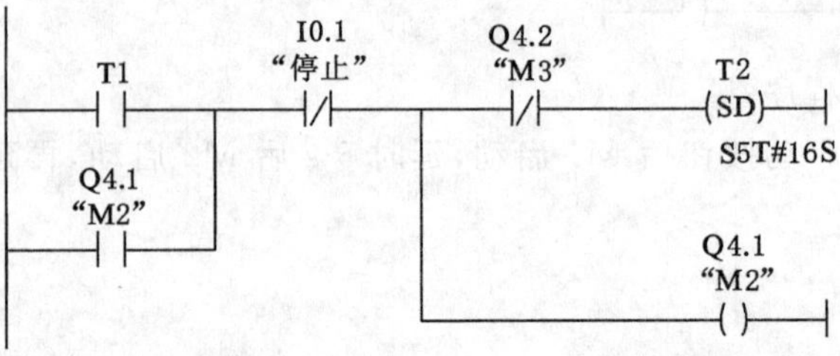

程序段 3：

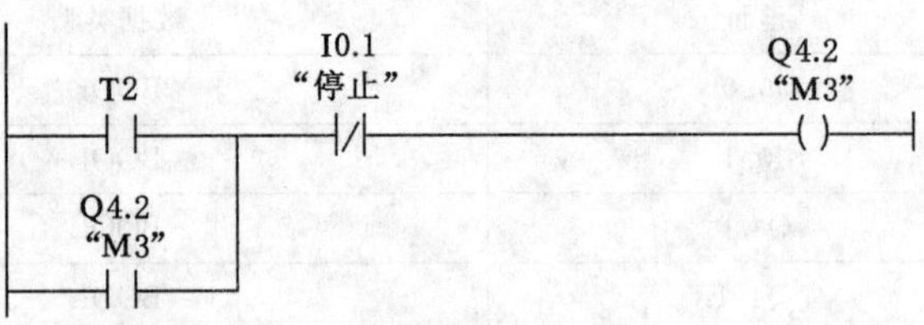

9.14 模拟量输入的标准化(FC105)

在工程中，物理量一般通过变送器转换为标准直流电压信号（如 0～10 V）或电流信号（如 4～20 mA），然后送给模拟量输入模块转换为数字格式。经过 PLC 运算处理后，再经过模拟量输出模块输出标准直流电压信号或者标准电流信号驱动执行器。

现场的过程信号(如液位、温度、压力等)是具有物理单位的工程量值,经过模拟量输入模块转换为数字量(−27 648～+27 648,或 0～+27 648),该数字量不具有工程量值的单位,在程序处理时带来不方便。因此,工程中经常希望将数字量直接转化为实际的工程量值(实数),这个工程量值就是我们平常生活中所接触到的频率、温度、压力等数值,这样方便计算整理,这一个过程称为"模拟量的规范化"(也称为标度变换)。

例如,一个温度传感器检测范围是−100～+100 ℃,经模拟量输入模块转化后的数字量是−27 648～+27 648,如图 9-27 所示。如果 PLC 采集到数字量是 13 824,则对应的实际温度是多少度呢?

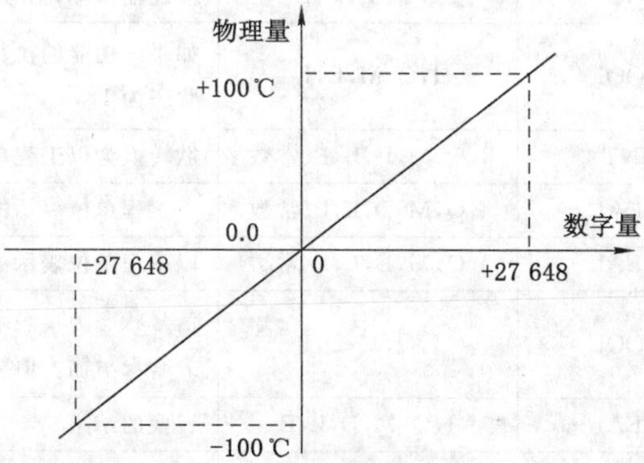

图 9-27　模数转换

通过模拟量规范化就可以很容易标定出采集到的温度是+50.0 ℃。

STEP 7 的"Standard Library"→"TI-S7 Converting Blocks"库中提供了标准块 FC105 SCALE CONVERT,该程序块用于规范化模拟量,如图 9-28 所示。

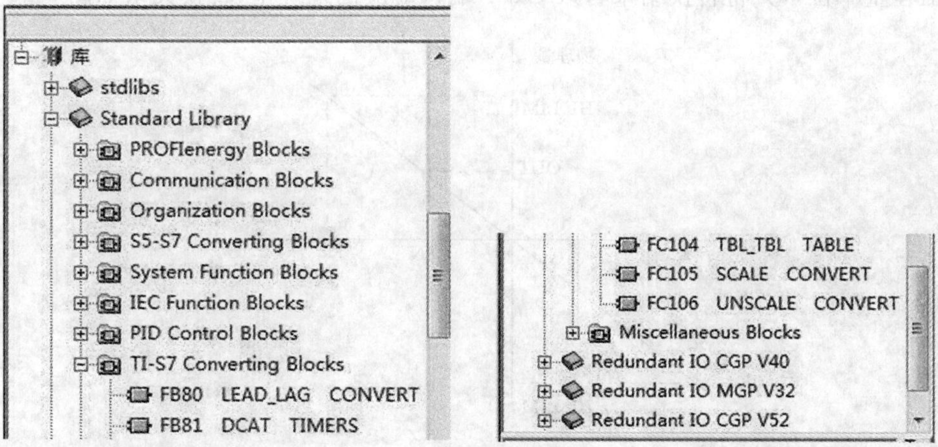

图 9-28　规范模拟程序

双击"FC105 SCALE CONVERT"即可插入该指令,然后给各个管脚指定地址。

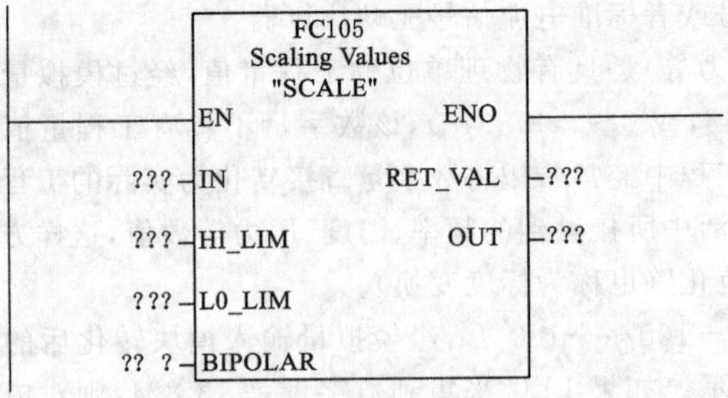

参数	描述	数据类型	存储区	描述
EN	输入	BOOL	I,Q,M,D,L	使能输入端,信号状态为 1 时激活该功能
ENO	输出	BOOL	I,Q,M,D,L	如果该功能的执行无错误,该使能输出端信号状态为 1
IN	输入	INT	I,Q,M,D,L,P、常数	欲转换为以工程单位表示的实型值的输入值
HI_LIM	输入	REAL	I,Q,M,D,L,P、常数	以工程单位表示的上限值
LO_LIM	输入	REAL	I,Q,M,D,L,P、常数	以工程单位表示的下限值
BIPOLAR	输入	BOOL	I,Q,M,D,L	信号状态为 1 表示输入值为双极性,信号状态为 0 表示输入值为单极性
OUT	输出	REAL	I,Q,M,D,L,P	转换的结果
RET_VAL	输出	WORD	I,Q,M,D,L,P	如果该指令的执行没有错误,将返回值 W＃16＃0000。对于 W＃16＃0000 以外的其他值,参见"错误信息"

SCALE 功能是将 IN 端口的整数转换为介于下限(LO_LIM)和上限(HO_LIM)之间的实数(工程量单位),并将转换结果写入 OUT 端口对应的地址中,转换关系如图 9-29 所示。

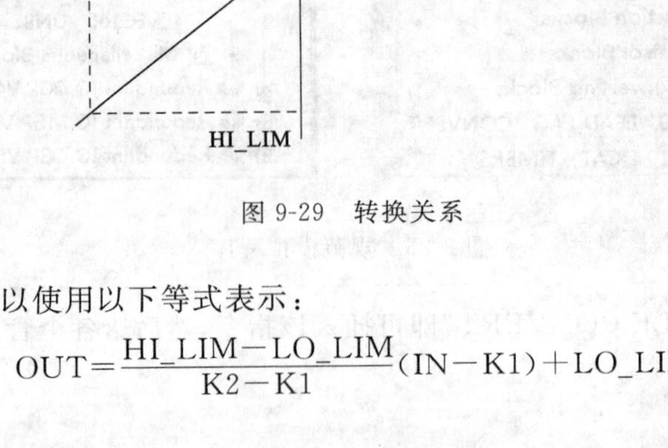

图 9-29 转换关系

SCALE 功能可以使用以下等式表示：

$$OUT=\frac{HI\_LIM-LO\_LIM}{K2-K1}(IN-K1)+LO\_LIM \tag{9-3}$$

常数 K1 和 K2 根据 BIPOLAR 端口的信号状态。BIPOLAR 用于极性设置(见参数表)，一般情况下，如果现场信号为＋10～－10 V(有极性信号)，则设置为“1”，如果现场信号为 4～20 mA(单极性信号)，则设置为“0”。

BIPOLAR 的信号状态为“1”，表示双极性信号，假定 IN 端口输入整型值为－27 648～27 648，K1＝－7 648，K2＝＋27 648。

BIPOLAR 的信号状态为“0”，表示双极性信号，UNIPOLAR：假定 IN 输入整型值介于 0～27 648，K1＝0，K2＝＋27 648。

如果输入整型值大于 K2，输出(OUT)将钳位于 HI_LIM，并返回一个错误。如果输入整型值小于 K1，输出将钳位于 LO_LIM，并返回一个错误。ENO 的信号状态将设置为 0，RET_VAL 等于 W＃16＃0008。

通过设置 LO_LIM ＞ HI_LIM 可获得反向标定。使用反向转换时，输出值将随输入值的增加而减小。

【例 9-11】 压力传感器/变送器检测范围 0～500 kPa，输出 0～10 V 直流电压信号，经模拟量输入模块转换后的数字量范围 0～276 48，存储到模拟量输入模块 PIW304 地址中。

将模拟量输入模块 PIW304 地址中的数字量转换为 0.0～500.0 kPa 的实型值，并写入 MD104 地址中(实数占用 4 个字节)，错误信息存储到 MW102 地址中。

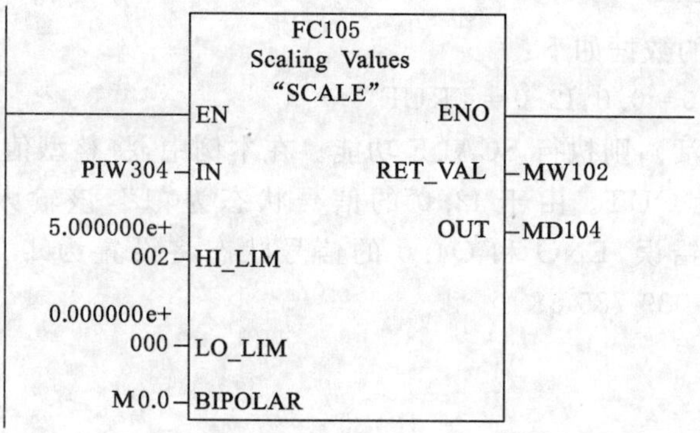

本例中 M0.0 为“0”，该输入值为单极性，按照图 9-30 进行转换。

若 M0.0 为“1”，输入值为双极性，按照图 9-31 进行转换。

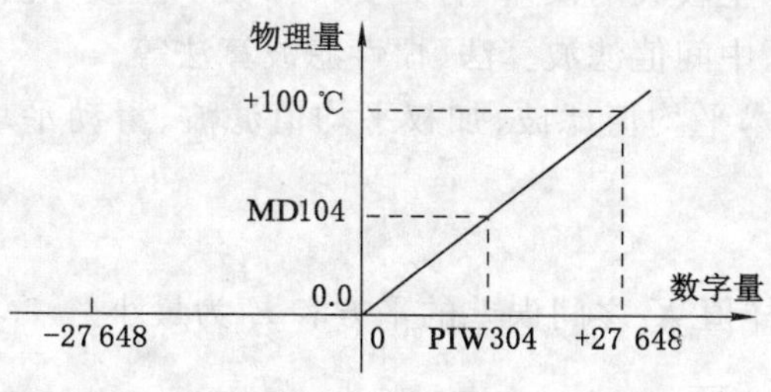

图 9-30　M0.0 为 0 的转换

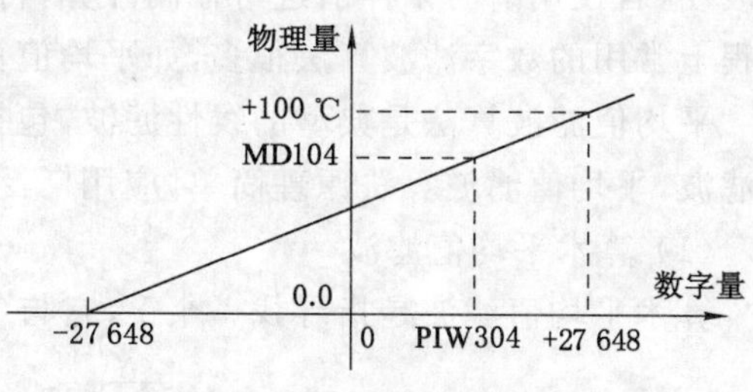

图 9-31　M0.0 为 1 的转换

BIPOLAR 端口设置为 1 还是 0 要根据传感器输出信号的范围。一般情况下，如果现场信号为－10～＋10 V(有极性信号)，转换后的数字量为双极性数字－27 548～＋27 648，则设置为“1”，如果现场信号为 4～20 mA(单极性信号)，转换后的数字量为单极性数字

0～＋27 648,则设置为“0”。

注意:

(1) FC105 输入端口 IN 要求 INT 类型的数据,如果输入数据为 PIW 地址中的数据,需要注意的是,当 PIW 没有在符号表内定义,默认 INT 格式,可以直接使用;若 PIW 在符号表内定义了,则只能使用定义的格式,默认的格式是 WORD,需要转换成 INT 类型,否则类型不一致,要出错。

(2) HI_LIM 和 LO_LIM 输入口的数据类型为 REAL,如例题中的压力范围为 0～500 kPa,当直接输入常数时,要输入浮点数。如输入 HI_LIM 端口数据时,要输入 500.0,输入 HI_LIM 端口数据时,要输入 0.0,否则将出错。

【示例】

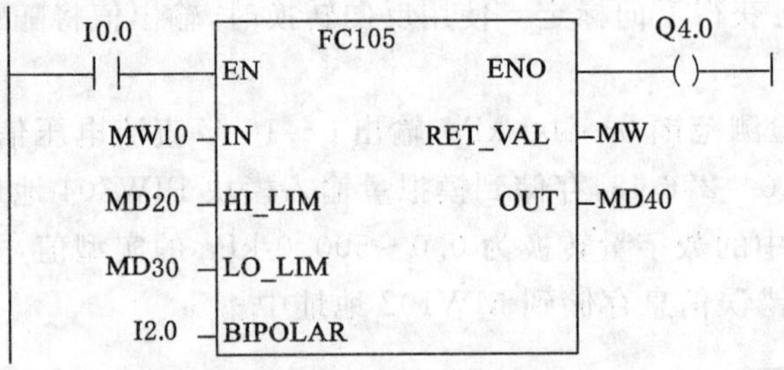

假设执行 FC105 之前,各地址中的数据如下:

MW10＝22,MD20＝100.0,MD30＝0.0,I2.0＝TRUE

当输入 I0.0 的信号状态为 1(激活),则执行 SCALE 功能。在本例中,将整型值 22 转换为 0.0～100.0 的实型值,并写入 OUT。由于 I2.0 的信号状态为“1”,该输入值为 BIPOLAR。如果该功能的执行没有错误,ENO 和 Q4.0 的信号状态将设置为 1,RET_VAL 等于 W＃16＃0000,MD40＝50.039 785 88

9.15 模拟量采集滤波

在实际工业生产过程中,传感器输出的电压、电流信号经常会受到瞬时干扰而产生较大的波动,若仅用瞬时采样值进行控制计算,将会产生较大的误差,有必要采样数字滤波方法。工程上常用的数字滤波算法很多,如平均值算法、中间值滤波算法、惯性滤波算法等。

平均值滤波算法是典型的线性滤波,包括算术平均值滤波、加权平均值滤波、滑动平均值滤波,平均值滤波算法原理简单,应用广泛。

(1) 算术平均值滤波

算术平均值滤波是指寻找一个 Y,它与各采样值 X_k 之间误差的平方和 E 为最小。

$$E = \min\left[\sum_{k=1}^{N} e_k^2\right] = \min\left[\sum_{k=1}^{N} (Y - X_k)^2\right] \tag{9-4}$$

根据极值原理得:

$$Y = \frac{1}{N}\sum_{k=1}^{N} X_k \tag{9-5}$$

算术平均值滤波就是连续取 N 个采样值，然后进行算术平均运算。N 值较大时，信号平滑度较高，但灵敏度较低；N 值较小时，信号平滑度较低，但灵敏度较高。N 值的选取：一般流量信号 $N=12$，压力信号 $N=4$。

算术平均值滤波主要适用于对压力、流量等周期脉动的采样值进行平滑加工，但对于脉冲性干扰信号的平滑效果欠佳。

(2) 加权平均值滤波

算术平均滤波存在平滑性和灵敏度的矛盾。采样次数太少则平滑效果差，次数太多则灵敏度下降，对测量参数的变化趋势不敏感。为协调两者关系，可采用加权平均滤波。加权平均滤波是对每次采样值赋以不同的权系数，以增加新采样值的权重。

$$\overline{y}(k)=\sum_{i=1}^{N}C_i x_i \tag{9-6}$$

其中，$\sum_{i=1}^{N}C_i=1, C_1\leqslant C_2\leqslant\cdots\leqslant C_N$。

一般采样值次数越靠后，取的比例越大，这样可增加新的采样值在平均值中所占的比例。这种滤波方法可以根据需要突出信号的某一部分来抑制信号的另一部分，适用于系统纯滞后时间较大而采样周期较短的过程。

(3) 滑动平均值滤波

算术平均值滤波每计算一次有效采样值必须连续进行 N 次采样。滑动平均滤波是在每个采样周期只采样一次，将这一次采样值和过去的若干次采样值一起求平均，所得结果即为当前有效采样值。

具体做法：可用循环队列结构方式来实现数据的存放。如取 N 个采样值求滑动平均，只要在 RAM 中开辟 N 个数据暂存区，每次新采集一个数据便存入暂存区的队尾，同时冲掉队首的一个数据，这样在存储器队列中始终保持有 N 个最新的数据。再求包括新数据在内的 N 个数据的算术平均值或加权平均值。

【例 9-12】 滑动平均值滤波算法：本例通过对最近 3 次采样值求平均值进行软件滤波。

温度传感器检测范围 0～100 ℃，输出 4～20 mA 电流信号，经 S7-300 PLC 的模拟量输入模块进行 A/D 转换后，将转换成 0～27 648 的数字量存入模拟量输入通道地址中(本例模拟量输入通道地址为 PIW256)。

分析：首先将温度传感器的采样值 PIW288 赋给中间变量 MW280，然后经过 FC105 进行工程量转换，存储在实数变量 MD284 中，最后经过 FC81 进行滑动平均值滤波。

梯形图程序如下。

程序段 1：

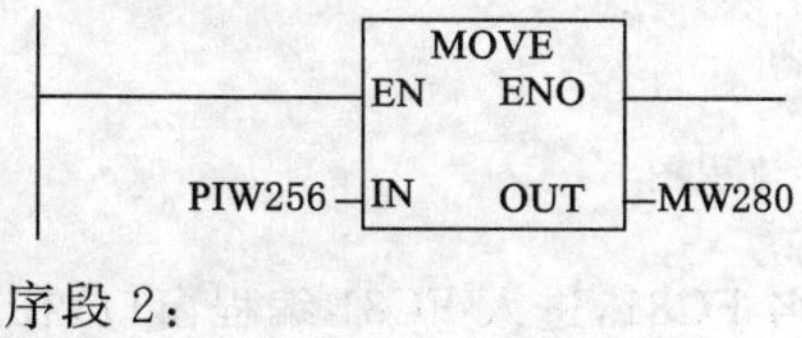

程序段 2：

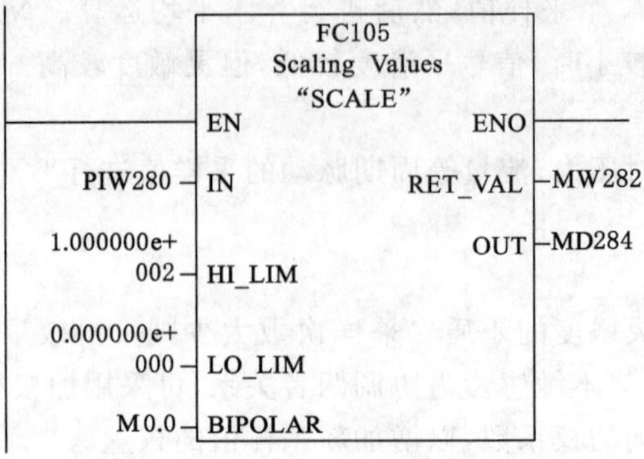

程序段 3:

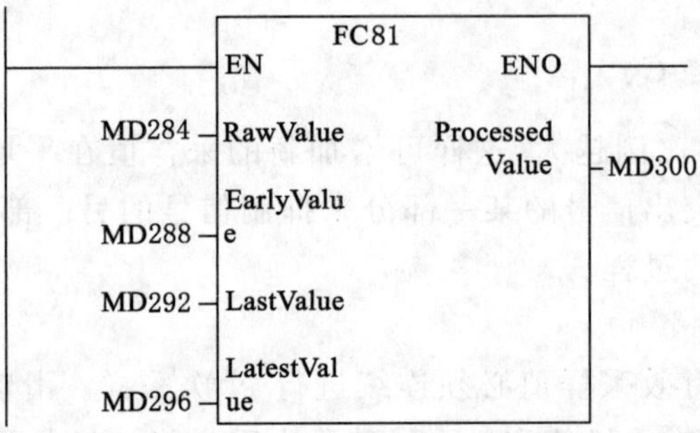

滤波在子程序 FC81 中实现,将最近 3 次温度数据保存在 3 个全局地址区域,每个扫描周期进行更新,以确保是最新的 3 个数。最后,将这 3 个数相加求平均值,完成模拟量滤波。滤波子程序流程图如图 9-32 所示。

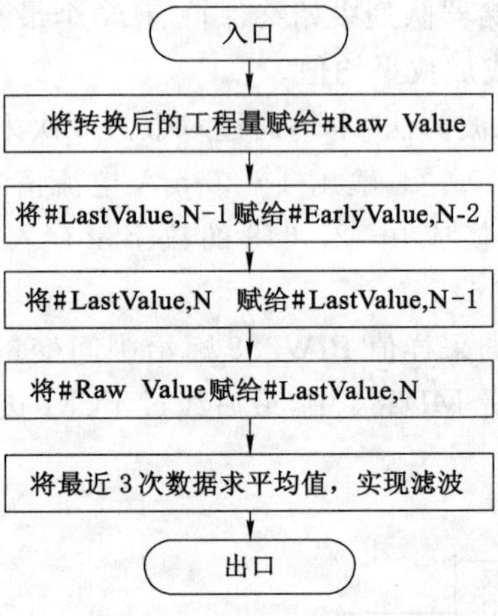

图 9-32　滤波子程序流程图

在 SIMATIC 管理器中,新建一个功能(FC)命名 FC81,进入 FC81 编程窗口,在窗口上方的"变量声明区"对变量进行声明,类型为 IN、IN_OUT 和 OUT 的参数为形参,是调用与被调用模块之间的信息通道,而 TEMP 类型的参数为局部变量,用于保存中间结果。

首先,双击左侧浏览窗口中"接口－＞IN",在右侧编辑区中"名称"一栏输入

“RawValue”,“数据类型”选择 Real,“注释”一栏输入“要处理的温度值”,如图 9-33。

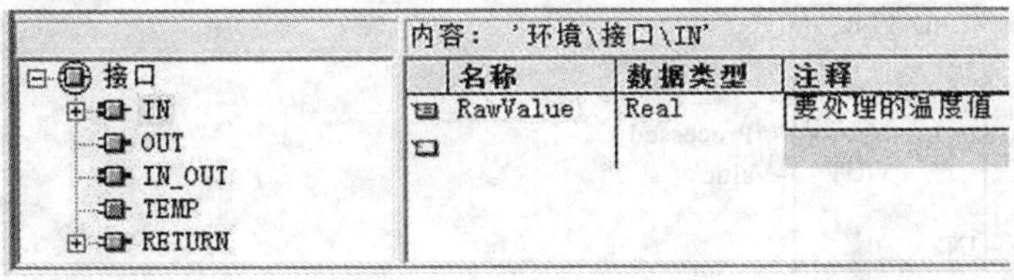

图 9-33　参数设置

其他变量的声明过程类似,FC81 变量声明见表 9-8。

表 9-8　　**FC81 变量声明**

变量名称	变量类型	数据类型	注　释
RawValue	IN	real	要处理的温度值
EarlyValue	IN_OUT	real	最早的温度值,$N-2$
LastValue	IN_OUT	real	较早的温度值,$N-1$
LatestValue	IN_OUT	real	最近的温度值,N
ProcessedValue	OUT	real	滤波后的温度值
temp1	TEMP	real	中间值
temp2	TEMP	real	中间值

FC81 梯形图如下。

程序段 1:

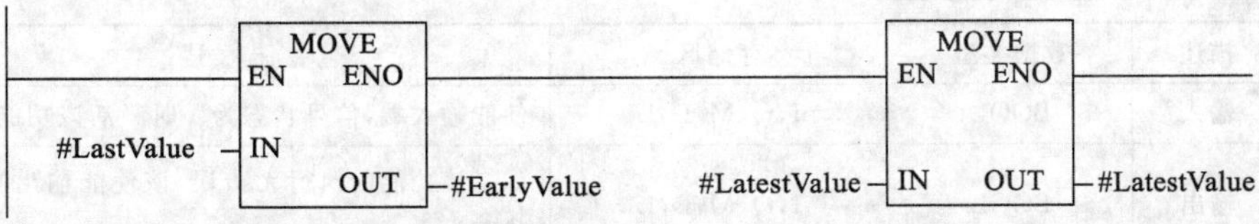

程序段 2:

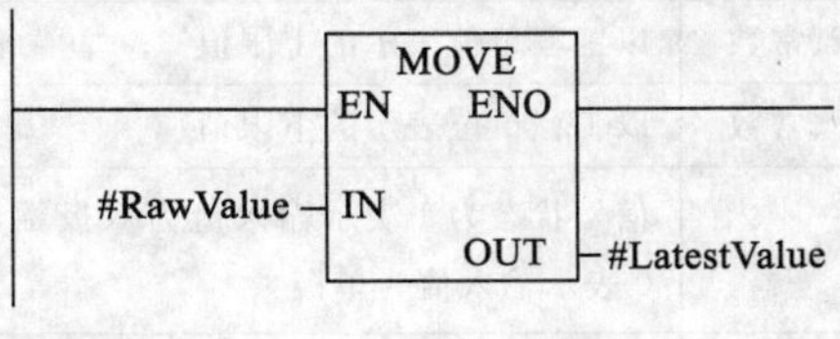

程序段 3:

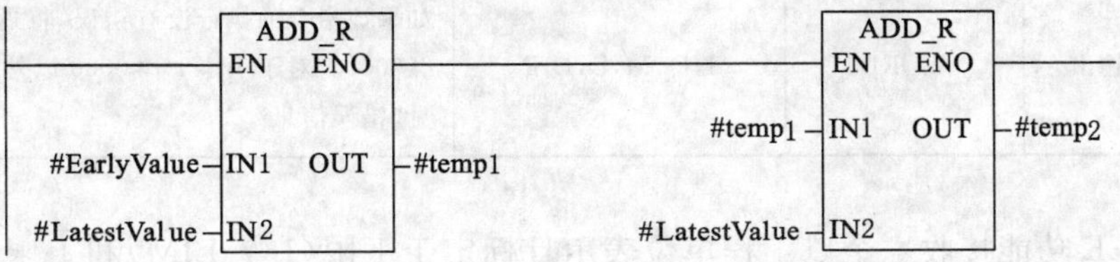

程序段 4：

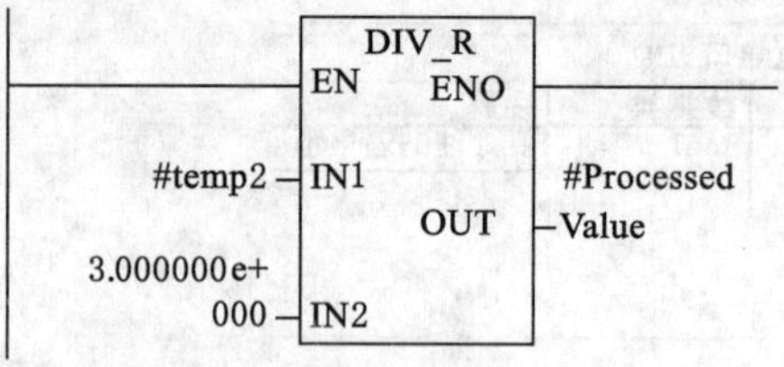

程序段 1、程序段 2 将最近 3 次的温度值进行保存，程序段 3 将最近 3 次温度值相加，程序段 4 将 3 次温度值的和除以 3 求平均值，实现滤波。

9.16 模拟量输出的标准化(FC106)

与 FC105 的规范化功能相反，FC106（UNSCALE CONVERT）能把实际的工程量（物理量）转换为 PQW 中存放的数字量，然后经模拟量输出模块（D/A）转换成电压信号或电流信号输出，驱动负载。FC106 同样可以通过 STEP 7 的“Standard Library”→“TI-S7 Converting Blocks”库添加，FC106 符号如下。

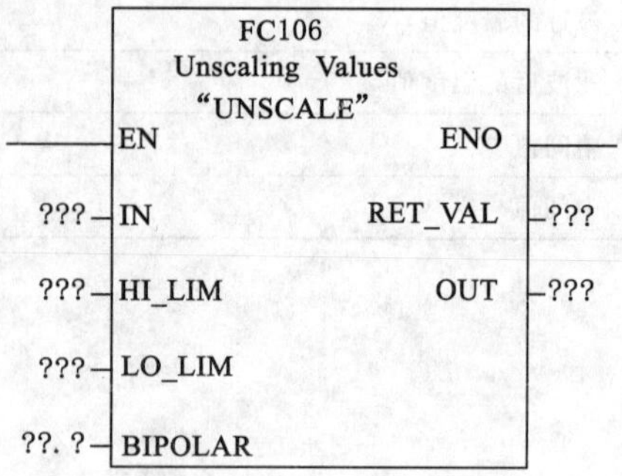

参数	描述	数据类型	存储区	描 述
EN	输入	BOOL	I,Q,M,D,L	使能输入端，信号状态为 1 时激活该功能
ENO	输出	BOOL	I,Q,M,D,L	如果该功能的执行无错误，该使能输出端信号状态为 1
IN	输入	REAL	I,Q,M,D,L,P、常数	欲转换为整型值的输入值
HI_LIM	输入	REAL	I,Q,M,D,L,P、常数	以工程单位表示的上限值
LO_LIM	输入	REAL	I,Q,M,D,L,P、常数	以工程单位表示的下限值
BIPOLAR	输入	BOOL	I,Q,M,D,L	信号状态为 1 表示输入值为双极性，信号状态 0 表示输入值为单极
OUT	输出	INT	I,Q,M,D,L,P	转换结果
RET_VAL	输出	WORD	I,Q,M,D,L,P	如果该指令的执行没有错误，将返回值 W＃16＃0000。对于 W＃16＃0000 以外的其他值，参见“错误信息”

UNSCALE 功能接收一个以工程单位表示且标定于下限（LO_LIM）和上限（HI_LIM）

之间的实型输入值(IN),并将其转换为一个整型值。将结果写入 OUT,转换关系如图 9-34 所示。

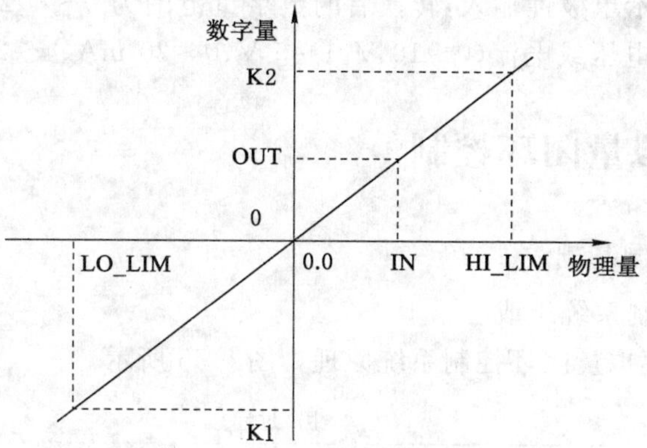

图 9-34　转换关系

UNSCALE 功能可使用以式表示：

$$OUT=\frac{K2-K1}{HI\_LIM-LO\_LIM}(IN-LO\_LIM)+K1 \tag{9-7}$$

K1、K2 的值由 BIPOLAR 端子的状态决定。

BIPOLAR 为"1":K1=－27 648,K2=＋27 648;

BIPOLAR 为"0":K1=0,K2=＋27 648。

如果输入值超出 LO_LIM 和 HI_LIM 范围,输出(OUT)将钳位于距其类型(BIPOLAR 或 UNIPOLAR)指定范围的下限或上限较近的一方,并返回一个错误。ENO 的信号状态将设置为 0,RET_VAL 等于 W＃16＃0008。

【示例】

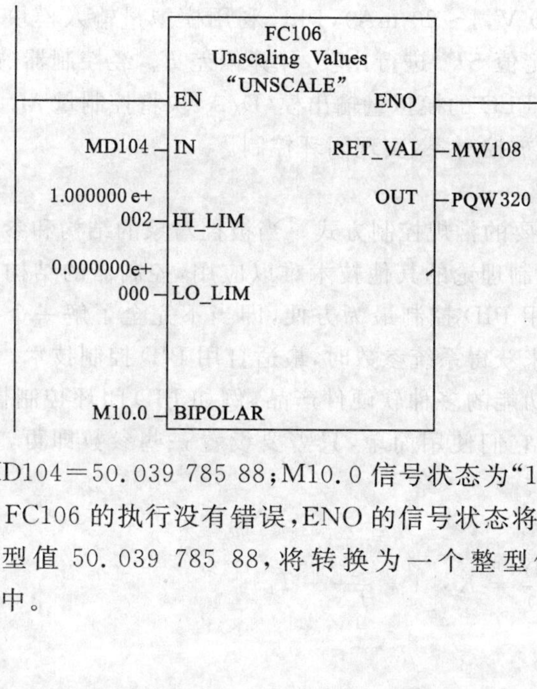

假设 MD104=50.039 785 88;M10.0 信号状态为"1",BIPOLAR 为 1,输入值双极性。

如果该 FC106 的执行没有错误,ENO 的信号状态将设置为 1,RET_VAL 等于 W＃16＃0000。实型值 50.039 785 88,将转换为一个整型值 22,并写入 OUT 对应的地址 PQW32040 中。

BIPOLAR 为 1，表示双极性输入，转换后的数字量范围为 −27 648～+27 648，经模拟量输出模块可转换为对称的电压或电流（±10 V、±20 mA）。

BIPOLAR 为 0，表示单极性输入，转换后的数字量范围为 0～+27 648，经模拟量输出模块可转换为不对称的电压或电流（0～10 V、1～5 V、0～20 mA、4～20 mA）。

9.17　S7-300 模拟量闭环控制

9.17.1　模拟量闭环控制基础

（1）模拟量闭环控制系统组成

一个典型的 PLC 模拟量闭环控制系统原理如图 9-35 所示。

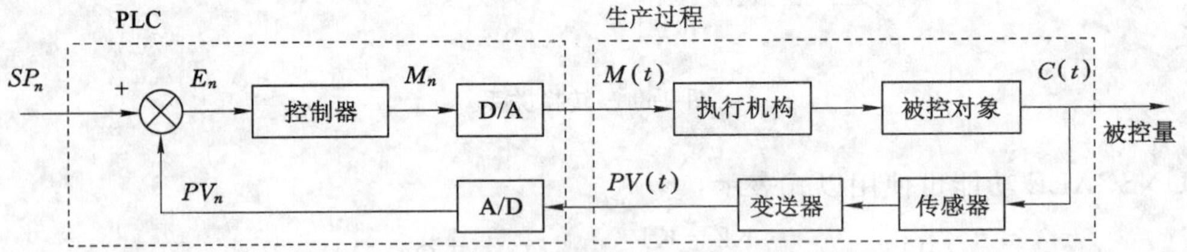

图 9-35　PLC 模拟量闭环控制系统原理

其中，$C(t)$：被控制量，SP_n：给定值，M_n：PLC 输出的控制量，$M(t)$：D/A 转换后输出的模拟量，$PV(t)$：变送器输出的模拟量，PV_n：经 A/D 转换后的数字量，E_n：控制偏差 $E_n = SP_n - PV_n$。

在上述闭环控制系统中，被控制量 $C(t)$ 是连续变化的模拟量，大多数执行机构（如变频器）要求 PLC 输出模拟量信号 $M(t)$，而 PLC 只能处理数字信号。

因此，被控量 $C(t)$ 首先需要经过传感器和变送器转换成标准量程的直流电压信号或直流电流电信号 $PV(t)$（一般是 0～10 V，4～20 mA），PLC 利用模拟量输入模块（A/D）将其转换成数字量信号 PV_n，然后与给定值 SP_n 进行比较，计算偏差 E_n，经控制器（如 PID 控制器，模糊控制器）计算出控制量 M_n，PLC 的模拟量输出模（D/A）块将控制量 M_n 转换成模拟量 $M(t)$，最后经过执行机构去控制被控对象，实现闭环控制。

（2）PID 控制

PID 控制是自动控制中一种重要的常规控制方式。当被控对象的结构和参数不能完全掌握，或得不到精确的数学模型，控制理论的其他技术难以应用，控制器的结构和参数必须依靠经验和现场调试来确定时，应用 PID 控制最为方便，即当不完全了解一个系统和被控对象，或不能通过有效的测量手段来获得系统参数时，最适合用 PID 控制技术。

PLC 厂家提供具有 PID 控制功能的多种软硬件产品，例如 PID 闭环控制模块、PID 控制指令和 PID 控制系统功能块等，它们使用简单，只需要设置一些参数即可，有的产品有 PID 参数自整定等更为高级的功能。

PID 控制器的传递函数为：

$$\frac{M(s)}{E(s)} = K_P\left[1 + \frac{1}{T_I s} + T_D s\right] \tag{9-8}$$

其中，K_P 为比例系数，T_I 为积分时间常数，T_D 为微分时间常数。

(3) 带有死区的 PID 控制算法

在某些控制系统中，当偏差比较小时，为了避免控制动作过于频繁，消除由于动作过于频繁所引起的振荡给设备带来危害，可采用带死区的 PID 控制系统。

死区的 PID 概念：人为地设置一个不灵敏区域 B，如图 9-36 所示。

① 当偏差 $|E| \leqslant B$ 时，减弱或切除控制输出；

② 当偏差 $|E| > B$ 时，正常控制输出。

这里的死区 B 对应 SFB41 中的 DEADB_W。

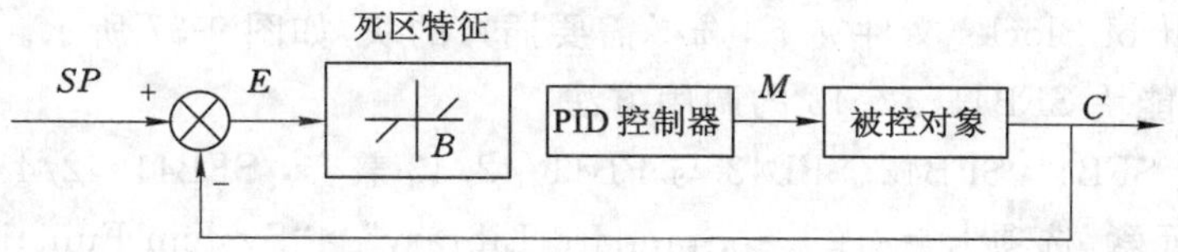

图 9-36　带有死区的 PID 控制

S7-300/400 为用户提供了功能强大、使用简单方便的模拟量闭环控制功能。

(1) S7-300 闭环控制模块

FM355 闭环控制模块可应用于温度、压力、流量、液位控制。模块带有 A/D 转换器和 D/A 转换器；具有自整定温度控制算法、PID 算法，可运行于自动/手动模式、安全模式、跟随模式；不受 CPU 影响而独立工作，即使 CPU 故障或停机，模块仍能独立工作。

① FM355 有 4 个 AI，可接热电阻、电流、电压信号。

② FM355C 用于连续控制器，有 4 个独立的 AO，可组成定值、串级、比值等方式。

③ FM355S 用于数字量步进或脉冲控制器，有 8 个 DO。

(2) 系统功能块 SFB 41～SFB 43

① SFB 41“CONT_C” 通过 AO 实现连续控制。

② SFB 42“CONT_S” 通过 DO 实现步进控制。

③ SFB 43“PULSEGEN” 通过 DO 实现脉冲宽度调制。

(3) PID 控制块：FB41～FB43，FB58 和 FB59

程序编辑器的库文件夹“库 \Standard Library\PID Controller”中的 FB41～FB43 适用于所有 S7-300/400 的 CPU 的 PID 控制，功能同 SFB41～SFB43。FB58 和 FB59 用于 PID 温度控制。

注意：SFB41/42/43 与 FB41/42/43 兼容，SFB41/42/43 是系统集成功能块，只有 S7-300C 及 314IFM 这几种 CPU 中集成有。FB41/42/43 则是通用功能块，可在任何 CPU 中运行。

相对于方式(1)，方式(2)方式(3)属于软件 PID 控制器方法：其原理是利用模拟量输入模块采集过程值，然后与设定值进行比较，求取偏差，经 CPU 执行 PID 控制算法(如 SFB41、SFB42、SFB43、SFB58、SFB59)，最后经输出模块(AO 或 DO)实现对现场设备的控制。

优点：节约费用，使用灵活。

缺点：不能独立控制，占 CPU 时间。

(4) 模糊控制、神经网络控制软件包

模糊控制软件包适合于对象模型难以建立，过程特性缺乏一致性，具有非线性，在采用传统 PID 算法的控制效果不好的情况下使用。神经网络控制系统适用于不完全了解其结构和解决方法的控制问题。

9.17.2 S7-300 的模拟量闭环控制功能块使用

(1) PID 控制块 FB41/42/43 的调用方法

功能块 FB41、FB42、FB43 的调用方法如下：

打开“程序元素”选项卡→“库”→“Standard Library”→“PID Control Blocks”

在 PID Control Blocks 文件夹下，选择需要插入的块，如图 9-37 所示。

(2) 系统功能块 SFB41/42/43 的调用方法

系统功能块 SFB41、SFB42、SFB43 与 FB41/42/43 兼容，SFB41/42/43 调用方法如下：

打开“程序元素”选项卡→“库”→“Standard Library”→“System Function Blocks”

在 System Function Blocks 文件夹下，选择需要插入的块。

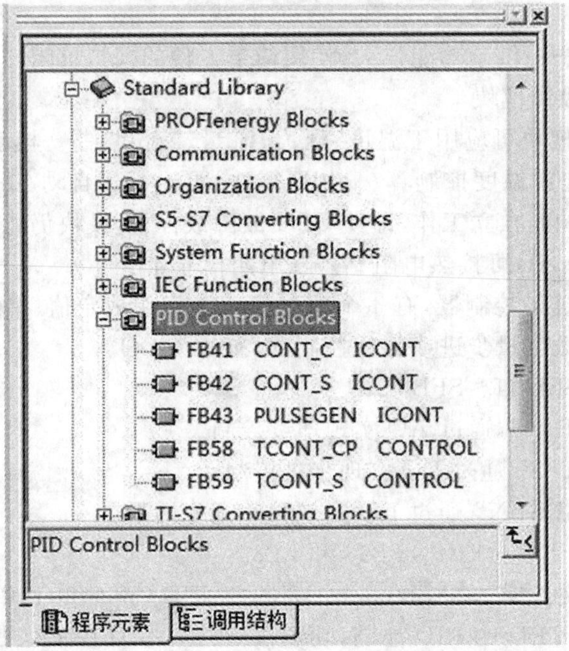

图 9-37 PID 控制块的调用

(3) PID 控制程序的编写和采样周期的选择

FB41～FB43 必须放在定时循环中断 OB35 中被调用。OB35 的循环中断时间即为 PID 控制器的采样周期 T_S。采样周期 T_S 与 CPU 性能有关，需要根据运算速度和控制周期折中选择。

调用系统功能块必须指定背景数据块，背景数据块保存了功能块的输入/输出结果，可以在 PLC 程序中或上位机监控软件(如组态王)访问相应的数据。

如图 9-38 所示，指定 FB41 的背景数据块为 DB100。

FB41“CONT_C”参数功能见表 9-9、表 9-10。

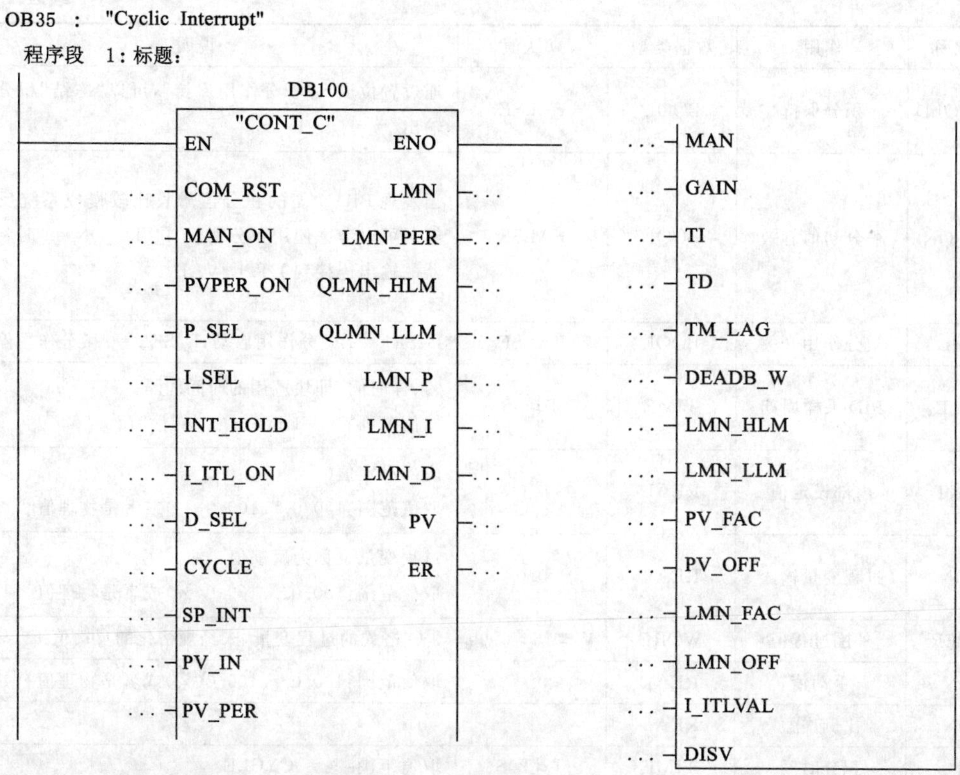

图 9-38　FB41 的背景数据块 DB100

表 9-9　　　FB41“CONT_C”输入参数的描述

管脚名称	作用	数据类型	默认值	说明
EN	使能	BOOL		EN＝TRUE(1)时启动 PID，EN＝FALSE(0)时 PID 无效
COM_RST	完全重启动	BOOL	FALSE	COM_RST＝1 时 PID 复位位，COM_RST＝0 时复位无效
MAN_ON	手动值打开	BOOL	TRUE	MAN_ON＝1 时输出手动值，MAN_ON＝0 时输出自动值。 如果 MAN_ON＝1，则中断控制回路，并将手动值设置为调节值
PVPER_ON	外设过程变量打开	BOOL	FALSE	PVPER_ON＝1 输入 PV_PER，PVPER_ON＝ 0 输入 PV_IN。 如果过程变量是从 I/O 中读取的，则输入 PV_PER 必须连接到 I/O，并且必须 PVPER_ON＝1
P_SEL	比例作用开关	BOOL	TRUE	P_SEL＝1 比例作用启动，P_SEL＝0 比例作用停止
I_SEL	积分作用开关	BOOL	TRUE	I_SEL＝1 积分作用启动，I_SEL＝0 积分作用停止

续表 9-9

管脚名称	作用	数据类型	默认值	说明
INT_HOLD	积分保持	BOOL	FALSE	通过置位输入“积分作用保持”，可以“冻结”积分器的输出
I_ITL_ON	积分初值有效	BOOL	FALSE	当发现PID功能的积分值增长比较慢或系统反应不够时可以考虑使用积分初值，I_ITL_ON＝1时将积分器的输出连接到I_ITL_VAL
D_SEL	微分作用开关	BOOL	FALSE	D_SEL＝1微分作用启动，D_SEL＝0微分作用停止
CYCLE	PID采样周期	TIME	T＃1S	“采样时间”即块调用的时间间隔。 取值范围：＞＝1 ms
SP_INT	内部设定值	REAL	0.0	内部设定值 取值范围：100.0...100.0(％)或者是物理值①
PV_IN	过程变量输入	REAL	0.0	过程变量也称为反馈值 取值范围：100.0...100.0(％)或者是物理值①
PV_PER	外围过程值	WORD	W＃16＃0000	I/O格式的过程变量，未经规格化的反馈值
MAN	手动值	REAL	0.0	取值范围：100.0...100.0(％)或者是物理值②
GAIN	比例增益	REAL	2	
TI	积分时间	TIME	T＃20S	取值范围：＞＝ CYCLE
TD	微分时间	TIME	T＃20S	取值范围：＞＝ CYCLE
TM_LAG	微分延时	TIME	T＃2S	取值范围：＞＝CYCLE/2
DEADB_W	死区宽度	REAL	0.0	如果输出在平衡点附近小幅度振荡，可以考虑用死区来降低灵敏度，DEADB_W决定了死区的大小。 取值范围：＞＝0.0(％)或者是物理值①
LMN_HLM	输出值(调节值)上限	REAL	100％	取值范围：LMN_LLM...100.0(％)或者是物理值② 一般是100％
LMN_LLM	输出值(调节值)下限	REAL	0.0	取值范围：－100.0...LMN_HLM(％)或者是物理值② 一般为0％，如果需要双极性调节，则需设置为－100％；(正负10 V输出需要设置－100％)
PV_FAC	过程变量比例因子	REAL	1.0	用于和过程变量相乘，调整过程变量的范围 Output of PR_IN＝PV_PER * 100/27648
PV_OFF	过程变量偏置值(OFFSET)	REAL	0.0	用于和过程变量相加，调整过程变量的范围。 Output of PV_NORM ＝ (output of CRP_IN) * PV_FAC ＋ PV_OFF
LMN_FAC	输出值比例因子	REAL	1.0	用于和调节值相乘，调整调节值的范围

续表 9-9

管脚名称	作用	数据类型	默认值	说明
LMN_OFF	输出值偏置值(OFFSET)	REAL	0.0	用于和调节值相加,调整调节值的范围。
I_ITLVAL	PID 的积分初值	REAL	0.0	由 I_ITL_ON 选择有效,用于输入"积分作用的初始化值"
DISV	允许的扰动量	REAL	0.0	对于前馈控制,干扰变量被连接到输入"干扰变量"

注:① 设定值和过程变量分支中的参数具有相同的单位。
② 调节值分支的参数具有相同的单位。

表 9-10　**FB41"CONT_C"输出参数的描述**

参数	作用	数据类型	默认值	说明
LMN	调节值	REAL	0.0	有效的调节值从"LMN"输出端输出。LMN=(output of LMNLIMIT) * LMN_FAC+LMN_OFF
LMN_PER	外设调节值	WORD	W#16#0000	I/O 格式的调节值从"LMN_PER"输出端。LMN_PER=LMN * 27648/100
QLMN_HLM	高限报警输出	BOOL	FALSE	达到调节值上限
QLMN_LLM	低限报警输出	BOOL	FALSE	达到调节值下限
LMN_P	比例分量输出	REAL	0.0	
LMN_I	积分分量输出	REAL	0.0	
LMN_D	微分分量输出	REAL	0.0	
PV	过程值	REAL	0.0	
ER	偏差信号	REAL	0.0	

(4) PID 算法

这里所使用的 PID 算法是定位 PID 算法。比例、积分(INT)和微分(DIF)动作是并行连接在一起的,可以单独激活或取消激活。这样便能够组态成 P、PI、PD 和 PID 控制器。

对应 PID 传递函数式(9-8),GAIN、TI、TD 分别对应 K_P、T_I、T_D;

TM_LAG:惯性环节时间常数。

P_SEL、I_SEL、D_SEL:P、I、D 投/切选择。

LNM_P、LNM_I、LNM_D:P、I、D 分量的输出。

DISV:Disturbance,扰动量,可实现前馈控制。

(5) PID 的调整方法

一般不用 D,除非一些大功率加热控制等系统,使用 PI 即可。

PID 控制器的参数整定是控制系统设计的核心内容。它是根据被控过程的特性确定 PID 控制器的比例系数、积分时间和微分时间的大小。PID 控制器参数整定的方法很多,概括起来有两大类:

一是理论计算整定法。它主要是依据系统的数学模型,经过理论计算确定控制器参数。这种方法所得到的计算数据不可以直接使用,还必须通过工程实际进行调整和修改。

二是工程整定方法,它主要依赖工程经验,直接在控制系统的试验中进行,且方法简单、易于掌握,在工程实际中被广泛采用。PID 控制器参数的工程整定方法,主要有临界比例法、反应曲线法和衰减法。三种方法各特点,共同点是通过试验,然后按照工程经验公式对控制器参数进行整定。但无论采用哪一种方法所得到的控制器参数,都需要在实际运行中进行最后调整与完善。

现在一般采用的是临界比例法,利用此方法进行 PID 控制器参数的整定步骤如下:

① 首先预选择一个足够短的采样周期让系统工作。

② 仅加入比例控制环节,直到系统对输入的阶跃响应出现临界振荡,记下这时的比例放大系数和临界振荡周期。

③ 在一定的控制度下通过公式计算得到 PID 控制器的参数。

PID 参数的设定是靠经验及工艺的熟悉,参考测量值跟踪与设定值曲线,从而调整 P、I、D 的大小。

说明:PID 的调整可以通过"开始"→"Siemens Automation"→"SIMATIC"→"STEP 7"→"PID"控制参数赋值",打开 PID 调整的控制面板,通过选择不同的 PID 背景数据块,调整不同回路的 PID 参数。

(6) 积分器的初始值

COM_RST=1,执行完全重新启动,初始值为 I_ITLVAL。

INT_HOLD=1,积分保持,积分输出被冻结。

(7) 手动值

可以在手动模式和自动模式之间切换。在手动模式下,可调节变量被修正到手动选择的数值。积分器(INT)内部被设置成 LMN − LMN_P −DISV,而微分单元(DIF)被设置成 0,这些都是自动在内部进行匹配的。

这样,切换到自动模式就不会导致调节值的突然变化。

(8) 输出限幅

使用 LMNLIMIT 函数,可以将调节值限制到所选择的数值上。当输入变量超过了限制值时,通过信号位来指示。

LMN_HLM、LMN_LLM:控制器输出上限和下限设定值。

QLMN_HLM、QLMN_LLM:控制器输出超上限或超下限的状态输出。

(9) 输出量的规格化

LMN_NORM 函数根据下列公式规格化 LMNLIMIT 的输出:

LMN=(LMNLIMIT 的输出) * LMN_FAC + LMN_OFF。

LMN_FAC 的缺省值是 1,而 LMN_OFF 的缺省值是 0。

调节值也可以使用外设值格式。CRP_OUT 函数根据下列公式将浮点数 LMN 转换成外设值:

$$\text{LMN\_PER}=\text{LMN}\cdot\frac{27\,648}{100} \tag{9-10}$$

(10) 前馈控制

可以在 DISV 输入端前馈一个干扰变量。

(11) 完全重启动/重启动

FB41“CONT_C”有一个完全重启动例行程序，当置位输入参数 COM_RST = TRUE 时执行。

在启动期间，积分器内部被设置成初始值 I_ITVAL。当在周期性中断优先级中调用积分器时，它便从这个数值开始，继续工作。

所有其他输出都被设置成各自的缺省值。

(12) 出错信息

出错信息功能块内部并不检查错误，因此没有使用出错输出参数 RET_VAL。

(13) FB41 参数设置方法

FB41 参数设置有两种方法。

一是在背景数据块中设置，一般有默认值。

另一种是给端口赋参数是一个变量，变量对应 FB41 的参数。

PLC 在运行过程中会先检查用户有没有在 OB35 里给 FB41 的端口设参数，如果有就直接使用端口上的参数，如果没有就到背景数据表里面去取参数。

在背景数据块表里面参数只能是一个固定值，不能是一个变量，当程序下载到 PLC 之后就不能更改数据表里面的参数了。

给端口赋参数是一个变量，变量里面存有参数，当我们需要改变参数时只需要改变相应的变量就可以了。

结合两种方法的优缺点，我们可以同时在两个地方设置参数，有些参数是不需要经常改变的，可直接在 DB 里面设定。要经常改变的参数就在 FB41 的端口上设定。

9.18　编程注意事项

(1) 输入过程映像(I)、输出过程映像(Q)、内部继电器(M)、定时器(T)、计数器(C)等器件的触点可以多次重复使用。

(2) 梯形图每一行都是从左母线开始，线圈接在最右边，触点不能放在线圈的右边。

(3) 线圈不能直接与左母线相连，线圈只能并联，不能串联。

(4) 同一编号的线圈在一个程序中使用两次容易引起误操作，应尽量避免线圈的重复使用。图 9-39 为不合理的线圈输出。

标题 1：

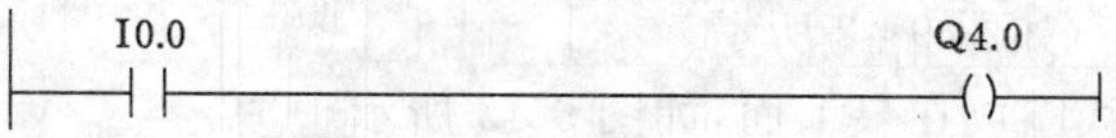

标题 2：

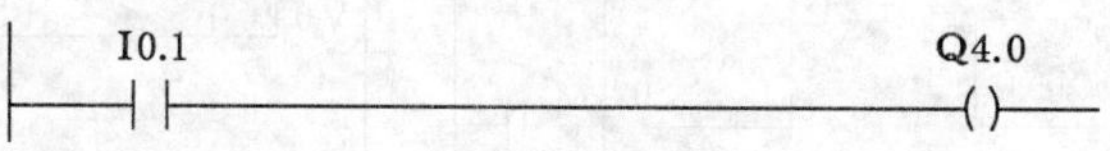

图 9-39　不合理的线圈输出

图 9-39 中，线圈 Q4.0 双重输出，则前面的输出无效，Q4.0 的状态仅取决于 I0.1 驱动输入信号，而与 I0.0 无关。

当 I0.0＝“1”，I0.1＝“0”，执行程序段 1 时，Q4.0 线圈接通，为 1，但是，从左到右，从上到下地执行，当执行程序段 2 时，Q4.0 为 0。

如果 Q4.0 由 I0.0、I0.1 驱动，当 I0.0、I0.1 任意一个为 1 时，Q4.0 为 1，可以将图 9-39 中的程序进行优化，如图 9-40 所示。

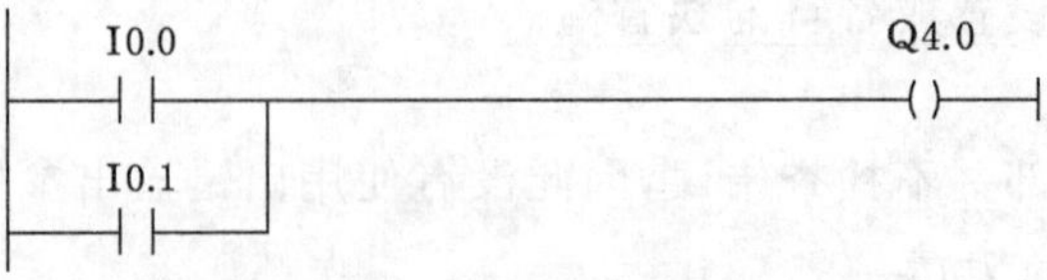

图 9-40　优化后的线圈输出

（5）梯形图程序必须符合顺序执行的原则，从左到右，从上到下地执行。

（6）梯形图优化。

① 在几个串联电路相并联时，应将触点最多的支路放在梯形图的最上面，如图 9-41 所示。

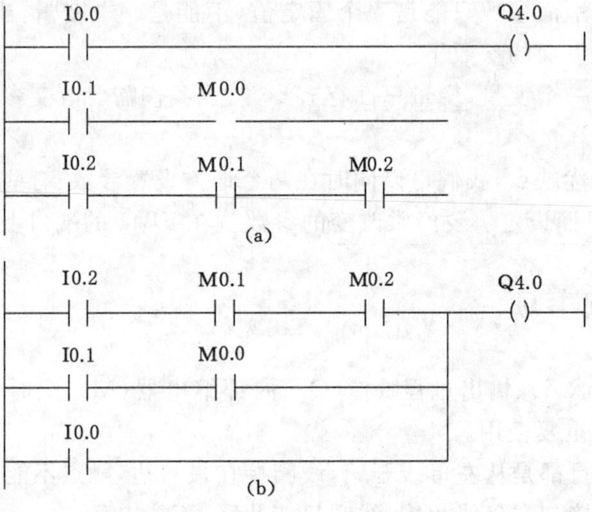

图 9-41　先串后并梯形图的优化

(a) 没有优化的梯形图；(b) 优化后的梯形图

② 对于有几个并联回路相串联时，应将触点最多的并联回路放在梯形图的最左边，这样安排使程序简洁明了，支路语句也较少，如图 9-42 所示。

③ 在有线圈的并联电路中，将单个线圈放在最上面，如图 9-43 所示。

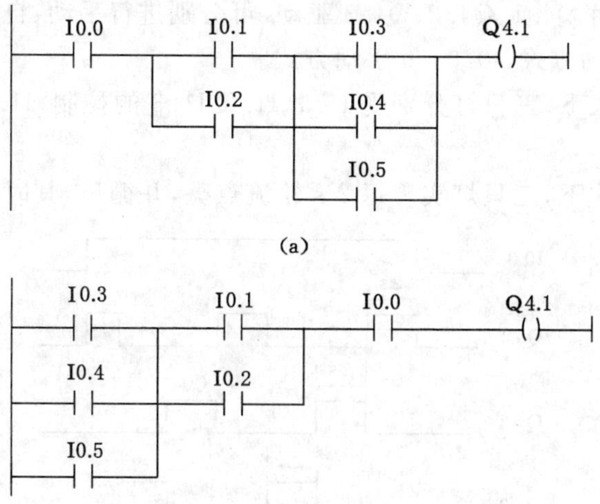

图 9-42　串后并梯形图的优化

(a) 没有优化的梯形图；(b) 优化后的梯形图

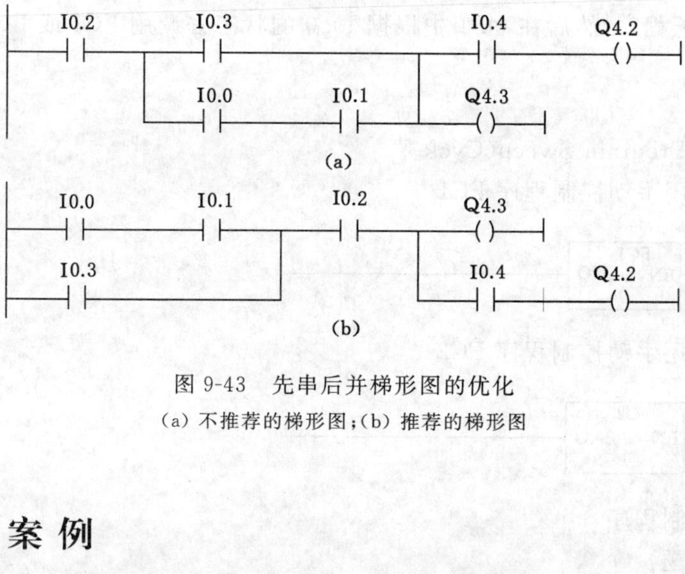

图 9-43　先串后并梯形图的优化

(a) 不推荐的梯形图；(b) 推荐的梯形图

9.19　编程案例

9.19.1　不带参数 FC 的编程及应用

不带参数功能(FC)是指在编辑 FC 时，在局部声明表不进行形式参数的定义，在 FC 中直接使用绝对地址完成控制程序的编写。这种方式一般应用于模块化程序设计，每个 FC 实现控制任务的一部分，不重复调用。用不带参数的 FC 编程，方便实现模块化程序设计。

本书 12.6.5 节“基于开关量信号的物料混合控制系统设计”采用的是不带参数的 FC 编程应用案例，可供参考。

本节介绍不带参数功能 FC 的编程方法。

【案例】 手动/自动方式编程

手动/自动控制三只灯，控制要求如下：

(1) 三只灯分别由 Q4.1、Q4.2、Q4.3 驱动,可分别进行手动、自动控制,手/自动由I0.1进行切换,I0.0=1 自动方式,I0.0=0 手动方式。

(2) 手动工作方式下,三只灯分别受 I1.1、I1.2、I1.3 的控制,I1.1、I1.2、I1.3 外接三个常开自锁按钮。

(3) 自动工作方式下,三只灯实现每 2 s 轮流点亮,并循环,其时序如图 9-44 所示。

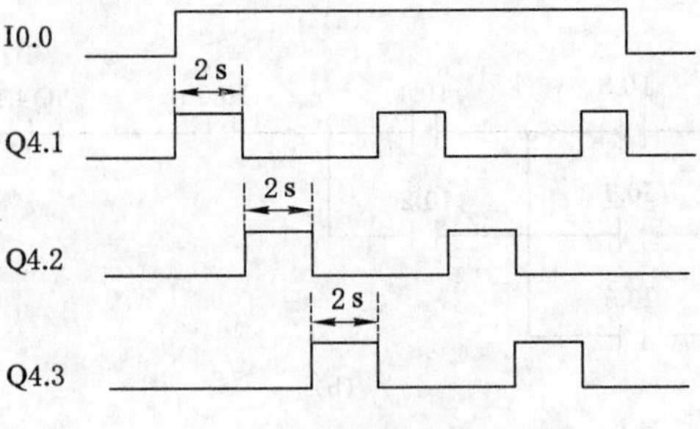

图 9-44 时序图

编程思路:建立两个不带参数的 FC1 和 FC2,在 FC1 中编写手动控制子程序,在 FC2 中编写自动控制子程序,然后在 OB1 中根据 I0.0 的状态去调用 FC1 或 FC2,从而实现手动与自动控制。

程序编写

OB1:"Main Program Sweep(Cycle)"

程序段 1:调用手动控制程序 FC1

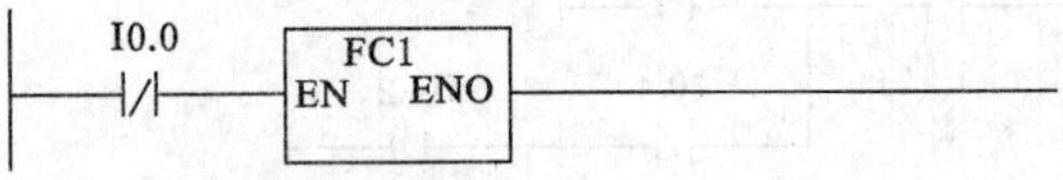

程序段 2:调用手动控制程序 FC2

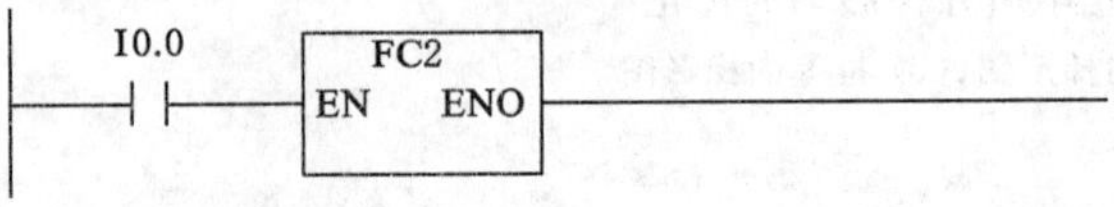

PC1:手动控制程序

程序段 1:标题:

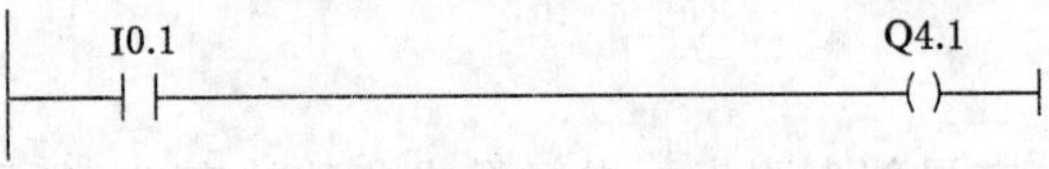

程序段 2:标题:

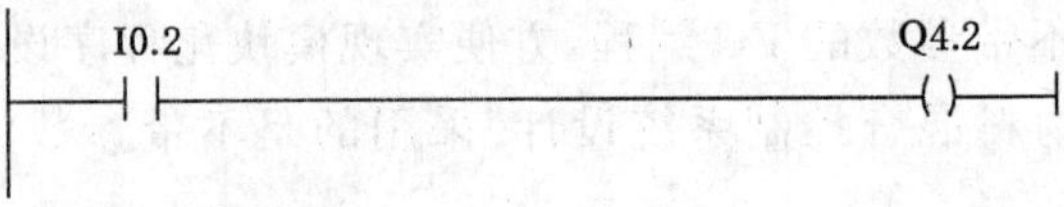

程序段 3:标题:

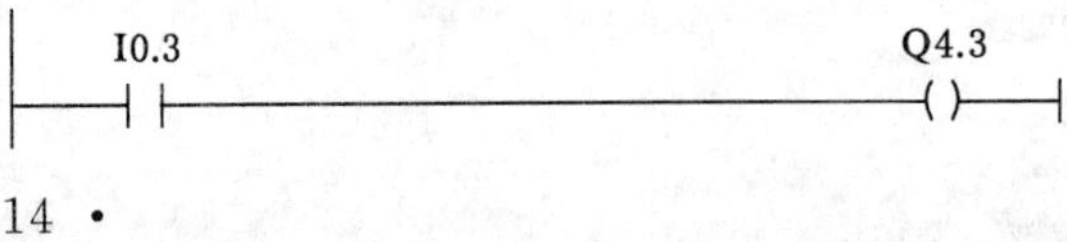

PC2:自动控制程序

程序段 1:标题:

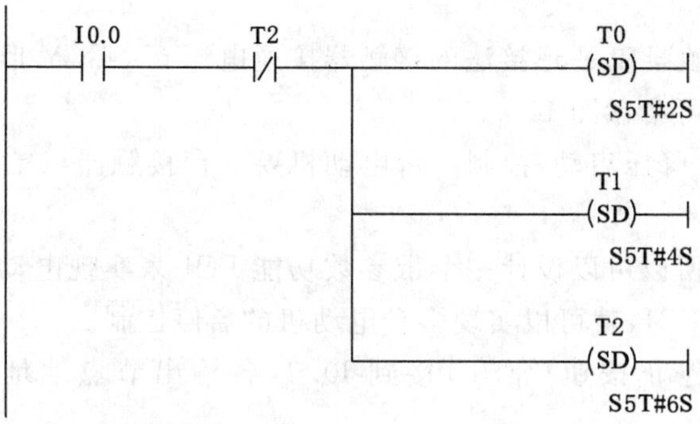

程序段 2:标题:

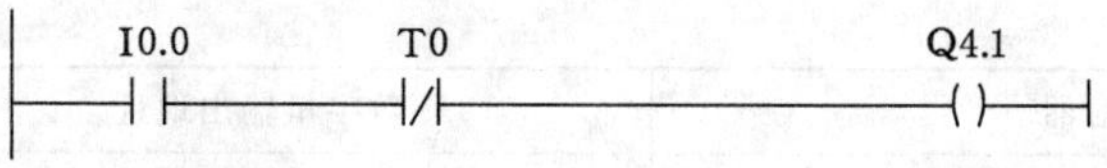

程序段 3:标题:

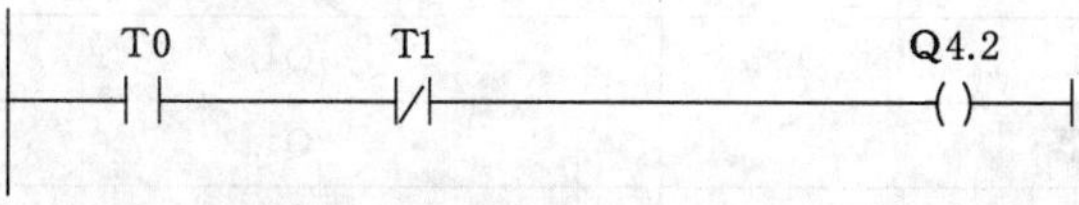

程序段 4:标题:

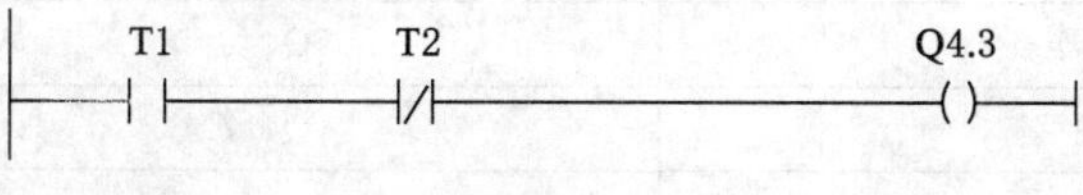

9.19.2　带参数 FC 的编程及应用

所谓带参数功能(FC),是指编辑 FC 时,在局部变量声明表内定义了形式参数,在功能中使用了符号地址完成程序的编写,以便在其他块中能重复调用有参数功能 FC,这种方式一般应用于结构化编程。它具有以下优点:

(1) 程序只需生成一次,减少了编程时间。

(2) 该块值在用户存储器中保存一次,降低了存储器的用量。

(3) 该块可以被程序任意次调用,每次使用不同的地址。该块使用形式参数编程,当调用带参数 FC 时,需要用实际参数赋值给形式参数,类似高级语言程序设计中带参数的函数调用。

"基于模拟量信号的物料混合控制系统设计"采用的是带参数的 FC 编程应用案例,可供参考。

下面介绍带参数 FC 的编程及应用。

【案例】　基于 S7-300PLC 的多机组控制

电动机组控制要求如下:

(1) 该机组共有 4 台三相异步电动机,每台电动机均要求 Y/△降压启动。

(2) 启动时,按下启动按钮(常开,I0.0),M1 电动机启动,然后每隔 10 s 启动一台,最后

M1～M4 四台电动机全部启动。

(3) 停止时实现逆序停止，即按下停止按钮(常开，I0.1)，M4 先停止，10 s 后 M3 也停止，每隔 10 s 停一台，直到 M1 停止。

(4) 任一台电动机启动时，电源接触器和 Y 形接法的接触器接通电源 6 s 后，Y 形接触器断开，1 s 后△形接法的接触器闭合，可参考图 12-2。

编程思路：每台电动机均要求 Y/△降压启动，控制一台电动机要 3 台接触器，4 台电动机共需要 12 个接触器。

因为每台电动机的启动过程相同，所以可以设计一个带参数功能 FC1 来实现电动机的启动。然后在主程序 OB1 中多次调用 FC1，就可以实现多台电动机的启停控制。

假设启动按钮(常开)接到 I0.0，停止按钮(常开)接到 I0.1，各输出节点地址分配见表 9-11。

表 9-11

电动机	被控接触器	数字量输出地址
M1	电源接触器	Q4.0
	Y 接触器	Q4.1
	△接触器	Q4.2
M2	电源接触器	Q4.3
	Y 接触器	Q4.4
	△接触器	Q4.5
M3	电源接触器	Q4.6
	Y 接触器	Q4.7
	△接触器	Q5.0
M4	电源接触器	Q5.1
	Y 接触器	Q5.2
	△接触器	Q5.3

编程步骤：

(1) 编写 FC1 的变量声明表，并编写程序。

新建并打开 FC1，在变量声名表中定义四个 IN 型的变量，变量名和数据类型如图 9-45 所示。Start 是电动机的启动命令，Stop 是电动机的停止命令，time1 和 time2 是两个定时器。

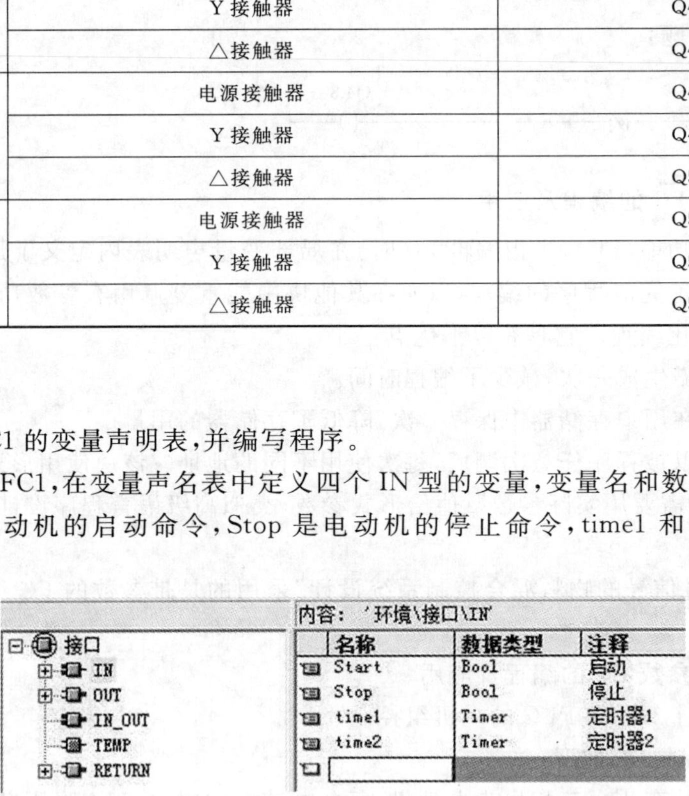

图 9-45　IN 型变量表

建立三个 OUT 型变量，变量名和数据类型如图 9-46 所示。KM1 控制电源接触器，KM2 控制 Y 接触器，KM3 控制△接触器。

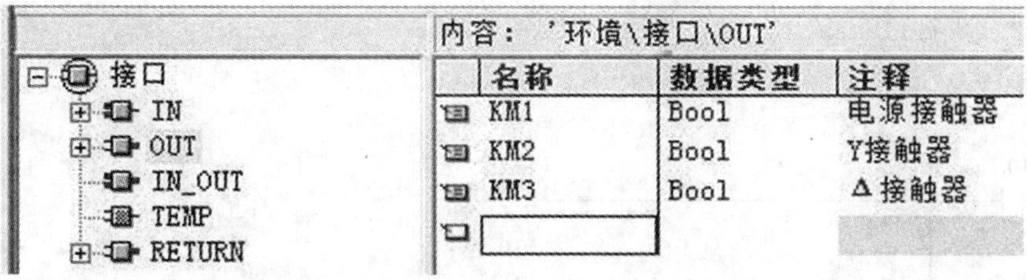

图 9-46　OUT 型变量表

然后编写 FC1 程序

PC1：电动机型三角降压启停控制

程序段 1：标题：

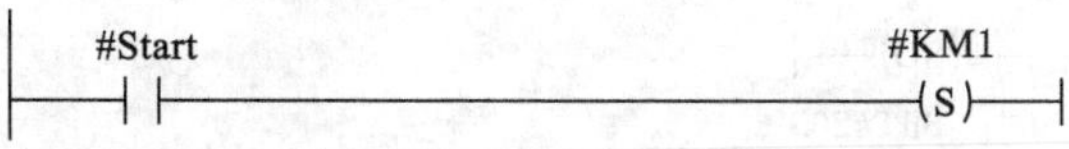

程序段 2：标题

程序段 3：标题：

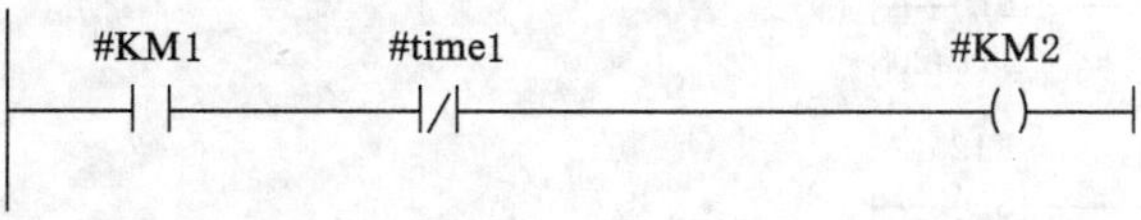

程序段 4：标题：

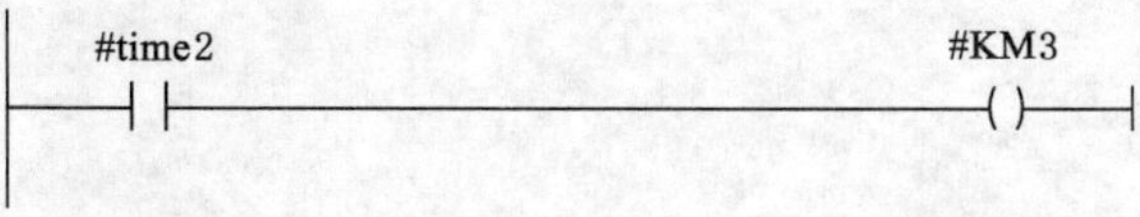

程序段 5：标题：

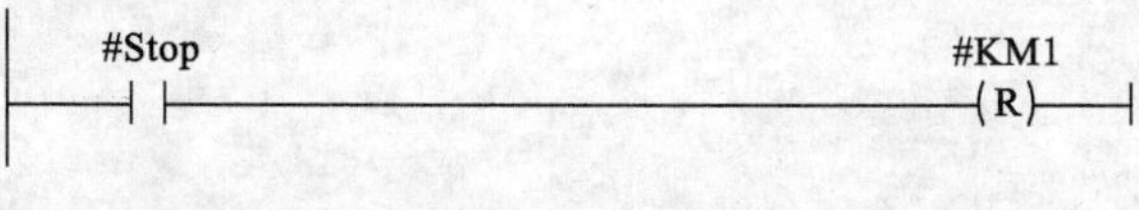

(2) 编写 OB1 主程序

OB1："Main Program Sweep(Cycle)"

程序段 1：启动 M0.0 启动标志，M0.1 停止标志

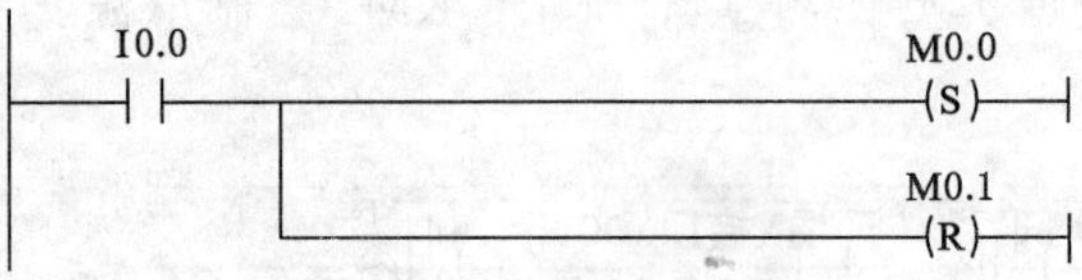

程序段 2:停止

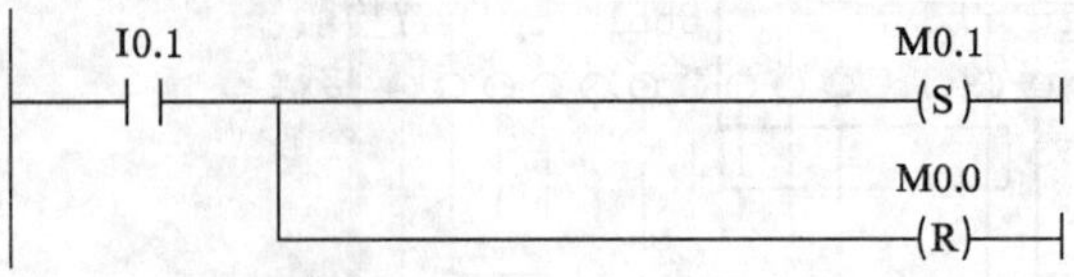

程序段 3:启动计时

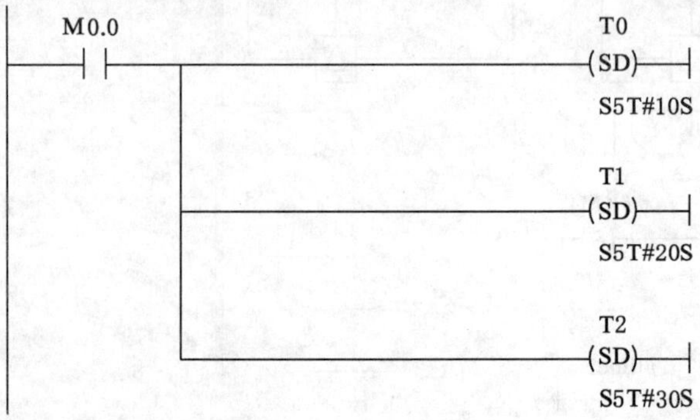

程序段 4:停止计时

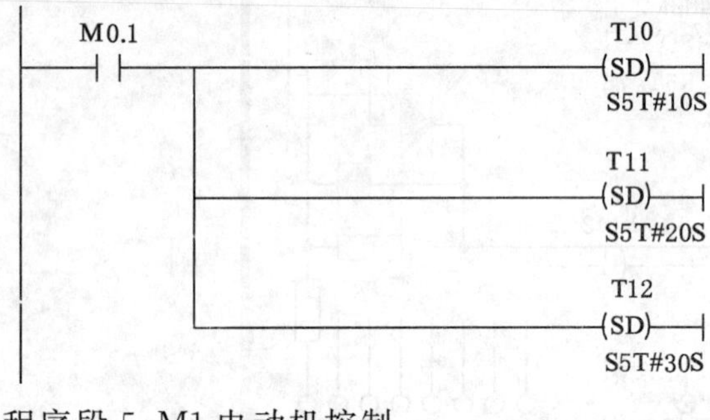

程序段 5:M1 电动机控制

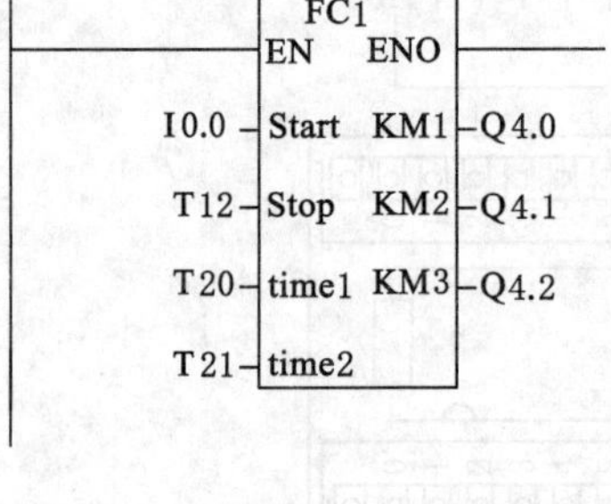

程序段 6:M2 电动机控制

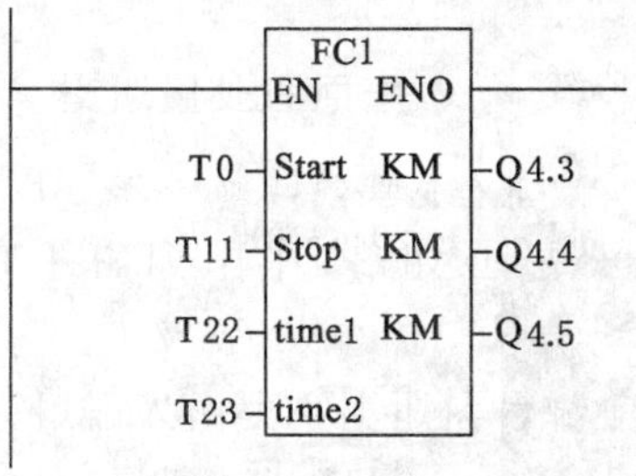

程序段 7:M3 电动机控制

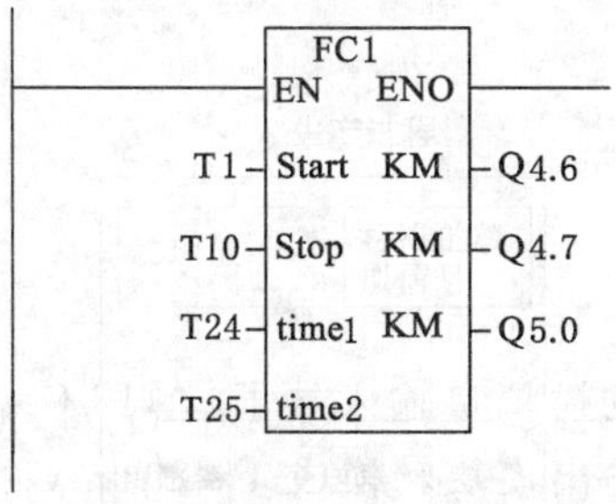

程序段 8:M5 电动机控制

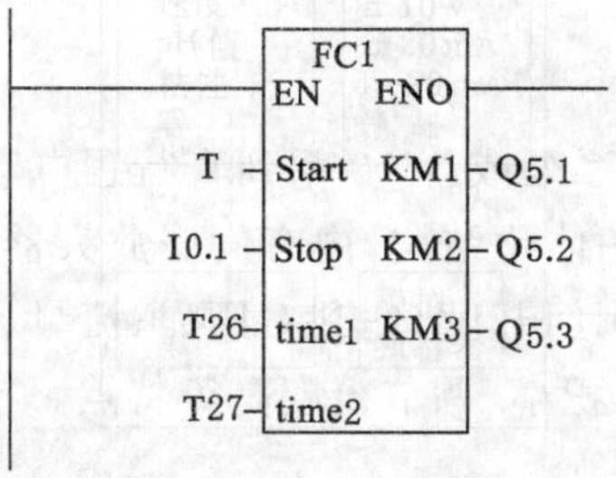

9.19.3　模拟量闭环控制应用

在工业生产过程中,液体储槽设备如进料罐、成品罐、中间缓冲容器、水箱等应用十分普遍,为保证生产正常进行,物料进出需均衡,以保证过程的物料平衡,因此工艺要求储槽内的液位需维持在某个给定值上下,或在某一小范围内变化,并保证物料不产生溢出,要求设计一个液位控制系统。一水箱液位控制系统如图 9-47 所示。

水箱有一个进水管和一个出水管。出水管的出水速度由安装在出水管上的手动调节阀来调节。进水管的进水速度由电动调节阀开度的大小决定,电动调节阀前面的水泵以恒定的压力从水槽向外打水,水箱中进水管的进水速度就决定于电动调节阀的开度。

用户用水量不稳定,有时多有时少,设计一个水位控制系统,实现水箱液位的恒定控制。假设水箱液位设定值为 500 mm,则无论水箱的出水量如何,调节电动调节隔膜阀的开度来调节进水量,要求水箱水位维持在 500 mm。

9.19.3.1　控制思路

为实现水位恒定,需要用 PID 算法对水位进行自动调节。水箱内部安装有投入式液位变送器,把水箱的液位转变成 4～20 mA 信号送到 S7-300PLC 的模拟量输入端子,把压力

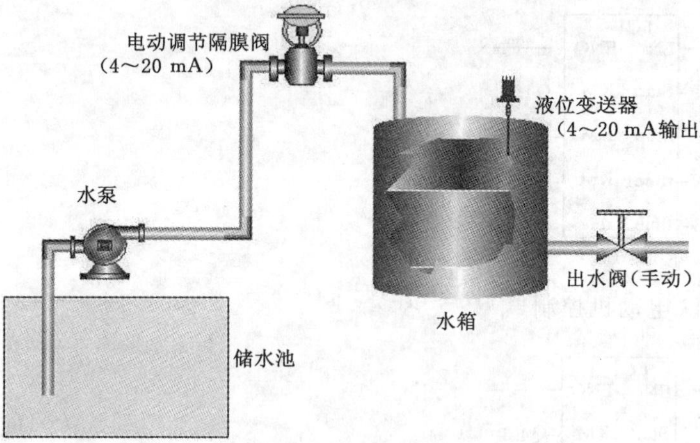

图 9-47　水箱液位控制系统

传感器检测到的水位信号(4～20 mA)送到 S7-300PLC 的模拟量输入端子,在 PLC 中对设定值和反馈值的偏差进行 PID 运算,运算结果经模拟量输出模块转换成 4～20 mA 的信号输送给电动调节阀,控制电动调节阀的开度。最终的目标是使水箱中液位稳、准、快地达到设定值。

9.19.3.2　主要设备选型

(1) 电动调节隔膜阀

电动调节隔膜阀选择 ZDLT 电动调节隔膜阀,由 PS 系列或 3610 系列直行程电动执行机构和隔膜阀组成,如图 9-48 所示。执行机构为电子式一体化结构,内有伺服放大器,输入控制信号(4～20 mADC 或 1～5 VDC)及电源即可控制阀门开度,达到对压力、流量、液位、温度等参数的调节。具有动作灵敏、连线简单、流量大、体积小、调节精度高等特点。

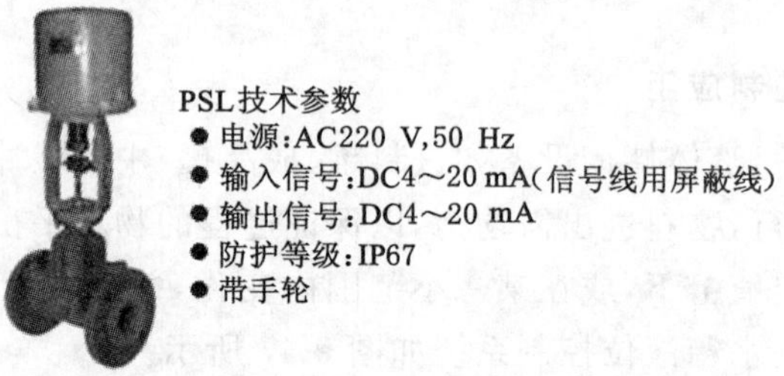

图 9-48　电动调节隔膜阀

(2) 液位变送器

液位变送器选择投入式液位变送器,如图 9-49 所示。

(3) S7-300PLC 的硬件配置方案

① CPU 模块:紧凑型 CPU 314C-2DP,供货号:6ES7314-6CF00-0AB0

集成的数字 I/O:24DI/16DO

集成的模拟 I/O:5AI/2AO

2 个 PROFIBUS-DP 主站/从站接口

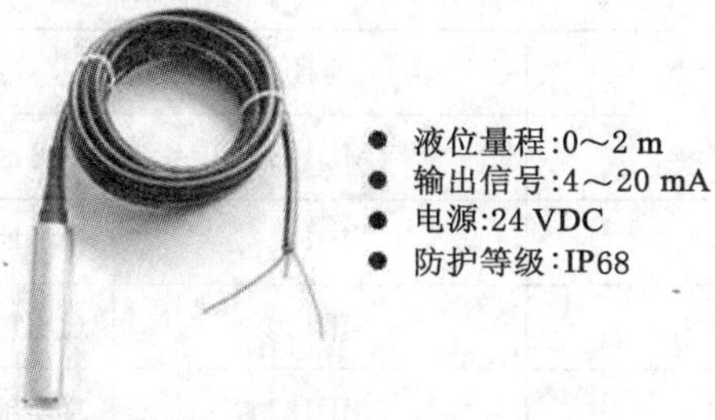

图 9-49　液位变送器

② 电源模块选 PS307 2A，供货号：6ES7 307-1BA00-0AA0

9.19.3.3　控制系统设计

(1) 硬件组态

打开 SIMATIC Manager 软件，新建一个项目，首先要进行硬件组态，硬件组态的结果如图 9-50 所示。

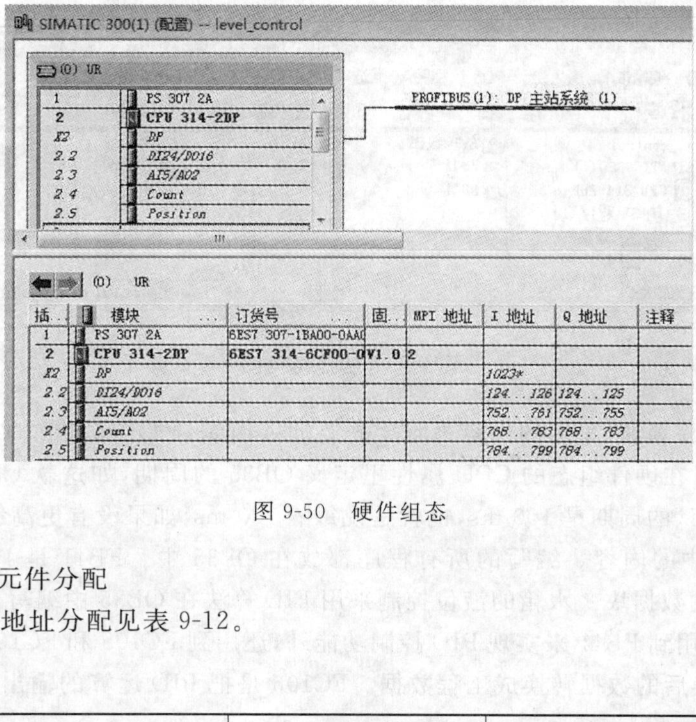

图 9-50　硬件组态

(2) PLC 软元件分配

PLC 软元件地址分配见表 9-12。

表 9-12

序号	FB41 参数	地址	说明
1		PIW752	模拟量输入，液位传感器
2		PQW752	模拟量输出，调节阀开度控制
3	MAN_ON	M50.0	PID 手自动切换
4	SP_INT	MD100	内部设定值(液位设定值)
5	GAIN	MD104	比例增益

续表 9-12

序号	FB41 参数	地址	说明
6	TI	MD108	积分时间常数
7	TD	MD112	微分时间常数
8	PV_IN	MD120	过程输入变量(液位反馈)
9		MD122	真实液位值(工程量单位)
10	LMN	MD124	PID 输出值

注意:设定值与反馈值的单位一致。为了避免错误,建议将 SP_INT 转换为 0.0～100.0%之间无量纲的百分数;实际液位值 PV_IN 要从 PIW752 转换为 0.0～100.0%无量纲的百分数;输入到 FB41 时,只取百分号之前的数。

(3) 编程

硬件组态之后就可以进行编程,程序的结构如图 9-51 所示。

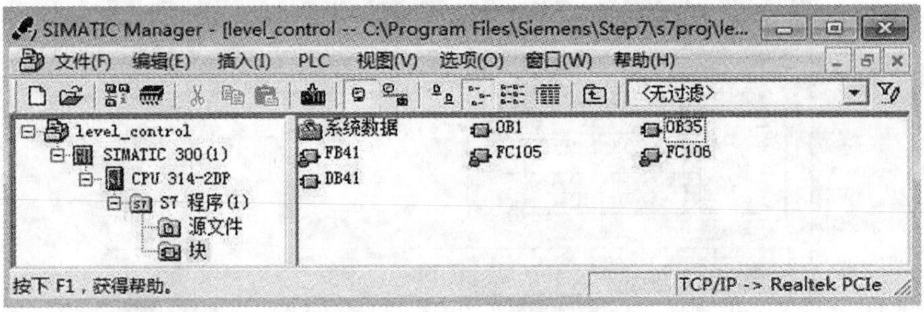

图 9-51 程序结构图

OB1 为主程序模块,里面的内容为空。先要插入组织块 OB35,OB35 是一个周期性执行的组织块,可以在硬件组态的 CPU 属性里定义 OB35 的周期,如这款 CPU 314C-2DP 允许使用 OB35,默认的周期是 100 ms,也就是说每隔 100 ms,如果没有更高级别的中断,那么就会执行 OB35 中的内容。编写的所有程序都放在 OB35 中。FB41 是 PID 算法的模块,DB41 是它对应的数据块。水箱的液位控制采用 PID 算法在 OB35 中编写。

程序中除了用到 FB41 来实现 PID 控制功能外,还用到 FC105 和 FC106,FC105 是把传感器经 A/D 转换后的数据转换成工程数据。FC106 是把 PID 运算的输出转化为即将进行 D/A 转换的数据。

本例用了两次 FC105,一次将 PIW752 转化为 PID 过程输入变量,存入 MD8(无量纲的百分数 0～100.0);一次将 PIW752 转化为真实液位值,存入 MD12(工程量单位,mm)。

OB35:"Cyclic Interrupt"

程序段 1:模拟量转化为 PID 过程输入变量 PV_INT

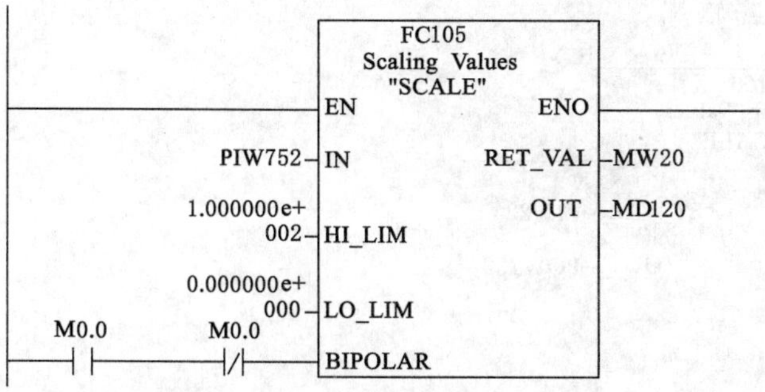

程序段 2:模拟量转化为实际物理量(0～1 000 mm)

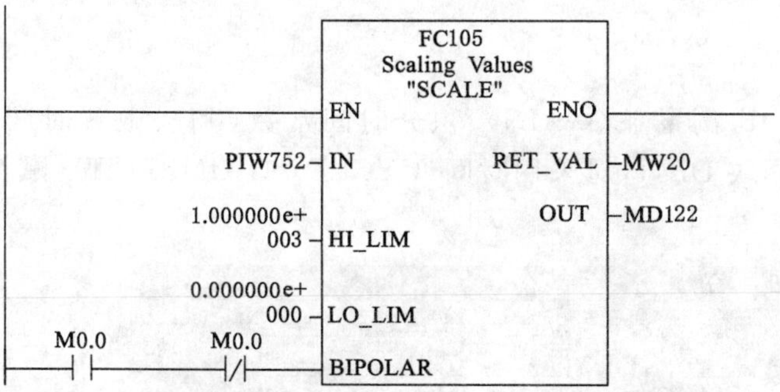

程序段 3:PID 控制模块

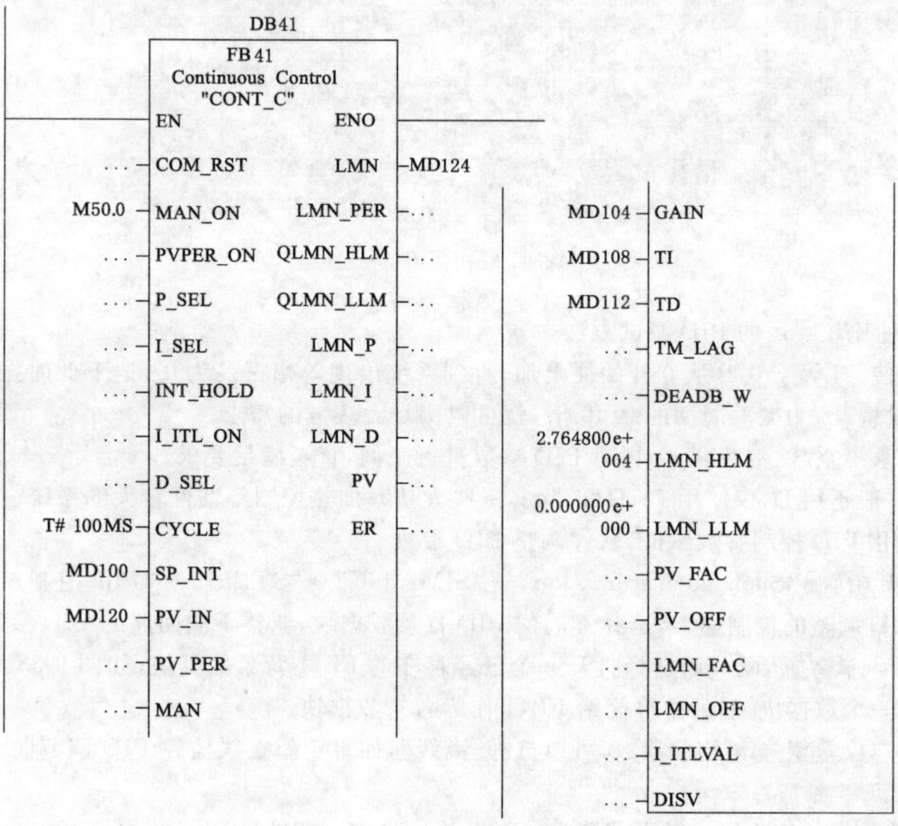

程序段 4:PID 输出转化为模拟量输出

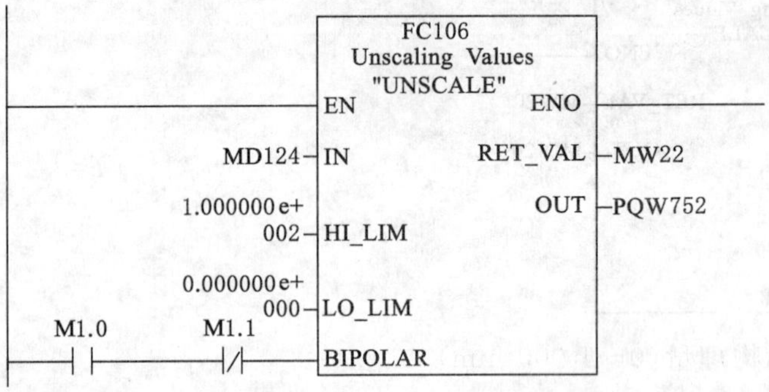

9.19.3.4　PID 参数调整

(1) 赋初值

如果已经确定 PID 控制器的比例增益(GAIN)、积分时间常数(TI)、微分时间常数(TD),可以打开 FB41 的背景数据块 DB41,对采用时间(CYCLE)、GAIN、TI、TD 赋初值,如图 9-52 所示。

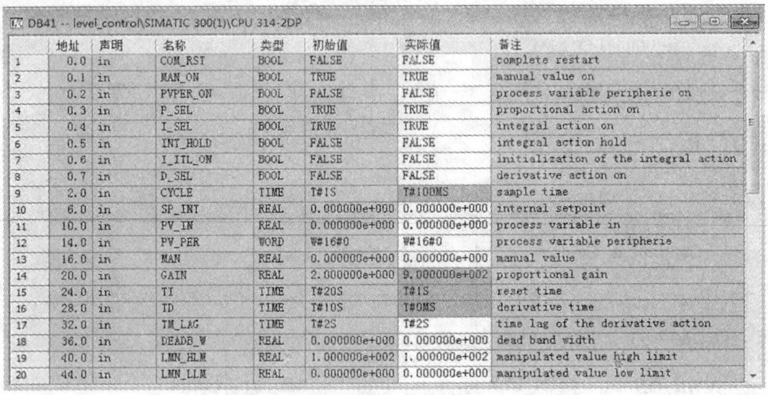

DB41 -- level_control\SIMATIC 300(1)\CPU 314-2DP

	地址	声明	名称	类型	初始值	实际值	备注
1	0.0	in	COM_RST	BOOL	FALSE	FALSE	complete restart
2	0.1	in	MAN_ON	BOOL	TRUE	TRUE	manual value on
3	0.2	in	PVPER_ON	BOOL	FALSE	FALSE	process variable peripherie on
4	0.3	in	P_SEL	BOOL	TRUE	TRUE	proportional action on
5	0.4	in	I_SEL	BOOL	TRUE	TRUE	integral action on
6	0.5	in	INT_HOLD	BOOL	FALSE	FALSE	integral action hold
7	0.6	in	I_ITL_ON	BOOL	FALSE	FALSE	initialization of the integral action
8	0.7	in	D_SEL	BOOL	FALSE	FALSE	derivative action on
9	2.0	in	CYCLE	TIME	T#1S	T#100MS	sample time
10	6.0	in	SP_INT	REAL	0.000000e+000	0.000000e+000	internal setpoint
11	10.0	in	PV_IN	REAL	0.000000e+000	0.000000e+000	process variable in
12	14.0	in	PV_PER	WORD	W#16#0	W#16#0	process variable peripherie
13	16.0	in	MAN	REAL	0.000000e+000	0.000000e+000	manual value
14	20.0	in	GAIN	REAL	2.000000e+000	9.000000e+002	proportional gain
15	24.0	in	TI	TIME	T#20S	T#1S	reset time
16	28.0	in	TD	TIME	T#10S	T#0MS	derivative time
17	32.0	in	TM_LAG	TIME	T#2S	T#2S	time lag of the derivative action
18	36.0	in	DEADB_W	REAL	0.000000e+000	0.000000e+000	dead band width
19	40.0	in	LMN_HLM	REAL	1.000000e+002	1.000000e+002	manipulated value high limit
20	44.0	in	LMN_LLM	REAL	0.000000e+000	0.000000e+000	manipulated value low limit

图 9-52　赋初值窗口

(2) 一种比较实用的 PID 调试方法

一般先使 TI 等于 0,P 从 0 开始往上加,直到系统出现等幅振荡为止,记下此时振荡的周期,然后设置 TI 为振荡周期的 0.48 倍,就可以满足大多数的需求。

然后让系统空载、带载联调,再对 PID 参数进行微调,直至满足要求。

注意:一般不用 D,仅使用 PI 即可,除非一些大功率加热控制等惯性较大的系统。

(3) 利用"PID 控制参数赋值"软件调整 PID 参数

通过"开始"→"Siemens Automation"→"SIMATIC"→"STEP7"→"PID 控制参数赋值",打开 PID 调整的控制面板,选择不同的 PID 背景数据块,调整不同回路的 PID 参数。

① 调用调试界面,既可以选择打开一个已经存在的 FB41 背景数据块,如图 9-53 所示。也可以新建一个数据块,然后再分配给 FB41 作为背景数据块。

如果用户仅希望修改 PID 参数,可以选择"离线",如果希望在线监控 PID 调节曲线,可以选择"在线"。

注意:此数据块应当已经被下载到 PLC 中,并且监控计算机与 PLC 连接正常。

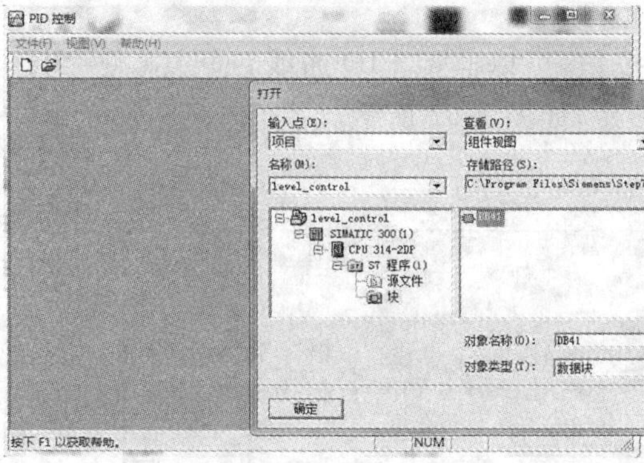

图 9-53　调试界面

② 设置参数

用户可以在界面中设置 PID 各种参数，如图 9-54 所示。

③ 曲线参数设置

如果选择了“在线”状态，单击“菜单”→“调试”→“曲线记录”，可以打开监控曲线，如图 9-55 所示。

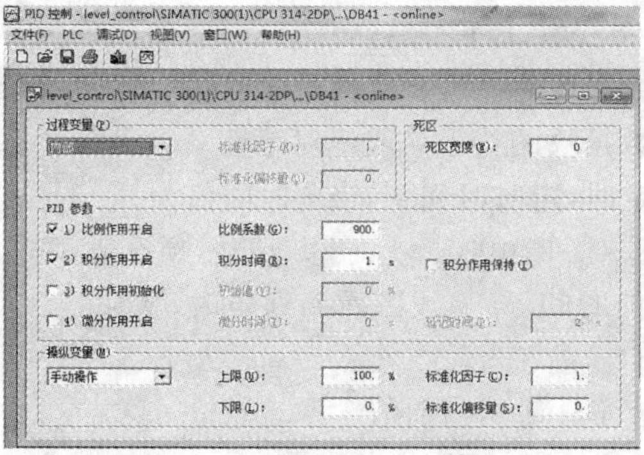

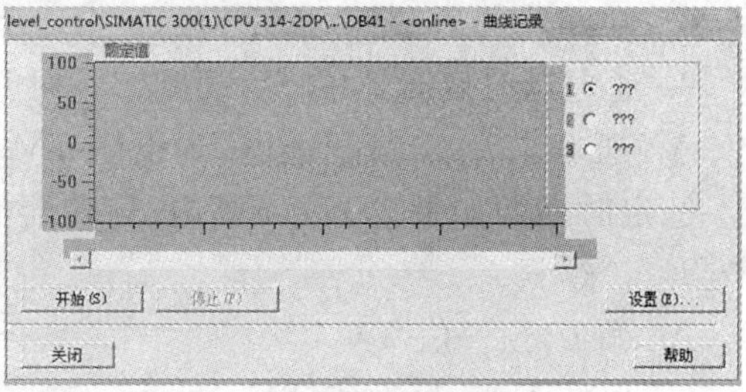

图 9-54　PID 参数设置　　　　图 9-55　打开监控曲线

单击“设置”按钮，可以在如图 9-56 所示的界面设置曲线参数，如采样值及更新频率等。

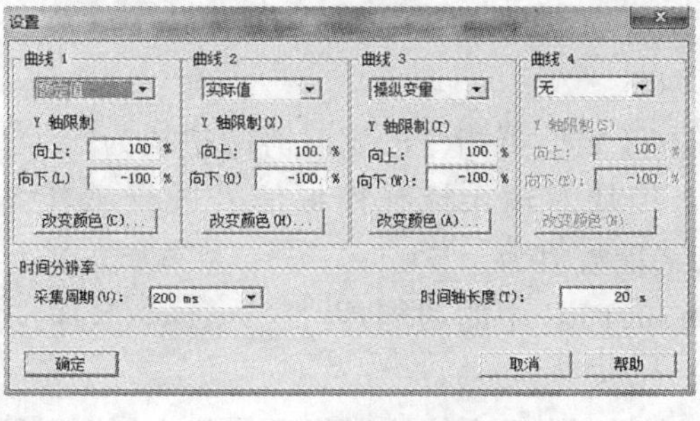

图 9-56　曲线参数设置曲线

④ 监控 PID 曲线

单击图中的“开始”、“停止”按钮，可以监控 PID 曲线，通过观测 PID 调节曲线的特性，可以为用户更改 PID 参数提供参考，如图 9-57 所示。

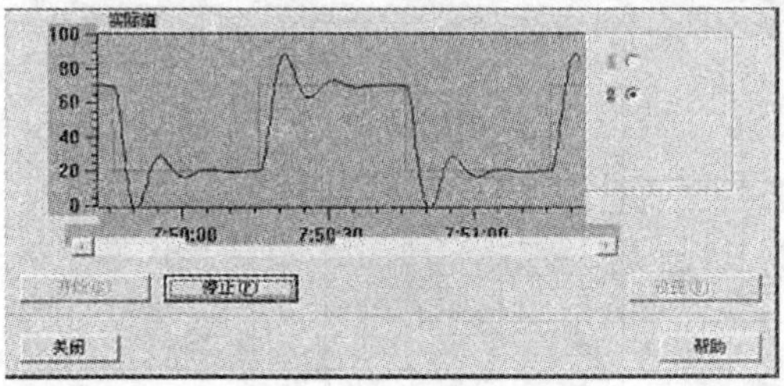

图 9-57　PID 曲线

习题与思考题

一、选择题

1. 在梯形图中调用功能块时，方框上面的“???”中，应填入____。

A. 功能块的符号名　　　　B. 共享数据块的符号名或绝对地址

C. 功能块的形参　　　　　D. 背景数据块的符号名或绝对地址

2. 通电延时定时器的 SD 线圈____时开始定时，定时时间到，当前时间值为____。

A. 通电，0　　B. 通电，预设值 TV　　C. 断电，0　　D. 断电，预设值 TV

3. 定时期间如果 SD 线圈断电，定时器的当前时间____，线圈重新通电时，又从____开始定时。

A. 清 0，预设值 TV　　　　B. 清 0，当前值

C. 保持不变，预设值 TV　　D. 保持不变，当前值

4. 在加计数器的设置输入 S 端的____，将 PV 端指定的预置值送入计数器值。

A. 高电平　　B. 低电平　　C. 上升沿　　D. 下降沿

5. 关断延时型定时器 SF，S 端上升沿时，输出 Q 端为____，断电延时时间到，输出 Q 端为____。

A. 0，0　　B. 0，1　　C. 1，1　　D. 1，0

二、填空题

1. S7-300/400PLC 的 S5 定时器指令的定时时间格式为____________。

2. S7-300 模拟量输入模块对输入标准模拟信号进行 A/D 转换，其中标准电压信号 0～10 V 对应转换后的数字量数值为__________。

3. (P)这个符号在 S7-300PLC 中的功能是：________，(N)的功能是：________。

三、编程题

1. 第 1 次按按钮指示灯亮，第 2 次按按钮指示灯闪亮，第 3 次按下按钮指示灯灭，如此循环，试编写其 PLC 控制的 LAD 程序。

2. 编写 PLC 控制程序，使 Q4.0 输出周期为 5 s，占空比为 20%的连续脉冲信号。

3. 设计鼓风机系统控制程序。鼓风机系统一般由引风机和鼓风机两级构成。要求：

(1) 按下启动按钮后首先启动引风机，引风机指示灯亮，10 s 后鼓风机自动启动，鼓风机指示灯亮；按下按钮后先关断鼓风机，鼓风机指示灯灭，经 20 s 后自动关断引风机和引风机指示灯。

(2) 启动按钮接 I0.0，停止按钮接 I0.1。鼓风机及其指示由 Q4.1 和 Q4.2 驱动，引风机及其指示由 Q4.3 和 Q4.4 驱动。

4. 题图 9-1 所示为物料检测站，若传送带上 30 s 内无产品通过，则检测器下的检测点报警，试编写其梯形图程序。

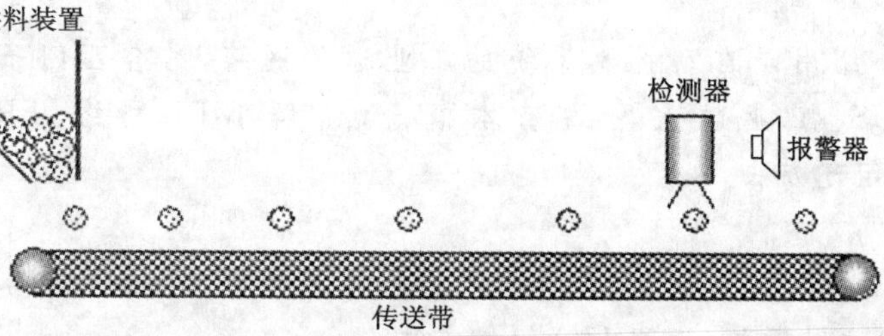

题图 9-1

第 10 章 西门子 PLC 通信技术

教学提示:

本章主要介绍用于自动控制系统的工业通信网络,结合西门子工业网络,介绍 MPI、PROFIBUS、工业以太网的基本概念,讲解 MPI 网络、PROFIBUS 网络、PROFINET 的组建方法。

学习要求:

了解工业通信基础知识,了解西门子的工业网络技术,掌握 PLC 之间的 PROFIBUS-DP 主从通信,远程 I/O 组态方法。

10.1 工业通信概述

通信是信息的交换。随着工业系统走向分布式和网络化,通信技术和网络技术成为工业自动化技术的核心内容之一。工程生产管理系统和生产控制单元之间,控制器与各种生产设备之间的信息流通通道成为工业企业的命脉。网络技术在工业中所占的比重越来越大。工业网络知识已成为当今自动化过程应用的重要内容,并深入到工业自动化的各个层次当中,从现场设备、PLC、I/O 设备等硬件到操作系统以及人机接口,网络的应用无处不在。工业控制自动化技术正在向智能化、网络化、集成化的方向发展。

工业通信是工业 4.0 的核心,也是自动化系统的核心。可以把工业通信简单地分为四个层面:自动化系统内部的横向通信、与下层现场传感和数据采集层及上层企业管理系统的纵向通信、基于开放标准和统一协议的通信网络、移动技术和虚拟化。

10.2 西门子 PLC 网络

为应对"工业 4.0"愿景和"中国制造 2025"国家规划提出的挑战,西门子正大力推进数字化企业发展。在实现数字化企业的过程中,工业通信是至关重要的基础。根据不同的自动化水平的要求(工厂级、单元级、现场和传感器/执行器级),SIMATIC 提供了较为完善的网络解决方案,如图 10-1 所示。

10.2.1 RS485 接口

RS485 是电气标准,符合此电气标准的通常称为 RS485 接口。通信双方除了需要确认物理接口之外,还需要确认所使用的通信协议,常见的 RS485 接口可以使用 MPI 协议、

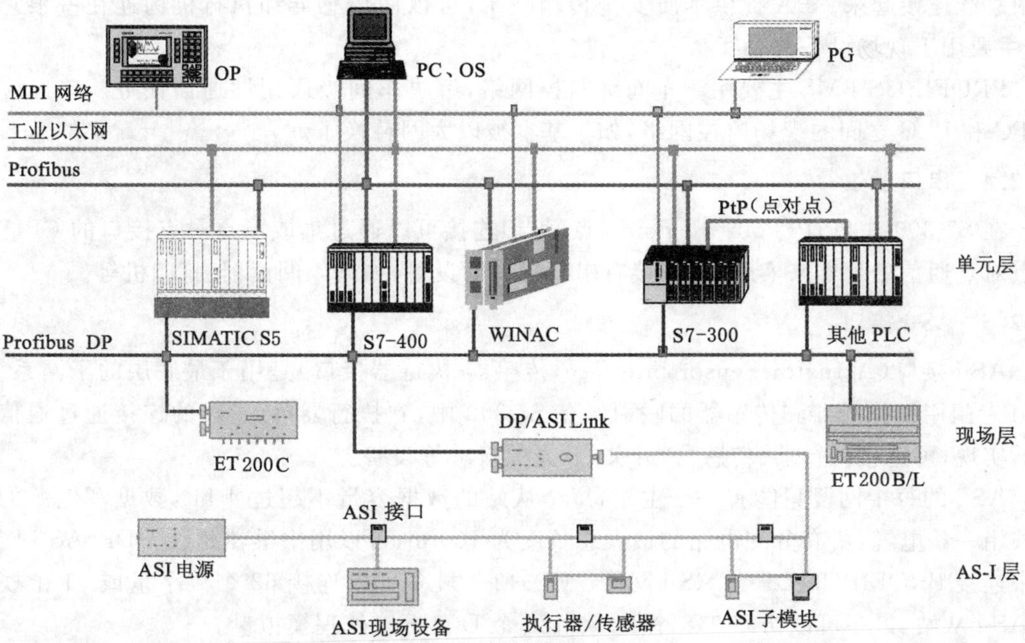

图 10-1　西门子 PLC 网络

PROFIBUS DP 协议、串口通信(ASCII 协议，MODBUS RTU 协议)等。

10.2.2　MPI 协议

MPI(MultiPoint Interface，多点通信接口)是未公开的西门子私有协议，西门子设备之间通信可以使用，如 CPU 315-2DP 的集成接口 X1 符合 RS485 电气标准，仅支持 MPI 协议。

MPI 的物理层是 RS-485，用于控制级和现场级，是一种小范围、节点数较少的子网，尤其适合通信速率要求不高、通信数据量要求不大的简单经济通信场合。通过 MPI 能同时连接运行 STEP 7 的计算机、人机界面(HMI)及其他 SIMATIC S7、M7 和 C7。MPI 网络的通信速率为 19.2 kbit/s～12 Mbit/s，S7-300 通常默认设置为 187.5 kbit/s，只有能够设置为 PROFIBUS 接口的 MPI 网络才支持 12 Mbit/s 的通信速率。

10.2.3　PRFIBUS 总线

PROFIBUS 符合国际标准 IEC61158，是目前国际上通用的现场总线标准之一，是用于控制级和现场级的网络。PROFIBUS 以其独特的技术特点、严格的认证规范、开放的标准、众多厂商的支持和不断发展的应用行规，成为现场级通信网络的优秀解决方案，其网络节点已突破 2 000 万个。从用户的角度看，PROFIBUS 提供了三种通信协议类型：PROFIBUS-FMS、PROFIBUS-DP 和 PROFIBUS-PA。

PROFIBUS-DP(H2)是一种经优化的高速低成本通信，用于自动化系统中单元级设备与分布式 I/O(如 ET200M)的通信。在这一级，中央处理器(如 PLC，PC)通过高速串行线与分散的现场设备(I/O，驱动器，阀门等)进行通信。

PROFIBUS-PA(H1)主要应用于过程控制领域，可以把测量变送器、阀门、执行机构用一根总线连接起来。PA 提供本质安全传输技术，可以使传感器和执行机构连在一根总线上，主要用于现场设备的总线。

PROFIBUS-FMS 主要用于车间级监控网络，解决车间级通用性通信任务。曾经应用于 PC 和 PLC 之间的现场监控网络，如今基本被以太网替换了。

10.2.4 串口通信

在 S7-300 中，PtP(Point-to-Point，点对点)连接可以通过集成了点对点接口的 CPU 或者点对点通信处理器来实现，可连接有串行接口的设备，如条码阅读器、打印机等。

10.2.5 AS-i 接口

AS-i 接口(Actuator Sensor interface，传感器-执行器接口)是用于最底层的子网系统，AS-i 专门用于执行器和传感器的联网。在 S7-300 中，到执行器/传感器的连接通过通信处理器实现，可连接执行器、传感器、开关、发光二极管等设备。

AS-i 的每个网段只能有一个主站，每个从站的数据容量不超过 4 bit，数据和电源的传送共用一条电缆，所有分支电路的最大总长度为 100 m，可以用中继器延长。DP/AS-i 网关用来连接 PROFIBUS-DP 和 AS-i 网络。CP342-2 最多可以连接 62 个数字量或 31 个模拟量 AS-i 从站，最多可以访问 248 个 DI 和 186 个 DO，可以处理模拟量。

10.2.6 工业以太网

工业以太网是目前工控领域中最为流行的网络技术，主要用于控制级和单元级，实现计算机系统与自动化系统间通信，适用于大量数据传输和长距离通信。在物理连接上，网络的传输介质可以是屏蔽同轴电缆、双绞线、光纤和无线通信。工业以太网的通信速率为 10 Mbit/s 和 100 Mbit/s。可连接设备有带通信处理器（如，CP 343-1，343-1 IT ）的 S7-300/S7-400、网络组件(如，交换机)、带网卡的 PG/PC。

10.2.7 PROFINET(PN)

PROFINET(PN)是一种新的以太网通信系统，由西门子公司和 PROFIBUS 用户协会开发。PROFINET 具有多制造商产品之间的通信能力、自动化和工程模式，并针对分布式智能自动化系统进行了优化。其应用结果能够大大节省配置和调试费用。PROFINET 系统集成了基 PROFIBUS 的系统，也可以集成其他现场总线系统。

PROFINET 可用于管理层、单元级和现场级，PROFINET 基于工业以太网，使用 TCP/IP 和 IT 标准。

10.2.8 工业无线局域网(IWLAN)

无线通信为工业发展带来了新机遇，提供了灵活、高效的自动化解决方案，是未来自动化的发展趋势之一，应用越来越广泛。西门子公司提供了 GSM/GPRS、IWLAN、WirelessHART 等多种工业无线通信产品。

IWLAN 即工业无线局域网，已被广泛应用于各种工程项目中，如自动引导车辆系统(AVG 小车)、起重机、立体仓库、旋转机械、公共交通、布线成本较高的场地等。西门子提供了丰富的产品用于 IWLAN 的各种应用，如 SCALANCE W 系列的 AP 和客户端、RCOAX 漏波电缆及各种天线、IWLAN/PB LINK PNIO 网关模块、IM154-6 PN HF IWLAN 模块等，具有安全、可靠、耐用的特点。可以替代有线网，实现可靠的通信连接。

10.3　PROFIBUS 现场总线通信技术

PROFIBUS 是目前国际上通用的现场总线标准之一，PROFIBUS 总线 1987 年由西门子公司等 13 家企业和 5 家研究机构联合开发，1999 年 PROFIBUS 成为国际标准 IEC 61158 的组成部分，2001 年成为中国的行业标准 JB/T 10308.3-2001。物理接口采用 RS-485 标准，网络拓扑为线性总线两端加终端电阻。

PROFIBUS 是一种国际化、开放式、不依赖于设备生产商的现场总线标准。PROFIBUS 传送速度可在 9.6 kbit/s～12 Mbit/s 范围内选择，且当总线系统启动时，所有连接到总线上的装置应该被设成相同的速度。广泛适用于制造业自动化、流程工业自动化和楼宇、交通、电力等其他领域自动化。它还用于工厂自动化车间级监控和现场设备层数据通信与控制的现场总线技术。可实现现场设备层到车间级监控的分散式数字控制和现场通信网络，从而为实现工厂综合自动化和现场设备智能化提供了可行的解决方案。

PROFIBUS 由三个兼容部分组成，即 PROFIBUS-DP、PROFIBUS-PA、PROFIBUS-FMS 。主要使用主-从方式，通常周期性地与传动装置进行数据交换。

10.3.1　PROFIBUS 协议结构

PROFIBUS 协议结构是根据 ISO7498 国际标准，以开放式系统互联网络作为参考模型，PROFIBUS 协议使用了 ISO/OSI 模型的第 1、2、7 层。第 1 层定义物理的传输性，第 2 层定义总线存取协议，第 7 层定义应用功能，3～6 层未用。

从用户的角度看，PROFIBUS 提供了三种通信协议类型：PROFIBUS-FMS、PROFIBUS-DP 和 PROFIBUS-PA。PROFIBUS 协议结构如图 10-2 所示。

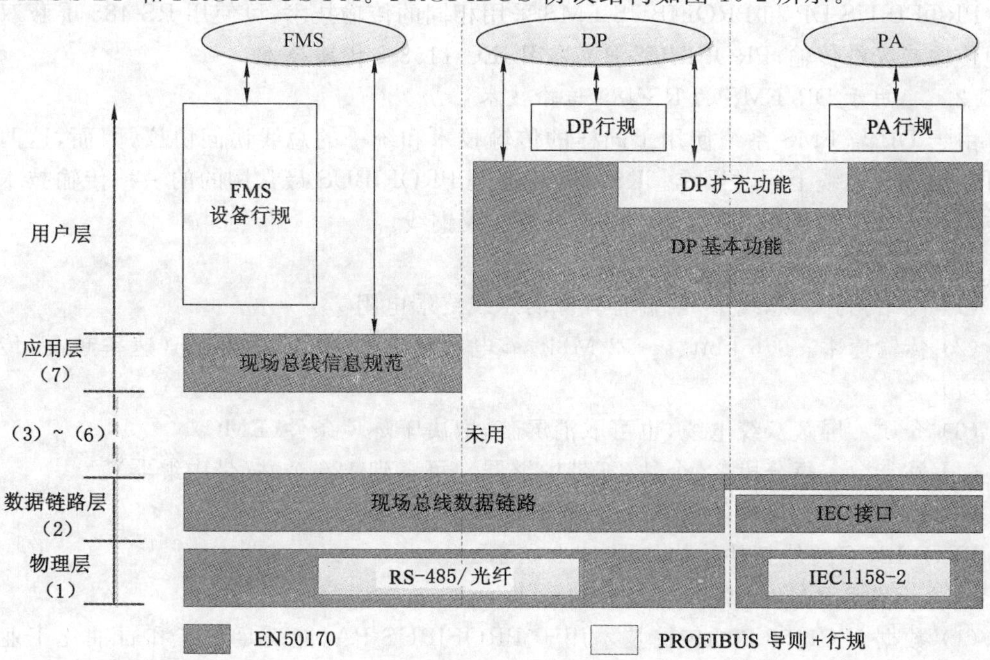

图 10-2　PROFIBUS 协议结构

(1) PROFIBUS-FMS

PROFIBUS-FMS(Fieldbus Message Specification,现场总线报文规范)使用了第1、2、7层。第7层(应用层)包含FMS和LLI(Lower Layer Interface,底层接口),主要主要用于系统级和车间级的不同供应商的自动化系统之间的传输数据,处理单元级(PLC和PC)的多主站数据通信,现基本已被以太网取代。

(2) PROFIBUS-DP

PROFIBUS-DP (Decentralized Periphery,分布式外部设备) 使用了第1层和第2层,这种精简的结构特别适合数据的高速传送,PROFIBUS-DP用于自动化系统中单元级设备与分布式I/O(如ET200M)的通信,典型的PROFIBUS-DP系统组成如图10-4所示。主站直接的通信为令牌方式,主站与从站之间的通信为主从方式以及这两种方式的混合。

所有带有"DP"标志的S7-300 CPU上都有一或两个PROFIBUS-DP接口,如CPU 315-2DP集成的接口X2符合RS485电气标准,支持PRFIBUS协议。

(3) PROFIBUS-PA

PROFIBUS-PA (Process Automation,过程自动化),用于过程自动化的现场传感器和执行器的低速数据传输,使用了扩展的PROFIBUS-DP协议。只是在上层增加了描述现场设备行为的PA行规。PA相当于DP通信协议加上最适合现场仪表的传输协议IEC1158-2。根据IEC1158-2标准,PA可以通过总线给现场设备供电,并可确保数据传输的本质安全性,可以用于防爆区域的传感器和执行器与中央控制系统的通信,使用屏蔽双绞线电缆,由总线提供电源。

10.3.2 PROFIBUS 传输技术

PROFIBUS使用三种传输技术:屏蔽双绞线电缆传输、光纤传输、IEC 1158-2传输技术。PROFIBUS-DP和PROFIBUS-FMS采用相同的传输技术,可使用RS-485屏蔽双绞线电缆传输或光纤传输;PROFIBUS-PA采用IEC 1158-2传输技术。

10.3.2.1 用于DP/FMS的RS-485传输技术

由于DP与FMS系统使用了同样的传输技术和统一的总线访问协议,因而,这两套系统可在同一根电缆上同时操作。RS-485传输是PROFIBUS最常用的的一种传输技术。这种技术通常称之为H2。采用的电缆是屏蔽双绞铜线。

RS-485传输技术基本特征如下。

(1) 网络拓扑。总线型,两端有有源的总线终端电阻。

(2) 传输速率。9.6 kbit/s～12 Mbit/s,电缆长度为100～1 200 m(速率越高,传输距离越短)

(3) 介质。屏蔽双绞电缆,也可取消屏蔽,取决于环境条件(EMC)。

(4) 站点数。每分段32个站(不带中继器),可多到126个站(带中继器)。

(5) 插头连接。最好使用9针D型插头

PROFIBUS总线拓扑结构如图10-3所示。

10.3.2.2 用于PA的IEC1158-2传输技术

(1) 数据IEC1158-2的传输技术用于PROFIBUS-PA,能满足化工和石油化工业的要求。它可保持其本征安全性,并通过总线对现场设备供电。

(2) IEC1158-2是一种位同步协议,可进行无电流的连续传输,通常称为H1。传输使

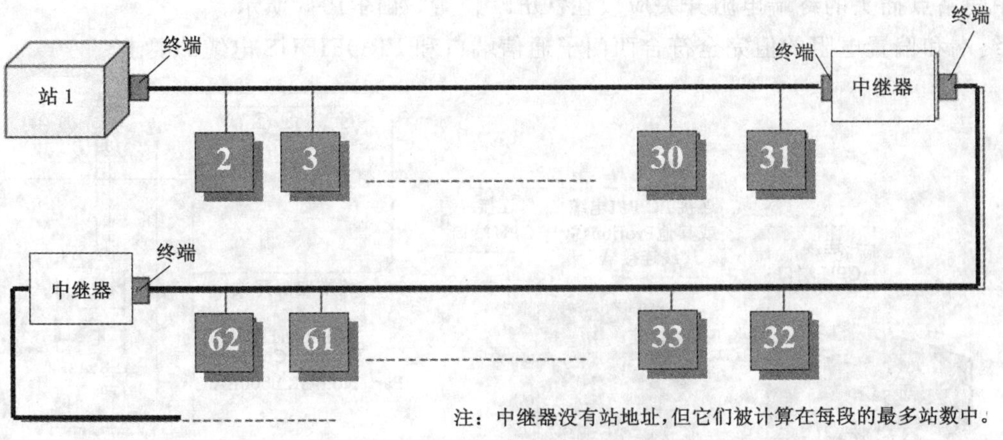

图 10-3　PROFIBUS 总线拓扑结构

用固定波特率 31.25 kbit/s。

10.3.2.3　光纤传输

PROFIBUS 使用光纤传输，可以适应强度很高的电磁干扰环境或使用高速远距离传输。使用光纤的 PROFIBUS 总线可以设计成星形或环形结构。

10.3.2.4　PROFIBUS 电缆

PROFIBUS 电缆被列在 PROFIBUS 产品指南中，结构如图 10-4 所示。

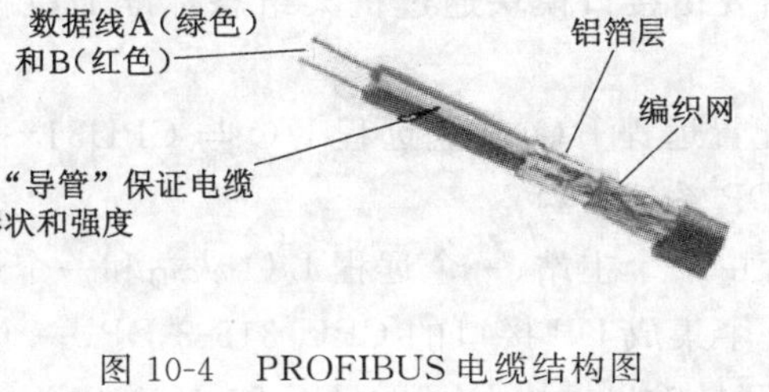

图 10-4　PROFIBUS 电缆结构图

10.3.2.5　PROFIBUS 总线连接器

(1) 终端电阻和偏置电阻

一个正规的 RS-485 网络（如 MPI，DP）应使用终端电阻和偏置电阻。在网络连接线非常短、临时或实验室测试时也可以不使用终端和偏置电阻。

终端电阻：在线型网络两端（相距最远的两个通信端口上），并联在一对通信线上的电阻。根据传输线理论，终端电阻可以吸收网络上的反射波，有效地增强信号强度。两个终端电阻并联后的值应当基本等于传输线在通信频率上的特性阻抗。

偏置电阻：用于在电气情况复杂时确保 A、B 信号的相对关系，保证“0”、“1”信号的可靠性。

(2) PROFIBUS 总线连接器

PROFIBUS 总线连接器用于连接 PROFIBUS 站与 PROFIBUS 电缆，实现信号的传输，一般带有内置的终端电阻。西门子的 PROFIBUS 网络连接器已经内置了终端和偏置电阻，通过一个开关方便地接通或断开。网络终端插头的终端电阻开关必须放在“ON”的位置;中间站点插头的终端电阻开关应放在“OFF”位置,如图 10-5 所示。

终端和偏置电阻的值完全符合西门子通信端口和 PROFIBUS 电缆的要求。

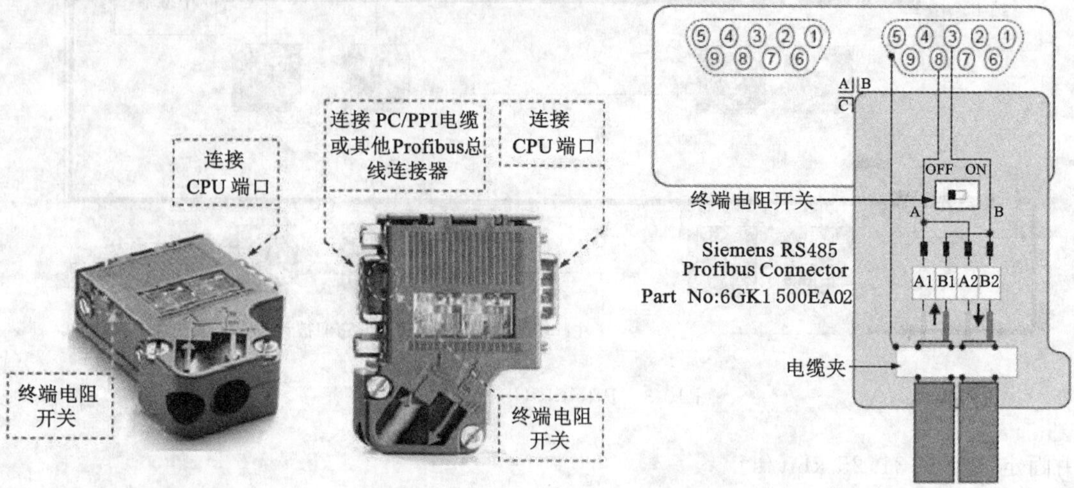

图 10-5 PROFIBUS 总线连接器

10.3.3 CPU31x-2DP 通过 DP 接口连接远程 I/O 站

ET200 系列是远程 I/O 站,ET 200B 自带 I/O 点,适合在远程站点 I/O 点数不太多的情况下使用;ET 200M 需要由接口模块通过机架组态标准 I/O 模块,适合在远程站点 I/O 点数较多的情况下使用。

下面举例介绍如何配置远程 I/O,建立远程 I/O 与 CPU31x-2DP 的连接。

10.3.3.1 PROFIBUS-DP 系统结构

PROFIBUS-DP 系统由一个主站、一个远程 I/O 从站和一个远程现场模块从站构成。

(1) DP 主站:选择一个集成 DP 接口的 CPU 315-2 DP、一个数字量输入模块 DI 32×DC 24 V/0.5 A、一个数字量输出模块 DO32×DC 24 V/0.5 A、一个模拟量输入/输出模块 AI 4/AO 4×14/12 bit。

(2) 远程现场从站:选择一个 B-8DI/8DO DP 数字量输入/输出 ET200B 模块。

(3) 远程 I/O 从站:选择一个 ET 200M 接口模块 IM 153-2、一个数字量输入/输出模块 DI 8/DO 8×24 V/0.5 A、一个模拟量输入/输出模块 AI 2×12 bit、AO 2×12 bit。

10.3.3.2 组态 DP 主站

(1) 新建 S7 项目

启动 STEP 7,创建 S7 项目,并命名为“DP_ET200”。

(2) 插入 S7-300 工作站

在项目内插入 S7-300 工作站,并命名为“DP_Master”。

(3) 硬件组态

进入硬件配置窗口,按硬件安装次序依次插入机架 Rail、电源 PS 307 5A、CPU 315-2 DP、DI 32×DC 24 V/0.5 A、DO 32×DC 24 V/0.5 A、AI 4/AO 4×14/12 bit 等。

(4) 设置 PROFIBUS

插入 CPU315-2DP 的同时弹出 PROFIBUS 组态界面，组态 PROFIBUS 站地址，本例设为 2。然后，新建 PROFIBUS 子网，保持默认名称 PROFIBUS(1)。切换到“网络设置”标签，设置传输率和配置文件，本例传输率设为“1.5 Mbps”，配置文件选择“DP”。

单击“确定”按钮，返回硬件组态窗口，如图 10-6 所示。

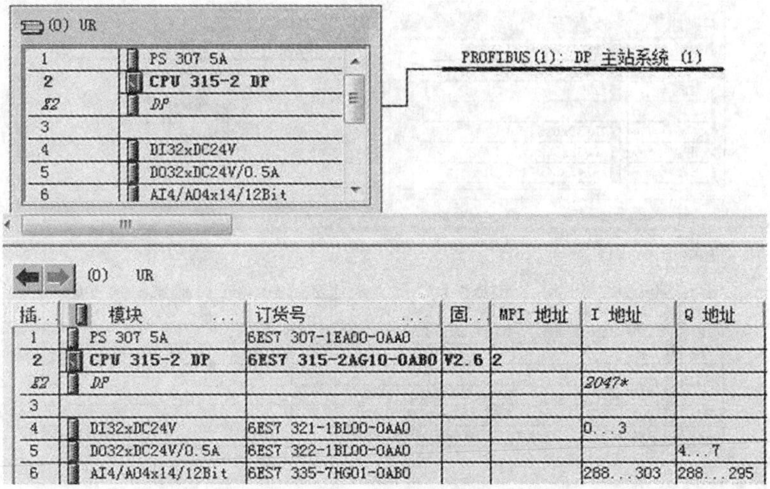

图 10-6　返回硬件组态窗口

10.3.3.3　组态远程 I/O 从站 ET200M

(1) 组态 ET 200M 的接口模块 IM 153-2

在硬件配置窗口内，打开硬件目录，从“PROFIBUS-DP”子目录下找到“ET 200M”子目录，选择接口模块 IM153-2(订货号 6ES7 153-2AA00-0XB0)，并将其拖放到“PROFIBUS(1):DP 主站系统(1)”线上，鼠标变为“+”号后释放，自动弹出的 IM 153-2 属性窗口。

IM 153-2 硬件模块上有一个拨码开关，可设定硬件站点地址，在属性窗口内所定义的站点地址必须与 IM 153-2 模块上所设定的硬件站点地址相同，本例将站点地址设为 3。其他保持默认值，即“传输率”为 1.5 Mbps，“配置文件”选择 DP，如图 10-7 所示。

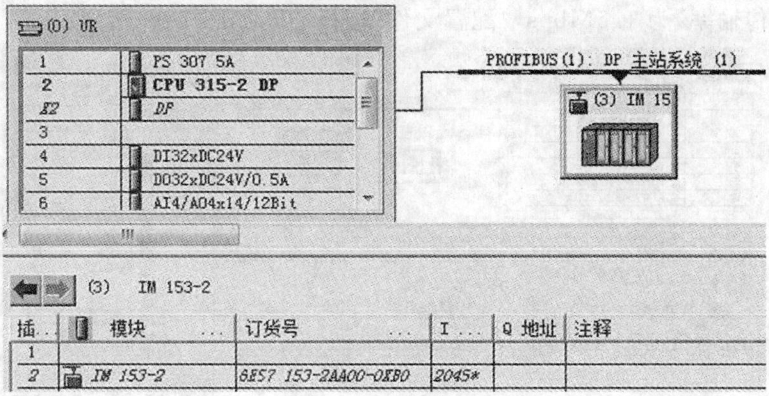

图 10-7　选择“配置文件”

(2) 组态 ET 200M 上的 I/O 模块

在 PROFIBUS 系统图上点击 IM 153-2 图标，在下面的视窗中显示 IM 153-2 机架。然后按照与中央机架完全相同的组态方法，从第 4 个插槽开始，依次将接口模块 IM 153-2 目录下的 DI 8/DO 8×24 V/0.5 A、AI 2×12 bit 和 AO 2×12 bit 插入 IM 153-2 的机架，如图 10-8 所示。

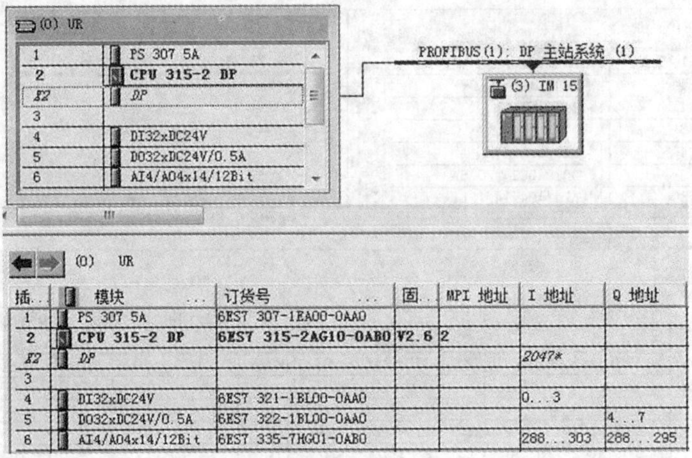

图 10-8　插入 IM 153-2 机架

远程 I/O 站点的 I/O 地址区不能与主站及其他远程 I/O 站的地址重叠，组态时系统会自动分配 I/O 地址。如果需要，在 IM 153-2 机架插槽内，双击 I/O 模块可以更改模块地址，本例保持默认值。点击"保存"按钮，编译并保存组态数据。

10.3.3.4　组态远程现场模块 ET200B

ET200B 为远程现场模块，有多种标准型号。本例预组态一个 B-8DI/8DO DP 数字量输入/输出 ET200B 模块。

在硬件组态窗口内，打开硬件目录，从"PROFIBUS-DP"子目录下找到"ET 200B"子目录，选择 B-8DI/8DO DP，并将其拖放到"PROFIBUS(1)：DP master system 主站系统(1)"线上，鼠标变为"＋"号后释放，自动弹出的 B-8DI/8DO DP 属性窗口。设置 PROFIBUS 站点地址为 4，"传输率"为 1.5Mbps，"配置文件"选择 DP，如图 10-9 所示。

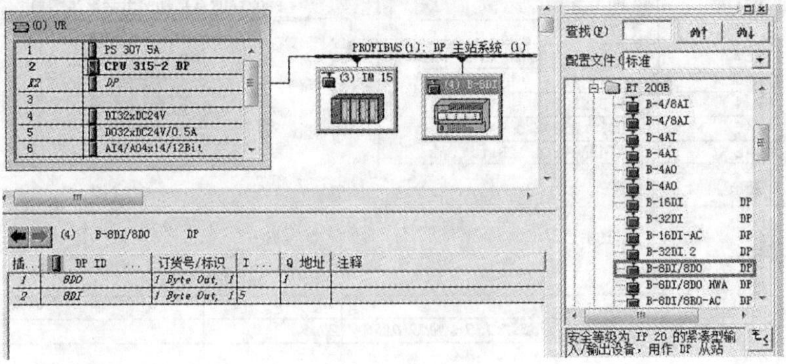

图 10-9　选择"配置文件"

若有更多的从站(包括智能从站),可以在 PROFIBUS 系统上继续添加,所能支持的从站个数与 CPU 类型有关。

习题与思考题

1. 西门子工业网络常见的通信方式有哪些?
2. Profibus 包含哪三个子集,分别针对哪种应用?

第11章　上位机组态监控

教学提示：

本章主要讲述上位机监控软件的设计，以组态王为例，介绍了如何创建工程，组态画面，定义I/O设备，构造数据库，建立动画连接，运行及调试。

学习要求：

(1)了解组态软件的功能，了解常用组态软件；

(2) 掌握利用组态王设计上位机监控软件的方法。

11.1　组态软件简介

随着工业自动化水平的迅速提高，人们对工业自动化的要求越来越高，种类繁多的控制设备和过程监控装置在工业领域的应用，使得传统的工业控制软件已无法满足用户的各种需求。在开发传统的工业控制软件时，当工业被控对象有变动时，就必须修改其控制系统的源程序，导致其开发周期长；已开发成功的工控软件又由于每个控制项目的不同而使其重复使用率很低，导致它的价格非常昂贵；在修改工控软件的源程序时，如原来的编程人员因工作变动而离开岗位时，则必须同其他人员或新手进行源程序的修改，因而更为困难。

组态软件，又称组态监控软件系统软件，译自英文 SCADA(Supervisory Control and Data Acquisition，数据采集与监视控制)，它是指一些数据采集与过程控制的专用软件，处在自动控制系统监控层一级的软件平台和开发环境，使用灵活的组态方式，为用户提供快速构建工业自动控制系统监控功能的、通用层次的软件工具。

组态软件的应用领域很广，可以应用于电力系统、给水系统、石油、化工等领域的数据采集与监视控制以及过程控制等诸多领域。在电力系统以及电气化铁道上又称远动系统(RTU System)。组态软件在国内是一个约定俗成的概念，并没有明确的定义，它可以理解为"组态式监控软件"。"组态(Configure)"的含义是"配置"、"设定"、"设置"等意思，是指用户通过类似"搭积木"的简单方式来完成自己所需要的软件功能，而不需要编写计算机程序，也就是所谓的"组态"。它有时候也称为"二次开发"，组态软件就称为"二次开发平台"。"监控(Supervisory Control)"，即"监视和控制"，是指通过计算机信号对自动化设备或过程进行监视、控制和管理。

组态软件预设置的各种软件模块可以非常容易地实现和完成监控层的各项功能，并能同时支持各种硬件厂家的计算机和 I/O 产品，与高可靠的工控计算机和网络系统结合，可向控制层和管理层提供软硬件的全部接口，进行系统集成。

组态软件功能如图 11-1 所示，通常有以下几方面的功能。

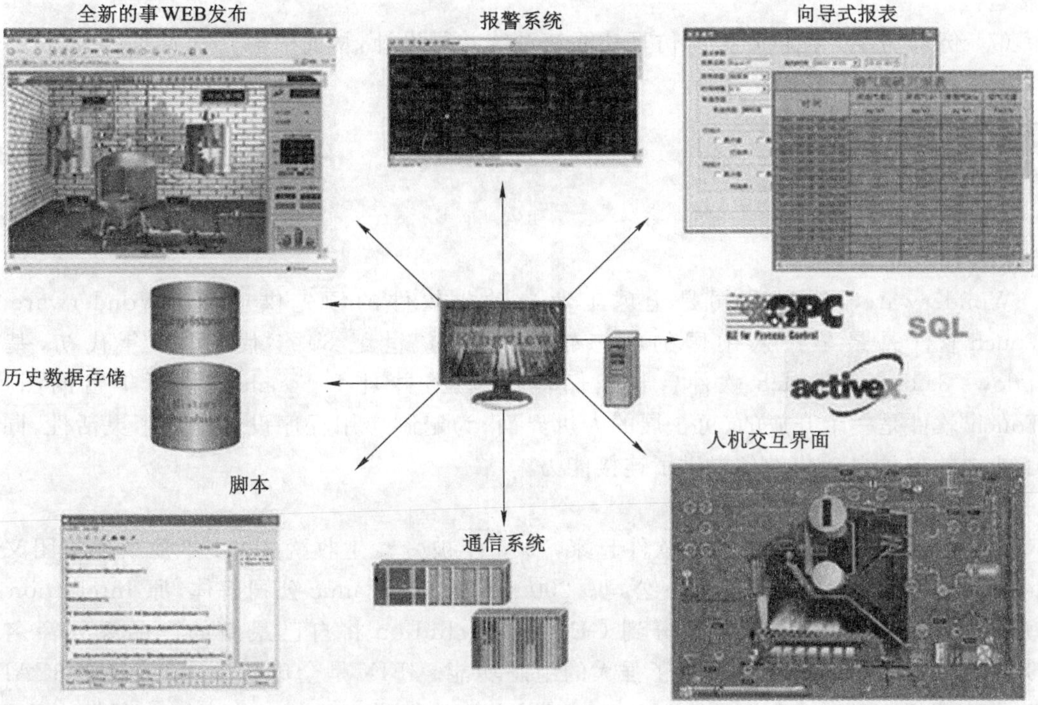

图 11-1　组态软件功能

(1) 强大的界面显示组态功能。目前，工控组态软件大都运行于 Windows 环境下，充分利用 Windows 的图形功能完善界面美观的特点，可视化的风格界面、丰富的工具栏，操作人员可以直接进入开发状态，节省时间。丰富的图形控件和工况图库，既提供所需的组件，又是界面制作向导。提供给用户丰富的作图工具，使用户可以随心所欲地绘制出各种工业界面，并可任意编辑，从而将开发人员从繁重的界面设计中解放出来，丰富的动画连接方式，如隐含、闪烁、移动等，使界面生动、直观。

(2) 良好的开放性。社会化的大生产，使得系统构成的全部软硬件不可能出自一家公司的产品，“异构”是当今控制系统的主要特点之一。开放性是指组态软件能与多种通信协议互联，支持多种硬件设备。开放性是衡量一个组态软件好坏的重要指标。组态软件向下应能与低层的数据采集设备通信，向上能与管理层通信，实现上位机与下位机的双向通信。

(3) 丰富的功能模块。提供丰富的控件功能库，满足用户的测控要求和现场要求。利用各种功能模块，完成实时监控产生功能报表、显示历史曲线和实时曲线、提醒报警等功能，使系统具有良好的人机界面，易于操作。系统既可适用于单机集中式控制、DCS 分布式控制，也可以是带远程通信能力的远程测控系统。

(4) 强大的数据库。配有实时数据库，可存储各种数据，如模拟量、离散量、字符型等，实现与外部设备的数据交换。

(5) 可编程的命令语言。可编程的命令语言使用户可根据自己的需要编写程序,增强图形界面。

(6) 周密的系统安全防范,对不同的操作者赋予不同的操作权限,保证整个系统的安全可靠运行。

(7) 仿真功能。提供强大的仿真功能使系统并行设计,从而缩短开发周期。

11.2 常用组态软件

11.2.1 国外组态软件

(1) InTouch

Wonderware(万维)公司是全球工业自动化软件的领先供应商。Wonderware 的 InTouch 软件是最早进入中国的组态软件。在 20 世纪 80 年代末、90 年代初,基于 Windows 3.1 的 InTouch 软件曾让我们耳目一新,并且 InTouch 提供了丰富的图库。InTouch 软件是一个开放的、可扩展的人机界面,为定制应用程序设计提供了灵活性,同时为工业中的各种自动化设备提供了连接能力。

(2) ifIX

Intellution 公司以 FIX 组态软件起家,1995 年被爱默生收购,2002 年爱默生集团又将 Intellution 公司转卖给 GE Fanuc 公司。2009 年底,GE Fanuc 公司解体,原 Intellution 公司所有业务归 GE 公司所有,划分到 GE-IP。Intellution 将自己最新的产品系列命名为 iFIX,在 iFIX 中,Intellution 提供了强大的组态功能。iFIX 是全球最领先的 HMI/SCADA 自动化监控组态软件,已有超过 300 000 套以上的软件投入运行。许多制造商都依靠 GE Fanuc 的 iFIX 软件来全面监控和分布管理全厂范围的生产数据。iFIX 集强大功能、安全性、通用性和易用性于一身,使之成为许多生产环境下全面的 HMI/SCADA 解决方案。GE 智能平台(GE-IP)的 iFIX 是世界领先的工业自动化软件解决方案,提供了生产操作的过程可视化、数据采集和数据监控。iFIX 可以帮助用户精确地监视、控制生产过程,并优化生产设备和企业资源管理。它能够对生产事件快速反应,减少原材料消耗,提高生产率,从而加快产品对市场的反应速度,提高用户收益。

(3) WinCC

SIMATIC WinCC 基于 Windows 平台,能为工业领域提供完备的监控与数据采集(SCADA)功能,涵盖单用户系统直到支持冗余服务器和远程 Web 客户机解决方案的多用户系统。WinCC 是跨公司垂直集成交换信息的基础,它采用了工厂智能,可以实现更大程度的生产过程的透明性。WinCC 基本系统是各种不同应用的核心。它不仅包含开放的编程接口,还包含大量已经开发了的 WinCC 选件(由西门子 A&D 完成)和 WinCC 附加件(由西门子内部和外部合作方完成),用于为用户提供各种功能的扩展。SIMATIC WinCC V 7.0 大大增强了基本系统及其选件的功能。WinCC 可运行在满足特定硬件需求的所有 PC 机上。SIMATIC IPC 工业计算机产品系列尤其适用于 WinCC 系统的工业应用。SIMATIC IPC 采用功能强大的 PC 技术,支持办公环境恶劣工业环境中的全天候运行。

11.2.2 国内组态软件

(1) 三维力控

三维力控由北京三维力控科技有限公司开发，核心软件产品初创于 1992 年。ForceControl 系列监控组态软件是力控科技将其在十余年间积累的工业自动化、信息化的经验与前沿 IT 技术相结合而研发的产品。该系列产品面向通用监控组态软件市场，作为工业自动化软件中的基础平台软件，可以为各类行业提供解决方案。其最新产品完全支持微软的 32/64 位 Windows 7 及 Windows Server 2008 操作系统，在保证系统稳定性的前提下，既增加了产品的灵活性，又提高了使用的便捷性，使用户能够快速构建基础工业监控系统。

(2) 组态王(KingView)

组态王由北京亚控科技发展有限公司开发，1995 年推出组态王 1.0 版本。近年来，组态王产品已经走向世界，以其良好的性价比赢得了国际用户的认可。

(3) MCGS

MCGS 由北京昆仑通态自动化软件科技有限公司开发，分为通用版、嵌入版和网络版，其中嵌入版和网络版是在通用版的基础开发而来的，在市场上主要是搭配硬件销售。

11.3　组态王 6.55 使用入门

11.3.1　组态王 6.55 简介

组态王 6.55 是亚控科技根据当前的自动化技术的发展趋势，面向低端自动化市场及应用，以实现企业一体化为目标开发的一套产品。组态王 6.55 保持了其早期版本功能强大、运行稳定且使用方便的特点，并根据国内众多用户的反馈及意见，对一些功能进行了完善和扩充。

组态王 6.55 提供了丰富的、简捷易用的配置界面，提供了大量的图形元素和图库精灵，同时也为用户创建图库精灵提供了简单易用的接口。该款产品的历史曲线、报表及 web 发布功能有了大幅提升与改进，软件的功能性和可用性有了很大提高。

安装完软件之后，在系统“开始”菜单“程序”中生成名称为“组态王 6.55”的程序组，如图 11-2 所示。

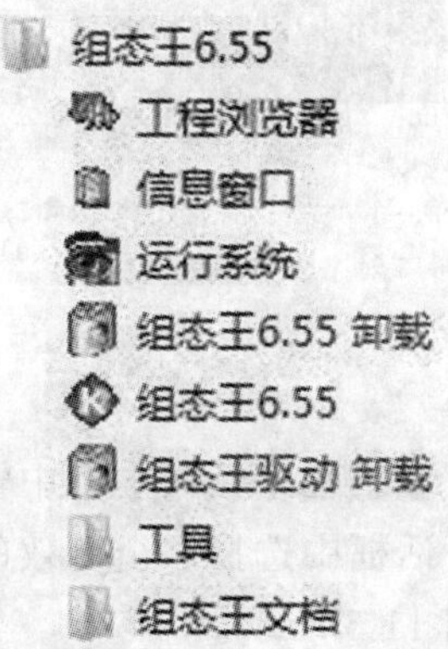

图 11-2　组态王 6.55

(1) 工程浏览器：组态王单个工程管理程序的快捷方式，内嵌组态王画面开发系统(TouchExplorer)，即组态王开发系统。

(2) 运行系统：组态王运行系统程序(TouchVew)的快捷方式。工程浏览器(TouchExplorer)和运行系统(TouchVew)是各自独立的 Windows 应用程序，均可单独使用；两者又相互依存，在工程浏览器的画面开发系统中设计开发的画面应用程序必须在画面运行系统(TouchVew)运行环境中才能运行。

(3) 组态王 6.55：组态王工程管理器程序的快捷方式，用于新建工程、工程管理等。

11.3.2 建立组态王新工程

要建立新的组态王工程，首先为工程指定目录（或称“工程路径”）。组态王用工作目录标识工程，不同的工程应置于不同的目录。工作目录下的文件由软件自动管理。

启动工程管理器（ProjManager），如图 11-3 所示。

图 11-3 “工程管理器”界面

选择菜单“文件”→“新建工程”或单击“新建”按钮，弹出如图 11-4(a)所示“新建工程向导之一”，单击“下一步”继续。弹出“新建工程向导之二”对话框，如图 11-4(b)所示。

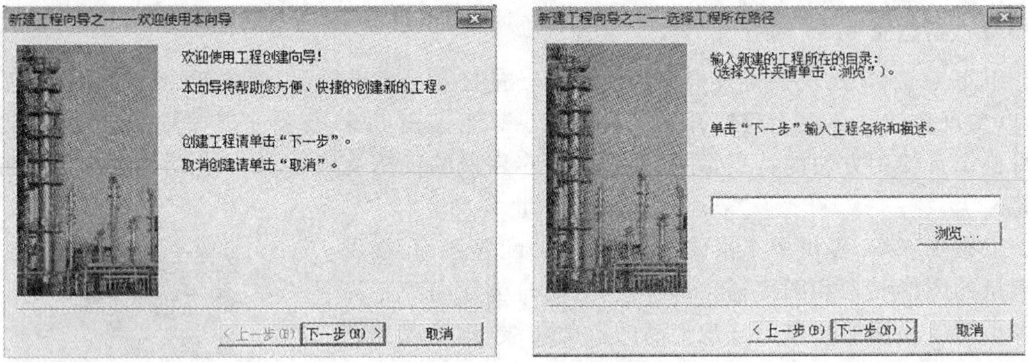

(a) (b)

图 11-4 新建工程向导

在工程路径文本框中输入一个有效的工程路径，或单击“浏览…”按钮，在弹出的路径选择对话框中选择一个有效的路径。单击“下一步”继续，弹出“新建工程向导之三”对话框，如图 11-5 所示。

在工程名称文本框中输入工程的名称，该工程名称同时将被作为当前工程的路径名称。在工程描述文本框中输入对该工程的描述文字。工程名称长度应小于 32 个字符，工程描述长度应小于 40 个字符。单击“完成”完成工程的新建。系统会弹出对话框，询问用户是否将新建工程设为当前工程，如图 11-6 所示。

单击“否”按钮，则新建工程不是工程管理器的当前工程，如果要将该工程设为新建工程，还要执行“文件”→“设为当前工程”命令；单击“是”按钮，则将新建的工程设为组态王的当前工程。定义的工程信息会出现在工程管理器的信息表格中。双击该信息条或单击“开发”按钮或选择菜单“工具”→“切换到开发系统”，进入组态王的开发系统。建立的工程路径

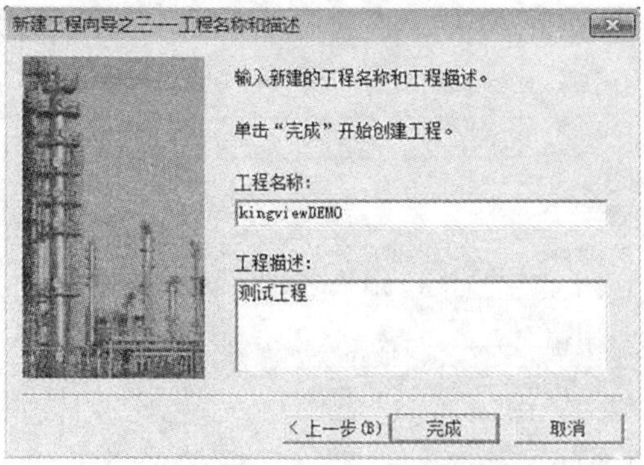

图 11-5　新建工程向导三

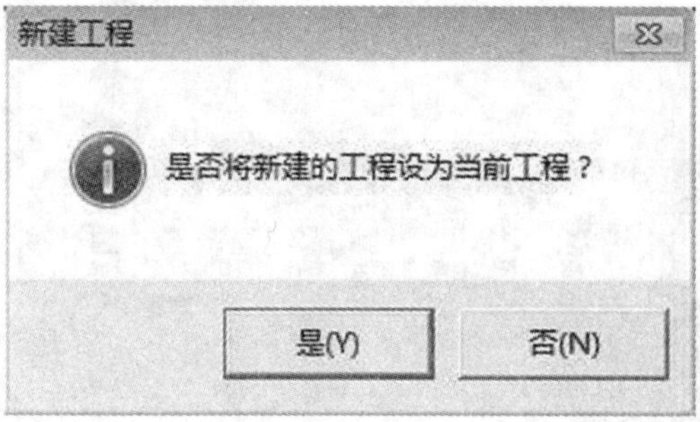

图 11-6　是否设为当前工程对话框

为:C:\WINDOWS\Desktop\demo(组态王画面开发系统为此工程建立目录 C:\WINDOWS\Desktop\demo 并生成必要的初始数据文件。这些文件对不同的工程是不相同的。因此,不同的工程应该分置不同的目录。这些数据文件列在附录 AX 中)。

注意:建立的每个工程必须在单独的目录中。除非特别说明,不允许编辑修改这些初始数据文件。

11.3.3　创建组态画面

进入组态王开发系统后,就可以为每个工程建立数目不限的画面,在每个画面上生成互相关联的静态或动态图形对象。这些画面都是由软件提供的类型丰富的图形对象组成的。系统为用户提供了矩形(圆角矩形)、直线、椭圆(圆)、扇形(圆弧)、点位图、多边形(多边线)、文本等基本图形对象,及按钮、趋势曲线窗口、报警窗口、报表等复杂的图形对象。提供了对图形对象在窗口内任意移动、缩放、改变形状、复制、删除、对齐等编辑操作,全面支持键盘、鼠标绘图,并可提供对图形对象的颜色、线型、填充属性进行改变的操作工具。组态王采用面向对象的编程技术,使用户可以方便地建立画面的图形界面。用户构图时可以像搭积木那样利用系统提供的图形对象完成画面的生成。同时支持画面之间的图形对象拷贝,可重复使用以前的开发结果,继续上节的工程。

第一步:定义新画面。进入新建的组态王工程,选择工程浏览器左侧大纲项"文件"→"画面",如图 11-7 所示,在工程浏览器右侧用鼠标左键双击"新建"图标。

弹出"新画面"对话框,如图 11-8 所示。

在"画面名称"处输入新的画面名称,如"监控主画面",其他属性目前不用更改(关于其他属性的设置请参见手册:《组态王开发环境——工程浏览器》)。点击"确定"按钮进入内嵌的组态王画面开发系统。如图 11-9 所示。

第二步:添加图形及文本。

(1) 插入"反应器"图形

在"工具箱"单击"打开图库"图标,打开"图库管理器"窗口,单击左侧导航栏中的"反应器",在右侧浏览窗口选择一个反应器图形,如图 11-10 所示。

然后双击选中的反应器图形图标,在"开发系统"中单击鼠标,即可将选择的反应器图形插入画面,改变"反应器"图形的尺寸和位置,如图 11-11 所示。

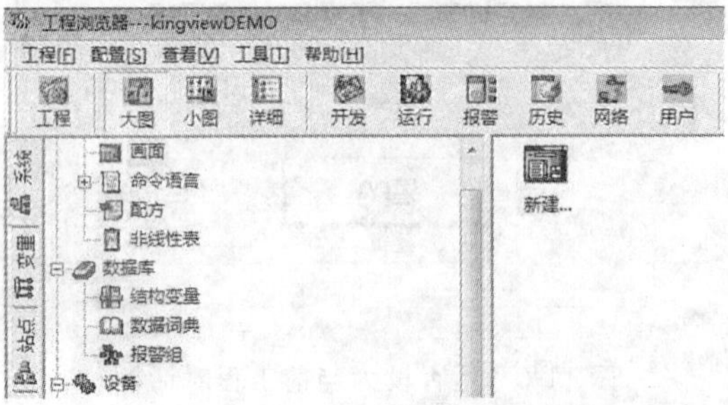

图 11-7 “工程浏览器”界面

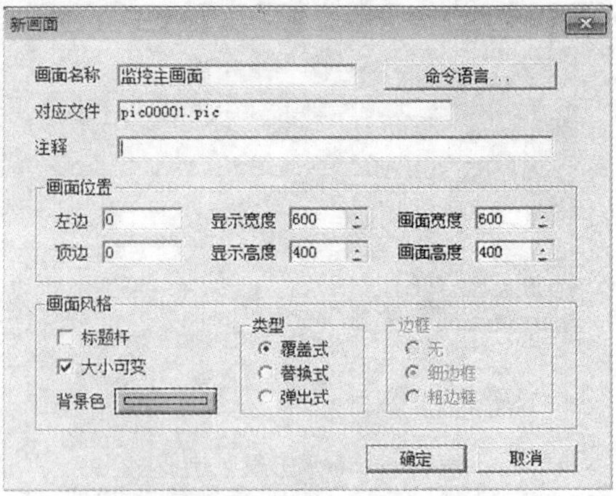

图 11-8 “新画面”对话框

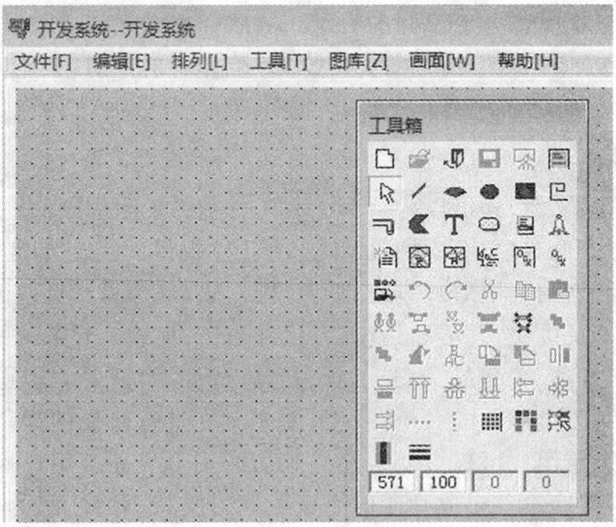

图 11-9 内嵌组态王画面

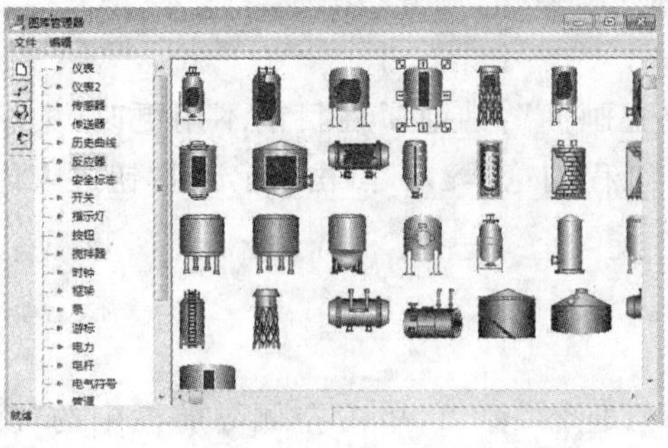

图 11-10 选择反应器画面

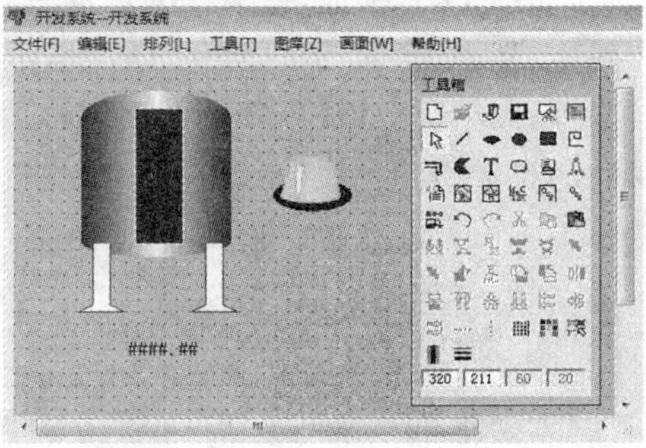

图 11-11 改变“反应器”参数

(2) 插入“指示灯”图形。接下来用同样的方法插入一个指示灯。

(3) 插入文本。在工具箱中选中“文本”图标，此时鼠标变成“I”形状，在画面上单击鼠标左键，输入“####.##”文字。选择“文件”→“存入”命令保存现有画面。

11.3.4 定义 IO 设备

组态王把那些需要与之交换数据的设备或程序都作为外部设备。外部设备包括：下位机(PLC、仪表、模块、板卡、变频器等)，它们一般通过串行口和上位机交换数据；其他 Windows 应用程序，它们之间一般通过 DDE 交换数据；外部设备还包括网络上的其他计算机。只有在定义了外部设备之后，组态王才能通过 I/O 变量和它们交换数据。为方便定义外部设备，组态王设计了“设备配置向导”引导用户一步步完成设备的连接。

组态王支持与 SIMATIC S7-300 通过 MPI 通信卡(CP5411、CP5511、CP5611)、PC Adapter USB、TCP/IP 多种方式进行通讯。本例中，选择 TCP/IP 通信方式，即 S7-300(TCP)。

继续上节的工程。选择工程浏览器左侧大纲项“设备”→“COM1”，在工程浏览器右侧用鼠标左键双击“新建”图标，运行“设备配置向导”，如图 11-12 所示。

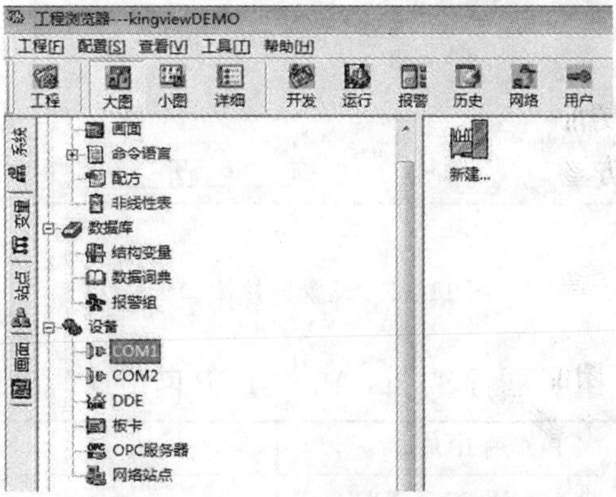

图 11-12 “设备配置向导”界面

选择“设备驱动”→“PLC”→“西门子”→“S7-300(TCP)”的“TCP”项，单击“下一步”，弹出“设备配置向导”，如图 11-13 所示。为外部设备取一个名称(如，PLC)，如图 11-14 所示，单击“下一步”。为设备选择连接串口，假设为 COM2，如图 11-15 所示，单击“下一步”。

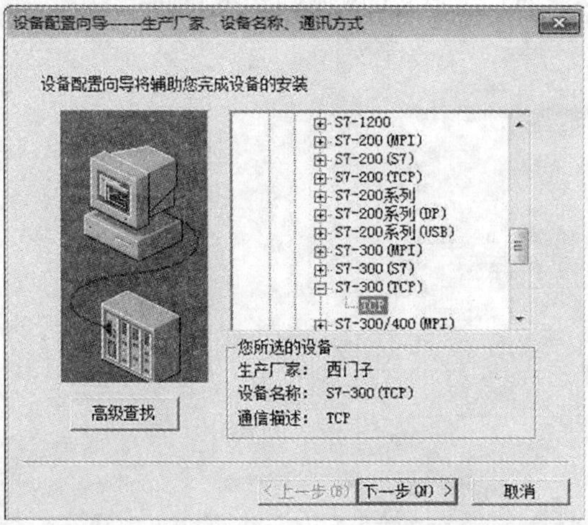

图 11-13 “设备配置向导”界面

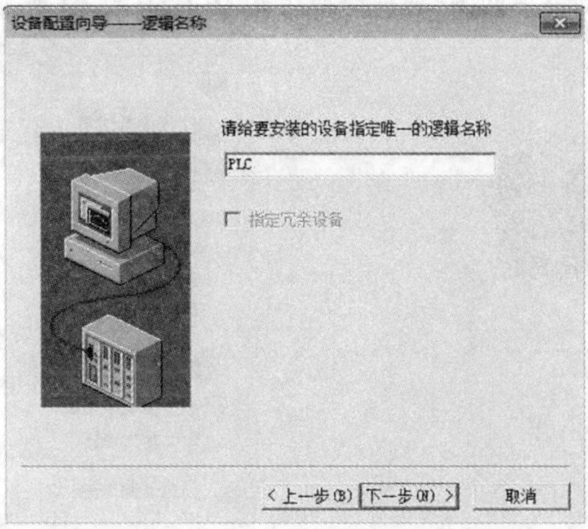

图 11-14 逻辑名称设定

弹出“设备地址设置指南”，如图 11-16 所示。在该窗口内，需要为要安装的设备指定地址。地址信息可以单击“地址帮助”按钮获得帮助。

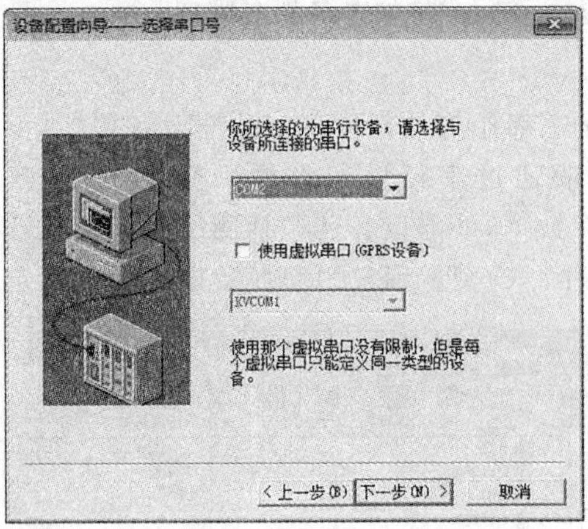

图 11-15　设置连接串口

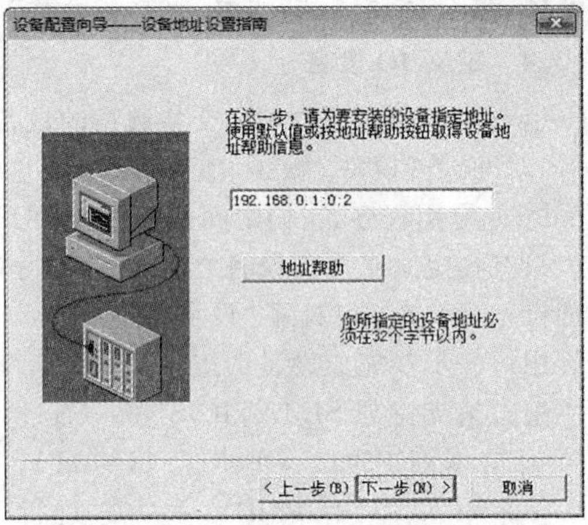

图 11-16　设备地址设置

组态王与 S7-300 PLC TCP 网络通信的地址及通讯参数定义如下，设备地址格式：

PLC 的 IP 地址	:	CPU 机架号	:	CPU 槽号
XXX.XXX.XXX.XXX	:	Y	:	Z

其中：[XXX]取值范围为 0～255，[Y]取值范围为 0～21，[Z]取值范围为 0～18。

说明：PLC 的 IP 地址，即为通过 Step7 编程软件为 S7-300 PLC 设定设定的 IP 地址。本例中，设定设备地址参数为：192.168.0.2:0:2。

当与上位计算机通信的时候需设置网卡的 IP 地址和子网掩码。如图 11-17 所示，电脑网卡上的 IP 地址段要求和 PLC 上的 IP 地址段在同一个域，子网掩码要求相同。

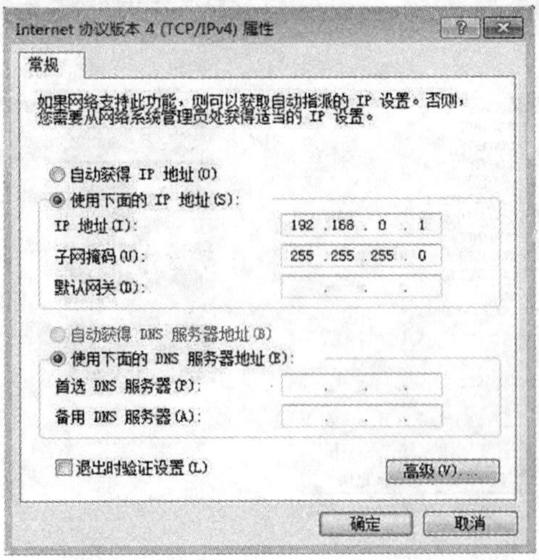

图 11-17　电脑网卡上的 IP 设置

本例计算机的网络设置如下：IP 地址(192.168.0.1)、子网掩码(255.255.255.0)。确保 PLC 和计算机的 IP 在同一网段上。使用 ping 命令，保证能 ping 到 PLC 站。

设置通信故障恢复参数(一般情况下使用系统默认设置即可)，单击“下一步”，弹出“设备配置向导”，如图 11-18 所示。请检查各项设置是否正确，确认无误后，单击“完成”，如图 11-19。设备定义完成后，可以在工程浏览器的右侧看到新建的外部设备“PLC”。在定义数据库变量时，只要把 IO 变量连接到这台设备上，就可以和组态王软件交换数据了。

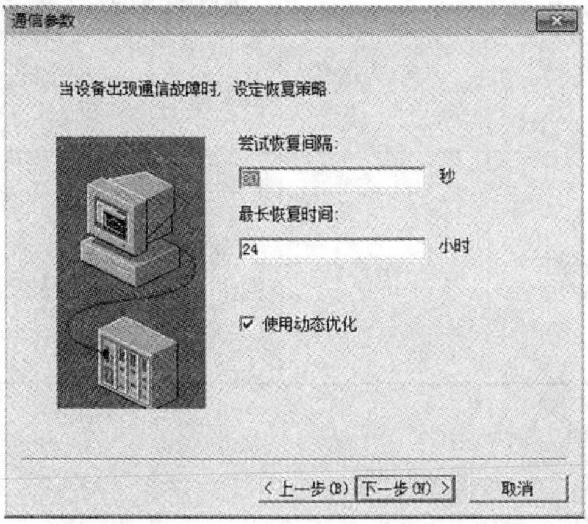

图 11-18　“通信参数”设置

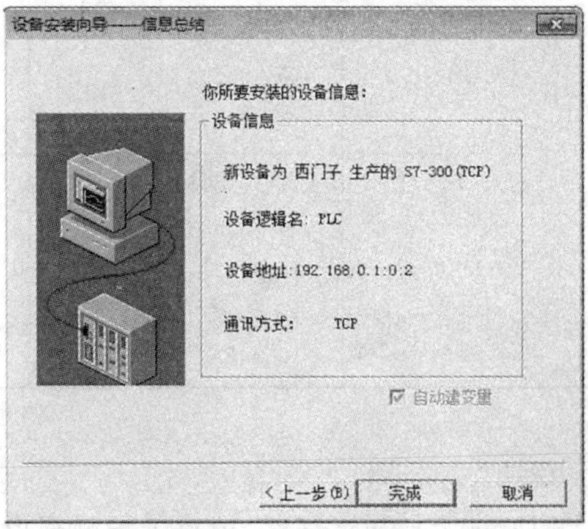

图 11-19　参数设置完毕

11.3.5　构造数据库

数据库是组态王软件的核心部分，工业现场的生产状况要以动画的形式反映在屏幕上，操作者在计算机上发布的指令也要迅速送达生产现场，所有这一切都是以实时数据库为中介环节，所以说数据库是联系上位机和下位机的桥梁。

11.3.5.1　组态王中 S7-300PLC 寄存器列表

组态王中 S7-300PLC 寄存器列表见表 11-1。

表 11-1　　组态王中 S7-300PLC 寄存器列表

寄存器名称	格式	通道范围	读写属性	数据类型	变量类型	寄存器说明
I	Idd	dd:0～65535	只读	BYTE	I/O 整型	数字量输入区
	Idd.xx	dd:0～65535 xx:0～7	只读	BIT	I/O 离散	
Q	Qdd	dd:0～65535	读写	BYTE	I/O 整型	数字量输出区
	Qdd.xx	dd:0～65535 xx:0～7	读写	BIT	I/O 离散	
M	Mdd	dd:0～65535	读写	BYTE|SHORT|USHORT	I/O 整型	中间寄存器区
	Mdd.xx	dd:0～65535 xx:0～7	读写	BIT	I/O 离散	

续表 11-1

<table>
<tr><th>寄存器名称</th><th>格式</th><th>通道范围</th><th>读写属性</th><th>数据类型</th><th>变量类型</th><th>寄存器说明</th></tr>
<tr><td rowspan="3">DB</td><td>DBx. y</td><td>x:1～65535
y:0～65535</td><td rowspan="2">读写</td><td>BYTE|SHORT|
USHORT|
LONG| FLOAT</td><td>I/O 整型
I/O 实型</td><td rowspan="2">数据块寄存器：
x 为数据块(DB)的编号；y 是寄存器的起始字节号，z 是相对于 y 字节的从低位起第 z 位</td></tr>
<tr><td>DBx. y. z</td><td>x:1～65535
y:0～65535
z:0～7</td><td>BIT</td><td>I/O 离散</td></tr>
<tr><td>DBx. y. z</td><td>x:1～65535
y:0～65533
z:1～127
(y+z<65535)</td><td>读写</td><td>STRING</td><td>I/O 字符串</td><td>数据块寄存器，x，y 含义同上，z 是字符串的长度</td></tr>
</table>

说明：

(1) 对于只写寄存器，请将采集频率设置为 0。

(2) 对于 USHORT、SHORT、LONG 数据类型，如果要向 PLC 数据区写入 SHORT 或 USHORT 型数据，其通道号必须不能存在重叠情况。如 USHORT 型数据 M10、M11，向 M10 写入数据时，实际向 PLC 数据块 MB10、MB11 写入数据，此时将影响 M11 映射的 PLC 数据块 MB11、MB12 中的 MB11。

11.3.5.2 特殊寄存器使用说明

(1) 组态王中定义的寄存器的通道范围是指该寄存器支持的最大范围，实际范围由 PLC 中的程序确定，如果组态王中定义的寄存器通道范围超出了 PLC 的实际范围，则在运行时组态王信息窗口会提示(超出范围的)寄存器读失败。

(2) 组态王中定义的 DB 寄存器序号、数据类型必须与 PLC 中定义的保持一致，否则运行系统读上来的数据有可能是错误的。

比如，PLC 中 DB 块的定义为：DB1. 0(INT)，DB1. 2(UINT)，DB1. 4(REAL)，DB1. 8(BYTE)，则在组态王中定义变量时寄存器序号和数据类型对应为 DB1. 0(SHORT)，DB1. 2(USHORT)，DB1. 4(FLOAT)，DB1. 8(BYTE)。

(3) 对于 BIT 数据类型，I、Q、M 寄存器的定义方式为 xx. yy，xx 为对应字节的通道，yy 为其中位的通道，范围 0～7。

(4) 对于 DB 寄存器，在不同的定义情况下，其通道设定是不一样的。当选择 300 系列 PLC 时，定义方式为 xx. yy. zz，xx 为 DB 块号，范围是 0～255，yy 为对应块中地址序号，zz 为其中位的通道号，当寄存器类型是 BIT 型时，范围是 0～7。当寄存器类型是 STRING 型时，范围是 0～127。

11.3.5.3 寄存器使用举例

组态王中 S7-300 PLC 寄存器使用举例见表 11-2。

表 11-2　　**S7-300 PLC 寄存器使用用举例**

寄存器名称	读写属性	数据类型	变量类型	寄存器说明
I0	只读	BYTE	I/O 整数	数字量输入区,按字节读取
I0.1	只读	BIT	I/O 离散	数字量输入区,按位读取,读取 0 字节的第 2 位
I0.7	只读	BIT	I/O 离散	数字量输入区,按位读取,读取 0 字节的第 8 位
Q1	读写	BYTE	I/O 整数	数字量输出区,按字节(8 位)读写
M2	读写	BYTE	I/O 整数	中间寄存器
DB10.0	读写	BYTE	I/O 整数	DB 块寄存器,DB 块序号 10,块中地址序号 0
DB10.2	读写	FLOAT	I/O 实数	DB 块寄存器,DB 块序号 10,块中地址序号 2
DB10.6	读写	SHORT	I/O 整数	DB 块寄存器,DB 块序号 10,块中地址序号 6
DB10.6.2	读写	BIT	I/O 离散	DB 块寄存器,读取 DB10 块地址 6 的第 3 位

11.3.5.4　*构造数据库*

在 TouchVew 运行时,它含有全部数据变量的当前值。变量在画面制作系统组态王画面开发系统中定义,定义时要指定变量名和变量类型,某些类型的变量还需要一些附加信息。数据库中变量的集合被形象地称为“数据词典”,它记录了所有用户可使用的数据变量的详细信息。

继续上节的工程。选择工程浏览器左侧大纲项“数据库”→“数据词典”,在工程浏览器右侧用鼠标左键双击“新建”图标,弹出“变量属性”对话框如图 11-20 所示。

此对话框可以对数据变量完成定义、修改等操作,以及数据库的管理工作。在“变量名”处输入变量名,如“a”;在“变量类型”处选择变量类型如“内存实数”,其他属性目前不用更改,单击“确定”即可,如图 11-21 所示。

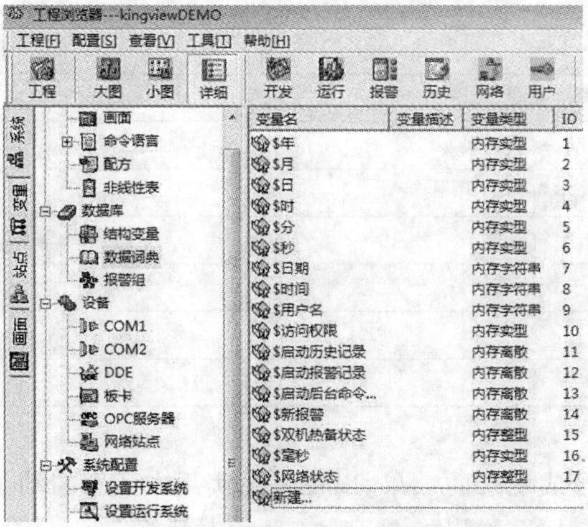

图 11-20　“变量属性”对话框

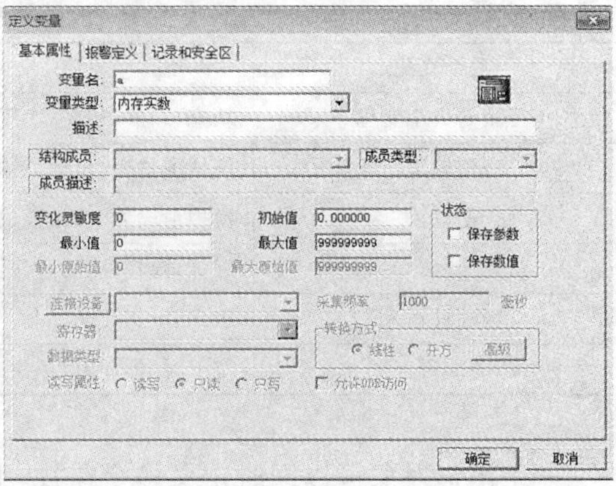

图 11-21　变量定义完毕

下面继续定义一个 IO 变量,如图 11-22 所示。如要访问 PLC 的 Q4.0。在“变量名”处输入变量名,如“Q4_0”;在“变量类型”处选择变量类型“I/O 离散”;在“连接设备”中选择先前定义好的 IO 设备“PLC”;在“寄存器”中选择 Q,然后将名称改为“Q4.0”;“数据类型”选择“Bit”类型。其他属性目前不用更改，单击“确定”即可。

定义一个 I/O 实数变量，如图 11-23 所示。

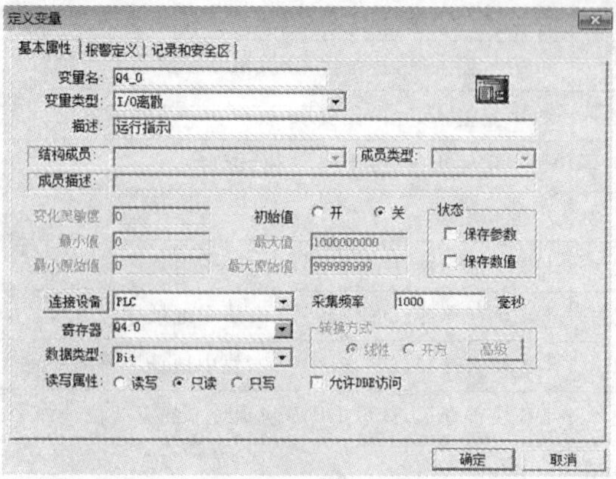

图 11-22 定义 I/O 变量

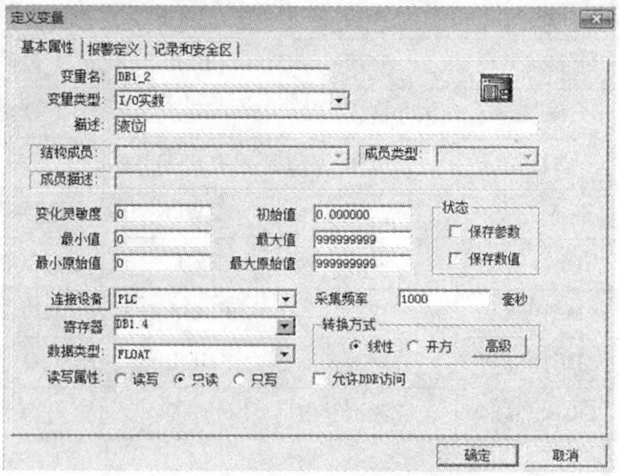

图 11-23 定义 I/O 实数变量

假设 DB1.2 内部存放的是“液位”(实数)，建立访问 DB1.2 的 I/O 变量：在“变量名”处输入变量名“DB1_2”；在“变量类型”处选择变量类型“I/O 实数”；在“连接设备”中选择先前定义好的 IO 设备“PLC”；在“寄存器”中选择 DB，然后将名称改为“DB1.4”；在“数据类型”选择“FLOAT”类型。其他属性目前不用更改，单击“确定”即可。

11.3.6 建立动画连接

定义动画连接是指在画面的图形对象与数据库的数据变量之间建立一种关系，当变量的值改变时，在画面上以图形对象的动画效果表示出来；或者由软件使用者通过图形对象改变数据变量的值。组态王提供了 22 种动画连接方式，见表 11-3。

表 11-3　　动画类型

属性变化	线属性变化、填充属性变化、文本色变化
位置与大小变化	填充，缩放，旋转，水平移动，垂直移动
值输出	模拟值输出，离散值输出，字符串输出
值输入	模拟值输入，离散值输入，字符串输入
特殊	闪烁，隐含，流动(仅适用于立体管道)
滑动杆输入	水平，垂直
命令语言	按下时，弹起时，按住时

一个图形对象可以同时定义多个连接，组合成复杂的效果，以便满足实际中任意的动画显示需要。继续上节的工程。双击反应器图形对象，弹出如图 11-24 所示对话框。

11.3.6.1 反应器填充动画设置

单击“变量名(模拟量)”右侧的 ? 按钮，打开“选择变量名”对话框，如图 11-25 所示。单击左侧的导航栏“本地站点”，在右侧选择定义的变量“DB1_2”，然后单击“确定”按钮。

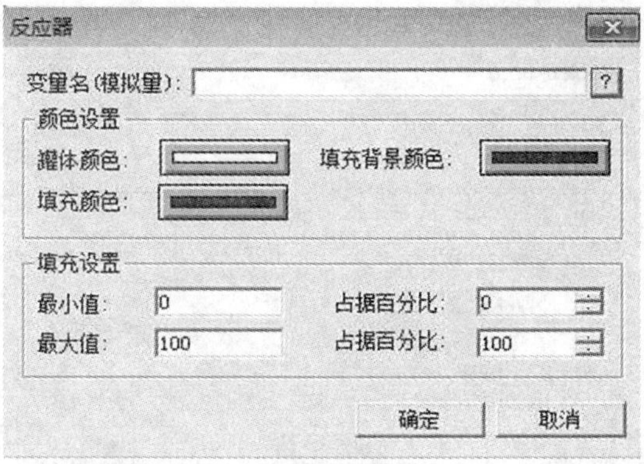

图 11-24　反应器图形对象

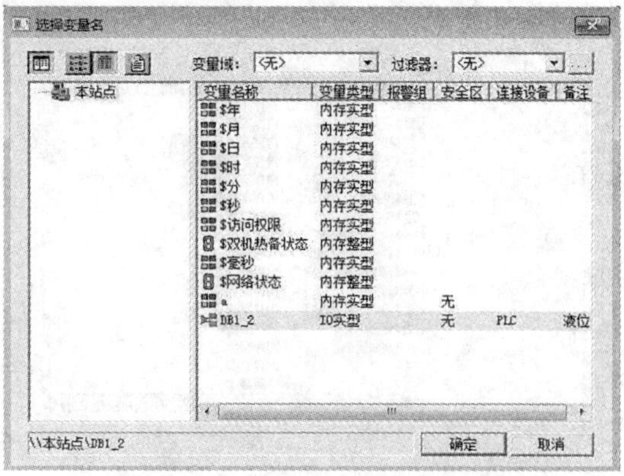

图 11-25　“选择变量名”对话框

返回反应器动画属性设置对话框，如图 11-26 所示，在“填充设置”一栏，输入液位的最小值、最大值，本例中，输入 0、4，表示当液位为 0 m 时，填充百分百为 0%；当液位为 4 m 时，填充 100%。

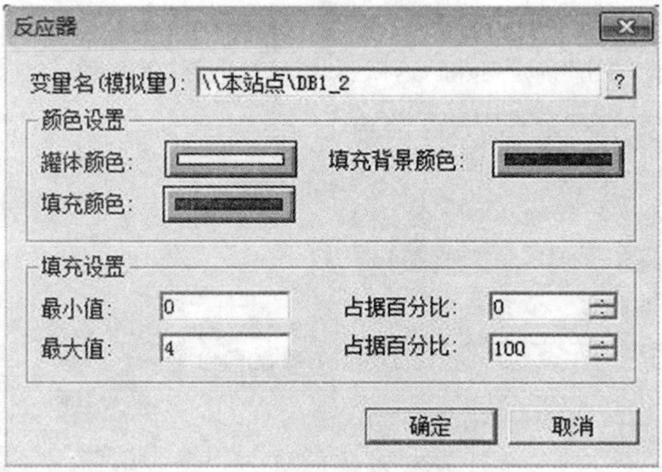

图 11-26　反应器动画属性

11.3.6.2　模拟值输出动画设置

双击画面中的“＃＃＃＃.＃＃”文本，打开“动画连接”对话框，如图 11-27 所示。

选择“值输出”→“模拟值输出”，弹出“模拟值输出连接”对话框，单击“表达式”右侧的 ? 按钮，打开“选择变量名”对话框，如图 11-28 所示。

单击左侧的导航栏“本地站点”，在右侧选择定义的变量“DB1_2”，如图 11-29 所示，然后单击确定按钮，返回“模拟值输出连接”对话框。

在“模拟值输出连接”对话框中，设置输出的格式，单击“确定”按钮完成设置。

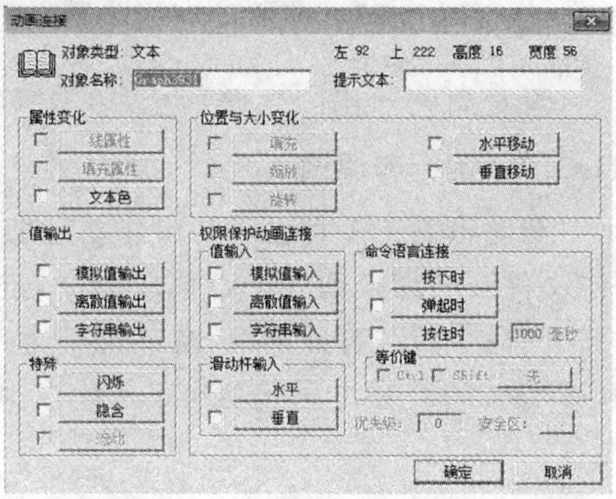

图 11-27　“动画连接”界面

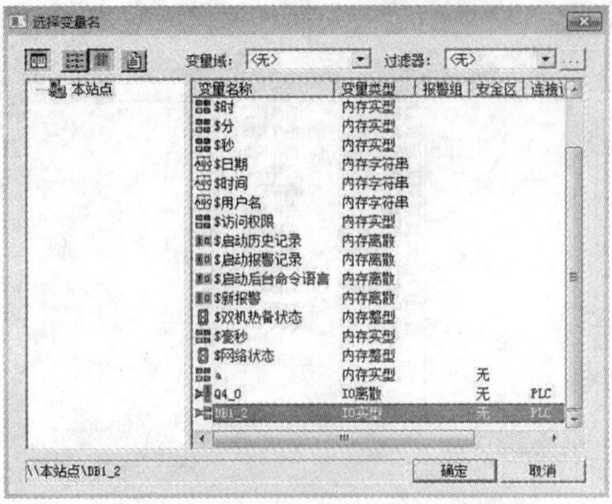

图 11-28 “选择变量名”对话框

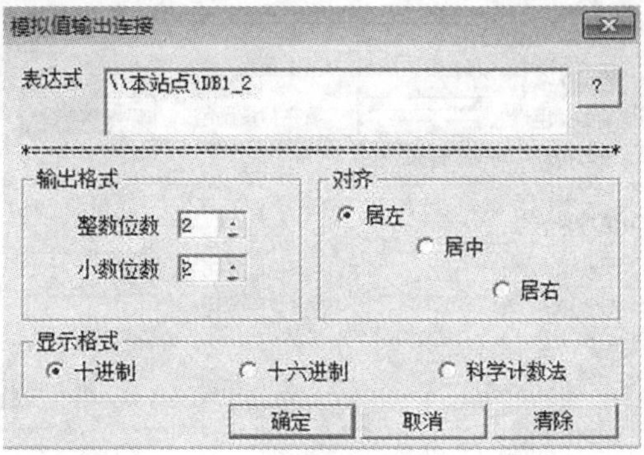

图 11-29 模拟值输出对话框

11.3.6.3 指示灯动画设置

双击“指示灯”图形，打开“指示灯向导”对话框，如图 11-30 所示。

单击“变量名(离散值)”右侧的 ? 按钮，在打开的“选择变量名”窗口中，选择“Q4_0”变量，如图 11-31 所示，单击“确定”按钮，返回到“指示灯向导”对话框。

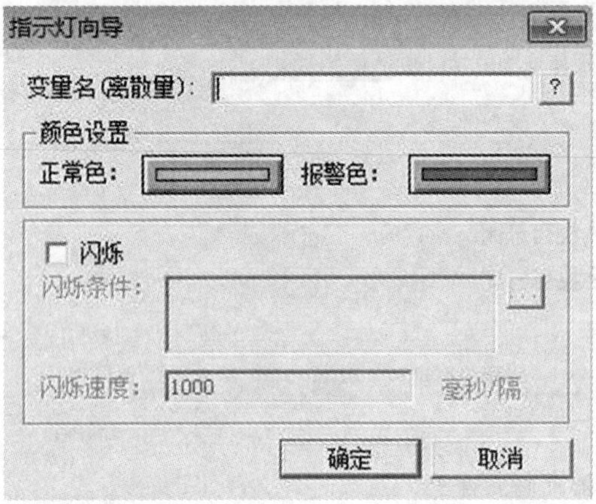

图 11-30 “指示灯向导”界面

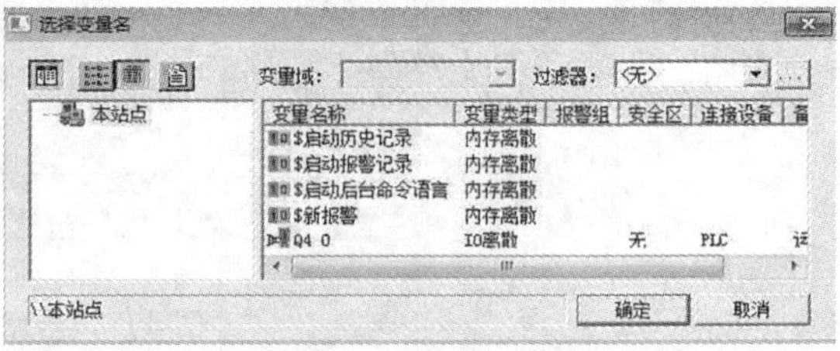

图 11-31 “选择变量名”界面

设置颜色，如图 11-32 所示，单击“确定”按钮，完成指示灯动画设置。

11.3.7 运行和调试

至此组态王工程已经初步建立起来，进入到运行和调试阶段。在组态王开发系统中选择“文件”→“切换到 View”菜单命令，进入组态王运行系统。在运行系统中选择“画面”→“打开”命令，从“打开画面”窗口选择“监控主画面”画面。显示出组态王运行系统画面，如果和 S7-300PLC 建立通信连接，并读取到相关数据，即可看到指示灯、容器和文本在动态变化。

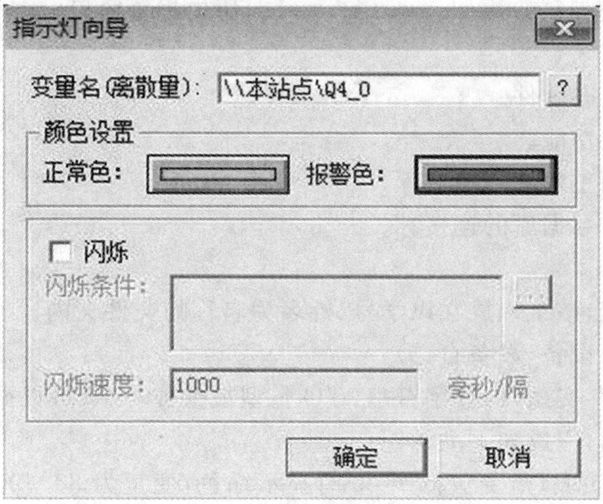

图 11-32　颜色设定

习题与思考题

一、选择题

1. 组态王软件结构由____、____及____三部分构成。

A. 开发系统　　B. 工程浏览器　　C. 运行系统　　D. 工程管理器

2. 组态王支持通过____、____等标准传输机制和其他监控软件(如:Intouch、IFIX、WinCC 等)或其他应用程序(如:VB、VC 等)进行本机或者网络上的数据交互。

A. ODBC　　B. OPC　　C. OLE　　D. DDE

3. 组态王把那些需要与之交换数据的____或____都作为外部设备使用。

A. 软件程序　　B. 通信连接　　C. 硬件设备　　D. 外部软件

4. 所谓"动画连接"就是建立____与____的对应关系。

A. 监控中心　　B. 画面的图素　　C. 监控中心　　D. 数据库变量

5. ____连接是使被连接对象在条件表达式的值为真时闪烁。闪烁效果易于引起注意,故常用于出现非正常状态时的____。

A. 画面的图素　　B. 闪烁　　C. 报警　　D. 数据库变量

6. 利用系统提供的____工具和____函数能够实现在主画面中切换到其他任一画面的功能。

A. Exit()　　B. 菜单　　C. 数据库　　D. ShowPicture()

7. 为保证工业现场安全生产,报警和事件的产生和记录是必不可少的,组态王提供了强有力的____和____系统。

A. 菜单　　B. 报警　　C. 数据库　　D. 事件

8. 报警窗口是用来显示组态王系统中发生的报警和事件信息,报警窗口分:____和____。

A. 函数命令报警窗口　　B. 实时报警窗口

C. 数据库报警窗口　　　　　　　　　　　D. 历史报警窗口

二、问答题

1. 列举常用的组态软件。

2. 简述组态软件功能。

3. 简述建立应用工程的一般过程。

4. 简述组态王与数据库的连接。

三、设计题

1. 新建一个工程，该工程放在以学号、姓名为名称的文件夹内。

2. 定义一个串口设备(设备自选)。

3. 定义变量：内存实型，内存字符串，I/O 整型最少各一个(可根据动画的需要增加)。

4. 建立一个画面，完成如下动画：

(1) 画一个圆形代表灯，变量低于 80 时显示绿色，变量为 80～90 时显示橙色，变量为 90 以上时显示红色。

(2) 做一个水平移动的对象。

(3) 做一个文本文件，显示当前的时间(几点几分即可)。

(4) 做一个闪烁文本(显示两种颜色即可)。

第 12 章 PLC 控制系统设计及工程应用实例

教学提示：

本章主要讲述 PLC 控制系统的设计方法，通过不同设计案例，讲解 PLC 控制系统的设计流程。

学习要求：

(1) 了解 PLC 控制系统设计的原则，理解 PLC 控制系统设计的流程和步骤；

(2) 掌握 PLC 控制系统设计的思想和方法。

12.1 PLC 控制系统的设计原则及流程

12.1.1 PLC 控制系统的设计原则

在了解了 PLC 的基本工作原理和指令系统之后，可以结合实际工程项目进行 PLC 控制系统的设计，PLC 控制系统的设计的基本原则如下。

(1) 满足要求。最大限度地满足被控对象的控制要求，是设计控制系统的首要前提。这就要求设计人员在设计前就要深入现场进行调查研究。收集控制现场的资料，收集控制过程中有效的控制经验，进行系统设计。同时要注意要和现场的管理人员、技术人员、工程操作人员紧密配合，共同解决设计中的重点问题和疑难问题。

(2) 安全可靠。控制系统长期运行中能否达到安全、可靠、稳定，是设计控制系统的重要原则。为了能达到这一点，要求在系统设计上，器件选择上，软件编程上要全面考虑。如在硬件和软件的设计上应该保证 PLC 程序不仅在正常条件下能正确运行，而且在一些非正常情况下(如突然掉电再上电，按错按钮等)，也能正常工作。程序只能接受合法操作，对非法操作程序能予以拒绝等。

(3) 经济实用。一个新的控制工程固然能提高产品的质量，提高产品的数量，从而为工程带来巨大的经济效益和社会效益。但是，新工程的投入、技术的培训、设备的维护也会导致工程的投入和运行资金的增加。在满足控制要求的前提下，力求使控制系统经济、简单，维修方便。

(4) 适应发展。在指定系统总体规划时，应优先选用技术先进、应用成熟广泛的产品组成控制系统，保证系统在一定时间内具有先进性，不会被市场淘汰。此原则与经济实用原则共同考虑，时控制系统具有较高的性价比。同时，还应充分考虑用户今后生产发展和工艺改进的需要，在选用 PLC 时，I/O 点数和内存容量上要留有适当裕量，同时对外要留有扩展的接口，以满足控制系统扩展和监控的需要。

12.1.2 PLC 控制系统的设计流程

设计 PLC 电气控制系统时应遵循一定设计流程，掌握设计流程，可以增加控制系统的设计效率和正确性。PLC 控制系统一般设计流程如图 12-1 所示，主要包括被控对象分析与

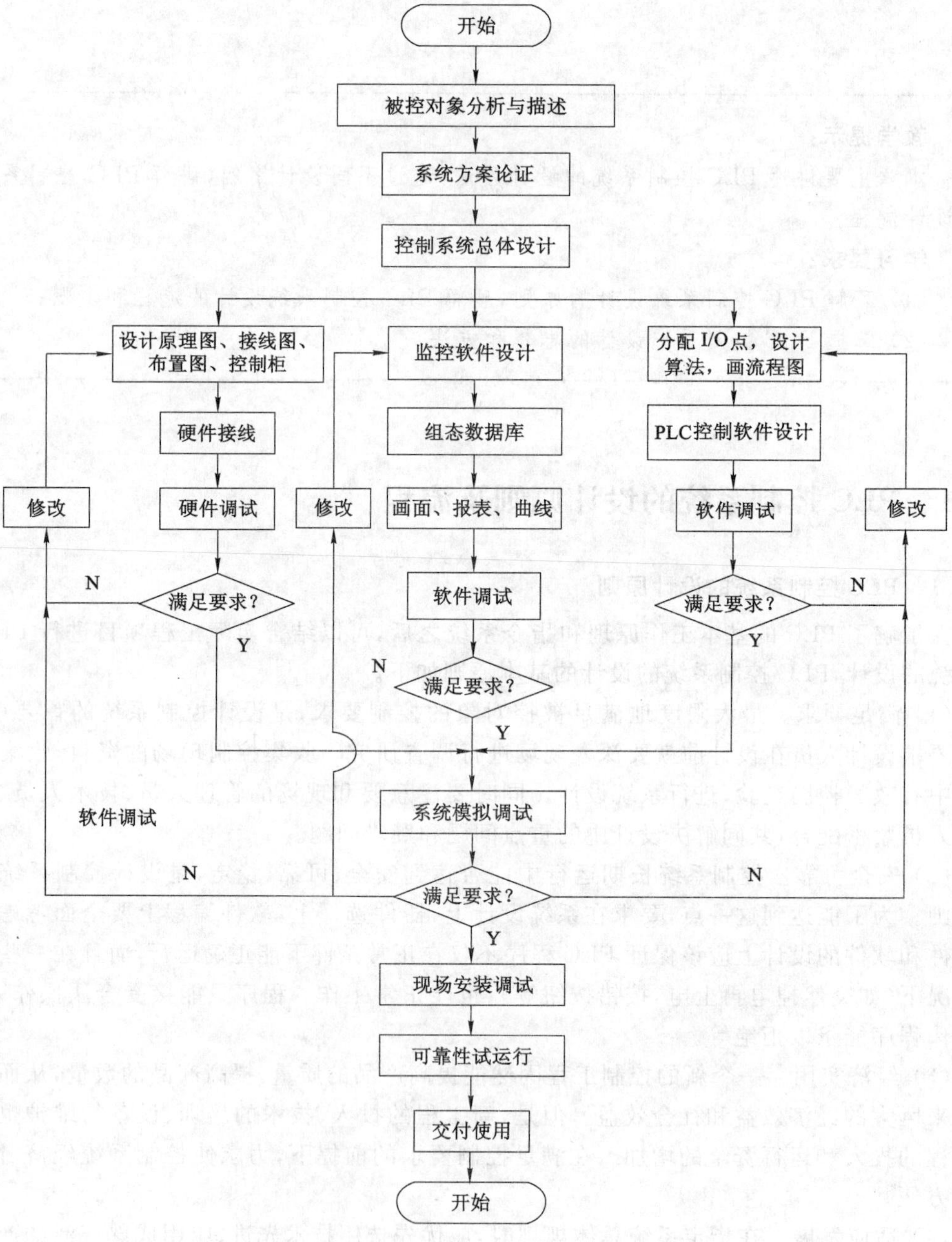

图 12-1　PLC 控制系统一般设计流程

描述、方案论证、控制系统总体设计、控制系统详细设计(硬件设计、PLC 控制程序设计、组态监控软件设计等)、安装调试等过程。

12.2　被控对象的分析与描述

分析被控对象就是要详细分析被控对象的工艺流程,了解其工作特性。在此阶段,要求设计人员在设计前就一定要深入现场进行调查研究,收集控制现场的资料,收集控制过程中有效的控制经验。同时要注意要和现场的管理人员、技术人员、工程操作人员紧密配合,共同解决设计中的重点问题和疑难问题,确保分析的全面、准确。

在设计控制系统时,往往需要达到一些特定的指标和要求,即满足实际应用或客户需求。在分析被控对象时,必须考虑这些指标和要求。在深入了解控制对象的工艺过程、工作特点、控制要求后,划分控制的各个阶段,归纳各个阶段的特点和各阶段之间的转换条件,画出控制流程图或功能流程图,确定控制指标和要求,制定设计任务书。

12.2.1　确定系统规模

根据被控对象的工艺流程、复杂程度和客户的技术要求确定系统的规模,可以分为小、中、大三种规模。

小规模控制系统适用于单机或小规模生产过程,以顺序控制或少量的模拟量控制为主,I/O 点数较少(低于 128 点),精度和响应要求不高,一般选用 S7-200、S7-1200 或 S7-300 紧凑型 PLC 即可达到控制要求。

中等规模的控制系统适用于复杂逻辑和闭环控制的生产过程,I/O 点数较多(一般 128～512 点),需要完成某些特殊功能,如 PID 闭环控制等,一般选用 S7-300PLC。

大规模控制系统适用于大规模过程控制、DCS、工厂自动化网络控制等,I/O 点数较多(高于 512 点),被控对象工艺较复杂,对于精度和响应时间要求较高,应选用高性能 S7-300 PLC 或 S7-400PLC。

12.2.2　统计被控制系统的开关量、模拟量的 I/O 点数

确定要控制的设备,要检测参数,统计 I/O 的数量和类型:

(1) 开关量输入:数量、直流/交流、电压等级。

(2) 开关量输出:数量、带直流/交流负载、输出信号的频率、电压等级。

(3) 模拟量:数量、电压/电流、量程范围、精度。

按照设备和生产区域的不同进行划分,明确各个 I/O 点的位置和功能,再加上 10%～20%的冗余量列出详细的 I/O 点清单。

12.2.3　画出工艺流程,明确控制任务

在了解整个工艺的基础上,画出工艺流程图,按用户的控制要求转换为专业术语,逐一分解,并从控制的角度将其中的要求转换为多个控制回路。

12.3 方案论证及控制系统总体设计

在控制系统设计之前，需要对系统的方案进行论证，主要是对整个系统方案的可行性做一个预测性估计。在此阶段要全面考虑设计和实施过程中将会遇到的各种问题。如果没有相关项目的经验，应当去现场实地考察，并详细论证此系统设计中每一个步骤的可行性。特别是在硬件实施阶段，稍有不慎，就会造成很大的麻烦，轻则，系统不成功，重则造成严重财产损失。工程实施过程中的阻碍往往是由于总体方案设计没有规划好。

系统的总体方案设计关系到系统的整体架构，每个细节都必须反复斟酌。首先，要能够满足用户提出的基本要求；其次，要确保系统稳定可靠，不能经常出现故障，即使出现故障，也不能造成大的损失；最后，要考虑性价比、可操作性、可维护性、可扩展性。

一般来说，在系统总体方案设计时，需要考虑以下问题：

(1) 确定系统是 PLC 单机控制，还是 PLC 网络控制，是采用本地 I/O 还是采用远程 I/O，这些主要是根据系统的规模及控制任务来选择的。对于中小型系统，一般采用一台 PLC 即可满足功能要求；对于中大型系统，或者设备比较分散的系统，一般采用 PLC 网络控制系统，多台 PLC 或单台 PLC 配合远程 I/O 模块实现网络控制。

(2) 是否需要与其他设备通信。一般 PLC 控制系统中，PLC 仅负责数据采集、运算控制，另外配有触摸屏或监控计算机作为监控系统，负责数据处理、参数设置、工艺画面组态、报表、实时及历史数据库等功能。对于中大型 PLC 控制系统，有时候还需要和其他控制系统、智能传感器或仪表进行通信，需要根据具体情况选择合适的通信方式。

(3) 是否需要冗余备份系统。根据系统所要求的安全等级，可以选择不同的方法。在数据归档个时，为了不让归档数据丢失，可以使用 OS 服务器冗余；在自动化站，为了使系统不会因故障而导致停机或不可预知的结果，可以采用故障安全型 PLC 或使用控制器冗余备份系统。选择适当的冗余备份，可以使系统的可靠性得到大幅提高。

在系统选型之前，首先要考虑系统的网络架构。确定操作员站、PLC 控制站的数量和位置，相互之间的网络连接形式。一般情况下，现场控制室和主控制室与电气控制柜分别安装在不同的地方，且距离较远，为了保证信号的可靠，会考虑用光缆来连接各自的交换机。同时，为了通信线路的冗余，会考虑选择带有冗余管理功能的工业以太网交换机，将操作员站(工程师站)和现场 PLC 控制站组成一个光纤环网。这样，即使有一个方向的通信断开，也可以通过另一个方向继续通信。至于 PLC 控制站和现场信号的连接，传统的连接方式是将现场信号直接通过硬件(电缆)连接到控制站上。如果距离比较远，信号传输会有损耗，尤其是模拟信号，当信号点很多时，布线也比较复杂，浪费材料。在这种场合下，可以采用在现场安装分布式 I/O 从站(如果现场为危险区，需选用本质安全型的分布式 I/O 从站)，将现场信号连接到 I/O 从站上，再通过现场总线的方式将信号传送到现场控制站。

12.4 PLC 控制系统设计

12.4.1 PLC 控制系统硬件设计

12.4.1.1 电气元件选型

电器元件的选择主要是根据控制要求选择按钮、开关、传感器、保护电器、接触器、指示灯、电磁阀等。

传感器的选型要考虑使用场合、安装方式、测量范围、测量精度、输出信号类型、供电电源类型。

PLC 的选型要考虑控制规模、任务以及总体控制方案，根据 PLC 的网络架构、I/O 点的数量和类型、控制的任务功能，在考虑余量的情况下，选择 PLC 的 CPU、信号模块、功能模块、通信模块等。

12.4.1.2 分配 I/O 点，设计电气控制原理图

当选定 PLC 的机型和分配 I/O 点后，硬件设计的主要内容就是设计电气控制系统的原理图。电气控制系统的原理图的设计包括主电路、控制电路、PLC I/O 模块与外围电器元件的接线图、抗干扰措施的设计等。

PLC I/O 模块原理图是 PLC 的 I/O 模块与传感器、执行器的连接原理图。在设计时要查阅相关的 I/O 模块手册和电气元件手册(资料)，对其连接的方式应充分了解。这样在设计时才不会出现问题。在绘制 PLC 的输入电路时，要考虑到输入端的电压和电流是否合适也要考虑到在特殊条件下运行的可靠性与稳定条件等问题。在绘制 PLC 的输出电路时，不仅要考虑到 PLC 输出模块的带负载能力和耐电压能力，还要考虑到电源的输出功率和极性问题。在整个电路的绘制中还要考虑到稳定性、可靠性、经济性。

12.4.1.3 设计控制系统的操作台、电气控制柜，以及安装接线图

对于大多数系统，都需要设计控制柜或操作台，它可以将工业现场恶劣环境与控制器隔离，使系统安全稳定运行。因此，需要设计控制柜、操作台，以及布置图及安装接线图。

12.4.1.4 加工柜体，安装接线

设计好电气柜、操作台后，进行加工。然后，根据图纸进行现场接线，并检查。

12.4.2 PLC 控制程序设计

PLC 软件设计包括硬件组态、参数配置、资源分配、算法设计、流程图绘制及程序编写。具体程序包括初始化程序、主程序、子程序、中断程序、故障应急措施和辅助程序等。程序的设计，应首先根据总体要求和控制任务，确定程序的基本结构，画出控制流程图或功能流程图，然后编写程序。PLC 控制程序的设计方法主要有：

(1) 时序流程图法。时序流程图法是首先画出控制系统的时序图，再根据时序关系画出对应的控制任务的程序框图，最后把程序框图写成 PLC 程序(梯形图)。时序流程图法很适合于以时间为基准的控制系统的编程方法。

(2) 步进顺控法。一般比较复杂的程序，都可以分成若干个功能比较简单的程序段，一个程序段可以看成是整个控制过程中的一步。从这个角度去看，一个复杂的系统的控制过程是由若干个这样的步组成的。系统控制的任务实际上可以认为是在不同时刻或者在不同

进程中完成对各个步的控制。

(3) 经验法编程。经验法是运用自己的或别人的经验进行设计。经验设计法即在一些典型的控制电路程序的基础上,根据被控制对象的具体要求,进行选择组合,并多次反复调试和修改梯形图,有时需增加一些辅助触点和中间编程环节,才能达到控制要求。这种方法没有规律可遵循,设计所用的时间和设计质量与设计者的经验有很大的关系,所以称为经验设计法。经验设计法用于较简单的梯形图设计。多数是设计前先选择与自己工艺要求相近的程序,把这些程序看成是自己的"试验程序"。结合自己工程的情况,对这些"试验程序"逐一修改,使之适合自己的工程要求。

12.4.3 监控软件设计

监控平台可以是触摸屏,也可以是远程计算机,监控软件应该包括以下几个方面。

(1) 工艺流程界面。针对系统的总体流程,给操作员一个直观的操作环境,同时对系统的各项运行数据也能实时显示。

(2) 操作控制界面。操作员可以通过操作界面对系统运行进行控制,如启动、停止、参数设置、选择控制方式等。

(3) 趋势曲线界面。在过程控制中,需要过程变量的变化趋势对系统的运行起着重要的影响,曲线包含丰富的信息,比单独的数字更直观。因此,趋势曲线在过程控制中尤为重要,需要组态趋势曲线界面。

(4) 报警信息提示。当出现报警时,系统会以非常明显的方式提示操作员,同时对报警信息进行归档。

(5) 报表统计。在企业生产过程中,产品的生产信息、设备的运行状态、操作记录、报警信息等都需要统计、造表,以备检查、改进工艺使用。

12.5 PLC 控制系统的调试

控制系统的调试可以分为实验室调试、现场调试两个过程。在调试之前,首先应仔细检查系统的连接,特别是电源,这是基本的也是非常重要的一个环节。

12.5.1 实验室调试

实验室调试又分模拟调试和联机调试。如果控制系统由几个部分组成,则应先作局部调试,然后进行整体调试;如果控制程序较多,则可先进行分段调试,然后连接起来总调。

软件设计好后一般先作模拟调试。模拟调试可以通过仿真软件来代替 PLC 硬件在计算机上调试程序。如果有 PLC 的硬件,可以用小开关和按钮模拟 PLC 的实际输入信号(如启动、停止信号)或反馈信号(如限位开关的接通或断开),再通过输出模块上各输出位对应的指示灯,观察输出信号是否满足设计的要求。需要模拟量信号 I/O 时,可用电位器和万用表配合进行。在编程软件中可以用状态图或状态图表监视程序的运行或强制某些编程元件。

硬件部分的模拟调试主要是对控制柜或操作台的接线进行测试。可在操作台的接线端子上模拟 PLC 外部的开关量输入信号,或操作按钮的指令开关,观察对应 PLC 输入点的状态。用编程软件将输出点强制 ON/OFF,观察对应的控制柜内 PLC 负载(指示灯、接触器等)的动作是否正常,或对应的接线端子上的输出信号的状态变化是否正确。

联机调试时，把编制好的程序下载到 PLC 中。调试时，主电路一定要断电，只对控制电路进行联机调试。通过现场的联机调试，还会发现新的问题或对某些控制功能的改进。

12.5.2　现场调试

完成实验室调试之后，将 PLC 控制系统安装在现场进行联机调试，在调试过程中，将暴露出系统中可能存在的传感器、执行器和硬件接线等方面的问题，以及程序设计中存在的问题，对出现的这些问题应及时加以解决。

现场调试是整个控制系统完成的重要环节。只有通过现场调试，才能发现控制回路和控制程序中不满足系统要求之处；只有通过现场调试，才能发现控制电路和控制程序中的问题。在调试过程中，如果发现问题，应及时与技术人员沟通，确定问题的原因所在，能够迅速对相关硬件、软件进行调整，这需要经验和技术。全部调试好后，经过一段时间的试运行，确认控制系统正确可靠后，才能够正常投入使用。

12.6　PLC 控制系统应用案例

12.6.1　Y/△减压启动控制

12.6.1.1　Y/△减压启动控制主电路和控制线路

图 12-2 为电动机 Y/△减压启动控制主电路和电气控制的原理图。

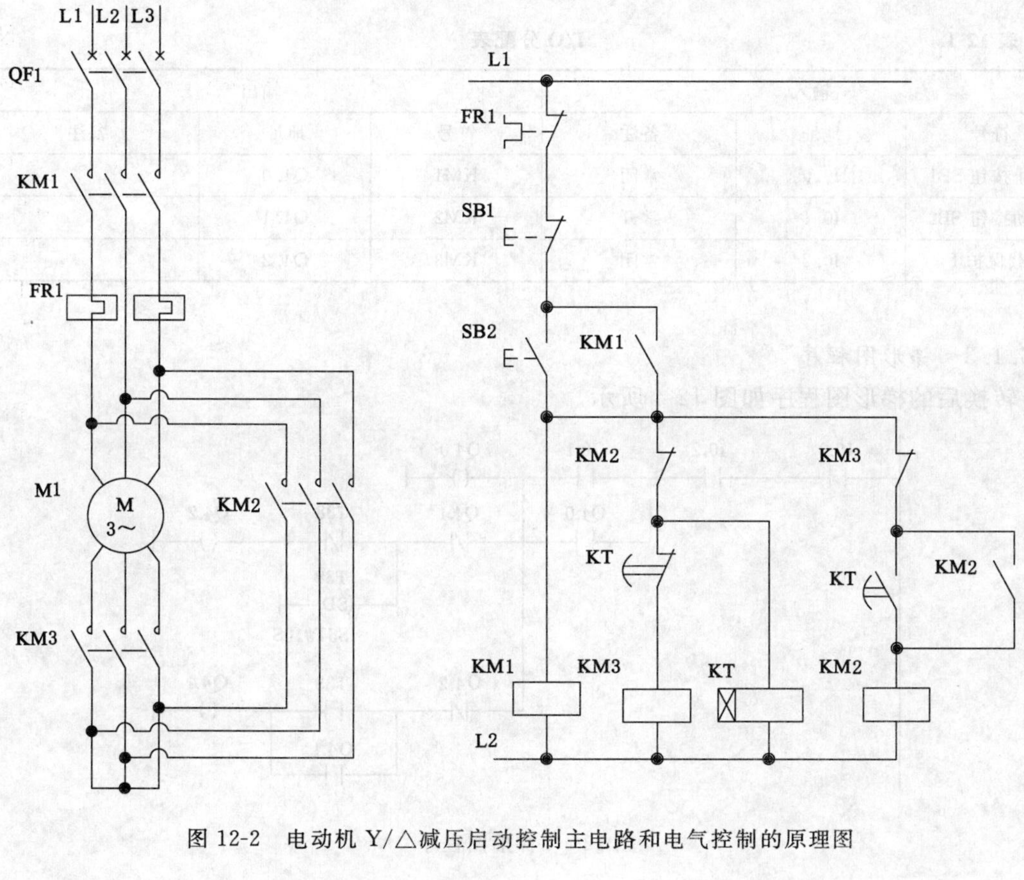

图 12-2　电动机 Y/△减压启动控制主电路和电气控制的原理图

12.6.1.2　PLK 控制线路（图 12-3、表 12-1）

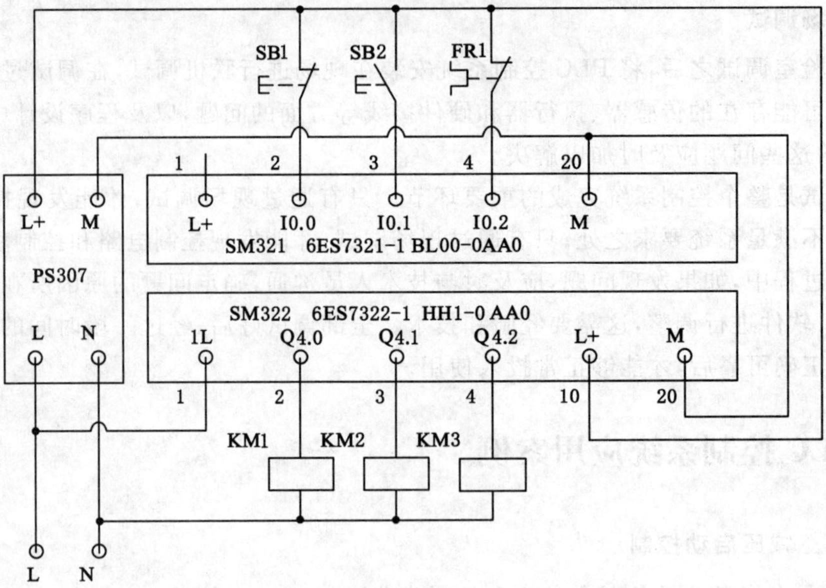

图 12-3　PLK 控制线路

表 12-1　I/O 分配表

输入			输出		
符号	地址	备注	符号	地址	备注
停止按钮 SB1	I0.0	常闭	KM1	Q4.0	
启动按钮 SB2	I0.1	常开	KM2	Q4.1	
过载保护 FR	I0.2	常闭	KM3	Q4.2	

12.6.1.3　梯形图程序

转换后的梯形图程序如图 12-4 所示。

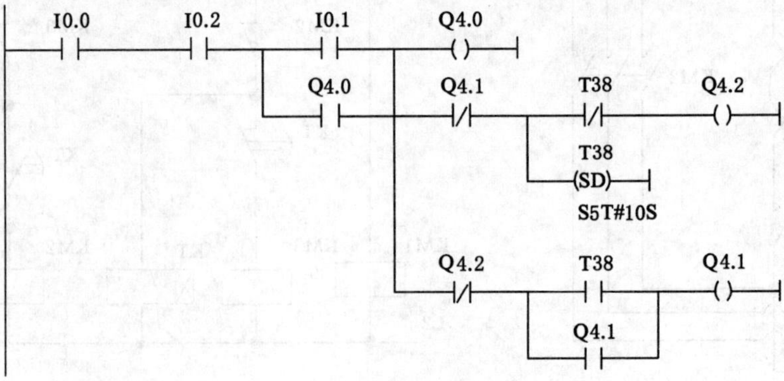

图 12-4　梯形图程序

按照梯形图语言中的语法规定简化和修改梯形图。简化后的程序如图 12-5 所示。

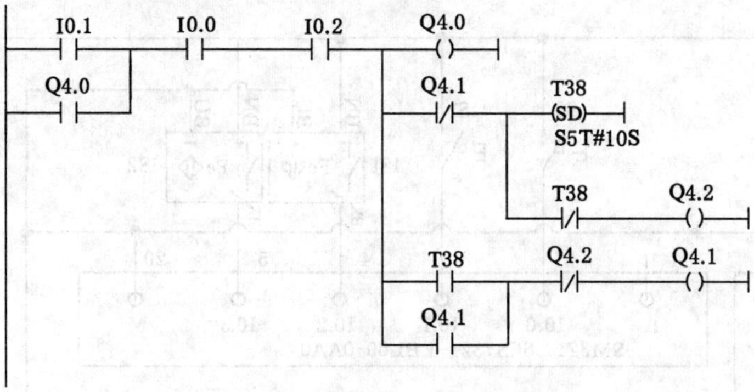

图 12-5　简化后的梯形图程序

12.6.2　气缸延时控制

气缸的活塞伸出到位停留 5 s 后再返回，退回到位停留 3 s 再伸出，如此往复运动。

12.6.2.1　气控回路(图 12-6)

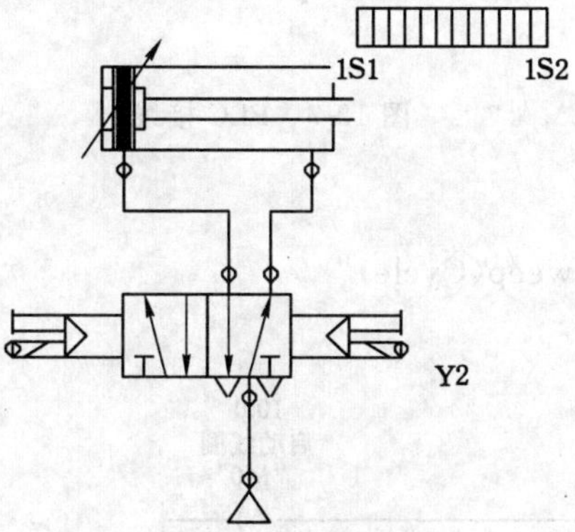

图 12-6　气控回路

12.6.2.2　定义符号地址

表 12-2　　**定义符号地址**

符号地址	绝对地址	类据类型	说明
S0	I0.0	BOOL	启动按钮
S1	I0.1	BOOL	停止按钮
1S1	I0.2	BOOL	左位置传感器 1
1S2	I0.3	BOOL	右位置传感器 2
1Y1	Q4.0	BOOL	换向阀电磁线圈(右移)
1Y2	Q4.1	BOOL	换向阀电磁线圈(左移)
M0	M0.0	BOOL	启动线圈

12.6.2.3 PLC 接线(图 12-7)

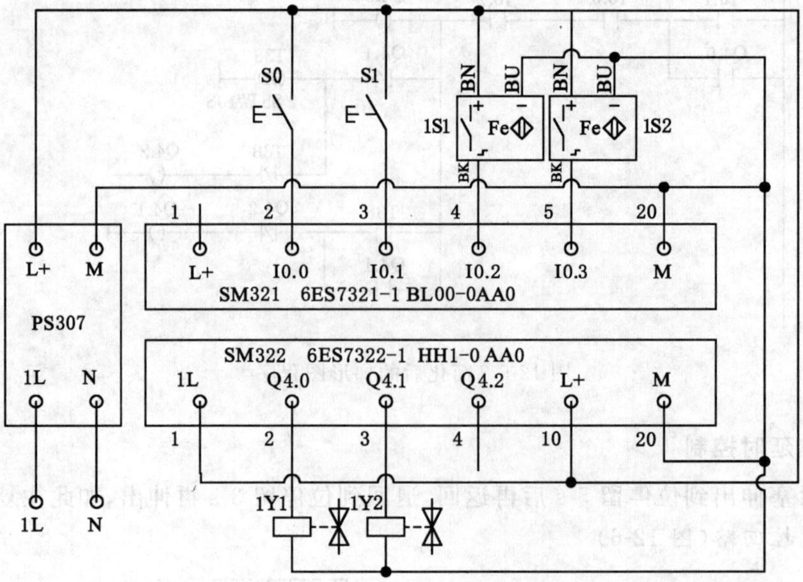

图 12-7 PLC 接线

12.6.2.4 梯形图程序

OB1:"Main Program Sweep(Cycle)"

程序段 1:标题:

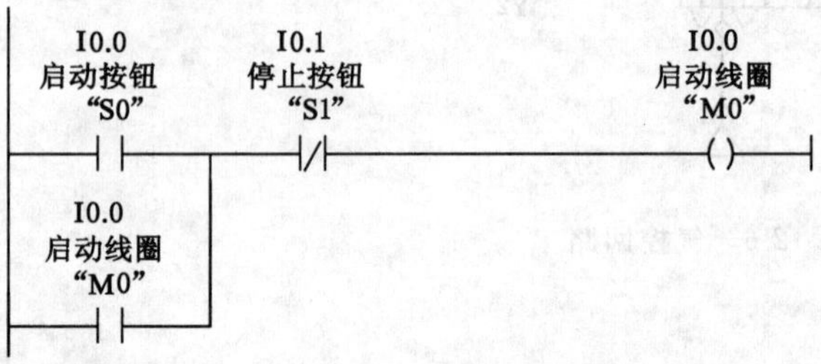

程序段 2:标题:

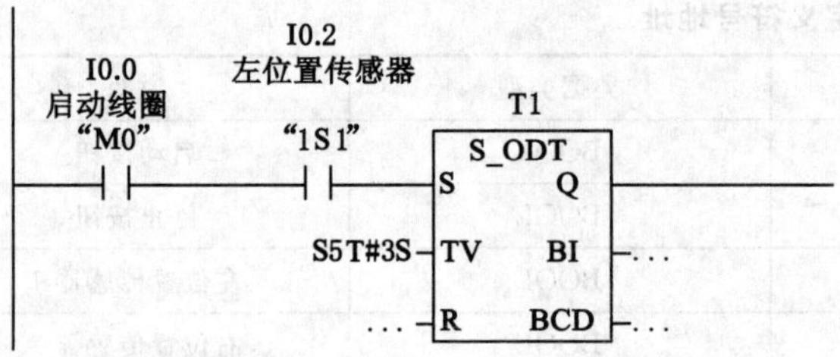

程序段 3:标题:

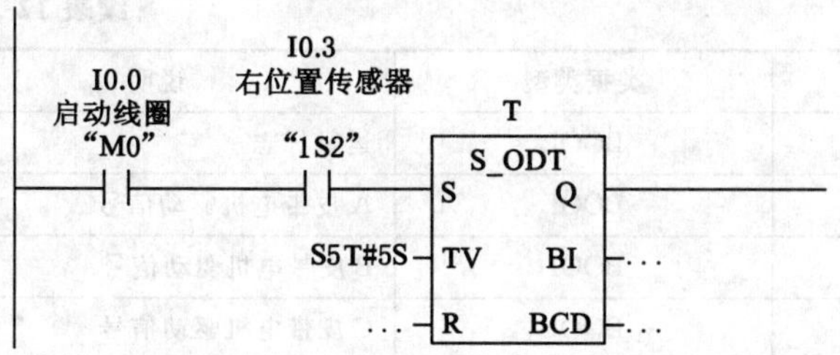

程序段 4:换向阀电磁线圈(右移)

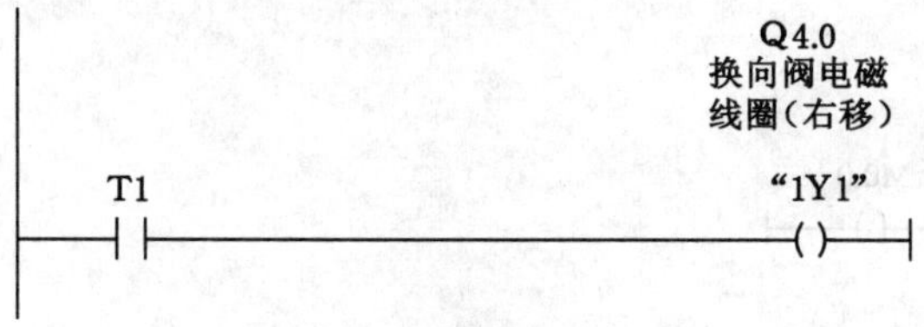

程序段 5:换向阀电磁线圈(左移)

12.6.3　多皮带顺序控制

如图 12-8(a)所示,A、B、C 三条传输皮带,分别受 M1、M2、M3 三个电动机拖动。图(b)是此三条传输皮带运转的时序图。

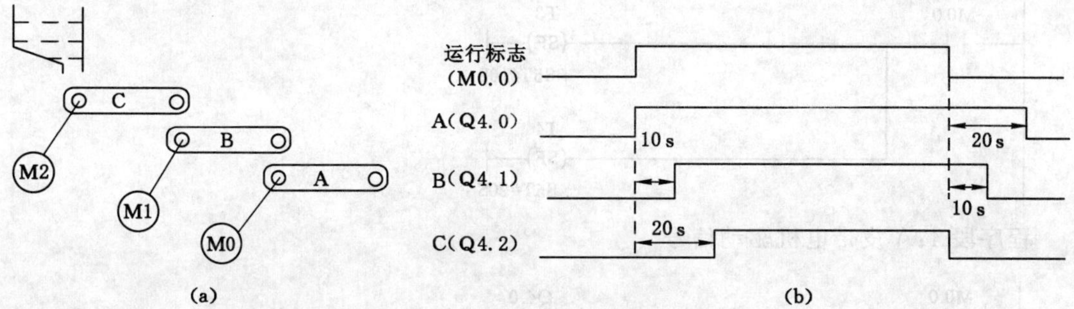

图 12-8　传输皮带运转时序图

编写一个用 PLC 控制皮带运转的梯形图程序。要求它们按 A—B—C 顺序启动然后按 C—B—A 的顺序停止。符号表见表 12-3。

表 12-3　　符号表

符号地址	绝对地址	类据类型	说明
X0	I0.0	BOOL	启动按钮
X1	I0.1	BOOL	停止按钮

续表 12-3

符号地址	绝对地址	类据类型	说明
M0	M0.0	BOOL	运行标志
A	Q4.0	BOOL	A皮带电机驱动信号
B	Q4.1	BOOL	B皮带电机驱动信号
C	Q4.2	BOOL	C皮带电机驱动信号

OB1:"Main Program Sweep(Cycle)"

程序段1:启保停电路

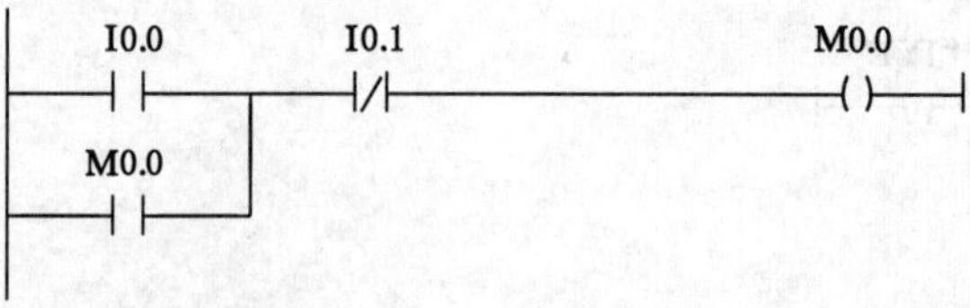

程序段2:置位复位电路

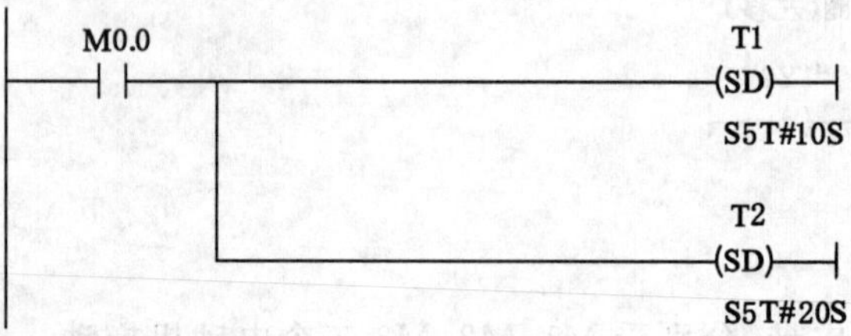

程序段3:标题:

程序段4:A皮带电机驱动信号

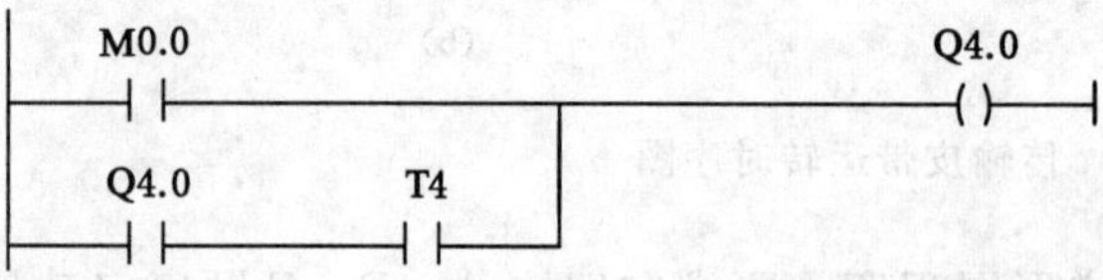

程序段5:B皮带电机驱动信号

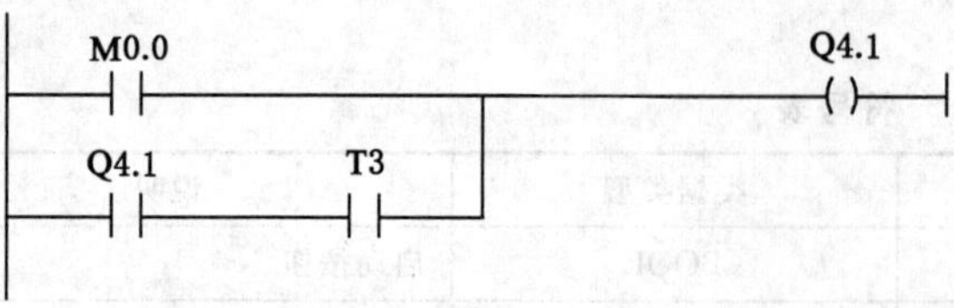

程序段6:C皮带电机驱动信号

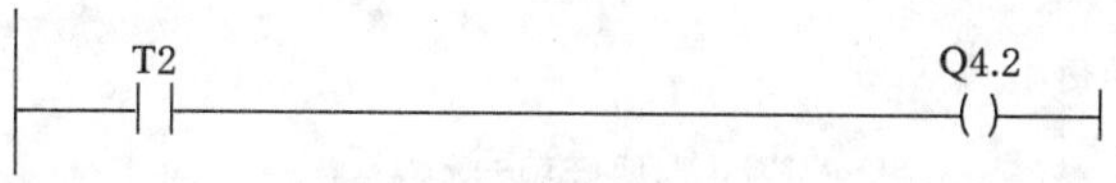

12.6.4　S7-300 通过模拟量控制 MM 440 变频器

PLC 变频器系统中，变频器的模拟量输入信号由 PLC 的模拟量输出通道提供。MM 440 变频器允许的模拟量输入信号如下。

(1) 电压信号：0～10 V、±10 V。

(2) 电流信号：0～20 mA。

S7-300 PLC 的模拟量输出信号范围与变频器的模拟量输入信号一致时，可以直接相连。

12.6.4.1　电动机型号及参数

三相异步电动机型号及参数见表 12-4。

表 12-4　　三相异步电动机型号及参数

型号 1LA7083-4AA10Z			
额定频率	50 Hz	额定功率因数	0.8
额定功率	0.75 kW	额定转速	395 r/min
接线方式	三角形△	星型 Y	
额定电压	230 V	400 V	
额定电流	3.36 A	1.93 A	

12.6.4.2　变频器型号及参数

选用西门子的 MM 440，A 型变频器，供货号：6SE6440-2UD13-7AA1。

12.6.4.3　PLC 硬件组态

(1) 确定 S7-300PLC 的硬件配置方案

① CPU 模块：紧凑型 CPU 314C-2DP，供货号：6ES7314-6CF00-0AB0。

集成的数字 I/O：24DI/16DO。

集成的模拟 I/O：5AI/2AO。

2 个 PROFIBUS-DP 主站/从站接口。

② 电源模块选 PS307 2A，供货号：6ES7 307-1BA00-0AA0。

(2) 在 STEP 7 中完成硬件组态

在 STEP 7 中生成一个与实际硬件系统完全相同的系统，对机架上的硬件进行配置，设置其参数及属性，如图 12-9 所示。

① 选择机架（道轨）。

② 选择配置电源模块。

③ 选择配置 CPU 模块。

④ 选择配置模拟量 I/O 模块。

PLC 输入/输出地址分配见表 12-5。

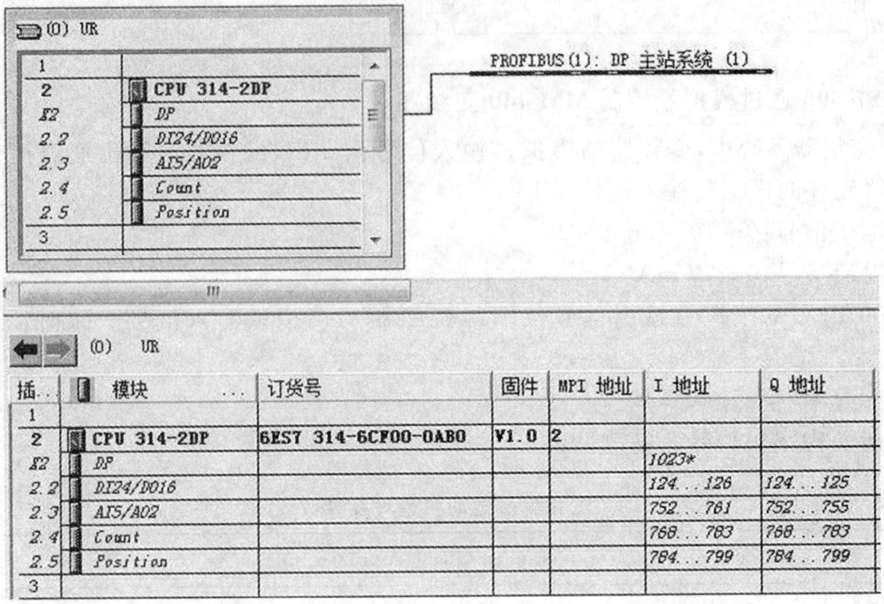

图 12-9　PLC 系统硬件组态

表 12-5　**PLC 输入/输出地址分配**

PLC 的输入/输出	I/O 地址分配
16 路数字量输入	I124.0～I124.7,I125.0～I125.7,I126.0～I126.7
16 路数字量输出	Q124.0～Q124.7，Q125.0～Q125.7
4 路模拟量输入	PIW752,PIW754,PIW756,PIW758,PIW760
2 路模拟量输出	PQW752,PQW754

表 12-6　**S7-300 PLC 数字量/模拟量输出地址分配**

输出地址	控制功能	连接 MM 440 端子
Q124.1	电机正转/停止	5
Q124.2	电机反转/停止	6
PQW752	电动机调速	3,4

表 12-7　**S7-300 PLC 数字量/模拟量输入地址分配**

输入地址	控制功能	操作按钮
I124.1	正向启动	SF1
I124.2	电动机停止	SF2
I124.3	反向启动	SF3
PIW752	0～10 V 可调电压	RW1

12.6.4.4　硬件电路原理图设计

变频器接口电路原理图如图 12-10 所示，PLC 接口电路原理图如图 12-11 所示。

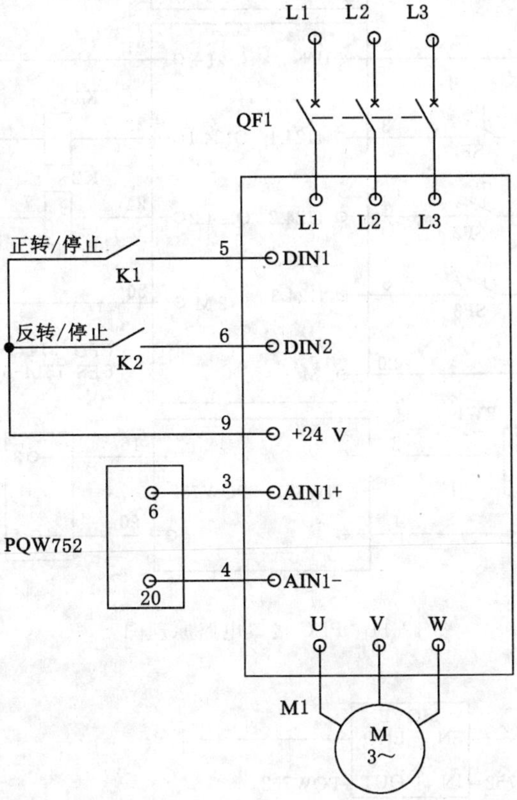

图 12-10　变频器控制电路原理图

12.6.4.5　PLC 控制程序

OB1："Main Program Sweep(Cycle)"

程序段 1：电机正向运行/停止

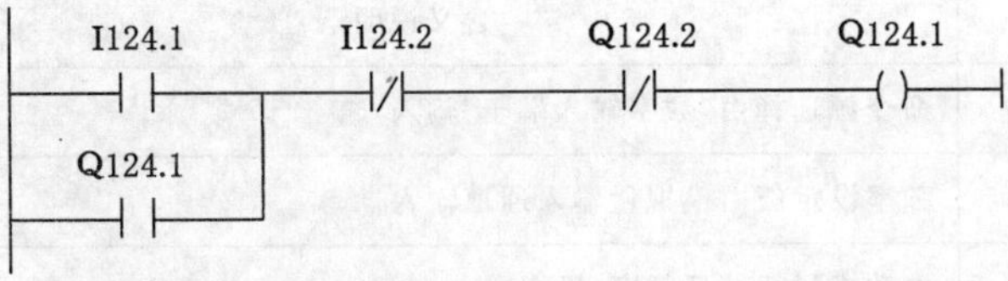

程序段 2：电机反向运行/停止

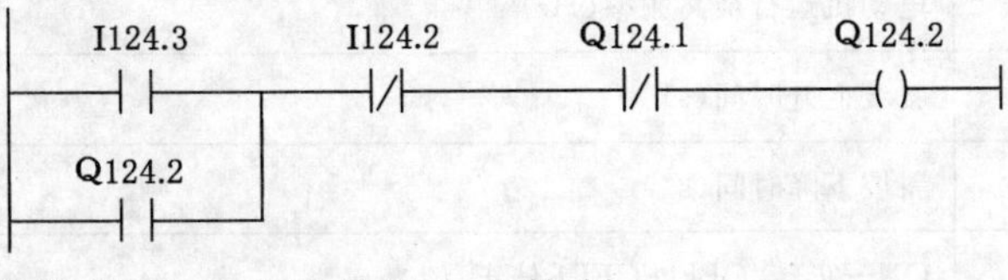

程序段 3：电动机转速大小控制

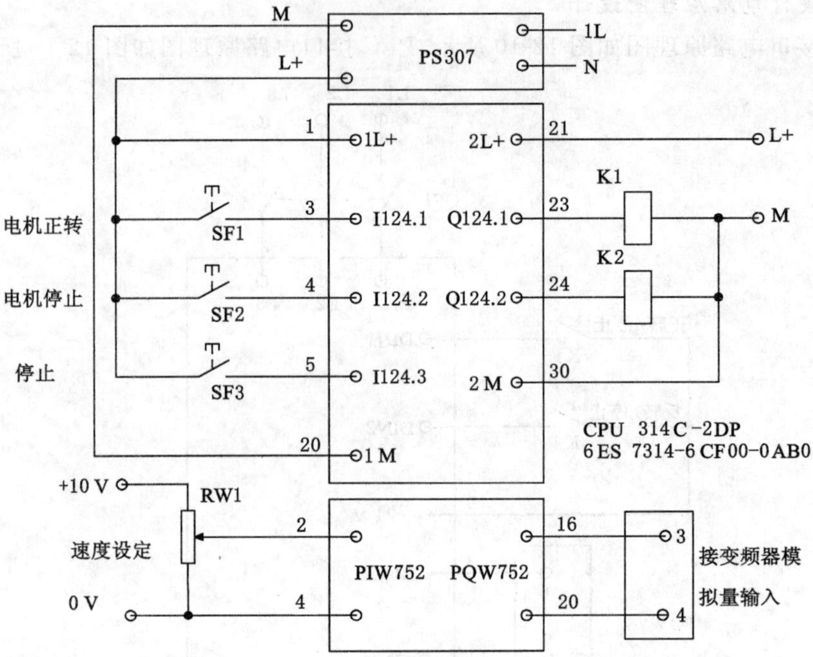

图 12-11 PLC 接口电路原理图

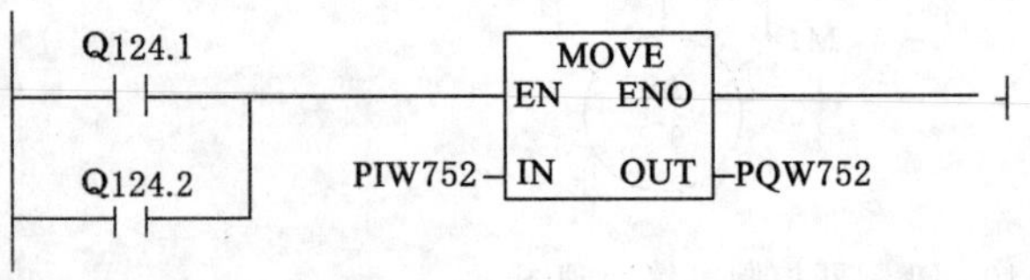

12.6.4.6 变频器参数设置

变频器部分参数设置见表 12-8。

表 12-8 **变频器参数设置**

参数号	设置值	含义说明
P0700	2	命令源选择由“数字输入端子”输入
P1000	2	频率设定值由模拟量输入通道输入
P1080	0	电动机运行最低频率(Hz)
P1082	50	电动机运行最高频率(Hz)
P1120	10	斜坡上升时间(s)
P1121	10	斜坡下降时间(s)
P0701	1	ON—正转/OFF—OFF1 停车
P0702	2	ON—反转/OFF—OFF1 停车

12.6.5　基于开关量信号的物料混合控制系统设计

设计一搅拌控制系统，实现 A、B 两种液体原料按等比例混合，如图 12-12 所示，3 个开关量液位传感器，分别检测液位的高、中和低位，进料阀、放料阀均为为 DC 24 V 电磁阀。

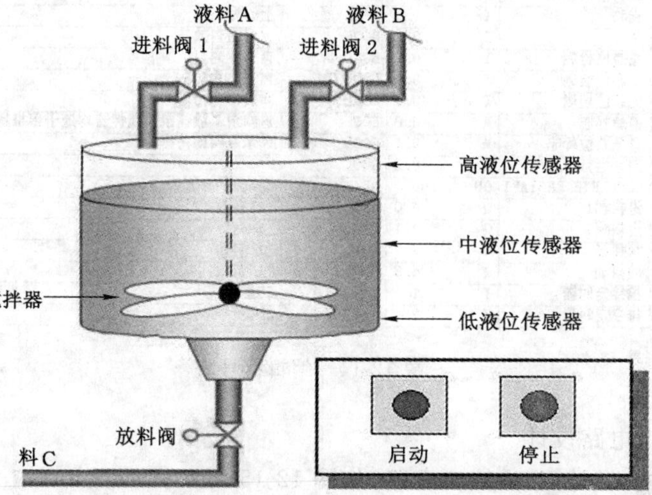

图 12-12　搅拌系统

12.6.5.1　控制要求

(1) 按“启动”按钮后系统自动运行。

(2) 首先，打开“进料阀 1”，开始加入液料 A。

(3) “中液位传感器”动作后，则关闭“进料泵 1”，打开“进料阀 2”，开始加入液料 B。

(4) “高液位传感器”动作后，关闭“进料阀 2”，启动“搅拌器”，进行液料混合。

(5) 搅拌 10 s 后，关闭“搅拌器”，开启“放料阀”。

(6) 当“低液位传感器”动作后，延时 5 s 后关闭“放料阀”。

(7) 按“停止”按钮，系统应立即停止运行。

12.6.5.2　设计过程

(1) 创建 S7 项目

创建 S7 项目，并命名为“Mixing”，项目包含组织块 OB1 和 OB100。

(2) 硬件配置

在“Mixing”项目内打开“SIMATIC 300 Station”文件夹，打开硬件配置窗口，并完成硬件配置，如图 12-13 所示。

插槽	模块	订货号	固件	MPI 地址	I 地址	Q 地址	注释
1	PS 307 5A	6ES7 307-1EA01-0AA0					
2	**CPU 315-2 DP**	**6ES7 315-2AF02-0AB0**		2			
X2	*DP*				*1023**		
3							
4	DI16xDC24V	6ES7 321-1BH02-0AA0			0...1		
5	DO16xRel. AC120V/230V	6ES7 322-1HH01-0AA0				4...5	
6							

图 12-13　配置硬件

(3) 编辑符号表

编辑符号表,如图 12-14 所示。

符号	地址 /	数据类型	注释
液料A控制程序	FC 1	FC 1	
液料B控制程序	FC 2	FC 2	
搅拌器控制程序	FC 3	FC 3	
出料控制程序	FC 4	FC 4	
启动	I 0.0	BOOL	上升沿有效
停止	I 0.1	BOOL	上升沿有效
高液位检测	I 0.2	BOOL	有液体为"1"
中液位检测	I 0.3	BOOL	有液体为"1"
低液位检测	I 0.4	BOOL	有液体为"1"
原始标志	M 0.0	BOOL	进料泵、放料泵、搅拌器均处于停机状态
最低液位标志	M 0.1	BOOL	表示液料即将排空
自动运行标志	M 0.2	BOOL	
COMPLETE RESTART	OB 100	OB 100	Complete Restart
进料阀1	Q 4.0	BOOL	"1"有效
进料阀2	Q 4.1	BOOL	"1"有效
搅拌器	Q 4.2	BOOL	"1"有效
放料阀	Q 4.3	BOOL	"1"有效
搅拌定时器	T 1	TIMER	SD型
排空定时器	T 2	TIMER	SD型

图 12-14　编辑符号表

(4) PLC 接口电路设计

根据地址分配,设计 PLC 接口电路,如图 12-15 所示。

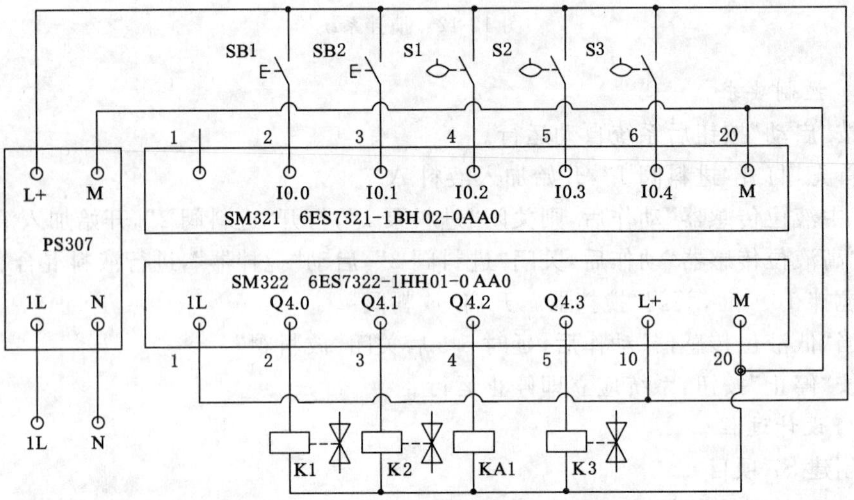

图 12-15　PLC 接口电器

(5) 控制流程

控制程序采用模块化编程方式,把程序分成若干个程序块,每个程序块含有一些设备和任务的逻辑指令。在组织块(OB1)中的指令决定控制程序的模块的执行。物料混合控制流程图如图 12-16 所示。

(6) PLC 程序设计

在"Mixing"项目内选择"块"文件夹,分别创建 4 个功能:FC1、FC2、FC3 和 FC4。

① OB100 的控制程序

OB100:"Complete Restart"

程序段 1:初始化所有输出变量

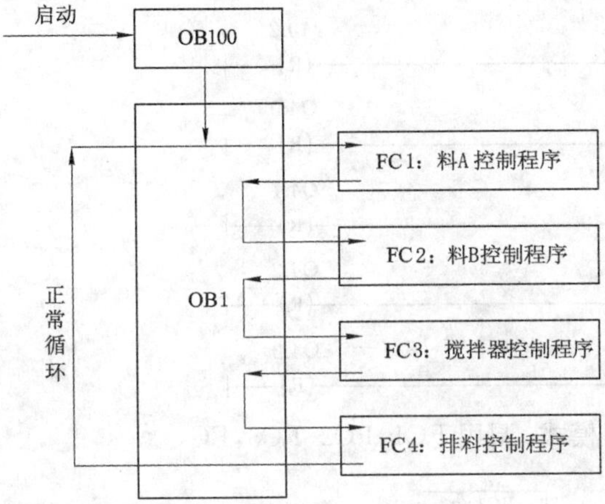

图 12-16　物料混合控制流程图

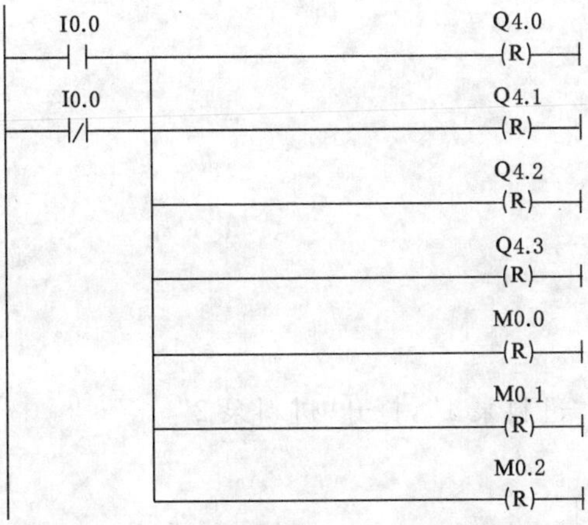

② OB1 的控制程序

OB1："Main Program Sweep(Cycle)"

程序段 1：进料泵、放料泵、搅拌器均处于停机状态

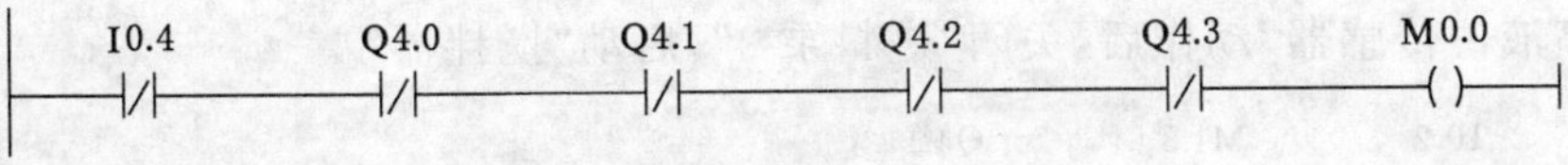

程序段 2：启动进料泵 1

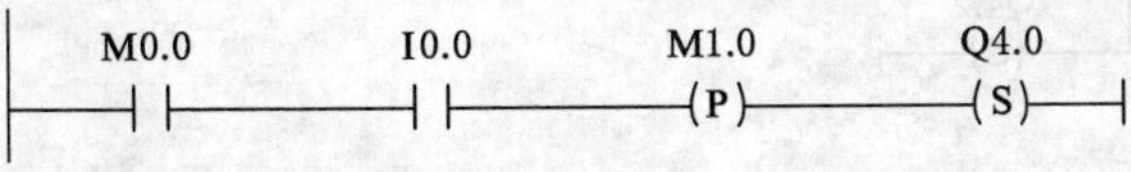

程序段 3：启动，自动运行

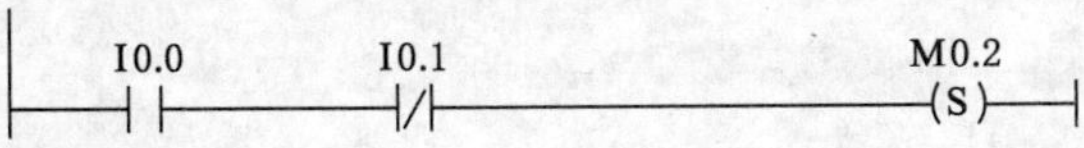

程序段 4：停止

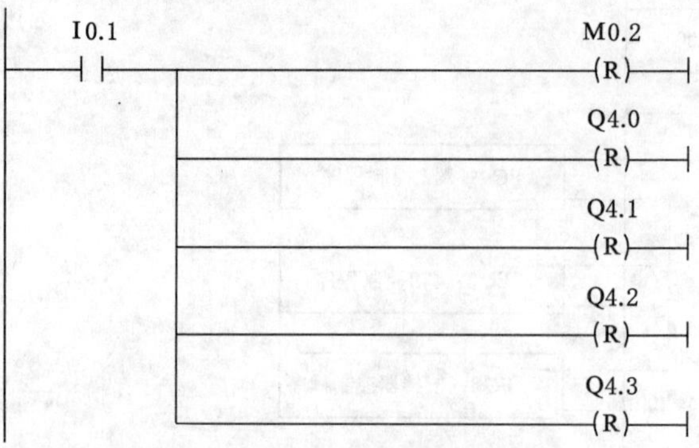

程序段 5:自动运行模式,调用 FC1、FC2、FC3,FC4

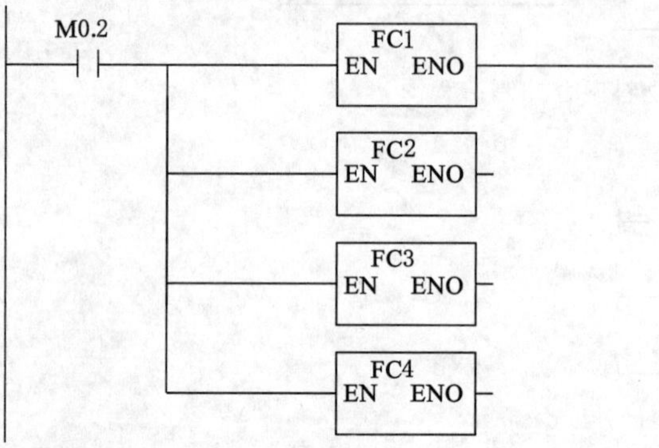

③ FC1→液料 A 控制程序

FC1:液料 A 控制程序

程序段 1:"中液位传感器"运作后,则关闭"进料泵 1",打开"进料泵 2"

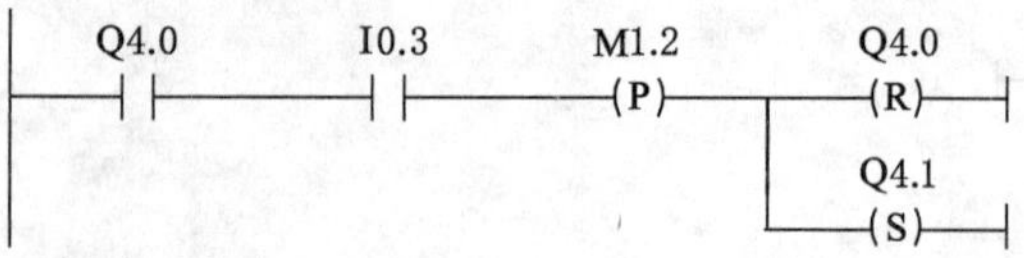

④ FC2→液料 B 控制程序

PC2:液料 B 控制程序

程序段 1:"高液位传感器"动作后,关闭"进料泵 2",启动"搅拌器"

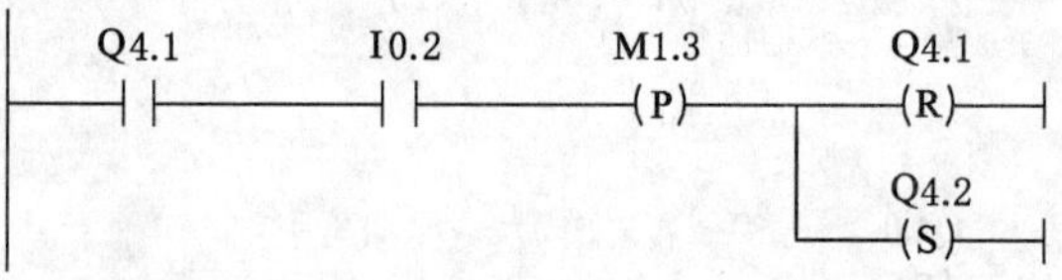

⑤ FC3:搅拌器控制程序

PC3:搅拌器控制程序,搅拌 10 s 后,关闭"搅拌器",开启"放料泵"

程序段 1:设置 10 s 搅拌定时

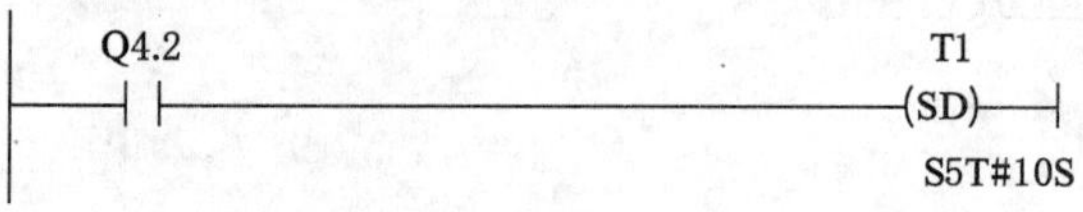

程序段 2:关闭搅拌器,启动放料泵

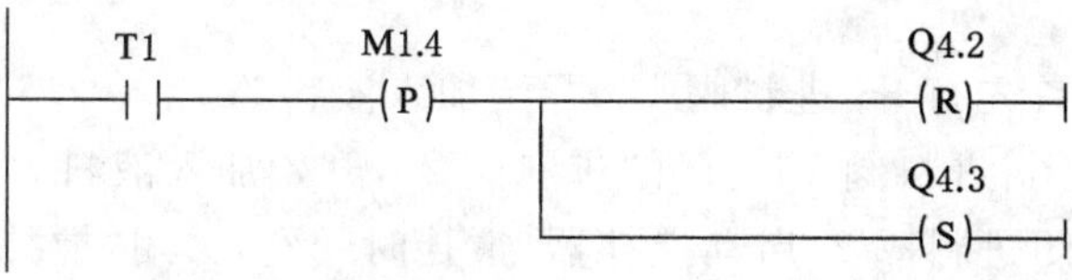

⑥ FC4：出料控制程序

FC4：出料控制程序

程序段 1：设置最低有效位标志，表示液料即将排空

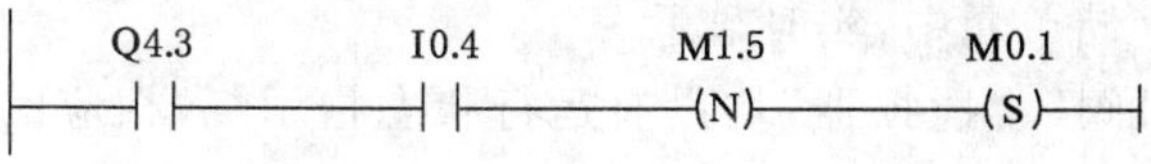

程序段 2：延时 5 s

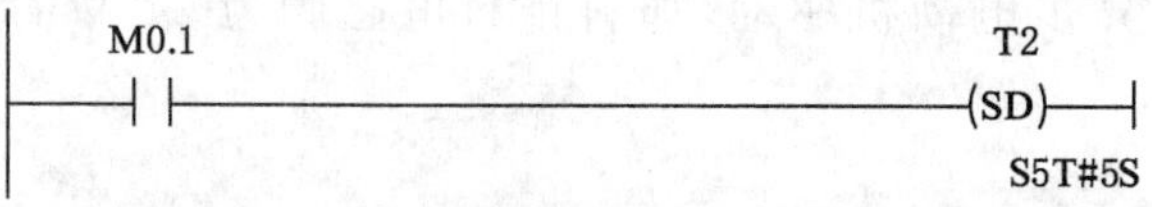

程序段 3：清除最低有效位标志，清除排料泵

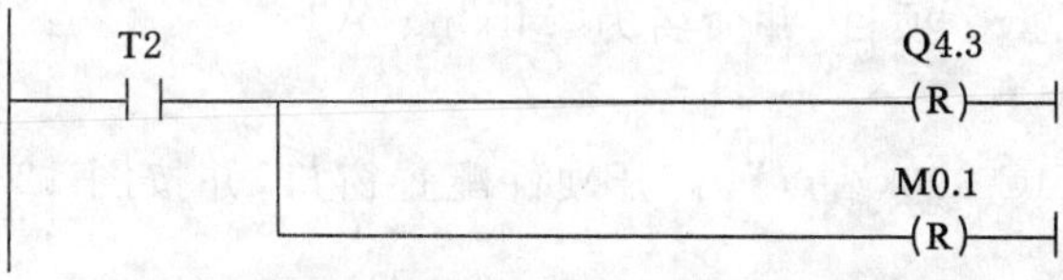

12.6.6　基于模拟量信号的物料混合控制系统设计

图 12-17 为一搅拌控制系统，实现 A、B 两种液体原料按等比例混合，液位的高低由一个模拟量液位传感器-变送器来检测。

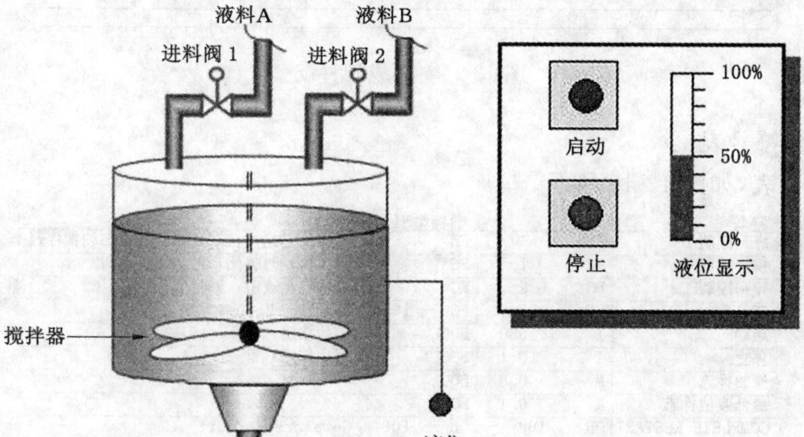

图 12-17　搅拌控制系统

12.6.6.1　控制要求

(1) 搅拌器液位的高低由一个模拟量液位传感器-变送器来检测。液位检测范围

0～3 m。

(2) 按启动按钮后系统自动运行，首先打开“进料阀 1”，开始加入液料 A。

(3) 当液位达到设定值 1 后，则关闭“进料阀 1”，打开“进料阀 2”，开始加入液料 B。

(4) 当液位达到设定值 2 后，则关闭进料阀 2，启动搅拌器，搅拌时间到，关闭“搅拌器”，开启“放料阀”。

(5) 当液位达到设定值 3 后，延时 5 s 后关闭“放料阀”。

(6) 按“停止”按钮，系统应立即停止运行。

(7) 液位值(工程量)存储在 MD 存储单元中，实时显示。

(8) “进料阀 1”、“进料阀 2”、“排料阀”、“搅拌器”均设有运行状态指示灯，相应的设备动作时，指示灯点亮。

(9) 搅拌器由 1 台 10 kW 的三相异步电动机驱动，加料排料电磁阀为 24 V 直流电磁阀。

12.6.6.2 设计过程

(1) 创建 S7 项目

使用菜单“File”创建搅拌控制系统的 S7 项目，并命名为“Mixing_A”。

(2) 硬件配置

在“Mixing_A”项目内插入“SIMATIC 300 站点”，打开硬件配置窗口，并按图 12-18 完成硬件配置。

S...	Module ...	Order number ...	Firmware	MPI address	I add...	Q add...	C...
1	PS 307 5A	6ES7 307-1EA00-0AA0					
2	CPU 315	6ES7 315-1AF03-0AB0	V1.2	2			
3							
4	DI32xDC24V	6ES7 321-1BL80-0AA0			0...3		
5	DO32xDC24V/0.5A	6ES7 322-1BL00-0AA0				4...7	
6	AI4/AO4x14/12Bit	6ES7 335-7HG01-0AB0			256...271	256...263	
7							
8							

图 12-18 完成硬件配置

(3) 编辑符号表

定义符号表，如图 12-19 所示。

符号	地址 /		数据类型		注释
进料控制	FB	1	FB	1	液料A、B进料控制，进料结束启动搅拌器
搅拌控制FC1	FC	1	FC	1	搅拌器延时关闭，并启动排料阀
排料控制FC2	FC	2	FC	2	比较最低液位，延时后复位排料阀
SCALE	FC	105	FC	105	Scaling Values
启动	I	0.0	BOOL		启动按钮，常开，'自锁'
停止	I	0.1	BOOL		停止按钮，常开
原始标志	M	0.0	BOOL		
最低液位标志	M	0.1	BOOL		
COMPLETE RESTART	OB	100	OB	100	Complete Restart
BS	PIW	256	INT		液位传感器，送出模拟量液位信号
DISP	PQW	256	INT		液位指针式显示器，接收模拟量信号
进料阀1	Q	4.0	BOOL		“1”有效
进料阀2	Q	4.1	BOOL		“1”有效
搅拌器	Q	4.2	BOOL		“1”有效
排料阀	Q	4.3	BOOL		“1”有效
mixing timer	T	1	TIMER		SD定时器，搅拌50s
drain timer	T	2	TIMER		SD定时器，延时5s

图 12-19 定义符号表

（4）PLC 接口电路设计

PLC 接口电路如图 12-20 所示。

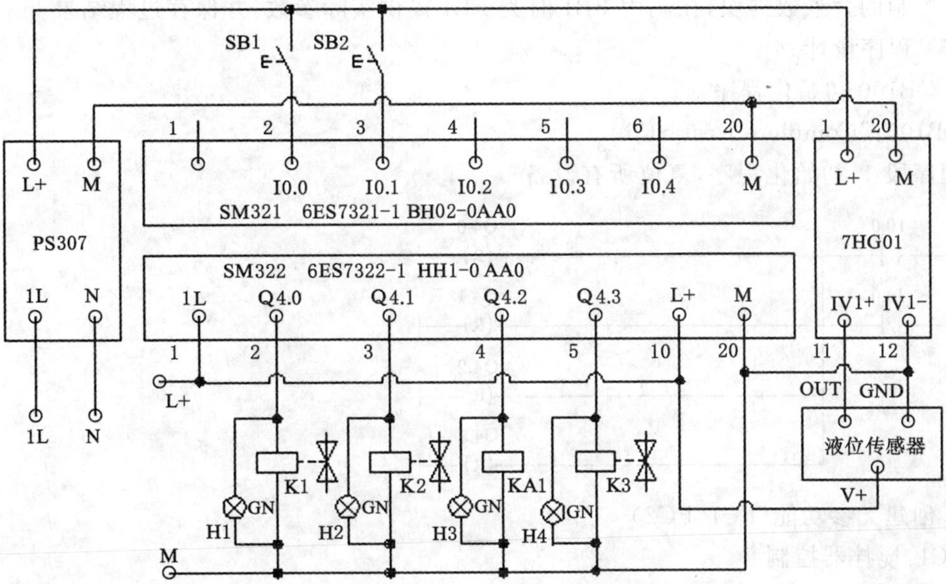

图 12-20　PLC 接口电路

（5）规划程序结构

本案例采用结构化程序设计方案，加料过程要求类似，提供一个用于加料控制的通用解决方案，通过提供不同参数信息实现不同料的加料控制。结构化程序能够重复利用这些通用模块，不需要重复这些指令，简化程序设计。

程序流程如图 12-21 所示。

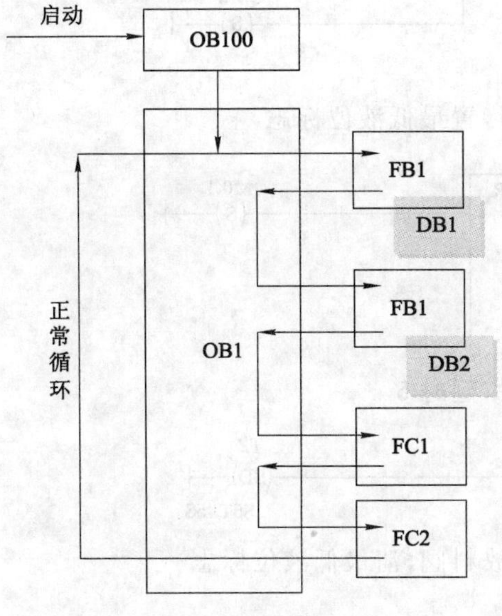

图 12-21　程序流程图

OB1 为主循环组织块；OB100 为启动组织块；FC1 实现搅拌控制；FC2 实现放料控制；FB1 通过调用 DB1 和 DB2 实现液料 A 和液料 B 的进料控制；DB1 和 DB2 为液料 A 和液料 B 进料控制的背景数据块，在调用 FB1 时为 FB1 提供实际参数，并保存过程结果。

(6) 程序设计

• OB100 初始化程序

OB100："Complete Restart"

程序段 1：初始化程序，复位所有设备

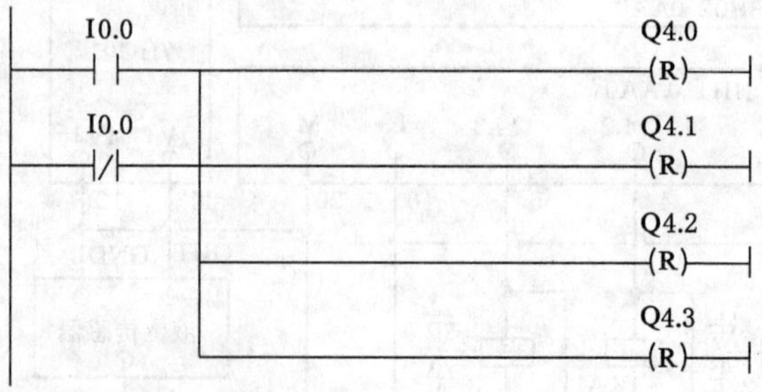

• 创建无参功能(FC1、FC2)

FC1：搅拌器控制

程序段 1：SD 定时，搅拌 10 s

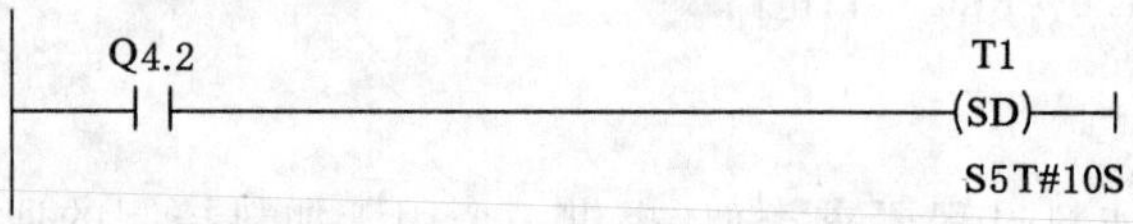

程序段 2：时间到关闭搅拌器，启动放料阀

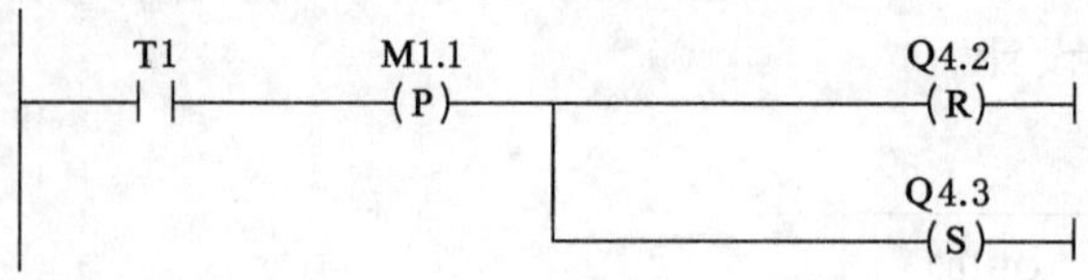

FC2：放料控制

程序段 1：液位为 0 时，置最低液位标志

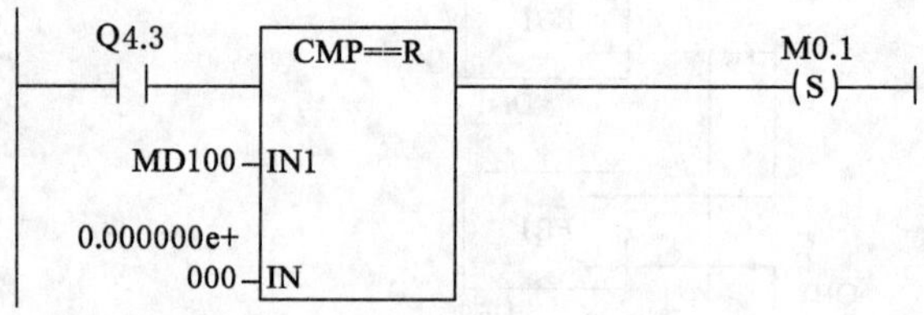

程序段 2：最低液位时，延时 5 s

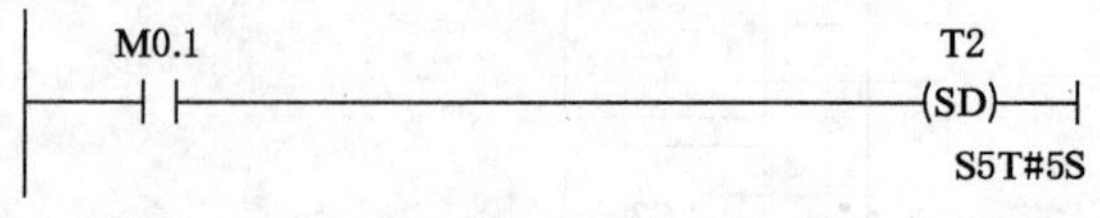

程序段 3：时间到，关放料阀，清最低液位标志

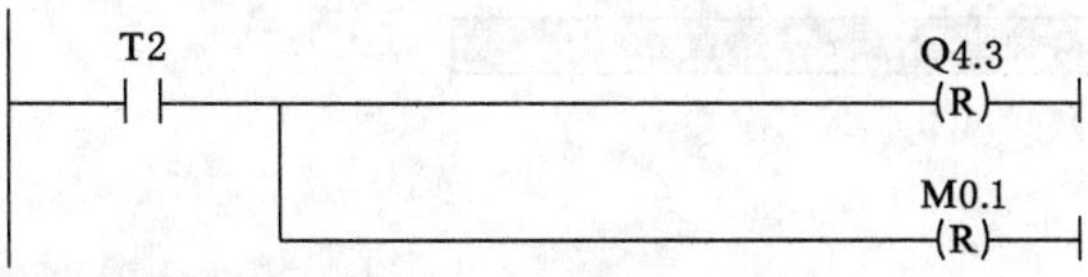

• 创建无静态参数的功能块(FB1)

① 定义 FB1 的局部变量声明表(图 12-22)

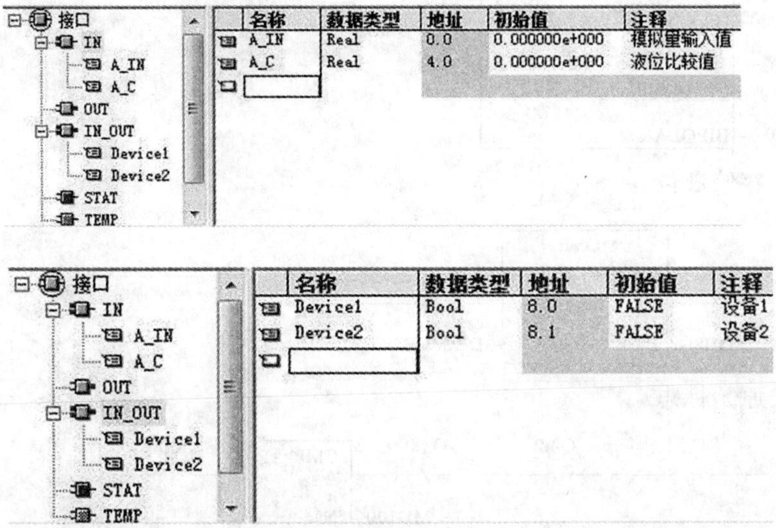

图 12-22　局部变量声明

② 编写 FB1 控制程序

FB1:进料控制

程序段 1:满足条件,复位设备 1,启动设备 2

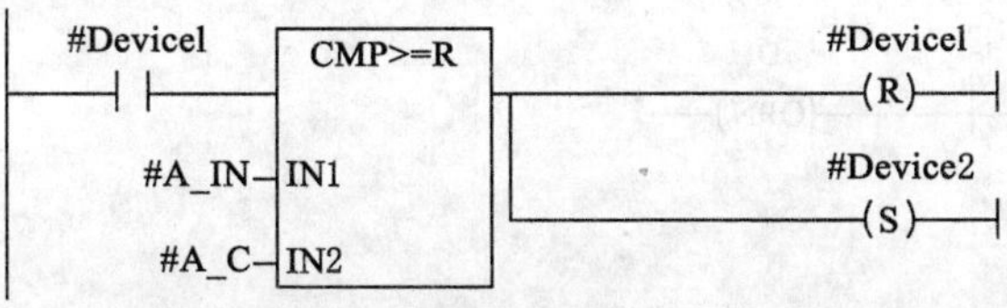

• 建立背景数据块(DB1、DB2)

在“FC 与 FB”项目内选择“块”文件夹,执行菜单命令“插入”→“S7 块”→“数据块”,创建与 FB1 相关联的背景数据块 DB1 和 DB2,如图 12-23 所示。

STEP 7 自动为 DB1 和 DB2 构建了与 FB1 完全相同的数据结构,如图 12-24 所示。

• 建立共享数据块 DB3

在数据块 DB3 中,定义一个符号为“level”的实型变量,存储转换后的液位,如图 12-25 所示。

• OB1 主程序设计

在 OB1 中调用 FC1、FC2 和 FB1

OB1:"Main Program Sweep(Cycle)"

M20.0 标度变换极性，MW10 标度变换故障信息，MD100 液位工程量

程序段 1:标度变换

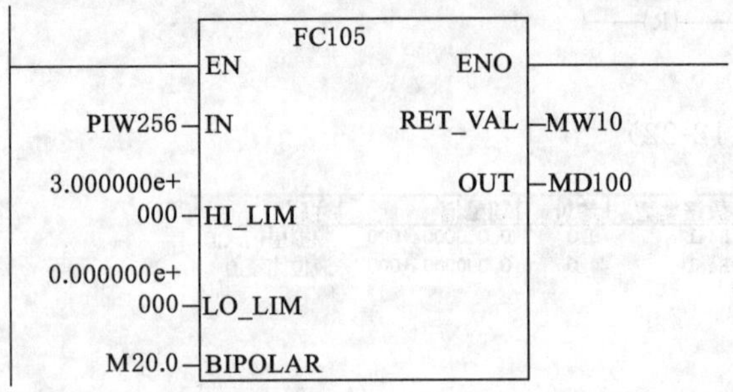

程序段 2:存储液位

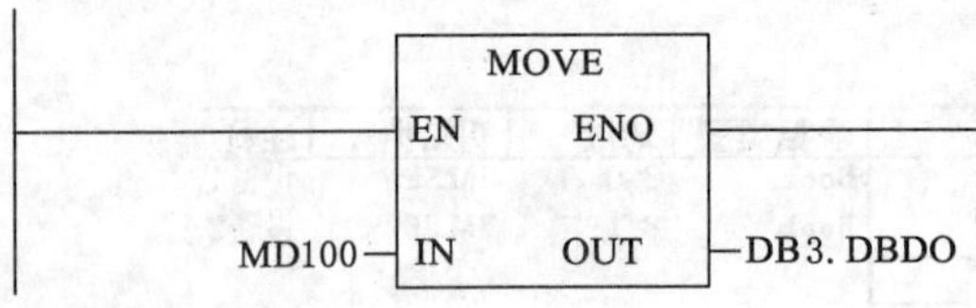

程序段 3:原始标志

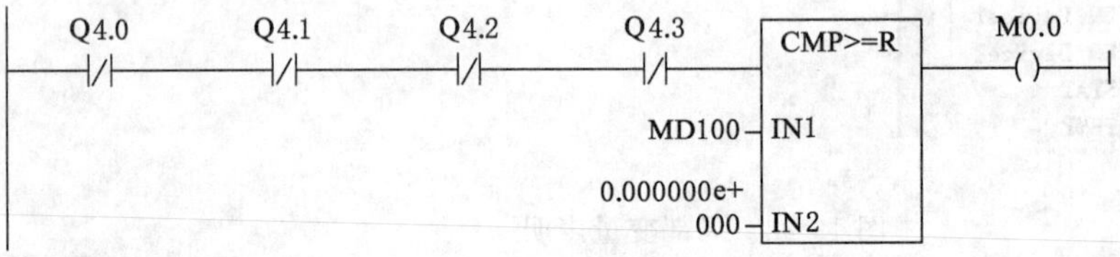

程序段 4:启动加料泵，I0.0 为自锁信号

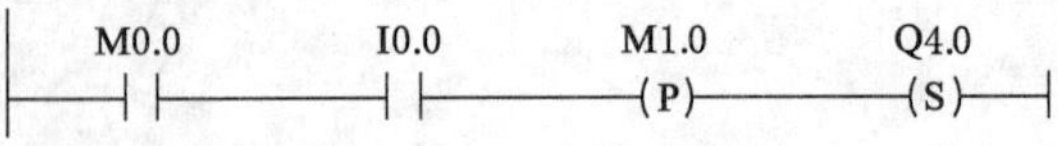

程序段 5:打开背景数据块 DB1

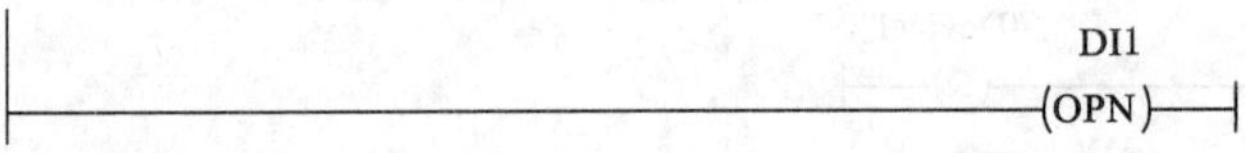

程序段 6:物料 A 控制

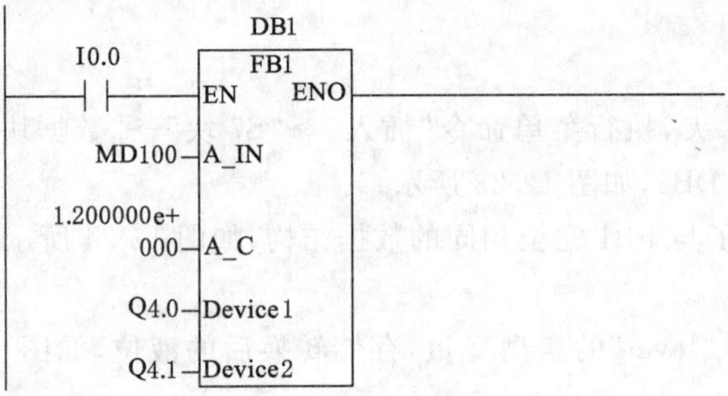

程序段 7:打开背景数据块 DB2

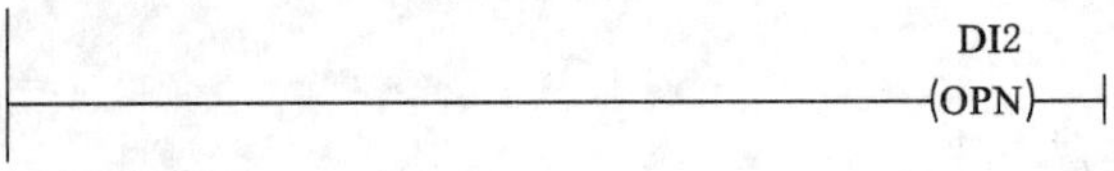

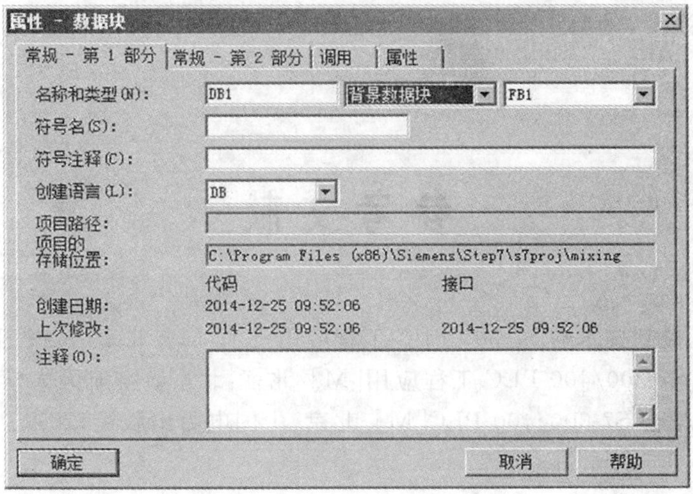

图 12-23　创建背景数据块

DB1 -- mixing_Analog\SIMATIC 300(1)\CPU 315-2 PN/DP

	地址	声明	名称	类型	初始值	实际值	备注
1	0.0	in	A_IN	REAL	0.000000e+000	0.000000e+000	模拟量输入值
2	4.0	in	A_C	REAL	0.000000e+000	0.000000e+000	液位比较值
3	8.0	in_out	Device1	BOOL	FALSE	FALSE	设备1
4	8.1	in_out	Device2	BOOL	FALSE	FALSE	设备2

图 12-24　DB1、DB2 数据结构

地址	名称	类型	初始值	注释
0.0		STRUCT		
+0.0	level	REAL	0.000000e+000	液位
=4.0		END_STRUCT		

图 12-25　定义“level”变量

习题与思考题

1. 简述 PLC 控制系统设计的原则。
2. 简述 PLC 控制系统设计的流程。
3. PLC 控制系统的调试方式有哪些?
4. 简述 PLC 控制系统硬件设计和控制程序设计的主要内容。
5. PLC 控制程序设计的主要方法有哪些?

参 考 文 献

[1] 姜建芳. 电气控制技术与 S7-300 PLC 工程应用技术[M]. 北京:机械工业出版社,2014.
[2] 胡健. 西门子 S7-300/400 PLC 工程应用[M]. 北京:北京航空航天大学出版社,2011.9
[3] 阳胜峰. 快速学会 S7-300/400 PLC[M]. 北京:中国电力出版社,2014.